KB136357

이 한권으로 끝!

조리기능사 필기 이론 및 문제풀이

한 식 · 양 식 · 중 식 · 일 식 · 복 어

황영숙, 안지혜, 황석민 공저

저자 황 영 숙

식품공학박사
통영조리직업전문학교 교장(현)
통영전통음식연구원 원장 (현)
대한민국 신지식인 선정 (교육부분)
경상대학교 해양과학대학 외래강사
서울국제수산물요리대회 심사위원(2015)

주요 수상 경력
국무총리 표창장 (직업능력개발 표창))
벤처기업부장관상
농림축산식품부장관상
법무부 장관상
보건복지부장관상

주요저서
"웰빙" 굴 요리 세상
석사학위논문 (충무김밥의 인지도와 영양 평가 및 개발)
박사학위논문 (지역특산 수산물을 이용한 고부가가치 수산가공품의 개발 및 품질특성)
미더덕 육 관련 특허 1편
내도 특산품 톳 요리 개발
멍게요리 개발

저자 안 지 혜

부산대학교 식품영약학과 이학석사
부산대학교 식품영양학과 박사과정
현) 통영제과제빵커피전문학원장
Le Cordon Bleu Paris (Grand diplôme) 과정

저자 황 석 민

식품공학박사
세계국제요리경연대회 심사위원
대한민국국제요리제과경연대회 심사위원
창신대학교 외식조리학과 겸임교수 역임
국제대학교 외식조리학과 겸임교수 역임
현)거제요리전문학원 원장
현)민속음식 선정위원
현)한식세계화 추진위원
현)전통향토음식 심사위원
현)관광위원회 위원

저서
일식,복어조리
기초 일식조리
한식조리기능사
양식조리기능사

PART 01 공통부문 한식, 양식, 중식, 일식, 복어

PART 02 재료관리, 음식조리 및 위생관리 한식, 양식, 중식, 일식, 복어

• 조리기능사 자격증

① 시 행 처 : 한국산업인력공단

② 시험과목

- 필기 : 한식, 양식, 중식, 일식, 복어 재료관리, 음식조리 및 위생관리
- 실기 : 한식, 양식, 중식, 일식, 복어 조리작업

③ 검정방법

- 필기 : 객관식 4지 택일형, 60문항 (60분)
- 실기 : 작업형 (70분 정도)

④ 합격기준 : 100점 만점에 60점 이상

• 2020년 시험과목 변경사항 안내

국가기술자격법 시행규칙 개정('18.6.22)*에 따라 해당 종목의 필기 · 실기시험 과목이 2020년부터 아래와 같이 시행된다.

구분		현행	변경 (2020 년 적용)	비고
시험과목	필기시험	식품위생 및 관련법규 , 식품학 , 조리이론 및 급식관리 , 공중보건	**한식 재료관리 , 음식조리 및 위생관리**	국가직무능력표준 (NCS)을 활용하여 현장 직무중심으로 개편
	실기시험	한식조리 작업	**한식조리 실무**	

* 국가법령정보센터(www.law.go.kr)→국가기술자격법 시행규칙(고용노동부령 제222호)→별표/서식 →별표8 참조

** 조리분야 기능사 5종목 필기시험은 2020년부터 기존 공통과목에서 종목별 평가로 변경됨

• 출제기준(공통)

직무분야	음식서비스	중직무분야	조리	자격종목	한식조리기능사	적용기간	20201.1.~2022.12.31.
• **직무내용** : 한식메뉴 계획에 따라 식재료를 선정, 구매, 검수, 보관 및 저장하며 맛과 영양을 고려하여 안전하고 위생적으로 음식을 조리하고 조리기구와 시설관리를 수행하는 직무이다.							
필기검정방법	객관식		**문제수**	60		**시험시간**	1시간

필기 과목명	출제 문제수	주요항목	세부항목	세세항목
한식 재료관리, 음식 조리 및 위생관리	60	1. 위생관리	1. 개인 위생관리	1. 위생관리기준 2. 식품위생에 관련된 질병
			2. 식품 위생관리	1. 미생물의 종류와 특성 2. 식품과 기생충병 3. 살균 및 소독의 종류와 방법 4. 식품의 위생적 취급기준 5. 식품첨가물과 유해물질
			3. 주방 위생관리	1. 주방위생 위해요소 2. 식품안전관리인증기준(HACCP) 3. 작업장 교차오염발생요소
			4. 식중독 관리	1. 세균성 식중독 2. 자연독 식중독 3. 화학적 식중독 4. 곰팡이 독소
			5. 식품위생 관계 법규	1. 식품위생법 및 관계법규 2. 제조물책임법
			6. 공중 보건	1. 공중보건의 개념 2. 환경위생 및 환경오염 관리 3. 역학 및 감염병 관리
		2. 안전관리	1. 개인안전 관리	1. 개인 안전사고 예방 및 사후 조치 2. 작업 안전관리
			2. 장비 · 도구 안전작업	1. 조리장비 · 도구 안전관리 지침
			3. 작업환경 안전관리	1. 작업장 환경관리 2. 작업장 안전관리 3. 화재예방 및 조치방법

필 기 과목명	출 제 문제수	주요항목	세부항목	세세항목
		3. 재료관리	1. 식품재료의 성분	1. 수분 2. 탄수화물 3. 지질 4. 단백질 5. 무기질 6. 비타민 7. 식품의 색 8. 식품의 갈변 9. 식품의 맛과 냄새 10. 식품의 물성 11. 식품의 유독성분
			2. 효소	1. 식품과 효소
			3. 식품과 영양	1. 영양소의 기능 및 영양소 섭취기준
		4. 구매관리	1. 시장조사 및 구매관리	1. 시장 조사 2. 식품구매관리 3. 식품재고관리
			2. 검수 관리	1. 식재료의 품질 확인 및 선별 2. 조리기구 및 설비 특성과 품질 확인 3. 검수를 위한 설비 및 장비 활용 방법
			3. 원가	1. 원가의 의의 및 종류 2. 원가분석 및 계산
		5. 기초 조리실무	1. 조리 준비	1. 조리의 정의 및 기본 조리조작 2. 기본조리법 및 대량 조리기술 3. 기본 칼 기술 습득 4. 조리기구의 종류와 용도 5. 식재료 계량방법 6 조리장의 시설 및 설비 관리
			2. 식품의 조리원리	1. 농산물의 조리 및 가공 · 저장 2. 축산물의 조리 및 가공 · 저장 3. 수산물의 조리 및 가공 · 저장 4. 유지 및 유지 가공품 5. 냉동식품의 조리 6. 조미료와 향신료

• 출제기준(한식)

필 기 과목명	출 제 문제수	주요항목	세부항목	세세항목
		5. 한식 기초 조리실무	조리준비	1. 기본칼 기술습득 2. 조리기구의 종류와 용도 3. 식재료 계량방법
		6. 한식 밥 조리	밥 조리	1. 밥 재료 준비 2. 밥 조리 3. 밥 담기
		7. 한식 죽 조리	죽 조리	1. 죽 재료 준비 2. 죽 조리 3. 죽 담기
		8. 한식 국 · 탕 조리	국 · 탕 조리	1. 국 · 탕 재료 준비 2. 국 · 탕 조리 3. 국 · 탕 담기
		9. 한식 찌개 조리	찌개 조리	1. 찌개 재료 준비 2. 찌개 조리 3. 찌개 담기
		10. 한식 전 · 적 조리	전 · 적 조리	1. 전 · 적 재료 준비 2. 전 · 적 조리 3. 전 · 적 담기
		11. 한식 생채 · 회 조리	생채 · 회 조리	1. 생채 · 회 재료 준비 2. 생채 · 회 조리 3. 생채 · 회 담기
		12. 한식 조림 · 초 조리	조림 · 초 조리	1. 조림 · 초 재료 준비 2. 조림 · 초 조리 3. 조림 · 초 담기
		13. 한식 구이 조리	구이 조리	1. 구이 조리 재료 준비 2. 구이 조리 3. 구이 담기
		14. 한식 숙채 조리	숙채 조리	1. 숙채 재료 준비 2. 숙채 조리 3. 숙채 담기
		15. 한식 볶음 조리	볶음 조리	1. 볶음 재료 준비 2. 볶음 조리 3. 볶음 담기

• 출제기준(양식)

필 기 과목명	출 제 문제수	주요항목	세부항목	세세항목
		5. 양식 기초 조리실무	조리준비	1. 기본칼 기술습득 2. 조리기구의 종류와 용도 3. 식재료 계량방법
		6. 양식 스톡 조리	스톡 조리	1. 스톡 재료 준비 2. 스톡 조리 3. 스톡 완성
		7. 양식 전채 조리	전채 조리	1. 전채 재료 준비 2. 전채 조리 3. 전채 요리 완성
		8. 양식 샌드위치 조리	샌드위치 조리	1. 샌드위치 재료 준비 2. 샌드위치 조리 3. 샌드위치 완성
		9. 양식 샐러드 조리	샐러드 조리	1. 샐러드 재료 준비 2. 샐러드 조리 3. 샐러드 요리 완성
		10. 양식 조식 조리	조식 조리	1. 달걀 요리 조리 2. 조찬용 빵류 조리 3. 시리얼류 조리
		11. 양식 수프 조리	수프 조리	1. 수프 재료 준비 2. 수프 조리 3. 수프 요리 완성
		12. 양식 육류 조리	육류 조리	1. 육류 재료 준비 2. 육류 조리 3. 육류 요리 완성
		13. 양식 파스타 조리	파스타 조리	1. 파스타 재료 준비 2. 파스타 조리 3. 파스타 요리 완성
		14. 양식 소스 조리	소스 조리	1. 소스 재료 준비 2. 소스 조리 3. 소스 완성

• 출제기준(중식)

필 기 과목명	출 제 문제수	주요항목	세부항목	세세항목
		5. 중식 기초 조리실무	조리준비	1. 기본칼 기술습득 2. 조리기구의 종류와 용도 3. 식재료 계량방법
		6. 중식 절임 · 무침 조리	절임 · 무침 조리	1. 절임 · 무침 준비 2. 절임류 만들기 3. 무침류 만들기 4. 절임 보관 무침 완성
		7. 중식 육수 · 소스 조리	육수 · 소스 조리	1. 육수 · 소스 준비 2. 육수 · 소스 만들기 3. 육수 · 소스 완성 보관
		8. 중식 튀김 조리	튀김 조리	1. 튀김 준비 2. 튀김 조리 3. 튀김 완성
		9. 중식 조림 조리	조림 조리	1. 조림 준비 2. 조림 조리 3. 조림 완성
		10. 중식 밥 조리	밥 조리	1. 밥 준비 2. 밥 짓기 3. 요리별 조리 완성
		11. 중식 면 조리	면 조리	1. 면 준비 2. 반죽하여 면 뽑기 3. 면 삶아 담기 4. 요리별 조리 완성
		12. 중식 냉채 조리	냉채 조리	1. 냉채 준비 2. 냉채 조리 3. 냉채 완성
		13. 중식 볶음 조리	볶음 조리	1. 볶음 준비 2. 볶음 조리 3. 볶음 완성
		14. 중식 후식 조리	후식 조리	1. 후식 준비 2. 더운 후식류 조리 3. 찬 후식류 조리 4. 후식류 완성

• 출제기준(일식)

필 기 과목명	출 제 문제수	주요항목	세부항목	세세항목
		5. 일식 기초 조리실무	조리준비	1. 기본칼 기술습득 2. 조리기구의 종류와 용도 3. 식재료 계량방법
		6. 일식 무침 조리	무침 조리	1. 무침 재료 준비 2. 무침 조리 3. 무침 담기
		7. 일식 국물 조리	국물 조리	1. 국물 재료 준비 2. 국물 우려내기 3. 국물요리 조리
		8. 일식 조림 조리	조림 조리	1. 조림 재료 준비 2. 조림하기 3. 조림 담기
		9. 일식 면류 조리	면류 조리	1. 면 재료 준비 2. 면 조리 3. 면 담기
		10. 일식 밥류 조리	밥류 조리	1. 밥 짓기 2. 녹차밥 조리 3. 덮밥류 조리 4. 죽류 조리
		11. 일식 초회 조리	초회 조리	1. 초회 재료 준비 2. 초회 조리 3. 초회 담기
		12. 일식 찜 조리	찜 조리	1. 찜 재료 준비 2. 찜 조리 3. 찜 담기
		13. 일식 롤초밥 조리	롤초밥 조리	1. 롤초밥 재료 준비 2. 롤 양념초 조리 3. 롤초밥 조리 4. 롤초밥 담기
		14. 일식 구이 조리	구이 조리	1. 구이 재료 준비 2. 구이 조리 3. 구이 담기

• 출제기준(복어)

필기 과목명	출제 문제수	주요항목	세부항목	세세항목
		5. 복어 기초 조리실무	조리준비	1. 기본칼 기술습득 2. 조리기구의 종류와 용도 3. 식재료 계량방법
		6. 복어 부재료 손질	복어와 부재료 손질	1. 복어 종류와 품질 판정법 2. 채소 손질 3. 복떡 굽기
		7. 복어 양념장 준비	복어 양념장 준비	1. 초간장 만들기 2. 양념 만들기 3. 조리별 양념장 만들기
		8. 복어 껍질초회 조리	복어 껍질초회 조리	1. 복어 껍질 준비 2. 복어초회 양념 만들기 3. 복어 껍질 무치기
		9. 복어 죽 조리	복어 죽 조리	1. 복어 맛국물 준비 2. 복어 죽 재료 준비 3. 복어 죽 끓여서 완성
		10. 복어 튀김 조리	복어 튀김 조리	1. 복어 튀김 재료 준비 2. 복어 튀김옷 준비 3. 복어 튀김 조리 완성
		11. 복어 회 국화모양 조리	국화모양 조리	1. 복어 살 전처리 작업 2. 복어 회뜨기 3. 복어 회 국화모양 접시에 담기

PART 01

공통부문

한식, 양식, 중식, 일식, 복어

Chapter 01

위생관리

1. 개인위생 관리

1) 위생관리의 의의

위생관리란 음료수 처리, 쓰레기, 분뇨, 하수와 폐기물 처리, 공중위생, 접객업소와 공중이용시설 및 위생용품의 위생관리, 조리, 식품 및 식품첨가물과 이에 관련된 기구 용기 및 포장의 제조와 가공에 관한 위생 관련 업무를 말한다.

2) 위생관리의 필요성

(1) 식중독 위생사고 예방
(2) 식품위생법 및 행정처분 강화
(3) 상품의 가치가 상승함(안전한 먹거리)
(4) 점포의 이미지 개선(청결한 이미지)
(5) 고객 만족(매출 증진)
(6) 대외적 브랜드 이미지 관리

3) 개인위생 관리기준

(1) 상처 및 질병

- 식품을 취급하고 음식을 조리하는 사람은 자신의 건강상태를 확인하고 개인위생에 주위를 기울인다.
- 음식물을 통해 전염될 수 있는 병원균을 보유하고 있거나 설사, 구토, 황달, 기침, 콧물, 가래, 오한, 발열 등의 증상이 있을 때는 일을 해서는 안 된다.
- 위장염 증상, 부상으로 인한 화농성 질환, 피부병, 베인 부위가 있을 때는 즉시 점주, 점장, 실장 등 상급자에게 보고하고 작업하지 않아야 한다.

(2) 개인 위생수칙

- 모든 종업원은 작업장에 입실 전에 지정된 보호구(모자, 작업복, 앞치마, 신발, 장갑, 마스크 등)를 청결한 상태로 착용한다.
- 모든 종업원은 작업 전에 손(장갑), 신발을 세척하고 소독한다.
- 남자 종업원은 수염을 기르지 말고, 매일 면도를 한다.
- 손톱은 짧게 깎고, 매니큐어 및 짙은 화장은 금한다.
- 작업장 내에는 음식물, 담배, 장신구 및 기타 불필요한 개인용품의 반입을 금한다.
- 업장 내에서는 흡연행위, 껌 씹기, 음식물 먹기 등의 행위를 금한다.
- 작업장 내에서는 지정된 이동경로를 따라서 이동한다.
- 작업장에의 출입은 반드시 지정된 출입구를 이용하여야 하며, 별도의 허가를 받지않은 인원은 출입을 할 수 없다.
- 작업장에서 사용하는 모든 설비 및 도구는 항상 청결한 상태로 정리, 정돈한다.
- 모든 종업원은 작업장 내에서의 교차오염 또는 이차오염의 발생을 방지하여야 한다.

※ 손 위생관리

음식을 조리할 때 손의 역할이 가장 중요하기 때문에 음식을 조리하기 전이나 용변 후에는 반드시 손을 씻어야 한다. 손을 소독할 때는 비누로 세척 후 **역성비누**를 사용하는 것이 좋다. 이는 냄새도 없애고 독성도 적으므로 식품종사자의 소독방법에는 **가장 적합한 방법**인 것이다.

손은 향상 이와 같이 청결 하게 유지되어야 하고, 특히 **용변 후, 조리 전, 식품취급 전**에는 반드시 올바른 손 씻는 방법에 따라 손을 씻어야 한다.

- 손 씻기 전에 손톱을 짧게 깎고 시계, 반지 등을 뺀다.
- 흐르는 따뜻한 물에 손과 팔뚝을 적신다.
- 손을 씻기 위해 충분한 양의 비누를 바른다.
- 팔에서 팔꿈치까지 깨끗이 골고루 씻는다.
- 왼 손바닥으로 오른 손등을 닦고 오른 손바닥으로 왼손 등을 씻는다.
- 손깍지를 끼고 손바닥을 서로 비비면서 양 손바닥을 닦는다.
- 손톱 밑을 문지르면서 손가락 사이를 씻는다.
- 비눗기를 완전히 씻어낸다.
- 핸드 타월이나 자동손 건조기를 사용하는 것이 바람직하다.

**역성비누는 일반 비누와는 다르게 살균 목적으로 만들었고, 세정력이 없다.

4) 복장 위생관리

● 개인복장 착용기준

구분	내용
두 발	항상 단정하게 묶어 뒤로 넘기고 두건 안으로 넣는다
화 장	진한 화장이나 향수 등을 쓰지 않는다
유니폼	세탁된 청결한 유니폼을 착용하고, 바지는 줄을 세워 입는다
명 찰	왼쪽 가슴 정중앙에 부착한다
장신구	화려한 귀걸이, 목걸이, 손목시계, 반지 등을 착용하지 않는다
앞치마	리본으로 묶어주며, 더러워지면 바로 교체한다
손 톱	손톱은 짧고 항상 청결하게, 상처가 있으면 밴드로 붙인다
안전화	지정된 조리사 신발을 신고, 항상 깨끗하게 관리한다
위생모	근무 중에는 반드시 깊이 정확하게 착용한다

※ 식품위생법 제40조(건강진단)

① **총리령**으로 정하는 영업자 및 그 종업원은 건강진단을 받아야 한다. 다만, 다른 법령에 따 라 같은 내용의 건강진단을 받는 경우에는 이 법에 따른 건강진단을 받은 것으로 본다. ; <개정 2010.1.18., 2013.3.23.>

② ①에 따라 건강진단을 받은 결과 타인에게 위해를 끼칠 우려가 있는 질병이 있다고 인정된 자는 그 영업에 종사하지 못한다.

③ 영업자는 ①을 위반하여 건강진단을 받지 아니한 자나 ②에 따른 건강진단 결과 타인에게 위해를 끼칠 우려가 있는 질병이 있는 자를 그 영업에 종사시키지 못한다.

④ ①에 따른 건강진단의 실시방법 등과 ② 및 ③에 따른 타인에게 위해를 끼칠 우려가 있는 질병의 종류는 총리령으로 정한다.

5) 영업에 종사하지 못하는 질병의 종류 ★★★★★

(1) 전염병예방법에 의한 제1군전염병 중 소화기계 전염병
(장티푸스, 파라티푸스, 콜레라, 세균성 이질, 장출혈성 대장균 감염증, A형 간염)

(2) 전염병예방법에 의한 제3군 전염병중 결핵(비전염성인 경우 제외)

(3) 피부병 기타 화농성 질환

(4) B형간염(전염의 우려가 없는 비활동성 간염은 제외)

(5) 후천성면역결핍증(AIDS) : '감염병의 예방 및 관리에 관한 법률'에 의하여 성병에 관한 건강진단을 받아야 하는 영업에 종사하는 자에 한함

2. 식품위생 관리

식품위생법상의 식품위생이란?

'식품, 식품첨가물, 기구 또는 용기, 포장'을 대상으로 하는 음식물에 대한 위생이다.

식품위생의 목적은? ★

식품으로 인한 **위생상의 위해 방지, 식품영양의 질적 향상 도모**, 식품에 대한 올바른 정보를 제공함으로써 **국민보건의 향상과 증진**에 이바지함을 목적으로 한다.

1) 미생물이란

미생물은 개체가 매우 작아서 육안으로는 볼 수 없고 현미경으로만 식별할 수 있는 생물군이다. 주로 **단백질**로 이루어져 있다. 미생물은 사람에게 병을 일으키는 병원성 미생물과 그렇지 않은 비병원성 미생물로 구분하는데, 비병원성 미생물에는 **식품의 부패나 변패의 원인**이 되는 유해한 것과 **발효, 양조** 등 유익하게 이용되는 미생물이 있다.

2) 미생물의 종류와 특성 ★★

(1) 진균류

① **곰팡이(Mold): 가장 크기가 큰 미생물로,** 포자로 번식하며(진균류), 누룩, 메주 등 발효식품에 이용되는 이로운 것(누룩곰팡이)과 식품을 변질시키는 것, 독소를 만들어 인체에 해를 주는 것(맥각균, 빨간빵곰팡이)이 있다.

※ 대표적인 곰팡이

- 뮤코아(Mucor)속
- 리조푸스(Rizopus)속
- 아스퍼질러스(Aspergillus)속(=코오지곰팡이)
- 페니실리움(Pellicillum)속

② **효모(Yeast): 곰팡이와 세균의 중간 크기이다.** 형태상으로 구형, 균사형, 난형 등이 있고, 무성생식법으로 번식(출아법)을 하며, 비운동성이다. 발효식품과 제빵 등에 이용한다.

(2) 스피로헤타(Spirochaeta)

단세포식물과 다세포식물의 중간 미생물로, 연약한 나선형이며 항상 운동하고 있다.

예) 매독균, 회귀열, 서교증, 와일씨병

(3) 세균(Bacteria)

산소를 좋아하는 호기성 세균과 산소를 싫어하는 혐기성 세균으로 구분한다. 형태에 따라 구균, 간균, 나선균으로 나뉘고, 2분법으로 증식하며, 세균성 식중독, 경구전염병과 부패에 작용하는 부패세균이 있다.

① 구 균 : 단구균, 쌍구균, 연쇄구균으로 분류하며, 화농균, 폐렴구균, 포도상구균 등이 이에 속한다.

② 간균류 : 단간균, 쌍간균, 연쇄간균으로 분류하며, 살모넬라균, 이질균, 결핵균 등이 이에 속한다.

③ 나선균 : 나선 회전이 1회 이내의 캄마상을 하고 있는 것을 '비브리오'라 하며, 회전 2개의 S자형이 있다. 콜레라균, 장염비브리오균이 이에 속한다.

※ 대표적인 세균

- 바실루스(Bacillus)속
- 슈도모나스(Pseudomonas)속
- 비브리오(Vibrio)속
- 락토바실루스(Lacto bacillus)속
- 클로스트리디움(Clostridium)속

(4) 리케차(Rickettsia)

원형, 타원형 등의 모양이고, 2분법으로 증식한다. 세균과 바이러스의 중간 크기이다. 운동성이 없고 살아 있는 세포 속에서만 증식한다. 예) 양충병, 발진열, 발진티푸스의 병원체

(5) 바이러스(Virus)

극히 작아 세균여과기를 통과하므로 '여과성 병원체'라고 한다. 전자현미경으로만 볼 수 있다. 예) 병원체는 천연두, 인플루엔자, 일본뇌염, 광견병

미생물의 크기 ★★

곰팡이 〉 효모 〉 스피로헤타 〉 세균 〉 리케차 〉 바이러스

3) 미생물 생육의 필요 조건 ★★★

(1) 영양소

탄소원(당질), 질소원(아미노산, 무기질소), 무기염류, 비타민 등이 필요하다.

(2) 수분

미생물 몸체의 주성분으로 생리기능을 조절하는데 필요하다.
미생물의 종류에 따라 요구수분량이 다르나, 일반적으로 40% 이상의 수분이 필요하다.
건조한 환경에서는 곰팡이의 발육이 강하다.

- 수분함량 15% 이하에서 세균의 발육 억제
- 수분함량 13% 이하이면 곰팡이의 발육 억제

수분활성도(Aw) 순서 ★★

수분활성도란? 미생물이 이용가능한 수분의 비율
세균(0.90~0.95) 〉 효모(0.88) 〉 곰팡이(0.65~0.80)

(3) 온도

미생물은 온도에 따라서 저온균, 중온균, 고온균으로 분류한다.

미생물	최적 온도(°C)	발육가능 온도(°C)	설 명
저온균	15~20	0~25	식품의 부패를 일으키는 부패균
중온균	25~37	15~55	질병을 일으키는 병원균
고온균	50~60	40~70	온천물에서 서식하는 온천균

(4) 수소이온농도(pH)

- 곰팡이와 효모는 pH 4.0~6.0 사이의 약산성 상태에서 가장 잘 발육한다.
- 세균은 pH 6.5~7.5 사이의 중성 혹은 약알칼리성 상태에서 잘 발육한다.

◯ pH란? ★

물질의 산성과 알칼리성을 나타내는 척도로, pH<7 이면 산성, pH=7 이면 중성, pH>7이면 알칼리성으로 분류한다.

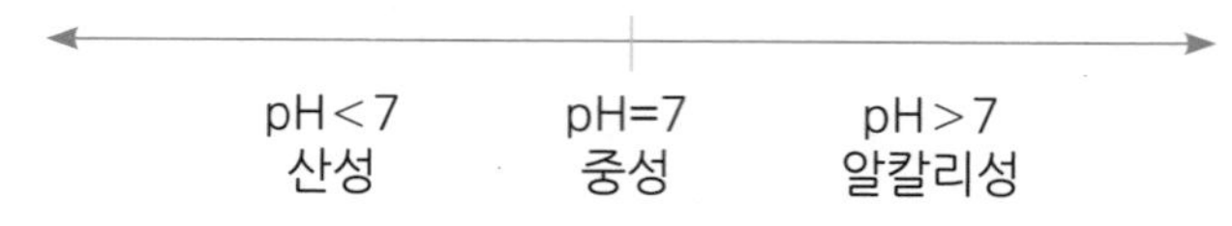

(5) 산소

<table>
<tr><td>호기성 미생물</td><td colspan="2">반드시 산소를 필요로 하는 균</td></tr>
<tr><td rowspan="3">혐기성 미생물</td><td colspan="2">산소를 필요로 하지 않는 균</td></tr>
<tr><td>통성혐기성균</td><td>산소의 유무에 관계없이 생육하는 균</td></tr>
<tr><td>편성혐기성균</td><td>산소를 절대적으로 기피하는 균</td></tr>
</table>

◯ 미생물 생육의 3대 조건 ★★

영양소, 수분, 온도

4) 미생물에 의한 식품의 변질

(1) 식품의 변질

여러 가지 요인으로 인해 식품의 성분이 변화되거나, 영양소가 파괴되고, 향기나 맛이 손상되어 식품으로 섭취하지 못하고 식품의 본래의 특성을 잃는 상태를 말한다.

(2) 변질의 종류 ★★

- 부패 : 단백질을 주성분으로 하는 식품이 혐기성 미생물에 의해 분해되어 유해성 물질(트리메틸아민, 암모니아등)을 생성하여 변질 되는 현상
- 변패 : 단백질 이외의(탄수화물이나 지방) 식품이 미생물에 의해 변질 되는 현상
- 산패 : 지방이 공기중에 산소나 금속에 의해 변질 되는 현상
- 발효 : 식품의 탄수화물이 미생물의 작용으로 인해 유기산 혹은 알코올 등을 생성하여 유익하게 만들어지는 현상
- 후란 : 단백질 식품이 호기성 미생물에 의해 부패된 현상

(3) 부패의 판정

㉠ 관능검사 : 식품이 초기부패에 도달하면 냄새의 발생(암모니아, 산패의 냄새), 색깔의 변화, 조직의 변화(점액의 발생, 탄력성 저하 등), 맛의 변화가 일어난다. 간단한 판정법이지만 객관적인 판정법이 될 수 없다.

㉡ 세균학적 판정법 ★

- 생균수 검사 : 식품 1g당 생균수가 10^7~10^8에 도달하면 초기부패로 판정한다.

㉢ 화학적 판정법 ★

- pH : 탄수화물이 많은 식품은 미생물이 증식하면서 유기산을 생성하므로 pH가 낮아진다. pH 6.0~6.2는 초기부패로 판정한다.
- 휘발성 염기질소(volatile basic nitrogen, VBN) : 어육의 100g중에서 5~10mg이면 신선, 15~25mg이면 보통, 30~40mg(30~40mg%)이면 초기부패로 판정한다.
- 트리메틸아민(Trimethylamine, TMA) : 어류의 초기부패 판정 척도로 사용된다. 어패류의 100g 중 3mg 이하는 신선도 양호, 4~5mg%는 초기 부패에 도달한 것으로 간주한다.

5) 미생물로 인한 식품의 부패와 변질 관리 방법

물리적 처리에 의한 보존법

① 건조법

15% 이하에서 세균이 번식할 수 없다는 성질을 이용한 방법으로, 건조되면 무게가 가벼워지고 부피가 작아지므로 수송이나 보관에 편리하다.

- 일광건조법 : 햇빛에 건조시키는 방법 (예) 해산물, 건어물, 고추
- 직화건조법(배건법) : 식품을 직접 불에 닿게하여 건조시켜 향미를 증진시키는 방법 (예) 보리차, 홍차
- 냉동건조법 : 식품을 냉동시켜 저온에서 건조시키는 방법 (예) 한천, 당면, 건조두부
- 분무건조법 : 액체를 분무하여 열풍 건조시키는 방법 (예) 분유, 인스턴트 커피
- 열풍건조법 : 가열한 공기로 식품을 건조시키는 방법 (예) 육류, 어류

② 냉장 · 냉동법

미생물은 생육온도보다 낮은 온도(보통 10℃)에서는 활동이 둔해지며 번식하지 않는다.

- 움저장법 : 10℃ 정도에서 감자, 고구마, 채소 등을 저장하는 방법
- 냉장법 : 0~4℃에서 채소, 과일, 육류 등 저장하는 방법
- 냉동법 : −40℃에서 급속 냉동하여 −20℃의 저온에서 장기간 저장 가능(육류, 어류)

③ 가열살균법

- 저온살균법(LTLT, Low Temperature Long Time) : 61~65℃에서 30분간 가열 후 급냉시킨다. 멸균되지 않는다. (예) 우유, 술, 주스, 소스 등
- 고온단시간살균법(HTST, High Temperature Short Time) : 70~75℃에서 15~20초 내에 가열후 급냉시킨다. (예) 우유, 과즙 등
- 초고온순간살균법(UHT, Ultra High Temperature) : 130~140℃에서 2초간 가열후 급냉시킨다. (예) 우유, 과즙 등
- 고온장시간살균법 : 90~120℃에서 30~60분간 가열 후 급냉시킨다. (예) 통조림

④ 조사살균법

자외선을 이용하거나 방사선을 이용하여, 미생물을 사멸시키는 방법이다.

(예) 곡류, 축산물, 청과물 등

⑤ 가스저장법 ★

과일, 야채류는 냉장과 병행하여 호흡 억제를 위한 가스 저장법을 실시한다. 이산화탄소의 농도를 높이거나 산소의 농도를 낮추거나, 질소(N_2)가스를 주입하여 미생물 발육을 억제시키는 방법이다. (O_2제거, N_2 · CO_2등 주입)

화학적 처리에 의한 보존법

① 염장법 : 소금에 절이는 방법으로, 탈수작용에 의해 미생물의 발육을 억제한다. 호염균을 제외한 보통의 미생물은 10% 정도의 소금 농도에서 발육이 억제된다. 해산물, 채소, 육류 저장에 이용

② 당장법 : 진한 설탕액(50%)에 담그는 방법으로, 탈수작용에 의해 미생물 발육을 억제한다. 약간의 산을 가해 주면 저장이 잘 된다. 젤리, 잼, 가당연유 등에 이용한다.

③ 산저장법 : 초산, 젖산, 구연산 등을 이용하여 식품을 저장하는 방법으로, 미생물의 생육에 필요한 pH를 벗어나게 하는 것이다. 초산을 3~4% 함유한 보통 식초를 사용한다. 피클, 장아찌에 이용한다.

④ 화학물질 첨가 : 화학물질을 이용하여 미생물을 살균하거나 생육을 저지하여 효소의 작용을 억제시키는 방법이다. 인체에 해가 없는 물건을 이용해야 한다.

발효 처리에 의한 방법

① 세균 효모의 이용 : 식품에 유용한 미생물을 번식시켜 유해한 미생물의 번식을 억제시키는 것으로서, 보존 이외에 맛도 좋게 한다. 김치, 치즈, 요구르트, 청국장, 식초, 주류, 빵 등

② 곰팡이의 이용 : 식품에 특정한 곰팡이를 발육시켜 그의 작용에 의해 유해 미생물의 발육을 저지시키는 것으로서, 콩으로 간장, 된장 등과 같은 장류 제조에 이용된다.

종합적 처리에 의한 방법

① 훈연법 : 훈재를 불완전연소시켜 생성되는 연기에 그을려 저장하는 방법이다. 미생물의 발육을 억제하고 건조도 되므로, 육류, 어류 등의 보존에 이용한다. 풍미가 더해지므로 맛과 향기가 좋다.

훈재	수지가 적은 활엽수(참나무, 떡갈나무 등) 사용
연기 성분	포름알데히드, 크레오소트, 메틸알코올, 페놀 등(살균 작용)
제품	햄, 소시지, 베이컨

② 염건법 : 소금을 첨가한 다음 건조시켜 보존하는 것으로, 어패류를 장기간 보존하는 데 좋다.

③ 밀봉법 : 밀봉용기에 식품을 넣고 수분 증발, 수분 흡수, 해충의 침범, 공기(산소)의 통과를 막아 보존하는 방법으로서, 통조림, 플라스틱 진공 포장 등이 있다.

6) 식품과 기생충병

(1) 기생충의 종류와 특성

① 중간숙주가 없는 것(채소로부터 감염)

㉠ 원인 : 위생적으로 불완전 처리된 분뇨를 비료로 사용하면 기생충란이 채소에 붙어 있을 수 있다. 그런 채소를 잘 씻지 않고 날로 먹거나 잘 조리하지 않고 먹으면 기생충이 인체에 감염되기도 한다. 중간숙주를 갖지 않는 것이 특징이다.

㉡ 종류

구분	특징
회충	소장에 기생(일광에 특히 약함), 경구감염
구충(십이지장충)	소장에 기생. 경구감염, 경피감염
요충(항문소양증)	항문에 기생, 집단 감염, 야행성
편충	맹장, 대장에 기생(소장도 가능), 경구감염
동양모양선충	내염성(절임채소에 부착)

㉢ 예방법 : 채소를 흐르는 물에 5~6회 씻거나 0.1%의 중성세제로 씻는다. 분변의 위생적 처리 및 관리, 청정채소의 장려, 정기적으로 구충제를 복용한다.

② 중간숙주가 하나인 것(고기로부터 감염)

㉠ 원인 : 수육을 충분히 익히지 않고 먹거나 육회로 섭취할 때 감염되는 기생충이며, 중간숙주가 있는 것이 특징이다.

㉡ 종류

구 분	중간숙주
무구조충(민촌충)	소
유구조충(갈고리촌충)	돼지
선모충	돼지
만소니열두조충	닭, 뱀, 개구리
톡소플라스마	돼지, 개, 고양이

㉢ 예방법:수육을 충분히 익혀 먹는다. 돼지고기의 생식을 금한다.

③ 중간숙주가 둘인 것(어패류로부터 감염) ★★

㉠ 원인 : 유충이 감염된 어패류(특히 담수어)를 생식하여 감염되는 기생충이며, 두 단계의 중간숙주를 거쳐 감염되는 것이 특징이다.

㉡ 종류

구 분	제1숙주	제2숙주
간디스토마(간흡충)	왜우렁이	붕어, 잉어
폐디스토마(폐흡충)	다슬기	게, 가재
요코가와흡충(횡천흡충)	다슬기	담수어(은어)
광절열두조충(긴촌충)	물벼룩	담수어(송어, 연어)
아니사키스(돌고래기생충)	갑각류(새우)	오징어, 청어, 고래(바다포유류)

㉢ 예방법 : 담수어의 생식을 금지하고, 어패류를 충분히 익혀 먹는다.

④ 인간이 중간숙주인 것

말라리아

(2) 살균 및 소독의 종류와 방법

① 개념 정의 ★

㉠ 소독 : 병원성 미생물의 병원성을 약화시켜 감염력을 없애는 것

㉡ 살균 : 미생물의 생활력을 파괴하여 미생물을 사멸시키는 것

㉢ 멸균 : 병원균, 아포 등 모든 미생물을 완전히 사멸시키는 것

㉣ 방부 : 미생물의 증식을 억제하여 부패를 방지하는 것

추가tip 소독력의 크기 멸균 > 살균 > 소독 > 방부

② 소독 방법의 종류

물리적 소독법

무가열처리법

- 자외선살균법 : 실내 소독에 이용
- 방사선살균법 : 코발트60 이용, 포장상품 살균에 주로 쓰이며, 감자, 고구마 및 양파와 같은 식품에 뿌리가 나고 싹이 트는 것을 억제한다.

가열처리법(건열)

- 화염멸균법 : 도자기류, 유리봉, 금속류 등을 불꽃에서 20초 가열하는 방법
- 건열멸균법 : 건열멸균기를 이용하여 170℃에서 1~2시간 가열하는 방법(효과 좋은 편). 유리, 주사바늘, 도자기류에 사용한다.

가열처리법(습열) ★

- 고압증기멸균법 : 압력 상태에서 121℃→20분 살균(통조림 살균에 이용, 아포까지 완전 멸균하기 가장 좋은 방법)
- 유통증기소독법 : 100℃ 증기→30~40분 가열
- 자비소독(열탕소독) : 100℃→15~20분 가열. 식기나 행주 소독
- 저온살균법(LTLT) : 61~65℃→30분 가열 후 급랭(우유 소독, 영양소 파괴 가장 적음)
- 고온단시간소독법(HTST) : 70~75℃→15~20초 가열 후 급랭(우유 소독, 영양소 파괴 가장 많이 됨)
- 초고온순간살균법(UHT) : 130~140℃→1~2초 가열 후 급랭(가장 많이 사용하는 우유 살균법)

화학적 소독법

㉠ 소독약의 구비조건

- 살균력이 강할 것
- 안전성이 있을 것(인축에 대한 독성 없을 것)
- 부식성이 없을 것
- 표백성이 없을 것
- 용해성이 높을 것
- 냄새가 없을 것
- 사용하기 편하고 값이 쌀 것
- 침투력이 강할 것

㉡ 종류 및 용도

① 차아염소산나트륨, 염소
- 수돗물, 과일, 야채, 식기 소독에 사용
- 수돗물 소독시 잔류 염소 : 0.2ppm
- 과일, 야채, 식기 소독시 농도 : 50~100ppm

② 표백분(클로르칼크, 클로르석회)
- 우물, 수영장 소독(0.4ppm) 및 야채, 식기 소독에 사용

③ 역성비누(양성비누) ★★
- 원액 : 10%용액
- 희석 : 200~400배
- 실제 사용 농도 : 과일, 야채, 식기 소독은 0.01~0.1%, 손 소독은 10% 용액 사용
- 사용시 주의 사항 : 유기물(단백질)이 있으면 살균력이 떨어지므로 세제로 먼저 씻어낸 후에 사용, 보통 비누와 함께 사용하면 살균효과가 떨어지므로 섞어서 쓰지 않도록 주의한다.

④ 석탄산(3%) ★

- 하수도, 변소, 진개 등의 오물 소독에 사용, 온도 상승에 따라 살균력도 상승한다.
- 장점 : 살균력이 안정(유기물에도 살균력이 약화되지 않음)
- 단점 : 냄새가 독하고 독성이 강하다. 피부 점막에 강한 자극을 주고, 금속부식성이 있다.
- 소독의 지표(살균력 비교시 석탄산 계수 사용)

석탄산계수 = (다른)소독약의 희석배수 / 석탄산의 희석배수

⑤ 크레졸비누액(3%) : 변소, 하수도, 진개 등의 오물 소독, 손소독에 사용한다. 피부 자극은 비교적 약하지만 소독력은 석탄산보다 강하고 냄새도 강하다.

⑥ 과산화수소(3%) : 자극성이 적어 피부, 상처 소독에 적합하며, 특히 입 안의 상처에 사용할 수 있다.

⑦ 포름알데히드 : 병원, 도서관, 거실 등의 소독에 사용

⑧ 포르말린 : 포름알데히드를 물에 녹여서35~37.5%의 수용액으로 만든 것이다. 변소, 하수도, 진개 등의 오물 소독에 이용할 수 있다.

⑨ 생석회 : 변소, 하수도, 진개 등의 오물 소독에 가장 우선적으로 사용할 수 있다.

⑩ 승홍수(0.1%) : 비금속기구 소독에 이용한다. 온도 상승에 따라 살균력도 비례하여 증가한다.

⑪ 에틸알코올(70%) : 금속기구, 초자기구, 손소독에 이용

⑫ 에틸렌옥사이드(기체) : 식품 및 의약품 소독에 사용한다.

(3) 식품의 위생적 취급기준

① 식품 조리기구의 관리

㉠ 장비, 용기 및 도구는 청소가 쉽게 디자인되어야 하며, 재질은 표면이 비독성이고 청소세제와 소독약품에 잘 견뎌야 하고 녹슬지 않아야 한다.

㉡ 주방장 또는 주방의 위생관리 담당자는 주방에서 사용하는 조리설비, 용기 및 도구를 구매할 때나 부품을 교환할 때 구매 전에 구매하고자 하는 물건이 구매사양과 일치하 는지 확인한다.

㉢ 작업종료 후 지정한 인원은 매일 작업시작 전에 작업장의 모든 장비, 용기, 바닥을 물 로 청소하고 식품 접촉표면은 염소계 소독제 200ppm을 사용하여 살균한 후 습기를 제 거한다.

② 식품 조리기구의 위생관리

㉠ 매장의 위생관리 담당자는 매분기마다 1회씩 조리기구, 식기, 찬기 및 도구의 표면의 세균검사를 실시하고 그 결과를 주방장에게 보고하여야 한다.

㉡ 매장의 위생관리 담당자는 장비 및 용기에 대한 점검을 실시하여 그 결과를 위생점검일지에 기록하여 관리하여야 한다.

주방의 항목별 세척방법

항 목	내 용
남은 야채 처리	• 남은 야채는 매일 폐기 • 야채용 플라스틱 용기는 매일 세척
조리대와 작업대 청소	• 매일 세제를 묻혀 세척한 뒤 건조
바닥청소	• 바닥은 건조상태 유지 • 습기가 많으면 세균이 번식할 우려가 있으므로 물을 뿌려 세제로 1일 2회 청소 • 기름때가 있을 경우 가성소다를 묻혀 1시간 후 솔로 닦고 헹굼.
칼	• 업무 종료 후 매일 갈고 클린저나 전용행주로 물기를 닦아 건조 보관 • 일하는 중에는 칼을 갈지 않음.(쇠 냄새가 나기 때문)
도마	• 도마는 매일 물로 세척하여 사용 • 매일 사용 후 중성세제로 씻고, 살균 소독하여 보관 • 영업 중에는 조리할 때마다 물로 씻어 사용 • 특히 환절기에는 열탕소독 필수 • 사용 후 지정된 장소에 세워 보관

식기	• 세정은 중성세제로 함. • 용기의 모퉁이는 주의 깊게 닦고, 세정 후 쓰레기, 먼지, 곤충으로부터 오염을 막기 위해 지정장소에 수납
행주와 쓰레기통	• 행주는 사용 후 세제 세척을 하고, 삶은 후 건조하여 사용 • 더러움이 심한 쓰레기통은 가성소다로 씻어 건조시키고, 일반적으로는 세제 청소 후 락스로 헹굼하여 건조
가스레인지와 주변	• 버너 출구가 막혀 있으면 철사로 찌르거나 막혀있는 버너의 가스를 잠그고 막혀 있는 버너를 뺀 다음 큰 버너에 거꾸로 올려 가열. 막힌 버너가 붉은 색으로 변하면 집게로 들어 찬물에 식힘. 그러면 막혀 있던 불순물이 타서 부서짐. • 가스레인지 위는 항상 청결을 유지 • 쓰레받기는 폐점 후에 청결하게 청소 • 매일 가스레인지 표면은 전문세제 등을 사용하여 금속수세미로 세척
식기 선반	• 월 2회 식기를 놓는 선반을 세제로 세정하고 행주로 닦은 뒤 건조하여 사용 • 선반에 깔려 있는 행주 등도 꺼내서 주 1회 정도 새 것으로 교환
닥트와 환기팬	• 월 2회 가성소다를 이용하여 기름때 청소 • 닥트에서 기름 등이 떨어져 요리에 들어가는 것을 예방 • 필터 세정은 싱크에 따뜻한 물을 담고 180cc 정도의 가성소다를 넣고 1일 담근 뒤 중성세제로 세정
식품	• 입고된 식품은 신선도, 품질, 양 체크 • 바닥에는 잡균이 있기 때문에 바닥에 직접 놓는 것은 금물
음식보관	• 뚜껑을 덮거나 랩으로 씌어 냉장보관 • 필히 유통기한을 확인, 스티커 부착

7) 식품첨가물

(1) 식품위생법상 정의

식품첨가물이란 식품을 제조, 가공, 보존하는 과정에서 필요에 따라 식품에 넣거나 적시는 등에 사용되는 물질을 말한다. 이 경우 기구, 용기, 포장을 살균 및 소독하는 데에 사용되어 간접적으로 식품에 옮아갈 수 있는 물질을 포함한다.

※ 식품첨가물이 갖추어야 할 조건

① 식품에 나쁜 영향을 주지 않을 것
② 상품의 가치를 향상시킬 것
③ 소량 사용으로 효과를 나타낼 것
④ 식품 성분 등에 의해 첨가물을 확인할 수 있을 것

(2) 분류 ★★

㉠ 저장성을 높이는 첨가물

보존료(방부제)

① 특징 : 미생물 증식을 억제하여 보존성을 높이는 첨가물

② 종류

- 데히드로초산(염) : 치즈, 버터, 마가린(0.5g/kg 이하)
- 소르빈산(염) : 육제품(2g/kg 이하), 절임식품(1g/kg 이하) 케첩
- 안식향산(염) : 청량음료수(0.6g/ℓ 이하), 간장(0.6g/ℓ 이하), 식초
- 파라옥시 안식향산부틸/파라옥시 안식향산에틸 : 간장, 식초, 청량음료수, 과일소스, 과일 및 야채에만 사용, 나머지 사용 금지
- 프로피온산(염) : 빵, 생과자((2.5g/kg 이하)

살균료

① 특징 : 부패원인균, 전염병 병원균을 사멸하기 위한 첨가물

② 종류

- 차아염소산나트륨(표백작용도 있음) : 물, 음료, 식기소독에 사용
- 표백분, 고도표백분
- 에틸렌옥사이드

산화방지제(항산화제) ★★★

① 특징 : 식품의 산화에 의한 변질현상을 방지하기 위한 첨가물

② 종류

- 비타민C(아스코르빈산), 비타민E(토코페롤) : 천연항산화제, 영양 강화
- BHA(디부탈히드록시 아니졸) : 지용성 항산화제, 식용유, 마요네즈에 사용
- BHT(디부탈히드록시 톨루엔) : 지용성 항산화제, 식용유, 버터 등에 사용
- 몰식자산프로필 : 식용유지, 버터류에 사용
- 에리소르빈산염 : 수용성 항산화제, 맥주나 주스에 사용

㉡ 관능을 만족시키는 첨가물

조미료(정미료)

① 특징 : 식품에 지미(旨味:맛난 맛), 감칠맛을 부여하기 위해 사용하는 첨가물

② 종류

- 구연산나트륨(안정제, 유화제, 당화촉진제)
- 글리신(항균, 산화방지)
- 호박산나트륨 : 조개류
- 이노신산(염) : 멸치나 다랑어에서 추출
- 글루타민산나트륨(MSG) : 다시마, 된장, 고추장의 감칠맛
- 구아닌산 : 표고버섯

감미(甘味)료

① 특징 : 단맛을 부여하는 첨가물

② 종류

- 사카린나트륨 : 0.01~0.05%의 농도로 사용. 건빵, 생과자, 청량음료에 사용 가능(사용 금지:식빵, 이유식, 백설탕, 포도당, 물엿, 벌꿀, 알사탕류)
- D-소르비톨액 : 설탕의 0.7배로 청량감을 가진 백색 분말. 습윤조정제, 변성방지제, 향기억제제, 안정제로도 사용
- 글리시리진산2나트륨 : 된장, 간장만 사용(다른 식품은 사용 금지)
- 아스파탐 : 빵류 과자의 제조용 믹스에서 0.5% 이하로 사용.

※사용 금지 감미료

에틸렌글리콜, 니트로아닐린, 둘신, 글루신, 페릴라틴, 시클라메이트

산미(酸味)료

① 특징 : 신맛을 부여하는 첨가물

② 종류

- 구연산(감귤, 딸기 내의 신맛)
- 빙초산(살균작용도 있음)
- 이산화탄소(방부효과도 있음)
- 젖산(방부효과도 있으며 pH강화제로도 사용)
- 초산(살균작용도 있음)
- 주석산(포도의 신맛)

착향료

① 특징 : 식품 자체내의 냄새를 없애거나, 변화시키거나, 강화하기 위한 첨가물

② 종류

- 계피 알데히드
- 멘톨(박하향), 바닐린(바닐라향)
- 에스테르류 : 시트로넬랄, 초산페닐에틸, 살리신산

ⓒ 외관을 좋게 하기 위한 착색료

발색제(색소고정제) ★

① 특징 : 자신은 무색이지만, 식품중의 색소 성분과 반응하여 그 색을 고정(보존)하거나, 나타내게(발색) 하는 데 사용하는 첨가물

② 종류

- 아질산나트륨 : 식육제품, 경육제품, 어육소시지, 어육햄에만 사용
- 질산나트륨 : 육류
- 질산칼륨 : 육류
- 황산제1철/황산제2철/염화제1철/염화제2철 : 과일, 채소에 사용

착색료

① 특징 : 가공과정에서 상실된 색을 복원하거나 외관을 더 좋게 하기 위해 착색하는 첨가물

② 종류

- 타르(tar)계 색소 : 식용색소 녹색 제3호/식용색소 황색 제4호
- 비타르계 색소
  - ⓐ 구리클로로필린나트륨 – 야채 · 과실류의 저장품, 다시마, 껌, 완두콩조림, 한천에만 사용
  - ⓑ 철클로로필린나트륨 – 사용기준이 없어 식품에 널리 사용한다. 양갱, 캐러멜, 차, 엿 등에 5%수용액을 사용하여 착색한다.

※ 타르계 색소는 반드시 산성이며, 수용성인 것만 사용한다. 염기성 타르 색소는 공업용이며 독성이 강해 식품에 사용할 수 없다.

※ 분말 상태로 사용하면 착색이 고르지 않으므로 용매에 용해하여 사용한다.

※ 6개월 미만의 영,유아가 섭취하는 식품에서는 타르색소가 검출되면 안 된다.

표백제

① 특징 : 식품 본래의 색을 없애거나 퇴색을 방지하기 위한 첨가물

② 종류

- 과산화수소
- (아)황산염
- 메타중아황산칼륨

㉣ 품질유지와 품질개량을 위한 첨가물

피막제

① 특징 : 과채류를 채취한 뒤 그 신선도를 장시간 유지하게 하기 위해 표면에 피막을 만들어 호흡 작용을 적당히 제한하고 수분의 증발을 방지하기 위해 사용하는 첨가물

② 종류

- 초산비닐수지
- 몰포린지방산염

소맥분 개량제

① 특징 : 제분된 밀가루의 표백 및 숙성기간 단축, 제빵 효과 저해 물질을 파괴시켜 살균하기 위한 첨가물

② 종류

- 과산화벤조일(희석) : 소맥분, 압맥 외 사용금지
- 브롬산칼륨
- 과황산암모늄, 염소, 이산화염소

팽창제

① 특징 : 빵, 과자를 만드는 과정에서 이산화탄소 등의 가스를 발생시켜 부풀어지게 하는 첨가물

② 종류

- 명반(발색제, 갈변방지제, 청정제로도 사용)
- 탄산수소나트륨(탄산음료의 원료로도 사용)
- 탄산암모늄
- 탄산수소암모늄
- 효모(이스트) : 천연첨가물, 발효
- 베이킹파우더

호료(증점제)

① 특징 : 식품의 점착성을 증가시켜 입안에서의 촉감을 부드럽게 해 주는 첨가물

② 종류

- 천연–카세인, 구아검, 카라기난 등
- 화학적 합성품–알긴산 나트륨, 변성전분 등

유화제(계면활성제) ★★

① 특징 : 서로 혼합이 잘 되지 않는 2종류의 액체를 유화시키기 위하여 사용하는 첨가물이다. 유화제는 친수정과 친유성을 알맞게 조합하면 상승효과가 있다.

② 종류

- 난황 레시틴, 대두 인지질(레시틴) 및 지방산에스테르의 4종

품질개량제(결착제)

① 특징 : 식품의 결착력을 증가시키기 위해 사용하는 첨가물

② 종류

- 인산염류

ⓜ 식품의 제조 가공 과정에서 필요한 첨가물

소포제

① 특징 : 식품의 제조공정과정에서 생기는 거품을 소멸 또는 억제하기 위하여 사용하는 첨가물

② 종류

- 규소수지(실리콘수지):거품을 없애는 목적 외 사용 금지

팽창제

① 특징 : 밀가루 제품을 제조할 때 반죽을 부풀게 하는 목적으로 사용하는 첨가물

② 종류

- 효모(천연), 탄산수소나트륨, 명반, 탄산수소암모늄, 탄산암모늄

ⓑ 기타 식품첨가물

이형제

① 특징 : 빵 제조 과정 중 빵 반죽을 분할할 때나 구울 때, 달라붙지 않게 하여 모양을 유지하기 위해 사용하는 첨가물

② 종류

- 유동파라핀

껌기초제

① 특징 : 껌에 적당한 점성과 탄력성을 갖게 하여 풍미를 유지하는 구실을 하는 첨가물

② 종류

- 초산비닐수지(피막제로도 사용)
- 에스테르껌
- 폴리부텐
- 폴리이소부틸렌

(영양)강화제

① 특징 : 식품의 영양을 강화하는 데 사용하는 첨가물로, 아미노산, 비타민, 무기염류가 대부분이다.

② 종류

- 구연산염
- 구연산칼슘
- 비타민류

방충제

① 특징 : 곡류를 저장할 때 곤충 서식 방지를 위해 사용하는 첨가물

② 종류

- 피페로닐 부톡사이드 : 곡류에만 사용 가능

훈증제

① 특징 : 훈증에 의해 살균하는데 사용하는 첨가물

② 종류

- 에틸렌옥사이드 : 천연조미료의 훈증제로만 사용

8) 유해물질

(1) 중금속 ★

카드뮴(Cd)	이타이이타이병(골연화증)
수은(Hg)	미나미타병(전신경련)
납(Pb)	중추신경장애, 구토, 설사, 복통, 유약바른 도자기
주석(Sn)	**통조림** 내부도장, 구토, 설사, 복통
크롬(Cr)	금속, 화학공장 폐기물, 비점막궤양, 비중격천공
PCB	가네미유중독, 미강유중독, 피부병, 간질환, 신경장애 등
비소(As)	구토, 설사, 신경염, 위통, 농약, 제초제
아연(Zn)	통조림의 도금재료, 설사, 구토, 복통

(2) 조리, 가공 중에 생기는 유해물질 ★★

N-니트로사민 (N-nitrosamine)	육가공품의 발색제 사용으로 인해 사용된 아질산과 제2급 아민이 가공중에 반응하여 생성되는 발암물질
아크릴아마이드	전분을 많이 포함하는 감자등을 높은 온도에서 가열할 때 생성 되는 발암물질
벤조피렌	고기의 탄부분이나 훈제육에서 발견되는 발암물질
메틸 알코올(메탄올)	에탄올을 발효할 때 펙틴이 존재할 경우에 생성되는 물질

3. 주방위생 관리

1) 주방 위생 위해요소

기계 및 설비

- 설비부품은 뜨거운 물에 5분간 담근 후 세척하거나 200ppm의 차아염소산나트륨 용액에 5분간 담근 후에 세척 → 완전히 건조시킨 후 재조립한다.
- 분해할 수 없는 설비는 지저분한 곳을 제거한 후 청결한 행주나 위생타월로 물기를 제거한 후에 소독용 알코올을 분무한다.

도마, 식칼

- 뜨거운 물로 씻고 세제를 묻힌 스펀지로 이물질 제거 → 흐르는 물로 세제를 씻어낸다.
- 80℃의 뜨거운 물에 5분간 담근 후 세척하거나 200ppm의 차아염소산나트륨 용액에 5분간 담근 후에 세척한다.
- 완전히 건조시킨 후 사용한다.

행주

- 뜨거운 물에 담가 1차 세척하고 식품용 세제로 씻어 깨끗한 물로 헹군다.
- 100℃에서 5분 이상 끓여서 자비 소독한다.
- 의류용 세제에는 형광염료가 포함되어 있으므로 식품에 사용을 금지한다.

2) 식품안전관리인증기준(HACCP) ★★★

(1) HACCP(Hazard Analysis and Critical Control Point)의 정의

식품의 원료, 제조 · 가공 · 조리 · 소분 및 유통의 모든 과정에서 위해한 물질이 식품에 섞이거나 식품에 오염되는 것을 방지하기 위하여 각 과정의 위해요소를 확인 · 평가하여 중점적으로 관리하는 기준. 위해분석(HA) + 중요관리점(CCP)

(2) HACCP의 12단계 순서

- 준비단계(5단계)
  ① HACCP팀 구성
  ② 제품설명서 확인
  ③ 제품 용도 확인
  ④ 공정 흐름도 작성
  ⑤ 공정 흐름도 현장 확인

- 본단계(7원칙) ★★★★
  ⑥ (원칙1) **위해요소분석**
  ⑦ (원칙2) **중점관리점 결정**
  ⑧ (원칙3) 중점관리점의 **한계기준 설정**
  ⑨ (원칙4) 중요관리점별 **모니터링 체계 수립**

⑩ (원칙5) **개선조치방법 설정**
⑪ (원칙6) **검증절차 및 방법 수립**
⑫ (원칙7) **문서화하는 기록유지 방법 설정**

- HACCP의 의무적용 대상 업종 : 어육가공품 중 어묵류, 어류, 연체류, 조미가공품, 피자류, 만두류, 면류, 김치류 중 배추김치, 빙과류, 비가열음료, 레토르트식품

3) 작업장 교차오염 발생

(1) 교차오염이란

오염된 식재료, 기구, 사람의 접촉에 의해 오염이 없던 것이 오염되는 것

(2) 교차오염 발생 원인 및 예방

- 식품을 맨손으로 취급하거나 기침이나 재채기를 하는 경우
  → 손에 있는 장신구를 모두 제거하여 손을 반드시 세척, 소독한 뒤 식품을 다루어야하며, 조리용 장갑을 사용한다. 화장실을 다녀온 이후에는 반드시 손을 씻는다.

- 많은 양의 식품을 원재료 상태로 들어와 준비하는 과정
  → 이러한 경우 원재료의 전처리 과정에서 더욱 세심한 청결상태의 유지와 식재료의 관리가 필요하다. 또한 일반구역과 청결구역을 설정하여 별도의 구역에서 진행한다.

- 나무재질의 도마, 칼, 장갑, 행주, 생선과 채소, 과일 준비 코너에서 교차오염이 발생
  → 용도별(식품의 종류별, 조리 전후)로 구분하여 사용, 세척 및 살균, 청결 유지, 정확한 사용방법과 청소 및 세척방법을 숙지한다.

- 주방 바닥, 트렌치에서 교차오염 발생
  → 철저한 위생관리 및 물기를 제거한다. 식품 취급은 바닥으로부터 최소 60cm 이상 떨어진 곳에서 실시한다.

4. 식중독 관리

1) 식중독

(1) 정의

식중독(Food poisoning)은 일반적으로 음식물을 통하여 체내에 들어간 병원미생물, 유독 · 유해물질에 의해 일어나는 감염성 또는 독소형 질환(식품위생법 제2조 제14호)을 말한다.
세계보건기구(WHO)는 식품 또는 물의 섭취에 의하여 발생되었거나 발생된 것으로 생각되는 감염성 또는 독소형 질환으로 규정하고 있다. 식중독은 주로 여름철인 6~9월 사이에 발생하며, 집단식중독은 2인 이상의 사람에게 발생하는 경우를 말한다.

※ 식중독이 발견되면, 의사는 바로 보건소장에게 보고하여 다각적인 조치를 취할 수 있도록 해야 한다.

※보고 순서

의사 → 보건소장 → 시장, 군수, 구청장 → 시·도지사 → 보건복지부 장관

2) 식중독의 분류 ★★★★

세균성 식중독

(1) 감염형 식중독

식품 내에 병원체가 증식하여 인체에 음식과 함께 들어와 일으키는 식중독이다.

① 살모넬라 식중독

특징	쥐, 파리, 바퀴벌레 등에 의해 오염시키는 균
원인균	살모넬라균
증상	두통, 심한 위장통, 38~40도의 급격한 발열
원인 식품	육류, 난류, 어패류 및 가공품, 우유 및 유제품, 야채 샐러드
잠복기	12~24시간
예방대책	방충, 방서, 60°C 이상에서 30분 이상 가열

② 장염비브리오 식중독

특징	해안지방에 가까운 바닷물 등에 사는 호염성 세균
원인균	비브리오균
증상	(급성)위장통, 설사, 구토, 약간의 발열
원인 식품	어패류
잠복기	10~18시간
예방대책	5°C 이하에서 보관, 60°C 이상에서 가열, 칼, 도마, 식기 등의 청결 유지

③ 병원성 대장균 식중독

특징	환자나 보균자의 분변, 물이나 흙 속에 존재
원인균	병원성 대장균
증상	급성 대장염
원인 식품	우유, 마요네즈, 채소 샐러드
잠복기	약 13시간
예방대책	분변으로부터 오염 방지

④ 웰치균 식중독

특징	편성혐기성균, 아포형성, 내열성균
원인균	웰치균(A형)
증상	설사, 복통
원인 식품	육류, 어패류 및 그 가공품
잠복기	8~22시간
예방대책	분변으로부터 오염방지, 조리 후 저온 냉동보관

(2) 독소형 식중독

식품 내에 병원체의 증식으로 생성된 독소에 의해 발생하는 식중독으로 잠복기가 짧은 것이 특징이다.

① 포도상구균 식중독

특징	화농성질환자에 의해 감염됨
원인균	포도상구균
원인독소	엔테로톡신(Enterotoxin, 장독소); 열에 강함(120°C에서 30분간 가열해도 파괴 안 됨)
증상	구토, 복통, 설사
원인 식품	우유, 유제품, 떡, 도시락, 김밥
잠복기	식후 3시간(세균성 식중독 중 가장 짧음)
예방대책	손이나 몸에 화농이 있는 사람은 식품 취급을 금지

② 클로스트리디움 보튤리누스 식중독

특징	통조림 등에서 주로 발생
원인균	보툴리늄균(clostridium botulinum)_A,B,E형이 원인균
원인독소	뉴로톡신(Neurotoxin, 신경독소); 열에 약함(100°에서 1~2분 가열하면 비활성)
증상	신경마비, 치명률이 가장 높음
원인 식품	통조림, 햄, 소시지 등
잠복기	12~36시간
예방대책	통조림 소시지 등 가공품 보관 및 가공관리 철저

자연독 식중독 ★★★

㉠ 동물성 식중독

복어	독성물질 : 테트로도톡신(tetrodotoxin) 치사량은 2mg이고, 봄철 산란기에 더욱 강함. 난소 > 간 > 내장 > 피부, 복어독은 열에 강해 끓여도 파괴되지 않음. 치사율이 높음. ※ 복어는 전문조리사만이 요리하여야 하고, 유독 부위를 완전히 제거 후 요리해야 한다.

검은 조개, 섭조개(홍합)	독소 : 삭시톡신(saxitoxin); 신경마비성 독소, 열에 안정 증상 : 신체마비, 호흡곤란
모시조개, 굴, 바지락	독소 : 베네루핀(venerupin); 간독소, 열에 안정 증상 : 구토, 복통, 변비
소라	테트라민

㉡ 식물성 식중독

감자	솔라닌(solanine: 발아부위), 셉신(부패한 감자) 감자의 싹트는 부분과 녹색부분은 제거
독버섯	무스카린(muscarine), 무스카리딘, 뉴린, 콜린, 아마니톡신 위장염 : 무당버섯, 화경버섯 콜레라 증상 : 마귀곰보버섯, 알광대버섯 뇌 및 중추신경 장애 : 파리버섯, 미치광이버섯 등
독미나리	시큐톡신(cicutoxin)
청매, 살구씨, 복숭아씨	아미그달린(amygdalin)
피마자	리신(ricin)
목화씨	고시폴(gossypol)

※ 독버섯 감별법

- 세로로 쪼개지지 않는 것
- 고약한 냄새가 나는 것
- 색깔이 짙고 화려한 것
- 줄기 부분이 거친 것
- 쓴맛 또는 매운맛이 나는 것
- 은수저를 검은색으로 변색시키는 것

화학적 식중독

㉠ 유해물질에 의한 식중독

카드뮴(Cd)	범랑용기나 도자기 안료 증상 : 이타이이타이병(신경장애, 골연화증)
수은(Hg)	수은을 포함한 공장폐수에서의 어패류 오염 증상 : 미나미타병(전신경련, 중추신경장애 증상)
납(Pb)	통조림의 땜납, 인쇄소, 유약바른 도자기 증상 : 구토, 설사, 복통,
주석(Sn)	산성 과일을 주석 도금한 통조림에 담을 경우 증상 : 구토, 설사, 복통
크롬(Cr)	금속, 화학공장 폐기물 증상 : 비점막궤양, 비중격천공
PCB	가네미유중독, 미강유중독, 피부병, 간질환, 신경장애 등
방사능	유전자 변이, 백혈병 등

㉡ 농약에 의한 식중독

유기인제	파라티온, 말라티온, 다이아지논, 테프 신경장애, 혈압상승, 근력감퇴
유기염소제	DDT, BHC 복통, 설사, 두통, 구토, 시력감퇴, 신경계 이상, 손발의 경련
비소화합물	비산칼슘 목구멍과 식도 수축 현상, 위통, 설사, 구토, 소변량 감소
유기수은제	메틸염화수은, 메틸요오드화수은, EMP, PMA 중추신경장애 증상, 경련, 시야축소, 언어장애, 정신착란

곰팡이 식중독 ★

아플라톡신 중독	원인 식품 : 곡류, 땅콩 아스퍼질러스 플라버스(aspergillus flavus) 곰팡이가 번식하여 아플라톡신 독소(간장독) 생성 ➲ 열에 강하여 가열해도 파괴되지 않음
황변미 중독	원인 식품 : 쌀 페니실리움 속 푸른곰팡이에 의해 정장중인 쌀에 번식 시트리닌(신장독), 시트레오비리딘(신경독), 아이슬랜디톡신(간장독) 독소 생성

맥각 중독	원인 식품 : 보리, 호밀 맥각균이 번식하여 에르고톡신(간장독) 독소 생성

기타 식중독

㉠ 알레르기성 식중독

원인독소	히스타민
원인균	프로테우스 모르가니
증상	두드러기, 염증
원인 식품	꽁치, 고등어 등 붉은 살 생선 및 그 가공품
예방대책	항히스타민제 투여

㉡ 노로바이러스 식중독

원인	경구감염 : 오염식수, 오염된 물로 재배된 채소나 과일을 섭취 접촉감염 : 감염환자와의 접촉 비말감염 : 기침, 재채기, 대화를 통한 감염
증상	24~48시간내에 구토, 설사, 복통이 발생
특징	백신 및 치료법 없음
예방대책	손을 잘 씻어야 하고, 식품은 충분히 가열 후 먹음

※ 예방 대책 3대 원칙

① 식중독균의 오염 방지-시설 깨끗이, 구충, 구서, 식품 취급자의 건강 유의
② 오염된 균의 증식 억제-즉시 섭취, 냉장고 보존
③ 식품 중의 균이나 독소의 파괴-가열 충분히, 식기, 기구, 도마 세척 소독, 섭취 직전 가열

※ 세균성 식중독과 소화기계 전염병의 차이 ★★

세균성 식중독	소화기계 전염병(경구 전염병)
① 식중독균에 오염된 식품을 섭취하여 발병한다.	① 전염병균에 오염된 식품과 물의 섭취에 의해 경구 감염을 일으킨다.
② 대량의 균 또는 독소에 의해 발병한다.	② 소량의 균으로도 발병한다.
③ 장염비브리오, 살모넬라 외에는 2차감염이 없다.	③ 2차 감염이 된다.
④ 잠복기는 소화기계 전염병에 비해 짧다.	④ 잠복기가 일반적으로 길다.
⑤ 면역성이 없다.	⑤ 면역이 성립되는 것이 많다.

5. 식품위생 관계법규

(1) 식품위생법 및 관계법규

1) 식품위생법의 목적

① 식품으로 인해 생기는 위생상의 위해를 방지

② 식품 영양의 질적 향상을 도모

③ 식품에 관한 올바른 정보를 제공

④ 국민보건의 증진에 이바지함

2) 범위

담당	식품위생법에 의거 - 보건복지부가 담당, 기준도 보건복지부령으로 정함
내용	식품 관련 기구와 용기, 포장 기준을 제시, 식중독에 관한 조사 보고 체계 확정, 조리사의 결격사유 등이 명시
대상	식품, 식품첨가물, 기구 또는 용기, 포장

3) 용어의 정의

(1) 식품 : 의약으로 섭취하는 것은 제외한 모든 음식을 말한다.

(2) 식품첨가물 : 식품을 제조, 가공 혹은 보존하는 과정에서 식품에 넣거나, 섞는 물질 또는 식품을 적시는 등에 사용되는 물질을 말한다. 이 경우 기구, 용기, 포장은 살균, 소독하는 데 사용되어, 간접적으로 식품으로 옮아갈 수 있는 물질을 포함한다.

(3) 화학적 합성품 : 화학적 수단으로 원소 또는 화합물에 분해 반응 외의 화학 반응을 일으켜 얻어진 물질을 말한다.

(4) 기구 : 식품, 또는 식품첨가물에 직접 닿는 기계, 기구나 그 밖의 물건을 말한다(농업과 수산업에서 식품을 채취하는데 쓰는 기계와 기구는 제외).

(5) 용기 · 포장 : 식품 또는 식품첨가물을 넣거나 싸는 것을 말한다.

(6) 위해 : 식품, 식품첨가물, 기구 또는 용기, 포장에 존재하는 위험 요소로서, 인체의 건강을

해치거나 해칠 우려가 있는 것을 말한다.

(7) 표시 : 식품 또는 식품첨가물, 기구, 용기, 포장에 적는 문자, 숫자, 도형

(8) 영양 표시 : 식품에 들어있는 영양소의 양 등 영양에 관한 정보를 표시한 것

(9) 영업 : 식품 또는 식품첨가물을 채취, 제조, 수입, 가공, 조리, 저장, 소분, 운반 또는 판매하는 것을 말한다. 기구 또는 용기 포장을 제조 수입, 운반, 판매하는 것(농업과 수산업에 속하는 식품 채취업은 제외).

(10) 영업자 : 영업허가를 받은 자나 영업 신고를 한 자, 또는 영업 등록을 한 자를 말한다.

(11) 식품위생 : 식품 또는 식품첨가물, 기구, 용기, 포장을 대상으로 하는 음식에 관한 위생을 의미한다.

(12) 집단급식소 : 기숙사, 학교, 병원, 후생기관 등에서 영리를 목적으로 하지 않으면서 특정 다수인에게 계속하여 음식물을 공급하는 곳으로서 대통령령으로 정하는 시설을 말한다.
* 기숙사, 학교, 병원, 「사회복지사업법」 제2조제4호의 사회복지시설, 산업체, 국가 · 지방자치단체 및 「공공기관의 운영에 관한 법률」 제4조제1항에 따른 공공기관, 그 밖의 후생기관 등

(13) 식품이력 추적관리 : 식품을 제조, 가공 단계부터 판매 단계까지 각 단계별로 정보를 기록, 관리하여 그 식품의 안전성 등에 문제가 발생할 경우 그 식품을 추적하여 원인을 규명하고 필요한 조치를 할 수 있도록 관리하는 것이다.

(14) 식중독 : 식품 섭취로 인하여 인체에 유해한 미생물 또는 유독물질에 의해 발생했거나 발생한 것으로 판단되는 감염성 질환 또는 독소형 질환을 말한다.

(15) 식품의 공전 : 식품 또는 식품첨가물의 기준과 규격, 기구 및 용기, 포장의 기준과 규격, 식품 등의 표시기준 등을 실은 것. 식품의약품안전처장이 작성하여 보급한다.

4) 식품 및 식품첨가물

(1) 위해식품 등의 판매 금지(제4조)

누구든지 다음의 어느 하나에 해당하는 식품 등을 판매하거나 판매할 목적으로 채취 · 제조 · 수입 · 가공 · 사용 · 조리 · 저장 · 소분 · 운반 또는 진열하여서는 안 된다.

① 썩거나 상하거나 설익어서 인체의 건강을 해칠 우려가 있는 것
② 유독 · 유해물질이 들어 있거나 묻어 있는 것 또는 그러할 염려가 있는 것. (단, 식품의약품안전처장이 인체의 건강을 해칠 우려가 없다고 인정하는 것은 제외)
③ 병(病)을 일으키는 미생물에 오염되었거나 오염될 염려가 인체의 건강을 해칠 우려가 있는 것
④ 불결하거나 다른 물질이 섞이거나 첨가된 것 또는 그 밖의 사유로 인체의 건강을 해칠 우려가 있는 것
⑤ 안전성 평가 대상인 농 · 축 · 수산물 등 가운데 안전성 평가를 받지 않았거나 안전성 평가에서 식용(食用)으로 부적합하다고 인정된 것
⑥ 수입이 금지된 것 또는 수입신고를 하지 않고 수입한 것
⑦ 영업자가 아닌 자가 제조 · 가공 · 소분한 것

(2) 병든 고기 등의 판매 금지(제5조)

누구든지 총리령으로 정하는 질병에 걸렸거나 걸렸을 염려가 있는 동물이나 그 질병에 걸려 죽은 동물의 고기 · 뼈 · 젖 · 장기 또는 혈액을 식품으로 판매하거나 판매할 목적으로 채취 · 수입 · 가공 · 사용 · 조리 · 저장 · 소분 또는 운반하거나 진열하여서는 아니 된다.

(3) 기준, 규격이 정하여지지 아니한 화학적 합성품의 등의 판매 등 금지(제6조)

누구든지 다음의 어느 하나에 해당하는 행위를 하여서는 아니 된다. 다만, 식품의약품안전처장이 제57조에 따른 식품위생심의위원회(이하 "심의위원회"라 한다)의 심의를 거쳐 인체의 건강을 해칠 우려가 없다고 인정하는 경우에는 그러하지 아니하다.

1. 기준 · 규격이 정하여지지 아니한 화학적 합성품인 첨가물과 이를 함유한 물질을 식품첨가물로 사용하는 행위
2. 제1호에 따른 식품첨가물이 함유된 식품을 판매하거나 판매할 목적으로 제조 · 수입 · 가공 · 사용 · 조리 · 저장 · 소분 · 운반 또는 진열하는 행위

(4) 식품 또는 식품첨가물에 관한 기준 및 규격(제7조)

① 식품의약품안전처장은 국민 보건을 위하여 필요하다고 인정하는 때에는 판매를 목적으로 하는 식품 혹은 식품첨가물의 제조 · 가공 · 사용 · 조리 및 보존의 방법에 관한 기준과 그 식품 또는 식품첨가물의 성분에 관한 규격을 정하여 고시한다.

② 식품의약품안전처장은 ①에 따라 기준과 규격이 고시되지 아니한 식품 또는 식품첨가물의 기준과 규격을 인정받으려는 자에게 ① 각 호의 사항을 제출하게 하여 「식품 · 의약품분야 시험 · 검사 등에 관한 법률」에 따라 식품의약품안전처장이 지정한 식품전문 시험 · 검사기관 또는 같은 조 ④의 단서에 따라 총리령으로 정하는 시험 · 검사기관의 검토를 거쳐 ①에 따른 기준과 규격이 고시될 때까지 그 식품 또는 식품첨가물의 기준과 규격으로 인정할 수 있다.

③ 수출할 식품 또는 식품첨가물의 기준과 규격은 ① 및 ②에도 불구하고 수입자가 요구하는 기준과 규격을 따를 수 있다.

④ ① 및 ②에 따라 기준과 규격이 정하여진 식품 또는 식품첨가물은 그 기준에 따라 제조 · 수입 · 가공 · 사용 · 조리 · 보존하여야 하며, 그 기준과 규격에 맞지 아니하는 식품 또는 식품첨가물은 판매하거나 판매할 목적으로 제조 · 수입 · 가공 · 사용 · 조리 · 저장 · 소분 · 운반 · 보존 또는 진열하여서는 아니 된다.

(5) 권장규격 예시 등(제7조의2)

① 식품의약품안전처장은 판매를 목적으로 하는 제7조 및 제9조에 따른 기준 및 규격이 설정되지 아니한 식품등이 국민보건상 위해 우려가 있어 예방조치가 필요하다고 인정하는 경우에는 그 기준 및 규격이 설정될 때까지 위해 우려가 있는 성분 등의 안전관리를 권장하기 위한 규격(이하 "권장규격"이라 한다)을 예시할 수 있다.

② 식품의약품안전처장은 ①에 따라 권장규격을 예시할 때에는 국제식품규격위원회 및 외국의 규격 또는 다른 식품등에 이미 규격이 신설되어 있는 유사한 성분 등을 고려하여야 하고 심의위원회의 심의를 거쳐야 한다.

③ 식품의약품안전처장은 영업자가 ①에 따른 권장규격을 준수하도록 요청할 수 있으며 이행하지 아니한 경우 그 사실을 공개할 수 있다.

5) 기구와 용기 · 포장

(1) 유독기구 등의 판매 · 사용 금지(제8조)

유독 · 유해물질이 들어 있거나 묻어 있어 인체의 건강을 해칠 우려가 있는 기구 및 용기 · 포장과 식품 또는 식품첨가물에 직접 닿으면 해로운 영향을 끼쳐 인체의 건강을 해칠 우려가 있는 기구 및 용기 · 포장을 판매하거나 판매할 목적으로 제조 · 수입 · 저장 · 운반 · 진열하거나 영업에 사용하여서는 아니 된다.

(2) 기구 및 용기 · 포장에 관한 기준 및 규격(제9조)

① 식품의약품안전처장은 국민보건을 위하여 필요한 경우에는 판매하거나 영업에 사용하는 기구 및 용기 · 포장에 관하여 다음 각 호의 사항을 정하여 고시한다.

1. 제조 방법에 관한 기준
2. 기구 및 용기 · 포장과 그 원재료에 관한 규격

② 식품의약품안전처장은 제1항에 따라 기준과 규격이 고시되지 아니한 기구 및 용기 · 포장의 기준과 규격을 인정받으려는 자에게 제1항 각 호의 사항을 제출하게 하여 「식품 · 의약품분야 시험 · 검사 등에 관한 법률」에 따라 식품의약품안전처장이 지정한 식품전문 시험 · 검사기관 또는 같은 조 ④항 단서에 따라 총리령으로 정하는 시험 · 검사기관의 검토를 거쳐 제1항에 따라 기준과 규격이 고시될 때까지 해당 기구 및 용기 · 포장의 기준과 규격으로 인정할 수 있다.

③ 수출할 기구 및 용기 · 포장과 그 원재료에 관한 기준과 규격은 ① 및 ②에도 불구하고 수입자가 요구하는 기준과 규격을 따를 수 있다.

④ ① 및 ②에 따라 기준과 규격이 정하여진 기구 및 용기 · 포장은 그 기준에 따라 제조하여야 하며, 그 기준과 규격에 맞지 아니한 기구 및 용기 · 포장은 판매하거나 판매할 목적으로 제조 · 수입 · 저장 · 운반 · 진열하거나 영업에 사용하여서는 아니 된다.

6) 표시

(1) 유전자변형식품등의 표시(제12조의2)

① 다음 각 호의 어느 하나에 해당하는 생명공학기술을 활용하여 재배 · 육성된 농산물 · 축산물 · 수산물 등을 원재료로 하여 제조 · 가공한 식품 또는 식품첨가물(이하 "유전자변형식품등"이라 한다)은 유전자변형식품임을 표시하여야 한다. 다만, 제조 · 가공 후에 유전

자변형 디엔에이(DNA, Deoxyribonucleic acid) 또는 유전자변형 단백질이 남아 있는 유전자변형식품등에 한정한다.

1. 인위적으로 유전자를 재조합하거나 유전자를 구성하는 핵산을 세포 또는 세포 내 소기관으로 직접 주입하는 기술
2. 분류학에 따른 과(科)의 범위를 넘는 세포융합기술

② ①에 따라 표시하여야 하는 유전자변형식품등은 표시가 없으면 판매하거나 판매할 목적으로 수입 · 진열 · 운반하거나 영업에 사용하여서는 아니 된다.

③ ①에 따른 표시의무자, 표시대상 및 표시방법 등에 필요한 사항은 식품의약품안전처장이 정한다.

7) 식품등의 공전(公典)

(1) 식품등의 공전(제14조)

식품의약품안전처장은 다음 각 호의 기준 등을 실은 식품등의 공전을 작성 · 보급하여야 한다.

1. 식품 또는 식품첨가물의 기준과 규격
2. 기구 및 용기 · 포장의 기준과 규격

8) 검사

(1) 위해평가(제15조)

① 식품의약품안전처장은 국내외에서 유해물질이 함유된 것으로 알려지는 등 위해의 우려가 제기되는 식품등이 제4조 또는 제8조에 따른 식품등에 해당한다고 의심되는 경우에는 그 식품등의 위해요소를 신속히 평가하여 그것이 위해식품등인지를 결정하여야 한다.

② 식품의약품안전처장은 ①에 따른 위해평가가 끝나기 전까지 국민건강을 위하여 예방조치가 필요한 식품등에 대하여는 판매하거나 판매할 목적으로 채취 · 제조 · 수입 · 가공 · 사용 · 조리 · 저장 · 소분 · 운반 또는 진열하는 것을 일시적으로 금지할 수 있다. 다만, 국민건강에 급박한 위해가 발생하였거나 발생할 우려가 있다고 식품의약품안전처장이 인정하는 경우에는 그 금지조치를 하여야 한다.

③ 식품의약품안전처장은 ②에 따른 일시적 금지조치를 하려면 미리 심의위원회의 심의 · 의결을 거쳐야 한다. 다만, 국민건강을 급박하게 위해할 우려가 있어서 신속히 금지조치

를 하여야 할 필요가 있는 경우에는 먼저 일시적 금지조치를 한 뒤 지체 없이 심의위원회의 심의 · 의결을 거칠 수 있다.

④ 심의위원회는 ③ 본문 및 단서에 따라 심의하는 경우 대통령령으로 정하는 이해관계인의 의견을 들어야 한다.

⑤ 식품의약품안전처장은 ①에 따른 위해평가나 ③ 단서에 따른 사후 심의위원회의 심의 · 의결에서 위해가 없다고 인정된 식품등에 대하여는 지체 없이 ②에 따른 일시적 금지조치를 해제하여야 한다.

⑥ ①에 따른 위해평가의 대상, 방법 및 절차, 그 밖에 필요한 사항은 대통령령으로 정한다.

(2) 출입 · 검사 · 수거 등(시행규칙 제19조)

① 출입 · 검사 · 수거 등은 국민의 보건위생을 위하여 필요하다고 판단되는 경우에는 수시로 실시한다.

② ①에도 불구하고 행정처분을 받은 업소에 대한 출입 · 검사 · 수거 등은 그 처분일부터 6개월 이내에 1회 이상 실시하여야 한다. 다만, 행정처분을 받은 영업자가 그 처분의 이행 결과를 보고하는 경우에는 그러하지 아니하다.

(3) 수거량 및 검사 의뢰 등(시행규칙 제20조)

① 관계 공무원이 식품등을 무상으로 수거한 경우에는 수거증(전자문서를 포함한다)을 발급하여야 한다.

② 식품등을 무상으로 수거한 관계 공무원은 그 수거한 식품등을 그 수거 장소에서 봉함하고 관계 공무원 및 피수거자의 인장 등으로 봉인하여야 한다.

③ 식품의약품안전처장, 시 · 도지사 또는 시장 · 군수 · 구청장은 무상으로 수거한 식품등에 대해서는 지체 없이 식품의약품안전처장이 지정한 식품전문 시험 · 검사기관 또는 총리령으로 정하는 시험 · 검사기관에 검사를 의뢰하여야 한다.

④ 식품의약품안전처장, 시 · 도지사 또는 시장 · 군수 · 구청장은 관계 공무원으로 하여금

출입 · 검사 · 수거를 하게 한 경우에는 수거검사 처리대장(전자문서를 포함한다)에 그 내용을 기록하고 이를 갖춰 두어야 한다.

(4) 자가품질검사 의무(제31조)

① 식품등을 제조 · 가공하는 영업자는 총리령으로 정하는 바에 따라 제조 · 가공하는 식품등이 기준과 규격에 맞는지를 검사하여야 한다.

(시행규칙 제31조) 자가품질검사에 관한 기록서는 2년간 보관하여야 한다.

9) 식품위생감시원

(1) 식품위생감시원(제32조)

① 관계 공무원의 직무와 그 밖에 식품위생에 관한 지도 등을 하기 위하여 식품의약품안전처(대통령령으로 정하는 그 소속 기관을 포함한다), 특별시 · 광역시 · 특별자치시 · 도 · 특별자치도 또는 시 · 군 · 구)에 식품위생감시원을 둔다.

② ①에 따른 식품위생감시원의 자격 · 임명 · 직무범위, 그 밖에 필요한 사항은 대통령령으로 정한다.

(2) 식품위생감시원의 자격 및 임명(시행령 제16조)

법 제32조 제1항에서 "대통령령으로 정하는 그 소속 기관"이란 지방식품의약품안전청을 말한다. 법 제32조 제1항에 따른 식품위생감시원(이하 "식품위생감시원"이라 한다)은 식품의약품안전처장(지방식품의약품안전청장을 포함한다), 시 · 도지사 또는 시장 · 군수 · 구청장이 다음 각 호의 어느 하나에 해당하는 소속 공무원 중에서 임명한다.

① 위생사, 식품기술사 · 식품기사 · 식품산업기사 · 수산제조기술사 · 수산제조기사 · 수산제조산업기사 또는 영양사

② 「고등교육법」 제2조 제1호 및 제4호에 따른 대학 또는 전문대학에서 의학 · 한의학 · 약학 · 한약학 · 수의학 · 축산학 · 축산가공학 · 수산제조학 · 농산제조학 · 농화학 · 화학 · 화학공학 · 식품가공학 · 식품화학 · 식품제조학 · 식품공학 · 식품과학 · 식품영양학 · 위생학 · 발효공학 · 미생물학 · 조리학 · 생물학 분야의 학과 또는 학부를 졸업한 자 또는 이와 같은 수준 이상의 자격이 있는 자

③ 외국에서 위생사 또는 식품제조기사의 면허를 받은 자나 ②와 같은 과정을 졸업한 자로서 식품의약품안전처장이 적당하다고 인정하는 자

④ 1년 이상 식품위생행정에 관한 사무에 종사한 경험이 있는 자

(3) 식품위생감시원의 직무(시행령 제 17조)
① 식품 등의 위생적인 취급에 관한 기준 이행 지도
② 수입, 판매 또는 사용 등이 금지된 식품 등의 취급 여부에 관한 단속
③ 표시기준 또는 과대광고 금지의 위반 여부에 관한 단속
④ 출입, 검사에 필요한 식품 등의 수거
⑤ 시설기준의 적합 여부 확인 검사
⑥ 영업자 및 종업원의 건강진단 및 위생교육의 이행 여부 확인 지도
⑦ 조리사 및 영양사의 법령준수사항 이행 여부의 확인, 지도
⑧ 행정처분의 이행 여부 확인
⑨ 식품 등의 압류, 폐기
⑩ 영업소의 폐쇄를 위한 간판 제거 등의 조치
⑪ 그밖에 영업자의 법령 이행 여부 확인 지도

10) 영업
(1) 시설기준(제36조)
① 다음의 영업을 하려는 자는 총리령으로 정하는 시설기준에 맞는 시설을 갖추어야 한다.
1. 식품 또는 식품첨가물의 제조업, 가공업, 운반업, 판매업 및 보존업
2. 기구 또는 용기 · 포장의 제조업
3. 식품접객업

② 영업의 세부 종류와 그 범위는 대통령령으로 정한다.

추가tip 업종별 시설기준(식품위생법 시행규칙 [별표 14])

1. 식품제조·가공업
   ① 건물의 위치는 축산폐수·화학물질, 그 밖에 오염물질의 발생시설로부터 식품에 나쁜 영향을 주지 아니하는 거리를 두어야 한다.
   ② 건물의 구조는 제조하려는 식품의 특성에 따라 적정한 온도가 유지될 수 있고, 환기가 잘 될 수 있어야 한다.
   ③ 건물의 자재는 식품에 나쁜 영향을 주지 아니하고 식품을 오염시키지 아니하는 것이어야 한다.

2. 즉석판매제조·가공업
   ① 독립된 건물이거나 즉석판매제조·가공 외의 용도로 사용되는 시설과 분리 또는 구획되어야 한다.
   ② 식품을 제조·가공할 수 있는 기계·기구류 등이 설치된 제조·가공실을 두어야 한다.

3. 식품첨가물제조업
   ① 식품제조·가공업의 시설기준을 준용한다. 다만, 건물의 위치·구조 및 작업장에 대하여는 신고관청이 위생상 위해발생의 우려가 없다고 인정하는 경우에는 그러하지 아니하다.

4. 식품운반업
   운반시설 : 냉동 또는 냉장시설을 갖춘 적재고(積載庫)가 설치된 운반 차량 또는 선박이 있어야 한다. 다만, 어패류에 식용얼음을 넣어 운반하는 경우와 냉동 또는 냉장시설이 필요 없는 식품만을 취급하는 경우에는 그러하지 아니하다.

5. 식품소분업
   ① 식품등을 소분·포장할 수 있는 시설을 설치하여야 한다.
   ② 소분·포장하려는 제품과 소분·포장한 제품을 보관할 수 있는 창고를 설치하여야 한다.
   (1) 식품소분업의 신고대상(시행규칙 제38조)
      ① "총리령으로 정하는 식품 또는 식품첨가물"이란 영업의 대상이 되는 식품 또는 식품첨가물(수입되는 식품 또는 식품첨가물을 포함)과 벌꿀[영업자가 자가채취하여 직접 소분(小分)·포장하는 경우를 제외]을 말한다. 다만, 어육제품, 특수용도식품(체중조절용 조제식품은 제외한다), 통·병조림 제품, 레토르트식품, 전분, 장류 및 식초는 소분·판매하여서는 아니 된다.
      ② 식품 또는 식품첨가물제조업의 신고를 한 자가 자기가 제조한 제품의 소분 · 포장만을 하기 위하여 신고를 한 제조업소 외의 장소에서 식품소분업을 하려는 경우에는 그 제품이 ①의 식품소분업 신고대상 품목이 아니더라도 식품소분업 신고를 할 수 있다.

6. 휴게음식점영업·일반음식점영업 및 제과점영업

① 일반음식점에 객실(투명한 칸막이 또는 투명한 차단벽을 설치하여 내부가 전체적으로 보이는 경우는 제외한다)을 설치하는 경우 객실에는 잠금장치를 설치할 수 없다.

② 휴게음식점 또는 제과점에는 객실(투명한 칸막이 또는 투명한 차단벽을 설치하여 내부가 전체적으로 보이는 경우는 제외한다)을 둘 수 없으며, 객석을 설치하는 경우 객석에는 높이 1.5미터 미만의 칸막이(이동식 또는 고정식)를 설치할 수 있다. 이 경우 2면 이상을 완전히 차단하지 아니하여야 하고, 다른 객석에서 내부가 서로 보이도록 하여야 한다.

추가tip 영업의 종류(시행령 제21조)

① 식품 또는 식품첨가물의 제조업, 가공업, 운반업, 소분·판매업 및 보존업

- 식품제조 가공업
- 즉석판매 제조, 가공업
- 식품첨가물 제조업
- 식품운반업
- 식품소분업 : 식품 또는 식품첨가물의 완제품을 나누어 유통할 목적으로 재포장·판매하는 영업
- 식품판매업 : 식용얼음판매업, 식품자동판매기 영업, 유통전문판매업, 집단급식소 식품판매업
- 식품보존업 : 식품조사처리업(방사선을 쬐어 식품의 보존성을 높이는 것을 업으로 하는 영업), 식품냉동·냉장업(얼리거나 차게 하여 보존하는 영업. 단, 수산물의 냉동, 냉장은 제외한다.)

② 용기·포장류제조업

- 용기, 포장지 제조업, 옹기류 제조업

③ 식품 접객업

- 휴게음식점영업 : 차, 아이스크림, 패스트푸드, 분식점 등 조리, 판매하는 영업으로서, 음주 행위가 허용되지 아니한다.
- 일반음식점영업 : 음식류를 조리·판매하는 영업으로서 식사와 함께 부수적으로 음주행위가 허용되는 영업
- 단란주점영업 : 주로 주류를 조리·판매하는 영업으로서 손님이 노래를 부르는 행위가 허용되는 영업

- 유흥주점영업 : 주로 주류를 조리·판매하는 영업으로서 유흥종사자를 두거나 유흥시설을 설치할 수 있고 손님이 노래를 부르거나 춤을 추는 행위가 허용되는 영업
- 위탁급식영업 : 집단급식소를 설치·운영하는 자와의 계약에 따라 그 집단급식소에서 음식류를 조리하여 제공하는 영업
- 제과점영업 : 주로 빵, 떡, 과자 등을 제조·판매하는 영업으로서 음주행위가 허용되지 아니하는 영업

(2) 영업 허가 업종(시행령 제23조)

업 종	허가 관청
식품조사·처리업	식품의약품안전처장
단란주점, 유흥주점 영업	특별자치시장·특별자치도지사 또는 시장·군수·구청

(3) 영업 신고 업종(시행령 제25조)

특별자치시장 · 특별자치도지사 또는 시장 · 군수 · 구청장에게 신고를 하여야 하는 영업은 다음과 같다.

- 즉석판매제조 · 가공업
- 식품운반업
- 식품소분 · 판매업
- 식품냉동 · 냉장업
- 용기 · 포장류제조업(자신의 제품을 포장하기 위하여 용기 · 포장류를 제조하는 경우는 제외)
- 휴게음식점영업, 일반음식점영업, 위탁급식영업, 제과점영업

(4) 우수업소 · 모범업소의 지정 등(시행규칙 제61조)

① 우수업소의 지정: 식품의약품안전처장 또는 특별자치시장 · 특별자치도지사 · 시장 · 군수 · 구청장

② 모범업소의 지정: 특별자치시장 · 특별자치도지사 · 시장 · 군수 · 구청장

(5) 건강진단(제40조)

① 총리령으로 정하는 영업자 및 그 종업원은 건강진단을 받아야 한다. 다만, 다른 법령에 따라 같은 내용의 건강진단을 받는 경우에는 이 법에 따른 건강진단을 받은 것으로 본다.

② ①에 따라 건강진단을 받은 결과 타인에게 위해를 끼칠 우려가 있는 질병이 있다고 인정된 자는 그 영업에 종사하지 못한다.

③ 영업자는 ①을 위반하여 건강진단을 받지 아니한 자나 ②에 따른 건강진단 결과 타인에게 위해를 끼칠 우려가 있는 질병이 있는 자를 그 영업에 종사시키지 못한다.

④ ①에 따른 건강진단의 실시방법 등과 ② 및 ③에 따른 타인에게 위해를 끼칠 우려가 있는 질병의 종류는 총리령으로 정한다.

추가tip 영업에 종사하지 못하는 질병의 종류 ★★★★

- 전염병예방법에 의한 제1군전염병 중 소화기계 전염병(장티푸스, 파라티푸스, 콜레라, 세균성 이질, 장출혈성 대장균 감염증, A형 간염)
- 전염병예방법에 의한 제3군 전염병중 결핵(비전염성인 경우 제외)
- 피부병 기타 화농성 질환
- B형간염(전염의 우려가 없는 비활동성 간염은 제외)
- 후천성면역결핍증(AIDS) : '감염병의 예방 및 관리에 관한 법률'에 의하여 성병에 관한 건강진단을 받아야 하는 영업에 종사하는 자에 한함

(6) 식품위생교육(제41조)

① 대통령령으로 정하는 영업자 및 유흥종사자를 둘 수 있는 식품접객업 영업자의 종업원은 매년 식품위생에 관한 교육을 받아야 한다.

② 영업을 하려는 자는 미리 식품위생교육을 받아야 한다. 다만, 부득이한 사유로 미리 식품위생교육을 받을 수 없는 경우에는 영업을 시작한 뒤에 식품의약품안전처장이 정하는 바에 따라 식품위생교육을 받을 수 있다.

③ ① 및 ②에 따라 교육을 받아야 하는 자가 영업에 직접 종사하지 아니하거나 두 곳 이상의 장소에서 영업을 하는 경우에는 종업원 중에서 식품위생에 관한 책임자를 지정하여 영업자 대신 교육을 받게 할 수 있다. 다만, 집단급식소에 종사하는 조리사 및 영양사가 식품위생에 관한 책임자로 지정되어 교육을 받은 경우에는 ① 및 ②에 따른 해당 연도의 식품위생교육을 받은 것으로 본다.

④ ②에도 불구하고 조리사, 영양사, 위생사 면허를 받은 자가 식품접객업을 하려는 경우에는 식품위생교육을 받지 아니하여도 된다.

⑤ 영업자는 특별한 사유가 없는 한 식품위생교육을 받지 아니한 자를 그 영업에 종사하게 하여서는 아니 된다.

⑥ 식품위생교육은 집합교육 또는 정보통신매체를 이용한 원격교육으로 실시한다. 다만, ②에 따라 영업을 하려는 자가 미리 받아야 하는 식품위생교육은 집합교육으로 실시한다.

⑦ ⑥에도 불구하고 식품위생교육을 받기 어려운 도서 · 벽지 등의 영업자 및 종업원에 대해서는 총리령으로 정하는 바에 따라 식품위생교육을 실시할 수 있다.

⑧ ① 및 ②에 따른 교육의 내용, 교육비 및 교육 실시 기관 등에 관하여 필요한 사항은 총리령으로 정한다. [시행일 : 2021. 1. 1.]

(7) 교육시간(식품위생법 시행규칙 제 52조) ★★

* 영업자와 종업원이 받아야 하는 식품위생교육 시간은 다음과 같다.

① 3시간 : 영업자(식용얼음판매업자와 식품자동판매기영업자는 제외)
② 2시간 : 유흥주점영업의 유흥종사자
③ 3시간 : 집단급식소를 설치 · 운영하는 자

* 영업을 하려는 자(영업 시작 전)가 받아야 하는 식품위생교육 시간은 다음과 같다.

① 8시간 : 식품제조 · 가공업, 즉석판매제조 · 가공업, 식품첨가물 제조업
② 6시간 : 식품접객업
③ 4시간 : 식품운반업, 식품소분 · 판매업, 식품보존업, 용기 · 포장류 제조업
④ 6시간 : 집단급식소를 설치 · 운영하려는 자

추가tip 정기 교육(매년 1회)

- 3시간 : 식품제조·가공업, 즉석판매제조·가공업, 식품첨가물 제조업, 식품운반업, 식품소분·판매업, 식품보존업, 용기·포장류 제조업, 식품접객업, 집단급식소를 설치, 운영하는 자
- 2시간 : 유흥주점의 유흥 종사자

11) 조리사와 영양사

(1) 조리사(제51조)

집단급식소 운영자와 대통령령으로 정하는 식품접객업자는 조리사를 두어야 한다. 다만, 다음의 어느 하나에 해당하는 경우에는 조리사를 두지 아니하여도 된다.

– 집단급식소 운영자 또는 식품접객영업자 자신이 조리사로서 직접 음식물을 조리하는 경우

– 1회 급식인원 100명 미만의 산업체인 경우

– 영양사가 조리사의 면허를 받은 경우

*조리사를 꼭 두어야 하는 업종

㉠ 집단급식소

㉡ 식품접객업 중 복어독 제거가 필요한 복어를 조리 · 판매하는 영업을 하는 자

*집단 급식소에서의 조리사의 직무

㉠ 식단에 따른 조리업무 [식재료의 전(前)처리에서부터 조리, 배식 등의 전 과정을 말한다.]

㉡ 구매식품의 검수 지원

㉢ 급식설비 및 기구의 위생, 안전 실무

㉣ 그밖에 조리실무에 관한 사항

*조리사의 면허(제53조) : 「국가기술자격법」에 따라 해당 기능 분야의 자격을 얻은 후 특별자치시장 · 특별자치도지사 · 시장 · 군수 · 구청장의 면허를 받아야 한다.

(2) 영양사(제52조)

집단급식소 운영자는 영양사를 두어야 한다. 다만, 다음의 어느 하나에 해당하는 경우에는 영양사를 두지 아니하여도 된다.

– 집단급식소 운영자 자신이 영양사로서 직접 영양 지도를 하는 경우
– 1회 급식인원 100명 미만의 산업체인 경우
– 제51조제1항에 따른 조리사가 영양사의 면허를 받은 경우

* 영양사의 직무
  ① 집단급식소에서의 식단 작성, 검식(檢食) 및 배식관리
  ② 구매식품의 검수(檢受) 및 관리
  ③ 급식시설의 위생적 관리
  ④ 집단급식소의 운영일지 작성
  ⑤ 종업원에 대한 영양 지도 및 식품위생교육

(3) 면허 취득의 결격사유(제54조)
다음의 어느 하나에 해당하는 자는 조리사 면허를 받을 수 없다.
① 정신질환자(단, 전문의가 조리사로서 적합하다고 인정하는 자는 허용)
② 감염병환자(단, B형간염환자는 제외)
③ 마약이나 약물 중독자
④ 조리사 면허 취소 처분 받고, 그 취소된 날로부터 1년이 지나지 않은 자

(4) 식품위생심의위원회
(4-1) 식품위생심의위원회의 설치(제57조)
식품의약품안전처장의 자문에 응하여 다음의 사항을 조사 · 심의하기 위하여 식품의약품안전처에 식품위생심의위원회를 둔다.
① 식중독 방지에 관한 사항
② 농약 · 중금속 등 유독 · 유해물질 잔류 허용 기준에 관한 사항
③ 식품등의 기준과 규격에 관한 사항
④ 그 밖에 식품위생에 관한 중요 사항

(4-2) 심의위원회의 조직과 운영(제58조)

① 심의위원회는 위원장 1명과 부위원장 2명을 포함한 100명 이내의 위원으로 구성.

② 심의위원회의 위원은 다음의 어느 하나에 해당하는 사람 중에서 식품의약품안전처장이 임명하거나 위촉한다.

- 식품위생 관계 공무원
- 식품등에 관한 영업에 종사하는 사람
- 시민단체의 추천을 받은 사람
- 한국식품산업협회의 추천을 받은 사람
- 식품위생에 관한 학식과 경험이 풍부한 사람

③ 심의위원회 위원의 임기는 2년으로 하되, 공무원인 위원은 그 직위에 재직하는 기간 동안 재임한다.

④ 심의위원회에 식품등의 국제 기준 및 규격을 조사 · 연구할 연구위원을 둘 수 있다.

⑤ ④에 따른 연구위원의 업무는 다음과 같다. 다만, 다른 법령에 따라 수행하는 관련 업무는 제외한다.

- 국제식품규격위원회에서 제시한 기준 · 규격 조사 · 연구
- 국제식품규격의 조사 · 연구에 필요한 외국정부, 관련 소비자단체 및 국제기구와 상호협력
- 외국의 식품의 기준 · 규격에 관한 정보 및 자료 등의 조사 · 연구
- 그 밖에 제1호부터 제3호까지에 준하는 사항으로서 대통령령으로 정하는 사항

(5) 면허 취소(제80조)

식품의약품안전처장 또는 특별자치시장 · 특별자치도지사 · 시장 · 군수 · 구청장은 조리사가 다음의 어느 하나에 해당하면 그 면허를 취소하거나 6개월 이내의 기간을 정하여 업무정지를 명할 수 있다. 다만, 조리사가 ① 또는 ⑤에 해당할 경우 면허를 취소하여야 한다.

① 제54조 결격 사유(정신질환자, 감염병환자, 마약이나 약물중독자, 조리사 면허 취소 처분을 받고, 그 날로부터 1년이 지나지 않은 자)에 해당하게 된 때

② 교육을 받지 않은 경우(집단급식소에 종사하는 조리사와 영양사는 2년마다 교육)

③ 식중독이나 그 밖에 위생과 관련한 중대한 사고 발생에 직무상의 책임이 있는 경우

④ 면허를 타인에게 대여하여 사용하게 한 경우

⑤ 업무정지기간 중에 조리사(또는 영양사)의 업무를 하는 경우

*조리사 행정처분의 기준(시행규칙 제89조, 근거 법령 : 제80조)

위반 사항	행정처분기준		
	1차 위반	2차 위반	3차 위반
1. 법 제54조의 어느 하나에 해당하게 된 경우	면허취소		
2. 법 제56조에 따른 교육을 받지 아니한 경우	시정명령	업무정지 15일	업무정지 1개월
3. 식중독이나 그 밖에 위생과 관련한 중대한 사고 발생에 직무상의 책임이 있는 경우	업무정지 1개월	업무정지 2개월	면허취소
4. 면허를 타인에게 대여하여 사용하게 한 경우	업무정지 2개월	업무정지 3개월	면허취소
5. 업무정지기간 중에 조리사의 업무를 한 경우	면허취소		

(6) 면허 반납(시행규칙 제82조)

면허 취소 처분을 받은 다음에는 지체 없이, 특별자치시장 · 특별자치도지사 · 시장 · 군수 · 구청장에게 반납하여야 한다.

12) 제조물 책임법(PL : Product Liability)

(1) 정의

제조물의 결함으로 발생한 손해에 대한 피해자 보호를 위해 제정된 법률이다. 제조물의 결함으로 인한 생명, 신체 또는 재산상의 손해에 대해 제조업자 등이 무과실책임의 원칙에 따라 손해배상책임을 지도록 하는 규정을 말한다.

(2) 목적

제조물의 결함으로 발생한 손해에 대한 제조업자 등의 손해배상 책임을 규정함으로써 피해자 보호를 도모하며, 국민생활의 안전향상과 국민경제의 건전한 발전에 이바지함을 목적으로 한다.

(3) 제조물 책임법상 용어의 뜻

① 제조물 : 제조되거나 가공된 동산(다른 동산이나 부동산의 일부를 구성하는 경우를 포함한다.)

② 결함 : 해당 제조물에 다음 중 어느 하나에 해당하는 제조상 · 설계상 또는 표시상의 결함이 있거나 그 밖에 통상적으로 기대할 수 있는 안전성이 결여되어 있는 것이다.

제조상의 결함	제조업자가 제조물에 대하여 제조상·가공상의 주의의무를 이행하였는지에 관계없이 제조물이 원래 의도한 설계와 다르게 제조·가공됨으로써 안전하지 못하게 된 경우
설계상의 결함	제조업자가 합리적인 대체설계를 채용하였더라면 피해나 위험을 줄이거나 피할 수 있었음에도 대체설계를 채용하지 아니하며 해당 제조물이 안전하지 못하게 된 경우
표시상의 결함	제조업자가 합리적인 설명·지시·경고 또는 그 밖의 표시를 하였더라면 해당 제조물에 의하여 발생할 수 있는 피해나 위험을 줄이거나 피할 수 있었음에도 이를 하지 아니한 경우

③ 제조업자

- 제조물의 제조 · 가공 또는 수입을 업으로 하는 자
- 제조물에 성명 · 상호 · 상표 또는 그 밖에 식별 가능한 기호 등을 사용하여 자신을 위 내용의 자로 표시한 자 또는 위 내용의 자로 오인하게 할 수 있는 표시를 한 자

6. 공중보건

6.1 공중보건의 개념

1) 공중보건의 정의

공중보건이란 **질병을 예방**하고, **건강을 유지 · 증진**시킴으로써 **육체적 · 정신적 능력을 발휘**할 수 있게 하기 위한 과학적 지식을 사회의 조직적 노력으로 사람들에게 적용하는 기술을 말한다.

2) 건강의 정의 ★★

세계보건기구(WHO)에서 언급한 건강이란 **단순한 질병이나 허약의 부재 상태만을 의미하는 것이 아니고 육체적, 정신적, 사회적으로 모두 안녕한 상태**를 말한다.

※세계보건기구(WHO)

1948년 4월 7일 창설된 세계보건기구는 ①국제적인 보건 사업의 지휘 및 조정, ②회원국에 대한 기술지원 및 자료 공급, ③전문가 파견에 의한 기술 자문활동 등을 한다. 경제적인 지원은 하지 않는다. 본부는 스위스 제네바에 있으며, 우리나라는 1949년 6월에 65번째 회원국으로 가입하였다.

3) 공중보건의 대상

공중보건의 대상은 **개인이 아니라 지역사회의 인간집단**이다. 그러므로 **공중보건 사업의 최소 단위**는 개인이나 가족이 아니라 **'지역사회(시, 군, 구)'**이다.

*공중보건학의 범위 : 전염병 예방학, 환경위생학, 산업보건학, 식품위생학, 모자보건학, 정신보건학, 보건통계학, 학교보건학 등

4) 공중보건의 평가지표

(1) 보건 수준의 평가지표

한 지역이나 국가의 보건 수준을 나타내는 지표 – 영아사망률, 조사망률(보통사망률), 질병이환율

※세 가지 보건지표 ★

① 영아사망률 : 가장 대표적으로 사용하는 평가지표로, 영아(생후 12개월 미만의 아이)는 환경악화나 비위생적인 생활환경에 가장 예민한 시기이므로 국가의 보건 수준을 가장 잘 나타내는 대표적인 지표로 사용한다.

$$영아사망률 = \frac{연간\ 영아\ 사망수}{연간\ 출생아\ 수} \times 1,000$$

② 조사망률(보통사망률) : 전체 인구 1000명당 1년간 사망한 모든 사망자 수

$$조사망률 = \frac{연간\ 사망자\ 수}{그\ 해\ 인구\ 수} \times 1,000$$

③ 질병이환율 : 인구 10만 명당 1년간 발생한 환자 수

(2) 건강지표

① 평균수명 : 12개월 미만의 유아가 금후 평균 몇 년간 살 것인가를 표시.

② 조사망률

③ 비례사망지수 : 1년간 사망한 사람 중에 50세 이상 사망자가 얼마나 되는지를 표시.

6.2 환경위생 및 환경오염관리

1) 환경위생의 정의

인간을 둘러싸고 있는 생활환경을 조정, 개선하여 쾌적하고 건강한 생활을 영위할 수 있게 하려는 것을 말한다.

2) 생활환경의 구분

자연환경	기후(기온, 기습, 기류), 공기, 물 등
인위적 환경	채광, 조명, 환기, 냉방, 상하수도, 오물처리, 공해 등
사회적 환경	교통, 인구, 종교

※인구 구성 분류 및 특징

인구 구성	별 칭	특 징
피라미드형	인구 증가형	개발도상국형, 출생율은 높고 사망률은 낮다.
종형	인구 정체형	이상적인형태, 출생률과 사망률이 모두 낮다.
방추형, 항아리형	인구 감소형	선진국형, 평균수명이 높고 사망률이 낮다.
별형	인구 유입형	도시형, 청장년층(생산층) 비율이 높다.
표주박형	인구 유출형	농촌형, 노년층의 비율이 높고 청장년층의 비율이 낮다.

3) 환경위생과 환경오염

(1) 기후

① **감각온도(온열인자)의 3요소 : 기온, 기습, 기류**

② 쾌감온도(기분좋은환경)
- 기온(온도) : 18±2℃
- 기습(습도) : 40~70%(60~65%)
- 기류(공기의 흐름) : 1m/sec

③ **기온역전현상** : 대기층의 온도는 100m 상승 때마다 1℃정도 낮아지므로 상부 기온이 하부 기온보다 낮다. 그러나 여러 가지 요인에 의해 **상부 기온이 하부 기온보다 높은 상태가 되는 것**을 '기온역전현상'이라 한다. 예) LA스모그(원인:자동차), 런던스모그(원인:석탄배기가스)

④ 불감기류 : 공기의 흐름이 0.2~0.5m/sec로 약하게 이동하여 사람들이 바람이 부는 것을 감지하지 못하는 것을 의미한다.

⑤ **온열조건(인자) : 기온, 습도, 기류, 복사열**

⑥ **실외**의 기온측정 :지상 1.5m에서의 건구온도계로 측정
- 최고온도 : 오후 2시
- 최저온도 : 일출 전

⑦ 불쾌지수(Discomfort index; D.I)
- 불쾌지수D.I 70 : 10%의 주민이 불쾌감을 느낌
- 불쾌지수D.I 75 : 50%의 주민이 불쾌감을 느낌
- 불쾌지수D.I 80 : 거의 모든 사람이 불쾌감을 느낌
- 불쾌지수D.I 86 이상 : 견딜 수 없는 상태

(2) 일광 ★

일광은 자외선, 가시광선, 적외선으로 되어 있다.

종류	특징
자외선 ★ (100~400nm) = 1,000~4,000Å	• **파장이 가장 짧다.** • **비타민 D 형성** : 신진대사와 건강 보존에 관계가 있어 이 광선이 피부에 닿으면 그 부분의 프로비타민 D가 비타민 D로 되어 **구루병(비타민D 결핍증)**에 걸리지 않게 된다. 관절염 예방에도 좋다. • **살균작용 : 소독에 이용**되기도 한다. 2,500~2,800Å(옴스트롱) 범위가 가장 살균력이 강하다. (결핵균, 디프테리아균, 기생충 사멸에 효과) • 도르노선(2,900~3,100Å):건강선이라고 한다. 사람의 몸에 유익한 작용을 한다. • 부작용 : 이 광선을 너무 많이 받으면 피부에 화상을 입게 되고, 심하면 피부암까지 유발할 수 있다. 눈에 있어서는 결막이나 각막이 손상된다.
가시광선 (400~770nm) = 4,000~7,700Å	• 눈의 망막을 자극하여 **명암과 색깔**을 구분하게 해 준다.
적외선 (780~3,000nm) = 7,800~30,000Å	• 파장이 가장 길다. • **열 작용을 하는 열선**으로, 지상에 열을 주어 기온을 좌우한다. • 너무 많이 받으면 **두통, 현기증, 일사병, 백내장**이 생길 수 있다. • 피부온도를 상승시키므로, 국소혈관 확장작용을 이용하여 치료에 사용하기도 한다.

(3) 공기

① 공기와 대기 : 지구를 둘러싸고 있는 공기의 층을 대기라고 한다.

② 정상 공기의 조성

성분	질소	산소	아르곤	이산화탄소	기타
함유비율	78%	21%	0.93%	0.03%	0.04%

③ 공기의 성분

- **질소(N_2)** : 고압환경에서 감압시 **잠함병(잠수병)**을 유발한다.
- **산소(O_2)** : 고농도 상태에서 흡입하면 산소중독증 발생, 저농도일 때는 저산소증(10% 이하 호흡 곤란, 7% 이하는 질식사) 발생한다.
- **이산화탄소(CO_2) : 실내 공기오염의 지표**로 사용하며, 실내에 사람이 밀집되어 있을수록 증가한다.

- **일산화탄소(CO)** : 불완전 연소 과정에서 발생하는 무색, 무미, 무취의 유독가스이다. **헤모글로빈과의 결합능력이 산소보다 250~300배 강하다.** 허용농도는 1시간 기준 0.04%(400ppm), 8시간 기준 0.01%(100ppm)이다.

> **추가tip**
> ppm(part per million) = 1/1,000,000
> 1ppm = 0.0001%

④ 대기오염

- 산업의 다양화, 공업의 급진적 발전, 교통기관의 증가, 인구의 과밀 등이 원인이다.
- **대기오염의 지표 : 아황산가스(SO_2)**

> **추가tip**
> * 실내**공기 오염의 지표 = 이산화탄소(CO_2)**
> 실외공기 오염의 지표 = **아황산가스(SO_2)**

⑤ 군집독

- **다수인이 장시간 밀집한 상태일 때 발생.**
- **증상 : 두통, 현기증, 불쾌감, 구토**
- 원인 : 산소 부족, 이산화탄소 증가로 인한 실내공기의 이화학적 조성 변화, 고온, 고습, 취기, 유해가스 등

⑥ 공기의 자정작용

- 기체를 자체 정화하는 작용이다.
- 산소, 오존, 과산화수소 등에 의한 산화작용이다.
- 자외선에 의한 살균 작용이다.
- 식물의 탄소동화 작용이다.
- 비 또는 눈 등의 세정 작용이다.
- 공기 이동 및 확산 등의 희석 작용이다.

⑦ 환기

- 자연환기 : 밖에서 실내로 들어오는 공기는 하부를 통해서 유입되며 실내에서 밖으로 나가는 공기는 상부를 통해서 유출된다.

> **※중성대**
>
> 유출되고 유입되는 공기 중간에 형성되는 압력 0(제로) 지대를 중성대라 한다. 중성대가 천장 가까이에서 형성되는 것이 환기량이 크다.

- 인공 환기 : 후드나 환풍기를 이용한 환기(사방형이 좋다.)

(4) 채광 및 조명

① 채광(자연조명)

- 창의 면적은 방바닥 면적의 1/5~1/7(20~14%), 벽 면적의 70%가 적당하다.

② 조명

- 광색은 주황색(일광)에 가까울수록 좋다.
- 광원은 **간접 조명**이 좋으며 좌상방에서 비치는 것이 좋다.
- **조리장 안은 반간접조명**으로, 50~100룩스가 적당하다.

③ 조명 불량으로 인한 피해

- 가성근시
- 안정 피로
- 안구진탕증
- 전광성 안염 및 백내장

(5) 냉난방

① 냉방

- 실내온도가 26℃이상일 때 필요
- 실내외 온도차가 5~7℃ 이내가 적당
- 10℃ 이상 온도차가 나면 냉방병이 발생할 수 있다.

② 난방

- 실내온도가 10℃ 이하일 때 필요
- 난방 목표 온도는 18~22℃로 춥지 않을 정도가 좋음

(6)물

① 인체 속의 물

- 인체의 약 60~70%(인체의 2/3)가 물로 이루어져 있다. (하루 필요 권장량 : 2~3L)
  - 10% 상실시 : 신체 기능 이상 신호
  - 20% 상실시 : 생명의 위험
- 주요 기능 : 음식물 소화 작용을 도와준다. 체온을 조절하고 체내 대사기능, 영양소 및 산소 운반, 노폐물 배출, 세포 구조 유지

② 물의 종류

- 경수 : 칼슘이나 마그네슘 등 무기화합물이 많은 물
- 연수 : 무기화합물이 없고 맛이 좋으며 비누가 잘 풀린다(거품이 잘 일어남).

③ 물에 의한 질병 ★★

수인성 감염병 : 물 또는 음식물에 의해 전파되는 감염병

- 유행지역과 음료수 사용지역이 일치하는 것이 특징.
- 환자가 집단적, 폭발적으로 발생
- 비교적 잠복기가 짧고 치명률과 2차 감염율이 낮음.
- 주로 소화기계 감염병이 대부분으로, 장티푸스, 파라티푸스, 세균성이질, 콜레라, 아메바성이질

증상	원인
반상치	불소가 과다
우치, 충치	불소가 부족(불소 적당함량:0.8~1ppm)
설사	황산마그네슘이 다량 포함된 물이 원인
청색아	질산염이 다량 포함된 물이 원인. 소아가 청색증이 걸려 심하면 사망
수도열	대장균을 포함한 잡균을 다량 포함한 물이 원인

④ 먹는 물(음용수)의 수질 기준

미생물에 관한 기준	ⓐ 일반세균 : 1㎖ 중 100CFU(Colony-forming unit)을 넘지 않을 것 ⓑ 대장균 : 50㎖에서 검출되지 않을 것
무기물질에 관한 기준	ⓐ 납 : 0.05㎎/ℓ를 넘지 않을 것 ⓑ 수은 : 검출되지 않을 것 ⓒ 시안 : 검출되지 않을 것 ⓓ 암모니아성 질소 : 0.5㎎/ℓ을 넘지 않을 것 ⓔ 질산성 질소는 10㎎/ℓ를 넘지 않을 것
유기물질에 관한 기준	ⓐ 페놀은 0.005㎎/ℓ를 넘지 않을 것 ⓑ 다이옥산은 0.05㎎/ℓ을 넘지 않을 것
소독물질에 관한 기준	ⓐ 잔류염소는 4.0㎎/ℓ를 넘지 않을 것 ⓑ 클로로포름은 0.08㎎/ℓ를 넘지 않을 것
심미적 영향물질에 관한 기준	ⓐ 색도는 5도를 넘지 않을 것 ⓑ 탁도는 2도를 넘지 않을 것 ⓒ 수소이온농도는 pH5.8 ~ pH8.5일 것

※ 대장균이 수질 오염의 판정 지표가 되는 이유

① 동물의 장관 내에 기생하므로, 분변 오염의 추측이 가능하다.

② 대장균 자체가 직접 유해 작용을 하지는 않지만, 다른 병원성 세균의 오염도를 간접적으로 측정할 수 있다.

③ 검출 방법이 정확하고 간편하다.

⑤ 먹는 물의 소독 처리법

: 열처리, 자외선 소독법, 오존 소독법(cf.상수소독은 주로 염소 소독법 이용)

(7) 상수도

① 상수 처리 과정 : 취수 → 침사 → 침전 → 여과 → 소독 → 송수 → 배수 → 급수

② 상수 처리 방법(정수법)

- **침사** 큰 덩어리를 가라앉힘

↓

- **침전** ⓐ 보통침전 : 일반적인 방법
  ⓑ 약품 투입으로 중간 입자를 걸러냄

↓

- **여과** ⓐ 완속여과 : 보통침전시(여과막 제거:사면대치법)
  ⓑ 급속여과 : 약품침전시(여과막 제거:역류세척법)

↓

- **소독** 반드시 실시해야 하는 과정으로, 소독시에 물에 공기 공급을 주는 폭기 작업을 겸해서 실시한다. (지하수의 경우는 자정작용에 의해 정화되므로 침전, 여과 생략)

③ 염소 소독법

- 종류 : 차아염소산나트륨, 이산화염소, 표백분
- 잔류 염소량 : 0.2ppm(감염병 발생시, 제빙 용수, 수영장 소독시는 0.4ppm)
- 장점 : 높은 잔류 효과, 간단한 조작, 저렴한 가격, 강한 소독력
- 단점 : 독한 냄새, 독성

(8) 하수도

① 하수의 의미 : 우수(雨水)와 생활 오수를 총칭.

② 하수도의 종류

구분	내용
합류식	• 가정용수, 천수(비, 눈) 등 모든 하수를 운반하는 방법 • 장점 - 건설비가 적게 들고 빗물에 의해 하수관이 자연 청소되며, 수리, 점검, 청소가 간단함
분류식	천수를 별도로 운반하는 방법
혼합식	천수와 가정용수 등의 일부를 함께 운반하는 방법

③ 하수처리 과정(예비처리→본처리→오니처리)

- 예비처리 : 제진망이나 침사지에서 부유물과 고형물, 모래를 침전시켜 제거한다.
- 본처리 :

호기성 분해처리	• 호기성 미생물을 이용. • 활성오니법(가장 진보적인 도시하수처리법), 살수여과법
혐기성 분해처리	• 혐기성 미생물을 이용, • 부패조 처리법, 임호프탱크법

- 오니처리 : 하수처리 과정 중 마지막 단계의 처리로서, 본처리 과정에서 생기는 슬러지를 탈수, 소각하는 과정

④ 하수의 위생검사 ★

용존산소량(DO)	물에 녹아있는(용해되어있는) 산소량 **수치가 낮을수록 오염도가 높음** 4~5ppm 이상 되어야 함(높을수록 좋은 물)
생화학적 산소요구량(BOD)	하수의 오염도를 나타냄 **수치가 높을수록 오염도가 높음** 20℃에서 5일간 BOD 측정 20ppm 이하여야 함(낮을수록 좋은 물)
화학적 산소요구량(COD)	물속의 유기물을 산화제로 산화시킬 때 소모되는 산소량 **수치가 높을수록 오염도가 높음** 산소량이 5ppm 이하여야 함.

(9) 오물처리

㉠ **분뇨 처리**

① 변소, 운반, 종말처리로 나누어진다.

② 분뇨의 종말처리방법 : 가온식 소화 처리(28~35℃에서 1개월 정도)와 무가온식 소화 처리(2개월 이상)가 있다.

③ 퇴비로 사용할 경우 : 충분한 부숙 기간을 거쳐야 한다.(여름 1개월, 겨울 3개월)

㉡ 진개 처리

① 진개의 의미 : 가정 및 공장, 공공건물 등에서 나오는 도시 생활 쓰레기를 진개라 한다.

② 진개의 분류
- 주개 : 주방에서 나오는 동식물성 유기물(가장 많은 부분 차지)
- 잡개 : 가연성 및 불연성 진개로 구분되며, 주개와 잡개가 혼입된 것은 혼합 진개라고 한다.

③ 진개의 처리
- 매립법 : 진개의 두께가 2m를 초과하지 말아야 하며, 복토의 두께는 60cm~1m 정도가 적당하다.
- 소각법 : 가장 위생적인 방법이나 대기오탁의 원인이 되기도 한다.(다이옥신 발생)
- 비료화법
- 투기법

④ 쓰레기 처리 비용(수거비용, 매립비용, 소각비용, 재활용비용) 중에서 가장 많은 부분을 차지하는 것은 수거비용이다.

(10) 구충, 구서

① 가장 근원적이고 중요한 대책 : 구제 대상 동물의 발생원이나 서식처를 제거
② 구충, 구서는 발생 초기에 실시
③ 대상동물의 생태나 습성에 따라서 실시
④ 광범위하게 동시에 실시
⑤ 위해 해충
- 모기 : 말라리아, 일본뇌염, 사상충증, 황열
- 파리, 바퀴 : 수인성 감염병
- 쥐 : 페스트, 서교증, 살모넬라, 발진열, 쯔쯔가무시증, 유행성출혈열, 이질

(11) 공해

대기오염

① 오염원 : 공장의 배기가스, 자동차의 배기가스, 가정의 굴뚝 매연, 공사장의 분진
② 대기오염물질 : 아황산가스(유황산화물), 일산화탄소, 질소산화물, 옥시던트(광화학 스모그 형성)
③ 피해 : 호흡기계 질병 유발, 식물의 고사(유황화합물), 물질의 변질과 부식, 자연환경의 악화
④ 스모그 : 매연 성분과 안개의 혼합에 의한 대기오염 (예 : LA스모그–자동차 배기가스/런던스모그–석탄 배기가스)
⑤ 모니터링 : 공기의 검체를 취하여 대기오염의 질을 조사
⑥ 링겔만 비탁표 : 검뎅이량 측정

소음

① 허용기준 : 1일 8시간 기준 90dB(A)을 넘어서는 안 된다.
② 측정 단위 • 음압(음의 강도):데시벨(dB/Decibel)
• 크기: 폰(Phon)
③ 장애 : 수면 방해, 불안증, 두통, 작업 능률 저하, 식욕 감퇴(위장기능 저하), 정신적 불안정, 불쾌감, 불필요한 긴장

수질오염

① 오염원 : 농업, 공업, 광업, 도시 하수 등
② 수질오염물질 : 카드뮴, 유기수은, 시안, 농약, PCB
③ 피해 : 농산물의 고사, 어류의 사멸
④ 대표 질병 : 미나마타병(수은 중독), 이타이이타이병(카드뮴 중독), 가네미유증(PCB 중독)
⑤ 녹조 : 질산염이나 인물질 등이 증가하는 부영양화 현상에 의한 수질오염

6.3 질병과 감염병 ★★★★★

1) 감염병의 발생요인 ★★

감염병이 집단 발생하여 유행의 원인이 되는 데는 다음과 같은 3요소가 관련되어 있다.

① 병원체, 병원소(감염원) : 질적, 양적으로 질병을 일으킬 수 있을 만큼 충분할 것

② 환경(감염경로) : 병원체에 감염될 수 있는 환경조건과 전파 과정

③ 숙주(인간) : 병원체에 대한 면역성이 낮고 감수성이 있을 것

2) 감염병의 생성과정

질병의 감염은 다음과 같은 6개 과정이 연쇄적으로 작용하여 일어난다.

① 병원체 : 세균, 바이러스, 리케차, 클라미디아, 기생충, 진균

② 병원소 : 사람, 동물, 토양

↓

③ 병원소로부터 병원체의 탈출

↓

④ 전파 : 직접전파, 간접전파, 활성전파, 공기전파

⑤ 새로운 숙주로의 침입

↓

⑥ 숙주의 감수성 : 저항력이 낮고 감수성 높으면 감염

※숙주

한 생물체가 다른 생물체의 침범을 받아 영양물질의 탈취 및 조직 손상 등을 당하는 생물체

※감수성

침입한 병원체가 정착, 발병하여 질병에 쉽게 걸리는 경향. 저항성(면역성)과 반대 개념

3) 질병의 원인별 분류

(1) 유전

① 감염성 : 매독, 풍진

② 비감염성 : 혈우병, 통풍, 고혈압, 당뇨병, 알레르기, 정신발육지연, 시력 및 청력장애 등

(2) 병원미생물 감염

① 각종 감염병

② 세균성 식중독

(3) 식사의 부적합

① 과식, 과다 지방식 : 비만증, 관상동맥, 심장질환, 고혈압, 당뇨병, 골관절염

② 식염의 과다 섭취 : 고혈압

③ 뜨거운 음식 : 식도암, 후두암, 위암

④ 특수 영양소 부족 : 각기병(비타민B1), 구루병(비타민D), 펠라그라증(나이아신), 빈혈(철분), 갑상선종(요오드), 충치(불소)

(4)공해 ★★★

① 미나마타병 : 수은에 오염된 어류의 계속 섭취

② 이타이이타이병 : 카드뮴에 오염된 쌀의 계속 섭취

③ 가네미유증 : 미강유 제조시 PCB가 누출되어 기름에 혼입되어 발생

④ 만성기관지염 및 기관지천식 또는 폐기종 : 아황산가스에 의한 대기오염

⑤ 폐암 : 자동차 배기가스 중의 탄화수소에서 생성된 3, 4-벤조피렌

⑥ 만성폐섬유화 및 폐수종 : 이산화질소의 장기간 흡입

4) 감염병의 분류

(1) 병원체에 따른 분류 ★

① 바이러스(Virus) : 뇌염, 홍역, 인플루엔자, 천연두, 급성회백수염(=소아마비, 폴리오), 전염성간염, 트라코마, 전염성설사병, 풍진, 광견병(공수병), 유행성이하선염

②리케차(Rickettsia) : 양충병, 발진티푸스, 발진열

③ 세균(Bacteria) : 장티푸스, 파라티푸스, 콜레라, 이질, 성홍열, 디프테리아, 백일해, 페스트, 유행성뇌척수막염, 파상풍, 결핵, 폐렴, 나병, 수막구균성수막염

④ 스피로헤타 : 와일씨병, 매독, 서교증, 재귀열

⑤ 원충 : 말라리아, 아메바성이질, 트리파노조마(수면병)

(2) 인체 침입구에 따른 분류 ★★★★

㉠ 호흡기계 침입 감염병

① 비말감염이나 진애감염의 방법으로 감염되기 때문에 '간접 접촉 감염병'이라고도 한다.

② 감염경로

- 비말감염 : 환자나 보균자의 기침, 재채기, 대화할 때 튀어나오는 비말에 병원균이 함유되어 감염.(인플루엔자, 성홍열)
- 진애감염 : 병원체가 붙어 있는 먼지를 흡입하여 감염(결핵, 천연두)

> ※개달물
>
> 환자가 사용하던 모든 물건. 침구, 옷, 수저, 휴지, 책 등 병균을 옮길 만한 모든 것을 개달물이라 한다. 결핵, 트라코마, 천연두 등은 개달물 감염이 잘 된다.

③ 감염병 : 디프테리아, 백일해, 폐렴, 수막균성수막염, 나병, 두창, 홍역, 수두, 풍진, 유행성이하선염, 인플루엔자, 성홍열, 결핵, 천연두

④ 접촉감염지수 : 감염이 잘 되는 정도를 '접촉감염지수' 또는 '감수성 지수'라고 한다. 모든 감염병 중에 접촉감염지수가 가장 높은 질병은 홍역이다.

⑤ 호흡기계 감염병은 일반적으로 모든 사람이 위험에 노출되어 있고, 비교적 접촉감염지수가 높기 때문에 필수적으로 예방접종을 하도록 규정한 제2군 전염병이 많다.

㉡ 소화기계 침입 감염병

① 입을 통해 들어가는 음식을 통해 전염되므로 '경구 전염병'이라고도 한다. 소화기를 거쳐 배출된 환자나 보균자의 분변을 통해서 감염이 되기도 하므로 위생적인 생활환경과 밀접한 관계가 있다.

② 감염경로

- 수인성감염 : 장티푸스, 파라티푸스, 콜레라, 이질(세균성, 아메바성), 폴리오
- 음식물감염 : 수인성감염병 5가지+유행성간염(각종 기생충 질병), 식중독

③ 특징 : 비위생적인 물이 원인이 되는 '수인성전염병'이 모두 소화기계 전염병에 속한다. 수인성전염병은 음료수 사용지역과 거의 일치한 영역 내에서 단시간에 폭발적으로 다수

의 환자가 발생한다. 성별, 연령의 영향을 받지 않을 뿐 아니라, 발생 즉시 환자 격리가 필요한 질환이므로 대부분 법정전염병 제1군으로 지정하여 신속히 대처하고 있다. 그러나 비교적 치명률이 높지 않고 오염원의 제거로 일시에 종식될 수 있다.

㉢ 경피 침입 감염병

① 직접적인 피부 접촉에 의해 감염된다.

② 감염경로

- 병원체의 피부 접촉에 의해 그 자신이 힘으로 숙주의 체내에 침입하는 경우(와일씨병, 십이지장충)
- 상처나 경태반을 통한 감염(파상풍, 매독, 나병)
- 동물에 쏘이거나 물려서 병원체가 침입하는 경우가 있다.

(3) 위해 해충에 의한 전염

모기	말라리아, 일본뇌염, 사상충증, 황열, 뎅기열
이	발진티푸스, 재귀열
벼룩	페스트, 발진열, 재귀열
빈대	재귀열
진드기	쯔쯔가무시증, 옴, 재귀열, 유행성출혈열, 양충병
쥐	페스트, 서교증, 재귀열, 와일씨병, 발진열, 유행성출혈열, 쯔쯔가무시증
바퀴	장티푸스, 콜레라, 이질, 소아마비(살모넬라식중독)
파리	장티푸스, 파라티푸스, 콜레라, 이질, 결핵, 디프테리아(회충, 요충, 편충, 촌충)
개	광견병(공수병)

(4) 우리나라 법정감염병 구분에 따른 분류

① 제1군

- 특징 : 발생 즉시 환자 격리가 필요한 질환
- 질환(6가지) : 장티푸스, 파라티푸스, 콜레라, 세균성이질, 페스트, 장출혈성대장균감염증(O157)

② 제2군

- 특징 : 예방접종으로 관리가 가능한 질환
- 질환(10가지) : 디프테리아, 백일해, 파상풍, 홍역, 유행성이하선염, 풍진, 폴리오, B형간염, 일본뇌염, 수두

③ 제3군

- 특징 : 모니터망을 통한 감시, 국민홍보 등으로 대응이 가능한 질환
- 질환(18가지) : 말라리아, 결핵, 한센병(나병), 성병, 성홍열, 수막구균성수막염, 레지오넬라증, 비브리오패혈증, 발진티푸스, 발진열, 쯔쯔가무시증, 렙토스피라증, 브루셀라증, 탄저, 공수병, 신증후군성출혈열(유행성출혈열), 인플루엔자, 후천성면역결핍증(AIDS)

④ 제4군

- 특징 : 신종, 재출현전염병 및 해외 유행전염병 중에서 보건복지부령으로 지정하는 질환
- 질환(10가지) : 황열, 리슈마니아증, 바베시아증, 아프리카수면병, 크립토스포리디움증, 주혈흡충증, 마버그열, 에볼라열, 뎅기열, 라싸열

※우리나라 검역감염병

외래 전염병의 국내 침입을 막기 위해 규정된 검역 질병은 다음의 3가지이다.

① 콜레라(감시 시간:120시간)

② 페스트(감시 시간:144시간)

③ 황열(감시 시간:144시간)

※잠복기에 따른 감염병 분류

① 잠복기 1주일 이내 : 콜레라(1~5일), 이질, 성홍열, 파라티푸스, 디프테리아, 뇌염, 인플루엔자, 황열

② 잠복기 1~2주일 : 발진티푸스, 두창, 홍역, 백일해, 급성회백수염, 장티푸스, 수두, 유행성이하선염, 풍진

③ 잠복기간이 긴 것 : 나병(3~4년), 결핵(부정), 후천성면역결핍증(AIDS/20주~3년)

(5) 인축공동전염병(인수공통감염병)

① 사람과 동물이 동일한 병원체에 의해서 감염되는 질병

② 종류

- 결핵 : 소
- 탄저병/비저병 : 양, 말
- 살모넬라증, 돈단독, 선모충, Q열 : 돼지
- 광견병 : 개
- 페스트 : 쥐

5) 감염병의 전파예방 대책

(1) 감염원 대책

① 감염원의 조기 발견 : 환자 신고, 보균자 검색, 역학조사를 통해 감염원을 조기에 발견하는 것이 중요하다.

② 감염원에 대한 처치 : 일단 감염병 환자로 확인되면 격리와 치료를 하는 것이 무엇보다 중요하다. 취업이나 등교를 금지하고, 교통을 차단하고 건강보균자를 격리하여 잠복기간 동안 엄중 감시한다. 환자나 보균자의 배설물 및 개달물을 철저히 소독한다. 외래 전염병의 경우 검역을 철저히 하여 국내 침입을 사전에 방지한다.

(2) 감염 경로 대책

① 학교나 학급의 폐쇄, 교통차단 등을 실시하여 전염원과의 접촉 기회를 억제한다.

② 소독과 살균을 철저히 행한다.

③ 공기를 위생적으로 유지한다.

④ 상수도를 위생관리한다.

⑤ 식품의 오염을 방지한다.

(3) 감수성 대책

① 저 항력의 증진 : 평소에 영양 부족, 수면 부족, 피로 등에 의한 체력 저하를 방지하고 체력을 증진시켜 저항력의 유지 증진에 노력한다.

② 예방 접종(인공면역)

- BCG : 생후 4주이내
- 경구용 소아마비, DPT : 생후 2개월 / 4개월 / 6개월
- 홍역, 볼거리, 풍진, 수두 : 15개월
- 일본 뇌염 : 3~15세

추가tip

- BCG : Bacille de Calmette-Guerin vaccine의 약자. 결핵 예방접종
- DPT : 디프테리아(Diphtheria), 백일해(Pertussis), 파상풍(Tetanus)을 예방하는 예방접종
- MMR : 홍역(Measles), 볼거리(Mumps), 풍진(Rubella)을 예방하기 위한 백신

(4) 병원체에 대한 면역력 증강 ★

① 면역은 특정 감염균에 대하여 개인이 방어할 수 있는 능력을 말하며, 크게 선천적으로 면역이 형성되는 선천면역과 후천적으로 형성되는 후천면역으로 나뉜다.

② 면역의 구분

선천 면역	종속, 종족면역, 개인 특이성		
후천 면역	능동면역	자연능동면역	질병 감염후 형성되는 면역
		인공능동면역	예방접종으로 생성되는 면역
	수동면역	자연수동면역	모체로부터 얻는 면역
		인공수동면역	인공제재의 접종으로 잠정적으로 방어할 수 있는 면역

③ 면역이 잘되는 질병 : 홍역, 수두, 풍진, 유행성이하선염, 백일해, 폴리오, 황열, 천연두

④ 약한 면역이 형성되는 질병 : 인플루엔자, 디프테리아

⑤ 면역이 형성되지 않는 질병 : 매독, 이질, 말라리아

⑥ 기본 예방 접종 : 5℃→15초(우유 소독, 영양소 파괴 가장 많이 됨)

⑥ 초고온순간살균법 : 130~140℃→1~2초(가장 많이 사용하는 우유 살균법)

(5) 인공능동면역을 위한 백신

① 생균 백신 : 결핵, 홍역, 황열, 폴리오(소아마비), 탄저병

② 사균 백신 : 콜레라, 장티푸스, 백일해, 파라티푸스, 일본뇌염, 폴리오

③ 순화독소 : 파상풍, 디프테리아

예/상/문/제

1. 개인위생 관리

01. 식품취급자가 손을 씻는 방법으로 적합하지 않은 것은?

① 살균효과를 증대시키기 위해 역성비누만 사용한다.
② 팔에서 손으로 씻어 내려온다.
③ 손을 씻은 후 비눗물을 흐르는 물에 충분히 씻는다.
④ 손에 비누 혹은 세정제를 이용하여 30초 이상 문지르고 흐르는 물로 씻는다.

02. 조리작업자 및 배식자의 손 소독에 가장 적합한 것은?

① 경성세제
② 생석회
③ 역성비누
④ 승홍수

03. 개인위생관리의 기준으로 틀린 것은?

① 작업장에 입실 전에 지정된 보호구(모자, 작업복, 앞치마, 신발, 장갑, 마스크 등)를 청결한 상태로 착용한다.
② 손톱은 짧게 깎고, 매니큐어 및 짙은 화장은 금한다.
③ 작업 전에 손(장갑), 신발을 세척하고 소독한다.
④ 화농성 질환, 피부병, 베인 부위가 있을 때는 즉시 점주, 점장, 실장 등 상급자에게 보고한 후 작업을 그대로 한다.

04. 영업에 종사하지 못하는 질병이 아닌 것은?

① 세균성 이질
② 장티푸스
③ 비전염성 전염병
④ 콜레라

2. 식품위생 관리

[미생물의 종류와 특성]

01. 식품위생의 목적이 아닌 것은?

① 위생상의 위해방지
② 국민보건의 증진
③ 식품영양의 질적 향상 도모
④ 식품산업의 발전

02. 다음 중 식품위생의 대상으로 알맞은 것은?

① 식품 · 식품첨가물 · 기구 · 포장
② 식품 · 식품첨가물 · 기구 · 용기 · 포장
③ 식품 · 식품첨가물 · 조리법 · 포장 · 용기
④ 식품 · 식품첨가물 · 조리법 · 기구 · 포장

03. 병원 미생물의 크기가 큰 것부터 나열한 순서가 옳은 것은?

① 스피로헤타 – 세균 – 바이러스 – 리케차
② 스피로헤타 – 리케차 – 세균 – 효모
③ 세균 – 리케차 – 효모 – 곰팡이
④ 곰팡이 – 스피로헤타 – 세균 – 리케차

04. 미생물의 생육에 필요한 필요한 조건이 아닌 것은?

① 온도 ② 햇빛
③ 수분 ④ 영양분

05. 미생물의 주된 성분은?

① 비타민과 무기질 ② 탄수화물
③ 단백질 ④ 수분

정답 01. ① 02. ③ 03. ④ 04. ③ / 01. ④ 02. ② 03. ④ 04. ② 05. ③

06. 식품의 변화현상에 대한 설명 중 틀린 것은?

① 산패:유지식품의 지방질 산화
② 발효:화학물질에 의한 유기화합물의 분해
③ 변질:식품의 품질 저하
④ 부패:단백질과 유기물이 부패미생물에 의해 분해

07. 식품의 부패 또는 변질과 관련이 적은 것은?

① 수분　② 온도
③ 압력　④ 효소

08. 식품의 산패에 관한 설명으로 잘못된 것은?

① 식품에 들어있는 지방질이 산화되는 현상이다.
② 맛, 냄새가 변한다.
③ 유지가 가수분해 되어 일어나기도 한다.
④ 부패와 반응 기질이 같다.

09. 산소가 있거나, 없더라도 미량일 때 생육할 수 있는 균은 무엇인가?

① 통성혐기성균　② 통성호기성균
③ 편성호기성균　④ 편성혐기성균

10. 다음 중 식품위생과 관련된 미생물이 아닌 것은?

① 세균　② 곰팡이
③ 효모　④ 기생충

11. 증식에 필요한 최저 수분활성도(Aw)가 높은 미생물부터 바르게 나열된 것은?

① 효모 〉 세균 〉 곰팡이　② 세균 〉 효모 〉 곰팡이
③ 효모 〉 곰팡이 〉 세균　④ 세균 〉 곰팡이 〉 효모

12. 중온균 증식의 최적온도는?

① 10~12℃　② 25~37℃
③ 55~60℃　④ 65~75℃

13. 세균의 번식을 억제시키려면 수분은 몇 % 이하여야 하는가?

① 10%　② 15%
③ 20%　④ 25%

14. 미생물학적으로 식품 1g당 세균수가 얼마일 때 초기부패단계로 판정하는가?

① $10^3 \sim 10^4$　② $10^4 \sim 10^5$
③ $10^7 \sim 10^8$　④ $10^{12} \sim 10^{13}$

15. 식품의 부패 정도를 측정하는 지표로 가장 거리가 먼 것은?

① 휘발성염기질소(VBN)　② 트리메틸아민(TMA)
③ 수소이온농도(pH)　④ 총질소(TN)

16. 생선 및 육류의 초기부패 판정 시 지표가 되는 물질에 해당되지 않는 것은?

① 휘발성염기질소(VBN)
② 암모니아(ammonia)
③ 트리메틸아민(trimethylamine)
④ 아크롤레인(acrolein)

17. 어육의 초기 부패 시에 나타나는 휘발성 염기질소의 양은?

① 5~10mg%　② 15~25mg%
③ 30~40mg%　④ 50mg% 이상

정답 06. ② 07. ③ 08. ④ 09. ① 10. ④ 11. ② 12. ② 13. ② 14. ③ 15. ④ 16. ④ 17. ③

18. 어패류의 신선도 판정시 초기부패의 기준이 되는 물질은?

① 삭시톡신(saxitoxin)
②트리메틸아민(trimethylamine)
③ 베네루핀(venerupin)
④ 아플라톡신(aflatoxin)

19. 우유의 초고온순간살균법에 가장 적합한 가열 온도와 시간은?

① 200℃ ② 162℃에서 5초간
③ 150℃에서 5초간 ④ 132℃에서 2초간

20. 우유의 살균 방법으로 70~75℃ 에서 15~20초간 가열하는 것은?

① 저온살균법 ② 고압증기멸균법
③ 고온단시간살균법 ④ 초고온순간살균법

21. 장기간의 식품보존방법과 가장 관계가 먼 것은?

① 냉장법 ② 염장법
③ 산저장법(초지법) ④ 당장법

22. 세균 번식이 잘되는 식품과 가장 거리가 먼 것은?

① 온도가 적당한 식품 ② 습기가 있는 식품
③ 영양분이 많은 식품 ④ 산이 많은 식품

23. 과실 저장고의 온도, 습도, 기체의 조성 등을 조절하여 장기간 과실을 저장하는 방법은?

① 산 저장 ② 가스저장(CA저장)
③ 자외선 저장 ④ 무균포장 저장

24. 훈연(smoking)시 발생하는 연기성분을 나열한 것 중 틀린 것은?

① 페놀(phenol)
②포름알데히드(formaldehyde)
③ 사포닌(saponin)
④ 개미산(formic acid)

[식품과 기생충병]

01. 집단감염이 잘되며 항문부위의 소양증을 유발하는 기생충은?

① 회충 ② 구충
③ 요충 ④ 간흡충

02. 피부로 직접 침입하는 경피감염을 일으키는 기생충은?

① 회충 ② 십이지장충
③ 요충 ④ 동양모양선충

03. 채소류를 매개로 감염될 수 있는 기생충이 아닌 것은?

① 회충 ② 유구조충
③ 구충 ④ 편충

04. 채소류로부터 감염되는 기생충은?

① 동양모양선충, 편충 ② 회충, 무구조충
③ 십이지장충, 선모충 ④ 요충, 유구조충

05. 중간숙주 없이 감염이 가능한 기생충은?

① 아니사키스 ② 회충
③ 폐흡충 ④ 간흡충

정답 18. ② 19. ④ 20. ③ 21. ① 22. ④ 23. ② 24. ③ / 01. ③ 02. ② 03. ② 04. ① 05. ②

06. 구충의 감염 예방과 관계가 없는 것은?

① 분변 비료 사용금지
② 밭에서 맨발 작업금지
③ 청정채소의 장려
④ 모기에 물리지 않도록 주의

07. 쇠고기를 가열하지 않고 회로 먹을 때 생길 수 있는 가능성이 가장 큰 기생충은?

① 민촌충 ② 선모충
③ 유구조충 ④ 회충

08. 돼지고기를 날 것으로 먹거나 불완전하게 가열하여 섭취할 때 감염될 수 있는 기생충은?

① 갈고리촌충 ② 무구조충
③ 광절열두조충 ④ 간디스토마

09. 기생충과 인체감염원인 식품의 연결이 틀린 것은?

① 유구조충 – 돼지고기
② 무구조충 – 쇠고기
③ 동양모양선충 – 민물고기
④ 아니사키스 – 바다생선

10. 간디스토마와 폐디스토마의 제1중간숙주를 순서대로 짝지어 놓은 것은?

① 우렁이 – 다슬기 ② 잉어 – 가재
③ 사람 – 가재 ④ 붕어 – 참게

11. 광절열두조충의 중간숙주(제1중간숙주-제2중간숙주)와 인체 감염 부위는?

① 다슬기–가재–폐 ② 물벼룩–연어–소장
③ 왜우렁이–붕어–간 ④ 다슬기–은어–소장

12. 기생충과 중간숙주와의 연결이 틀린 것은?

① 간흡충 – 왜우렁이, 참붕어
② 요코가와흡충 – 다슬기, 은어
③ 폐흡충 – 다슬기, 게
④ 광절열두조충 – 다슬기, 가재

13. 폐흡충의 제2중간숙주는?

① 잉어 ② 연어
③ 게 ④ 송어

14. 다음 기생충 중 돌고래의 기생충인 것은?

① 유극악구충 ② 유구조충
③ 아니사키스충 ④ 선모충

15. 다음 중 제1 및 제2 중간숙주가 있는 것은?

① 구충, 요충
② 사상충, 회충
③ 간흡충, 유구조충
④ 폐흡충, 광절열두조충

16. 어패류 매개 기생충 질환의 가장 확실한 예방법은?

① 환경위생 관리
② 생식금지
③ 보건교육
④ 개인위생 철저

17. 음식물과 관계없는 기생충은 어느 것인가?

① 선모충
② 사상충
③ 아나사키스
④ 간디스토마

정답 06. ④ 07. ① 08. ① 09. ③ 10. ① 11. ② 12. ④ 13. ③ 14. ③ 15. ④ 16. ② 17. ②

[살균 및 소독]

01. 다음 중 정의가 적합하지 않은 것은?

① 소독 - 병원 세균을 죽이거나 감염력을 없애는 것
② 멸균 - 병원균과 아포 등 모든 미생물을 사멸시키는 것
③ 방부 - 병원 세균을 완전히 죽여서 부패를 억제하는 것
④ 살균 - 생활력을 파괴시켜 미생물을 사멸시키는 것

02. 자외선 살균 등의 특징과 거리가 먼 것은?

① 사용법이 간단하다.
② 조사대상물에 거의 변화를 주지 않는다.
③ 잔류효과는 없는 것으로 알려져 있다.
④ 유기물 특히 단백질이 공존시 효과가 증가한다.

03. 과실류, 채소류 등 식품의 살균목적으로 사용되는 것은?

① 초산비닐수지(polyvinyl acetate)
② 이산화염소(chlorine dioxide)
③ 규소수지(silicone resin)
④ 차아염소산나트륨(sodium hypochlorite)

04. 화학적 소독약의 구비조건으로 적당하지 않은 것은?

① 살균력이 강한 것
② 용해성과 표백성이 강한 것
③ 냄새가 없는 것
④ 사용하기 편하고 값이 싼 것

05. 도마의 사용방법에 관한 설명 중 잘못된 것은?

① 합성세제를 사용하여 43~45℃의 물로 씻는다.
② 염소소독, 열탕소독, 자외선살균 등을 실시한다.
③ 식재료 종류별로 전용의 도마를 사용한다.
④ 세척, 소독 후에는 건조시킬 필요가 없다.

06. 분변소독에 가장 접합한 것은?

① 생석회 ② 알코올
③ 과산화수소 ④ 표백분

07. 소독의 지표가 되는 소독제는?

① 크레졸 ② 석탄산
③ 과산화수소 ④ 역성비누

08. 조리기구(식기)의 소독에 사용되는 역성비누의 농도는?

① 0.0001~0.01%
② 0.01~0.1%
③ 0.5~1.0%
④ 5~10%

09. 손 소독에 가장 적합한 것은?

① 0.1% 역성비누
② 5% 과산화수소
③ 70% 에틸알코올
④ 0.5% 크레졸비누액

10. 식기의 살균에 이용할 수 있는 방법은?

① 자비소독 ② 알코올
③ 여과 ④ 크레졸

정답 01. ③ 02. ④ 03. ④ 04. ② 05. ④ 06. ① 07. ② 08. ② 09. ③ 10. ①

[식품첨가물]

01. 식품첨가물의 사용 목적과 거리가 먼 것은?

① 식품의 상품 가치 향상
② 관능 개선
③ 보존성 향상
④ 질병의 치료

02. 식품첨가물의 사용목적이 아닌 것은?

① 식품의 기호성 증대
② 식품의 유해성 입증
③ 식품의 부패와 변질을 방지
④ 식품의 제조 및 품질개량

03. 식품첨가물이 갖추어야 할 조건으로 옳지 않는 것은?

① 식품 성분 등에 의해 첨가물을 확인할 수 있을 것
② 식품에 나쁜 영향을 주지 않을 것
③ 상품의 가치를 향상시킬 것
④ 다량 사용으로 효과를 나타낼 것

04. 식품의 보존료가 아닌 것은?

① 데히드로초산(dehydroacetic acid)
② 소르빈산(sorbic acid)
③ 안식향산(benzoic acid)
④ 아스파탐(aspartam)

05. 다음 중 식품첨가물과 주요용도의 연결이 바르게 된 것은?

① 안식향산 – 착색제
② 토코페롤 – 표백제
③ 질소나트륨 – 산화방지제
④ 규소수지 - 소포제

06. 식품 중에 존재하는 색소단백질과 결합함으로써 식품의 색을 보다 선명하게 하거나 안정화시키는 첨가물은?

① 질산나트륨(sodium nitrate)
② 동클로로필린나트륨(sodium chlorophyll)
③ 삼이산화철(iron sesquixide)
④ 이산화티타늄(titanium dioxide)

07. 유지의 산패를 차단하기 위해 상승제(synergist)와 함께 사용하는 물질은?

① 보존제　② 발색제
③ 항산화제　④ 표백제

08. 색소를 함유하고 있지는 않지만 식품 중의 성분과 결합하여 색을 안정화하면서 선명하게 하는 식품첨가물은?

① 발색제　② 식용타르색소
③ 표백제　④ 천연색소

09. 다음 식품첨가물 중 영양강화제는?

① 비타민류, 아미노산류
② 검류, 락톤류
③ 에테르류, 에스테르류
④ 지방산류, 페놀류

10. 식품첨가물 중 허용되어 있는 발색제는?

① 식용적색 3호　② 철 클로로필린 나트륨
③ 질산나트륨　④ 삼 이산화철

11. 사용이 허가된 산미료는?

① 구연산　② 초산에틸
③ 계피산　④ 말톨

정답 01. ④ 02. ② 03. ④ 04. ④ 05. ④ 06. ① 07. ③ 08. ① 09. ① 10. ③ 11. ①

12. 식품첨가물에 대한 설명으로 틀린 것은?

① 보존료는 식품의 미생물에 의한 부패를 방지할 목적으로 사용된다.
② 규소수지는 주로 산화방지제로 사용된다.
③ 과산화벤조일(희석)은 밀가루 이외의 식품에 사용하여서는 안 된다.
④ 과황산암모늄은 밀가루 이외의 식품에 사용하여서는 안 된다.

13. 과채류의 품질유지를 위한 피막제로만 사용되는 식품첨가물은?

① 실리콘수지 ② 몰포린지방산염
③ 인산나트륨 ④ 만니톨

14. 안식향산(benzoic acid)의 사용 목적은?

① 식품의 산미를 내기 위하여
② 식품의 부패를 방지하기 위하여
③ 유지의 산화를 방지하기 위하여
④ 식품의 향을 내기 위하여

15. 식품첨가물의 사용목적과 이에 따른 첨가물의 종류가 바르게 연결된 것은?

① 식품의 영양 강화를 위한 것 – 착색료
② 식품의 관능을 만족시키기 위한 것 – 조미료
③ 식품의 변질, 변패를 방지하기 위한 것 – 감미료
④ 식품의 품질을 개량하거나 유지하기 위한 것– 산미료

16. 식품위생법상 식품첨가물이 식품에 사용되는 방법이 아닌 것은?

① 침윤 ② 반응
③ 첨가 ④ 혼입

17. 우리나라에서 간장에 사용할 수 있는 보존료는?

① 프로피온산(propionic acid)
② 이초산나트륨(sodium diacetate)
③ 안식향산(benzoic acid)
④ 소르빈산(sorbic acid)

18. 과일이나 과채류를 채취 후 선도 유지를 위해 표면에 막을 만들어 호흡 조절 및 수분 증발 방지의 목적에 사용되는 것은?

① 품질개량제 ② 이형제
③ 피막제 ④ 강화제

19. 관능을 만족시키는 식품첨가물이 아닌 것은?

① 동클로로필린나트륨 ② 질산나트륨
③ 아스파탐 ④ 소르빈산

20. 유해감미료에 속하는 것은?

① 둘신 ② D–소르비톨
③ 자일리톨 ④ 아스파탐

21. 천연 산화방지제가 아닌 것은?

① 아스코르브산 ② 안식향산
③ 토코페롤 ④ BHT

22. 빵 등의 밀가루제품에서 밀가루를 부풀게 하여 적당한 형태를 갖추게 하기 위해 사용되는 첨가물은?

① 팽창제 ② 유화제
③ 피막제 ④ 산화방지제

정답 12. ② 13. ② 14. ② 15. ② 16. ② 17. ③ 18. ③ 19. ④ 20. ① 21. ② 22. ①

23. 식품의 조리·가공시 거품이 발생하여 작업에 지장을 주는 경우 사용하는 식품첨가물은?

① 규소수지(silicone resin)
② n－헥산(n － hexane)
③ 유동파라핀(liquid paraffin)
④ 몰포린지방산염

24. 껌 기초제로 사용되며 피막제로도 사용되는 식품첨가물은?

① 초산비닐수지 ② 에스테르검
③ 폴리이소부틸렌 ④ 폴리소르베이트

25. 식품첨가물 중 보존료의 목적을 가장 잘 표현한 것은?

① 산도조절
② 미생물에 의한 부패 방지
③ 산화에 의한 변패 방지
④ 가공과정에서 파괴되는 영양소 보충

[유해물질]

01. 식육 및 어육제품의 가공시 첨가되는 아질산염과 제2급 아민이 반응하여 생기는 발암물질은?

① 벤조피렌(benzopyrene)
② PCB(polychlorinated biphenyl)
③ N－니트로사민(N－nitrosamine)
④ 말론알데히드(malonaldehyde)

02. 다음에서 설명하는 중금속은?

- 도료, 제련, 배터리, 인쇄 등의 작업에 많이 사용되며 유약을 바른 도자기 등에서 중독이 일어날 수 있다.
- 중독시 안면 창백, 연연(鉛緣), 말초 신경염 등의 증상이 나타난다.

① 납 ② 주석
③ 구리 ④ 비소

03. 화학물질에 의한 식중독으로 일반 중독증상과 시신경의 염증으로 실명의 원인이 되는 물질은?

① 납 ② 수은
③ 메틸알코올 ④ 청산

04. 만성중독시 비점막 염증, 피부궤양, 비중격천공 등의 증상을 나타내는 것은?

① 수은 ② 벤젠
③ 카드뮴 ④ 크롬

05. 카드뮴이나 수은 등의 중금속 오염가능성이 가장큰 식품은?

① 육류 ② 어패류
③ 식용유 ④ 통조림

06. 체내에서 흡수되면 신장의 재흡수장애를 일으켜 칼슘 배설을 증가시키는 중금속은?

① 납 ② 수은
③ 비소 ④ 카드뮴

07. 미나마타병의 원인이 되는 오염유형과 물질의 연결이 옳은 것은?

① 수질오염 － 카드뮴 ② 방사능오염 － 구리
③ 수질오염 － 수은 ④ 방사능오염 － 아연

정답 23. ① 24. ① 25. ② / 01. ③ 02. ① 03. ③ 04. ④ 05. ② 06. ④ 07. ③

08. 칼슘과 인의 대사이상을 초래하여 골연화증을 유발하는 유해금속은?

① 납 ② 카드뮴
③ 수은 ④ 비소

09. 통조림관의 주성분으로 산성 과일이나 채소류 통조림에 의해 유래 될 수 있는 식중독을 일으키는 것은?

① 주석(Sn) ② 아연(Zn)
③ 구리(Cu) ④ 카드뮴(Cd)

10. 다환방향족 탄화수소이며, 훈제육이나 태운 고기에서 다량 검출되는 발암 작용을 일으키는 것은?

① 아크릴아마이드(Acrylamide)
② 니트로사민(N−nitrosamine)
③ 에틸카바메이트(Ethylcarbamate)
④ 벤조피렌(Benzopyrene)

11. 알코올 발효에서 펙틴이 있으면 생성되기 때문에 과실주에 함유되어 있으며, 과잉 섭취 시 두통, 현기증, 실명 등의 증상을 나타내는 것은?

① 붕산 ② 승홍
③ 메탄올 ④ 포르말린

12. 아질산염과 아민류가 산성조건하에서 반응하여 생성하는 물질로 강한 발암성을 갖는 물질은?

① N−nitrosamine
② Benzopyrene
③ Formaldehyde
④ Poly chlorinated biphenyl(PCB)

13. 식품을 조리 또는 가공할 때 생성되는 유해물질과 그 생성 원인을 잘못 짝지은 것은?

① 엔−니트로소아민(N−nitrosoamine) − 육가공품의 발색제 사용으로 인한 아질산과 아민과의 반응 생성물
② 다환방향족탄화수소(polycyclicaromatic hydrocarbon) − 유기물질을 고온으로 가열할 때 생성되는 단백질이나 지방의 분해생성물
③ 아크릴아미드(acrylamide) − 전분 식품 가열 시 아미노산과 당의 열에 의한 결합반응 생성물
④ 벤조피렌 − 주류 제조 시 에탄올과 카바밀기의 반응에 의한 생성물

3. 주방위생 관리

01. 다음의 정의에 해당하는 것은?

> 식품의 원료관리, 제조·가공·조리·유통의 모든 과정에서 위해한 물질이 식품에 섞이거나 식품이 오염되는 것을 방지하기 위하여 각 과정을 중점적으로 관리하는 기준

① 위해요소중점관리기준(HACCP)
② 식품 Recall 제도
③ 식품 CODEX 기준
④ ISO 인증제도

02. HACCP의 의무적용 대상 식품에 해당하지 않는 것은?

① 빙과류 ② 비가열음료
③ 껌류 ④ 레토르트식품

03. HACCP의 7가지 원칙에 해당하지 않는 것은?

① 위해요소분석 ② 중요관리점(CCP) 결정
③ 개선조치방법 수립 ④ 회수명령의 기준 설정

정답 08. ② 09. ① 10. ④ 11. ③ 12. ① 13. ④ / 01. ① 02. ③ 03. ④

04. HACCP에 대한 설명으로 틀린 것은?

① 어떤 위해를 미리 예측하여 그 위해요인을 사전에 파악하는 것이다.
② 위해 방지를 위한 사전 예방적 식품안전관리체계를 말한다.
③ 미국, 일본, 유럽연합, 국제기구(Codex, WHO) 등에서도 모든 식품에 HACCP을 적용할 것을 권장하고 있다.
④ HACCP 12절차의 첫 번째 단계는 위해요소 분석이다.

05. 다음 중 위해요소중점관리기준을 수행하는 단계에 있어서 가장 먼저 실시하는 것은?

① 중점관리점 결정 ② 개선조치방법 설정
③ 위해요소분석 ④ 모니터링 체계 수립

06. 단체급식시설의 작업장별 관리에 대한 설명으로 잘못된 것은?

① 개수대는 생선용과 채소용을 구분하는 것이 식중독균의 교차오염을 방지하는데 효과적이다.
② 도마는 시간 단축과 효율성을 위해 하나로 사용한다.
③ 식품보관 창고에 식품을 보관 시 바닥과 벽에 식품이 직접 닿지 않게 하여 오염을 방지한다.
④ 가열, 조리하는 곳에는 환기장치가 필요하다.

07. 식품의 위생적인 준비를 위한 조리장의 관리로 부적합한 것은?

① 조리장에 음식물과 음식물 찌꺼기를 함부로 방치하지 않는다.
② 조리장의 출입구에 신발을 소독할 수 있는 시설을 갖춘다.
③ 조리장의 위생해충은 약제사용을 1회만 실시하면 영구적으로 박멸된다.
④ 조리사의 손을 소독할 수 있도록 손소독기를 갖춘다.

08. 다음 중 위생관리에 관한 내용 중 옳지 않은 것은?

① 도마는 염소소독, 자외선살균, 열탕소독 등을 실시한다.
② 도마는 세척, 소독 후에는 건조시킬 필요가 없다.
③ 행주는 끓여서 자비소독한다.
④ 청결한 식재료 관리를 위해 일반구역과 청결구역을 나눠서 진행한다.

4. 식중독 관리

[세균성 식중독]

01. 식중독 발생시 즉시 취해야 할 행정적 조치는?

① 식중독 발생신고 ② 원인식품의 폐기처분
③ 연막 소독 ④ 역학 조사

02. 집단 식중독 발생시 처치사항으로 잘못된 것은?

① 원인식을 조사한다
② 구토물 등의 원인균 검출에 필요하므로 버리지 않는다.
③ 해당 기관에 즉시 신고한다.
④ 소화제를 복용시킨다.

03. 식중독에 관한 설명으로 틀린 것은?

① 자연독이나 유해물질이 함유된 음식물을 섭취함으로써 생긴다.
② 발열, 구역질, 구토, 설사, 복통 등의 증세가 나타난다.
③ 세균, 곰팡이, 화학물질 등이 원인물질이다.
④ 대표적인 식중독은 콜레라, 세균성이질, 장티푸스 등이 있다.

정답 04. ④ 05. ③ 06. ② 07. ③ 08. ② / 01. ① 02. ④ 03. ④

04. 경구감염병과 비교하여 세균성식중독이 가지는 일반적인 특성은?

① 소량의 균으로도 발병한다.
② 잠복기가 짧다.
③ 2차 발병률이 매우 높다.
④ 수인성 발생이 크다.

05. 다음 중 내열성이 강한 아포를 형성하며, 일반적으로 사망률이 가장 높은 식중독은?

① 살모넬라 식중독
② 장염비브리오 식중독
③ 클로스트리디움 보툴리늄 식중독
④ 포도상구균 식중독

06. 다음 중 잠복기가 가장 짧은 식중독은?

① 황색포도상구균 식중독 ② 살모넬라균 식중독
③ 장염 비브리오 식중독 ④ 장구균 식중독

07. 다음 세균성 식중독 중 독소형은?

① 포도상구균 식중독 ② 비브리오 식중독
③ 병원성대장균 식중독 ④ 웰치균 식중독

08. 세균으로 인한 식중독 원인물질이 아닌 것은?

① 살모넬라균 ② 장염비브리오균
③ 아플라톡신 ④ 보툴리늄독소

09. 살모넬라균에 의한 식중독의 특징 중 틀린 것은?

① 장독소(enterotoxin)에 의해 발생한다.
② 잠복기는 보통 12~24시간이다.
③ 주요증상은 메스꺼움, 구토, 복통, 발열이다.
④ 원인식품은 대부분 동물성 식품이다.

10. 다음 중 살모넬라에 오염되기 쉬운 대표적인 식품은?

① 과실류 ② 해초류
③ 난류 ④ 통조림

11. 호염성의 성질을 가지며 해산어류를 통해 발생하는 식중독 세균은?

① 황색포도상구균(Staphylococcus aureus)
② 병원성 대장균(E. coli O157 : H7)
③ 장염 비브리오(Vibrio parahaemolyticus)
④ Listeria monocytogenes(리스테리아모노사이토제네스)

12. 밀폐된 포장식품 중에서 식중독이 발생했다면 주로 어떤 균에 의해서인가?

① 살모넬라균
② 대장균
③ 아리조나균
④ 클로스트리디움 보툴리늄균

13. 클로스트리디움 보툴리늄의 어떤 균형에 의해 식중독이 발생될 수 있는가?

① C형 ② D형
③ E형 ④ G형

14. 세균의 장독소(enterotoxin)에 의해 유발되는 식중독은?

① 황색포도상구균 식중독
② 살모넬라 식중독
③ 복어 식중독
④ 장염비브리오 식중독

정답 04. ② 05. ③ 06. ① 07. ① 08. ③ 09. ① 10. ③ 11. ③ 12. ④ 13. ③ 14. ①

15. 식품취급자의 화농성질환에 의해 감염되는 식중독은?

① 살모넬라 식중독
② 황색포도상구균 식중독
③ 장염비브리오 식중독
④ 병원성대장균 식중독

16. 독소형 세균성 식중독으로 짝지어진 것은?

① 살모넬라 식중독, 장염 비브리오 식중독
② 리스테리아 식중독, 복어독 식중독
③ 황색포도상구균, 클로스트리디움 보툴리늄균
④ 맥각독 식중독, 콜리균 식중독

17. 황색포도상구균에 의한 식중독 예방대책으로 적합한 것은?

① 토양의 오염 방지, 통조림의 살균을 철저
② 쥐나 곤충 및 조류의 접근을 막아야 한다.
③ 어패류를 저온에서 보존하며 생식하지 않는다.
④ 화농성 질환자의 식품 취급을 금지한다.

18. 세균성식중독과 소화기계감염병을 비교한 것으로 틀린 것은?

(세균성식중독)	(병원성소화기계감염병)
① 많은 균량으로 발병	균량이 적어도 발병
② 2차 감염이 빈번함	2차 감염이 없음
③ 식품위생법으로 관리	감염병예방법으로 관리
④ 비교적 짧은 잠복기	비교적 긴 잠복기

19. 경구감염병과 세균성 식중독의 주요 차이점에 대한 설명으로 옳은 것은?

① 경구감염병은 다량의 균으로, 세균성 식중독은 소량의 균으로 발병한다.
② 세균성 식중독은 2차 감염이 많고, 경구감염병은 거의 없다.
③ 경구감염병은 면역성이 없고, 세균성 식중독은 있는 경우가 많다.
④ 세균성 식중독은 잠복기가 짧고, 경구감염병은 일반적으로 길다.

[자연독 식중독]

01. 복어 중독을 일으키는 독성분은?

① 테트로도톡신(tetrodotoxin)
② 솔라닌(solanine)
③ 베네루핀(venerupin)
④ 무스카린(muscarine)

02. 섭조개 속에 들어 있으며 특히 신경계통의 마비증상을 일으키는 독성분은?

① 무스카린 ② 시큐톡신
③ 베네루핀 ④ 삭시톡신

03. 복어와 모시조개 섭취 시 식중독을 유발하는 독성물질을 순서대로 나열한 것은?

① 엔테로톡신(enterotoxin), 사포닌(saponin)
② 테트로도톡신(tetrodotoxin), 베네루핀(venerupin)
③ 테트로도톡신(tetrodotoxin), 듀린(dhurrin)
④ 엔테로톡신(enterotoxin), 아플라톡신(aflatoxin)

정답 15. ② 16. ③ 17. ④ 18. ② 19. ④ / 01. ① 02. ④ 03. ②

04. 식품과 자연독 성분이 잘못 연결 된 것은?

① 섭조개 – 삭시톡신(saxitoxin)
② 바지락 – 베네루핀(venerupin)
③ 피마자 – 리신(ricin)
④ 청매 – 시구아톡신(ciguatoxin)

05. 덜 익은 매실, 살구씨, 복숭아씨 등에 들어 있으며, 인체 장내에서 청산을 생산하는 것은?

① 솔라닌(solanine)
② 고시폴(gossypol)
③ 시큐톡신(cicutoxin)
④ 아미그달린(amygdalin)

06. 발아한 감자와 청색 감자에 많이 함유된 독성분은?

① 리신 ② 엔테로톡신
③ 무스카린 ④ 솔라닌

07. 동물성 식품에서 유래하는 식중독 유발 유독성분은?

① 아마니타톡신 ② 솔라닌
③ 베네루핀 ④ 시큐톡신

08. 독미나리에 함유된 유독성분은?

① 무스카린(muscarine) ② 솔라닌(solanine)
③ 아트로핀(atropine) ④ 시큐톡신(cicutoxin)

09. 식물과 그 유독성분이 잘못 연결된 것은?

① 감자 – 솔라닌(solanine)
② 청매 – 프시로신(psilocin)
③ 피마자 – 리신(ricin)
④ 독미나리 – 시큐톡신(cicutoxin)

10. 감자의 부패에 관여하는 물질은?

① 솔라닌(solanine) ② 셉신(sepsine)
③ 아코니틴(aconitine) ④ 시큐톡신(cicutoxin)

11. 복어독 중독의 치료법으로 적합하지 않은 것은?

① 호흡촉진제 투여 ② 진통제 투여
③ 위세척 ④ 최토제 투여

12. 감자의 발아부위와 녹색부위에 있는 자연독은?

① 에르고톡신 ② 무스카린
③ 시큐톡신 ④ 솔라닌

13. 목회씨로 조제한 면실유를 식용한 후 식중독이 발생한 경우 그 원인 물질은?

① 리신 ② 고시폴
③ 셉신 ④ 아미그달린

14. 합성수지제 기구, 용기, 포장제 등에서 검출될 수 있는 화학적 식중독 원인물질은?

① 아플라톡신 ② 솔라닌
③ 포름알데히드 ④ 니트로사민

[곰팡이 식중독]

01. 곰팡이 독으로서 간장에 장해를 일으키는 것은?

① 시트리닌(citrinin)
② 파툴린(patulin)
③ 아플라톡신(aflatoxin)
④ 솔라렌(psoralene)

정답 04. ④ 05. ④ 06. ④ 07. ③ 08. ④ 09. ② 10. ② 11. ② 12. ④ 13. ② 14. ③ / 01. ③

02. 1960년 영국에서 10만 마리의 칠면조가 간장 장해를 일으켜 대량 폐사한 사고가 발생하여 원인을 조사한 결과 땅콩박에서 Aspergillus flavus가 번식하여 생성한 독소가 원인 물질로 밝혀진 곰팡이 독소 물질은?

① 오크라톡신(ochratoxin)
② 에르고톡신(ergotoxin)
③ 아플라톡신(aflatoxin)
④ 루브라톡신(rubratoxin)

03. 아플라톡신(aflatoxin)에 대한 설명으로 틀린 것은?

① 기질수분 16%이상, 상태습도 80~85%이상에서 생성한다.
② 탄수화물이 풍부한 곡물에서 많이 발생한다.
③ 열에 비교적 약하여 100℃에서 쉽게 불활성화 된다.
④ 강산이나 강알칼리에서 쉽게 분해되어 불활성화 된다.

04. 황변미 중독을 일으키는 오염 미생물은?

① 곰팡이　　② 효모
③ 세균　　④ 기생충

05. 맥각중독을 일으키는 원인물질은?

① 루브라톡신(rubratoxin)
② 오크라톡신(ochratoxin)
③ 에르고톡신(ergotoxin)
④ 파툴린(patulin)

06. 곰팡이에 의해 생성되는 독소가 아닌 것은?

① 아플라톡신　　② 시트리닌
③ 엔테로톡신　　④ 에르고톡신

07. 곰팡이 독소와 독성이 잘못 연결된 것은?

① 아플라톡신(aflatoxin) – 신경독
② 오클라톡신(ochratoxin) – 간장독
③ 시트리닌(citrinin) – 신장독
④ 스테리그마토시스틴(sterigmatocystin) – 간장독

08. 곰팡이 중독증의 예방법으로 틀린 것은?

① 곡류 발효식품을 많이 섭취한다.
② 농수축산물의 수입 시 검역을 철저히 행한다.
③ 식품가공 시 곰팡이가 피지 않은 원료를 사용한다.
④ 음식물은 습기가 차지 않고 서늘한 곳에 밀봉해서 보관한다.

09. 아스퍼질러스 플라버스가 만드는 발암물질은?

① 아플라톡신(aflatoxin)
② 루브라톡신(rubratoxin)
③ 니트로사민(nitrosamine)
④ 아일란디톡신(islanditoxin)

10. 다음 중 곰팡이 독소가 아닌 것은?

① 아플라톡신(aflatoxin)
② 시트리닌(citrinin)
③ 삭시톡신(sacitoxin)
④ 파툴린(patulin)

[기타 식중독]

01. 히스타민 함량이 많아 가장 알레르기성 식중독을 일으키기 쉬운 어육은?

① 넙치　　② 대구
③ 가다랑어　　④ 도미

정답 02. ③ 03. ③ 04. ① 05. ③ 06. ③ 07. ① 08. ① 09. ① 10. ③ / 01. ③

02. 알레르기성 식중독에 관계되는 원인 물질과 균은?

① 아세토인(acetoin), 살모넬라균
② 지방(fat), 장염 비브리오균
③ 엔테로톡신(enterotoxin), 포도상구균
④ 히스타민(histamine), 모르가니균

03. 단백질이 탈탄산반응에 의해 생성되어 알레르기성 식중독의 원인이 되는 물질은?

① 암모니아 ② 지방산
③ 아민류 ④ 알코올류

04. 알레르기성 식중독을 유발하는 세균은?

① 병원성 대장균
② 프로테우스 모르가니
③ 비브리오 콜레라
④ 아스파질러스 플라버스

05. 노로바이러스에 대한 설명으로 틀린 것은?

① 발병 후 자연치유 되지 않는다.
② 급성 위장염, 설사, 복통이 발생한다.
③ 경구감염으로 발생할 수 있다.
④ 식품을 충분히 가열하여 섭취해야한다.

06. 노로바이러스 식중독의 예방 및 확산 방지 방법으로 틀린 것은?

① 오염지역에서 채취한 어패류는 85℃에서 1분 이상 가열하여 섭취한다.
② 항바이러스 백신을 접종한다.
③ 오염이 의심되는 지하수의 사용을 자제한다.
④ 가열 조리한 음식물은 맨 손으로 만지지 않도록 한다.

5. 식품위생 관계법규

[총칙]

01. 식품위생법에 명시된 목적이 아닌 것은?

① 위생상의 위해 방지
② 건전한 유통 · 판매 도모
③ 식품영양의 질적 향상 도모
④ 식품에 관한 올바른 정보 제공

02. 판매나 영업을 목적으로 하는 식품의 조리에 사용하는 기구 · 용기의 기준과 규격을 정하는 기관은?

① 보건소
② 농림수산식품부
③ 환경부
④ 식품의약품안전처

03. 우리나라 식품위생법 등 식품위생 행정업무를 담당하고 있는 기관은?

① 환경부
② 고용노동부
③ 보건복지부
④ 식품의약품안전처

04. 식품위생법에서 정의한 식품이란?

① 모든 음식물
② 의약품을 제외한 모든 음식물
③ 담배 등의 기호품을 포함한 모든 음식물
④ 포장, 용기와 모든 음식물

정답 02. ④ 03. ③ 04. ② 05. ① 06. ② / 01. ② 02. ④ 03. ④ 04. ②

05. 식품위생법상의 각 용어에 대한 정의로 옳은 것은?

① 기구 : 식품 또는 식품 첨가물을 넣거나 싸는 물품
② 식품첨가물 : 화학적 수단으로 원소 또는 화합물에 분해반응 외의 화학반응을 일으켜 얻는 물질
③ 영양 표시 : 식품에 들어있는 영양소의 양 등 영양에 관한 정보를 표시한 것
④ 집단 급식소 : 영리를 목적으로 불특정 다수인에게 음식물을 공급하는 대형음식점

06. 다음 중 식품 위생법상 식품위생의 대상은?

① 식품, 약품, 기구, 용기, 포장
② 조리법, 조리시설, 기구, 용기, 포장
③ 조리법, 단체급식, 기구, 용기, 포장
④ 식품, 식품첨가물, 기구, 용기, 포장

07. 식품위생법상 기구로 분류되지 않는 것은?

① 도마
② 수저
③ 탈곡기
④ 도시락 통

08. 식품위생법상 식품위생의 정의는?

① 음식과 의약품에 관한 위생을 말한다.
② 농산물, 기구 또는 용기 · 포장의 위생을 말한다.
③ 식품 및 식품첨가물만을 대상으로 하는 위생을 말한다.
④ 식품, 식품첨가물, 기구 또는 용기 · 포장을 대상으로 하는 음식에 관한 위생을 말한다.

09. 식품위생법상 용어의 정의에 대한 설명 중 틀린 것은?

① "집단급식소"라 함은 영리를 목적으로 하며 총리령으로 정하는 급식시설을 말한다.
② "식품"이라 함은 의약으로 섭취하는 것을 제외한 모든 음식물을 말한다.
③ "표시"라 함은 식품, 식품첨가물, 기구 또는 용기 포장에 기재하는 문자, 숫자 또는 도형을 말한다.
④ "용기 · 포장"은 식품을 넣거나 싸는 것으로서 식품을 주고받을 때 함께 건네는 물품을 말한다.

10. 식품위생법으로 정의한 "기구"에 해당하는 것은?

① 식품의 보존을 위해 첨가하는 물질
② 식품의 조리 등에 사용하는 물건
③ 농업의 농기구
④ 수산업의 어구

[식품 및 식품첨가물]

01. 식품위생법상 위해식품 등의 판매 등 금지내용이 아닌 것은?

① 불결하거나 다른 물질이 섞이거나 첨가된 것으로 인체의 건강을 해칠 우려가 있는 것
② 유독 · 유해물질이 들어 있으나 식품의약품안전처장이 인체의 건강을 해할 우려가 없다고 인정한 것
③ 병원 미생물에 의하여 오염되었거나 그 염려가 있어 인체의 건강을 해칠 우려가 있는 것
④ 썩거나 상하거나 설익어서 인체의 건강을 해칠 우려가 있는 것

정답 05. ③ 06. ④ 07. ③ 08. ④ 09. ① 10. ② / 01. ②

02. 식품 등을 판매하거나 판매할 목적으로 취급할 수 있는 것은?

① 병을 일으키는 미생물에 오염되었거나 그 염려가 있어 인체의 건강을 해칠 우려가 있는 식품
② 포장에 표시된 내용량에 비하여 중량이 부족한 식품
③ 영업의 신고를 하여야 하는 경우에 신고하지 아니한 자가 제조한 식품
④ 썩거나 상하거나 설익어서 인체의 건강을 해칠 우려가 있는 식품

03. 식품위생법상 식품 등의 위생적 취급에 관한 기준으로 틀린 것은?

① 식품 등의 보관 · 운반 · 진열 시에는 식품 등의 기준 및 규격이 정하고 있는 보존 및 유통기준에 적합하도록 관리하여야 한다.
② 식품 등의 제조 · 가공 · 조리에 직접 사용되는 기계 · 기구 및 음식기는 세척 · 살균하는 등 항상 청결하게 유지 · 관리하여야 하며, 어류 · 육류 · 채소류를 취급하는 칼 · 도마는 공통으로 사용한다.
③ 식품 등의 제조 · 가공 · 조리 또는 포장에 직접 종사하는 자는 위생모를 착용하는 등 개인위생관리를 철저히 하여야 한다.
④ 제조 · 가공(수입품 포함)하여 최소판매단위로 포장된 식품 또는 식품첨가물을 영업하가 또는 신고하지 아니 하고 판매의 목적으로 포장을 뜯어 분할하여 판매하여 서는 아니 된다.

[기구와 용기·포장]

01. 판매를 목적으로 하는 식품에 사용하는 기구, 용기 포장의 기준과 규격을 정하는 기관은?

① 농림축산부　② 보건소
③ 산업자원부　④ 식품의약품안전처

02. 식품 등의 표시기준을 수록한 식품 등의 공전을 작성, 보급하여야 하는 자는?

① 식품의약품안전처장　② 시, 도지사
③ 식품위생감시원　④ 보건소장

[표시]

01. 식품위생법에서 사용하는 '표시'에 대한 용어의 정의는?

① 식품, 식품첨가물에 기재하는 문자, 숫자를 말한다.
② 식품, 식품첨가물에 기재하는 문자, 숫자 또는 도형을 말한다.
③ 식품, 식품첨가물, 기구 또는 용기 · 포장에 기재하는 문자, 숫자를 말한다.
④ 식품, 식품첨가물, 기구 또는 용기 · 포장에 적는 문자, 숫자 또는 도형을 말한다.

02. 식품위생법상 식품, 식품첨가물, 기구 또는 용기 포장에 기재하는 "표시"의 범위는?

① 문자　② 문자, 숫자
③ 문자, 숫자, 도형　④ 문자, 숫자, 도형, 음향

03. 유전자변형식품의 표시로 옳지 않은 것은?

① 유전자변형식품 표시가 없어도 진열은 사용할 수 있다.
② 원재료에 생명공학기술을 활용하여 제조, 가공한 식품은 유전자변형식품 표시를 해야한다.
③ 유전자변형식품은 표시가 없으면 판매할 수 없다.
④ 표시와 관련한 필요 사항은 식품의약품안전처장이 정한다.

정답　02. ②　03. ②　/　01. ④　02. ①　/　01. ④　02. ③　03. ①

[검사]

01. 수출을 목적으로 하는 식품 또는 식품첨가물의 기준과 규격은 식품위생법의 규정 외에 어떤 기준과 규격에 의할 수 있는가?

① 수입자가 요구하는 기준과 규격
② 국립검역소장이 정하여 고시한 기준과 규격
③ FDA의 기존과 규격
④ 산업통상자원부장관의 별도 허가를 득한 기준과 규격

02. 출입·검사·수거 등에 관한 사항 중 틀린 것은?

① 식품의약품안전처장은 검사에 필요한 최소량의 식품 등을 무상으로 수거하게 할 수 있다.
② 출입 · 검사 · 수거 또는 장부열람을 하고자 하는 공무원은 그 권한을 표시하는 증표를 지녀야 하며 관계인에게 이를 내보여야 한다.
③ 시장 · 군수 · 구청장은 필요에 따라 영업을 하는 자에 대하여 필요한 서류나 그 밖의 자료의 제출 요구를 할 수 있다.
④ 행정응원의 절차, 비용부담 방법 그 밖에 필요한 사항은 검사를 실시하는 담당공무원이 임의로 정한다.

03. 식품위생법상 출입·검사·수거에 대한 설명 중 틀린 것은?

① 관계 공무원은 영업소에 출입하여 영업에 사용하는 식품 또는 영업시설 등에 대하여 검사를 실시한다.
② 관계 공무원은 영업상 사용하는 식품 등을 검사를 위하여 필요한 최소량이라 하더라도 무상으로 수거할 수 없다.
③ 관계 공무원은 필요에 따라 영업에 관계되는 장부 또는 서류를 열람 할 수 있다.
④ 출입 · 검사 · 수거 또는 열람하려는 공무원은 그 권한을 표시하는 증표를 지니고 이를 관계인에 내보여야 한다.

04. 판매의 목적으로 식품 등을 제조·가공·소분·수입 또는 판매한 영업자는 해당 식품이 식품 등의 위해와 관련이 있는 규정으로 위반하여 유통 중인 당해 식품 등을 회수하고자 할 때 회수계획을 보고해야 하는 대상이 아닌 것은?

① 시 · 도지사
② 식품의약품안전처장
③ 보건소장
④ 시장 · 군수 · 구청장

05. 식품위생법상 판매를 목적으로 하거나 영업상 사용하는 식품 및 영업시설 등 검사에 필요한 최소량의 식품 등을 무상으로 수거할 수 없는 자는?

① 국립의료원장
② 시 · 도지사
③ 시장 · 군수 · 구청장
④ 식품의약품안전처장

06. 식품 등을 제조 · 가공하는 영업자가 식품 등이 기준과 규격에 맞는지 자체적으로 검사하는 것을 일컫는 식품위생법상의 용어는?

① 제품검사
② 자가품질검사
③ 수거검사
④ 정밀검사

07. 식품위생법규상 무상수거 대상 식품은?

① 도 · 소매업소에서 판매하는 식품 등을 시험검사용으로 수거할 때
② 식품 등의 기준 및 규격 제정을 위한 참고용으로 수거할 때
③ 식품 등을 검사할 목적으로 수거할 때
④ 식품 등의 기준 및 규격 개정을 위한 참고용으로 수거할 때

정답 01. ① 02. ④ 03. ② 04. ③ 05. ① 06. ② 07. ③

08. 식품위생법규상 수입식품의 검사결과 부적합한 식품에 대해서 수입신고인이 취해야 하는 조치가 아닌 것은?

① 수출국으로의 반송
② 식품의약품안전청장이 정하는 경미한 위반사항이 있는 경우 보완하여 재수입 신고
③ 관할 보건소에서 재검사 실시
④ 다른 나라로의 반출

[식품위생감시원]

01. 식품위생법상 소비자식품위생감시원의 직무가 아닌 것은?

① 식품접객업을 하는 자에 대한 위생관리 상태 점검
② 유통 중인 식품 등의 허위표시 또는 과대광고 금지 위반 행위에 관한 관할 행정관청에의 신고 또는 자료 제공
③ 식품위생감시원이 행하는 식품 등에 대한 수거 및 검사 지원
④ 영업장소에 대한 위생관리상태를 점검하고, 개선사항에 대한 권고 및 불이행 시 위촉기관에 보고

02. 식품위생법상 식품위생감시원의 직무가 아닌 것은?

① 영업소의 폐쇄를 위한 간판 제거 등의 조치
② 영업의 건전한 발전과 공동의 이익을 도모하는 조치
③ 영업자 및 종업원의 건강진단 및 위생교육의 이행 여부의 확인, 지도
④ 조리사 및 영양사의 법령 준수사항 이행여부의 확인, 지도

03. 식품위생법상에 명시된 식품위생감시원의 직무가 아닌 것은?

① 과대광고 금지의 위반 여부에 관한 단속
② 조리사 및 영양사의 법령준수사항 이행 여부 확인, 지도
③ 생산 및 품질관리일지의 작성 및 비치
④ 시설기준의 적합 여부의 확인, 검사

[영업]

01. 식품위생법상 명시된 영업의 종류에 포함되지 않는 것은?

① 식품조사처리업　　② 식품접객업
③ 즉석판매제조 · 가공업　　④ 먹는샘물제조업

02. 다음 중 소분·판매할 수 있는 식품은?

① 벌꿀제품　　② 어육제품
③ 과당　　④ 레토르트식품

03. 식품 또는 식품첨가물의 완제품을 나누어 유통할 목적으로 재포장, 판매하는 영업은?

① 식품제조 가공업　　② 식품운반업
③ 식품소분업　　④ 즉석판매제조, 가공업

04. 업종별 시설기준으로 틀린 것은?

① 휴게음식점에는 다른 객석에서 내부가 보이도록 하여야 한다.
② 일반음식점의 객실에는 잠금장치를 설치할 수 있다.
③ 일반음식점의 객실 안에는 무대장치, 우주볼 등의 특수조명시설을 설치하여서는 아니 된다.
④ 일반음식점에는 손님이 이용할 수 있는 자동반주장치를 설치하여서는 아니 된다.

정답　08. ③ / 01. ④　02. ②　03. ③ / 01. ④　02. ①　03. ③　04. ②

05. 다음 영업의 종류 중 식품접객업이 아닌 것은?

① 보건복지부령이 정하는 식품을 제조, 가공 업소 내에서 직접 최종소비자에게 판매하는 영업
② 음식류를 조리, 판매하는 영업으로서 식사와 함께 부수적으로 음주행위가 허용되는 영업
③ 집단급식소를 설치, 운영하는 자와의 계약에 의하여 그 집단급식소 내에서 음식류를 조리하여 제공하는 영업
④ 주로 주류를 판매하는 영업으로서 유흥종사자를 두거나 유흥시설을 설치할 수 있고 노래를 부르거나 춤을 추는 행위가 허용되는 영업

06. 식품접객업 조리장의 시설기준으로 적합하지 않은 것은?(단, 제과점영업소와 관광호텔업 및 관광공연장업의 조리장의 경우는 제외한다)

① 조리장은 손님이 그 내부를 볼 수 있는 구조로 되어 있어야 한다.
② 조리장 바닥에 배수구가 있는 경우에는 덮개를 설치하여야 한다.
③ 조리장 안에는 조리시설 · 세척시설 · 폐기물 용기 및 손 씻는 시설을 각각 설치하여야 한다.
④ 폐기물 용기는 수용성 또는 친수성 재질로 된 것이어야 한다.

07. 식품접객업 중 시설기준상 객실을 설치할 수 없는 영업은?

① 유흥주점영업
② 일반음식점영업
③ 단란주점영업
④ 휴게음식점영업

08. 일반음식점의 시설기준으로 틀린 것은?

① 일반음식점에 객실을 설치하는 경우 객실에는 잠금장치를 설치 할 수 없다.
② 소방시설 설치유지 및 안전관리에 관한 법령이 정하는 소방 · 방화시설을 갖추어야 한다.
③ 객석을 설치하는 경우 객석에는 칸막이를 설치 할 수 없다.
④ 객실 안에는 무대장치, 음향 및 반주시설, 우주볼 등의 특수조명시설을 설치하여서는 아니 된다.

09. 식품을 제조 · 가공 업소에서 직접 최종소비자에게 판매하는 영업의 종류는?

① 식품운반업
② 식품소분 · 판매업
③ 즉석판매제조 · 가공업
④ 식품보존업

10. 소분업 판매를 할 수 있는 식품은?

① 전분　　② 식용유지
③ 식초　　④ 빵가루

11. 음식류를 조리·판매하는 영업으로서 식사와 함께 부수적으로 음주행위가 허용되는 영업은?

① 휴게음식점영업
② 단란주점영업
③ 유흥주점영업
④ 일반음식점영업

12. 식품 접객업 중 음주 행위가 허용되지 않는 영업은?

① 단란주점영업　　② 휴게음식점영업
③ 일반음식점영업　　④ 유흥주점영업

정답　05. ①　06. ④　07. ④　08. ③　09. ③　10. ④　11. ④　12. ②

13. 다음 중 영업허가를 받아야 할 업종이 아닌 것은?

① 유흥주점영업
② 단란주점영업
③ 식품제조 · 가공업
④ 식품조사처리업

14. 식품위생법상 영업신고 대상 업종이 아닌 것은?

① 위탁급식영업
② 식품냉동 · 냉장업
③ 즉석판매제조 · 가공업
④ 양곡가공업 중 도정업

15. 영업허가를 받아야 하는 업종은?

① 식품운반업
② 유흥주점영업
③ 식품제조가공업
④ 식품소분판매업

16. 영업허가를 받아야 할 업종이 아닌 것은?

① 단란주점영업
② 유흥주점영업
③ 식품조사처리업
④ 일반음식점영업

17. 식품위생법상 영업신고를 하여야 하는 업종은?

① 유흥주점영업
② 즉석판매제조가공업
③ 식품조사처리업
④ 단란주점영업

18. 일반음식점을 개업하기 위하여 수행하여야 할 사항과 관할 관청은?

① 영업허가 – 지방식품의약품안전처
② 영업신고 – 지방식품의약품안전처
③ 영업허가 – 특별자치도 · 시 · 군 · 구청
④ 영업신고 – 특별자치도 · 시 · 군 · 구청

19. 식품위생법상 영업의 신고 대상 업종이 아닌 것은?

① 일반음식점영업
② 단란주점영업
③ 휴게음식점영업
④ 식품제조가공업

20. 영업허가를 받거나 신고를 하지 않아도 되는 경우는?

① 주로 주류를 조리 · 판매하는 영업으로서 손님이 노래를 부르는 행위가 허용되는 영업을 하려는 경우
② 보건복지부령이 정하는 식품 또는 식품첨가물의 완제품을 나누어 유통을 목적으로 재포장 · 판매 하려는 경우
③ 방사선을 쬐어 식품 보존성을 물리적으로 높이려는 경우
④ 식품첨가물이나 다른 원료를 사용하지 아니하고 농산물을 단순히 껍질을 벗겨 가공하려는 경우

21. 식품 등을 제조, 가공하는 영업을 하는 자가 제조, 가공하는 식품 등이 식품위생법 규정에 의한 기준, 규격에 적합한지 여부를 검사한 기록서를 보관해야 하는 기간은?

① 6개월
② 1년
③ 2년
④ 3년

정답 13. ③ 14. ④ 15. ② 16. ④ 17. ② 18. ④ 19. ② 20. ④ 21. ③

22. 식품위생법에서 정하고 있는 식품 등의 위생적인 취급에 관한 기준에 대한 설명으로 틀린 것은?

① 식품등의 제조, 가공, 조리에 직접 사용되는 기계, 기구 및 음식기는 사용후에 세척, 살균하는 등 항상 청결하게 유지, 관리하여야 한다.
② 어류, 육류, 채소류를 취급하는 칼, 도마는 각각 구분하여 사용하여야 한다.
③ 제조, 가공하여 최소판매 단위로 포장된 식품을 허가 받지 아니하고 포장을 뜯어 분할하여 판매하여서는 아니 되나, 컵라면 등 그 밖의 음식류에 뜨거운 물을 부어주기 위하여 분할하는 경우는 가능하다.
④ 식품 등의 원료 및 제품 등은 모두 냉동, 냉장시설에 보관, 관리하여야 한다.

23. 식품접객업을 신규로 하고자 하는 경우 몇 시간의 위생교육을 받아야 하는가?

① 2시간
② 4시간
③ 6시간
④ 8시간

24. 영업을 하려는 자가 받아야 하는 식품위생에 관한 교육시간으로 옳은 것은?

① 식품제조가공업 : 36시간
② 식품운반업 : 12시간
③ 단란주점영업 : 6시간
④ 옹기류제조업 : 8시간

[조리사와 영양사]

01. 식품위생법상 조리사를 두어야 할 영업이 아닌 것은?

① 지방자치단체가 운영하는 집단급식소
② 복어조리 판매업소
③ 식품첨가물 제조업소
④ 병원이 운영하는 집단급식소

02. 조리사를 두지 않아도 가능한 영업은?

① 복어를 조리 · 판매하는 영업
② 국가가 운영하는 집단급식소
③ 사회복지시설의 집단급식소
④ 식사류를 조리하지 않는 식품접객업소

03. 식품위생법상 조리사를 두어야 하는 영업장은?

① 유흥주점 ② 단란주점
③ 일반레스토랑 ④ 복어조리점

04. 식품위생법상 집단급식소에 근무하는 영양사의 직무가 아닌 것은?

① 종업원에 대한 식품위생교육
② 식단작성, 검식 및 배식관리
③ 조리사의 보수교육
④ 급식시설의 위생적 관리

05. 식품위성법상 조리사 면허를 받을 수 없는 사람은?

① 미성년자
② 마약중독자
③ B형간염환자
④ 조리사 면허의 취소처분을 받고 그 취소된 날부터 1년이 지난 자

정답 22. ④ 23. ③ 24. ③ / 01. ③ 02. ④ 03. ④ 04. ③ 05. ②

06. 다음 중 조리사 또는 영양사의 면허를 발급 받을 수 있는 자는?

① 정신질환자(전문의가 적합하다고 인정하는 자 제외)
② 2군 전염병환자(B형 간염환자 제외)
③ 마약중독자
④ 파산선고자

07. 식품위생법상 조리사가 면허취소 처분을 받은 경우 반납하여야 할 기간은?

① 지체 없이 ② 5일
③ 7일 ④ 15일

08. 조리사 또는 영양사 면허의 취소처분을 받고 그 취소된 날부터 얼마의 기간이 경과되어야 면허를 받을 자격이 있는가?

① 1개월 ② 3개월
③ 6개월 ④ 1년

09. 조리사 면허의 취소처분을 받은 때 면허증 반납은 누구에게 하는가?

① 보건복지부장관
② 특별자치도지사, 시장, 군수, 구청장
③ 식품의약품안전처장
④ 보건소장

10. 식품위생수준 및 자질향상을 위하여 조리사 및 영양사에게 교육을 받을 것을 명할 수 있는 자는?

① 보건소장
② 시장 · 군수 · 구청장
③ 식품의약품안전청장
④ 보건복지부장관

11. 식품위생법상 영업에 종사하지 못하는 질병의 종류가 아닌 것은?

① 비감염성 결핵 ② 세균성이질
③ 장티푸스 ④ 화농성질환

12. 조리사를 두어야 할 영업은?

① 식품첨가물 제조업 ② 인삼제품 제조업
③ 복어조리 · 판매업 ④ 식품 제조업

13. 식품위생법령상 조리사를 두어야 하는 영업자 및 운영자가 아닌 것은?

① 국가 및 지방자치단체의 집단급식소 운영자.
② 면적 100㎡ 이상의 일반음식점 영업자
③ 학교, 병원 및 사회복지시설의 집단급식소 운영자
④ 복어를 조리 · 판매하는 영업자

14. 식품위생법에서 그 자격이나 직무가 규정되어 있지 않는 것은?

① 조리사 ② 영양사
③ 제빵기능사 ④ 식품위생감시원

15. 제조물 책임법에 관한 설명으로 옳은 것은?

① 제조물의 결함으로 발생한 손해에 대해 피해자 보호를 도모한다.
② 발생한 손해에 대해 제조업자의 보호를 위해 만들어진 법률이다.
③ 위생상의 결함으로 인해 발생한 문제와 관련이 있다.
④ 제조물이 원래 의도한 설계와 다르게 가공되어 위험한 경우는 설계상의 결함이다.

정답 06. ④ 07. ① 08. ④ 09. ② 10. ④ 11. ① 12. ③ 13. ② 14. ③ 15. ①

6. 공중보건

[공중보건의 개념]

01. 공중보건학의 목표에 관한 설명으로 틀린 것은?

① 건강 유지
② 질병 예방
③ 질병 치료
④ 지역사회 보건수준 향상

02. 세계보건기구(WHO) 보건헌장에 의한 건강의 의미로 가장 적합한 것은?

① 질병과 허약의 부재상태를 포함한 육체적으로 완전무결한 상태
② 육체적으로 완전하며 사회적 안녕이 유지되는 상태
③ 단순한 질병이나 허약의 부재상태를 포함한 육체적, 정신적 및 사회적 안녕의 완전한 상태
④ 각 개인의 건강을 제외한 사회적 안녕이 유지되는 상태

03. 공중보건에 대한 설명으로 틀린 것은?

① 목적은 질병예방, 수명연장, 정신적, 신체적 효율의 증진이다.
② 공중보건의 최소단위는 지역사회이다.
③ 환경위생 향상, 감염병 관리 등이 포함된다.
④ 주요 사업대상은 개인의 질병치료이다.

04. 공중보건 사업을 하기 위한 최소 단위가 되는 것은?

① 가정 ② 개인
③ 시 · 군 · 구 ④ 국가

05. 영아사망률을 나타낸 것으로 옳은 것은?

① 1년간 출생수 1000명당 생후 7일 미만의 사망수
② 1년간 출생수 1000명당 생후 1개월 미만의 사망수
③ 1년간 출생수 1000명당 생후 1년 미만의 사망수
④ 1년간 출생수 1000명당 전체 사망수

06. 평균수명에서 질병이나 부상으로 인하여 활동하지 못하는 기간을 뺀 수명은?

① 기대수명 ② 건강수명
③ 비례수명 ④ 자연수명

07. 지역사회나 국가사회의 보건수준을 나타낼 수 있는 가장 대표적인 지표는?

① 모성사망률 ② 평균수명
③ 질병이환율 ④ 영아사망률

08. 인구정지형으로 출생률과 사망률이 모두 낮은 인구형은?

① 피라미드형 ② 별형
③ 항아리형 ④ 종형

[환경위생과 환경오염]

01. 4대 온열요소에 속하지 않은 것은?

① 기류 ② 기압
③ 기습 ④ 복사열

02. 기온 역전 현상의 발생 조건은?

① 상부기온이 하부기온보다 낮을 때
② 상부기온이 하부기온보다 높을 때
③ 상부기온과 하부기온이 같을 때
④ 안개와 매연이 심할 때

정답 01. ③ 02. ③ 03. ④ 04. ③ 05. ③ 06. ② 07. ④ 08. ④ / 01. ② 02. ②

03. 미생물에 대한 살균력이 가장 큰 것은?

① 적외선 ② 가시광선
③ 자외선 ④ 라디오파

04. 자외선의 작용과 거리가 먼 것은?

① 피부암 유발 ② 관절염 유발
③ 살균작용 ④ 비타민 D 형성

05. 일광 중 가장 강한 살균력을 가지고 있는 자외선 파장은?

① 1000 ~ 1800Å ② 1800 ~ 2300Å
③ 2300 ~ 2600Å ④ 2600 ~ 2800Å

06. 자외선에 대한 설명으로 틀린 것은?

① 가시광선보다 짧은 파장이다.
② 피부의 홍반 및 색소 침착을 일으킨다.
③ 인체 내 비타민 D를 형성하게 하여 구루병을 예방한다.
④ 고열물체의 복사열을 운반하므로 열선이라고도 하며, 피부온도의 상승을 일으킨다.

07. 조명이 불충분할 때는 시력저하, 눈의 피로를 일으키고 지나치게 강렬할 때는 어두운 곳에서 암순응 능력을 저하시키는 태양광선은?

① 전자파 ② 자외선
③ 적외선 ④ 가시광선

08. 적외선에 속하는 파장은?

① 200nm ② 400nm
③ 600nm ④ 800nm

09. 복사선의 파장이 가장 크며, 열선이라고 불리는 것은?

① 자외선 ② 가시광선
③ 적외선 ④ 도르노선(Dorno ray)

10. 피부온도의 상승이나 국소혈관의 확장작용을 나타내며 과량조사 시에 열사병의 원인이 될 수 있는 것은?

① 적외선 ② 가시광선
③ 자외선 ④ 감마선

11. 건강선(dorno ray)이란?

① 감각온도를 표시한 도표
② 가시광선
③ 강력한 진동으로 살균작용을 하는 음파
④ 자외선 중 살균효과를 가지는 파장

12. 공기 중에 일산화탄소가 많으면 중독을 일으키게 되는데 중독 증상의 주된 원인은?

① 근육의 경직 ② 조직세포의 산소부족
③ 혈압의 상승 ④ 간세포의 섬유화

13. 일산화탄소(CO)에 대한 설명으로 틀린 것은?

① 무색, 무취이다.
② 물체의 불완전연소시 발생한다.
③ 자극성이 없는 기체이다.
④ 이상 고기압에서 발생하는 잠함병과 관련이 있다.

14. 실내 공기오염의 지표로 이용되는 기체는?

① 산소 ② 이산화탄소
③ 일산화탄소 ④ 질소

정답 03. ③ 04. ② 05. ④ 06. ④ 07. ④ 08. ④ 09. ③ 10. ① 11. ④ 12. ② 13. ④ 14. ②

15. 이산화탄소(CO_2)를 실내 공기의 오탁지표로 사용하는 가장 주된 이유는?

① 유독성이 강하므로
② 실내 공기조성의 전반적인 상태를 알 수 있으므로
③ 일산화탄소로 변화되므로
④ 항상 산소량과 반비례하므로

16. 잠함병의 발생과 가장 밀접한 관계를 갖고 있는 환경 요소는?

① 고압과 질소
② 저압과 산소
③ 고온과 이산화탄소
④ 저온과 일산화탄소

17. 진동이 심한 작업을 하는 사람에게 국소진동 장애로 생길 수 있는 직업병은?

① 진폐증
② 파킨슨씨병
③ 잠함병
④ 레이노드병

18. 유리규산의 분진 흡입으로 폐에 만성섬유증식을 유발하는 질병은?

① 규폐증 ② 철폐증
③ 면폐증 ④ 농부폐증

19. 다수인이 밀집한 실내 공기가 물리, 화학적 조성의 변화로 불쾌감, 두통, 권태, 현기증 등을 일으키는 것은?

① 자연독 ② 진균독
③ 산소중독 ④ 군집독

20. 군집독의 가장 큰 원인은?

① 실내 공기의 이화학적 조성의 변화 때문이다.
② 실내의 생물학적 변화 때문이다.
③ 실내공기 중 산소의 부족 때문이다.
④ 실내기온이 증가하여 너무 덥기 때문이다.

21. 실내공기의 오염 지표인 CO_2(이산화탄소)의 실내(8시간 기준) 서한량은?

① 0.1% ② 0.01%
③ 0.001% ④ 0.0001%

22. 다음 중 대기오염을 일으키는 요인으로 가장 영향력이 큰 것은?

① 고기압일 때 ② 저기압일 때
③ 바람이 불 때 ④ 기온역전일 때

23 공기의 자정작용과 관계가 없는 것은?

① 희석작용 ② 세정작용
③ 환원작용 ④ 살균작용

24. 공기의 자정작용에 속하지 않는 것은?

① 산소, 오존 및 과산화수소에 의한 산화작용
② 공기자체의 희석작용
③ 세정작용
④ 여과작용

25. 작업장의 조명 불량으로 발생될 수 있는 질환이 아닌 것은?

① 안구진탕증 ② 안정피로
③ 결막염 ④ 근시

정답 15. ② 16. ① 17. ④ 18. ① 19. ④ 20. ① 21. ① 22. ④ 23. ③ 24. ④ 25. ③

26. 눈 보호를 위해 가장 좋은 인공조명 방식은?

① 직접조명 ② 간접조명
③ 반직접조명 ④ 전반확산조명

27. 다음의 상수처리 과정에서 가장 마지막 단계는?

① 급수 ② 취수
③ 정수 ④ 도수

28. 상수도와 관계된 보건 문제가 아닌 것은?

① 수도열 ② 반상치
③ 레이노드병 ④ 수인성 감염병

29. 물의 자정작용에 해당되지 않는 것은?

① 희석작용 ② 침전작용
③ 소독작용 ④ 산화작용

30. 수질검사에서 과망간산칼슘($KMnO_4$)의 소비량이 의미하는 것은?

① 유기물의 양 ② 탁도
③ 대장균의 양 ④ 색도

31. 먹는 물에서 다른 미생물이나 분변오염을 추측할 수 있는 지표는?

① 증발잔류량 ② 탁도
③ 경도 ④ 대장균

32. 하수 오염도 측정 시 생화학적 산소요구량(BOD)을 결정하는 기장 중요한 인자는?

① 물의 경도 ② 수중의 유기물량
③ 하수량 ④ 수중의 광물질량

33. 급속여과법에 대한 설명으로 옳은 것은?

① 보통 침전법을 한다.
② 사면대치를 한다.
③ 역류세척을 한다.
④ 넓은 면적이 필요하다.

34. 하수처리 방법으로 혐기성처리 방법은?

① 살수여과법 ② 활성오니법
③ 산화지법 ④ 임호프탱크법

35. 하수처리방법 중에서 처리의 부산물로 메탄가스 발생이 많은 것은?

① 활성오니법 ② 살수여상법
③ 혐기성처리법 ④ 산화지법

36. 하수처리방법 중에서 처리의 부산물로 메탄가스 발생이 많은 것은?

① 활성오니법 ② 살수여상법
③ 혐기성처리법 ④ 산화지법

37. 하수처리의 본 처리 과정 중 혐기성 분해처리에 해당하는 것은?

① 활성오니법 ② 접촉여상법
③ 살수여상법 ④ 부패조법

38. 〈예비처리 - 본처리 - 오니처리〉 순서로 진행되는 것은?

① 하수 처리 ② 쓰레기 처리
③ 상수도 처리 ④ 지하수 처리

정답 26. ② 27. ① 28. ③ 29. ③ 30. ① 31. ④ 32. ② 33. ③ 34. ④ 35. ③ 36. ③ 37. ④ 38. ①

39. ( )안에 차례대로 들어갈 알맞은 내용은?

> 생물화학적 산소요구량(BOD)은 일반적으로 (   )을 (   )에서 (   )간 안정화시키는 데 소비한 산소량을 말한다.

① 무기물질, 15℃, 5일 ② 무기물질, 15℃, 7일
③ 유기물질, 20℃, 5일 ④ 유기물질, 20℃, 7일

40. 용존산소에 대한 설명으로 틀린 것은?

① 용존산소의 부족은 오염도가 높음을 의미한다.
② 용존산소가 부족하면 혐기성분해가 일어난다.
③ 용존산소는 수질오염을 측정하는 항목으로 이용된다.
④ 용존산소는 수중의 온도가 높을 때 증가하게 된다.

41. 일반적으로 생물화학적 산소요구량(BOD)과 용존산소량(DO)은 어떤 관계가 있는가?

① BOD가 높으면 DO도 높다.
② BOD가 높으면 DO는 낮다.
③ BOD와 DO는 항상 같다.
④ BOD와 DO는 무관하다.

42. 하천수에 용존산소가 적다는 것은 무엇을 의미하는가?

① 유기물 등이 잔류하여 오염도가 높다.
② 물이 비교적 깨끗하다.
③ 오염과 무관하다.
④ 호기성 미생물과 어패류의 생존에 좋은 환경이다.

43. 생활쓰레기의 분류 중 부엌에서 나오는 동·식물성 유기물은?

① 주개 ② 가연성 진개
③ 불연성 진개 ④ 재활용성 진개

44. 진개(쓰레기) 처리법과 가장 거리가 먼 것은?

① 위생적 매립법 ② 소각법
③ 비료화법 ④ 활성슬러지법

45. 미생물을 사멸시킬 수 있으나 대기오염을 유발할 수 있는 진개(쓰레기)처리 방법은?

① 바다투기법 ② 소각법
③ 매립법 ④ 비료화법

46. 폐기물 관리법에서 소각로 소각법의 장점으로 틀린 것은?

① 위생적인 방법으로 처리할 수 있다.
② 다이옥신(dioxin)의 발생이 없다.
③ 잔류물이 적어 매리하기에 적당하다.
④ 매립법에 비해 설치면적이 적다.

47. 구충·구서의 일반 원칙과 가장 거리가 먼 것은?

① 구제대상동물의 발생원을 제거한다.
② 대상동물의 생태, 습성에 따라 실시한다.
③ 광범위하게 동시에 실시한다.
④ 성충시기에 구제한다.

48. 소음의 측정단위인 데시벨(dB)은?

① 음의 강도(음압) ② 음의 질
③ 음의 파장 ④ 음의 전파

49. 소음의 측정단위는?

① dB ② kg
③ Å ④ ℃

정답 39. ③ 40. ④ 41. ② 42. ① 43. ① 44. ④ 45. ② 46. ② 47. ④ 48. ① 49. ①

50. 1일 8시간 기준 소음허용기준은 얼마 이하인가?

① 80dB ② 90dB
③ 100dB ④ 110dB

51. 소음에 있어서 음의 크기를 측정하는 단위는?

① 데시벨(dB) ② 폰(phon)
③ 실(SIL) ④ 주파수(Hz)

52. 소음으로 인한 피해와 거리가 먼 것은?

① 불쾌감 및 수면 장애 ② 작업능률 저하
③ 위장기능 저하 ④ 맥박과 혈압의 저하

53. 녹조를 일으키는 부영양화 현상과 가장 밀접한 관계가 있는 것은?

① 황산염 ② 인산염
③ 탄산염 ④ 수산염

[질병과 감염병]

01. 감염병의 병원체를 내포하고 있어 감수성 숙주에게 병원체를 전파시킬 수 있는 근원이 되는 모든 것을 의미하는 용어는?

① 감염경로 ② 병원소
③ 감염원 ④ 미생물

02. 감염병 발생의 3대 요인이 아닌 것은?

① 예방접종 ② 환경
③ 숙주 ④ 병원체

03. 병원체가 생활, 증식, 생존을 계속하여 인간에게 전파될 수 있는 상태로 저장되는 곳을 무엇이라 하는가?

① 숙주 ② 보균자
③ 환경 ④ 병원소

04. 검역질병의 검역기간은 그 감염병의 어떤 기간과 동일한가?

① 유행기간 ② 최장 잠복기간
③ 이환기간 ④ 세대기간

05. 병원체를 보유하였으나 임상증상은 없으면서 병원체를 배출하는 자는?

① 환자 ② 보균자
③ 무증상감염자 ④ 불현성감염자

06. 다음 중 공중보건상 전염병 관리가 가장 어려운 것은?

① 동물 병원소 ② 환자
③ 건강 보균자 ④ 토양 및 물

07. 회복기 보균자에 대한 설명으로 옳은 것은?

① 병원체에 감염되어 있지만 임상증상이 아직 나타나지 않은 상태의 사람
② 병원체를 몸에 지니고 있으나 겉으로는 증상이 나타나지 않는 건강한 사람
③ 질병의 임상 증상이 회복되는 시기에도 여전히 병원체를 지닌 사람
④ 몸에 세균 등 병원체를 오랫동안 보유하고 있으면서 자신은 병의 증상을 나타내지 아니하고 다른 사람에게 옮기는 사람

정답 50. ② 51. ② 52. ④ 53. ② / 01. ③ 02. ① 03. ④ 04. ② 05. ② 06. ③ 07. ③

08. 수인성 전염병의 역학적 유행특성이 아닌 것은?

① 잠복기가 짧고 치명률이 높다.
② 환자 발생이 폭발적이다.
③ 성별과 나이에 거의 무관하게 발생한다.
④ 급수지역과 발병지역이 거의 일치한다.

09. 수인성 감염병의 특징을 잘 설명한 것 중 틀린 것은?

① 단시간에 다수의 환자가 발생한다.
② 환자의 발생은 그 급수지역과 관계가 깊다.
③ 발생율이 남녀노소, 성별, 연령별로 차이가 크다.
④ 오염원의 제거로 일시에 종식될 수 있다.

[감염병의 분류]

01. 다음 중 병원체가 세균인 질병은?

① 폴리오 ② 백일해
③ 발진티푸스 ④ 홍역

02. 병원체가 바이러스인 질병은?

① 장티푸스 ② 결핵
③ 유행성 간염 ④ 발진열

03. 바이러스에 의한 감염이 아닌 것은?

① 폴리오 ② 인플루엔자
③ 장티푸스 ④ 유행성 감염

04. 바이러스의 감염에 의하여 일어나는 감염병은?

① 폴리오 ② 세균성 이질
③ 장티푸스 ④ 파라티푸스

05. 리케차(rickettsia)에 의해서 발생되는 감염병은?

① 세균성이질 ② 파라티푸스
③ 발진티푸스 ④ 디프테리아

06. 쌀뜨물 같은 심한 설사를 유발하는 경구전염병의 원인균은?

① 살모넬라균 ② 포도상구균
③ 장염 비브리오균 ④ 콜레라균

07. 음식물로 매개될 수 있는 감염병이 아닌 것은?

① 유행성간염 ② 폴리오
③ 일본뇌염 ④ 콜레라

08. 감수성지수(접촉감염지수)가 가장 높은 감염병은?

① 폴리오 ② 홍역
③ 백일해 ④ 디프테리아

09. 환자나 보균자의 분뇨에 의해서 감염될 수 있는 경구감염병은?

① 장티푸스 ② 결핵
③ 인플루엔자 ④ 디프테리아

10. 우리나라에서 발생하는 장티푸스의 가장 효과적인 관리 방법은?

① 환경위생 철저 ② 공기정화
③ 순화독소(Toxoid) 접종 ④ 농약사용 자제

11. 환경위생의 개선으로 발생이 감소되는 감염병과 가장 거리가 먼 것은?

① 장티푸스 ② 콜레라
③ 이질 ④ 홍역

정답 08. ① 09. ③ / 01. ② 02. ③ 03. ③ 04. ① 05. ③ 06. ④ 07. ③ 08. ② 09. ① 10. ① 11. ④

12. 비말감염이 가장 잘 이루어질 수 있는 조건은?

① 군집 ② 영양결핍
③ 피로 ④ 매개곤충의 서식

13. 감염병과 주요한 감염경로의 연결이 틀린 것은?

① 공기 감염 – 폴리오
② 직접 접촉감염 – 성병
③ 비말 감염 – 홍역
④ 절지동물 매개 – 황열

14. 감염병 중에서 비말감염과 관계가 먼 것은?

① 백일해 ② 디프테리아
③ 발진열 ④ 결핵

15. 음료수의 오염과 가장 관계 깊은 전염병은?

① 홍역 ② 백일해
③ 발진티푸스 ④ 장티푸스

16. 질병의 감염 경로로 틀린 것은?

① 아메바성 이질 – 환자 · 보균자의 분변 · 음식물
② 유행성 간염 A형 – 환자 · 보균자의 분변 · 음식물
③ 폴리오 – 환자 · 보균자의 콧물과 분변 · 음식물
④ 세균성 이질 – 환자 · 보균자의 콧물 · 재채기 등의 분비물 · 음식물

17. 질병을 매개하는 위생해충과 그 질병의 연결이 틀린 것은?

① 모기 – 사상충증, 말라리아
② 파리 – 장티푸스, 발진티푸스
③ 진드기 – 유행성출혈열, 쯔쯔가무시증
④ 벼룩 – 페스트, 발진열

18. 매개 곤충과 질병이 잘못 연결된 것은?

① 이 – 발진티푸스
② 쥐벼룩 – 페스트
③ 모기 – 사상충증
④ 벼룩 – 렙토스피라증

19. 질병을 매개하는 위생해충과 그 질병의 연결이 틀린 것은?

① 모기 – 사상충증, 말라리아
② 파리 – 장티푸스, 콜레라
③ 진드기 – 유행성출혈열, 쯔쯔가무시증
④ 이 – 페스트, 재귀열

20. 모기가 매개하는 감염병이 아닌 것은?

① 황열 ② 일본뇌염
③ 장티푸스 ④ 사상충증

21. 모기에 의해 전파되는 감염병은?

① 콜레라 ② 장티푸스
③ 말라리아 ④ 결핵

22. 쥐가 매개하는 질병이 아닌 것은?

① 살모넬라증 ② 아니사키스증
③ 유행성 출혈열 ④ 페스트

23. 쥐와 관계가 가장 적은 감염병은?

① 신증후군출혈열(유행성출혈열)
② 페스트
③ 발진티푸스
④ 렙토스피라증

정답 12. ① 13. ① 14. ③ 15. ④ 16. ④ 17. ② 18. ④ 19. ④ 20. ③ 21. ③ 22. ② 23. ③

24. 제1군 감염병이 아닌 것은?

① 장출혈성대장균감염증
② 콜레라
③ 백일해
④ 세균성이질

25. 법정 제3군 감염병이 아닌 것은?

① 결핵
② 세균성 이질
③ 한센병
④ 후천성면역결핍증(AIDS)

26. 우리나라의 법정 감염병이 아닌 것은?

① 말라리아 ② 유행성이하선염
③ 매독 ④ 기생충

27. 일반적인 인수공통감염병에 속하지 않는 것은?

① 탄저
② 고병원성조류인플루엔자
③ 홍역
④ 광견병

28. 인수공통감염병으로 그 병원체가 세균인 것은?

① 일본뇌염 ② 공수병
③ 광견병 ④ 결핵

29. 인수공통전염병으로 그 병원체가 바이러스인 것은?

① 발진열 ② 광견병
③ 탄저 ④ 결핵

[전파 예방대책과 면역]

01. 전염병의 예방대책 중 특히 전염경로에 대한 대책은?

① 환자를 치료한다.
② 예방 주사를 접종한다.
③ 면역혈청을 주사한다.
④ 손을 소독한다.

02. 전염병의 예방대책과 거리가 먼 것은?

① 병원소의 제거 ② 환자의 격리
③ 식품의 저온보존 ④ 예방 접종

03. 예방접종이 감염병 관리상 갖는 의미는?

① 병원소의 제거 ② 감염원의 제거
③ 환경의 관리 ④ 감수성 숙주의 관리

04. 모체로부터 태반이나 수유를 통해 얻어지는 면역은?

① 자연능동면역 ② 인공능동면역
③ 자연수동면역 ④ 인공수동면역

05. 우리나라에서 출생 후 가장 먼저 인공능동면역을 실시하는 것은?

① 파상풍 ② 결핵
③ 백일해 ④ 홍역

06. 생균(live vaccine)을 사용하는 예방접종으로 면역이 되는 질병은?

① 파상풍 ② 콜레라
③ 폴리오 ④ 백일해

정답 24. ③ 25. ② 26. ④ 27. ③ 28. ④ 29. ② / 01. ④ 02. ③ 03. ④ 04. ③ 05. ② 06. ③

07. 순화독소(toxoid)를 사용하는 예방접종으로 면역이 되는 질병은?

① 파상풍　② 콜레라
③ 폴리오　④ 백일해

08. 인공능동면역의 방법에 해당하지 않는 것은?

① 생균 백신 접종　② 글로불린 접종
③ 사균 백신 접종　④ 순화독소 접종

09. 사람이 예방접종을 통하여 얻는 면역은?

① 인공능동면역　② 자연능동면역
③ 자연수동면역　④ 선천면역

10. 전염병 환자가 회복 후에 형성되는 면역은?

① 자연수동면역　② 자연능동면역
③ 인공능동면역　④ 선천면역

11. DPT 예방접종과 관계없는 감염병은?

① 페스트　② 디프테리아
③ 백일해　④ 파상풍

12. 세균성이질을 앓고 난 아이가 얻는 면역에 대한 설명으로 옳은 것은?

① 인공면역을 획득한다.
② 수동면역을 획득한다.
③ 영구면역을 획득한다.
④ 면역이 획득되지 않는다.

정답　07. ①　08. ②　09. ①　10. ②　11. ①　12. ④

Chapter 02

안전관리

1. 개인 안전관리

1) 개인 안전사고 예방 및 사후 조치

(1) 위험도 경감의 원칙

① 사고 발생 예방과 피해 심각도의 억제에 있다.

② 위험도 경감전략의 핵심요소는 위험요인 제거, 위험 발생 경감, 사고피해 경감을 염두에 두고 있다.

③ 위험도 경감은 사람, 절차 및 장비의 3가지 시스템 구성요소를 고려하여 다양한 위험도 경감 접근법을 검토한다.

(2) 안전사고 예방 과정

① 위험요인 제거 : 위험요인의 근원을 제거

② 위험요인 차단 : 위험요인을 차단하기 위한 안전방벽을 설치

③ 예방(오류) : 위험사건을 초래할 수 있는 인적 · 기술적 · 조직적 오류를 예방

④ 교정(오류) : 위험사건을 초래할 수 있는 인적 · 기술적 · 조직적 오류를 교정

⑤ 제한(심각도) : 위험사건 발생 이후 재발방지를 위하여 대응 및 개선 조치를 취함

추가tip 개인안전관리 점검표

구 분		점검 내용
인간(Man)	심리적 원인	망각, 걱정거리, 무의식 행동, 위험감각, 지름길 반응, 생략행위, 억측판단, 착오 등
	생리적 원인	피로, 수면부족, 신체기능, 알코올, 질병, 나이 먹 는 것 등
	직장적 원인	직장의 인간관계, 리더십, 팀워크, 커뮤니케이션 등
기계(Machine)	기계·설비의 설계상의 결함 위험방호의 불량 안전의식의 부족(인간공학적 배려에 대한 이해 부족) 표준화의 부족 점검정비의 부족	
매체(Media)	작업정보의 부적절 작업자세, 작업동작의 결함 작업방법의 부적절 작업공간의 불량 작업환경 조건의 불량	
관리 (Management)	관리조직의 결함 규정·매뉴얼의 불비, 불철저 안전관리 계획의 불량 교육·훈련 부족 부하에 대한 지도·감독 부족 적성배치의 불충분 건강관리의 불량 등	

2) 개인 안전사고 예방 및 조치

(1) 재난의 원인 4요소

인간(Man), 기계(Machine), 매체(Media), 관리(Management)

(2) 재해 발생의 원인

① 부적합한 지식

② 부적절한 태도의 습관

③ 불안전한 행동

④ 불충분한 기술

⑤ 위험한 환경

(3) 원인분석

구 분	세부 내용
기계, 기구 잘못 사용	• 기계, 기구의 잘못 사용 • 필요기구 미사용 • 미비된 기구의 사용
운전 중인 기계장치 손실	• 운전 중인 기계장치의 주유, 수리, 용접 점검 및 청소 • 통전 중인 전기장치의 주유, 수리 및 청소 등 • 가압, 가열, 위험물과 관련되는 용기 또는 물의 수리 및 청소
불안전한 속도 조작	• 기계장치의 과속 • 기계장치의 저속 • 기타 불필요한 조작
유해·위험물 취급 부주의	• 화기, 가연물, 폭발물, 압력용기, 중량물 등 취급 시 안전조치 미비
불안전한 상태 방치	• 기계장치 등의 운전 중 방치 • 기계장치 등의 불안전한 상태 방치 • 적재, 청소 등 정리정돈 불량
불안전한 자세 동작	• 불안전한 자세(달림, 뜀, 던짐, 뛰어내림, 뛰어오름 등) • 불필요한 동작(장난, 잡담, 잔소리, 싸움 등) • 무리한 힘으로 중량물 운반
감독 및 연락 불충분	• 감독 없음 • 작업지시 불철저 • 경보 오인 • 연락 미비

(4) 안전교육의 목적

- 상해, 사망 또는 재산 피해를 불러일으키는 불의의 사고를 예방하는 것
- 일상생활에서 개인 및 집단의 안전에 필요한 지식, 기능, 태도 등을 이해
- 자신과 타인의 생명을 존중하며, 안전한 생활을 영위할 수 있는 습관을 형성시키는 것
- 인간 생명의 존엄성을 인식시키는 것

추가tip 안전교육의 필요성

① 외부적인 위험으로부터 자신의 신체와 생명을 보호하려는 것은 인간의 본능이다.
→ 안전은 인간의 본능이지만 이러한 의지에 상반되는 재해가 발생하는 이유는 그 본능에도 불구하고 그것을 행동화하는 기술을 알지 못하기 때문이다.

② 안전사고에는 물체에 대한 사람들의 비정상적인 접촉에 의한 것이 많은 부분을 차지하고 있다.
→ 안전교육은 위험에 관한 인식을 넓히고, 직업병과 산업재해의 원인에 대한 지식을 확산시키며 효과적인 예방책을 증진하는 데 있다.

③ 과거의 재해경험으로 쌓은 지식을 활용함으로써 기계·기구·설비와 생산기술의 진보 및 변화는 이루어졌다. 그러나 인적 요인에 의한 안전문화는 교육을 통하여만 실현될 수 있다.
→ 작업장에 아무리 훌륭한 기계·설비를 완비하였다 하더라도 안전의 확보는 결국 근로자의 판단과 행동 여하에 따라 좌우된다.

④ 사업장의 위험성이나 유해성에 관한 지식, 기능 및 태도는 이것이 확실하게 습관화되기까지 반복하여 교육훈련을 받지 않으면 이해, 납득, 습득, 이행이 되지 않는다.

3) 응급조치

(1) 응급조치의 정의

① 다친 사람이나 급성 질환자에게 사고현장에서 즉시 취하는 조치

② 119 신고부터 부상이나 질병을 의학적 처치 없이도 회복될 수 있도록 도와주는 행위까지 포함

(2) 응급조치의 목적

응급조치는 생명과 건강을 심각하게 위협받고 있는 환자에게 전문적인 의료가 실시되기에 앞서 긴급히 실시되는 처치로서 환자의 상태를 정상으로 회복시키기 위해서라기보다는 생명을 유지시키고, 더 이상의 상태 악화를 방지 또는 지연시키는 것을 목적으로 하고 있다.

(3) 응급상황 시 행동단계

구분	세부 내용
현장조사(Check)	- 현장은 안전한가? - 무슨 일이 일어났는가? - 얼마나 많은 사람이 다쳤는가? - 환자 주위에 긴박한 위험이 존재하는가? - 우리를 도울 수 있는 다른 사람이 있는가? - 환자의 문제점은 무엇인가?
119신고(Call)	- 전화 거는 사람의 이름은? - 무슨 일이 일어났는지? - 얼마나 많은 사람이 다쳤는지? - 환자의 부상상태는 어떠한지? - 응급상황이 발생한 정확한 장소는?
처치 및 도움(Care)	- 신분을 밝히고 동의를 구한다. - 환자를 안심시킨다. - 편안한 자세를 취하게 한다. - 환자의 호흡과 의식을 확인한다. - 2차 손상을 주의한다

(4) 응급처치 시 꼭 지켜야 할 사항

① 응급처치 현장에서의 자신의 안전을 확인, 확보한다.

② 환자에게 자신의 신분을 밝힌다.

③ 최초로 응급환자를 발견하고 응급처치를 시행하기 전 환자의 생사유무를 판정하지 않는다.

④ 응급환자를 처치할 때 원칙적으로 의약품을 사용하지 않는다.

⑤ 응급환자에 대한 처치는 어디까지나 응급처치로 그치고 전문 의료요원의 처치에 맡긴다.

4) 주방 내 안전관리

(1) 안전의식의 정의

① 사람의 사망, 상해 또는 설비나 재산손해 또는 상실의 원인이 될 수 있는 상태가 전혀 없는 것

② 물적인 위험(danger) 및 정신적인 괴로움을 일으키는 것(evil)으로부터 자유로워지는 것

(2) 안전보호장비

① 유해 위험요인을 차단하거나 또는 그 영향을 감소시켜 산업재해를 방지하기 위해 근로자 신체의 일부 또는 전부에 착용하는 것이다.

② 신체부위별 보호장비의 종류

구 분	세부 내용
머리보호구	안전모
눈 및 안면 보호구	보안경, 보안면
방음보호구	귀마개, 귀덮개
호흡용 보호구	방진마스크, 방독마스크, 송기마스크, 공기호흡기
손보호구	방열복, 방열두건, 방열장갑, 신체보호의
안전대	안전대, 안전블록
발보호구	안전화, 절연화, 정전화

(3) 칼 사용과 안전

개인이 사용하는 칼에 대하여 사용안전, 이동안전, 보관안전을 실행한다.

A. 칼에 대하여 사용안전을 실행한다.

① 칼을 사용할 때는 정신을 집중하고 안정된 자세로 작업에 임한다.

② 칼로 캔을 따거나 기타 본래 목적 이외에 사용하지 않는다.

③ 칼을 떨어뜨렸을 경우 잡으려 하지 않는다. 한 걸음 물러서서 피한다.

B. 칼에 대하여 이동안전을 실행한다.

① 주방에서 칼을 들고 다른 장소로 옮겨갈 때는 칼끝을 정면으로 두지 않으며 지면을 향하게 하고 칼날을 뒤로 가게 한다.

C. 칼에 대하여 보관안전을 실행한다.

① 칼을 보이지 않는 곳에 두거나 물이 든 싱크대 등에 담궈 두지 않는다.

② 칼을 사용하지 않을 때는 안전함에 넣어서 보관한다.

2. 장비·도구 안전작업

1) 조리 장비·도구 사용 및 관리

(1) 조리 장비, 도구의 관리원칙

a. 모든 조리장비와 도구는 사용방법과 기능을 충분히 숙지하고 전문가의 지시에 따라 정확히 사용

b. 장비의 사용용도 이외 사용을 금지

c. 장비나 도구에 무리가 가지 않도록 유의

d. 장비나 도구에 이상이 있으면 즉시 사용을 중지하고 적절한 조치를 취해야 함

e. 전기를 사용하는 장비나 도구의 경우 전기사용량과 사용법을 확인한 다음 사용해야 하며, 특히 수분의 접촉 여부에 신경을 써야 함

f. 사용 도중 모터에 물이나 이물질 등이 들어가지 않도록 항상 주의하고 청결하게 유지

(2) 조리 장비 · 도구의 선택 및 사용

① 필요성 : 그 장비가 정해진 작업을 위한 것인가, 질을 개선시킬 수 있는 것인가 혹은 작업비용을 감소시킬 수 있는가 등을 파악하여 평가

② 성능 : 요구되는 기능과 특수한 기능을 달성, 조작의 용이성, 분해, 조립, 청소의 용이성, 간편성, 사용 기간에 부합되는 비용인가를 고려

③ 요구에 따른 만족도 : 특정 작업에 요구되는 장비의 기능이 미비하거나 지나친지 확인(투자에 따른 장비의 효율성)

④ 안전성과 위생 : 공인된 기구가 인정하는, 안전성과 효과성을 확보한 장비 선택

(3) 안전장비류의 취급관리

조리시설, 장비의 안전관리를 위해서는 일련의 과정으로 정기적인 점검, 즉 일상점검, 정기점검, 특별안전점검이 이루어져야 한다.

① 일상점검

일상점검은 주방관리자가 매일 조리기구 및 장비를 사용하기 전에 육안을 통해 주방 내에서 취급하는 기계 · 기구 · 전기 · 가스 등의 이상 여부와 보호구의 관리실태 등을 점검하고 그 결과를 기록 · 유지하도록 하는 것.

② 정기점검

안전관리책임자는 조리작업에 사용되는 기계 · 기구 · 전기 · 가스 등의 설비기능 이상 여부와 보호구의 성능유지 여부 등에 대하여 매년 1회 이상 정기적으로 점검을 실시하고 그 결과를 기록 · 유지하여야 한다.

③ 긴급점검

긴급점검은 관리주체가 필요하다고 판단될 때 실시하는 정밀점검 수준의 안전점검이며 실시목적에 따라 손상점검과 특별점검으로 구분한다.

손상점검	• 재해나 사고에 의해 비롯된 구조적 손상 등에 대하여 긴급히 시행하는 점검으로 시설물의 손상 정도를 파악하여 긴급한 사용제한 또는 사용금지의 필요 여부, 보수·보강의 긴급성, 보수·보강작업의 규모 및 작업량 등을 결정하는 것 • 필요한 경우 안전성 평가를 실시
특별점검	• 결함이 의심되는 경우나, 사용제한 중인 시설물의 사용 여부 등을 판단하기 위해 실시하는 점검 • 점검 시기는 결함의 심각성을 고려하여 결정

추가tip 조리 장비·도구 이상 유무 점검방법

장비명	용도	점검방법
음식절단기	각종 식재료를 필요한 형태로 얇게 썰 수 있는 장비	- 전원 차단 후 기계를 분해하여 중성세제와 미온수로 세척하였는지 확인 - 건조시킨 후 원상태로 조립하고 안전장치 작동에서 이상이 없는지 확인
튀김기	튀김요리에 이용	- 사용한 기름을 식은 후 다른 용기에 기름을 받아내고 오븐크리너로 골고루 세척했는지 확인 - 기름때가 심한 경우 온수로 깨끗이 씻어 내고 마른 걸레로 물기를 완전히 제거하였는지 확인 - 받아둔 기름을 다시 유조에 붓고 전원을 넣어 사용
육절기	재료를 혼합하여 갈아내는 기계	- 전원을 끄고 칼날과 회전봉을 분해하여 중성제제와 이온수로 세척하였는지 확인 - 물기 제거 후 원상태로 조립 후 전원을 넣고 사용
식기세척기	각종 기물을 짧은 시간에 대량 세척	- 탱크의 물을 빼고 세척제를 사용하여 브러시로 깨끗 하게 세척했는지 확인 - 모든 내부 표면, 배수로, 여과기, 필터를 주기적으로 세척하고 있는지 확인
그리들	철판으로 만들어진 면철로 대량으로 구울 때 사용	- 그리들 상판온도가 80℃가 되었을 때 오븐크리너를 분사하고 밤솔 브러시로 깨끗하게 닦았는지 확인 - 뜨거운 물로 오븐크리너를 완전하게 씻어내고 다시 비눗물을 사용해서 세척하고 뜨거운 물로 깨끗이 행구어 냈는지 확인 - 세척이 끝난 면철판 위에 기름칠을 하였는지 확인

추가tip 도구의 분류

조리도구	준비도구	• 재료손질과 조리준비에 필요한 용품 • 앞치마, 머릿수건, 양수바구니, 야채바구니, 가위 등
	조리기구	• 준비된 재료를 조리하는 과정에 필요한 용품 • 솥, 냄비, 팬 등
	보조도구	• 준비된 재료를 조리하는 과정에 필요한 용품 • 주걱, 국자, 뒤지개, 집개 등
식사도구	• 식탁에 올려서 먹기 위해 사용되는 용품 • 그릇 및 용기, 쟁반류, 상류, 수저 등	
정리도구	• 수세미, 행주, 식기건조대, 세제 등	

3. 작업환경 안전관리

1) 작업장 환경관리

(1) 작업환경의 개념

작업환경이란 작업에 미치는 재료의 품질이나 기계의 성능 등의 작업조건이 아니라, 작업가에게 영향을 주는 작업장의 온도, 환기, 소음 등을 의미한다.

(2) 주방의 환경

① 주방의 작업환경

- 조리사를 둘러싸고 있는 물리적 공간인 주방에서 조리사의 반응을 야기시키는 자극장

② 주방의 조리환경

- 주방 내에서 자체적으로 관리와 통제를 할 수 있는 요소
- 주방의 크기와 규모, 주방의 시설물 및 기물의 배치, 주방 내의 인적 구성요인, 임금과 후생복지시설 등

③ 주방의 물리적 환경

- 인적 환경을 제외한 대부분의 시설과 설비를 포함한 주방의 환경
- 주방의 제한된 공간에서 음식물을 생산하는 데 영향을 미치는 물리적 요소

(3) 안전관리 방법

안전관리 지침서 작성

재해 방지를 위한 대책은 직접적인 대책과 간접적인 대책으로 구분된다.

① 직접적인 대책 : 작업환경의 개선, 기계 · 설비의 개선, 작업방법의 개선 등

② 간접적인 대책 : 조직 · 관리기준의 개선, 교육의 실시, 건강의 유지 증진 등

정리정돈 점검

① 작업장 주위의 통로나 작업장은 항상 청소한 후 작업한다.

② 사용한 장비 · 도구는 적합한 보관장소에 정리해 두어야 한다.

③ 굴러다니기 쉬운 것은 받침대를 사용하고 가능한 묶어서 적재 또는 보관한다.

④ 적재물은 사용시기, 용도별로 구분하여 정리하고, 먼저 사용할 것은 하부에 보관한다.

⑤ 부식 및 발화 가연제 또는 위험물질은 별도로 구분하여 보관한다.

작업장의 온도·습도 관리

① 작업장 적정온도 : 겨울엔 18.3℃~21.1℃ 사이, 여름엔 20.6~22.8℃ 사이 유지
② 작업장 적정습도 : 40~60% 정도가 적당(높은 습도-정신이상, 낮은 습도-피부와 코의 건조)

작업장의 조명과 바닥

① 조리작업장의 권장 조도 : 143~161 Lux
② 대부분의 작업장은 백열등이나 색깔이 향상된 형광등 사용
 - 흰 형광등 : 색감각을 둔화시켜 음식에 영향을 줌, 작업에 방해와 불편함을 줌
③ 작업장 내 눈부심 문제 요인 : 스테인리스로 된 작업 테이블 및 기계 등 반짝이는 기구
④ 작업대에서 사용하는 날카로운 조리도구 등은 미끄럼 사고 등의 원인 및 심각한 재해로 발전할 수 있음

2) 작업장 안전관리

(1) 주방(작업장) 내 안전사고 발생 요인

인적 요인	정서적 요인	개인의 선천적 · 후천적 소질 요인으로서 과격한 기질, 신경질, 시력 또는 청력의 결함, 근골박약, 지식 및 기능의 부족, 중독증, 각종 질환 등
	행동적 요인	개인의 부주의 또는 무모한 행동에서 오는 요인으로 책임자의 지시를 무시한 독단적 행동, 불완전한 동작과 자세, 미숙한 작업방법, 안전장치 등의 점검 소홀, 결함이 있는 기계·기구의 사용 등
	생리적 요인	체내에서 에너지 사용이 일정한 한도를 넘어 과도하게 행해졌을 때 일어나는 생리적 현상으로 사람이 피로하게 되면 심적 태도가 교란되고 동작을 세밀하게 제어하지 못하므로 실수를 유발하게 되어 사고의 원인이 됨
물적 요인	각종 기계, 장비 또는 시설물에서 오는 요인	기계, 기구, 시설물에 의한 사고는 자재의 불량이나 결함, 안전장치 또는 시설의 미비, 각종 시설물의 노후화에 의한 붕괴, 화재 등의 요인
환경적 요인	불안전한 각종의 환경적 요인	건축물이나 공작물의 부적절한 설계, 통로의 협소, 채광·조명·환기 시설의 부적당, 불안전한 복장, 고열, 먼지, 소음, 진동, 가스누출, 누전 등

(2) 작업장 내 안전수칙

조리장비 안전수칙

① 조리장비의 사용 · 작동법을 철저히 숙지
② 가스, 전기오븐의 사용 전, 후의 온도 및 전원상태 확인
③ 가스밸브 사용 전후 확인
④ 냉장 · 냉동실의 잠금장치 상태 확인
⑤ 전기 기기나 장비 사용시 손에 물기를 제거하고 장비 세척 시 플러그 유무 확인

조리작업자의 안전수칙

① 안전한 자세로 조리
② 조리작업에 편한 조리복장 착용
③ 뜨거운 것을 만질 때는 마른 장갑을 착용
④ 짐을 옮길 때 주변의 충돌을 감지
⑤ 무거운 짐을 들 때 허리 굽히지 말고 쪼그려 앉아서 들어 올리기

3) 화재 예방 및 조치방법

(1) 화재의 원인
① 조리기구(가스레인지 등) 부주의한 사용 및 주변 가연물에 의해 발생
② 전기제품의 과열, 누전으로 인해 발생
③ 조리 중 자리 이탈 등 부주의에 의한 발생
④ 식용유 사용 중 과열로 인한 발생
⑤ 기타 화기취급 부주의에 의한 발생

(2) 화재의 예방 및 점검
① 지속적이고 정기적인 화재 예방 교육 실시
② 소화기구의 화재안전기준에 따른 소화전함, 소화기 비치 및 관리, 소화전함 관리상태 점검
③ 인화성 물질 적정보관 여부 점검
④ 화재 위험성이 있는 기계, 기기의 수리 및 사전 점검, 화재진압기 배치
⑤ 콘센트에 다량의 전기기구 연결 금지(과열로 인한 발생 위험) 및 물 접촉 금지
⑥ 소화기의 사용법 교육 실시

⑦ 비상통로 확보 상태, 비상조명등, 예비 전원 작동 상태 점검
⑧ 뜨거운 기름, 유지 화염원 주의
⑨ 출입문, 복도, 통로 등 적재물 비치 여부 점검
⑩ 자동 활산 소화용구 설치의 적합성 등의 점검

(3) 화재의 분류
① A급 화재(일반화재) : 목재, 종이, 섬유 등 고체 가연물의 화재
→ 적용소화기는 백색바탕에 A표시
② B급 화재(기름화재) : 페인트, 알코올, 휘발유 증의 가연성 액체 및 기체에 의한 화재
→ 적용소화기는 황색바탕에 B표시
③ C급 화재(전기화재) : 전기설비(전선, 전기기구 등)의 화재
→ 적용소화기는 청색바탕에 C표시
④ D급 화재(금속화재) : 마그네슘, 나트륨, 칼륨, 지르코늄과 같은 금속화재

(4) 화재 시 대처 및 대피 요령
① 화재가 발생하면 경보를 울리고, 큰소리로 주위에 알린다("119"신고).
② 신속하게 화재의 원인을 제거하고 산소를 차단한다.
③ 소화기나 소화전을 사용하여 불을 끈다.
④ 승강기 대신 계단을 이용한다.
⑤ 물수건으로 코를 막고 몸을 낮춰 이동한다.
⑥ 문의 손잡이는 뜨거울 수 있으므로 맨손으로 잡지 않도록 한다.
⑦ 만약, 몸에 불이 붙으면 제자리에서 바닥을 구른다.

(5) 소화기의 설치 및 점검
① 통행 또는 피난에 지장이 없고, 사용할 때 쉽게 꺼낼 수 있으며 눈에 잘 띄는 곳에 설치
② 바닥으로부터 높이 1.5m 내에 설치하고, 소화기라고 표시한 표지 부착
③ 소화제가 동결, 변질, 분출할 우려가 적은 개소에 설치
④ 습기가 적고 건조하며 서늘한 곳에 설치(직사광선, 고온, 습기를 피해야 함)
⑤ 수시로 점검하고 부식이나 파손, 충전상태 점검
⑦ 축압식 소화기 : 지시압력계가 정상 부위(보통 초록색)에 위치해 있는지 확인

(6) 소화기 사용법

분말용 소화기

① (손잡이를 잡지 않은 상태에서) 손잡이 부분의 안전핀을 뽑는다.
② 바람을 등지고 서서 호스를 불쪽으로 향하게 잡는다.
③ 손잡이를 움켜 쥐어 빗자루로 쓸 듯이 분사시킨다.
④ 불이 난 지점에 골고루 넓게 분사한다.
⑤ 불이 꺼지면 소화기의 손잡이를 놓는다.

투척용 소화기

① 액체 상태의 소화약제가 든 케이스를 불이 난 곳에 직접 던진다.

※ 주의점

- 유류 화재 경우 : 발화점에 직접 던지지 말고 주변 바닥이나 벽에 던져 소화 약제가 화재 부위를 덮도록 하는 것이 좋다.
- 목재 화재 경우 : 직접 발화점에 던진다.

추가tip 법정 안전교육

교육과정	교육대상	교육시간
정기교육	사무직 종사 근로자	매월 1시간 이상 또는 매분기 3시간 이상
	관리감독자의 지위에 있는 사람	매반기 8시간 이상 또는 연간 16시간 이상
채용 시의 교육	일용근로자	1시간 이상
	일용근로자를 제외한 근로자	8시간 이상
작업내용 변경 시의 교육	일용근로자	1시간 이상
	일요근로자를 제외한 근로자	8시간 이상
특별교육	특수직무에 해당하는 작업에 종사하는 일용근로자	2시간 이상
		- 16시간 이상(최초 작업에 종사하기 전 4시간 이상 실시하고 12시간은 3개월 이내에서 분할하여 실시 가능) - 단기간 작업 또는 간헐적 작업인 경우에는 2시간 이상

예/상/문/제

1. 개인안전관리

01. 위험도 경감의 핵심요소로 옳지 않은 것은?

① 위험요인 제거
② 사고피해 경감
③ 사고오류 교정
④ 위험 발생 경감

02. 안전사고 예방 과정 중 첫 번째 단계는?

① 위험요인 차단
② 재발 방지를 위한 조치
③ 위험요인 제거
④ 위험사건을 초래할 수 있는 오류 예방

03. 개인안전관리 점검표에 대한 설명 중 점검 대상과 내용이 잘못 연결된 것은?

① 인간 - 직장의 인간관계, 생략행위
② 관리 - 점검정비의 부족
③ 기계 - 표준화의 부족
④ 매체 - 작업공간의 불량

04. 재난의 원인 4요소는 무엇인가?

① 인간–매체–기술–관리
② 인간–행동–매체–기계
③ 인간–기계–환경–매체
④ 인간–기계–매체–관리

05. 안전교육의 목적으로 적절하지 않은 것은?

① 안전한 생활을 영위할 수 있는 습관을 형성시킨다.
② 불의의 사고를 예방한다.
③ 일상생활에서 안전에 필요한 지식, 기능, 태도 등을 이해한다.
④ 더 이상의 상태 악화를 방지 또는 지연시킨다.

06. 응급상황 발생 시 행동단계로 옳은 것은?

① 현장조사 - 신고 – 응급처치
② 응급처치 - 현장조사 – 신고
③ 신고 - 현장조사 – 응급처치
④ 현장조사 - 응급처치 - 신고

07. 응급처치의 목적으로 알맞지 않은 것은?

① 생명을 유지시킨다.
② 환자의 상태를 정상으로 바로 회복시킨다.
③ 더 이상의 상태 악화를 방지 또는 지연시킨다.
④ 급성 질환자에게 사고현장에서 즉시 취하는 조치이다.

08. 칼에 대한 사용 안전으로 적합한 것은?

① 칼을 떨어뜨릴 경우 바로 잡아야 한다.
② 칼을 들고 다른 장소로 옮겨 갈 경우, 칼끝을 정면을 향하게 한다.
③ 안정된 자세로 작업에 임한다.
④ 칼을 보이지 않는 곳에 둔다.

정답 01. ③ 02. ③ 03. ② 04. ④ 05. ④ 06. ① 07. ② 08. ③

09. 칼에 대한 사용 안전으로 적합하지 않은 것은?

① 칼로 캔을 따거나 본래 목적 이외에 사용하지 않는다.
② 칼은 사용 후 싱크대에 놓고 물에 담궈둔다.
③ 칼은 사용하지 않을 때 안전함에 넣어 보관한다.
④ 칼을 떨어뜨렸을 경우 잡으려 하지 않고, 한 걸음 물러서서 피한다.

2. 장비, 도구 안전작업

01. 결함이 의심되는 경우나, 사용제한 중인 시설물의 사용 여부 등을 판단하기 위해 실시하는 점검은 무엇인가?

① 일상점검 ② 정기점검
③ 긴급점검 ④ 특별점검

02. 정기점검의 경우 매년 몇 회 이상 정기적으로 점검을 실시해야 하는가?

① 1회 ② 2회
③ 3회 ④ 5회

03. 조리 장비의 선택에 있어 고려해야 할 점이 아닌 것은?

① 조작, 분해, 조립, 청소가 용이해야 한다.
② 작업에 요구되는 장비의 디자인이 어울리는 것을 선택한다.
③ 작업비용을 감소시킬 수 있는가를 파악해야 한다.
④ 안전성을 확보한 장비를 선택한다.

04. 조리 장비의 관리 원칙으로 적절하지 않은 것은?

① 전기를 사용하는 장비는 수분의 접촉 여부를 신경써야한다.
② 장비에 이상이 있는 경우 하던 작업을 끝까지 사용하여 마무리 후 중지하여 조치를 취한다.
③ 장비의 사용용도 이외의 사용을 금지한다.
④ 모터에 물이나 이물질이 들어가지 않도록 청결을 유지한다.

05. 조리 장비와 점검방법으로 알맞지 않은 것은?

① 음식절단기 – 건조시킨 후 원상태로 조립하고 안전장치 작동에서 이상이 없는지 확인
② 식기세척기 – 세척제를 사용하여 브러시로 깨끗하게 세척했는지 확인
③ 튀김기 – 사용한 기름은 식힌 후 다른 용기에 기름을 받아냄
④ 그리들 – 찬물로 오븐크리너를 완전하게 씻어냄

3. 작업환경 안전관리

01. 안전사고 발생의 요인 중 행동적 요인으로 적절하지 않은 것은?

① 불완전한 동작 ② 과격한 기질
③ 안전장치 점검 소홀 ④ 미숙한 작업방법

02. 안전관리 방법으로 적절하지 않은 것은?

① 사용한 도구는 보관장소에 정리한다.
② 위험물질은 별도로 구분하여 보관한다.
③ 작업장은 항상 청결을 유지한다.
④ 적재물은 시기에 상관없이 용도별로 구분한다.

정답 09. ② / 01. ④ 02. ① 03. ② 04. ② 05. ④ / 01. ② 02. ④

03. 작업장의 안전관리로 옳지 않은 것은?

① 작업장의 겨울 적정온도는 18.3℃~21.1℃이다.
② 작업장의 여름 적정온도는 약 21℃ 정도이다.
③ 작업장의 권장 조도는 121~150 Lux이다.
④ 작업장의 적정습도보다 높으면 정신이상 증상이 나타난다.

04. 작업장의 안전관리로 옳은 것은?

① 작업장은 흰 형광등을 사용하는 것이 좋다.
② 작업장 안전관리 지침서를 작성한다.
③ 위생을 위해 스테인리스로 된 테이블에서 작업한다.
④ 날카로운 조리도구는 싱크대에 담가둔다.

05. 조리작업자의 안전수칙으로 알맞지 않은 것은?

① 뜨거운 것을 만질 때는 젖은 행주나 장갑을 사용한다.
② 편한 조리 복장을 착용한다.
③ 짐을 옮길 때 주변의 충돌을 감지한다.
④ 안전한 자세로 조리한다.

06. 화재를 예방하려는 방법으로 적합하지 않은 것은?

① 지정된 위치에 소화기의 비치와 관리
② 출입문과 복도 등에 적재물 비치 여부 점검
③ 화재 예방 교육은 필요를 느낄 때 실시
④ 화재 위험성이 있는 화기 정기적 점검

07. 화재 발생 시 대처 요령으로 적합하지 않은 것은?

① 화재 경보를 울리고 큰소리로 주위에 알린다.
② 불이 붙은 자리에 물을 사용하여 끈다.
③ 화재의 원인을 제거한다.
④ 소화기나 소화전을 사용한다.

08. 다음 중 소화기의 사용법으로 옳지 않은 것은?

① 화재 지점에 빗자루로 쓸 듯이 분사한다.
② 사용의 첫 단계는 손잡이 부분의 안전핀을 뽑는 것이다.
③ 바람을 등지고 서서 불쪽으로 호스를 향한다.
④ 안전핀을 뽑을 때 손잡이를 꽉 잡은 상태에서 뽑는다.

정답 03. ③ 04. ② 05. ① 06. ③ 07. ② 08. ④

재료관리

1. 저장 관리

1) 냉동·냉장 저장

식품을 구입하여 조리할 때까지 안전한 상태로 영양가의 손실이 없이 식품을 저장하는 방법은 식품마다 다르고 이 방법에 따라 식품의 신선도와 저장 기간에 차이가 난다. 따라서 식품의 종류에 따라 품목특성을 파악하여 이에 적당한 저장장소와 저장온도로 분류하여 저장해야 한다.

냉동저장	냉장저장
• 저온상태에서 장기간 저장을 필요로 하는 식품 • 냉동고의 온도 : -23℃ ~ -18℃ • 냉동고 온도관리 중요 : 미생물의 번식 억제, 품질 저하 방지를 위해 • 너무 장기간 보관 시 냉해(freezer burn), 탈수(dehydration), 오염 (contamination) 및 부패(spoilage) 등 품질저하가 발생	• 단기간 저장을 필요로 하는 식품(상하기 쉬운 유제품류, 어류와 육류 등의 신선한 식품, 채소류와 과일류) • 냉장온도 : 0~10℃ • 냉장고에서도 이미 번식된 미생물은 사멸하지 않고, 냉장고의 온도 관리에 의해서 품질저하가 더 빨리 올 수 있음 • 냉장고 온도관리 : 품질의 저하를 최소화하기 위해

2) 저장 원리

① **냉동저장** : 냉동은 어는 범위에서 온도를 낮추는 동결(freezing) 조작이다. (암모니아 또는 프레온과 같은 냉매(refrigerant)가 냉동장치를 순화하면서 열을 운반하여 냉동은 이루어진다.)

② **냉장저장** : 얼지 않은 범위에서 공기라는 매체를 이용하여 온도를 낮추는 냉각(cooling) 조작이다.

추가tip 빙결점(freezing point)

- 식품이 내부에서 빙결정이 생성되기 시작하는 온도, 얼기 시작하는 온도
- 순수한 물의 빙결점 : 0℃
- 식품의 빙결점 : 0℃ 이하 (식품의 빙결점은 염류나 당류의 함량에 따라 결정되는데 함량이 높을수록 낮은 온도를 나타내고, 어류의 경우에는 담수어가 -0.5℃로 가장 높게 나타나고, 해수어가 -2.0℃로 낮다.)

3) 식품군별 냉장 보관기간

식품을 단기간 보관하기 위해 냉장(0~10℃)을 하며 식품군별로 냉장 보관온도와 기간이 다르다. 육류, 가금류, 어류, 패류, 난류, 채소류, 과일류와 보관기간이 짧은 유제품류 등이 있다.

- 식품군별 냉장 보관온도 및 기간

식품군	식품명	저장온도(℃)	저장습도(%)	저장기간
육류	로스트, 스테이크	0~22	70~75	3~5일
	국거리, 같은 것			1~2일
	베이컨			7일
	기타 육류			1~2일
가금류	거위, 오리, 닭	0~22	70~75	1~2일
	가금류 내장			1~2일
어류	고지방 생선 및 냉장보관 생선	-1.1~1.1	80~95	1~2일
패류	각종 조개류	-1.1~1.1	80~95	1~2일
난류	달걀, 가공된 달걀	4.4~7.2	70~85	7일
	달걀 조리식품	0~2.2		1일 미만
채소류	고구마, 호박, 양파	15.6	80~90	7~14일
	감자	7.2~10		30일
	양배추, 근채류	4.4~7.2		14일
	기타 모든 채소류	4.4~7.2		5일
과일류	사과	4.4~7.2	80~90	14일
	딸기, 포도, 배 등			3~5일
유제품류	시판우유	3.3~4.4	75~85	제조일로부터 5~7일
	농축우유, 탈지우유			밀폐된 상태로 1년
	고형치즈			6개월

추가tip 식품의 재고관리

- 재고관리의 목적 : 물품의 수요가 발생했을 때 신속히 대처하여 경제적으로 대응할 수 있도록 재고의 수준을 최적 상태로 유지 관리하는 것이다.
- 재고수준 : 사용할 수요를 미리 예측하여 재고로 보유해야 할 자재의 수량이다.
- 적정재고 : 수요를 가장 적절하게 경제적으로 충족시킬수 있는 최소한의 재고량이다.
- 재고회전율 : 재고의 평균 회전속도로 일정기간 재고가 제로베이스에 몇 번이나 도달되었다가 채워졌는가를 측정하는 것이다. 재고량이 많으면 재고량이 제로가 될 때까지의 기간이 길어지므로 일정 기간 회전빈도는 낮아지고, 재고량이 적으면 그 기간이 짧아지므로 회전빈도는 높아진다.
- 정확한 재고 수량을 파악, 적정주문량 발주, 적정 재고수준 유지가 필요하다.

$$\text{재고호전율} = \frac{\text{총출고액}}{\text{평균재고액}} \qquad \text{평균재고액} = \frac{\text{초기재고액} + \text{마감재고액}}{2}$$

- 창고 저장관리의 원칙 : 안전성(Safety), 위생성(Sanitation), 자각성(Perception)

추가tip 식품의 선입선출

- 저장식품의 품질변화 : 식품은 저장 중에 자기노후(senescence), 미생물의 증식, 물리적·화학적인 반응에 의해 품질의 저하가 일어나고 이에 따라 유통기한이 짧아진다.
- 자기노후 : 모든 생물체는 가지고 있는 효소 및 생화학적 작용에 의해 숙성(aging), 과숙(overripening), 부패(Putrefaction)의 과정을 거치게 된다.
- 조리된 식재료는 온도기준을 준수하고, 보관상태별 색을 딸리하여 눈에 띄게 표시하여 품질관리가 용이하도록 한다.
- 유통기한 : 식품의 제조일로부터 소비자에게 판매가 허용되는 기간
  - ① 유통기한을 정하여 표시해야 하는 대상 : 모든 식품
  - ② 유통기한의 표시 : '00년 00월 00일까지', '00. 00. 00까지', '0000년 00월 00일까지', '0000. 00. 00까지'로 표시
  - ③ 제조일을 표시하는 경우 : '제조일로부터 00일까지', '제조일로부터 00월까지' 또는 '제조일로부터 00년까지'로 표시

④ 유통기한 표시방법의 종류

용어	해설
품질유지기한	• 최상의 품질유지 가능기한으로 표시된 저장조건 하에서 그 품질이 완전한 시장성이 있고 표시한 특정한 품질이 유지되는 최종일자를 보증하는 날짜 • 품질유지기한이 지난 식품이라도 일정기간 소비 가능
최종 판매일자	• 소비자에게 판매를 위해 제공할 수 있는 최종일자 • 현재 우리나라가 적용하고 있는 유통기한과 가장 유사한 개념
최종 권장 사용일자	• 표시된 저장조건 하에서 그 일자 이후에는 소비자가 통상 기대하고 있는 품질특성을 가지지 못할 수 있는 추정기간의 최종일을 보증하는 날짜 • 이 이후에 식품의 시장성은 없다고 보아야 함
포장일자	• 식품이 궁극적으로 팔리게 될 용기에 포장된 날짜
제조일자	• 식품공전에 규정된 제품으로 식품을 제조한 날짜
유통기한	• 식품의 특수성을 고려한 가장 종합적인 의미의 유통기간
소비기한	• 정해진 조건 하에서 보관했을 때 위생상의 안전성이 보장된 최종일로 소비기한이 지난 식품은 소비할 수 없음

- 선입선출법(first-in, first-out) : 먼저 입고되었던 식재료부터 순서대로 출고하는 방법
- 자재분류의 원칙 : 데이터 코드화, 분류집계의 체계화, 해독성과 편이성, 전산처리화
- 바코드(bar code) : 바코드는 제품의 가격, 제품의 종류와 제조회사를 알 수 있고, 제조업체나 유통회사에서는 판매량과 재고량까지도 확인할 수 있다.
- 13자리 수로 맨 앞에 80은 우리나라 고유의 국가코드이다. 다음의 4자리는 제조업체코드, 다음의 5자리는 제품의 가격과 종류를 나타내는 제품코드, 마지막 한 자리 수는 바코드의 이상 유무를 확인하는 검증코드이다.

2. 식품 재료의 성분 ★★★

1) 수분

(1) 수분의 기능

① 신체의 구성성분(60%), 소화액의 구성

② 체내 영양소와 노폐물 운반

③ 외부충격으로부터 장기보호, 윤활작용

④ 체온 조절

⑤ 전해질 평형

(2) 수분의 균형

인체 내에 수분이 부족할 경우

- 정상보다 10% 이상 부족시 : 발열, 경련, 혈액순환장애가 발생
- 정상보다 20% 이상 부족시 : 사망

• 탈수증 : 더운날 충분한 수분을 보충하지 않은 상태로 운동을 계속하거나, 감염에 의한 고열이 날 때, 화상, 출혈, 장기간의 설사나 구토가 일어나면 발생.

* 정상인의 하루 수분 섭취 = 2~4L 보충 권장(체외로 배출되는 양이 2~3L)
어린이가 성인에 비해 대사율이 높아 더 많은 수분이 필요.

(3) 수분의 종류

식품에 존재하는 물은 유리수와 결합수로 나누어진다.

유리수(자유수)	결합수
식품 중에 유리 상태의 물	식품 중에 탄수화물, 단백질 등과 결합하여 일부를 형성하는 물
수용성 물질의 용매로 사용	용매로 작용하지 않음
0°C 이하에서 쉽게 동결	0°C 이하에서도 동결되지 않음
압착, 증발, 동결 가능	압착, 증발, 동결 불가능
건조로 쉽게 제거 가능	압력을 가해도 쉽게 제거되지 않음
4°C에서 밀도가 큼	유리수보다 밀도가 큼
미생물의 번식과 포자의 발아에 이용	미생물의 번식에 이용하지 못함

(4) 수분활성도(Water activity; Aw)

식품의 수분함량은 식품 자체가 가지는 수분함량과 대기의 상대습도간의 상관관계를 가지므로, 식품의 물의 상태는 두 값의 비율인 수분활성도의 개념을 사용한다. 수분활성도는 **같은 온도에서 식품이 나타내는 수증기압(P)을 순수한 물의 수증기압(P_0)**으로 나눈 것이다.

수분활성도(Aw) = P/P_0　　상대습도 = 수분활성도 × 100

- 순수한 물의 수분활성도는 1이고, 일반적인 식품의 수분활성도는 1보다 작다.
  (일반 세균의 수분활성도 0.90이상, 효모는 0.88, 곰팡이는 0.80 이상에서 성장)
- 수분활성도가 낮으면 미생물의 증식이 억제, 보존성이 높아진다.
- 수분활성도가 0.65~0.85 사이의 식품을 중간수분식품이라고 부른다.
- 건조식품의 수분활성도는 0.2 이하
- 과일, 채소, 신선육의 수분활성도는 0.98~0.99

추가tip 용매, 용질, 분자량이 나온 경우 수분활성도 구하는 방법

$$수분활성도 = \frac{\frac{용매의\ 농도}{분자량}}{\frac{용매의\ 농도}{분자량} + \frac{용질의\ 농도}{분자량}}$$

2) 탄수화물

(1) 탄수화물의 특성과 기능
- 탄소(C), 수소(H), 산소(O)로 구성
- 성인 에너지 적정비율 하루 총 열량의 65%
- 과잉 섭취 시에 간과 근육에 글리코겐으로 저장
- 최종 분해 산물 : 포도당 ★
- 에너지원으로 이용(4kcal/g) ★
- 단백질의 절약작용
- 혈당 유지
- 식이섬유소: 변비나 혈당 상승을 예방(장내 운동 촉진)
- 식품가공시 감미료나 식품첨가제로 이용

(2) 탄수화물의 분류

탄수화물은 가수분해로 생성되는 당의 분자수에 따라 단당류, 이당류, 다당류로 분류한다.

① 단당류

더 이상 가수분해되지 않는 탄수화물의 최소 단위로, 탄소수에 따라 나누어 진다.

- 5탄당 : 리보오스(ribose), 데옥시리보오스(deoxyribose), 아라비노오스(arabinose), 자일로스(xylose)
- 6탄당 : 포도당(glucose), 과당(fructose), 갈락토오스(galactose), 만노오스(mannose)

종류	특징
포도당(glucose)	• 탄수화물의 최종 분해 산물 • 동물의 체내에는 글리코겐의 형태로 저장 • 동물의 혈액 혈당으로 0.1% 정도 함유 • 과실, 특히 포도에 많음
과당(fructose)	• 과일, 꽃, 벌꿀에 많이 함유 • 포도당과 결합하여 자당을 생성 • 천연 당류 중 가장 단맛이 강함 • 다당류인 이눌린(inulin)의 구성성분
갈락토오스(galactose)	• 포도당과 결합하여 유당(젖당)이 생성 • 뇌와 신경조직의 당지질 구성성분
만노오스(mannose)	• 다당류 만난(mannan; 곤약의 주성분)의 구성 단당류

② 이당류 ★

두 분자의 단당류가 결합된 형태로 맥아당(엿당), 자당(설탕), 젖당(유당)이 있다.

종류	구성	특징
맥아당(엿당, maltose)	포도당 + 포도당 (α-1,4 결합)	• 맥아, 물엿, 식혜 등에 함유 • 효소에 의해 발효
자당(설탕, sucrose)	포도당 + 과당 (α-1,2 결합)	• 사탕수수, 사탕무 • 감미료의 표준 • 160°C 이상 가열하면 카라멜화 진행 • 비환원당
젖당(유당, lactose)	포도당 + 갈락토오스 (β-1,4 결합)	• 단맛이 약함 • 유당 가수분해효소(락토오스;lactose)에 의해 가수분해 • 우유, 모유

③ 다당류

수많은 단당류가 연결된 고분자 탄수화물이다. 구성 단당류가 한 가지이면 단순다당류, 두 가지 이상으로 결합된 것을 복합다당류라고 한다.

종 류	특 징
전분(starch)	• 식물성 저장 탄수화물 • 포도당이 중합된 형태 • 아밀로오스와 아밀로펙틴으로 구성 • 요오드 반응 - 아밀로오스(청색), 아밀로펙틴(자색) • 물과 함께 가열 시 팽윤, 호화 → 점착성을 가짐
글리코겐(glycogen)	• 동물의 저장 탄수화물 • 간과 근육, 조개류에 많음
섬유소(cellulose)	• 식물성 세포벽의 주성분 • 인체에는 소화시키는 효소가 없음 • 장관의 운동 자극, 배변을 촉진
펙틴(pectin)	• 식물조직의 세포벽 사이에 존재 • 사과, 감귤류 등에 함량이 많음 • 당과 산의 존재하에 겔(gel) 형성, 젤리화 (잼, 젤리 제조)
이눌린(inulin)	• 돼지감자, 다알리아의 뿌리 등에 함유 • 과당이 다수 결합
한천(agar)	• 홍조류인 우뭇가사리에서 동결건조 방법으로 추출 • 겔 형성 능력이 강함(안정제, 젤리, 양갱) • 사람은 소화가 불가능 • 물 흡수시 팽창 → 장을 자극 → 배변촉진

3) 지질

(1) 지질의 특성과 기능

- 탄소(C), 수소(H), 산소(O)로 구성
- 성인 에너지 적정비율 하루 총 열량의 20%
- 최종 분해 산물 : 지방산(3분자), 글리세롤(1분자)
- 상온에서 고체인 것을 지방(fat), 액체인 것을 기름(oil)
- 에너지원으로 이용(9kcal/g) ★
- 필수지방산의 공급원
- 지용성 비타민(A,D,E,K) 흡수를 도움
- 체구성 성분(세포막, 지방조직, 호르몬 등)

- 신체의 내장 기관 보호
- 체온 유지
- 식품의 맛과 향을 제공
- 과잉 섭취 시 비만, 고지혈증, 당뇨, 동맥경화등이 유발

(2) 지질의 분류

① 단순지질

- 글리세롤과 지방산의 에스테르 결합 산물
- 중성지방, 왁스

② 복합지질

단순지질에 다른 화합물(당, 인, 단백질 등)이 결합된 형태의 지질

- 당지질 : 단순지질 + 당
- 인지질 : 단순지질 + 인산 (레시틴)
- 지단백질 : 지질 + 단백질

추가tip 지단백질은 혈액 내에 지질 운반 관여

킬로미크론, 초저밀도 지단백질(VLDL), 저밀도 지단백질(LDL), 고밀도 지단백질(HDL) 등이 있다.

③ 유도지질

- 단순지질과 복합지질의 가수분해 산물 중 지용성 물질
- 콜레스테롤, 에르고스테롤, 스쿠알렌 등

(3) 지방산의 분류

<table>
<tr><td>포화지방산</td><td colspan="4">• 분자 내에 이중결합이 없는 지방산
• 동물성 유지에 대부분 함유
• 상온에서 고체상태(융점이 높음)
• 탄소수 16개(팔미트산; palmitic acid), 18개(스테아르산; stearic acid)</td></tr>
<tr><td rowspan="9">불포화지방산</td><td colspan="4">• 분자 내 탄소 사이에 이중결합이 1개 이상 있는 지방산
• 식물성 기름에 많이 함유(대두유, 미강유, 옥수수유 등)
• 상온에서 액체상태(융점이 낮음)
• 이중결합이 많을수록 산화가 잘 됨</td></tr>
<tr><td>단일 불포화지방산</td><td colspan="3">• 이중결합이 1개
• 탄소수 18개 올레산(oleic acid)</td></tr>
<tr><td rowspan="7">다가 불포화지방산</td><td colspan="3">• 이중결합이 2개 이상(쉽게 산화됨)</td></tr>
<tr><td></td><td>탄소수</td><td>이중결합수</td></tr>
<tr><td>리놀레산</td><td>18</td><td>2</td></tr>
<tr><td>리놀렌산</td><td>18</td><td>3</td></tr>
<tr><td>아라키돈산</td><td>20</td><td>4</td></tr>
<tr><td>아이코사펜타에노산(EPA)</td><td>20</td><td>5</td></tr>
<tr><td>도코사헥사에노산(DHA)</td><td>22</td><td>6</td></tr>
<tr><td>필수지방산</td><td colspan="4">• 정상적인 건강 유지를 위해 꼭 필요하지만 체내에서 합성이 되지 않거나 합성하는 양이 적어서 반드시 식사를 통해 섭취해야 하는 지방산
• 리놀레산, 리놀렌산, 아라키돈산
• 식물성 기름에 함유</td></tr>
</table>

(참고) 유지의 유화

서로 섞이지 않는 액체인 기름과 물이 유화제에 의해서 혼합된 상태를 유화액이라고 한다. 유화액은 두 가지의 형태로 구분할 수 있다. 물속에 기름 입자가 분산되어있는 형태를 수중유적형(O/W), 기름 속에 물이 분산되어있는 형태를 유중수적형(W/O)이라고 한다.

- 수중유적형(O/W) 식품에는 마요네즈, 우유 등이 있다.
- 유중수적형(W/O) 식품에는 버터, 마가린 등이 있다.

• 유화제의 특징을 가진 대표적인 지방질 : 레시틴

> **(참고) 트랜스지방이란?**
>
> 액체상태인 불포화 지방에 수소를 첨가해 인위적으로 고체상태로 만드는 과정에서 생성된 지방이다. 불포화지방처럼 이중결합을 가지지만 입체적인 모양은 포화지방과 비슷하여 실온에서 고체형태이다.

(4) 지질의 화학적 성질

① 검화값

검화값은 유지 1g을 검화(비누화)하는데 필요로 하는 수산화칼륨(KOH) 혹은 수산화나트륨(NaOH)의 mg으로 표시한 값이다. 검화(비누화)란 유지에 수산화칼륨이나 수산화나트륨을 넣어 가열해 글리세롤과 지방산염이 형성되는 것을 말한다.

- 보통 유지의 검화값은 180~200
- 저급지방산의 함량이 높을수록 검화값이 커진다.

② 요오드값

유지 100g의 불포화결합에 첨가되는 요오드의 g수를 나타낸 값이다.

- 불포화도를 측정하는데 사용
- 요오드가 130 이상을 건성유(호두기름, 들기름 등), 100~130을 반건성유(참기름, 유채유, 콩기름, 면실유 등), 100 이하를 불건성유(올리브유, 땅콩유, 동백유, 피마자유 등)로 분류

(5) 유지의 산패

*산패에 영향을 미치는 요인

- 유지의 불포화도, 광선, 온도, 효소작용, 금속이온, 산소, 색소, 해마틴 화합물 등

*유지의 산화방지

물리적 방법	진공포장, 저온에 저장, 자외선 차단 포장재 이용
화학적 방법	항산화제 이용

- 항산화제(antioxidant) : 유지의 산화 속도를 억제하는 물질. 산화방지제라고 부름. 라디칼 제거, 활성산소 제거, 금속이온 불활성화 등의 작용. 천연 항산화제와 합성 항산화제가 있다. 대표적인 천연 항산화제는 비타민E, 세사몰, 고시폴 등이 있다.

4)단백질

(1) 단백질의 특성과 기능

- 탄소(C), 수소(H), 산소(O), 질소(N)로 구성
- 성인 에너지 적정비율 하루 총 열량의 15%
- 최종 분해 산물 : 아미노산
- 에너지원으로 이용(4kcal/g)
- 신체의 주요 구성 성분(세포막, 효소, 항체, 호르몬, 피부, 근육, 머리카락 등)
- 성장과 조직의 유지
- 면역기능, 체내 pH조절
- 삼투압 유지(세포막 내외의 체액분포는 삼투압과 알부민 단백질과의 수분 평형 조절)

(2) 아미노산의 종류

① 필수아미노산 : 인체 내에서 거의 합성이 되지 않고, 생성하기 힘들어 식품으로 섭취해야 하는 아미노산을 말한다.

- 성인의 필수아미노산(8가지) : 발린, 루신, 이소루신, 메티오닌, 트레오닌, 리신, 페닐알라닌, 트립토판
- 성장기의 어린이의 추가적인 필수 아미노산(2가지) : 히스티딘, 아르기닌

② 제한아미노산 : 사람이 필요로하는 아미노산 중에서 상대적으로 부족하기 쉬운 아미노산. 보통 리신, 트립토판, 트레오닌, 메티오닌 중에 제한 아미노산이 되는 경우가 많다.

*단백질의 아미노산 보강 : 식품에 부족한 아미노산을 다른 식품을 통해 보강하여 완전단백질로 섭취할 수 있게 하는 것. 예) 쌀(리신부족) + 콩(리신풍부) = 콩밥(완전단백질 공급)

(3) 단백질의 분류

① 구성 성분에 따라 단순단백질, 복합단백질, 유도단백질로 분류한다.

단순단백질	• 아미노산만으로 구성(알부민, 글로불린, 글루테닌, 프롤라민, 히스톤 등)
복합단백질	• 단순단백질과 비단백성분(인, 핵산, 다당류, 금속, 지질, 탄수화물 등)이 결합된 단백질 • 인단백질(우유: 카제인, 난황: 비텔린) • 지단백질 = 단백질 + 지방질(인지질, 콜레스테롤), 난황 : 리포비텔린 • 핵단백질 = 단백질 + 핵산(DNA, RNA) • 당단백질(동물의 점액, 소화액 : 뮤신, 난백 : 오보뮤코이드)
유도단백질	• 단백질이 물리적, 화학적 작용 혹은 효소의 작용으로 변성, 분해된 단백질 • 제1차 유도단백질 : 변성단백질이라고 하며, 젤라틴, 파라-카제인 등 • 제2차 유도단백질 : 1차 유도단백질보다 변성이 더욱 진행된 것. 분해단백질이라고 함. 펩톤, 펩타이드 등

② 영양학적으로 완전단백질, 부분적 불완전단백질, 불완전단백질로 분류한다.

완전단백질	• 성장과 생리기능을 돕는 필수아미노산을 충분히 함유한 단백질 • 우유(카제인, 락트알부민), 달걀(오보알부민)
부분적 불완전단백질	• 필수 아미노산을 모두 가지고 있으나 그 양이 부족하거나, 균형있게 들어있지 않은 단백질 • 성장은 돕지 못하지만, 생명을 유지하는 단백질 • 밀(글리아딘), 쌀(오리제닌)
불완전단백질	• 필수 아미노산 중에 하나 혹은 그 이상이 결여된 단백질 • 계속 섭취시 성장지연, 체중감소, 생명에 지장 • 옥수수(제인), 동물성(젤라틴)

5) 무기질

(1) 무기질의 기능

- 유기화합물을 구성하는 탄소(C), 수소(H), 산소(O), 질소(N)를 제외한 다른 원소
- 에너지원으로는 작용하지 않지만, 신체의 구성 성분으로 기능
- 생리적 기능 조절
- 혈액과 체액의 pH 및 삼투압 조절
- 신경 자극 전달
- 근육의 수축과 이완작용
- 수분 평형 조절

(2) 다량 원소의 생리 기능과 특성 ★

종 류	기능과 특성	급원식품	결핍·과잉증
칼슘(Ca)	• 치아와 골격 구성 • 근육의 수축이완 작용 • 혈액의 응고 관여 • 흡수촉진인자 : 비타민D • 흡수방해인자 : 수산, 피틴산	우유, 멸치, 치즈, 뼈째 먹는 생선 등	(결핍) 골격과 치아의 발육 부진, 골다공증, 구루병, 혈액응고불량 등
나트륨(Na)	• 삼투압 조절, 수분 균형 유지 • pH조절 • 근육의 자극반응 • 신경 조절	소금, 육류, 간장 등	(과잉) 고혈압, 부종, 심장병 등
인(P)	• 치아와 골격 구성 • 삼투압 및 pH 조절 • 에너지 대사 관여 • 세포막의 구성성분 • 칼슘:인 섭취비율 = 1:1	멸치, 우유, 치즈, 육류, 곡류, 탄산음료 등	(결핍) 골격과 치아의 발육 부진, 허약, 구루병, 골연화증
마그네슘(Mg)	• 치아와 골격 구성 • 신경흥분 억제 • 근육의 수축과 이완 • (조)효소 구성 성분	녹색 채소, 곡류, 두류, 견과류 등	(결핍) 경련, 신경불안, 근육의 떨림 (과잉) 골연화증
칼륨(K)	• 근육 수축 • 신경자극 전달 • 삼투압 및 pH 조절 • 체내 나트륨 배출	육류, 우유, 녹황색 채소, 곡류, 과일류 등	(결핍) 무기력증, 근육이완, 구토, 설사

(3) 미량 원소의 생리 기능과 특성

종 류	기능과 특성	급원식품	결핍·과잉증
철(Fe)	• 헤모글로빈(혈액)과 미오글로빈(근육)의 구성 성분 • 조혈작용 • 조효소의 구성성분 • 산소운반	간, 육류, 난황, 녹황색 채소류 등	(결핍) 철 결핍성 빈혈
요오드(I)	• 갑상선 호르몬 성분 • 기초대사 조절	해조류(미역, 다시마 등)	(결핍) 갑상선종, 크레틴병 (과잉) 갑상선 기능 항진증(바세도우병)

구리(Cu)	• 헤모글로빈의 합성 촉진 • 철의 흡수와 운반 • 철의 산화작용	간, 해조류, 채소류, 육류, 달걀 등	(결핍) 저혈색소성 빈혈
아연(Zn)	• 인슐린 합성 관여 • 효소 및 호르몬 구성 성분 • 면역기능	곡류, 두류, 해산물, 가금류, 채소류 등	(결핍) 발육장애, 탈모, 빈혈 (과잉) 구토, 복통, 설사
불소(F)	• 골격과 치아의 경화 • 충치 예방	해조류	(결핍) 충치 (과잉) 반상치
코발트(Co)	• 비타민 B_{12}의 구성성분 • 적혈구 생성에 관여	채소류, 간	(결핍) 악성빈혈
망간(Mn)	• 발육에 관여 • 단백질 대사	곡류, 채소류, 두류	(결핍) 생식작용 저하, 성장장애

(4) 산성식품과 알칼리성 식품

- 산성 식품 : 체내에서 분해되어 음이온이 되는 황(S), 인(P), 염소(Cl)를 많이 함유한 식품(곡류, 육류, 어류 등)
- 알칼리성 식품 : 체내에서 분해되어 양이온이 되는 칼슘(Ca), 나트륨(Na), 칼륨(K), 마그네슘(Mg), 철(Fe), 구리(Cu), 망간(Mn)를 많이 함유한 식품(과일, 야채, 해조류 등)

6) 비타민

(1) 비타민의 특성과 기능

– 생명현상의 유지에 꼭 필요한 유기화합물

– 조효소의 구성 성분, 에너지 대사에 관여

– 여러 비타민 결핍증이나 질병 예방

– 일부는 항산화제로 작용

– 인체에서 합성이 힘들기 때문에 식사나 외부적인 섭취를 해야 함

(2) 비타민의 분류

① 지용성 비타민과 수용성 비타민의 비교 ★★

구분	지용성 비타민	수용성 비타민
용해성	기름, 유기용매에 용해	물에 용해
전구체	있음	없음
흡수·이동	지방과 함께 흡수, 임파계로 이동	당질, 아미노산과 함께 간으로 흡수
저장성	필요량 이상 시 체내(간, 지방)에 저장	과잉 섭취시 필요량 이상은 배설
필요·공급	매일 공급할 필요는 없음	매일 필요량만큼 공급해야 함
조리 중 손실	약간의 손실이 일어날 수 있지만 크지 않음	조리시 손실이 크다
결핍	결핍 증세가 서서히 나타남	결핍 증세가 빠르게 나타남
종류	비타민 A,D,E,K,F	비타민 B_1,B_2,B_3,B_6,B_{12},C, 엽산

② 지용성 비타민

종 류	기능과 특성	급원식품	결핍·과잉증
비타민 A (레티놀, retinol)	• 상피세포의 보호 • 시각, 성장, 생식, 세포 분화, 세포 증식에 관여 • α,β,χ-카로틴은 비타민A로 전환되는 프로 비타민A	간, 난황, 당근, 버터, 녹황색 채소류, 녹황색 과일류	(결핍) 야맹증, 안구건조증, 성장지연, 상피조직의 각질화 (과잉) 두통, 구토, 피부건조, 탈모
비타민 D (칼시페롤, calciferol)	• 칼슘과 인의 흡수 촉진 • 골조직 형성, 골격 석회화 • 자외선을 통해서 인체에 합성 가능 • 산과 알칼리에 불안정	등푸른 생선, 건조식품, 강화우유	(결핍) 구루병, 골연화증, 골다공증, 유아의 발육부진 (과잉) 칼슘과다혈증, 식욕부진
비타민 E (토코페롤, tocopherol)	• 항산화제 기능, 노화방지 • 생식기능 도움, 항불임성 비타민 • 비타민A 흡수 촉진 • 빛과 알칼리에 불안정	곡물의 배아, 식물성 기름, 푸른 잎 채소	(결핍) 불임증, 노화촉진, 근육위축 (과잉) 비타민 K결핍으로 혈액 응고 지연
비타민 K (필로퀴논, phylloquinone)	• 혈액 응고 관여(지혈작용) • 혈액응고 인자인 프로트롬빈을 합성 • 장내 세균에 의해 합성	녹황색 채소, 달걀, 육류, 치즈, 콩류	(결핍) 혈액 응고 지연, 신생아 출혈
비타민 F	• 성장과 생식에 필수지방산 • 리놀레산, 리놀렌산, 아라키돈산을 말함	식물성 기름	(결핍) 성장 정지, 피부염, 탈모

③ 수용성 비타민

종 류	기능과 특성	급원식품	결핍증
비타민 B_1 (티아민, thiamine)	• 탄수화물 대사의 조효소 • 조리 중에 파괴되기 쉬움 • 식욕 및 소화기능 자극 • 알리신(마늘)이 비타민B_1의 흡수율을 높임 • 알칼리, 산소, 열에 불안정	돼지고기, 대두, 쌀겨, 배아, 땅콩	각기병, 식욕저하, 메스꺼움, 부종
비타민 B_2 (리보플라빈, rivoflavin)	• 피부, 입안 점막 보호 • 성장 촉진 • 에너지 대사 조효소 • 빛과 알칼리에 불안정	우유, 달걀, 간, 고기(동물성 식품), 유제품	구순염, 구내염, 구각염, 설염, 피부염
비타민 B_3 (나이아신, niacin)	• 조효소의 구성 • 탄수화물의 대사 관여 • 열량 영양소의 산화, 환원 반응 • 트립토판 60mg 섭취 시 나이아신 1mg 생성	간, 효모, 밀배아, 땅콩, 어육류	펠라그라 피부병
비타민 B_6 (피리독신, pyridoxine)	• 아미노산 대사에 관여 • 항피부염 인자	쌀배아, 밀, 효모, 간, 곡류	피부염
엽산 (folic acid)	• 핵산, 적혈구, 아미노산 합성 관여 • 알칼리성에 안정	엽채류(시금치), 간, 과일류	거대적 아구성 빈혈
비타민 B_{12} (시아노코발라민, cyanocobalamine)	• 혈액 생성에 관여(조혈작용) • 항악성빈혈인자	동물성 식품, 생선, 해조류, 달걀, 유제품	(어른) 악성 빈혈, 신경증상 (유아) 성장 지연, 설사, 구토
비타민 C (아스코르브산, ascorbic acid)	• 모세혈관 기능 유지 • 산화, 환원반응 관여 • 항산화제 역할 • 항괴혈성 인자 • 콜라겐, 스테로이드 호르몬 합성 • 철의 흡수 촉진 • 면역력 증진, 피로 회복	감귤류, 신선한 과·채류	괴혈병, 상처 회복 지연, 면역체계 이상

7) 식품의 색

식품의 색은 기호 인자와 식욕, 품질, 신선도 등을 결정하는 요소가 된다.

(1) 식물성 색소

종류	특징
클로로필	• 식물체에 존재하는 녹색의 색소 • 엽록체에 존재, 광합성에 중요한 역할 • 중심부에 마그네슘(Mg)을 가짐 • 물에 녹지 않음(불용성) • 산에 의해서 마그네슘이 수소이온과 치환 → 페오피틴(녹갈색) • 알칼리(소다)에 의해서 가열 시 → 클로로필리드(청록색) → 클로로필린(짙은 청록색) • 데치기 → 뚜껑을 열고, 고온 단시간 데쳐야 클로로필과 비타민C의 파괴를 최소화 • 구리(Cu), 철(Fe) 등의 이온과 함께 가열 시 구리-클로로필(선명한 청록색) 형성
카로티노이드	• 황색, 주황색, 적색 등의 채소의 색소 • 동·식물성 식품에 널리 분포 • α,β,ɣ-카로틴, 라이코펜(lycopene), 크산토필(xanthophyll) • α,β,ɣ-카로틴은 비타민A로 전환 가능 • 기름, 유기용매에 녹고, 열에 비교적 안정적 • 조리과정 중에 손실이 거의 없으나. 불포화도가 높아 산화에 약함 • 햇빛은 산화를 촉진 → 포장이나 용기 선택이 중요 • 당근, 토마토, 고추, 감, 녹황색 채소류 등
플라보노이드	• 황색을 띄는 수용성 색소 • 옥수수, 밀가루, 양파 등 [안토잔틴(anthoxanthin)의 변화] - 산에서는 안정(백색), 알칼리에서 짙은 황색 예) 밀가루에 중탄산나트륨(소다)을 넣어 빵이나 튀김옷을 만들면 황색이 된다. 우엉을 삶을 때 식초물 사용하면 백색이 됨 • 금속과도 쉽게 결합 → 변색이 됨
안토시아닌	• 과일이나 꽃의 적색, 자색, 청색 등의 수용성 색소 • 딸기, 사과, 가지 등 • 산성(식초물)일 때 적색, 중성은 자색, 알칼리(소다)를 첨가하면 청색 • 예) 적양배추 샐러드를 만들 때 식초물에 담그면 색 유지 • 철(Fe)은 청색, 아연(Zn)과는 녹색, 주석(Sn)은 자색이나 회색 • 산소 존재 시 효소에 의한 갈변

(2) 동물성 색소

종류	특징
미오글로빈	• 동물의 근육에 있는 근육 색소 • 조직 내에 산소의 저장체 역할(철을 함유) • 미오글로빈은 적자색을 띈다. • 육류의 표면에 공기와 접촉 시 산소와 결합하면 옥시미오글로빈(선홍색)이 된다(산소화). • 육류 저장 혹은 가열 시 자동산화되어 메트미오글로빈(적갈색)이 된다(메트화).
헤모글로빈	• 동물의 혈액에 있는 혈색소(적색) • 육류 가공 시 육색의 갈변 방지를 위한 발색제(질산칼륨, 질산나트륨, 아질산나트륨) 첨가
카로티노이드	• 동물의 먹이인 식물성 물질이 동물의 조직에 축적 • 어패류(연어, 송어의 적색, 도미 표피)는 아스타잔틴(astaxanthin), 조개류의 적색은 카로틴과 루테인 • 갑각류(새우, 게)의 껍질에 아스타잔틴(회색, 청록색) → 가열 시 단백질이 변성, 분리 → 아스타신(적색) • 헤모시아닌 : 연체동물(문어, 오징어)에 포함된 색소로 가열하면 적자색으로 변함

8) 식품의 갈변

식품을 조리, 저장, 가공할 때 식품의 색이 갈색 혹은 색이 변하는 현상으로 대부분의 갈변 반응은 외관과 풍미에 좋지 않은 영향을 준다. 반면에 간장, 된장의 갈변 반응은 필수적, 홍차, 커피, 빵, 맥주 등에서 색과 향미에 영향을 주어 품질을 향상시켜준다.

(1) 효소적 갈변

① 폴리페놀옥시다아제에 의한 갈변

폴리페놀류가 폴리페놀옥시다아제에 의해서 → 갈색의 멜라닌을 형성

예) 사과나 배를 껍질을 깍아 둘 때 갈변 현상

② 티로시나아제에 의한 갈변

감자의 갈변과 관련

→ 티로시나아제가 수용성이므로 감자를 깎고 물에 넣으면 티로시나아제가 용출되어 갈변 방지

(2) 비효소적 갈변 ★

① 메일러드(Mailliard) 반응

카르보닐기(알데히드기 혹은 케톤기)를 가진 당류와 아미노기를 가진 질소화합물(아미노산, 아민, 펩티드, 단백질)이 반응하여 갈색의 멜라노이딘(melanoidine) 색소를 형성

- 아미노카르보닐 반응이라고도 한다.
- 영향을 미치는 인자 : 온도, pH, 당의 종류, 아미노 화합물, 수분, 금속, 빛, 산소, 기질 농도 등
- 커피, 홍차, 된장, 간장, 식빵 등

② 카라멜화(Caramelization) 반응

당류를 180℃이상의 고온으로 가열할 때 산화, 탈수, 분해 반응에 의해 만들어진 생성물이 서로 중합, 축합되어 카라멜 색소를 형성

- 설탕을 원료로하는 과자, 빵, 캔디, 간장, 장류, 청량음료, 합성 청주 등
- 최적 pH는 6.5~8.2

③ 아스코르브산(Ascorbic acid) 산화에 의한 반응

아스코르브산은 항산화제로 강한 환원력을 가짐 → 갈변방지제로 사용

비가역적으로 산화가 되면 산화 생성물이 중합하여 갈색 물질 형성

pH가 낮을수록 갈변 현상이 잘 일어남

- 감귤류 가공품, 오렌지 주스 등

9) 식품의 맛과 냄새

(1) 식품의 맛

식품은 고유의 맛을 가지며, 맛은 식품의 기호도에 밀접한 관련이 있다. 식품의 맛은 주로 미각으로 결정되며, 성별, 나이, 식습관 등에 따라 변화된다.

*식품의 기본적인 맛(헤닝의 4원리;Henning, 1916)

㉠ 단맛

당류, 당, 알콜, 아미노산, 일부 방향족 화합물에서 느껴지는 맛으로 20~50℃에서 가장 잘 느끼며, 당도가 50% 이상 되면 살균력이 있다.

- 천연감미료 : 당류(설탕, 과당, 전화당, 포도당, 젖당 등), 당알코올(자일리톨, 솔비톨, 만니톨 등), 아미노산 및 펩타이드, 방향족 화합물 등
- 인공감미료 : 아스팔탐, 사카린 등

㉡ 신맛

음식물의 조미상으로는 중요한 역할을 하고 있으며, 식품 변질을 방지하는 보존 효과가 우수하다. 어떤 물질이 해리되어 수소 이온을 방출해서 그것이 미뢰에 접촉함으로써 신맛을 느끼게 한다.

- 유기산 : 젖산(요구르트), 구연산(감귤류), 주석산(포도), 사과산(사과, 배) 등
- 무기산 : 탄산(맥주, 청량음료), 인산(청량음료) 등

㉢ 쓴맛

미각 중에 가장 예민하고, 낮은 온도에서 느낄 수 있어서 식품의 맛에 영향을 줌. 표준물질은 퀴닌이다.

- 카페인(커피, 차), 데오브로민(코코아, 초콜릿), 나린진(밀감의 껍질), 쿠쿠르비타신(오이 꼭지부분), 퀘르세틴(양파 껍질), 휴물론(맥주) 염화마그네슘(간수), 염화칼슘(간수), 사포닌(팥, 인삼 등)

㉣ 짠맛

소금 농도가 1~2%일 때 가장 기분 좋은 짠맛이 된다.

- 염화나트륨(NaCl); 짠맛의 기준, 가장 순수한 짠맛, 염화칼륨(KCl) 등

*부가적인 맛

㉠ 맛난맛(감칠맛)

여러 가지 맛이 잘 조화된 맛. 단백질 식품에서 많이 볼 수 있는 감칠맛과 구수한 맛으로, 최근 단맛, 쓴맛, 신맛, 짠맛과 함께 맛의 5미로 불리고 있다.

- 글루탐산 나트륨염(monosodium glutamate; MSG) : 감칠맛의 대표적인 물질, 다시마, 된장 등
- 글리신(조개류, 새우), 호박산(조개류), 글루타민(어육류, 채소), 테아닌(녹차), 타우린(오징어, 문어), 숙신산(청주, 조개류), 베타인(오징어, 새우), 아스파라긴(어육류, 채소), 구아닌(어육류, 표고버섯), 이노신산(가다랭이 말린 것, 멸치, 육류)

㉡ 매운맛

미각 신경을 강하게 자극함으로써 생기는 통각(pain feeling) 또는 온도 감각에서 일어나는 맛이다. 음식 맛에 긴장감과 식욕을 높이고, 살균, 살충 효과가 있다.

- 캡사이신(고추), 알리신(마늘, 양파), 알릴이소시오시아네이트(겨자, 고추냉이), 진저론(

생강), 쇼가올(생강), 진저롤(생강), 시니그린(겨자, 고추냉이), 차비신(후추), 커큐민(울금, 강황)

㉢ 떫은맛

혀 표면의 점막 단백질이 일시적으로 변성, 응고되면서 미각 신경을 마비시키며 일어나는 불쾌한 맛. 약간의 떫은 맛은 다른 맛과 조화되어 독특한 풍미를 제공한다.

– 탄닌류 : 시부올(shibuol); 감, 카테킨 갈레이트(녹차), 카테킨과 갈로카테킨(과일)

㉣ 아린맛

쓴맛과 떫은맛이 섞인 불쾌한 맛

– 죽순, 고사리, 토란, 우엉, 가지 등에서 느낄 수 있음

– 아린맛을 제거하려면 섭취 전에 물에 담가두어야 한다.

– 호모겐티스산(homogentistic acid)

㉤ 금속맛

철, 은, 주석 등 금속 이온 맛

– 수저, 식기, 포크 등

(기타) 참기름(세사몰), 홍어(암모니아)

(2) 맛의 현상

구분	내용
맛의 대비 (강화현상)	서로 다른 맛 성분을 혼합할 경우 주된 맛 성분이 강해지는 현상 • 단맛 + 소량의 짠맛 → 단맛 증가 • 짠맛 + 소량의 신맛 → 짠맛 증가
맛의 상승	같은 종류의 맛을 가진 2가지의 맛을 혼합할 경우 각각이 가진 맛보다 훨씬 강하게 느껴지는 현상
맛의 상쇄	다른 2가지의 맛을 혼합했을 때 각각의 맛이 느껴지지 않거나 약해지는 현상(조화로운 맛) • 간장과 된장의 짠맛 + 맛난맛(감칠맛) → 짠맛이 약해짐 • 김치의 짠맛 + 신맛

맛의 변조	한 가지 맛을 맛 본 직후에 다른 맛 성분이 정상적으로 느껴지지 않는 현상 • 쓴 약을 먹은 후 물을 마실 때 → 물이 달게 느껴짐 • 오징어를 먹은 후 식초, 귤(밀감)을 먹을 때 → 쓴맛이 느껴짐
맛의 억제	다른 맛 성분이 혼합되었을 때 주된 맛 성분의 맛이 약해지는 현상 • 신맛이 강한 과일 + 설탕 → 신맛 억제 • 쓴맛이 있는 커피 + 설탕 → 쓴맛 억제
맛의 피로(순응)	같은 맛을 계속 맛보면 미각이 둔해져서(역치가 높아져) 맛을 느끼지 못하는 현상
미맹	일반적인 사람은 쓴맛을 나타내는 페닐 티오카르바마이드(PTC) 물질에 쓴맛을 느끼나, 일부 사람들에게서 쓴맛을 느끼지 못하는 현상. 맛 자체를 전혀 느끼지 못하는 현상

*온도에 의한 미각 변화

음식은 온도에 따라서 맛이 달라진다. 일반적으로 혀의 미각은 10~40℃ 사이에서 잘 느껴지며, 특히 30℃ 전후에서 가장 예민하다. 온도가 상승함에 따라 단맛, 매운맛에 대한 반응 증가, 온도가 저하되면 짠맛과 쓴맛은 감소, 신맛은 온도에 영향을 거의 받지 않는다.

(3) 식품의 냄새

식품의 냄새는 식품에 미량 함유된 휘발성 성분을 통해 나타나며, 맛과 함께 식품의 기호도와 품질에 영향을 주는 요소이다. 냄새는 쾌감을 주는 향(香)과 불쾌감을 주는 취(臭)로 나눌 수 있다.

① 식물성 식품의 냄새

종 류	함유 성분과 식품
에스테르류	주로 과일류(사과, 배, 살구, 복숭아 등)
테르펜류	리모넨(오렌지, 레몬, 박하), 시트랄(오렌지, 레몬), 멘톨(박하), 미르센(미나리)
알코올 및 알데히드류	에탄올(주류), 2,6-노나디엔올(오이), 펜탄올(감자), 프로판올(양파), 계피(유게올, 시나믹 알데이드), 복숭아, 찻잎 등
황화합물	메틸 메르캅탄(무, 파, 마늘), 알릴 이소시오시아네이트(양파, 무, 겨자, 고추냉이), 디알릴 설파이드(파, 마늘, 양파)

② 동물성 식품의 냄새

종 류	함유 식품
트리메틸아민	생선 비린내 성분, 어육류
암모니아류	어육류의 선도 저하 시 발생하는 자극취
피페리딘	담수어의 선도 저하 시 발생하는 냄새 성분
카르보닐화합물, 저급지방산	우유 및 유제품 향기 성분, 우유지방이 가수분해 → 휘발성 지방산인 프로피온산, 부티르산 등이 생성
메틸메르캅탄, 인돌, 황화수소	수육, 어류가 부패되면 단백질이 분해되어 나는 냄새

10) 식품의 물성

식품의 기호도에 영향을 주는 요인에는 색깔, 냄새, 맛 외에 입안에서 느껴지는 촉감이 있다. 이것을 식품의 물성(물리적 성질)이라고 한다. 이는 조리, 저장, 가공에 따라 물질이 반응하는 성질이 달라진다.

(1) 교질의 종류

교질은 분산매와 분산질을 구성하는 물질의 상태에 따라서 유화액, 졸, 겔, 거품, 고체 포말질 등으로 분류한다.

분산매	분산질	교질의 상태	식품
액체	액체	유화액(에멀전)	마요네즈, 우유, 마가린, 버터
액체	고체	졸(sol)	전분액, 된장국, 달걀흰자, 수프, 유아식
액체	기체	거품(포말질)	콜라, 사이다, 맥주, 난백의 기포
고체	액체	겔(gel)	밥, 젤리, 양갱, 치즈, 두부
고체	기체	거품(포말질)	빵, 케이크

(2) 교질의 특성

① 유화액(Emulsion)

분산매와 분산질이 모두 액체인 상태이며 미세하게 잘 분산되어 섞여있는 상태이다.

- 유중수적형(W/O; Water in Oil) : 기름에 소량의 물방울이 분산. 예) 버터, 마가린
- 수중유적형(O/W; Oil in Water) : 물에 소량의 기름방울이 분산. 예) 마요네즈, 우유

② 졸(Sol)

분산매가 액체이고 분산질이 고체이거나 전체적인 분산 상태(분산계)가 액체상태일 때를 졸(sol)이라고 한다. 유동성을 가진다.

③ 겔(Gel)

졸이 냉각되어 응고되거나 분산매의 감소로 반고체화 된 상태를 겔(gel)이라고 한다. 유동성을 잃은 상태이다.

④ 거품(Foam)

분산매가 액체, 분산질이 기체인 상태를 의미한다. 기체의 특성상 가벼우므로 액체 위로 떠오르고, 공기와 만나면 꺼지기 쉽다. 이를 안정화하기 위해서는 기포제를 첨가한다.

(3) 텍스처(texture)

식품을 입에 넣었을 때 점막이나 피부에 닿는 자극에 의한 감각.
손 또는 입의 접촉에 의해 발생하는 물리적 자극에 의한 촉각의 반응을 말한다.

(4) 텍스처의 특성

특성	성질
경도(Hardness)	• 식품의 형태를 변형시키는데 필요한 힘
탄성(Elasticity)	• 외부의 힘에 의해 변형된 형태가 힘이 사라지면 이전의 모습으로 되돌아가려는 성질
점성(Viscosity)	• 유체의 흐름에 대한 저항 • 보통 액체의 경우에 온도가 높아지면 점성이 감소, 압력이 높으면 점성이 상승한다. • 점성이 클수록 유동하기 힘들다.
응집성(Cohesiveness)	• 식품의 형태를 이루는 결합력 • 식품을 구성하는 성분끼리의 힘
소성(Plasticity)	• 외부에서 힘을 가해서 변형된 모양이 힘이 사라져도 원래 상태로 돌아오지 못하는 것 • 버터, 마가린, 생크림 등
점탄성(Viscoelasticity)	• 점성 + 탄성 모든 성질을 가지고 있는 상태
부착성(Adhesiveness)	• 치아와 혀에 식품이 부착된 상태에서 떼어내는데 필요한 힘

3. 효소

1) 식품과 효소

(1) 효소

생체의 여러 화학 반응을 촉진 혹은 지연시키는 생체촉매이다.

• 효소 반응에 영향을 미치는 인자는 다음과 같다.

① 온도 : 효소는 단백질로 구성되어있으므로 온도가 상승함에 따라서 효소의 활성이 증가하지만, 최적온도(30~40℃) 이상이 되면 단백질 변성이 일어나 반응 속도와 활성이 떨어진다.

② pH : 대체로 중성 pH에서 활성을 보이며, 최적 pH는 4.5~8 사이이다. 효소의 종류에 따라 활성 pH가 다르다. 강산이나 강알칼리에서는 단백질이 변성되어 활성이 낮아진다.

③ 효소와 기질의 농도 : 효소에 반응하는 기질의 농도가 낮으면 초기에는 효소의 농도에 비례하여 반응이 증가(정비례)하지만, 기질의 농도가 일정 범위를 넘어서면 반응속도는 거의 일정하게 된다.

(2) 소화 ★★

체내로 흡수되기 쉬운 상태로 음식물을 분해하는 과정을 소화라고 한다.

① 입에서의 소화효소

프티알린(아밀라아제) : 전분 → 맥아당

② 위에서의 소화효소

㉠ 펩신 : 단백질 → 펩톤(펩타이드)

㉡ 레닌 : 우유단백질(카제인) → 응고

③ 췌장(이자)에서 분비되는 소화효소

㉠ 아밀라아제 : 전분 → 맥아당, 포도당

㉡ 트립신 : 단백질과 펩톤(펩타이드) → 아미노산

㉢ 리파아제, 스테압신 : 지방 → 지방산 + 글리세롤

④ 소장에서의 소화효소

㉠ 수크라아제 : 서당(설탕) → 포도당 + 과당

㉡ 말타아제 : 맥아당(엿당) → 포도당 + 포도당

㉢ 락타아제 : 젖당 → 포도당 + 갈락토오스
㉣ 리파아제 : 지방 → 지방산 + 글리세롤

(3) 흡수

소화된 영양소들은 소장에서 인체 내로 흡수되고, 대장에서는 물(수분)의 흡수가 일어난다.

① 탄수화물 : 단당류(포도당, 과당, 갈락토오스)로 분해되어 흡수
② 지방 : 지방산과 글리세롤 분해되어 위와 소장에서 흡수
③ 단백질 : 아미노산으로 분해되어 소장에서 흡수
④ 지용성 영양소(지용성 비타민) : 림프관으로 흡수
⑤ 수용성 영양소 : 소장벽 융털의 모세혈관으로 흡수
⑥ 물 : 대장에서 흡수

추가tip 담즙(쓸개즙)

담즙(쓸개즙)은 담낭에 저장되어 십이지장으로 분비되며, 지방을 소화되기 쉬운 형태로 유화시켜 준다. 지방의 표면적을 증가시켜 효소작용을 용이하게 만들어준다.

4. 식품과 영양

1) 식품과 영양소

① 식품 : 한 종류 이상의 영양소를 함유하며, 인체에 유해하지 않는 천연식품, 조리식품 혹은 가공식품을 말한다.

* 식품위생법에서 정하고 있는 식품의 정의
  식품이란 모든 음식물을 말한다. 단, 의약으로 섭취하는 것은 제외한다.

② 영양소 : 인체가 생명을 유지하기 위해 외부로부터 섭취하는 식품에 함유된 모든 물질을 말한다. 탄수화물, 단백질, 지방, 무기질, 비타민이 대표적이고 이를 5대 영양소라고 한다.

- ★3대 영양소 : 탄수화물(당질), 단백질, 지방(지질)
- 6대 영양소 : 탄수화물, 단백질, 지방, 무기질, 비타민, 물(수분)

③ 식품 선택 시 고려할 점

㉠ 영양성 : 식품을 섭취하는 목적은 신체의 성장 및 대사에 필요한 영양을 공급하는 데 있다.

㉡ 안전성(위생) : 인체에 위해가 되지 않고 안심하고 먹을 수 있도록 안전하게 공급되어야 한다.

㉢ 기호성 : 식욕을 증진시켜 만족감을 주며, 소화액 분비 촉진으로 소화와 흡수율을 높일 수 있다.

㉣ 경제성 : 맛있고 영양가가 높으며, 위생적인 식품을 저렴하게 구입하여 먹는 것이 최상의 목표이다.

2) 식품의 분류

식물성 식품	곡류, 서류, 두류, 채소류, 과일류, 버섯류, 해조류(갈조류;다시마,미역, 녹조류;파래, 청각, 홍조류;김, 우뭇가사리)
동물성 식품	육류, 어패류, 우유류, 난류
광물성 식품	소금
유지 식품	식물성 유지(식용유, 참기름, 올리브유 등), 식물성 지방(마가린), 동물성 유지(버터, 라드), 경화유(마가린, 쇼트닝)
강화식품	손실된 영양소를 보충하여 강화하거나 원래 없었던 성분을 보충하여 영양가를 높인 식품. 강화미, 강화밀(비타민 B_1), 강화우유(비타민 D) 등
즉석식품	짧은 시간에 간단히 조리할 수 있으며 저장·보관·운반·휴대 등이 편리하도록 만든 식품. 인스턴트 식품이라고 한다. 냉동식품, 라면 등

3) 기초식품군 ★★

균형 잡힌 식생활을 위해 섭취해야 하는 식품들을 구분하여 식품에 들어있는 영양소의 종류를 중심으로 6가지 기초식품군으로 분류하였다.

식품군	영양소	급원식품
곡류	탄수화물	쌀,보리,감자,고구마,토란,과자,빵 등
고기·생선·달걀·콩류	단백질	쇠고기,돼지고기,닭고기,생선,조개,콩,두부,달걀 등
채소류	비타민·무기질	마늘,양파,시금치,오이,당근,상추,배추 등
과일류	비타민·무기질	사과,딸기,배,포도,바나나 등
유지·당류	지방	참기름,호두,들기름,버터,마가린 등
우유·유제품	칼슘	우유,치즈,분유,아이스크림 등

4) 식품구성자전거 ★

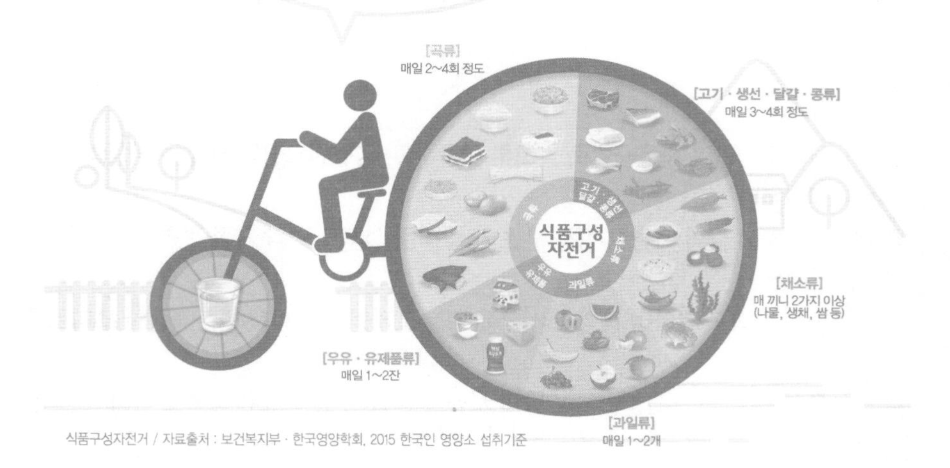

식품구성자전거 / 자료출처 : 보건복지부 · 한국영양학회, 2015 한국인 영양소 섭취기준

5) 영양섭취기준

한국인의 건강을 최적의 상태로 유지하고 질병을 예방하는 데 도움이 되도록 필요한 영양소 섭취 수준을 제시하는 것이다.

평균필요량(EAR)	대상집단을 구성하는 건강한 사람들의 절반에 해당하는 사람들의 일일필요량을 충족시키는 값
권장섭취량(RI)	평균필요량에 표준편차의 2배를 더하여 정한 값
충분섭취량(AI)	영양소 필요량에 대한 정확한 자료가 부족하거나 필요량의 중앙값 및 표준편차를 구하기 어려운 경우(권장섭취량을 산출할 수 없는 경우)에 건강한 인구집단의 섭취량으로 추정하여 제시하는 값
상한섭취량(UL)	인체 건강에 유해영향이 나타나지 않는 최대 영양소 섭취 수준으로, 과량 섭취 시 건강에 악영향의 위험이 있다는 자료가 있는 경우에 설정이 가능

한국인 영양섭취기준(KDRLs)의 성인 에너지 적정 비율

탄수화물(55~70%), 단백질(7~20%), 지방(15~30%), n-3 불포화지방산(0.5~1.0%), n-6 불포화지방산(4~8%)

5) 식단 작성

(1) 식단 작성의 의의와 목적

영양 지식을 기초로 사람에게 필요한 영양을 균형적으로 보급하고, 영양필요량에 알맞은 음식을 준비하여 합리적인 식습관을 도모한다. 목적은 적절한 영양의 공급, 시간과 노력의 절약, 경제적인 식생활 비용, 바람직한 식습관의 형성, 기호의 충족, 안전한 식사 관리이다.

(2) 식단 작성의 필요조건

영양적 측면	식사구성안의 식품군별로 골고루 이용하고, 영양필요량에 알맞은 식품의 양을 결정한다.
경제적 측면	신선하고 값이 저렴한 식품 혹은 제철 식품 선택으로 각 가정의 경제사정을 고려한다.
기호적 측면	편식 교정을 위하여 광범위한 식품 또는 조리방법을 선택하고 적당한 조미료를 사용한다.
능률적 측면	음식의 종류, 조리방법은 주방의 시설과 설비 및 조리기구 등을 고려해서 선택하고 인스턴트식품, 가공식품을 효율적으로 이용한다.
지역적 측면	지역 실정에 맞추어 그 지역에서 생산되는 식재료를 충분히 활용한다.

(3) 식단 작성의 순서

- 영양기준량의 산출 : 한국인 영양섭취기준(KDRIs)을 기준으로 성별, 연령별, 노동강도를 고려해서 산출한다.
- 식품섭취량의 산출 : 식품군별로 산출한다.
- 3식의 배분 결정 : 하루에 필요한 섭취량에 따른 식품량을 1일 단위로 계산하여 주식은 1:1:1, 부식은 1:1:2로 하여 배분한다.
- 음식의 수 및 요리 이름 결정 : 식단에 사용할 음식 수를 정하고 섭취 식품량이 다 포함되도록 요리명을 정한다.
- 식단 작성 주기 결정 : 1개월, 10일분, 1주일분, 5일분(학교 급식) 등으로 식단작성 주기를 결정하고, 그 주 내의 식사횟수를 정한다.
- 식량배분 계획 : 성인남자(20~49세) 1인 1일분의 식량 구성량에 평균 성인 환산치와 날짜를 곱해서 식품량을 계산한다.
- 식단표 작성 : 식단표에 요리명, 식품명, 중량, 대치식품, 단가 등을 기재하여 식단표를 작성한다.

*대치식품 : 조리에 필요한 특정 식품을 대신하기 위해 영양가가 같으면서 값도 싼 다른 식품을 선택한 경우 그 식품을 이르는 말. (예 : 버터 ↔ 마가린, 쇠고기 ↔ 돼지고기, 감자 ↔ 고구마, 우유 ↔ 치즈)

$$\text{대치식품량} = \frac{\text{원래식품 성분}}{\text{대치식품 성분}} \times \text{원래식품량}$$

6) 한국의 전통적인 상차림

① 반상 : 우리나라의 전통적인 상차림으로 밥을 주식으로 한 정식 상차림이다. 밥, 국(탕), 김치류, 종지(초간장, 초고추장, 간장), 조치류(찜,찌개) 등을 제외한 반찬의 수에 따라 3, 5, 7, 9, 12첩으로 나뉜다. 이때 첩수는 반찬의 수를 말한다. 이 중 5첩 이상의 반상을 품상이라 하여 손님 접대용 요리상으로 하며, 7첩 이상의 반상에는 곁상과 반주, 반과 등이 나오며, 12첩 반상은 수라상으로 이용된다.

- 기본음식 : 밥(수라), 국(탕), 김치류, 전골, 찜 또는 선, 찌개(조치), 장류
- 찬품 : 구이 또는 적, 숙채, 생채, 조림 또는 볶음, 장아찌(장과), 마른 찬(좌반), 회, 전유어, 편육

② 면상 : 주로 점심에 많이 사용되며, 국수를 주식으로 준비한다. 겨울에는 온면이나 떡국, 여름에는 냉면을 내며, 깍두기, 장아찌, 밑반찬 등은 내지 않는다.

③ 교자상 : 손님에게 내는 상으로 5첩 이상의 반상을 말하며 품교자상이라고 하여 연회식으로 사용한다.

④ 주안상(주연상) : 술을 대접할 때 차리는 상으로, 술안주로는 육포, 어포 등의 마른안주를 사용하거나 찜, 신선로, 찌개 등의 진안주를 사용한다.

7) 우리나라 풍속음식

병 명	날짜	풍속음식
설날	음력 1월 1일	떡국, 시루떡, 식혜, 수정과, 인절미 등
정월대보름	음력 1월 15일	오곡밥, 나물, 약식, 수정과, 식혜, 부럼 등
삼짇날	음력 3월 3일	화전, 화면, 쑥떡, 진달래화채, 절편 등
초파일	음력 4월 8일	검은콩, 느티떡, 파강회, 미나리나물 등
단오	음력 5월 5일	증편, 준치국, 쑥떡, 앵두화채 등
유두	음력 6월 15일	밀전병, 밀국수, 시루떡, 호박전, 보리수단 등

칠석	음력 7월 7일	육개장, 밀전병, 호박전, 시루떡 등
동지	양력 12월 22일	팥죽, 동치미, 전약 등
섣달그믐	음력 12월 30일	만둣국, 골동반 등

8) 식이요법(제한식)

병 명	식이요법
당뇨병	당질 및 열량 제한
심장병	지방, 염분, 알코올을 제한, 충분한 영양을 공급
신장병	단백질, 염분, 수분을 제한
비 만	탄수화물, 지방 등의 열량을 제한
고혈압	열량이 높은 음식, 염분 섭취 제한
간질환	알코올과 지방 섭취 제한
위궤양	자극성이 있는 음식 등 제한(심하면 단식)
폐결핵	영양을 충분히 공급

예 / 상 / 문 / 제

1. 저장관리

01. 냉장저장에 관해 잘못된 것은?

① 냉장고의 온도 관리에 의해 품질저하가 올 수 있다.
② 냉장 온도는 0~10℃ 이다.
③ 장기간 저장을 필요로하는 식품을 저장한다.
④ 냉장고 온도 관리와 저장기간이 중요하다.

02. 냉장저장과 냉동저장의 차이점 중 틀린 것은?

① 냉동저장은 동결조작이다.
② 냉장저장은 냉각조작이다.
③ 냉동저장에서 장기간 저장 시 냉해, 탈수 등이 일어난다.
④ 냉장저장은 냉매가 냉동장치를 순화하며 온도를 낮춘다.

03. 냉장의 목적과 가장 거리가 먼 것은?

① 미생물의 사멸
② 신선도 유지
③ 미생물의 증식억제
④ 자기소화 지연 및 억제

04. 조리에 사용하는 냉동식품의 특성이 아닌 것은?

① 장기간 보존이 가능하다.
② 저장 중 영양소 손실이 크다.
③ 완만 동결하여 조직이 좋다.
④ 비교적 신선한 풍미가 유지된다.

05. 다음 중 식품의 냉동 보관에 대한 설명으로 틀린 것은?

① 완만 냉동 시 드립 현상을 줄여 식품의 질 저하를 방지할 수 있다.
② 급속 냉동 시 얼음 결정이 작게 형성되어 식품의 조직 파괴가 적다.
③ 식품 중의 효소작용을 억제하여 품질 저하를 막는다.
④ 미생물의 번식을 억제할 수 있다.

06. 식품을 저온 처리할 때 단백질에서 나타나는 변화가 아닌 것은?

① 생물학적 활성 파괴　② 용해도 증가
③ 탈수현상　④ 가수분해

2. 식품 재료의 성분

[물(수분)]

01. 수분의 기능으로 바르게 설명한 것은?

① 영양소와 노폐물을 운반한다.
② 5대 영양소에 속하는 영양소이다.
③ 열량을 공급한다.
④ 호르몬과 효소의 주요 구성성분이다.

02. 결합수의 특징이 아닌 것은?

① 수증기압이 유리수보다 낮다.
② 압력을 가해도 제거하기 어렵다.
③ 0℃에서 매우 잘 언다.
④ 용질에 대해서 용매로서 작용하지 않는다.

정답　01. ③　02. ④　03. ①　04. ③　05. ①　06. ②　/　01. ①　02. ③

03. 다음 중 결합수의 특징이 아닌 것은?

① 용질에 대해 용매로 작용하지 않는다.
② 자유수보다 밀도가 크다.
③ 식품에서 미생물의 번식과 발아에 이용되지 못한다.
④ 대기 중에서 100℃로 가열하면 쉽게 수증기가 된다.

04. 결합수의 특성으로 옳은 것은?

① 식품조직을 압착하여도 제거되지 않는다.
② 점성이 크다.
③ 미생물의 번식과 발아에 이용된다.
④ 보통의 물보다 밀도가 작다.

05. 자유수의 성질에 대한 설명으로 틀린 것은?

① 수용성 물질의 용매로 사용된다.
② 미생물 번식과 성장에 이용되지 못한다.
③ 비중은 4℃에서 최고이다.
④ 건조로 쉽게 제거 가능하다.

06. 자유수와 결합수의 설명으로 맞는 것은?

① 결합수는 용매로서 작용한다.
② 자유수는 4℃에서 비중이 제일 크다.
③ 자유수는 표면장력과 점성이 작다.
④ 결합수는 자유수보다 밀도가 작다.

07. 식품의 수분활성도를 올바르게 설명한 것은?

① 임의의 온도에서 식품이 나타내는 수증기압에 대한 같은 온도에 있어서 순수한 물의 수증기압의 비율
② 임의의 온도에서 식품이 나타내는 수증기압
③ 임의의 온도에서 식품의 수분함량
④ 임의의 온도에서 식품과 물량의 순수한 물의 최대 수증기압

08. 식품의 수분활성도(Aw)에 대한 설명으로 틀린 것은?

① 식품이 나타내는 수증기압과 순수한 물의 수증기압의 비를 말한다.
② 어패류의 Aw의 0.99~0.98정도이다.
③ Aw의 값이 작을수록 미생물의 이용이 쉽지 않다.
④ 일반적인 식품의 Aw 값은 1보다 크다.

09. 식품이 나타내는 수증기압이 0.75기압이고, 그 온도에서 순수한 물의 수증기압이 1.5기압일 때 식품의 수분활성도(Aw)는?

① 0.5 ② 0.6
③ 0.7 ④ 0.8

10. 증식에 필요한 최저 수분활성도(Aw)가 높은 미생물부터 바르게 나열된 것은?

① 곰팡이-효모-세균 ② 효모-곰팡이-세균
③ 세균-효모-곰팡이 ④ 세균-곰팡이-효모

[탄수화물]

01. 당질의 기능에 대한 설명 중 틀린 것은?

① 당질은 평균 1g당 4kcal를 공급한다.
② 혈당을 유지한다.
③ 단백질 절약작용을 한다.
④ 당질을 섭취가 부족해도 체내 대사의 조절에는 큰 영향이 없다.

02. 탄수화물의 구성요소가 아닌 것은?

① 탄소 ② 질소
③ 산소 ④ 수소

정답 03. ④ 04. ① 05. ② 06. ② 07. ① 08. ④ 09. ① 10. ③ / 01. ④ 02. ②

03. 다음 중 단당류인 것은?

① 포도당 ② 유당
③ 맥아당 ④ 전분

04.칼슘과 단백질의 흡수를 돕고 정장 효과가 있는 것은?

① 설탕 ② 과당
③ 유당 ④ 맥아당

05. 다음 중 5탄당은?

① 갈락토오스(galactose) ② 만노오스(mannose)
③ 자일로오스(xylose) ④ 프럭토오스(fructose)

06. 이당류인 것은?

① 설탕(sucrose) ② 전분(starch)
③ 과당(fructose) ④ 갈락토오스(galactose)

07. 당류와 그 가수분해 생성물이 옳은 것은?

① 맥아당 = 포도당 + 과당
② 유당 = 포도당 + 갈락토오즈
③ 설탕 = 포도당 + 포도당
④ 이눌린 = 포도당 + 셀룰로오스

08. 환원성이 없는 당은?

① 포도당(Glucose) ② 과당(Fructose)
③ 설탕(Sucrose) ④ 맥아당(Maltose)

09. 다음 중 다당류에 속하는 탄수화물은?

① 전분 ② 포도당
③ 과당 ④ 갈락토오스

10. 다당류와 거리가 먼 것은?

① 젤라틴(gelatin)
② 글리코겐(glycogen)
③ 펙틴(pectin)
④ 글루코만난(glucomannan)

11. 다음의 당류 중 영양소를 공급할 수 없으나 식이섬유소로서 인체에 중요한 기능을 하는 것은?

① 전분 ② 설탕
③ 맥아당 ④ 펙틴

12. 게, 가재, 새우 등의 껍질에 다량 함유된 키틴(chitin)의 구성 성분은?

① 다당류 ② 단백질
③ 지방질 ④ 무기질

13. 다음 중 감미도가 가장 높은 것은?

① 설탕 ② 과당
③ 포도당 ④ 맥아당

14. 동물의 저장물질로, 간, 근육 등에 저장되는 동물성 전분은?

① 갈락토오스 ② 말토오스
③ 글리코겐 ④ 글루코오스

정답 03. ① 04. ③ 05. ③ 06. ① 07. ② 08. ③ 09. ① 10. ① 11. ④ 12. ① 13. ② 14. ③

[지질]

01. 지질의 특성과 기능 중 옳지 않은 것은?

① 지용성 비타민의 흡수를 돕는다.
② 신체의 내장 기관을 보호한다.
③ 최종 분해 산물은 글리세롤 3분자, 지방산 1분자이다.
④ 에너지원으로 이용되며 1g당 9kcal이다.

02. 필수지방산에 속하는 것은?

① 리놀렌산
② 올레산
③ 스테아르산
④ 팔미트산

03. 중성지방의 구성 성분은?

① 탄소와 질소
② 아미노산
③ 지방산과 글리세롤
④ 포도당과 지방산

04. 조리시 산패의 우려가 가장 큰 지방산은?

① 카프롤레산(caproleic acid)
② 리놀레산(linoleic acid)
③ 리놀렌산(linolenic acid)
④ 아이코사펜타에노산(eicosapentaenoic acid)

05. 인산을 함유하는 복합지방질로서 유화제로 사용되는 것은?

① 레시틴
② 글리세롤
③ 스테롤
④ 콜레스테롤

06. 지방산의 불포화도에 의해 값이 달라지는 것으로 짝지어진 것은?

① 융점, 산가
② 검화가, 요오드가
③ 산가, 유화가
④ 융점, 요오드가

07. 불포화지방산을 포화지방산으로 변화시키는 경화유에는 어떤 물질이 첨가되는가?

① 산소 ② 수소
③ 질소 ④ 칼슘

08. 요오드가(iodine value)가 높은 지방은 어느 지방산의 함량이 높겠는가?

① 리놀레산 ② 올레산
③ 리놀렌산 ④ 팔미트산

09. 불건성유에 속하는 것은?

① 들기름 ② 땅콩기름
③ 대두유 ④ 옥수수기름

10. 18:2 지방산에 대한 설명으로 옳은 것은?

① 토코페롤과 같은 항산화성이 있다.
② 이중결합이 2개 있는 불포화지방산이다.
③ 탄소수가 20개이며, 리놀렌산이다.
④ 체내에서 생성되므로 음식으로 섭취하지 않아도 된다.

11. 1g당 발생하는 열량이 가장 큰 것은?

① 당질 ② 단백질
③ 지방 ④ 알코올

정답 01. ③ 02. ① 03. ③ 04. ④ 05. ① 06. ④ 07. ② 08. ③ 09. ② 10. ② 11. ③

[단백질]

01. 단백질의 특성에 대한 설명으로 틀린 것은?

① C.H.O.N.S.P.등의 원소로 이루어져 있다.
② 단백질은 뷰렛에 의한 정색반응을 나타내지 않는다.
③ 조단백질은 일반적으로 질소의 양에 6.25를 곱한 값이다.
④ 아미노산은 분자 중에 아니노기와 카르복실기를 갖는다.

02. 단백질의 구성단위는?

① 아미노산 ② 지방산
③ 과당 ④ 포도당

03. 필수아미노산만으로 짝지어진 것은?

① 루신, 알라닌
② 트립토판, 글리신
③ 라이신, 글루타민산
④ 트립토판, 메티오닌

04. 단백질에 관한 설명 중 옳은 것은?

① 인단백질은 단순단백질에 인산이 결합한 단백질이다.
② 지단백질은 단순단백질에 당이 결합한 단백질이다.
③ 당단백질은 단순단백질에 지방이 결합한 단백질이다.
④ 핵단백질은 단순단백질 또는 복합단백질이 화학적 또는 산소에 의해 변화된 단백질이다.

05. 육류, 생선류, 알류 및 콩류에 함유된 주된 영양소는?

① 지방 ② 탄수화물
③ 단백질 ④ 비타민

06. 카제인은 어떤 단백질에 속하는가?

① 당단백질 ② 지단백질
③ 유도단백질 ④ 인단백질

07. 완전 단백질이란?

① 필수아미노산과 불필수아미노산을 모두 함유한 단백질
② 함황아미노산을 다량 함유한 단백질
③ 성장을 돕지 못하나 생명을 유지시키는 단백질
④ 정상적인 성장을 돕는 필수아미노산이 충분히 함유된 단백질

08. 검정콩밥을 섭취하면 쌀밥을 먹었을 때보다 쌀에서 부족한 어떤 영양소를 보충할 수 있는가?

① 리신 ② 트레오닌
③ 메티오닌 ④ 페닐알라닌

09. 버터의 수분함량이 23% 라면, 버터 20g은 몇 칼로리(kcal) 정도의 열량을 내는가?

① 61.6 kcal ② 138.6 kcal
③ 153.6 kcal ④ 180.0 kcal

10. 알코올 1g당 열량산출 기준은?

① 0 kcal ② 4 kcal
③ 7 kcal ④ 9 kcal

11. 우유 100g 중에 당질 5g, 단백질 3.5g, 지방 3.7g이 함유되어있다면, 이때 얻어지는 열량은?

① 약 47 kcal ② 약 67 kcal
③ 약 87 kcal ④ 약 107kcal

정답 01. ② 02. ① 03. ④ 04. ① 05. ③ 06. ④ 07. ④ 08. ① 09. ② 10. ③ 11. ②

12. 수분 70g, 당질 40g, 섬유질 7g, 단백질 5g, 무기질 4g, 지방 3g이 들어있는 식품의 열량은?

① 165kcal ② 178kcal
③ 198kcal ④ 207kcal

13. 고구마 100g이 72kcal의 열량을 낼 때, 고구마 350g은 얼마의 열량을 공급하는가?

① 234kcal ② 252kcal
③ 324kcal ④ 384kcal

14. 5g의 버터(지방 80%, 수분 20%)가 내는 열량은?

① 36 kcal ② 45 kcal
③ 130 kcal ④ 170 kcal

15. 우유 100g 중에 당질 5g, 단백질 3.5g, 지방 3.7g이 들어있다면 우유 170g은 몇 kcal를 내는가?

① 114.4kcal ② 167.3kcal
③ 174.3kcal ④ 182.3kcal

[무기질]

01. 무기질만으로 짝지어진 것은?

① 지방, 나트륨, 비타민 A
② 칼슘, 인, 철
③ 지방산, 염소, 비타민 B
④ 아미노산, 요오드, 지방

02. 식품의 산성 및 알칼리성을 결정하는 기준 성분은?

① 필수지방산 존재 여부
② 필수아미노산 존재 여부
③ 구성 탄수화물
④ 구성 무기질

03. 알칼리성 식품의 성분에 해당하는 것은?

① 유즙의 칼슘(Ca) ② 생선의 황(S)
③ 곡류의 염소(Cl) ④ 육류의 인(P)

04. 칼슘의 흡수를 방해하는 인자는?

① 유당 ② 단백질
③ 비타민 C ④ 옥살산

05. 다음 중 어떤 무기질이 결핍되면 갑상선종이 발생 될 수 있는가?

① 칼슘(Ca) ② 요오드(I)
③ 인(P) ④ 마그네슘(Mg)

06. 알칼리성 식품에 해당하는 것은?

① 육류 ② 곡류
③ 해조류 ④ 어류

07. 체내 산·알칼리 평형유지에 관여하며 가공치즈나 피클에 많이 함유된 영양소는?

① 철분 ② 나트륨
③ 황 ④ 마그네슘

08. 녹색 채소의 색소고정에 관계하는 무기질은?

① 알루미늄(Al) ② 염소(Cl)
③ 구리(Cu) ④ 코발트(Co)

정답 12. ④ 13. ② 14. ① 15. ① / 01. ② 02. ④ 03. ① 04. ④ 05. ② 06. ③ 07. ② 08. ③

09. 양질의 칼슘이 가장 많이 들어있는 식품끼리 짝지어진 것은?

① 우유, 건멸치 ② 돼지고기, 소고기
③ 달걀, 오리알 ④ 곡류, 서류

10. 우유 100mL에 칼슘이 180mg 정도 들어있다면 우유 250mL에는 칼슘이 약 몇 mg 정도 들어있는가?

① 450mg ② 540mg
③ 595mg ④ 650mg

11. 알칼리성 식품에 대한 설명 중 옳은 것은?

① Na, K, Ca, Mg 이 많이 함유되어 있는 식품
② S, P, CI 이 많이 함유되어 있는 식품
③ 당질, 지질, 단백질 등이 많이 함유되어 있는 식품
④ 곡류, 육류, 치즈 등의 식품

[비타민]

01. 비타민에 대한 설명 중 틀린 것은?

① 카로틴은 프로비타민 A이다.
② 비타민 E는 토코페롤이라고도 한다.
③ 비타민 B_{12}는 망간(Mn)을 함유한다.
④ 비타민 C가 결핍되면 괴혈병이 발생한다.

02. 물에 녹는 비타민은?

① 레티놀(Retinol) ② 토코페롤(Tocopherol)
③ 티아민(Thiamine) ④ 칼시페롤(Calciferol)

03. 비타민A가 부족할 때 나타나는 대표적인 증세는?

① 괴혈병 ② 구루병
③ 불임증 ④ 야맹증

04. 쌀에서 섭취한 전분이 체내에서 에너지를 발생하기 위해서 반드시 필요한 것은?

① 비타민 A ② 비타민 B_1
③ 비타민 C ④ 비타민 D

05. 영양결핍 증상과 원인이 되는 영양소의 연결이 틀린 것은 ?

① 빈혈-엽산 ② 구순구각염-비타민B_{12}
③ 야맹증-비타민 A ④ 괴혈병-비타민 C

06. 다음 중 비타민 D의 전구물질로 프로비타민 D로 불리는 것은?

① 프로게스테론(progesterone)
② 에르고스테롤(ergosterol)
③ 시토스테롤(sitosterol)
④ 스티그마스테롤(stigmasterol)

07. 생식기능 유지와 노화방지의 효과가 있고 화학명이 토코페롤(tocopherol)인 비타민은?

① 비타민A ② 비타민C
③ 비타민D ④ 비타민E

08. 다음 쇠고기 성분 중 일반적으로 살코기에 비해 간에 특히 더 많은 것은?

① 비타민 A, 무기질 ② 단백질, 전분
③ 섬유소, 비타민 C ④ 전분, 비타민 A

09. 햇볕에 말린 생선이나 버섯에 특히 많은 비타민은?

① 비타민 C ② 비타민 K
③ 비타민 D ④ 비타민 E

정답 09. ① 10. ① 11. ① / 01. ③ 02. ③ 03. ④ 04. ② 05. ② 06. ② 07. ④ 08. ① 09. ③

10. 다음 중 가열조리에 의해 가장 파괴되기 쉬운 비타민은?

① 비타민 C
② 비타민 B6
③ 비타민 A
④ 비타민 D

11. 비타민 A의 함량이 가장 많은 식품은?

① 쌀
② 당근
③ 감자
④ 오이

12. 비타민 E에 대한 설명으로 틀린 것은?

① 물에 용해되지 않는다.
② 항산화작용이 있어 비타민 A나 유지 등의 산화를 억제해준다.
③ 버섯 등에 에르고스테롤(ergosterol)로 존재한다.
④ 알파 토코페롤(α-tocopherol)이 가장 효력이 강하다.

13. 마늘의 매운 성분과 향을 내는 것으로 비타민B의 흡수를 도와주는 성분은?

① 알라닌(Alanine)
② 알리신(Allicin)
③ 헤스페리딘(Hesperidine)
④ 아스타신(Astacin)

14. 지용성 비타민의 결핍증이 틀린 것은?

① 비타민A - 안구건조증, 안염, 각막 연화증
② 비타민D - 골연화증, 유아발육 부족
③ 비타민K - 불임증, 근육 위축증
④ 비타민F - 피부염, 성장정지

[식품의 색]

01. 식품의 색소에 관한 설명 중 옳은 것은?

① 클로로필은 마그네슘을 중성원자로 하고 산에 의해 클로로필린이라는 갈색물질로 된다.
② 카로티노이드 색소는 카로틴과 크산토필 등이 있다.
③ 플라보노이드 색소는 산성-중성-알칼리성으로 변함에 따라 적색-자색-청색으로 된다.
④ 동물성 색소 중 근육색소는 헤모글로빈이고, 혈색소는 미오글로빈이다.

02. 클로로필(chlorophyll)에 관한 설명으로 틀린 것은?

① 포르피린환(porphyrin ring)에 구리(Cu)가 결합돼 있다.
② 김치의 녹색이 갈변하는 것은 발효 중 생성되는 젖산 때문이다.
③ 산성식품과 같이 끓이면 갈색이 된다.
④ 알칼리 용액에서는 청록색을 유지한다.

03. 클로로필에 대한 설명으로 틀린 것은?

① 산을 가해주면 pheophytin이 생성된다.
② chlorophyllase가 작용하면 chlorophyllide가 된다.
③ 수용성 색소이다.
④ 엽록체 안에 들어있다.

04. 오이피클 만들때 오이의 녹색이 녹갈색으로 변하는 이유는?

① 클로로필리드가 생겨서
② 클로로필린이 생겨서
③ 페오피틴이 생겨서
④ 잔토필이 생겨서

정답 10. ① 11. ② 12. ③ 13. ② 14. ③ / 01. ② 02. ① 03. ③ 04. ③

05. 오이지의 녹색이 시간이 지남에 따라 갈색으로 되는 이유는?

① 클로로필의 마그네슘이 철로 치환되므로
② 클로로필의 수소가 질소로 치환되므로
③ 클로로필의 마그네슘이 수소로 치환되므로
④ 클로로필의 수소가 구리로 치환되므로

06. 오이나 배추의 녹색이 김치를 담갔을 때 점차 갈색을 띄게 되는 것은 어떤 색소의 변화 때문인가?

① 카로티노이드(carotenoid)
② 클로로필(chlorophyll)
③ 안토시아닌(anthocyanin)
④ 안토잔틴(anthoxanthin)

07. 시금치의 녹색을 최대한 유지시키면서 데치려고 할 때 가장 좋은 방법은?

① 100℃다량의 조리수에서 뚜껑을 열고 단시간에 데쳐 재빨리 헹군다.
② 100℃다량의 조리수에서 뚜껑을 닫고 단시간에 데쳐 재빨리 헹군다.
③ 100℃소량의 조리수에서 뚜껑을 열고 단시간에 데쳐 재빨리 헹군다.
④ 100℃소량의 조리수에서 뚜껑을 닫고 단시간에 데쳐 재빨리 헹군다.

08. 완두콩을 조리할 때 정량의 황산구리를 첨가하면 특히 어떤 효과가 있는가?

① 비타민이 보강된다.
② 무기질이 보강된다.
③ 냄새를 보유할 수 있다.
④ 녹색을 보유할 수 있다.

09. 녹색 채소 조리 시 중조(NaHCO3)를 가할 때 나타나는 결과에 대한 설명으로 틀린 것은?

① 진한 녹색으로 변한다.
② 비타민C가 파괴된다.
③ 페오피틴(pheophytin)이 생성된다.
④ 조직이 연화된다.

10. 라이코펜은 무슨 색이며, 어떤 식품에 많이 들어 있는가?

① 붉은색 – 당근, 호박, 살구
② 붉은색 – 토마토, 수박, 감
③ 노란색 – 옥수수, 고추, 감
④ 노란색 – 새우, 녹차, 노른자

11. 토마토의 붉은색을 나타내는 색소는?

① 카로티노이드
② 클로로필
③ 안토시아닌
④ 탄닌

12. 카로티노이드에 대한 설명으로 옳은 것은?

① 클로로필과 공존하는 경우가 많다.
② 산화효소에 의해 쉽게 산회되지 않는다.
③ 자외선에 대해서 안정하다.
④ 물에 쉽게 용해된다.

13. 흰색 야채의 경우 흰색을 그대로 유지할 수 있는 방법으로 옳은 것은

① 야채를 데친 후 곧바로 찬물에 담가둔다.
② 약간의 식초를 넣어 삶는다.
③ 야채를 물에 담가 두었다가 삶는다.
④ 약간의 중조를 넣어 삶는다.

정답 05. ③ 06. ② 07. ① 08. ④ 09. ③ 10. ② 11. ① 12. ① 13. ②

14. 색소 성분의 변화에 대한 설명 중 맞는 것은?

① 엽록소는 알칼리성에서 갈색화
② 플라본 색소는 알칼리성에서 황색화
③ 안토시안 색소는 산성에서 청색화
④ 카로틴 색소는 산성에서 흰색화

15. 채소류에 관한 설명 중 틀린 것은?

① 비타민과 무기질을 많이 함유하고 있다.
② 채소류의 색소에는 클로리필(Chlorophyll), 카로티노이드(carotenoid), 플라보노이드(flavonoid), 안토시아닌(amthocyanin)계가 있다.
③ 안토시아닌(amthocyanin) 색소는 붉은색이나 보라색을 띠는데 산성용액에서는 청색으로 변한다.
④ 당근에는 아스코비나아제(ascorbinase)가 함유되어 있다.

16. 식초를 넣은 물에 레드 캐비지를 담그면 선명한 적색으로 변하는데, 주된 원인 물질은?

① 탄닌　② 클로로필
③ 멜라닌　④ 안토시아닌

17. 안토시아닌 색소가 함유된 채소를 알칼리 용액에서 가열하면 어떻게 변색하는가?

① 붉은색　② 황갈색
③ 무색　④ 청색

18. 안토시아닌 색소를 함유하는 과일의 붉은색을 보존하려고 할 때 가장 좋은 방법은?

① 식초를 가한다.
② 중조를 가한다.
③ 소금을 가한다.
④ 수산화나트륨을 가한다.

19. 생강을 식초에 절이면 적색으로 변하는데 이 현상에 관계되는 물질은?

① 안토시안　② 세사몰
③ 진제론　④ 아밀라아제

20. 다음 물질 중 동물성 색소는?

① 클로로필　② 플라보노이드
③ 헤모글로빈　④ 안토잔틴

21. 난황에 함유되어 있는 색소는?

① 클로로필　② 안토시아닌
③ 카로티노이드　④ 플라보노이드

22. 동물성 식품의 색에 관한 설명 중 틀린 것은?

① 식육의 붉은 색은 myoglobin과 hemoglobin에 의한 것이다.
② Heme은 페로프로토포피린(ferroprotoporphyrin)과 단백질인 글로빈(globin)이 결합된 복합 단백질이다.
③ myoglobin은 적자색이지만 공기와 오래 접촉하여 Fe로 산화되면 선홍색의 oxymyoglobin이 된다.
④ 아질산염으로 처리하면 가열에도 안정한 선홍색의 nitrosomyoglobin이 된다.

23. 스파게티와 국수 등에 이용되는 문어나 오징어 먹물의 색소는?

① 타우린(taurine)
② 멜라닌(melanin)
③ 미오글로빈(myoglobin)
④ 히스타민(histamine)

정답　14. ②　15. ③　16. ④　17. ④　18. ①　19. ①　20. ③　21. ③　22. ③　23. ②

24. 새우, 게 등의 갑각류에 함유되어있으며, 사후 가열하면 적색을 띠는 색소는?

① 헤모글로빈(hemoglobin)
② 클로로필(chlorophyll)
③ 멜라닌(melanine)
④ 아스타잔틴(astaxanthin)

25. 식육이 공기와 접촉하여 선홍색이 될 때 선홍색의 주체 성분은?

① 옥시미오글로빈(oxymyoglobin)
② 미오글로빈(myoglobin)
③ 메트미오글로빈(metmyoglobin)
④ 헤모글로빈(hemoglobin)

26. 육류 조리 과정 중 색소의 변화 단계가 바른 것은?

① 미오글로빈-메트미오글로빈-옥시미오글로빈-헤마틴
② 메트미오글로빈-옥시미오글로빈-미오글로빈-헤마틴
③ 미오글로빈-옥시미오글로빈-메트미오글로빈-헤마틴
④ 옥시미오글로빈-메트미오글로빈-미오글로빈-헤마틴

27. 철과 마그네슘을 함유하는 색소를 순서대로 나열한 것은?

① 안토시아닌, 플라보노이드
② 카로티노이드, 미오글로빈
③ 클로로필, 안토시아닌
④ 미오글로빈, 클로로필

[식품의 갈변 작용]

01. 식품의 조리 및 가공시 발생되는 갈변현상의 설명으로 틀린 것은?

① 설탕 등의 당류를 160~180℃로 가열하면 마이야르(Maillard) 반응으로 갈색물질이 생성된다.
② 사과, 가지, 고구마 등의 껍질을 벗길 때 폴리페놀성물질을 산화시키는 효소작용으로 갈변물질이 생긴다.
③ 감자를 절단하면 효소작용으로 흑갈색의 멜라닌 색소가 생성되며, 갈변을 막으려면 물에 담근다.
④ 아미노-카르보닐 반응으로 간장과 된장의 갈변물질이 생성된다.

02. 식품의 효소적 갈변에 대한 설명으로 맞는 것은?

① 간장, 된장 등의 제조과정에서 발생한다.
② 블랜칭(Blanching)에 의해 반응이 억제된다.
③ 기질은 주로 아민(Amine)류와 카르보닐(Carbonyl) 화합물이다.
④ 아스코르빈산의 산화반응에 의한 갈변이다.

03. 사과의 갈변촉진 현상에 영향을 주는 효소는?

① 아밀라아제(Amylase)
② 리파아제(Lipase)
③ 아스코르비나아제(Ascorbinase)
④ 폴리페놀 옥시다아제(Polyphenol Oxidase)

04. 사과를 깎아 방치했을 때 나타나는 갈변현상과 관계없는 것은?

① 산화효소
② 산소
③ 페놀류
④ 섬유소

정답 24. ④ 25. ① 26. ③ 27. ④ / 01. ① 02. ② 03. ④ 04. ④

05. 감자를 썰어 공기 중에 놓아두면 갈변되는데 이 현상과 가장 관계가 깊은 효소는?

① 아밀라아제(amylase)
② 티로시나아제(tyrosinase)
③ 얄라핀(jalapin)
④ 미로시나제(myrosinase)

06. 효소적 갈변 반응을 방지하기 위한 방법이 아닌 것은?

① 가열하여 효소를 불활성화 시킨다.
② 효소의 최적조건을 변화시키기 위해 ph를 낮춘다.
③ 아황산가스 처리를 한다.
④ 산화제를 첨가한다.

07. 감자는 껍질을 벗겨 두면 색이 변화되는데 이를 막기 위한 방법은?

① 물에 담근다.
② 냉장고에 보관한다.
③ 냉동시킨다.
④ 공기 중에 방치한다.

08. 다음 중 사과, 배 등 신선한 과일의 갈변 현상을 방지하기 위한가장 좋은 방법은?

① 철제 칼로 껍질을 벗긴다.
② 뜨거운 물에 넣었다 꺼낸다.
③ 레몬즙에 담가 둔다.
④ 신선한 공기와 접촉시킨다.

09. 식품의 갈변현상을 억제하는 방법과 거리가 먼 것은?

① 효소의 활성화 ② 염류 또는 당 첨가
③ 아황산 첨가 ④ 열처리

10. 마이야르(Maillard)반응에 영향을 주는 인자가 아닌 것은?

① 수분 ② 온도
③ 당의종류 ④ 효소

11. 식품의 갈변 현상 중 성질이 다른 것은?

① 감자의 절단면의 갈색
② 홍차의 적색
③ 된장의 갈색
④ 다진 양송이의 갈색

12. 식품의 가공, 저장시 일어나는 마이야르(Maillard) 갈변 반응은 어떤 성분의 작용에 의한 것인가?

① 수분과 단백질 ② 당류와 단백질
③ 당류와 지방 ④ 지방과 단백질

13. 효소적 갈변반응에 의해 색을 나타내는 식품은?

① 분말 오렌지 ② 간장
③ 캐러멜 ④ 홍차

14. 아미노카르보닐화 반응, 캐러멜화 반응, 전분의 호정화가 일어나는 온도의 범위는?

① 20~50℃ ② 50~100℃
③ 100~200℃ ④ 200~300℃

15. 강한 환원력이 있어 식품가공에서 갈변이나 향이 변하는 산화반응을 억제하는 효과가 있으며, 안전하고 실용성이 높은 산화방지제로 사용되는 것은?

① 티아민(thiamin)
② 나이아신(niacin)
③ 리보플라빈(riboflavin)
④ 아스코르빈산(ascorbic acid)

정답 05. ② 06. ④ 07. ① 08. ③ 09. ① 10. ④ 11. ③ 12. ② 13. ④ 14. ③ 15. ④

16. 아미노 카르보닐 반응에 대한 설명 중 틀린 것은?

① 마이야르반응(Maillard reaction) 이라고도 한다.
② 당의 카르보닐 화합물과 단백질 등의 아미노기가 관여하는 반응이다.
③ 갈색 색소인 캐러멜을 형성하는 반응이다.
④ 비효소적 갈변반응이다.

[식품의 맛과 냄새]

01. 아린맛은 어느 맛의 혼합인가?

① 신맛과 쓴맛　② 쓴맛과 단맛
③ 신맛과 떫은맛　④ 쓴맛과 떫은맛

02. 신맛 성분에 유기산인 아미노기($-NH_2$)가 있으면 어떤 맛이 가해진 산미가 되는가?

① 단맛　② 신맛
③ 쓴맛　④ 짠맛

03. 김치류의 신맛 성분이 아닌 것은?

① 초산(acetic acid)　② 호박산(succinic acid)
③ 젖산(lactic acid)　④ 수산(oxalic acid)

04. 간장, 다시마 등의 감칠맛을 내는 주된 아미노산은?

① 알라닌(alanine)
② 글루탐산(glutamic acid)
③ 리신(lysine)
④ 트레오닌(threonine)

05. 육류나 어류의 구수한 맛을 내는 성분은?

① 이노신산　② 호박산
③ 알리신　④ 나린진

06. 식품과 대표적인 맛성분(유기산)을 연결한 것 중 틀린 것은?

① 포도 – 주석산　② 감귤 – 구연산
③ 사과 – 사과산　④ 요구르트 – 호박산

07. 차, 커피, 코코아, 과일 등에서 수렴성 맛을 주는 성분은?

① 타닌(tannin)
② 카로틴(carotene)
③ 엽록소(chlorophyll)
④ 안토시아닌(anthocyanin)

8. 알칼로이드성 물질로 커피의 자극성을 나타내고 쓴맛에도 영향을 미치는 성분은?

① 주석산(tartaric acid)　② 카페인(caffein)
③ 탄닌(tannin)　④ 개미산(formic acid)

09. 다음 식품 중 이소티오시아네이트(isothiocyanates) 화합물에 의해 매운맛 내는 것은?

① 양파　② 겨자
③ 마늘　④ 후추

10. 매운맛을 내는 성분의 연결이 옳은 것은?

① 겨자 – 캡사이신(capsaicin)
② 생상 – 호박산(succinic acid)
③ 마늘 – 알리신(allicin)
④ 고추 – 진저롤(finferol)

정답　16. ③ / 01. ④　02. ③　03. ④　04. ②　05. ①　06. ④　07. ①　08. ②　09. ②　10. ③

11. 향신료의 매운맛 성분 연결이 틀린 것은?

① 고추 – 캡사이신(Capsaicin)
② 겨자 – 차비신(Chavicine)
③ 울금(Curry 분) – 커큐민(Curcumin)
④ 생강 – 진저롤(Gingerol)

12. 국이나 전골 등에 국물 맛을 독특하게 내는 조개류의 성분은?

① 요오드 ② 주석산
③ 구연산 ④ 호박산

13. 신맛성분과 주요 소재식품의 연결이 틀린 것은?

① 초산(Acetic acid) – 식초
② 젖산(Lactic acid) – 김치류
③ 구연산(Citric acid) – 시금치
④ 주석산(Tartaric acid) – 포도

14. 다음중 알리신(allicin)이 가장 많이 함유된 식품은?

① 마늘 ② 사과
③ 고추 ④ 무

15. 단맛성분에 소량의 짠맛성분을 혼합할 때 단맛이 증가하는 현상은?

① 맛이 상쇄현상 ② 맛의 억제현상
③ 맛의 변조현상 ④ 맛의 대비현상

16. 쓴 약을 먹은 직후 물을 마시면 단맛이 나는 것처럼 느끼게 되는 현상은?

① 변조현상 ② 소실현상
③ 대비현상 ④ 미맹현상

17. 단팥죽에 설탕 외에 약간의 소금을 넣으면 단맛이 더 크게 느껴진다. 이에 대한 맛의 현상은?

① 대비효과
② 상쇄효과
③ 상승효과
④ 변조효과

18. 온도가 미각에 영향을 미치는 현상에 대한 설명으로 틀린 것은?

① 온도가 상승함에 따라 단맛에 대한 반응이 증가한다.
② 쓴맛은 온도가 높을수록 강하게 느껴진다.
③ 신맛은 온도 변화에 거의 영향을 받지 않는다.
④ 짠맛은 온도가 높을수록 최소감량이 늘어난다.

19. 과일의 주된 향기성분이며 분자량이 커지면 향기도 강해지는 냄새성분은?

① 알코올
② 에스테르류
③ 유황화합물
④ 휘발성 질소화합물

20. 다음 냄새 성분 중 어류와 관계가 먼 것은?

① 트리메틸아민(trimethylamine)
② 암모니아(ammonia)
③ 피페리딘(piperidine)
④ 디아세틸(diacetyl)

21. 어패류의 주된 비린 냄새 성분은?

① 아세트알데히드(acetaldehyde)
② 부티르산(butyric acid)
③ 트리메틸아민(trimethylamine)
④ 트리메틸아민옥사이드(trimethylamine oxide)

정답 11. ② 12. ④ 13. ③ 14. ① 15. ④ 16. ① 17. ① 18. ② 19. ② 20. ④ 21. ③

22. 가열에 의해 고유의 냄새성분이 생성되지 않는 것은?

① 장어구이 ② 스테이크
③ 커피 ④ 포도주

3. 효소

01. 효소에 대한 일반적인 설명으로 틀린 것은?

① 기질특이성이 있다.
② 최적온도는 30~40℃ 정도이다.
③ 100℃에서도 활성은 그대로 유지된다.
④ 최적 pH는 효소마다 다르다.

02. 효소의 주된 구성성분은?

① 지방 ② 탄수화물
③ 단백질 ④ 비타민

03. 영양소와 그 소화효소가 바르게 연결된 것은?

① 단백질–리파아제 ② 탄수화물–아밀라아제
③ 지방–펩신 ④ 유당–트립신

04. 침 속에 들어있으며 녹말을 분해하여 엿당(맥아당)으로 만드는 효소는 무엇인가?

① 리파아제 ② 펩신
③ 펩티다아제 ④ 프티알린

05. 다음은 담즙의 기능을 설명한 것이다. 틀린 것은?

① 산의 중화작용
② 유화작용
③ 당질의 소화
④ 약물 및 독소 등의 배설작용

06. 음식이 소화되면 어디에서 주로 흡수가 되는가?

① 위 ② 작은창자(소장)
③ 큰창자(대장) ④ 췌장

07. 펩신에 의해 소화되지 않는 것은?

① 전분 ② 알부민
③ 글로불린 ④ 미오신

08. 다음중 효소가 아닌 것은?

① 말타아제(maltase)
② 락토오즈(lactose)
③ 펩신(pepsin)
④ 레닌(rennin)

4.식품과 영양

01. 영양소에 대한 설명 중 틀린 것은?

① 영양소는 식품의 성분으로 생명현상과 건강을 유지하는데 필요한 요소이다.
② 건강이라 함은 신체적, 정신적, 사회적으로 건전한 상태를 말한다.
③ 물은 체조직 구성요소로서 보통 성인체중의 2/3를 차지하고 있다.
④ 조절소란 열량을 내는 무기질과 비타민을 말한다.

02. 다음 중 열량을 내지 않는 영양소로만 짝지어진 것은?

① 단백질, 당질
② 당질, 무기질
③ 비타민, 무기질
④ 지질, 비타민

정답 22. ④ / 01. ③ 02. ③ 03. ② 04. ④ 05. ③ 06. ② 07. ① 08. ② / 01. ④ 02. ③

03. 신체의 근육이나 혈액을 합성하는 구성영양소는?

① 단백질
② 무기질
③ 물
④ 비타민

04. 열량급원 식품이 아닌 것은?

① 감자
② 쌀
③ 풋고추
④ 아이스크림

05. 식단 작성 시 고려할 사항으로 틀린 것은?

① 피급식자의 영양소요량을 충족시켜야 한다.
② 좋은 식품의 선택을 위해서 식재료 구매는 예산의 1.5배 정도로 계획한다.
③ 급식인원수와 형태를 고려해야 한다.
④ 기호에 따른 양과 질, 변화, 계절을 고려해야 한다.

06. 영양소와 급원식품의 연결이 옳은 것은?

① 동물성 단백질 – 두부, 쇠고기
② 비타민 A – 당근, 미역
③ 필수지방산 – 대두유, 버터
④ 칼슘 – 우유, 뱅어포

07. 다음의 식단 구성 중 편중되어 있는 영양가의 식품군은?

완두콩밥, 된장국, 장조림, 명란알 찜, 두부조림, 생선구이

① 탄수화물군 ② 단백질군
③ 비타민/무기질군 ④ 지방군

08. 식단 작성 시 공급열량의 구성비로 가장 적절한 것은?

① 당질 50%, 지질 25%, 단백질 25%
② 당질 65%, 지질 20%, 단백질 15%
③ 당질 75%, 지질 15%, 단백질 10%
④ 당질 80%, 지질 10%, 단백질 10%

09. 한국인 영양섭취기준(KDRIs)의 구성요소가 아닌 것은?

① 하한섭취량 ② 평균필요량
③ 권장섭취량 ④ 충분섭취량

10. 영양섭취기준(KDRIs) 중 권장섭취량의 계산방법은?

① 평균필요량 + 충분섭취량
② 평균필요량 + 충분섭취량 × 2
③ 평균필요량 + 표준편차
④ 평균필요량 + 표준편차 × 2

11. 식단 작성의 목적에 적합하지 않은 것은?

① 영양과 기호의 충족
② 식품비의 절약
③ 식량의 배분과 소비에 대한 이해를 지도
④ 시간과 노력의 절약

12. 다음 식단 작성의 순서를 바르게 나열한 것은?

a. 영양기준량의 산출
b. 음식 수, 요리 명 결정
c. 식품섭취량 3식 영양 배분 결정
d. 식단주기 결정
e. 식단표 작성

① a–c–d–b–e ② a–b–c–d–e
③ a–c–b–d–e ④ a–b–c–e–d

정답 03. ① 04. ③ 05. ② 06. ④ 07. ② 08. ② 09. ① 10. ④ 11. ③ 12. ③

13. 식단 작성시 필요한 사항과 가장 거리가 먼 것은?

① 식품 구입방법　② 영양 기준량 산출
③ 3식 영양량 배분 결정　④ 음식수의 계획

14. 식단을 작성하고자 할 때 식품의 선택요령으로 가장 적합한 것은?

① 영양보다는 경제적인 효율성을 우선으로 고려한다.
② 쇠고기가 비싸서 대체식품으로 닭고기를 선정하였다.
③ 시금치의 대체식품으로 값이 싼 달걀을 구매하였다.
④ 한창 제철일 때 보다 한 발 앞서서 식품을 구입하여 식단을 구성하는 것이 보다 새롭고 경제적이다.

15. 아래의 조건에서 당질 함량을 기준으로 고구마 180g을 쌀로 대치하려면 필요한 쌀의 양은?

- 고구마 100g의 당질 함량 29.2g
- 쌀 100g의 당질 함량 31.7g

① 165.8g　② 170.6g
③ 177.5g　④ 184.7g

16. 하루 필요 열량이 2700kcal 일 때 이중 12%에 해당하는 열량을 단백질에서 얻으려 한다. 이 때 필요한 단백질의 양은?

① 61g　② 71g
③ 81g　④ 91g

17. 하루 필요 열량이 2700kcal 일 때 이 중 14%에 해당하는 열량을 지방에서 얻으려 한때 필요한 지방의 양은?

① 36g　② 42g
③ 81g　④ 94g

18. 감자 150g을 고구마로 대치하려면 고구마 약 몇 g이 있어야 하는가? (당질 함량은 100g 당 감자 15g, 고구마 32g)

① 21g　② 44g
③ 66g　④ 70g

정답　13. ①　14. ②　15. ①　16. ③　17. ②　18. ④

구매관리

1. 시장 조사와 구매관리

1) 시장 조사

(1) 시장조사의 의의

구매활동에 필요한 자료를 수집하고 이를 분석, 검토하여 보다 좋은 구매방법을 발견하고 그 결과를 구매방침 결정, 비용절감, 이익증대를 도모하기 위한 조사로 장래의 구매시장을 예측하기 위해 실시한다. 구매시장의 예측은 가격변동, 수급현황, 신자재의 개발, 공급업자와 업계의 동향을 파악하기 위해서 매우 중요하다.

(2) 시장조사의 목적

① 구매예정가격의 결정
② 합리적인 구매계획의 수립
③ 신제품의 설계
④ 제품개량

(3) 시장조사의 내용

① 품목 : 무엇을 구매해야 하는가
② 품질 : 어떠한 품질과 가격의 물품을 구매할 것인가
③ 수량 : 어느 정도의 양을 구매할 것인가
④ 가격 : 어느 정도의 가격에 구매할 것인가
⑤ 시기 : 언제 구매할 것인가
⑥ 구매거래처 : 어디서 구매할 것인가를 위해서는 최소한 두 곳 이상의 업체로부터 견적을 받은 후 검토해야 한다. (식품의 경우 수급량 및 기후조건에 의한 가격 변동이 심하고 저장성이 떨어지므로 한 군데와 거래하는 경우 구매자는 정기적인 시장가격조사를 통해 가격을 확인해야 한다.)
⑦ 거래조건 : 어떠한 조건으로 구매할 것인가

(4) 시장조사의 종류

일반 기본 시장조사	• 구매정책을 결정하기 위해서 시행 • 전반적인 경제계와 관련업계의 동향, 기초자재의 시가, 관련업체의 수급변동 상황, 구입처의 대금결제조건 등을 조사
품목별 시장조사	• 현재 구매하고 있는 물품의 수급 및 가격 변동에 대한 조사 • 구매물품의 가격산정을 위한 기초자료와 구매수량 결정을 위한 자료로 활용
구매거래처의 업태 조사	• 계속 거래인 경우 안정적인 거래를 유지하기 위해서 주거래 업체의 개괄적 상황, 기업의 특색, 금융상황, 판매상황, 노무상황, 생산상황, 품질관리, 제조원가 등의 업무조사 실시
유통경로의 조사	• 구매가격에 직접적인 영향을 미치는 유통경로 조사

(5) 시장조사의 원칙

가) 비용 경제성의 원칙

나) 조사 적시성의 원칙

다) 조사 탄력성의 원칙

라) 조사 계획성의 원칙

마) 조사 정확성의 원칙

2) 구매관리

1) 구매관리의 정의 및 목적

(1) 구매관리의 정의

구매관리는 구매자가 물품을 구입하기 위해 계약을 체결하고 그 계약조건에 따라 물품을 인수하고 대금을 지불하는 전반적인 과정을 의미한다.

(2) 구매관리의 목적

적정한 품질 및 적정한 수량의 물품을 적정한 시기에 적정한 가격으로 적정한 공급원으로부터 적정한 장소에 납품하도록 하는 데 있다. 특정물품, 최적품질, 적정수량, 최적가격, 필요시기를 기본으로 목적달성을 위한 효율적인 경영관리를 달성하는 데 있다.

구매관리의 목표

- 필요한 물품과 용역 지속적 공급
- 품질, 가격, 제반 서비스 등 최적의 상태 유지
- 재고와 저장관리 시 손실 최소화
- 신용이 있는 공급업체와 원만한 관계를 유지, 대체 공급업체를 확보
- 구매 관련의 정보 및 시장 조사 통한 경쟁력확보
- 표준화 · 전문화 · 단순화의 체계 확보

구매관리에 있어서 유의할 점

- 구입 상품의 특성에 대하여 철저한 분석과 검토
- 적절한 구매방법을 통한 질 좋은 상품 구입
- 구매경쟁력을 통해 세밀한 시장조사 실시
- 구매에 관련된 서비스 내용 검토
- 저렴한 가격으로 필요량을 적기에 구입, 공급업체와의 유기적 상관관계 유지
- 복수공급업체의 경쟁적인 조건을 통한 구매체계 확립

(3) 식품의 구입 방법(유의점)

① 가격과 출회표를 고려하여 구입
② 폐기율과 비가식부율 등을 고려하여 구입
③ 곡류, 건어물, 공산품 등 부패성이 적은 식품 : 1개월분을 한꺼번에 구입
④ 육류(소고기) : 중량과 부위에 유의하고, 냉장시설이 있는 경우 1주일분을 한꺼번에 구입
⑤ 생선, 과채류 등 신선도가 중요한 식품 : 필요할 때마다 수시로 구입
⑥ 과일은 원산지, 품종 등을 확인하고 필요할 때마다 수시로 구입
⑦ 단체급식시 식품의 단가는 1개월에 2회 점검
⑧ 지역별 특산물을 활용하고, 제철식품을 구입
⑨ 재고량을 확인하고 필요한 양만큼 구입
⑩ 계량과 규격을 잘 살피고, 가공식품의 경우 제조일과 유통기한을 확인하여 구입
⑪ 식품 종류를 고려하여 대량, 공동으로 경제적인 가격으로 구입

식품수불부

급식시설의 합리적인 운영을 위해서는 식품의 받음과 치름, 즉 수불관계가 명확하게 기록되어야 한다. 식품수불부는 식재료의 재고관리에 이용되며 재고의 상태, 물품의 보충시기 등을 파악할 수 있다. 식품수불부 작성 시에는 식품의 출납을 명확하게 기록하여 실재고량과 장부상의 재고량이 항상 일치하도록 주의하여야 한다.

(4) 구매담당자의 업무

① 물품구매 총괄업무 : 구매계획서 작성, 구매결과 분석
② 식재료 결정 : 발주단위 결정, 신상품 개발
③ 구매방법 결정 : 품목별로 경쟁력 있는 구매방법 결정
④ 시장조사 : 경쟁업체 가격분석 및 시세분석
⑤ 공급업체 관리 : 공급업체 관리 및 평가, 공급업체별 구매품목 결정
⑥ 원가관리 : 구매원가관리, 경쟁지수관리
⑦ 공급업체 등록 및 대금지급 확인 : 공급업자와의 약정서 체결, 대금지급 업무
⑧ 고객관리 : 식재료 모니터링, 식재료 정보사항 공지

(5) 식품의 재고관리

- 물품의 수요가 발생했을 때 신속히 대처하여 경제적으로 대응할 수 있도록 재고의 수준을 최적 상태로 유지 관리하는 것
- 발주시기, 발주량, 적정 재고수준을 결정하고 이를 시행하는 과정 포함
- 가능한 최소한의 재고로 최상의 품질상태를 유지
- 손실되는 비용을 최대한 절감하는 것이 합리적
- 정확한 재고관리를 통해 불필요한 주문을 방지하여 구매 비용을 절약

(6) 산출방법(계산식)

① 가식부율 = 100 − 폐기율

② 폐기율 = 100 − 가식부율 = $\frac{\text{폐기량}}{\text{전체중량}} \times 100$

③ ★총 발주량 = $\frac{\text{정미중량}}{100 - \text{폐기율}} \times 100 \times \text{인원수}$

④ 필요비용 = 필요량 × $\frac{100}{\text{가식부율}}$ × 1㎏당 단가

⑤ 출고계수 = $\frac{100}{100-\text{폐기율}} \times \frac{100}{\text{가식부율}}$

⑥ 정미중량 = 전체 중량 ×[100 − 폐기율](%)

2. 검수관리

1) 검수관리

(1) 검수관리의 정의

배달된 물품이 주문내용과 일치하는가를 확인하는 절차이다. 즉, 구매청구서에 의해서 주문되어 배달된 물품의 품질, 규격, 수량, 중량, 크기, 가격 등이 구매하려는 해당 식재료와 일치하는가를 검사하고 납품받는 데 따른 모든 관리 활동이다. 따라서 검수담당자는 모든 내용을 정확하게 검사하고 평가함으로써 그 물품을 받을 것인지 반품할 것인지를 결정하게 된다.

(2) 검수업무에 대한 평가사항

① 품질검사

② 수량검사

③ 각 품종별 검사기준

- 육류 : 부위등급(지방점유율, 육색, 지방색), 육질, 절단 상태, 신선도, 중량
- 계류 : 크기, 절단부위, 중량, 육색
- 난류 : 크기, 중량, 신선도
- 과일류 : 크기, 외관형태, 숙성 정도, 색상, 향기, 등급
- 야채류 : 신선도, 크기, 중량, 색상, 등급
- 곡류 : 품종, 수확년도, 산지, 건조상태, 이물질 혼합 여부
- 건어물 : 건조상태, 외관형태, 염도, 색상, 냄새
- 통조림류 : 제조일자, 유통기간, 외관형태, 내용물 표시

(3) 검수방법

전수검수법	물품이 소량이거나 소규모 단위일 때 일일이 납품된 품목을 검수하는 방법으로 정확성은 있으나 시간과 경비가 많이 소요되는 단점이 있다. 또 검수품목 종류가 다양하거나 고가품일 경우에도 많이 사용한다.
샘플링(발췌) 검수법	대량 구매 물품이나 동일품목으로 검수 물량이 많거나 파괴검사를 해야 할 경우 일부를 무작위로 선택해서 검사하는 방법이다.

(4) 검수원의 자격요건

① 식품의 특수성에 관한 전문적인 지식을 갖출 것
② 식품의 품질을 평가하고 감별할 수 있는 지식과 능력을 갖출 것
③ 식품이 유통경로와 검수업무 처리절차를 잘 알고 있을 것
④ 검수일지 작성 및 기록보관 업무를 잘 알고 있을 것
⑤ 업무에 있어서의 공정성과 신뢰도가 있을 것

(5) 검수 시 고려사항

① 사용목적, 즉 용도에 맞는 식품이 배달되었는지를 발주서와 납품서를 비교하여 확인한다.
② 신선한 식품이라 하더라도 유통과정 중 변질되어 있는 식품은 없는지 확인한다.
③ 검수수행에 혼란이 없도록 충분한 시간계획을 세우고 적당한 조명시설과 검수공간을 확보한다.
④ 검수에 필요한 계량기, 저울, 칼, 개폐기 등 검수 시에 필요한 장비 및 기기를 구비해야 한다.

(6) 검수절차의 6단계

① 물품과 구매청구서를 대조하여 품목, 수량, 중량 확인
② 물품과 송장을 대조할 때 품목, 수량, 중량 가격 대조
③ 물품의 품질, 등급, 위생상태를 판정한 후 물품 인수 또는 반환처리(인수 및 반품처리)
④ 검수일자, 가격, 품질검사 확인, 납품업자 명을 확인한 후 식품 분류 및 명세표 부착
⑤ 식품을 정리보관 및 저장장소로 이동. (이때 조리장, 냉장고, 냉동고, 저장창고를 준비)
⑥ 검수에 관한 기록

2) 조리설비

(1) 조리장의 기본

조리장을 신축, 개조할 경우, 위생성, 능률성, 경제성을 고려해야 한다.

(2) 조리장의 구조

① 통풍과 채광이 좋고 급수와 배수가 용이하며 위생조건이 좋아야 한다.

② 객실 및 객석과 구분이 명확하고 식품의 구입과 반출이 용이한 곳이 좋다.

③ 객석에서 내부를 볼 수 있는 개방식 구조로 하되 조리장과 객석이 정해져 있지 않을 경우는 조리장 출입문의 2/3 이상을 투명유리로 한다.

④ 바닥과 바닥으로부터 1m까지의 내벽은 타일, 콘크리트 등의 내수성 자재로 해야 한다(고무타일, 합성수지 타일 등은 잘 미끄러지지 않고 내수성이 좋으므로 주방의 바닥 조건으로 적당하다).

(3) 면적

① 조리장 : 식당 넓이의 1/3이 기준이다.

② 식당 : 취석자 1인당 $1m^2$

(4) 조리장의 설비

㉠ 급수 설비

① 수도물 또는 공공시험기관에서 인정하는 것이어야 한다.

② 지하수를 사용하는 경우, 오염원으로부터 20m 이상 떨어져 있어야 한다.

③ 주방에서 사용하는 물의 양은 조리의 종류와 양, 조리법 등에 따라 다르나, 일반적으로 1식당 6.0 ~ 10.0l(평균 8.0l)이다.

④ 조리장 안에는 조리시설 · 세척시설 · 폐기물 용기 및 손 씻는 시설을 각각 설치하여야 한다.

㉡ 배수 시설

① 트랩 장치 설치로 악취나 해충 등의 침입을 막아준다.(그리스트랩이 좋다.)

② 맨홀이나 침전용 수조를 설치하여 하수구가 막히지 않도록 한다.

③ 조리장 바닥에 배수구가 있는 경우에는 덮개를 설치하여야 한다.

㉢ 환기 시설

주방에 후드를 장치하여 냄새와 증기를 뽑아낸다. 후드의 모양은 4방형이 가장 효율적이다.

㉣ 채광 및 조명 시설

조리장 내의 조명은 항상 50룩스 이상으로 유지해야 한다.

㉤ 방충 방서 시설

방충망은 30메시(Mesh) 이상이어야 한다.

㉥ 작업대 크기

작업대 높이	55~60cm
작업대 너비	80~90cm
작업대와 뒷 선반 거리	150cm

㉦ 작업대 배치 순서

준비대 → 개수대 → 조리대 → 가열대 → 배선대

㉧ 조리기구

조리기구	사용용도
필러(Peeler)	감자, 무, 당근 껍질 제거
믹서(Mixer)	재료 혼합
슬라이서(Slicer)	얇게 저밈
커터(Cutter)	잘라냄
살라만더(Salamander)	구이 기능을 하며, 겉표면에 색깔을 냄
그리들(Griddle)	두꺼운 철판을 뜨겁게 달궈 재료를 익힘
스쿠퍼(Scooper)	아이스크림 스푼
휘퍼(Whipper)	거품 형성

3) 식품의 품질 및 감별법

식품의 감별은 올바른 식품 지식을 바탕으로 하여 불량식품이나 유해식품을 가려내어 미연에 식중독이나 경제적인 손실 등을 방지하는 데 그 목적이 있다.

① 관능검사 : 외관, 색깔, 경도, 냄새, 맛 등을 정상적인 것과 비교하여 감별하는 것

② 이화학적 검사 : 전문적 지식과 설비를 사용하여 정확하게 수치화할 수 있도록 감별하는 것

(1) 농산물과 농산 가공품

① 쌀

- 건조 상태가 좋아야 한다.
- 깨물었을 때 딱 소리가 나는 것이 좋다.
- 윤기가 나고 타원형이며 굵고 입자가 균일한 것이 좋다.
- 냄새가 있는 것은 좋지 않다.
- 쌀 이외의 다른 것이 혼입되어 있는 것은 좋지 않다.

② 소맥분(밀가루)

- 가루의 결정이 미세한 것이 좋다.
- 손으로 만졌을 때 끈끈한 감이 없는 것이 좋다.
- 색이 흰 것이 좋다.
- 밀가루 이외의 물질이 혼입되어 있지 않은 것이 좋다.
- 잘 건조되어 있고 냄새가 없는 것이 좋다.

③ 야채 및 과실류

- 특유의 형태와 색이 잘 갖추어진 것이 좋다.
- 상처가 없는 것이 좋다.
- 수분을 그대로 갖고 있으며 건조시키지 않은 것이 좋다.

(2) 수산식품과 수산 가공품

① 어류

- 색이 선명하고 광택이 있는 것이 좋다.
- 비늘이 고르게 밀착되어 있는 것이 좋다.
- 고기가 연하고 탄력성이 있어야 좋다.
- 신선한 것은 물에 가라앉고, 오래된 것은 물에 뜬다.
- 눈이 투명하고 아가미가 선홍색인 것이 좋다.

② 어육연제품

- 손으로 비벼서 벗겨지는 것은 부패된 것이다.
- 표면에서 점액이 나오는 것이나 20%의 염산수에 연제품을 살짝 대었을 때 흰 연기가 나오는 것은 오래된 것이다.
- 절단면의 결이 고른 것이 좋다.
- 이취가 나지 않는 것이 좋다.

(3) 축산물과 축산 가공품

① 육류

- 색이 곱고 습기가 있으며, 광택이 있는 것이 신선하다.
- 오래된 것은 암갈색을 띠며 건조해 보이며 탄력성이 없다.
- 쇠고기는 선적갈색, 돼지고기는 담홍색이 좋다.
- 부패한 고기는 녹색으로 변하고, 점액이 나오며 악취가 난다.
- 고기를 얇게 저며 빛에 비췄을 때 반점이 있는 것은 기생충이 있는 경우가 많다.
- 야간에 식육이 불빛에 의해 색깔이 성광색이 나는 것은 오래된 것이다.

② 달걀

- 껍질은 꺼칠꺼칠한 것이 신선하고 매끄럽고 광택이 있는 것은 오래된 것이다(외관법).
- 빛을 쬐었을 때, 안이 밝게 보이는 것은 신선하고, 어둡게 보이는 것은 오래된 것이다(투시법).
- 알을 깨뜨렸을 때 노른자가 그대로 있고, 흰자가 퍼지지 않는 것이 신선하다(농후난백).
- 흔들었을 때 소리가 나지 않는 것이 신선하다(진음법).
- 삶았을 때 기실부가 거의 생기지 않는 것이 신선하다.
- 혀를 대보아서 둥근 부분은 따뜻하고 뾰족한 부분은 찬 것이 좋다.
- 물에 넣었을 때 누워 있는 것은 신선하고, 서 있는 것은 오래된 것이다.
- 6%의 소금물에 달걀을 넣어 가라앉으면 신선한 것이고 위로 뜨면 오래된 것이다.(비중법)

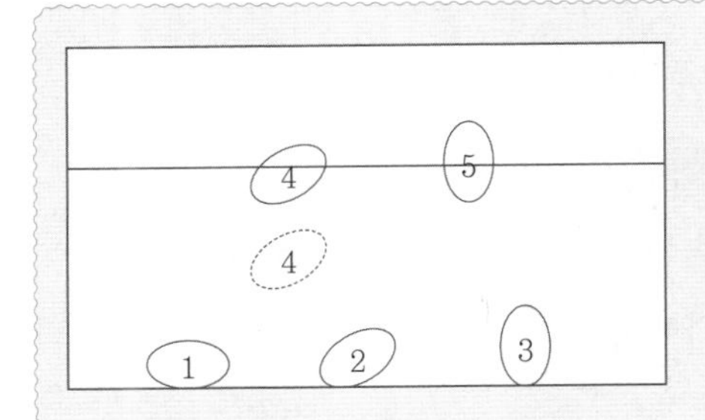

1 - 바닥에 가라앉고 누운 것 : 산란 직후의 것
2 - 바닥에 가라앉고 비스듬히 누운 것 : 1주일 경과한 것
3 - 바닥에 가라앉고 서 있는 것 : 보통 상태
4 - 물 중간, 수면에 누워 떠 있는 것 : 오래 된 것
5 - 수면에 세로로 떠 있는 것 : 부패한 것

• 난황계수와 난백계수가 높을수록 신선한 것이다.

※ 난백계수 = $\frac{\text{농후난백의 높이}}{\text{농후난백의 직경}}$ (신선한 것은 0.14, 오래된 것은 0.1이하)

※ 난황계수 = $\frac{\text{난황의 높이}}{\text{난황의 직경}}$ (신선한 것은 0.375 이상, 오래된 것은 0.25 이하)

③ 우유

• 용기나 뚜껑이 위생적으로 처리되어 있어야 한다.
• 제조일자 및 유통기한을 반드시 확인한다.
• 이물질이나 침전물이 있는 것은 좋지 않다.
• 물속에 우유를 한 방울 떨어뜨렸을 때 구름과 같이 퍼지면서 강하하는 것이 좋다.
• 비중이 1.028 이상인 것이 신선하다.

④ 버터

• 외관이 균일한 것이 좋다.
• 곰팡이의 흔적이나 반점 또는 무늬가 생긴 것은 좋지 않다.
• 입에 넣었을 때 패유취가 나지 않고 자극미가 없는 것이 신선하다.
• 50~60℃ 가열시 거품이 생기는 것이 좋은 것이다.

⑤ 치즈

• 특유의 풍미를 함유하고 있는 것이 좋다.
• 건조하지 않은 것이 좋다.
• 입에 넣었을 때 부드러운 느낌으로 서서히 녹아야 한다.
• 입 안에 이물질이 남지 않아야 좋다.

⑥ 통조림

• 외관이 정상으로 완전한 것이 좋다.
• 내용물의 액즙이 스며나오지 않는 것이 좋다.
• 라벨에 의해 내용물과 제조자명, 제조연월일 및 첨가물을 확인하고 구입한다.
• 열었을 때 내용물이 표기된 상태로 완전하여야 하고, 관의 내면이 변색 및 변질되지 않은 것이어야 한다.

3. 원가

1) 원가관리의 의의 및 종류

(1) 원가의 의의
제품의 제조, 판매, 서비스의 제공을 위하여 소비된 유형 · 무형의 경제적 가치이다.

추가tip 원가 계산의 목적

① 가격 결정의 목적
② 원가 관리의 목적
③ 예산 편성의 목적
④ 재무제표의 작성
※ 재무제표 : 기업 외부 이해 관계자에게 경영 활동 결과를 보고하기 위한 것

(2) 원가의 3요소 ★★

재료비	제품의 제조에 소비되는 물품의 원가 예)급식재료비
노무비 (인건비)	제품의 제조에 소비되는 노동의 가치 예) 임금, 각종 수당, 상여금, 퇴직금
경비	제품의 제조에 소비되는 재료비와 노무비를 제외한 모든 비용 예) 수도광열비, 감가상각비, 전력비 등

(3) 원가의 분류
① 제품 생산 관련성에 따른 분류

직접비	• 특정 제품에 사용한 것이 분명한 비용 • 직접재료비(주요재료비), 직접노무비(임금), 직접경비(외주가공비)
간접비	• 여러 제품에 공통 혹은 간접적으로 소비되는 비용 • 간접재료비(보조재료비, 급식시설에서는 조미료 등), 간접노무비(급료, 수당), 간접경비(감가상각비, 보험료, 전력비, 가스비, 수도광열비 등)

② 생산량과 비용의 관계에 따른 분류

고정비	• 생산량 증가에 관계없이 고정적으로 발생하는 비용 • 임대료, 세금, 보험, 감가상각비, 광고 등
변동비	• 생산량에 따라서 함께 증가하는 비용 • 식재료비, 시간제 아르바이트 임금 등
반변동비	• 변동비와 고정비의 특성을 동시에 가지는 비용 • 인건비

(4) 원가의 구성 ★★★

① 직접원가(기초원가) : 직접재료비 + 직접노무비 + 직접경비

② 제조원가(생산원가) : 직접원가 + 제조간접비(간접재료비+간접노무비+간접경비)

③ 총원가 : 제조원가 + 판매관리비

④ 판매원가 : 총원가 + 이익

<table>
<tr><td></td><td></td><td></td><td>이익</td><td rowspan="6">판매원가
(판매가격)</td></tr>
<tr><td></td><td></td><td>판매관리비</td><td rowspan="5">총원가</td></tr>
<tr><td></td><td>제조간접비
(간접경비
간접노무비
간접재료비)</td><td rowspan="4">제조원가</td></tr>
<tr><td>직접경비</td><td rowspan="3">직접원가</td></tr>
<tr><td>직접노무비</td></tr>
<tr><td>직접재료비</td></tr>
<tr><td>직접원가</td><td>제조원가</td><td>총원가</td><td>판매원가</td><td>-</td></tr>
</table>

(5) 실제원가, 예정원가, 표준원가

① 실제원가 : 제품이 제조된 후에 실제로 소비된 원가를 산출한 것이다.

② 예정원가 : 제품 제조 이전에 제품 제조에 소비될 것이라고 예상되는 원가를 산출한 사전원가이며, '견적원가' 또는 '추정원가'라고도 한다.

③ 표준원가 : 기업이 이상적으로 제조 활동을 할 경우에 예상되는 원가, 즉 경영 능률을 최고로 올렸을 때의 최소원가의 예정을 말한다. 따라서 이것은 장래에 발생할 실제원가에 대한 예정원가와는 차이가 있으며, 실제원가를 통제하는 기능을 가진다.

(5) 원가 계산의 구조

㉠ 요소별 원가계산(제1단계)

재료비, 노무비, 경비의 세 가지 원가 요소를 몇 가지 분류 방법에 따라 세분하여 각 원가 요소별(비목별)로 계산한다. 이 같은 방법을 '요소별 원가계산' 또는 '비목별 원가계산'이라고 한다.

㉡ 부문별 원가계산(제2단계)

전 단계에서 파악된 원가 요소를 원가 부문별로 분류 · 집계하는 계산 절차를 가리킨다.

㉢ 제품별 원가계산(제3단계)

각 부문별로 집계한 원가를 제품별로 배분하여 최종적으로 각 제품의 제조원가를 계산하는 절차를 가리킨다.

(6) 원가 계산의 원칙

원칙	내용
진실성의 원칙	실제로 발생한 원가를 진실되게 파악해야 함
발생기준의 원칙	현금과 대립되는 것으로, 모든 비용과 수익의 계산은 그 발생 시점을 기준으로 해야 함
계산경제성의 원칙	중요성의 원칙이라고도 하며, 원가 계산을 할 때는 경제성을 고려해야 한다는 원칙
확실성의 원칙	실행 가능한 여러 방법이 있을 때, 가장 확실성이 있는 방법을 선택해야 함
정상성의 원칙	정상적으로 발생한 원가만을 계산하고, 비정상적으로 발생한 원가는 계산하지 않음
비교성의 원칙	다른 일정 기간의 것과 또 다른 부문의 것을 비교할 수 있도록 실행
상호관리의 원칙	원가 계산과 일반회계간, 그리고 각 요소별 계산, 부문별 계산, 제품별 계산 간에 유기적 관계를 구성함으로써, 상호관리가 가능하도록 되어야 함

- 원가계산의 기간 : 경우에 따라 3개월 혹은 1년에 한 번씩 하기도 하지만, 보통 1개월에 한 번씩 실시하는 것이 원칙이다.

2) 원가분석 및 계산

(1) 원가관리

원가를 통제하기 위해 원가를 합리적으로 절감하려는 경영기법을 말한다.

추가tip 원가분석과 계산

- 식재료비 비율(%) = $\frac{\text{식재료비}}{\text{매출액}} \times 100$
- 인건비 비율(%) = $\frac{\text{인건비}}{\text{매출액}} \times 100$

(2) 손익분기점

매출액과 총비용이 일치하는 시점은 이익도 손해도 발생하지 않는다. 이 시점을 손익분기점이라고 한다.

(3) 재료비의 계산

㉠ 재료비의 개념

① 재료 : 제품을 제조할 목적으로 외부로부터 구입, 조달한 물품

② 재료비 : 제품의 제조과정에서 실제로 소비되는 재료의 가치를 화폐액수로 표시한 금액

- 재료비 = 재료소비량 × 재료소비단가

㉡ 재료 소비량의 계산

① 계속기록법 : 재료의 수입, 불출 및 재고량을 계속하여 기록함으로써, 재료 소비량을 파악하는 방법이다.

② 재고조사법 : 기말이나 또는 일정 시기에 재료의 실제 재고량을 조사하여 기말 재고량을 파악하고 전기 이월량과 당기 구입량의 합계에서 재고량을 차감함으로써, 기말 재고량을 산출하는 방법이다.

- (전기 이월량 + 당기 구입량) - 기말 재고량 = 당기 소비량

③ 역계산법:일정 단위를 생산하는 데 소요되는 재료의 표준 소비량을 정하고 그것에다 제품의 수량을 곱하여 전체의 재료 소비량을 산출하는 방법이다.

- 제품 단위당 표준소비량 × 생산량 = 재료 소비량

㉢ 재료 소비 가격 계산

① 개별법 : 재료를 구입 단가별로 가격표를 붙여서 보관하다가 출고할 때 그 가격표에 표시된 구입 단가를 재료의 소비 가격으로 하는 방법이다.

② 선입선출법 : 재료의 순서에 따라 먼저 구입한 재료를 먼저 소비한다는 가정 아래 재료의 소비가격을 계산하는 방법이다.

③ 후입선출법 : 선입선출법과는 정반대로, 최근(나중)에 구입한 재료부터 먼저 사용한다는 가정 아래, 재료의 소비가격을 계산하는 방법이다.

④ 단순평균법 : 일정 기간 동안의 구입 단가를 구입 횟수로 나눈 것으로, 구입 단가의 평균을 재료 소비단가로 하는 방법이다.

⑤ 이동평균법 : 구입 단가가 다른 재료를 구입할 때마다 재고량과의 가중 평균가를 산출하여 이를 소비 재료의 가격으로 하는 방법이다.

(4) 감가상각 ★

㉠ 감가상각의 정의

기업의 자산은 고정자산(토지, 건물, 기계 등)과 유동자산(현금, 예금, 원재료 등)과 기타 자산으로 구분된다. 이 중에서 고정자산은 대부분 그 사용과 시일의 경과에 따라서 그 가치가 감가된다. 감가상각이란 이 같은 고정자산의 감가를 일정한 내용연수에 일정한 비율로 할당하여 비용으로 계산하는 절차를 말하며, 이때 감가된 비용을 감가상각비라 한다.

㉡ 감가상각의 3대 요소

① 기초가격 : 취득 원가

② 내용 연수 : 취득한 고정자산이 유효하게 사용될 수 있는 추산기간

③ 잔존 가격 : 고정자산이 내용 년수에 도달했을 때 매각하여 얻을 수 있는 추정 가격(기초가격의 10%)

㉢ 감가상각의 계산 방법

① 정액법 : 고정자산의 감가 총액을 내용년수로 균등하게 할당하는 방법

② 정율법 : 기초가격에서 감가상각비 누계를 차감한 미상각액에 대하여 매년 일정률을 곱하여 산출한 금액을 상각하는 방법이다. 따라서 초년도의 상각액이 제일 크면 연수가 경과함에 따라 상각액은 점점 줄어든다.

- 매년의 감가상각액 = $\dfrac{\text{기초가격(구입가격) - 잔존가격}}{\text{내용연수}}$
- 누적 감가상각액 = 매년의 감가상각액 × 누적연수

예/상/문/제

1. 시장조사 및 구매관리

01. 일반적인 식품의 구매방법으로 가장 옳은 것은?

① 고등어는 2주일분을 한꺼번에 구입한다.
② 느타리버섯은 3일에 한 번씩 구입한다.
③ 쌀은 1개월분을 한꺼번에 구입한다.
④ 소고기는 1개월분을 한꺼번에 구입한다.

02. 식품구매 시 폐기율을 고려한 총 발주량을 구하는 식으로 옳은 것은?

① 발주량 = $\frac{\text{1인분 순사용량}}{\text{가식부율}} \times 100 \times \text{식수}$

② 발주량 = $\frac{\text{1인분 순사용량}}{\text{가식부율}} \times 100$

③ 발주량 = $\frac{\text{1인분 순사용량}}{\text{폐기율}} \times 100 \times \text{식수}$

④ 발주량 = $\frac{\text{1인분 순사용량}}{\text{폐기율}} \times 100$

03. 삼치구이를 하려고 한다. 정미중량 60g을 조리하고자 할 때 1인당 발주량은 약 얼마인가?(단, 삼치의 폐기율은 34%)

① 43g ② 67g
③ 91g ④ 110g

04. 시금치나물을 조리할 때 1인당 80g이 필요하다면, 식수인원 1500명에 적합한 시금치 발주량은?

① 100kg ② 110kg
③ 125kg ④ 132kg

05. 김치의 1인 분량은 60g, 김치의 원재료인 포기배추의 폐기율은10%, 예상식수가 1000식인 경우 포기배추의 발주량은?

① 60 kg ② 65 kg
③ 67 kg ④ 70 kg

06. 배추김치를 만드는 데 배추 50kg이 필요하다. 배추 1kg의 값은 1,500원이고 가식부율은 90%일 때 배추 구입비용은 약 얼마인가?

① 67,500원 ② 75,000원
③ 82,500원 ④ 83,400원

07. 폐기율이 20%인 식품의 출고계수는 얼마인가?

① 0.5 ② 1.
③ 1.25 ④ 2.0

08. 가식부율이 70%인 식품의 출고계수는?

① 1.25 ② 1.43
③ 1.64 ④ 2.00

2. 검수관리

01. 아래 [보기] 중 단체급식 조리장을 신축할 때 우선적으로 고려할 사항 순으로 배열된 것은?

가. 위생	나. 경제	다. 능률

① 다→나→가 ② 나→가→다
③ 가→다→나 ④ 나→다→가

정답 01. ③ 02. ① 03. ③ 04. ③ 05. ③ 06. ④ 07. ③ 08. ② / 01. ③

02. 사업소 급식에서 식당 면적과 조리실 면적은 얼마가 적절한가?

① 식당: 0.5㎡/1식 – 조리실: 0.2㎡/1식
② 식당: 0.5㎡/1식 – 조리실: 0.5㎡/1식
③ 식당: 1㎡/1식 – 조리실: 0.2㎡/1식
④ 식당: 1㎡/1식 – 조리실: 0.5㎡/1식

03. 조리장의 입지조건으로 적당하지 않은 곳은?

① 급 · 배수가 용이하고 소음, 악취, 분진, 공해 등이 없는 곳
② 사고발생시 대피하기 쉬운 곳
③ 조리장이 지하층에 위치하여 조용한 곳
④ 재료의 반입, 오물의 반출이 편리한 곳

04. 급식 시설에서 주방면적을 산출할 때 고려해야할 사항으로 가장거리가 먼 것은?

① 피급식자의 기호
② 조리 기기의 선택
③ 조리 인원
④ 식단

05. 주방에서 후드(hood)의 가장 중요한 기능은?

① 실내의 습도를 유지시킨다.
② 실내의 온도를 유지시킨다.
③ 증기, 냄새 등을 배출시킨다.
④ 바람을 들어오게 한다.

06. 작업장에서 발생하는 작업의 흐름에 따라 시설과 기기를 배치할 때 작업의 흐름이 순서대로 연결된 것은?

㉠ 전처리	㉡ 장식·배식
㉢ 식기세척·수납	㉣ 조리
㉤ 식재료의 구매·검수	

① ㉤ – ㉠ – ㉣ – ㉡ – ㉢
② ㉠ – ㉡ – ㉢ – ㉣ – ㉤
③ ㉤ – ㉣ – ㉡ – ㉠ – ㉢
④ ㉢ – ㉠ – ㉣ – ㉤ – ㉡

07. 물품의 검수와 저장하는 곳에서 꼭 필요한 집기류는?

① 칼과 도마
② 대형 그릇
③ 저울과 온도계
④ 계량컵과 계량스푼

08. 조리용 기기의 사용법이 틀린 것은?

① 필러(peeler) : 채소 다지기
② 슬라이서(slicer) : 일정한 두께로 썰기
③ 세미기 : 쌀 세척하기
④ 블랜더(blender) : 액체 교반하기

09. 조리기기 및 기구와 그 용도의 연결이 틀린 것은?

① 필러(peeler) : 채소의 껍질 벗길 때
② 믹서(mixer) : 재료를 혼합할 때
③ 슬라이서(clicer) : 채소를 다질 때
④ 육류파우더(meat pounder) : 육류를 연화시킬 때

정답 02. ③ 03. ③ 04. ① 05. ③ 06. ① 07. ③ 08. ① 09. ③

10. 뜨거워진 공기를 팬(fan)으로 강제 대류시켜 균일하게 열이 순환되므로 조리시간이 짧고 대량조리에 적당하나 식품표면이 건조해지기 쉬운 조리기기는?

① 틸팅튀김팬(rilring fry pan)
② 튀김기(fryer)
③ 증기솥(steam kettles)
④ 컨벡션오븐(convectioin oven)

11. 신선한 달걀의 감별법으로 설명이 잘못된 것은?

① 햇빛(전등)에 비출 때 공기집의 크기가 작다.
② 흔들 때 내용물이 잘 흔들린다.
③ 6% 소금물에 넣으면 가라앉는다.
④ 깨트려 접시에 놓으면 노른자가 볼록하고 흰자의 점도가 높다.

12. 다음 중 신선란의 특징은?

① 난황이 넓적하게 퍼진다.
② 기실부가 거의 생성되지 않았다.
③ 수양난백이 농후난백보다 많다.
④ 삶았을 때 난황표면이 쉽게 암록색으로 변한다.

13. 달걀의 신선도를 판정하는 방법으로 틀린 것은?

① 신선한 달걀의 난황계수는 0.36~0.44이며 0.25 이하인 것은 오래된 것이다.
② 산란직후의 달걀의 비중은 1.04 정도이며 난각의 두께에 따라 좌우되기는 하지만 비중 1.028에서 떠오르는 것은 오래된 것으로 판정한다.
③ 투시검란 경우는 기실이 작고 난황의 색이 선명하며, 운동성이 없는 것이 신선하다.
④ 난각이 거칠고 매끄럽지 않으며 흔들어서 소리가 나지 않는 것이 신선하다.

14. 50g의 달걀을 접시에 깨뜨려 놓았더니 난황 높이는 1.5cm, 난황 직경은 4cm이었다. 이 달걀의 난황계수는?

① 0.188　② 0.232
③ 0.336　④ 0.375

3. 원가

01. 원가계산의 목적이 아닌 것은?

① 가격결정의 목적
② 원가관리의 목적
③ 예산편성의 목적
④ 기말재고량 측정의 목적

02. 원가의 3요소에 해당하지 않는 것은?

① 경비
② 직접비
③ 재료비
④ 노무비

03. 다음 중 원가의 구성으로 틀린 것은?

① 직접원가 = 직접재료비 + 직접노무비 + 직접경비
② 제조원가 = 직접원가 + 제조간접비
③ 총원가 = 제조원가 + 판매경비 + 일반관리비
④ 판매가격 = 총원가 + 이익

04. 총원가는 제조원가에 무엇을 더한 것인가?

① 제조간접비
② 판매관리비
③ 이익
④ 판매가격

정답 10. ④ 11. ② 12. ② 13. ③ 14. ④ / 01. ④ 02. ② 03. ④ 04. ②

05. 제품의 제조를 위하여 소비된 노동의 가치를 말하며 임금, 수당, 복리후생비 등이 포함되는 것은?

① 노무비　　② 재료비
③ 경비　　④ 훈련비

06. 다음 자료에 의하여 제조원가를 산출하면?

직접재료비	60000원
직접임금	100000원
소모품비	10000원
통신비	10000원
판매원급여	50000원

① 175000원　　② 180000원
③ 220000원　　④ 230000원

07. 어떤 음식의 직접원가는 500원, 제조원가는 800원, 총원가는 1000원이다. 이음식의 판매관리비는?

① 200 원　　② 300 원
③ 400 원　　④ 500 원

08. 김치공장에서 포기김치를 만든 원가자료가 다음과 같다면 포기김치의 판매가격은 총 얼마인가?

구분	금액
직접재료비	60,000원
간접재료비	19,000원
직접노무비	150,000원
간접노무비	25,000원
직접제조경비	20,000원
간접제조경비	15,000원
판매비와 관리비	제조원가의 20%
기대이익	판매원가의 20%

① 289,000원　　② 346,800원
③ 416,160원　　④ 475,160원

09. 다음 중 원가계산의 원칙이 아닌 것은?

① 진실성의 원칙
② 확실성의 원칙
③ 발생기준의 원칙
④ 비정상성의 원칙

10. 제품의 제조수량 증감에 관계없이 매월 일정액이 발생하는 원가는?

① 고정비
② 비례비
③ 변동비
④ 체감비

11. 원가분석과 관련된 식으로 틀린 것은?

① 메뉴품목별비율(%)=품목별식재료비/품목별메뉴가격×100
② 감가상각비=(구입가격−잔존가격)/내용년수
③ 인건비비율(%)=인건비/총매출액×100
④ 식재료비비율(%)=식재료비/총재료비×100

12. 다음은 간장의 재고 대상이다. 간장의 재고가 10병일 때 선입선출법에 의한 간장의 재고자산은 얼마인가?

입고일자	수량	단가
5일	5병	3500
12일	10병	3500
20일	7병	3000
27일	5병	3500

① 30000원　　② 31500원
③ 32500원　　④ 35000원

정답　05. ①　06. ②　07. ①　08. ③　09. ④　10. ①　11. ④　12. ③

13. 총비용과 총수익(판매액)이 일치하여 이익도 손실도 발생되지 않는 기점은?

① 매상선점
② 가격결정점
③ 손익분기점
④ 한계이익점

14. 재료소비량을 알아내는 방법과 거리가 먼 것은?

① 계속기록법
② 재고조사법
③ 선입선출법
④ 역계산법

15. 구매한 식품의 재고관리 시 적용되는 방법 중 최근에 구입한 식품부터 사용하는 것으로 가장 오래된 물품이 재고로 남게 되는 것은?

① 선입선출법
② 후입선출법
③ 총 평균법
④ 최소-최대관리법

16. 판매가격이 5000원인 메뉴의 식재료비가 2000원인 경우 이 메뉴의 식재료비 비율은?

① 10%
② 20%
③ 30%
④ 40%

17. 1일 총매출액이 1,200,000원, 식재료비가 780,000원인 경우의 식재료비 비율은?

① 55%
② 60%
③ 65%
④ 70%

정답 13. ① 14. ③ 15. ④ 16. ③ 17. ③

기초조리 실무

1. 조리준비

1) 조리의 정의 및 기본 조리 조작

(1) 조리의 정의

식품에 물리적, 화학적 조작을 가하여 먹기 좋고, 소화하기 쉽게 하며, 또한 맛있고, 보기 좋게 위생적으로 처리하는 과정을 말한다.

(2) 조리의 목적 ★

①기호성:식품의 외관을 좋게 하며 맛있게 하기 위해 행한다.

②영양성:소화를 용이하게 하며, 식품의 영양 효율을 높이기 위해 행한다.

③안전성:위생상 안전한 음식으로 만들기 위해 행한다.

④저장성:저장성을 높이기 위해 행한다.

(3) 계량

㉠ 계량의 정의

식품과 조미료의 양(무게와 부피)을 측정하는 것으로, 조리를 능률적으로 하기 위해 적절한 계량이 필요하다. 정확한 계량은 조리작업의 통일성을 부여하고, 맛을 변하지 않고 유지시키는데 중요하다.

㉡ 계량의 단위

- 1컵(Cup, C) = 200㎖(국제단위 = 240㎖)
- 1큰술(Table spoon, Ts) = 15cc = 15㎖ = 3작은술(ts)
- 1작은술(tea spoon, ts) = 5cc = 5㎖
- 1온스(ounce, oz) = 30㎖
- 1파운드(pound, lb) = 16oz
- 1쿼터(quart) = 32oz

㉢ 계량 방법

- 밀가루 : 체로 쳐서 계량 용기에 가볍게 담고 스페출러를 이용하여 수평으로 깎아서 측정한다. 밀가루 계량은 부피보다 무게가 더 정확하다.
- 액체 : 투명한 계량 용기를 사용하여 계량컵의 눈금과 눈높이를 맞추어서 계량한다.
- 반고체, 지방 : 버터, 마가린, 된장 등의 반고체 식품은 실온에서 부드럽게 하여 컵에 꾹꾹 눌러 빈틈없게 채운 뒤, 윗면을 수평으로 깎아 측정한다.
- 설탕 : 백설탕의 경우 덩어리지지 않게 계량 용기에 수북하게 담아 윗면을 평편하게 깎아서 계량하고, 흑설탕의 경우 계량컵에 꼭꼭 눌러담아 위를 수평으로 깎아 측정한다.

(4) 조리의 방법

① 기계적 조리 조작 : 저울에 달기, 씻기, 담그기, 갈기, 치대기, 섞기, 내리기, 무치기, 담기 등

② 가열적 조리 조작 : 가열은 식품을 위생적으로 안전하게 하고, 소화 · 흡수를 잘할 수 있게 한다. 가열 온도 및 시간 조절, 온도 분포의 균일화에 따라 조리가 달라진다.

- 건열에 의한 조리 : 굽기(Roasting), 석쇠구이(Grilling), 직화구이(Broiling), 볶기(Sauté), 튀기기(Frying) 등
- 습열에 의한 조리 : 삶기(Blanching), 끓이기(Boiling), 은근히 끓이기(Simmering), 찌기(Steaming) 등
- 초단파 조리 : 전자레인지에 의한 조리

③ 화학적 조리 조작

효소(분해), 알칼리 물질(연화, 표백), 알코올(탈취, 방부), 금속염, 조미 등.

※ 빵, 술, 된장 등은 위 세 가지 조리 조작을 병용하여 만들어진 것이다.

(5) 조리의 온도

미각은 30℃ 전후에서 가장 예민하여, 이를 혀의 미각온도라고 한다.

각 조리법에 따른 조리 온도는 다음과 같다.

① 끓이기 : 100℃에서 가열한다.

② 찌기 : 수증기 속 85~90℃에서 가열한다.

③ 굽기

- 직접구이 – 금 속판이나 석쇠에서 160℃이상의 열로 직접 가열
- 간접구이 – 오븐(oven)에서 굽는다. 식품의 종류에 따라 200℃ 넘는 온도에서 굽기도 한다.

④ 튀기기 : 보통 160~180에서 단시간에 튀긴다.

- 튀김 껍질이 없는 것 : 130~140℃

• 수분이 많은 식품 : 150℃
• 생선 : 170~180℃
• 내용이 미리 가열되어 있는 것(고로케) : 180~190℃에서 재빨리 튀겨낸다.

*음식의 적온

적정온도(°C)	음식
95~98	전골, 찌개
70~80	커피, 차
55~65	식혜 당화 온도, 발효술, 고추장 발효
40~45	밥, 우유, 청국장 발효, 겨자 발효
25~30	이스트 발효, 빵 발효
7	맥주
2~5	청량음료
0-10	냉수

2) 기본조리법

(1) 비가열 조리법

재료에 열을 가하지 않고 생것으로 식품이 가지는 색, 맛, 향, 감촉 등을 유지하며 조리하는 방법이다. 식품 자체가 가지고 있는 풍미나 미각을 그대로 살려서 먹을 수 있다.

– 영양소의 손실이 적고, 수용성 비타민과 무기질의 이용률이 높다.
– 조리가 간단하며, 시간 절약이 가능하다.
– 생으로 섭취하기 때문에 위생적으로 안전하게 조리해야 한다(기생충 감염 우려).
– 생채, 무침, 냉채, 샐러드, 육회, (생선)회 등

생식품 조리 시 주의사항

위생적으로 취급하고, 신선미를 갖도록 하고, 식품의 조직이나 섬유를 어느 정도 연하게 하여, 불미성분을 없앨 것

(2) 가열 조리법

재료에 열을 가해 위생적으로 안전(병원균, 부패균 살균)하고, 소화, 흡수를 용이하게 하며, 풍미를 향상시키는 방법이다. 열로 인해 식품의 조직이나 성분이 변한다(단백질의 변성, 전분의 호화 등).

≪습열에 의한 조리≫

끓이기 (Boiling)	100℃의 물속에서 재료를 가열하는 방법으로, 물 또는 국물에 조미료를 가미하고, 조직을 연화시켜 맛을 내는 효과를 얻는다. • 장점 : 한 번에 많은 음식을 조리할 수 있고, 조미하는 데 편리하다. 식품의 중심부까지 충분히 열을 전도되어 딱딱한 것을 부드럽게 할 수 있고, 끓이는 동안 국물의 맛 성분이 우러난다. • 단점 : 수용성 성분이 녹아 나와 영양소의 손실이 있다. 대량으로 끓일 경우, 위의 것에 눌려 아래쪽의 식품의 모양이 망가진다. 예) 찌개, 곰국, 전골 등
데치기 (Blanching)	끓는 물 속에 재료를 넣어 순간적으로 짧은 시간 가열 후 건져내는 방법으로, 짧은 시간 동안 가열하여 효소를 불활성화시킨다. • 1~2% 식염을 첨가하면 채소 고유의 색을 유지하고, 부드러워진다. • 중조로 처리할 경우 색을 유지시키나 비타민의 손실이 크다. • 푸른 채소의 경우 : 소금물에 뚜껑을 열고 단시간 데쳐 찬물에 헹굼 • 효소의 불활성화, 산화 반응 억제, 미생물 번식의 억제 등의 효과 예) 쑥갓, 시금치 등
삶기 (유사 조리법 - Simmering)	식품에 따라 찬물 혹은 끓는 물 속에서 익을 때까지 가열하는 방법이다. • 장점 : 조직이 부드러워지고, 단백질이 응고되어 감칠맛이 좋아진다. 이물질이나 불필요한 성분을 제거할 수 있다. • 단점 : 시간이 오래 걸린다. 예) 수육, 편육, 우엉, 국수 등
찌기 (Steaming)	수증기가 가지는 잠열(1g당 539cal)을 이용하여 식품을 가열하는 조리법이다. 식품에 따라 100°C 혹은 85~90°C의 열로 찐다. • 장점 : 온도의 분포도 골고루 되므로 모양이 그대로 유지된다. 수용성 물질의 용출이 비교적(끓이는 조작보다) 적고, 영양소 손실이 적다. 탈 염려가 없다. • 단점 : 조리 중에 조미할 수 없으므로, 미리 가미하여야 한다. 도중에 뚜껑을 열면 온도가 낮아져 식품이 잘 익지 않으므로, 도중에 뚜껑을 열지 말아야 하며, 식품 하부에 있는 물에 접촉되지 않도록 받침이 있어야 한다. 찌는 시간에 주의해야 한다(조리시간이 길다). 예) 찐빵, 찐만두, 떡, 감자 등

≪건열에 의한 조리≫

굽기 (Broiling)	식품에 수분 없이 열을 가해 익히는 방법으로, 높은 열로 빠르게 조리가 가능하며, 단백질은 응고되고, 전분이 호화되며, 식품을 연화시킨다. • 직접 구이 : 석쇠를 이용하여 불에 직접 굽는 방법 • 간접 구이 : 프라이팬이나 철판 등을 이용해서 간접적으로 열을 가해 굽는 방법 • 오븐 구이 : 오븐을 이용하여 직접·간접 구이의 혼합적인 방법(로스팅; Roasting)
튀기기 (Deep frying)	고온(160~180°C)의 기름 속에서 식품을 가열하는 조작이며, 열전도는 기름의 대류열에 의한다. 식품을 고온의 기름 속에서 단시간 처리하므로, 영양소의 손실이 적을 뿐 아니라 기름의 풍미가 식품에 부가되어 맛과 향이 좋다. • 기름의 비열은 0.47로서(물은 1) 열용량이 적기 때문에 온도의 변화가 심하고 온도 상승에 제한이 없다. 따라서 항상 불 조절에 주의하여 온도 관리를 하도록 한다. • 튀김에 사용하는 기름 : 발연점이 높고, 향미가 좋고 산도가 높지 않은 대두유, 채종유, 미강유, 면실유, 올리브유, 동백유 등의 식물성유가 좋다. • 오래된 기름은 산패, 중합 등에 의해 점조도가 증가하여 튀길 때 산뜻하게 튀겨지지 않으며 설사 등의 중독 증상이 나타나게 된다. • 수분이 많은 식품과 조리기구는 미리 수분을 제거하고 튀긴다. • 튀김옷 : 글루텐 함량이 적은 박력분이 좋으나, 박력분이 없으면 중력분에 전분을 10~30% 정도 혼합하여 사용할 수 있다. 튀김옷은 반죽할 때 많이 젓지 않는다.
볶기 (Sauteing)	프라이팬이나 냄비에 적당량의 기름을 충분히 가열하여 물기가 없는 재료를 강한 불에 볶는 요리로, 구이와 튀김의 중간 방법이다. 가열 중에 조미가 가능하다. • 볶음 시 식품의 변화 a.수분 감소, 기름 향 증가 b.눌은 곳에 독특한 풍미 형성 c.푸른 채소는 단시간 가열로 색이 아름다워진다. d.지용성 비타민(카로틴 등)을 함유한 식품은 기름에 용해되어 체내 이용율 증가 e.고온 단시간 처리하므로 비타민의 손실이 적다.

(3) 전자레인지 조리

초단파(전자파)를 이용하여 식품에 함유된 물 분자의 진동을 유발해 열을 발생시키는 방법이다. 음식의 크기에 따라 조리시간이 결정되며 조리시간이 대체적으로 짧아 갈변현상이 거의 일어나지 않는다.

- 사용 가능한 용기 : 도자기, 내열성 유리, 종이, 플라스틱
- 사용할 수 없는 용기 : 법랑제, 은박지, 스텐레스

추가tip 복합조리

㉠ 브레이징(Braising)
덩어리 형태의 육류 표면에 갈색이 나도록 구워(건열조리) 내부의 육즙이 나오지 않게 조리한 후 소량의 물과 함께 푹 끓이는(습열조리) 조리방법이다.

㉡ 스튜잉(Stewing)
육류와 채소류 등이 잠길 정도의 물과 함께 은근하게 오랜 시간 끓여 조리하는 방법이다. 우리나라의 찜과 비슷한 요리 방법이다.

추가tip 나라별 조리의 특징

㉠ 한식 : 수육, 생선, 콩, 채소를 주 재료로 사용하며, 독특한 양념(마늘, 고추 등)을 사용하는 요리로 구이, 찜, 부침, 무침 등이 있다. 조미료의 배합이 우수하다.
㉡ 양식 : 어패류, 조류 등의 식품을 동물성 지방이나 생채소와 함께 조리하며, 조리법이 다양하고 향신료(월계수잎, 올리브유 등)를 많이 사용한 소스가 발달 되어있다.
㉢ 중식 : 많은 양의 기름으로 농후하게 맛을 내는 요리로, 강한 불을 사용한다.
㉣ 일식 : 해산물, 어패류나 채소를 주재료로 하는 요리가 많고, 계절감을 요리에 넣어 조리하며 기름의 사용이 적다.

3) 조리의 기초과학

① 열효율

- 열량 = 발열량 × 열효율
- 연료의 경제성 = 발열량 × 열효율 ÷ 연료의 단가

추가tip 열효율의 크기 ★

전기(65%) > 가스와 석유(50%) > 연탄(40%) > 숯(30%)

② 점성(Viscosity) : 식품의 점성이 클수록 끈끈하고, 온도가 높아지면 점성이 낮아진다.
③ 콜로이드(Colloid) : 0.1~0.01μ 정도의 미립자가 어떤 물질에 분산되어 현탁액이나 젤리의 형태를 이루는 것
④ 삼투압(Osmosis) : 농도가 낮은 쪽의 액체가 농도가 높은 쪽의 액체 쪽으로 수분이 빠져나가는 현상으로 생선이나 김치를 절일 때 이용하는 반응이다.
⑤ 팽윤(Expansion) : 수분을 흡수하여 불어나는 현상을 말한다.
⑥ 용출(Elution) : 재료 안의 성분이 용매 쪽으로 녹아 나오게하는 현상을 말한다.
⑦ 용해도(Solubility) : 용액 속에 녹을 수 있는 용질의 농도로 용해속도는 온도가 높을수록 빨라지고, 용질의 상태, 결정의 크기, 삼투, 교반 등에 의해 영향을 받는다.
⑧ 표면장력(Surface tension) : 액체 내의 분자들이 표면적을 작게하기 위해 수축하는 힘으로, 온도가 증가할수록 표면장력이 감소하며, 설탕이 표면장력을 증가시킨다.
⑨ 폐기량 : 조리 시 식품에 있어서 버리는 부분의 중량을 말한다.
폐기율 : 식품의 전체 무게에 대한 폐기량을 퍼센트(%)로 나타낸 것을 말한다.
⑩ 정미량 : 식품에서 폐기량을 제외한 가식부위를 중량으로 나타낸 것을 말한다.

추가tip 조리용 열원

전도 (Conduction)	• 열이 직접 닿아 있는 물체(냄비 등)에 접촉되어 전달 • 빨리 데워지고, 빨리 식는다.
대류 (Convection)	• 가스(공기)나 액체에 의해 밀도가 높은 곳에서 낮은 곳으로 이동 • 가열된 것은 밀도가 낮아 위로 오르고, 차가운 것은 밀도가 높아 아래로 가라 앉는다.
복사 (Radiation)	• 열이 식품에 중간매체 없이 직접 전달
극초단파 (Microwave oven)	• 전자파는 물체에 닿으면 금속은 반사되고, 유리, 도자기, 플라스틱 등은 투과되며, 물과 식품은 흡수하여 발열한다. • 조리시간이 단축되며, 갈변이 일어나지 않는다.

4) 조리장의 시설 및 설비관리

(1) 조리장의 3원칙

① 위생 : 식품의 오염을 방지할 수 있어야 하고, 환기, 통풍, 배수, 청소가 용이해야 함.

② 능률 : 식품의 구입, 검수, 저장 등이 쉽고, 기구, 기기 등의 배치가 능률적이어야 함.

③ 경제 : 경제적이며 내구성이 있어야 함.

(2) 조리장의 위치

- 통풍, 채광, 급수와 배수가 용이하고, 악취, 소음, 먼지, 유독가스, 공해 등이 없는 곳
- 음식의 운반과 배선이 쉬운 곳
- 비상시 출입문과 통로에 방해가 되지 않는 곳
- 재료의 구입 및 반출입이 편하고, 오물의 반출이 쉬운 곳
- 사고 발생 시 대피하기 쉬운 곳
- 화장실 등 오염될 우려가 있는 곳과 떨어진 곳

(2) 조리장의 면적

① 조리장의 면적 : 식당 면적의 1/3

- 조리장의 면적 산출 시 고려할 사항 : 조리인원, 식단, 조리기기 등

② 식기 회수공간 : 취식 면적의 10%

③ 조리장의 구조 : 직사각형 구조가 능률적임

④ 조리장의 길이 : 조리장 폭의 2~3배

(3) 조리장의 설비관리

바닥	• 바닥으로부터 1m까지의 내벽은 타일 등의 물청소가 용이한 내수성 자재 사용 • 미끄럽지 않아야 하며, 내수성, 산, 염, 유기용매에 강한 자재 사용 • 청소와 배수가 용이해야 함 • 트랩(Trap) : 하수도로부터 악취를 막고, 해충의 침입을 방지 (수조형 트랩이 효과적, 그리스 트랩은 지방이 하수관 내로 유입을 방지)
벽·창문	• 창의 면적은 바닥 면적의 20~30% • 창문은 직사광선을 막고, 방충 설비를 구비해야 함 • 내벽 : 바닥에서 높이 1.5m 이상(내산성, 내열성, 내수성, 불침투성 재료로 설비)

작업대	• 작업대 배치 순서 : 준비대 - 개수대 - 조리대 - 가열대 - 배선대 • 작업대의 높이는 신장의 52%(80~85cm), 너비는 55~60cm	
	ㄴ자형	동선이 짧으며, 좁은 조리장에서 사용
	ㄷ자형	면적이 동일할 때 가장 동선이 짧으며 넓은 조리장에 사용
	병렬형	180° 회전이 필요하므로 피로가 쉬움
	일렬형	작업 동선이 길어 비능률적이며, 조리장이 굽은 경우에 사용
조명	• 식품위생법상 기준조명 : 객석(30Lux), 조리실(50Lux이상), 단란주점(30Lux) • 작업하기 충분하고 눈이 피로하지 않도록 균등한 조도 유지	
환기	• 자연환기(창문), 인공환기(송풍기;Fan, 배기용 환풍기;Hood) • 후드의 경우 4방형이 가장 효율이 좋고, 경사각은 30°고 하는 것이 좋다.	
냉장·냉동	• 냉장고 : 5°C 내외의 내부 온도 유지 • 냉동고 : 0°C 이하, 혹은 -30°C(장기저장 시) 온도 유지	

2. 식품의 조리원리

[1] 농산물의 조리 및 가공·저장

(1) 전분의 조리

1) 전분(녹말)의 구조와 특징

전분은 수많은 포도당이 축합된 형태로 광합성에 의해 만들어진 식물의 저장 탄수화물이다. 일반적인 전분은 아밀로오스(20%)와 아밀로펙틴(80%)으로 구성되어 있다(찹쌀, 찰옥수수, 찰보리는 아밀로펙틴 100% 함유). 산과 효소(아밀라아제)에 의해 분해되어 덱스트린과 맥아당을 생성한다.

2) 전분의 호화(α화) ★★

① 정의 : 날 전분(β전분)에 물을 넣고 가열하면 전분 입자가 물을 흡수하여 팽창하면서 점성을 지닌 반투명의 콜로이드 형태의 전분(α전분)이 되는데, 이 현상을 호화라고 한다.

예) 쌀이 밥이나 떡이 되는 현상

② 전분의 호화(α화)가 잘 일어나는 조건

- 정백도가 높을수록(도정률이 높을수록)
- 가열 온도가 높을수록
- 가열할 때 물의 양이 많을수록
- pH가 약알칼리성일 때
- 전분의 입자가 크고 지질 함량이 많을수록[곡류(쌀) 〈 서류(감자, 고구마)]
- 소금과 산의 첨가 시 → 호화가 잘 안 됨
- 수침 시간이 길수록

3) 전분의 노화(β화)

① 정의 : 호화된 전분(α전분)을 상온에 방치하면 단단하고 딱딱하게 굳어지며 β전분으로 되돌아가는 현상을 '전분의 노화'라 한다.
예) 밥이 식어 단단하게 굳는 현상, 빵이 단단해지는 것 등

② 노화(β화)를 촉진시키는 조건

- 수분의 함량이 30~60%일 때
- 온도가 0~4℃일 때(냉장 온도)
- 아밀로오스의 함량이 많은 전분일수록 노화가 빠름(찹쌀보다 멥쌀의 노화가 빠름)
- pH가 산성일 때(수소이온이 많을 때)

③ 노화(β화)를 억제시키는 방법

- 수분함량 조절 : 전분을 80℃ 이상으로 급속 건조를 시키거나, 수분함량을 15% 이하로 유지하면 노화가 일어나지 않는다. 예)라면, 비스킷, 건빵 등
- 냉동 : 전분 중의 수분을 갑자기 0℃ 이하로 동결시키면 6개월 이상 보관할 수 있다. (예:빵이나 케이크의 냉동 보관)
- 설탕 첨가 : 설탕은 보수성이 강해 탈수제로 작용하여 노화를 둔화시킨다. (예:양갱)
- 환원제나 유화제 첨가 : 빵, 과자, 케이크 등에 이용된다.

4) 전분의 호정화(덱스트린화)

① 정의 : 전분을 건조상태로 160~170℃에서 가열하면 여러 단계의 가용성 전분을 거쳐 덱스트린(호정)으로 변하게 되는데, 이것을 '전분의 호정화'라 한다. 호화된 전분보다 물에 잘 녹고, 소화가 잘된다.

예) 뻥튀기, 미숫가루, 누룽지, 팝콘, 토스트 등

5) 전분의 당화

① 정의 : 전분에 산이나 효소를 작용시키면 가수분해 되어 단맛이 증가하는 과정이다.

예) 식혜, 조청, 물엿, 고추장 등

추가tip 식혜

- 엿기름 중의 효소 성분에 의해 전분이 당화를 일으키게 되어 만들어진 식품이다.
- 식혜를 만들 때 엿기름을 당화시키는데 적합한 온도는 50~60°C로 이 온도에서 아밀라아제의 활동이 가장 활발하다.
- 식혜물에 뜨기 시작한 밥알은 건져내어 냉수에 헹구어 놓았다가 차게 식힌 식혜에 띄운다.
- 식혜 제조에 사용되는 엿기름의 농도가 높을수록 당화 속도가 빨라진다.

(2) 곡류의 조리

쌀의 조리

1) 쌀의 특성

① 벼의 구조 : 왕겨, 외피(겨), 배아, 배유로 구성

② 현미 : 벼에서 왕겨를 제거한 것이다. 외피(겨), 배아, 배유를 포함한다. 섬유소를 포함해 소화와 흡수율이 낮다(영양가↑, 소화율↓).

③ 백미 : 현미에서 외피, 배아를 제거한 것으로, 배유만 남은 것을 말한다(영양가↓, 소화율↑). 주로 사용하는 일반쌀을 말한다.

④ 쌀의 영양소 :

– 단백질(오리제닌) : 알기닌이 풍부하고 라이신이 부족하다.

– 그 외 영양소:지방(0.8%:배아), 인, 칼륨, 마그네슘 등이 풍부하고 칼슘과 철이 부족하다.

⑤ 쌀의 수분함량 : 생쌀은 13~15%, 불린 쌀은 20~30%, 밥을 지은 경우 60~65% 수분 함유

2) 쌀의 종류에 따른 물의 분량

쌀의 종류	쌀의 중량에 대한 물의 양	쌀의 부피에 대한 물의 양
백미	쌀 중량의 1.5배	쌀 부피의 1.2배
불린 쌀	쌀 중량의 1.2배	쌀 부피의 1.0배
햅쌀	쌀 중량의 1.4배	쌀 부피의 1.1배
찹쌀	쌀 중량의 1.1~1.2배	쌀 부피의 0.9~1배

- 쌀 불리는(수침) 시간 : 멥쌀은 30분, 찹쌀은 50분
- 쌀 씻기 → 쌀 불리기 → 물 붓기 → 끓이기 → 뜸 들이기

추가tip 밥맛에 영향을 주는 요인

① 밥을 지을 때 0.03%의 소금물을 첨가하면 밥맛이 좋아진다.
② 물의 pH가 7~8(약알칼리성)일 때 밥맛이 좋아진다.
③ 오래되거나 건조한 쌀은 밥맛이 좋지 않다.
④ 재질이 두껍고 무거운 무쇠나 곱돌로 만든 것이 밥맛이 좋다.

추가tip 보리

알갱이와 껍질이 분리되지 않는 겉보리와 성숙 후 잘 분리되는 쌀보리가 있다.
① 압맥 : 보리쌀을 롤러로 압축하여 단단한 조직을 파괴하여 가공한 것. 소화율이 높다.
② 할맥 : 보리쌀의 홈을 따라 2등분으로 분쇄하여 골에 들어있는 섬유소를 제거한 것. 섬유소 함량은 낮고, 소화율이 높다.
- 보리의 고유한 단백질은 호르데인(hordein)이다.
- 압맥이나 할맥은 수분의 흡수가 빨라서 소화율을 향상시킨다.
- 맥아는 보리의 싹을 틔운 것으로 맥주 제조에 이용된다.

소맥분(밀가루)의 조리

1) 밀가루의 특성

밀가루의 단백질은 탄성이 높은 글루테닌(glutenin)과 점성이 높은 글리아딘(gliadin)으로 구성되며, 물을 첨가하여 반죽하면 높은 점탄성을 가진 글루텐(gluten)이 형성된다.

2) 밀가루의 종류

종류	글루텐 함량(%)	특징	용도
강력분	13 이상	점성, 탄력성이 강하고, 수분 흡착력이 크다.	식빵, 마카로니, 스파게티, 피자 등
중력분	10 이상 ~ 13 미만	많이 사용되는 다목적 밀가루	수제비, 국수, 만두피 등
박력분	10 미만	점성, 탄력성이 약하고, 수분 흡착력이 작다.	케이크, 파이, 비스킷, 과자류, 튀김옷 등

3) 글루텐 형성에 영향을 주는 요인

요인	내용
수 분	• 소금의 용해를 도와 반죽에 골고루 섞이게 한다. • 반죽의 경도에 영향을 준다. • 탄산가스 형성을 촉진한다. • 글루텐의 형성을 돕는다.
달 걀	• 반죽에 공기를 주입하는 팽창제의 역할을 함으로써 용적을 증가시킨다. • 글루텐의 형성에 도움이 된다. • 너무 많이 사용하면 반죽이 질겨진다.
소 금	• 글루텐의 구조를 조밀하게 함으로써 점탄성을 높인다.
지 방	• 글루텐 구조형성을 방해하여 반죽을 부드럽고 연하게 만든다. • 연화(쇼트닝)작용과 팽창작용
설 탕	• 반죽 안의 수분과 결합하여 글루텐 형성을 방해 → 점탄성 약화 • 가열 시 캐러멜화 반응으로 표면이 갈색으로 변한다.

4) 밀가루 팽창제

탄산가스(CO_2)를 발생시켜 밀가루 반죽을 부풀게 한다.

종류 : 이스트(효모), 중조(중탄산나트륨, 식소다), 베이킹파우더 등

※ 빵 반죽 발효 시 가장 적합한 온도 : 25~30℃

(3) 서류의 조리

감자

1) 감자의 특성

① 담백한 맛을 가지고 있어 삶거나 쪄서 주식 대용으로 이용한다.

② 감자의 껍질에 비타민C를 많이 함유하기 때문에 삶을 때 껍질째 삶는 것이 좋다.

③ 갈변 : 감자에 함유되어있는 티로신이 티로시나아제에 의해 산화되어 멜라닌을 생성하므로 공기 중에 효소적 갈변이 일어나는데, 이는 껍질을 깎아서 물에 넣어두거나, 항산화제인 아스코르빈산을 첨가하거나, 공기를 차단해 억제시킬 수 있다.

2) 감자의 종류

점질감자	• 찌거나 삶았을 때 부서지지 않음 • 기름으로 볶는 요리, 샐러드, 조림 등에 사용
분질감자	• 찌거나 구웠을 때 잘 부서짐(보슬보슬함) • 수분이 적어 점성이 없고, 매시드 포테이토에 이용

고구마

1) 고구마의 특성

① 감자에 비해 수분이 적고, 섬유소, 무기질과 비타민이 많다.

② 고구마를 가열하면 β-아밀라아제가 활성화되어 단맛이 증가한다.

(4) 두류의 조리

1) 두류의 특성

① 단백질, 지방, 전분의 함량이 많다(단백질 함량 약 40%- 고단백질 식품).

② 콩 단백질인 글로불린이 가장 많이 함유하는 성분은 글리시닌이다.

③ 대두와 팥의 성분 중 거품을 내며 용혈작용을 하는 독성성분인 사포닌이 있다(가열 시 파괴).

④ 날콩에는 안티트립신(단백질 소화액인 트립신의 분비를 억제)이 함유되어있어 단백질의 체내 이용을 저해하고 소화를 방해한다(가열 시 파괴).

⑤ 콩을 익히면 단백질 소화율과 이용율이 높아진다.

2) 두류의 연화법

① 1% 정도의 소금물에 담갔다가 그 용액을 이용해서 삶기

② 약알칼리성의 중조수에 담갔다가 가열 (콩이 빨리 연화되지만, 비타민B_1이 빠르게 파괴)

③ 습열조리를 할 때는 연수를 사용

추가tip 비린내가 나지 않게 삶는 방법

뚜껑을 닫으면 산소가 차단되어 비린내가 나지 않는다.

※중조를 사용하면

- 대두는 빨리 물러지나 비타민B_1을 파괴한다.
- 밀가루 음식에서는 팽창제 역할을 하나 빵의 색이 황색이 된다.
- 야채는 선명한 색이 되나 비타민C가 파괴된다.

3) 두부의 제조

① 원리 : 두부는 콩 단백질인 글리시닌이 무기염류에 의해 변성(응고)되는 성질을 이용해서 만들어진다.

② 두부의 응고제 : 염화마그네슘($MgCl_2$), 황산마그네슘($MgSO_4$), 염화칼슘($CaCl_2$), 황산칼슘($CaSO_4$)

③ 두부 제조방법

㉠ 콩을 2.5배가 될 때까지 불린다.

㉡ 소량의 물과 함께 갈아준다.

㉢ 갈아준 콩의 2~3배의 물을 넣어 30~40분 가열한다.

㉣ 비지와 두유로 분리가 되면 두유의 온도가 70℃ 일 때 간수를 2~3회 나누어 첨가

㉤ 착즙

※두류를 이용한 발효식품 : 된장, 간장, 고추장 등

(5) 채소류·과일류의 조리

채소류의 조리

채소는 수분 함량이 70~90%이고, 알칼리성 식품으로 비타민과 무기질이 풍부하다.

1) 채소류의 분류

경채류	줄기를 식용으로 하는 채소	셀러리, 아스파라거스, 죽순 등
엽채류	푸른 잎을 식용으로 하는 채소	배추, 상추, 시금치, 쑥갓, 파슬리, 부추 등
근채류	뿌리 부분을 식용으로 하는 채소	감자, 고구마, 우엉, 연근, 당근, 무, 비트 등
과채류	열매를 식용으로 하는 채소	토마토, 참외, 가지, 호박, 오이, 참외 등
화채류	꽃을 식용으로 하는 채소	브로콜리, 콜리플라워, 아티초크 등

2) 조리에 의한 채소의 변화

㉠ 녹색채소의 조리(데치기) ★

① 삶는 물의 양은 물의 온도 변화를 최소화하기 위해 재료의 5배가 좋고, 끓는 물에 넣어 단시간내 삶은 다음 찬물로 헹군다.

② 시금치, 근대, 아욱 등의 녹색 채소는 체내에서 칼슘의 흡수를 방해하여 신장결석을 일으키는 수산(옥살산)을 함유한다. 이 수산을 제거하기 위해서는 뚜껑을 열고 단시간에 데쳐 수산을 제거한다.

③ 산(식초)을 넣으면 엽록소가 페오피틴으로 변해 채소의 색이 녹황색으로 변한다.

④ 중조(소다)를 넣으면 색이 선명해지지만, 비타민C가 파괴되고 조직이 물러진다.

⑤ 소금을 넣으면 색도 선명해지고 비타민C의 산화를 방지하므로 영양적으로 조리할 수 있다.

㉡ 흰색 채소의 조리

① 무, 양파, 연근, 우엉 등에는 플라보노이드 색소가 들어있다.

② 무나 양파를 오랫동안 익힐 때 색을 희게 하려면 식초를 넣는다.

③ 연근이나 우엉의 껍질을 제거한 뒤 갈변을 막으려면 쌀뜨물이나 식초물에 담가 둔다.

※ 인삼, 더덕, 도라지는 사포닌 같은 쓰고 떫은 맛을 가지는데, 수용성 성분이기 때문에 물에 충분히 담갔다가 조리하면 떫은맛을 적게할 수 있다.

㉢ 적색 채소의 조리

① 자색 양배추, 가지 등 적색채소에는 수용성 색소인 안토시아닌이 들어있다.

② 조리할 때 뚜껑을 덮고 소량의 조리수를 사용해야 색을 보존할 수 있다.

㉣ 녹황색 채소의 조리

당근 등의 녹황색 채소는 지용성 비타민(비타민A)의 흡수를 촉진하기 위해 기름을 첨가하여 조리한다.

추가tip 김치조직의 연부현상(물러지는 현상)이 일어나는 이유

- 조직을 구성하는 펙틴질이 분해되기 때문에
- 미생물이 펙틴 분해효소를 생성하기 때문에
- 용기에 꼭 눌러 담지 않아 내부에 공기가 존재하여 호기성 미생물이 성장, 번식하기 때문에
- 김치 숙성의 적기가 경과되었기 때문에

3) 조리에 의한 색의 변화 ★

구분	내용
클로로필 (엽록소, Chlorophyll)	• 녹색식물의 엽록체에 존재하는 지용성 색소(녹색) • 산성용액(식초물)에서는 마그네슘이 수소이온으로 치환되어 갈색의 페오피틴이 생성 • 알칼리용액(소다)에서는 클로로필린이 형성되어 짙은 청록색을 유지한다.
카로티노이드 (Carotenoid)	• 녹황색 채소의 엽록체에 존재하는 지용성 색소로 황색, 주황색, 적색을 띤다. • 산, 알칼리, 열에 안정적이지만, 산소, 햇빛, 산화효소에는 불안정하다.
플라보노이드 (Flavonoid)	• 채소, 과일 등(옥수수, 양파, 감귤 껍질 등)에 존재하는 수용성 색소로 백색, 담황색을 띤다. • 일반적으로 산성에서는 백색, 알칼리성에서는 담황색을 띤다. • 무나 양파를 오래 익힐 때 우엉이나 연근을 삶을 때 - 식초를 넣으면 백색을 띤다.
안토시안 (Anthocyan)	• 꽃, 채소, 과일 등(사과, 가지, 적색 양배추 등)에 존재하는 수용성 색소로, 적색, 자색, 청색을 띤다. • 일반적으로 산성에서는 적색, 중성에서는 자색, 알칼리성에서는 청색을 띤다. • 가지를 삶을 때 백반을 첨가 → 안정된 청자색 유지

4) 채소의 갈변

- 감자, 우엉 등은 껍질을 벗기면 식품 자체의 효소에 의해 갈색으로 변하므로, 물에 담가두어 갈변을 방지한다.
- 가지, 연근, 고구마를 칼로 자르면 식품 속에 있는 탄닌과 철이 결합하여 갈색으로 변한다.
- 녹색채소는 데칠 때 뚜껑을 열고 단시간에 데쳐 빠르게 헹구어서 갈변을 방지한다.

과일류의 조리

1) 과일의 특징

① 당분과 유기산(사과산, 주석산, 구연산 등)의 함량이 많고, 비타민C와 무기질이 풍부하다.

② 인과류(사과, 배 등), 장과류(포도, 딸기 등), 핵과류(복숭아, 자두 등), 견과류(호두, 밤 등)로 분류한다.

2) 과일의 가공품

과일에는 함량의 차이가 있지만 펙틴을 함유하고 있는데, 이는 과일의 구조를 형성하는 역할을 하며, 여기에 적당량의 당분과 유기산 등이 더해지면 젤리화가 된다.

※젤리화의 3요소 : 펙틴(1~1.5%), 유기산(pH 2.8~3.4), 당분(60~65%) ★

구분	내용
잼	과일(사과, 포도, 딸기 등)의 과육을 전부 이용하여 설탕(60~65%)을 넣고 농축한 것 → 감, 배 등은 펙틴의 함량이 적어서 응고되지 않으므로 잼을 만드는데 적당하지 않다.
젤리	과일즙에 설탕(70%)을 넣고 가열, 농축한 후 냉각시킨 것이다.
마멀레이드	과일즙에 설탕, 과일의 껍질, 과육의 얇은 조각이 섞여 가열, 농축된 것이다.
프리저브	과일을 설탕 시럽과 같이 가열하여 과일이 연하고 투명한 상태로 된 것이다.
스쿼시	과실 주스에 설탕을 섞은 농축 음료수이다.

3) 과일의 갈변 방지

사과, 배 등 신선한 과일은 설탕물, 소금물, 레몬즙 등에 담가서 보관한다.

- 효소적 갈변 방지 방법 : 가열처리, 염장법, 당장법, 산장법, 아황산 침지 등

※과일의 저장 : 가스저장법(CA 저장 : 과채류의 호흡 억제), 냉장 보존

[2] 축산물의 조리 및 가공·저장

육류는 단백질을 많이 함유하며, 인(P), 황(S), 칼륨(K) 등의 무기질이 풍부하다.

– 종류 : 가축류(소, 돼지, 말, 양 등), 가금류(닭, 오리, 칠면조, 거위) 등

1) 육류의 조직

구분	특징
근육조직	• 동물조직의 30~40%를 차지하고 있으며, 동물의 운동을 담당한다. • 미오신, 액틴, 미오겐, 미오알부민으로 구성된다.
결합조직	• 콜라겐(collagen)과 엘라스틴(elastin)으로 구성된다. • 콜라겐은 장시간 물에 넣어 가열하면 젤라틴으로 변하지만, 엘라스틴은 거의 변하지 않는다.
지방조직	• 피하, 복부, 내장 기관의 주위에 많이 분포해있다. • 근육 속에 미세한 흰색의 점이 퍼져있는 지방을 마블링(근대지방)이라 하는데, 이는 고기를 연하게 하고 맛과 질을 좋게해서 고기의 품질에 대한 등급을 결정하는 기준이 된다.

2) 육류의 도살 후 사후변화

사후경직 (사후강직)	• 동물이 도축된 후 화학변화가 일어나 근육이 긴장되어 굳어지는 현상 • 미오신(근섬유)과 액틴(근단백질)이 결합하여 액토미오신으로 형성하여 근육의 수축을 유발 • 도살 이후 글리코겐이 혐기적 상태에서 젖산을 생성 → pH 저하 • 보수성 저하, 육즙이 유출 → 고기가 질기고, 맛이 없으며, 가열해도 연해지지 않음 • 사후경직시간은 일반적으로 쇠고기와 돼지고기는 12~24시간, 닭고기는 6~12시간이다(동물의 종류, 도살 전 동물의 상태에 따라 다름).
숙성 (자기소화)	• 최대 경직시간이 지나 단백질의 분해효소로 자기소화가 일어나는 것 • 숙성이 되면 고기가 연해지고, 맛이 좋아지며 소화가 잘 됨 • 근육의 자기소화에 의해 가용성 질소화합물이 증가 • 숙성기간은 일반적으로 도축 이후 쇠고기는 7~14일, 돼지고기는 3~5일, 닭고기는 1~2일이다. • 저온 숙성 시 적합한 온도는 1~3°C, 습도는 85~90%
부패	• 숙성(자기소화) 후에 미생물의 활성으로 변질이 시작

3) 가열에 의한 육류의 변화

① 단백질이 변성(응고)하고, 고기가 수축하며 보수성 및 중량이 감소한다.
② 생식할 때보다 풍미와 소화성이 향상되나, 가열 중에 비타민의 손실을 가져온다.
③ 고기의 지방은 근수축과 수분손실을 적게한다.
④ 물과 함께 가열 시 결합조직인 콜라겐이 젤라틴으로 변하여(75~80℃) 고기가 연해진다.
⑤ 미오글로빈(적자색) → 산소와 결합(산소화) → 옥시미오글로빈(선홍색) → 가열 혹은 장기간 저장(산화) → 메트미오글로빈(적갈색) ★

➲ 니트로소미오글로빈 : 쇠고기를 가공할 때 염지(소금물에 담가 놓는 것)에 의해 원료 육의 미오글로빈으로부터 생성되며, 비가열 식육제품인 햄 등의 고정된 육색을 나타내는 물질이다.

4) 육류의 연화법

① 고기를 잘게 썰거나, 다지거나, 칼등으로 두드리거나, 칼집을 내는 등의 방법
② 조리시에 설탕이나 소금, 청주 등을 첨가
③ 장시간 물에 넣어 가열하면 콜라겐이 젤라틴으로 변함
④ 단백질 분해효소를 첨가하여 고기를 연하게 함

※단백질 분해효소 ★★

파인애플(브로멜린, Bromelin), 키위(액티니딘, Actinidin), 파파야(파파인, Papain), 무화과(피신, Ficin), 배(프로테아제, Protease) 등

5) 육류의 부위별 조리법

① 쇠고기

부위 명칭	특징	조리 용도
목심	• 운동량이 많아 지방은 적고 결합조직이 많아 육질이 질기다.	구이, 스테이크, 불고기, 탕
등심	• 갈비의 위쪽에 붙은 부위로, 마블링이 많아 육질이 연하고 풍미가 좋다. • 윗등심살, 아랫등심살, 꽃등심살, 살치살	구이 스테이크
채끝	• 안심을 에워싸고 있으며, 지방이 적고 육질이 연하며 풍미가 좋다.	구이, 스테이크, 전골, 산적

안심	• 지방이 가장 적고, 육질이 가장 연하며 풍미가 좋다.	구이, 스테이크, 찜, 전골, 산적
우둔	• 지방이 있으나 살코기가 많고 육질이 연하다. • 우둔살, 홍두깨살	구이, 전골, 산적, 장조림, 육포
앞다리	• 육질의 결은 곱지만, 결합조직이 많아 약간 질기다. • 갈비덧살, 부채살, 앞다리살, 부채 덮개살, 꾸리살	불고기, 육회, 탕
갈비	• 육질이 연하며 풍미가 좋다. • 갈비, 마구리, 토시살, 안창살, 제비추리, 불갈비, 꽃갈비, 갈비살	구이, 찜, 탕, 전골
양지	• 결합조직이 많아 육질이 질기다. • 양지머리, 업진살, 차돌박이, 치맛살, 치마양지, 앞치맛살	장조림, 편육, 탕
설도	• 지방이 적고 육질이 질기다. • 보섭살, 도가니살, 설깃머릿살, 감각살, 설깃살	육포, 육회, 불고기
사태	• 지방이 적고 육질이 질기다. • 아롱사태, 앞사태, 뒷사태, 뭉치사태, 상박살	찜, 찌개, 탕, 스튜

② 돼지고기

부위 명칭	특징	조리 용도
목심	지방이 적당하며 풍미가 좋다.	구이, 수육
등심	육질이 부드럽고 지방이 적다.	구이, 돈가스, 폭찹, 볶음
갈비	지방이 적당하고, 육질이 쫄깃하며, 풍미가 좋다.	구이, 찜, 바베큐
앞다리	지방이 적고, 육질의 결이 곱다.	불고기, 찌개, 수육
삼겹살	근육과 지방이 세 겹의 막을 형성하여 풍미가 좋다.	구이, 베이컨, 수육
안심	지방이 약간 있고, 육질이 연하다.	구이, 스테이크, 탕수육
뒷다리	지방이 적고, 육질의 결이 곱다.	불고기, 편육, 장조림

6) 육류의 조리방법

- 습열조리 – 찜, 국, 탕, 조림, 편육
- 건열조리 – 구이, 산적(등심, 갈비, 안심, 홍두깨살, 대접살, 채끝살)

7) 육류의 가열 정도와 내부 상태

가열정도	중심부 온도	내부상태
레어(rare)	55~60℃	표면을 살짝 굽고 자르면 육즙이 흐르고, 내부는 거의 생고기에 가깝다.
미디엄(medium)	65~70℃	겉은 회갈색이나 자르면 연붉은색이며, 자른 면에 약간의 육즙이 있다.
웰던(well-done)	70~80℃	표면과 내부 모두 갈색으로, 육즙이 거의 없다.

8) 육류의 가공품

① 햄 : 돼지고기에서 지방이 적은 뒷다리 부분과 소금, 설탕, 아질산염 등을 혼합하여 훈연한 것이다.

② 베이컨 : 돼기고기에서 지방이 많은 복부육인 삼겹살 부분과 소금, 설탕, 아질산염 등을 혼합하여 훈연한 것이다.

③ 소시지 : 햄을 만들 때 나오는 부스러기 고기와 소금, 아질산염 등을 혼합한 후 갈아서 인공케이싱이나 동물 창자에 넣어 가열, 훈연한 것이다.

9) 달걀의 조리

달걀은 단백질의 급원 식품으로 영양학적으로 거의 완전하고, 가격이 싸며, 조리에 다양하게 응용할 수 있다. 달걀 1개의 무게는 약 50~60g이다.

(1) 달걀의 구성

구분	특징
난각	• 껍질 부분으로 내부를 보호하고, 탄산칼슘($CaCO_3$)으로 구성되어 있다.
난백	• 흰자 부분으로 수분과 단백질을 포함하고 있는 투명한 액체이며, 달걀의 약 60%를 차지한다. • 난백의 90%는 수분이고, 나머지는 단백질이 많다. • 농후난백과 수양난백으로 구분한다. • 주요단백질 : 오브알부민
난황	• 노른자 부분으로, 수분, 단백질, 지방을 포함하며 달걀의 약 30%를 차지한다. • 인(P)과 철(Fe)이 들어있다. • 주요단백질 : 리보비텔린

(2) 달걀의 특성

㉠ 열 응고성

① 달걀의 단백질이 열에 의해서 응고(변성)되는 성질이다.

② 난백은 60℃에서 응고 시작, 65℃에서 응고가 완전히 되며, 난황은 65℃에서 응고를 시작하여 70℃에서 완전히 응고된다.

③ 산(식초)이나 식염(소금)을 첨가하면 응고온도가 낮아진다(응고 촉진).

④ 설탕을 첨가하면 응고온도가 높아진다(응고 지연).

⑤ 온도가 높을수록 가열하는 시간이 단축되지만 응고물은 수축하여 단단하고 질겨진다.

⑥ 달걀을 물에 넣어 희석하면 응고온도가 높아지고 응고물은 연하게 된다.

⑦ 열 응고성을 이용해서 만든 음식 : 달걀프라이, 달걀찜, 커스터드, 푸딩, 수란, 오믈렛 등

㉡ 난백의 기포성

① 달걀의 난백을 저을 때 공기가 들어가 기포(거품)가 발생하는 성질이다.

② 난백은 냉장온도보다 실내온도(30℃)에서 저장했을 때 점도가 낮고 표면장력이 작아져 거품이 잘 생긴다.

③신선한 달걀보다는 어느 정도 묵은 달걀이 수양난백이 많아 거품이 쉽게 형성된다.

④ 난백에 거품을 낼 때 산(식초, 레몬즙 등)을 조금 넣으면 단백질의 점도가 저하되어 기포 형성에 도움이 된다.

⑤ 설탕, 우유, 기름, 소금 등은 기포의 형성을 방해한다(설탕은 난백을 적당히 거품 낸 다음에 넣으면 거품의 치밀도와 안전성을 높여줌).

⑥ 밑바닥이 좁고 둥근 그릇을 사용할 경우 기포가 더 잘 올라온다.

⑦ 난백의 기포성을 이용한 음식 : 머랭, 스펀지 케이크, 튀김옷 등

㉢ 난황의 유화성 ★★

① 달걀의 난황에는 인산을 함유한 복합지방질인 레시틴(lecithin)이 있어 기름의 유화를 촉진하는 성질을 말한다.

② 난황이 유화성을 이용한 음식 : 마요네즈, 프렌치드레싱, 크림수프 등

추가tip 그 외 달걀의 조리

- 결합제 : 만두속, 빵가루
- 청정제 : 국물요리에 흰자 거품을 넣으면 이물질과 함께 응고되어 국물이 맑아진다. 예) 비프 콘소메 수프 등

※녹변현상

달걀을 너무 오래 삶으면 난황 주위가 암녹색(회녹색)으로 변색이 일어나게 된다.

* 난백의 황화수소 + 난황 중의 철분 → 결합 → 황화제1철(FeS) 생성
  달걀을 삶은 직후에 찬물에 넣고 식히면 황화수소가 난각을 통해 밖으로 나가기 때문에 녹변현상을 방지할 수 있음

〈녹변 현상이 강화되는 조건〉

- 가열 시간이 길수록
- 가열 온도가 높을수록
- 오래된 달걀일수록(pH가 높아짐; 알칼리성)
- 삶은 후 즉시 냉수에 헹구지 않았을 때

추가tip 달걀의 소화율 반숙 > 완숙 > 생란 > 달걀프라이

(3) 달걀의 신선도 판정방법

외관법	달걀의 껍질이 까칠까칠하며, 광택이 없고, 흔들었을 때 소리가 나지 않는 것이 신선한 달걀이다.
비중법	6% 소금물에 담궜을 때 가라앉으면 신선한 달걀이다. (Chapter 4. 식품품질 및 감별법 참고)
투광법	난황이 중심에 위치하고, 윤곽이 뚜렷하며 기실의 크기가 작은 것이 신선한 달걀이다.
난황계수·난백계수 측정법	• 난황계수 = $\frac{\text{난황의 높이 (㎜)}}{\text{내용연수 (㎜)}}$ = 0.375 이상 (신선한 것) • 난백계수 = $\frac{\text{난황의 높이 (㎜)}}{\text{내용연수 (㎜)}}$ = 0.14 이상 (신선한 것)

*달걀의 저장 중에 일어나는 품질변화
중량감소, pH 증가, 난황막의 약화, 농후난백 감소, 수양난백 증가

(4) 달걀의 가공품

① 마요네즈 : 난황에 유지를 조금씩 첨가하면서 저은 후 식초와 여러 향신료, 조미료를 첨가하여 만든 것이다. 분리된 마요네즈는 새로운 난황에 분리된 것을 조금씩 넣으면서 한 방향으로 세게 저어주면 재생이 된다.

② 피단(송화단) : 알칼리(석회, 점토 등)와 소금(식염)의 혼합액을 달걀에 발라 침투시켜 응고, 숙성시킨 것으로 독특한 풍미를 가진 조미달걀이다.

10) 우유의 조리

우유는 칼슘과 단백질의 급원 식품으로, 영양학적으로 거의 완전식품에 해당한다.

(1) 우유의 성분

구분		특징
탄수화물		• 4~5% 정도 함유하며 대부분이 유당이다.
단백질	카제인 (Casein)	• 칼슘과 인이 결합된 인단백질 • 우유 단백질의 약 80% • 산이나 효소(레닌)에 의해 응고되고, 열에 의해 응고되지 않는다.
	유청단백질 (Whey protein)	• 카제인이 응고된 이후에 남아있는 단백질 • 우유 단백질의 20% • 열에 의해 응고되고, 산이나 효소에 의해 응고되지 않는다. • α-락토알부민, β-락토글로불린 등이 있다.
지방		• 3~4% 정도 함유하며, 대부분은 중성지질이다.
비타민		• 비타민 A·D, 나이아신 등이 함유 • 비타민 C·E 부족
무기질		• 칼슘, 마그네슘, 칼륨 등이 함유 • 철, 구리 부족

우유의 응고 요인

산(식초, 레몬즙), 효소(레닌), 페놀화합물(탄닌). 알코올, 염류, 열 등

(2) 우유의 조리

① 요리의 색을 희게 하며, 부드러운 질감과 풍미를 준다.

② 조리 전에 우유를 이용하면 여러 가지 냄새를 흡착, 제거할 수 있다. (생선조리시 TMA 흡착 → 비린내 제거)

③ 고온으로 오래 가열하면 메일러드 반응에 의해 갈색으로 변한다. (빵, 과자, 케이크 등)
④ 단백질의 젤(gel) 강도를 높여준다. (커스터드, 푸딩)
⑤ 토마토 크림스프를 만들 때 우유를 넣으면 산에 의한 응고가 일어난다.
⑥ 카제인이 산, 레닌과 결합하여 응고가 일어난다. (치즈 등)

추가tip 우유의 가열

우유를 가열하면 하얀 피막(지방과 단백질이 엉긴 것)이 생기고, 바닥에는 단백질과 유당이 눌어 타기 시작하는데, 이것을 방지하려면 약한 불로 이중냄비를 사용하여 저어가면서 끓이면 된다(중탕).

(3) 우유의 종류

구분	내용
전유	유지방의 함량이 3% 이상인 우유
저염우유	전유 속의 나트륨을 칼륨과 교환시킨 우유
저지방우유	유지방의 함량을 1~2% 이하로 낮춘 우유
탈지우유	유지방의 함량을 0.5% 이하로 줄인 우유

(4) 우유의 가공품

구분		내용
요구르트		탈지유를 농축한 후 설탕을 첨가하여 가열, 살균, 발효시킨 것
치즈	자연치즈	우유단백질인 카제인을 효소인 레닌(Rennin)에 의해 응고시킨 후 유청을 제거하여 만든 발효식품
	가공치즈	자연치즈에 유화제를 넣고 가열한 것으로, 발효가 더 이상 일어나지 않아 저장성이 큼
버터		우유의 유지방을 모아 응고시켜 만든 유중수적형의 유가공 식품으로 80% 이상의 지방을 함유
크림		우유를 방치하거나, 원심분리하였을 때 위로 뜨는 유지방 부분을 분리한 것
연유(농축유)		우유의 수분을 증발시켜 살균, 농축화한 것 가당연유 : 설탕을 첨가하여 농축한 것
분유		전유, 탈지유, 반 탈지유 등을 건조시켜 수분을 5% 이하로 분말화한 것
아이스크림		크림에 설탕, 유화제, 안정제(젤라틴), 지방 등을 첨가하여 공기를 불어 넣은 후에 동결시킨 것

[3] 수산물의 조리 및 가공·저장

(1) 어류의 특징

① 생선의 근육도 다른 동물의 근육과 같이 근섬유가 치밀하게 모여 있으며 사후경직(사후강직)을 일으키고, 사후경직 후 자가소화(숙성, 단백질 분해효소에 의한 분해)와 부패가 동시에 일어난다.
② 숙성 때에 맛이 좋아지는 육류와 달리, 생선은 사후강직 때가 탄력 있고 맛이 좋다.
③ 생선은 산란기 직전의 것이 가장 살이 찌고 지방도 많으며 맛이 좋다. (산란기에는 저장된 영양분이 빠져나가고 몸이 마르기 시작하고 지방도 줄어 맛이 없어진다.)
④ 담수어는 해수어보다 생선 비린내가 강하고, 생선 껍질에 점액에서 많이 난다.
⑤ 신선도가 저하되면 트리메틸아민(TMA)이 증가하고, 암모니아를 생성한다.
⑥ 생선의 지방은 80%가 불포화지방산이고 나머지 20%가 포화지방산이다. (불포화지방산 함량이 높기 때문에 공기 중에 쉽게 산화되어 빨리 산패)

(2) 어류의 종류

	흰살 생선	붉은살 생선
사는 곳	해저 깊은 곳(수온↓)	해면 가까이(수온↑)
지방	적다(지방함량 5% 이하)	많다(지방함량 5~20%)
자가소화	비교적 천천히	빠르다(쉽게 부패)
운동성	비교적 적음	활발함
종류	도미, 조기, 민어, 광어 등	꽁치, 고등어, 정어리, 참치 등

추가tip 어패류의 분류

패류(조개류)	• 딱딱한 껍질 속에 식용 가능한 근육조직이 있다. • 대합, 모시조개, 바지락, 소라, 홍합 등
갑각류	• 키틴질의 딱딱한 껍질로 싸여있고, 여러 조각의 마디를 가진다. • 게, 새우, 가재 등
연체류	• 몸이 부드럽고, 뼈와 마디가 없다. • 오징어, 낙지, 문어, 꼴뚜기 등

(3) 생선의 비린내(어취) ★

생선의 비린내는 어체 내에 있는 트리메틸아민 옥사이드(Trimethylamine Oxide; TMAO)가 생선에 붙은 미생물에 의해 환원되어 트리메틸아민(Trimethylamine; TMA)으로 되어 나는 냄새이다.

어류 부패 시 발생하는 냄새물질 ★

트리메틸아민(TMA), 암모니아, 피페리딘, 황화수소, 메르캅탄, 인돌 등

초기부패 판정

- TMA : 3~4mg
- 휘발성 염기질소 : 30~40mg

신선도 검사

① 관능검사

② 생균수 검사 : 세균 수가 10^7~10^8인 경우

③ 이화학적 검사 : 휘발성염기질소(VBN), 트리메틸아민(TMA), 히스타민(Histamine)의 함량이 낮을수록 신선하다.

(4) 생선의 비린내(어취) 해소 방법

① 물(냉수)에 체표면의 점액을 잘 씻는다. (칼집은 씻은 뒤에 낸다.)

② 생선을 조림(가열할) 때 처음 몇 분 동안은 뚜껑을 열어, 비린내를 휘발시킨다.

③ 식초나 레몬즙 등의 산을 첨가한다.

④ 우유에 미리 담가 두었다가 조리한다.(우유에 있는 카제인이 트리메틸아민을 흡착하여 비린내가 제거된다.)

⑤ 간장, 된장, 고추장 등의 장류를 첨가한다.

⑥ 생강, 파, 마늘, 무, 겨자, 고추, 고추냉이, 술(청주) 등의 향신료를 강하게 사용한다.(향신료는 생선이 거의 익은 후에 넣는다.)

(5) 어패류의 조리

① 생선을 구울 때 일반적으로 생선 중량 대비 2~3% 정도의 소금을 뿌리는 것이 적당하다.
② 지방함량이 높은 생선으로 구이를 하는 것이 풍미가 좋다.
③ 처음 가열할 때 뚜껑을 열어 비린내를 휘발시킨다.
④ 생선조림은 물이나 양념장을 먼저 살짝 끓이고 생선을 넣는다. (모양 유지와 맛 성분 유출 방지)
⑤ 어육 단백질은 열, 산, 소금 등에 의해 응고되어 모양이 유지되고 단단해진다.
⑥ 생강은 고기나 생선이 거의 익은 후에 넣어준다.
⑦ 선도가 약간 저하된 생선은 조미를 강하게 하여 뚜껑을 열고 짧은 시간 내에 끓인다.
⑧ 조개류는 낮은 온도에서 서서히 조리해야 급격한 단백질의 응고로 인한 수축을 방지할 수 있다.
⑨ 생선숙회는 신선한 생선편을 끓는 물에 살짝 데치거나, 끓는 물을 끼얹어 회로 이용한다.
⑩ 탕을 끓이는 경우 국물을 먼저 끓인 후 생선을 넣어야 생선살이 풀어지지 않는다.

(6) 어패류의 가공품

① 연제품 : 어육에 소금을 넣고 으깬 후 전분, 조미료 등을 가하여 반죽한 것을 찌거나 튀겨서 익힌 것을 말한다.
② 젓갈 : 어패류에 20~30%의 소금을 넣고 발효, 숙성시켜 원료 자체 내 효소의 작용으로 풍미를 내는 식품이다.

(7) 해조류의 종류

해조류는 요오드(I)가 풍부하고, 인(P), 칼륨(K), 칼슘(Ca) 등의 함유량이 높다.

구분	특징	종류
녹조류	• 얕은 바다(20m이내)에 서식한다. • 클로로필(녹색)이 풍부하고, 소량의 카르티노이드를 함유한다.	파래, 청각, 매생이, 클로렐라 등
갈조류	• 좀 더 깊은 바다(20m이상~40m이내)에 서식한다. • 카로티노이드인 β-카로틴과 푸코잔틴이 풍부하다.	다시마, 미역, 톳, 모자반등
홍조류	• 깊은 바다(40m이상~50m이내)에 서식한다. • 피코에리스린(적색)이 풍부하고, 소량의 카로티노이드를 함유한다.	김, 우뭇가사리 등

(8) 해조류의 가공품

다시마	• 건다시마 표면의 흰가루 성분은 만니톨이며 이것이 단맛을 낸다.
미역	• 요오드, 칼슘 등의 무기질의 함량이 풍부한 알칼리성 식품이다. • 필수아미노산이 많이 포함 되어있어 단백질의 질이 높다. • 당질은 글리코겐 형태로만 존재한다.
김	• 칼슘, 인, 칼륨 등의 무기질을 포함하는 알칼리성 식품이다. • 보관중에 광선, 수분, 산소 등과 접촉 → 변질되어 적색으로 바뀜(맛과 향기가 없어짐) • 양질의 김은 검은색이며 윤기가 나고, 겨울에 생산되어 질소함량이 높으며, 불에 구우면 청록색이 된다.

※알긴산 : 해조류에서 추출한 점액질 물질로, 식품에 점성을 주고 안정제와 유화제로 이용된다.

(9) 한천과 젤라틴

한천	• 우뭇가사리를 삶을 때 점액이 나오면 이것을 냉각, 응고시킨 뒤 동결, 건조시킨 것 • 다당류로 체내에서 소화되지 않지만, 물을 흡수하여 커지면(팽윤현상) 장을 자극해서 연동운동을 활발하게 하여 변비를 예방한다. • 설탕 첨가 → 겔의 점성, 탄성, 투명도 증가 • 설탕의 농도 증가 → 겔의 강도가 증가 • 산, 우유 첨가 → 겔의 강도가 감소 • 응고온도 : 25~35°C, 용해온도 : 80~100°C • 양갱의 응고제, 유제품 등의 안정제, 곰팡이·세균 등의 배지에 이용
젤라틴	• 동물의 결속조직을 구성하는 주요 단백질인 콜라겐이 가수분해되어 생긴 것 • 설탕의 농도 증가 → 겔의 강도가 감소 • 염류 첨가시 젤라틴 응고 촉진시켜 단단해짐 • 산 첨가 → 응고 방해 (부드러워짐) • 응고온도 10~15°C, 용해온도 : 50~60°C • 아이스크림, 젤리, 족편, 마시멜로우 등에 사용

[4] 유지 및 유지 가공품

(1) 유지의 성분

① 유(油) : 상온에서 액체 상태인 것(Oil).

② 지(脂) : 상온에서 고체 상태인 것(Fat).

③ 3분자의 지방산 + 1분자의 글리세롤 (에스테르 결합)

(2) 유지의 종류

동물성 유지(대부분 고체)	쇠기름(우지), 돼지기름(라드), 어유, 고래기름 등
식물성 유지(대부분 액체)	대두유, 면실유, 참기름, 올리브유, 들기름, 포도씨유 등
가공유(경화유)	쇼트닝, 마가린

(3) 유지의 발연점

유지를 가열하면 어느 온도에 다다랐을 때 유지의 표면에서 푸른 연기가 나기 시작하는데, 이 온도를 유지의 발연점이라 한다. 발연점에 도달하면 청백색 연기와 함께 아크롤레인의 생성에 의한 자극성 냄새가 발생한다. 발연점이 높은 식물성 기름일수록 타지 않기 때문에 튀김에 적당하다.

- 콩기름(256℃), 포도씨유(250℃), 옥수수유(228℃), 라드(190℃), 올리브유(175℃)

※발연점에 영향을 주는 인자

- 유리지방산이 많으면 발연점이 낮아진다.
- 기름에 이물질이 많으면 발연점이 낮아진다.
- 여러 번 반복 사용하여 산패될수록 발연점이 낮아진다.
- 튀김 용기의 표면적이 넓을수록 발연점이 낮아진다.

(4) 유지의 성질

가소성	• 외부에서 어느 물체에 힘을 가하고 그 물체에 힘을 없애도 원래의 형태로 되돌아 오지 않고, 변형된 형태를 그대로 유지하려는 성질. • 버터, 마가린, 쇼트닝 등

경화	• 불포화지방산에 수소를 첨가하고 촉매제로 니켈(Ni), 백금(Pt)들 사용하여 액체유를 고체인 포화지방산으로 만드는 것(경화유 제조방법). • 마가린, 쇼트닝 등
연화작용	• 밀가루 반죽에 유지를 첨가해 지방층을 형성 → 전분과 글루텐의 결합을 방해하는 작용 • 페이스트리, 모약과 등
유화	• 유지를 물과 잘 섞이게 하는 것(일반적인 상태에서는 혼합되지 않는 2종류의 액체를 균일하게 혼합하는 조작) • 수중유적형(O/W) : 물속에 기름이 분산되어있는 형태 (우유, 마요네즈, 아이스크림, 크림스프 등) • 유중수적형(W/O) : 기름 속에 물이 분산되어있는 형태 (마가린, 버터 등)

(5) 유지의 산패와 영향을 주는 요인 ★

유지나 유지를 포함한 식품을 오랫동안 저장하여, 산소, 광선, 온도, 효소, 미생물, 금속, 수분 등에 노출되면 색깔, 맛, 냄새 등이 변하게 되는 현상을 산패라고 한다.

유지의 산패 촉진에 영향을 주는 요인

- 온도가 높을수록
- 유지의 불포화도가 높을수록
- 금속(구리, 철, 납, 알루미늄 등)
- 광선 및 자외선
- 수분이 많을수록

(6) 유지의 산패방지법 ★

① 공기와의 접촉을 피하고, 어둡고 서늘한 곳에 보관한다.

② 사용했던 기름은 새 기름과 혼합하지 않는다.

③ 항산화제를 첨가하여 사용한다.

추가tip

- 산가 : 1g에 들어있는 유리지방산을 중화하는데 필요한 수산화칼륨(KOH)의 mg 수를 말하며, 산가가 높으면 유지가 산패된 것이다.
- 과산화물가 : 유지 1kg에 들어있는 과산화물의 mM(밀리몰수)를 말하며, 과산화물가가 높은 유지는 변질된 것이다.

→ 이 값들이 낮을수록 신선한 유지이다.

[5] 냉동식품의 조리

(1) 냉동

① 0℃ 이하에서는 미생물과 효소가 활동하지 않는 원리를 이용하여 0℃ 이하에서 저장하고 보존하는 식품을 냉동식품이라고 한다.

② −15℃ ~ −5℃ 사이에서 서서히 동결하는 방법은 완만냉동법이다.

③ 서서히 냉동하면 얼음 결정이 크게 되어 조직을 상하게 하므로 −40℃ 이하의 온도에서 빠르게 동결하는 급속냉동법이나 액체 질소를 이용한 냉동법으로 냉동한다.

④ 미생물이 사용하는 수분이 얼기 때문에 미생물의 생육이 억제되어 장기간 보존이 가능하나, 미생물이 사멸된 것이 아니므로 상온에 두면 미생물이 다시 증식한다.

⑤ 야채류는 데친(Blanching) 다음에 동결하는 것이 좋다.(야채 내의 효소 파괴, 미생물 살균, 조직 영화, 부피 감소)

(2) 식품의 냉동법과 해동법

종 류	냉동법	해동법
육류·어류	• 잘 다듬어서 원형 그대로 혹은 부분으로 나누어 냉동	• 고온에서 급속 해동시 단백질의 변성으로 드립이 발생 • 냉장고나, 냉장온도(5~10°C)에서 자연해동 시켜야 위생적이고 영양손실이 적음
채소·과일류	• 채소는 데치기를 한 후 냉동(수분을 감소시켜 미생물 증식 억제) • 과일은 설탕이나 설탕시럽을 사용하여 냉동(향기나 질감의 손상 감소)	• 채소는 삶을 때 해동과 조리를 동시에 진행, 찌거나 볶을 때 냉동된 상태 그대로 조리 • 과일은 먹기 직전에 냉장고나 흐르는 물에서 해동, 주스를 만들 경우 냉동된 상태에서 그대로 믹서로 갈아줌
반조리식품	• 쿠키나 파이반죽은 밀봉하여 냉동저장	• 오븐이나 전자레인지를 사용하여 급속 해동
과자류	• 빵, 케이크, 떡 등은 부드러운 상태에서 밀봉하여 냉동저장	• 상온에 자연해동 → 거의 원상태 • 오븐에 데우기

추가tip

- 급속냉동 시 얼음 결정이 작게 형성 → 조직 파괴가 작음
- 한 번 해동 후에는 다시 냉동하지 않는다.
- 해동된 식품은 더 쉽게 변질되므로 필요한 양만큼만 해동하여 사용한다.
- 식육의 조직 손상 최소화 : 급속 동결, 완만 해동

[6] 조미료와 향신료

(1) 조미료

식품의 본연의 맛을 돋우거나 개인의 기호에 맞게 조절하여 풍미를 좋게 하려고 사용하는 식품첨가물이다.

(2) 맛에 따른 조미료의 종류

① 짠맛(함미료) : 소금, 된장, 간장 등
② 단맛(감미료) : 설탕, 꿀, 올리고당, 물엿, 인공감미료 등
③ 신맛(산미료) : 식초, 젖산, 구연산, 사과산, 주석산 등
④ 감칠맛, 맛난맛(지미료) : 멸치, 다시마, 가다랑어포, 조개류, MSG 등
⑤ 매운맛(신미료) : 고추, 고추장, 겨자, 후추 등
⑥ 쓴맛(고미료) : 카페인, 나린진, 휴물론 등

※조미의 순서 : 설탕→소금→간장→식초 ★

(3) 향신료

특유한 향을 느끼게 하고 자극적인 맛을 내기 위해서 사용하는 식품첨가물이다.

(4) 향신료의 종류

종류	성분	특징
생강	진저론, 쇼가올	• 육류의 누린내와 생선의 비린내를 없애는 데 효과 • 식욕 촉진, 연육효과
마늘	알리신	• 육류의 누린내와 생선의 비린내 제거 • 살균과 강장작용, 혈액 순환을 촉진, 소화를 도움 • 비타민 B_1과 결합하여 알리티아민으로 변해 비타민 B_1의 흡수를 도움
파	황화알릴	• 육류의 누린내와 생선의 비린내, 채소의 풋냄새 등을 제거
고추	캡사이신	• 적당량을 섭취하면 식욕을 촉진해 주고 소화를 도움 • 살충의 효과
후추	차비신	• 육류 및 어류의 냄새를 없애는 데 효과적 • 검은후추가 흰후추에 비해 매운맛이 강함
겨자	시니그린	• 자극성이 강하고, 특유의 향을 가짐 • 40°C에서 매운맛을 내므로 따뜻한 곳에서 발효시키는 것이 좋음
기타	아니스(회향), 시나몬(계피), 클로브(정향), 넛맥(육두구), 타임(백리향), 박하 월계수잎 등 • 산초 : 상쾌한 향과 매운맛을 낸다. 생선의 비린내를 없애 주고, 음식의 맛을 깔끔하게 해 준다. ※향료는 스파이스와 허브로 구분된다. 스파이스는 가지나 열매나 뿌리, 껍질 등 비교적 딱딱한 종류를 말하고, 허브는 잎, 꽃 등 연한 종류를 말한다.	

예/상/문/제

1. 조리준비

01. 식품조리의 목적과 가장 거리가 먼 것은?

① 식품이 지니고 있는 영양소 손실을 최대한 적게하기위해
② 각 식품의 성분이 잘 조화되어 풍미를 돋구게 하기 위해
③ 외관상으로 식욕을 자극하기 위해
④ 질병을 예방하고 치료하기 위해

02. 계량컵을 사용하여 밀가루를 계량할 때 가장 올바른 방법은?

① 체로 쳐서 가만히 수북하게 담아 주걱으로 깎아서 측정한다.
② 계량컵에 그대로 담아 주걱으로 깎아서 측정한다.
③ 계량컵에 꼭꼭 눌러 담은 후 주걱으로 깎아서 측정한다.
④ 계량컵을 가볍게 흔들어 주면서 담은 후 , 주걱으로 깎아서 측정한다.

03. 다음 중 계량방법이 올바른 것은?

① 마가린을 잴 때는 실온일 때 계량컵에 꼭꼭 눌러 담고, 직선으로 된 칼이나 spatula로 깎아 계량한다.
② 밀가루를 잴 때는 측정 직전에 체로 친 뒤 눌러서 담아 직선 spatula로 깎아 측정한다.
③ 흑설탕을 측정할 때는 체로 친 뒤 누르지 말고 가만히 수북하게 담고 직선 spatula로 깎아 측정한다.
④ 쇼트닝을 계량할 때는 냉장온도에서 계량컵에 꼭 눌러 담은 뒤, 직선 spatula로 깎아 측정한다.

04. 식품을 계량하는 방법으로 틀린 것은?

① 밀가루 계량은 부피보다 무게가 더 정확하다.
② 흑설탕은 계량 전에 체로 친 다음 계량한다.
③ 고체 지방은 계량 후 고무주걱으로 잘 긁어 옮긴다.
④ 꿀같이 점성이 있는 것은 계량컵을 이용한다.

05. 버터나 마가린의 계량방법으로 가장 옳은 것은?

① 냉장고에서 꺼내어 계량컵에 눌러담은 후 윗면을 직선으로 된 칼로 깎아 계량한다.
② 실온에서 부드럽게 하여 계량컵에 담아 계량한다.
③ 실온에서 부드럽게 하여 계량컵에 눌러담은 후 윗면을 직선으로 된 칼로 깎아 계량한다.
④ 냉장고에서 꺼내어 계량컵의 눈금까지 담아 계량한다.

06. 다음 중 계량 표준용량으로 틀린 것은?

① 1컵 = 200㎖　② 1큰술 = 25㎖
③ 1작은술 = 5㎖　④ 1파운드 = 16oz

07. 서양요리 조리방법 중 건열조리와 거리가 먼 것은?

① 브로일링(broiling)　② 로우스팅(roasting)
③ 팬후라잉(pan-frying)　④ 시머링(simmering)

08. 비교적 영양 손실이 적은 조리법은?

① 튀기기　② 삶기
③ 찌기　④ 굽기

09. 습열 조리법으로 조리하지 않는 것은?

① 편육　② 장조림
③ 불고기　④ 꼬리곰탕

정답　01. ④　02. ①　03. ①　04. ②　05. ③　06. ②　07. ④　08. ①　09. ③

10. 서양요리 조리방법 중 습열조리와 거리가 먼 것은?

① 브로일링(Broiling)
② 스티밍(Steaming)
③ 보일링(Boiling)
④ 시머링(Simmering)

11. 채소의 무기질, 비타민의 손실을 줄일 수 있는 조리법은?

① 데치기　② 끓이기
③ 삶기　④ 볶음

12. 채소를 데칠 때 뭉그러짐을 방지하기 위한 가장 적당한 소금의 농도는?

① 1%　② 5%
③ 10%　④ 20%

13. 다음의 조리방법 중 센 불로 가열한 후 약한 불로 세기를 조절하는 것과 관계가 없는 것은?

① 생선조림　② 된장찌개
③ 밥　④ 새우튀김

14. 전자레인지의 주된 조리원리는?

① 복사　② 초단파
③ 전도　④ 대류

15. 덩어리 육류를 건열로 표면에 갈색이 나도록 구워 내부의 육즙이 나오지 않게 한 후 소량의 물, 우유와 함께 습열조리하는 것은?

① 스튜잉(stewing)　② 브레이징(braising)
③ 브로일링(brailing)　④ 로스팅(roasting)

16. 주방의 바닥조건으로 맞는 것은?

① 산이나 알칼리에 약하고 습기, 열에 강해야 한다.
② 바닥전체의 물매는 1/20이 적당하다.
③ 조리작업을 드라이 시스템화 할 경우의 물매는 1/100정도가 적당하다.
④ 고무타일, 합성수지타일 등이 잘 미끄러지지 않으므로 적당하다.

17. 다음 중 급식소의 배수시설에 대한 설명으로 옳은 것은?

① S트랩은 수조형에 속한다.
③ 배수를 위한 물매는 1/10 이상으로 한다.
② 찌꺼기가 많은 경우는 곡선형 트랩이 적합하다.
④ 트랩을 설치하면 하수도로부터의 악취를 방지할 수 있다.

18. 기름성분이 하수구로 들어가는 것을 방지하기 위해 가장 바람직한 하수관의 형태는?

① S 트랩
② P 트랩
③ 드럼
④ 그리스 트랩

2. 식품의 조리원리

[전분과 곡류]

01. 전분의 노화를 억제하는 방법으로 적합하지 않은 것은?

① 수분함량 조절　② 냉동
③ 설탕의 첨가　④ 산의 첨가

정답　10. ①　11. ④　12. ①　13. ④　14. ②　15. ②　16. ④　17. ④　18. ④　/　01. ④

02. 전분에 물을 붓고 열을 가하여 70~75℃ 정도가 되면 전분입자는 크게 팽창하여 점성이 높은 반투명의 클로이드 상태가 되는 현상은?

① 전분의 호화
② 전분의 노화
③ 전분의 호정화
④ 전분의 결정

03. 찹쌀의 아밀로오스와 아밀로펙틴에 대한 설명 중 맞는 것은?

① 아밀로오스 함량이 더 많다.
② 아밀로오스 함량과 아밀로펙틴의 함량이 거의 같다.
③ 아밀로펙틴으로 이루어져 있다.
④ 아밀로펙틴은 존재하지 않는다.

04. 전분에 효소를 작용시키면 가수분해 되어 단맛이 증가하여 조청, 물엿이 만들어지는 과정은?

① 호화　② 노화
③ 호정화　④ 당화

05. 호화와 노화에 대한 설명으로 옳은 것은?

① 쌀과 보리는 물이 없어도 호화가 잘된다.
② 떡의 노화는 냉장고보다 냉동고에서 더 잘 일어난다.
③ 호화된 전분을 80℃ 이상에서 급속건조하면 노화가 촉진된다.
④ 설탕의 첨가는 노화를 지연시킨다.

06. 전분의 호화와 점성에 대한 설명 중 옳은 것은?

① 곡류는 서류보다 호화온도가 낮다.
② 전분의 입자가 클수록 빨리 호화된다.
③ 소금은 전분의 호화와 점도를 촉진시킨다.
④ 산 첨가는 가수분해를 일으켜 호화를 촉진시킨다.

07. 전분의 호화에 대한 설명으로 맞는 것은?

① α-전분이 β-전분으로 되는 현상이다.
② 전분의 미셀(micelle)구조가 파괴된다.
③ 온도가 낮으면 호화시간이 빠르다.
④ 전분이 덱스트린(dextrin)으로 분해되는 과정이다.

08. 전분의 호화와 점성에 대한 설명 중 틀린 것은?

① 곡류는 서류보다 호화온도가 높다.
② 전분의 입자가 클수록 빨리 호화된다.
③ 소금은 전분의 호화와 점도를 억제한다.
④ 산첨가는 가수분해를 일으켜 호화를 촉진시킨다.

09. (　　)에 알맞은 용어가 순서대로 나열된 것은?

> 당면은 감자, 고구마, 녹두 가루에 첨가물을 혼합, 성형하여 (　　)한 후 건조, 냉각하여 (　　)시킨 것으로 반드시 열을 가해 (　　)하여 먹는다.

① α화–β화–α화　② α화–α화–β화
③ β화–β화–α화　④ β화–α화–β화

10. 샌드위치를 만들고 남은 식빵을 냉장고에 보관할 때 식빵이 딱딱해지는 원인물질과 그 현상은?

① 단백질–젤화
② 지방–산화
③ 전분–노화
④ 전분–호화

11. 다음 중 전분이 노화되기 가장 쉬운 온도는?

① 0~5℃
② 10~15℃
③ 20~25℃
④ 30~35℃

정답　02. ①　03. ③　04. ④　05. ④　06. ②　07. ②　08. ④　09. ①　10. ③　11. ①

12. 노화가 잘 일어나는 전분은 다음 중 어느 성분의 함량이 높은가?

① 아밀로오스(amylose)
② 아밀로펙틴(amylopectin)
③ 글리코겐(glycogen)
④ 한천(agar)

13. 쌀 전분을 빨리 α-화 하려고 할 때 조치사항은?

① 아밀로펙틴 함량이 많은 전분을 사용한다.
② 수침시간을 짧게 한다.
③ 가열온도를 높인다.
④ 산성의 물을 사용한다.

14. 호화전분이 노화를 일으키기 어려운 조건은?

① 온도가 0~4℃일 때
② 수분 함량이 15% 이하일 때
③ 수분 함량이 30~60%일 때
④ 전분의 아밀로오스 함량이 높을 때

15. 라면류, 건빵류, 비스킷 등은 상온에서 비교적 장시간 저장해 두어도 노화가 잘 일어나지 않는 주된 이유는?

① 낮은 수분함량
② 낮은 pH
③ 높은 수분함량
④ 높은 pH

16. 떡의 노화를 방지할 수 있는 방법이 아닌 것은?

① 찹쌀가루의 함량을 높인다.
② 설탕의 첨가량을 늘인다.
③ 급속 냉동시켜 보관한다.
④ 수분함량을 30~60%로 유지한다.

17. 전분에 물을 가하지 않고 160℃이상으로 가열하면 가용성 전분을 거쳐 덱스트린으로 분해되는 반응은 무엇이며, 그 예로 바르게 짝지어진 것은?

① 호화 – 식빵
② 호화 – 미숫가루
③ 호정화 – 찐빵
④ 호정화 – 뻥튀기

18. 쌀을 지나치게 문질러서 씻을 때 가장 손실이 큰 비타민은?

① 비타민 A
② 비타민 B_1
③ 비타민 D
④ 비타민 E

19. 일반적으로 맛있게 지어진 밥은 쌀 무게의 약 몇 배 정도의 물을 흡수하는가?

① 1.2 ~ 1.4배
② 2.2 ~ 2.4배
③ 3.2 ~ 4.4배
④ 4.2 ~ 5.4배

20. 식혜는 엿기름 중의 어떠한 성분에 의하여 전분이 당화를 일으키게 되는가?

① 지방
② 단백질
③ 무기질
④ 효소

21. 식혜를 만들 때 당화온도를 50~60℃ 정도로 하는 이유는?

① 엿기름을 호화시키기 위하여
② 프티알린의 작용을 활발하게 하기 위하여
③ 아밀라아제의 작용을 활발하게 하기 위하여
④ 밥알을 노화시키기 위하여

22. 다음 중 빵 반죽의 발효시 가장 적합한 온도는?

① 15 ~ 20℃
② 25 ~ 30℃
③ 45 ~ 50℃
④ 55 ~ 60℃

정답 12. ① 13. ③ 14. ② 15. ① 16. ④ 17. ④ 18. ② 19. ① 20. ④ 21. ③ 22. ②

23. 밀가루 반죽에 사용되는 물의 기능이 아닌 것은?

① 탄산가스 형성을 촉진한다.
② 소금의 용해를 도와 반죽에 골고루 섞이게 한다.
③ 글루텐의 형성을 돕는다.
④ 전분의 호화를 방지한다.

24. 밀가루 제품에서 팽창제의 역할을 하지 않는 것은?

① 소금 ② 달걀
③ 이스트 ④ 베이킹파우더

25. 밀의 주요 단백질이 아닌 것은?

① 알부민(albumin) ② 글리아딘(gliadin)
③ 글루테닌(glutenin) ④ 덱스트린(dextrin)

26. 글루텐을 형성하는 단백질을 가장 많이 함유한 것은?

① 밀 ② 쌀
③ 보리 ④ 옥수수

27. 강력분을 사용하지 않는 것은?

① 케이크 ② 식빵
③ 마카로니 ④ 피자

28. 박력분에 대한 설명 중 옳은 것은?

① 마카로니 제조에 쓰인다.
② 우동 제조에 쓰인다.
③ 단백질 함량이 9% 이하이다.
④ 글루텐의 탄력성과 점성이 강하다.

29. 밀가루로 빵을 만들 때 첨가하는 다음 물질 중 글루텐(Gluten) 형성을 도와주는 것은?

① 설탕 ② 지방
③ 중조 ④ 달걀

30. 밀가루 제품의 가공특성에 가장 큰 영향을 미치는 것은?

① 라이신 ② 글로불린
③ 트립토판 ④ 글루텐

31. 곡류에 대한 설명으로 옳은 것은?

① 강력분은 글루텐의 함량이 13% 이상으로 케이크 제조에 알맞다.
② 박력분은 글루텐의 함량이 10% 이하로 과자, 비스킷 제조에 알맞다.
③ 보리의 고유한 단백질은 오리제닌이다.
④ 압맥, 할맥은 소화율을 저하시킨다.

32. 강화미란 주로 어떤 성분을 보충한 쌀인가?

① 비타민 A ② 비타민 B_1
③ 비타민 D ④ 비타민 C

[서류와 두류]

01. 점성이 없고 보슬보슬한 매쉬드 포테이토(mashed popato)용 감자로 가장 알맞은 것은?

① 충분히 숙성한 분질의 감자
② 전분의 숙성이 불충분한 수확 직후의 햇감자
③ 소금 1컵 : 물 11컵의 소금물에서 표면에 뜨는 감자
④ 10℃ 이하의 찬 곳에 저장한 감자

정답 23. ④ 24. ① 25. ④ 26. ① 27. ① 28. ③ 29. ④ 30. ④ 31. ② 32. ② / 01. ③

02. 고구마 가열시 단맛이 증가하는 이유는?

① protease가 활성화되어서
② surcease가 활성화되어서
③ 알파–amylase가 활성화되어서
④ 베타–amylase가 활성화되어서

03. 간장이나 된장을 만들 때 누룩곰팡이에 의해서 가수분해 되는 주된 물질은?

① 무기질 ② 단백질
③ 지방질 ④ 비타민

04. 대표적인 콩 단백질인 글로불린(globulin)이 가장 많이 함유하고 있는 성분은?

① 글리시닌(glycinin) ② 알부민(albumin)
③ 글루텐(gluten) ④ 제인(zein)

05. 대두의 성분 중 거품을 내며 용혈작용을 하는 것은?

① 사포닌 ② 레닌
③ 아비딘 ④ 청산배당체

06. 두부를 만들 때 콩 단백질을 응고시키는 재료와 거리가 먼 것은?

① 염화마그네슘($MgCl_2$) ② 염화칼슘($CaCl_2$)
③ 환산칼슘($CaSO_4$) ④ 황산(H_2SO_4)

07. 두부를 만드는 과정은 콩 단백질의 어떠한 성질을 이용한 것인가?

① 건조에 의한 변성 ② 동결에 의한 변성
③ 효소에 의한 변성 ④ 무기염류에 의한 변성

08. 날콩에 함유된 단백질의 체내 이용을 저해하는 것은?

① 펩신 ② 트립신
③ 글로불린 ④ 안티트립신

09. 두류가공품 중 발효과정을 거치는 것은?

① 두유 ② 피넛버터
③ 유부 ④ 된장

10. 두류 조리시 두류를 연화시키는 방법으로 틀린 것은?

① 1% 정도의 식염용액에 담갔다가 그 용액으로 가열한다.
② 초산용액에 담근 후 칼슘, 마그네슘이온을 첨가한다.
③ 약알칼리성의 중조수에 담갔다가 그 용액으로 가열한다.
④ 습열조리시 연수를 사용한다.

11. 된장의 발효 숙성 시 나타나는 변화가 아닌 것은?

① 당화작용 ② 단백질 분해
③ 지방산화 ④ 유기산 생성

12. 콩보다 콩나물에 많은 영양소는?

① 맥아당 ② 비타민B_1
③ 아미노산 ④ 비타민C

정답 02. ④ 03. ② 04. ① 05. ① 06. ④ 07. ④ 08. ④ 09. ④ 10. ② 11. ③ 12. ④

[채소류와 과일류]

01. 다음 중 일반적으로 꽃 부분을 주요 식용부위로 사용하는 화채류는?

① 비트(beets)
② 파슬리(parsley)
③ 브로콜리(broccoli)
④ 아스파라거스(asparagus)

02. 채소의 가공 시 가장 손실되기 쉬운 비타민은?

① 비타민 A
② 비타민 D
③ 비타민 C
④ 비타민 E

03. 녹색 채소의 데치기에 대한 설명으로 틀린 것은?

① 데치는 조리수의 양이 많으면 영양소, 특히 비타민 C의 손실이 크다.
② 데칠 때 식소다를 넣으면 엽록소가 페오피틴으로 변해 선명한 녹색이 된다.
③ 데치는 조리수의 양이 적으면 비점으로 올라가는 시간이 길어져 유기산과 많이 접촉하게 된다.
④ 데칠 때 소금을 넣으면 비타민C의 산화도 억제하고 채소의 색을 선명하게 한다.

04. 녹색채소를 데칠 때 소다를 넣을 경우 나타나는 현상이 아닌 것은?

① 채소의 질감이 유지된다.
② 채소의 색을 푸르게 고정시킨다.
③ 비타민C가 파괴된다.
④ 채소의 섬유질을 연화시킨다.

05. 녹색채소를 데칠 때 색을 선명하게 하기 위한 조리방법으로 부적합한 것은?

① 휘발성 유기산을 휘발 시키기 위해 뚜껑을 열고 끓는 물에 데친다.
② 산을 희석시키기 위해 조리수를 다량 사용하여 데친다.
③ 섬유소가 알맞게 연해지면 가열을 중지하고 냉수에 헹군다.
④ 조리수의 양을 최소로 하여 색소의 유출을 막는다.

06. 색소를 보존하기 위한 방법 중 틀린 것은?

① 녹색채소를 데칠 때 식초를 넣는다.
② 매실지를 담글 때 소엽(차조기 잎)을 넣는다.
③ 연근을 조릴 때 식초를 넣는다.
④ 햄 제조 시 질산칼륨을 넣는다.

07. 칼슘의 흡수를 방해하는 수산을 가장 많이 함유하는 것은?

① 무
② 당근
③ 양배추
④ 시금치

08. 붉은 양배추를 조리할 때 식초나 레몬즙을 조금 넣으면 어떤 변화가 일어나는가?

① 안토시아닌계 색소가 선명하게 유지된다.
② 카로티노이드계 색소가 변색되어 녹색으로 된다.
③ 클로로필계 색소가 선명하게 유지된다.
④ 플라보노이드계 색소가 변색되어 청색으로 된다.

정답 01. ③ 02. ③ 03. ② 04. ① 05. ④ 06. ① 07. ④ 08. ①

09. 자색 양배추, 가지 등 적색채소를 조리할 때 색을 보존하기 위한 가장 바람직한 방법은?

① 뚜껑을 열고 다량의 조리수를 사용한다.
② 뚜껑을 열고 소량의 소리수를 사용한다.
③ 뚜껑을 덮고 다량의 조리수를 사용한다.
④ 뚜껑을 덮고 소량의 조리수를 사용한다.

10. 흰색 야채의 경우 흰색을 그대로 유지할 수 있는 방법으로 옳은 것은

① 야채를 데친 후 곧바로 찬물에 담가둔다.
② 약간의 식초를 넣어 삶는다.
③ 야채를 물에 담가 두었다가 삶는다.
④ 약간의 중조를 넣어 삶는다.

11. 야채를 조리하는 목적에 다음 중 틀린 것은?

① 섬유소를 유연하게 한다.
② 탄수화물과 단백질을 보다 소화하기 쉽도록 한다.
③ 맛을 내게하고, 좋지 못한 맛을 제거하게 한다.
④ 색깔을 보존하기 위해서 한다.

12. 채소류를 취급하는 방법으로 맞는 것은?

① 쑥은 소금에 절여 물기를 꼭 짜낸 후 냉장 보관한다.
② 샐러드용 채소는 냉수에 담갔다가 사용한다.
③ 도라지의 쓴맛을 빼내기 위해 1% 설탕물로만 담근다.
④ 배추나 셀러리, 파 등은 옆으로 뉘어서 보관한다.

13. 많이 익은 김치(신김치)는 오래 끓여도 쉽게 연해지지 않는 이유는?

① 김치에 존재하는 소금에 의해 섬유소가 단단해지기 때문이다.
② 김치에 존재하는 소금에 의해 팽압이 유지되기 때문이다.
③ 김치에 존재하는 산에 의해 섬유소가 단단해지기 때문이다.
④ 김치에 존재하는 산에 의해 팽압이 유지되기 때문이다.

14. 김치 저장 중 김치조직의 연부현상이 일어나는 이유에 대한 설명으로 가장 거리가 먼 것은?

① 조직을 구성하고 있는 펙틴질이 분해되기 때문에
② 미생물이 펙틴분해효소를 생성하기 때문에
③ 용기에 꼭 눌러 담지 않아 내부에 공기가 존재하여 호기성 미생물이 성장번식하기 때문에
④ 김치가 국물에 잠겨 수분을 흡수하기 때문에

15. 다음 조리법 중 비타민C 파괴율이 가장 적은 것은?

① 시금치 국　　② 무생채
③ 고사리 무침　　④ 오이지

16. 조리 시 일어나는 비타민, 무기질의 변화 중 맞는 것은?

① 비타민A는 지방음식과 함께 섭취할 때 흡수율이 높아진다.
② 비타민D는 자외선과 접하는 부분이 클수록, 오래 끓일수록 파괴율이 높아진다.
③ 색소의 고정효과로는 Ca++이 많이 사용되며 식물 색소를 고정시키는 역할을 한다.
④ 과일을 깎을 때 쇠칼을 사용하는 것이 맛, 영양가, 외관상 좋다.

정답　09. ④　10. ②　11. ②　12. ②　13. ③　14. ④　15. ②　16. ①

17. 젤라틴화의 3요소와 상관이 없는 것은?

① 젤라틴 ② 당
③ 펙틴 ④ 산

18. 일반적인 잼의 설탕 함량은?

① 15~25% ② 35~45%
③ 60~70% ④ 90~100%

19. 펙틴과 산이 적어 잼 제조에 가장 부적합한 과일은?

① 사과 ② 배
③ 포도 ④ 딸기

20. 사과나 딸기 등이 잼에 이용되는 가장 중요한 이유는?

① 과숙이 잘되어 좋은 질감을 형성하므로
② 펙틴과 유기산이 함유되어 잼 제조에 적합하므로
③ 색이 아름다워 잼의 상품 가치를 높이므로
④ 새콤한 맛 성분이 잼 맛에 적합하므로

21. 과일 잼 가공 시 펙틴은 주로 어떤 역할을 하는가?

① 신맛 증가 ② 향 보존
③ 구조형성 ④ 색소 보존

22. 과실 주스에 설탕을 섞은 농축액 음료수는?

① 탄산음료 ② 스쿼시
③ 시럽 ④ 젤리

23. 과일이 성숙함에 따라 일어나는 성분변화가 아닌 것은?

① 과육은 점차로 연해진다.
② 엽록소가 분해되면서 푸른색은 옅어진다.
③ 비타민C와 카로틴 함량이 증가한다.
④ 탄닌은 증가한다.

24. 청과물의 저장 시 변화에 대하여 옳게 설명한 것은?

① 청과물은 저장중이거나 유통과정 중에도 탄산가스와 열이 발생한다.
② 신선한 과일의 보존기간을 연장시키는 데 저장이 큰 역할을 하지 못한다.
③ 과일이나 채소는 수확하면 더 이상 숙성하지 않는다.
④ 감의 떫은맛은 저장에 의해서 감소되지 않는다.

25. 채소와 과일의 가스저장(CA저장)시 필수 요건이 아닌 것은?

① pH조절 ② 기체의 조절
③ 냉장온도 유지 ④ 습도유지

26. 과실 저장고의 온도, 습도, 기체의 조성 등을 조절하여 장기간 동안 과실을 저장하는 방법은?

① 산 저장 ② 자외선 저장
③ 무균포장 저장 ④ CA 저장

27. 다음 중 저온저장의 효과가 아닌 것은?

① 미생물의 생육을 억제할 수 있다.
② 효소활성이 낮아져 수확 후 호흡, 발아 등의 대사를 억제할 수 있다.
③ 살균효과가 있다.
④ 영양가 손실 속도를 저하시킨다.

정답 17. ① 18. ③ 19. ② 20. ② 21. ③ 22. ② 23. ④ 24. ① 25. ① 26. ④ 27. ③

28. 다음 중 상온에서 보관해야 하는 식품은?

① 바나나
② 사과
③ 포도
④ 딸기

29. 복숭아·사과·배 등의 과일의 갈변현상을 방지하기 위하여 그 처리방법이 가장 좋은 것은?

① 진한 소금물에 담가둔다.
② 엷은 레몬즙에 담갔다 꺼낸다.
③ 뜨거운 물에 넣었다가 꺼낸다.
④ 설탕을 뿌려준다.

30. 마멀레이드(marmelade)에 대하여 바르게 설명한 것은?

① 과일즙에 설탕을 넣고 가열 · 농축한 후 냉각시킨 것이다.
② 과일의 과육을 전부 이용하여 점성을 띠게 농축한 것이다.
③ 과일즙에 설탕, 과일의 껍질, 과육의 얇은 조각이 섞여 가열 · 농축된 것이다.
④ 과일을 설탕시럽과 같이 가열하여 과일이 연하고 투명한 상태로 된 것이다.

[육류]

01. 육류의 근원섬유에 들어있으며, 근육의 수축이완에 관여하는 단백질은?

① 미오겐(Myogen)
② 미오신(Myosin)
③ 미오글로빈(Myoglobin)
④ 콜라겐(collagen)

02. 육류를 가열조리 할 때 일어나는 변화로 옳은 것은?

① 보수성의 증가
② 단백질의 변패
③ 육단백질의 응고
④ 미오글로빈이 옥시미오글로빈으로 변화

03. 육류의 가열 변화에 의한 설명으로 틀린 것은?

① 생식할 때보다 풍미와 소화성이 향상된다.
② 근섬유와 콜라겐은 45℃에서 수축하기 시작한다.
③ 가열한 고기의 색은 메트미오글로빈이다.
④ 고기의 지방은 근 수축과 수분손실을 적게 한다.

04. 고기의 질긴 결합조직 부위를 물과 함께 장시간 끓였을 때 연해지는 이유는?

① 엘라스틴이 알부민으로 변화되어 용출되어서
② 엘라스틴이 젤라틴으로 변화되어 용출되어서
③ 콜라겐이 알부민으로 변화되어 용출되어서
④ 콜라겐이 젤라틴으로 변화되어 용출되어서

05. 육류의 사후강직의 원인 물질은?

① 액토미오신(actomyosin)
② 젤라틴(gelatin)
③ 엘라스틴(elastin)
④ 콜라겐(collagen)

정답 28. ① 29. ② 30. ③ / 01. ② 02. ③ 03. ② 04. ④ 05. ①

06. 육류의 사후강직과 숙성에 대한 설명으로 틀린 것은?

① 사후강직은 근섬유가 액토미오신을 형성하여 근육이 수축되는 상태이다.
② 도살 후 글리코겐이 호기적 상태에서 젖산을 생성하여 pH가 저하된다.
③ 사후강직 시기에는 보수성이 저하되고 육즙이 많이 유출된다.
④ 자가분해효소인 카텝신(cathepsin)에 의해 연해지고 맛이 좋아진다.

07. 육류를 저온숙성(aging)할 때 적합한 습도와 온도 범위는?

① 습도 85 ~ 90%, 온도 1 ~ 3℃
② 습도 70 ~ 85%, 온도 10 ~ 15℃
③ 습도 65 ~ 70%, 온도 10 ~ 15℃
④ 습도 55 ~ 60%, 온도 15 ~ 21℃

08. 육류를 끓여 국물을 만들 때 설명으로 맞는 것은?

① 육류를 오래 끓이면 근육조직인 젤라틴이 콜라겐으로 용출되어 맛있는 국물을 만든다.
② 육류를 찬물에 넣어 끓이면 맛성분의 용출이 잘되어 맛있는 국물을 만든다.
③ 육류를 끓는 물에 넣고 설탕을 넣어 끓이면 맛성분의 용출이 잘되어 맛있는 국물을 만든다.
④ 육류를 오래 끓이면 질긴 지방조직인 콜라겐이 젤라틴화 되어 맛있는 국물을 만든다.

09. 육류조리에 대한 설명으로 틀린 것은?

① 탕 조리시 찬물에 고기를 넣고 끓여야 추출물이 최대한 용출된다.
② 장조림 조리 시 간장을 처음부터 넣으면 고기가 단단해지고 잘 찢기지 않는다.
③ 편육 조리 시 찬물에 넣고 끓여야 잘 익은 고기 맛이 좋다.
④ 불고기용으로는 결합조직이 되도록 적은 부위가 적당하다.

10. 육류 조리 시 열에 의한 변화로 맞는 것은?

① 불고기는 열의 흡수로 부피가 증가한다.
② 스테이크는 가열하면 질겨져서 소화가 잘 되지 않는다.
③ 미트로프(meatloaf)는 가열하면 단백질이 응고, 수축, 변성된다.
④ 쇠꼬리의 젤라틴이 콜라겐 화 된다.

11. 편육을 끓는 물에 삶아 내는 이유는?

① 고기 냄새를 없애기 위해
② 육질을 단단하게 하기 위해
③ 지방 용출을 적게 하기 위해
④ 국물에 맛 성분이 적게 용출되도록 하기 위해

12. 부드러운 살코기로서 맛이 좋으며 구이, 전골, 산적용으로 적당한 쇠고기 부위는?

① 양지, 사태, 목심　　② 안심, 채끝, 우둔
③ 갈비, 삼겹살, 안심　　④ 양지, 설도, 삼겹살

13. 다음 중 돼지고기에만 존재하는 부위명은?

① 사태살　　② 갈매기살
③ 채끝살　　④ 안심살

정답　06. ②　07. ①　08. ②　09. ③　10. ③　11. ④　12. ②　13. ②

14. 쇠고기의 부위 중 탕, 스튜, 찜 조리에 가장 적합한 부위는?

① 목심　　② 설도
③ 양지　　④ 사태

15. 쇠고기의 부위별 용도의 연결이 적합하지 않은 것은?

① 앞다리–불고기, 육회, 구이
② 설도–스테이크, 샤브샤브
③ 목심–불고기, 국거리
④ 우둔–산적, 장조림, 육포

16. 브로멜린(bromelin)이 함유되어 있어 고기를 연화시키는 이용되는 과일은?

① 사과　　② 파인애플
③ 귤　　④ 복숭아

17. 단백질의 분해효소로 식물성 식품에서 얻어지는 것은?

① 펩신(pepsin)
② 트립신(trypsin)
③ 파파인(papain)
④ 레닌(rennin)

18. 고기를 연화시키기 위해 첨가하는 식품과 단백질 분해효소가 맞게 연결된 것은?

① 배 – 파파인(papain)
② 키위 – 피신(ficin)
③ 무화과 – 액티니딘(actinidin)
④ 파인애플 – 브로멜린(bromelin)

19. 고기를 연화시키려고 생강, 키위, 무화과 등을 사용할 때 관련된 설명으로 틀린 것은?

① 단백질의 분해를 촉진시켜 연화시키는 방법이다.
② 두꺼운 로스트용 고기에 적당하다.
③ 즙을 뿌린 후 포크로 찔러주고 일정시간 둔다.
④ 가열 온도가 85℃ 이상이 되면 효과가 없다.

20. 육류의 연화작용에 관여하지 않는 것은?

① 파파야　　② 파인애플
③ 레닌　　④ 무화과

21. 염지에 의해서 원료육의 미오글로빈으로부터 생성되며 비가열 식육제품인 햄 등의 고정된 육색을 나타내는 것은?

① 니트로소미오글로빈(nitrosomyoblobin)
② 옥시미오글로빈(oxymyoglobin)
③ 니트로소헤모글로빈(nitrosohemoglobin)
④ 메트미오글로빈(metmyoglobin)

22. 육류의 사후강직과 숙성에 대한 설명으로 틀린 것은?

① 사후강직은 근섬유가 미오글로빈(myoglobin)을 형성하여 근육이 수축되는 상태이다.
② 도살 후 글리코겐이 혐기적 상태에서 젖산을 생성하여 pH가 저하된다.
③ 사후강직 시기에는 보수성이 저하되고 육즙이 많이 유출된다.
④ 자가분해효소인 카텝신(cathepsin)에 의해 연해지고 맛이 좋아진다.

23. 숙성에 의해 품질향상 효과가 가장 큰 것은?

① 생선　　② 조개
③ 쇠고기　　④ 오징어

정답　14. ④　15. ②　16. ②　17. ③　18. ④　19. ②　20. ③　21. ①　22. ①　23. ③

24. 훈연 시 육류의 보전성과 풍미 향상에 가장 많이 관여하는 것은?

① 유기산 ② 숯성분
③ 탄소 ④ 페놀류

[달걀]

01. 달걀의 열응고성을 이용한 것은?

① 커스터드 ② 엔젤 케이크
③ 마요네즈 ④ 스펀지 케이크

02. 달걀의 가공 적성이 아닌 것은?

① 열응고성 ② 기포성
③ 쇼트닝성 ④ 유화성

03. 달걀의 열 응고성에 대한 설명 중 옳은 것은?

① 식초는 응고를 지연시킨다.
② 소금은 응고 온도를 낮추어준다.
③ 설탕은 응고온도를 내려주어 응고물을 연하게 한다.
④ 온도가 높을수록 가열시간이 단축되어 응고물은 연해진다.

04. 인산을 함유하는 복합지방질로서 유화제로 사용되는 것은?

① 레시틴 ② 글리세롤
③ 스테롤 ④ 글리콜

05. 달걀의 이용이 바르게 연결된 것은?

① 농후제 – 크로켓
② 결합제 – 만두속
③ 팽창제 – 커스터드
④ 유화제 – 푸딩

06. 달걀을 삶았을 때 난황 주위에 일어나는 암녹색의 변색에 대한 설명으로 옳은 것은?

① 100℃의 물에서 5분 이상 가열 시 나타난다.
② 신선한 달걀일수록 색이 진해진다.
③ 난황의 철과 난백의 황화수소가 결합하여 생성된다.
④ 낮은 온도에서 가열할 대 색이 더욱 진해진다.

07. 달걀을 삶은 직후 찬물에 넣어 식히면 노른자 주위의 암녹색의 황화철이 적게 생기는데 그 이유는?

① 찬물이 스며들어가 황을 희석시키기 때문
② 황화수소가 난각을 통하여 외부로 발산되기 때문
③ 찬물이 스며들어가 철분을 희석하기 때문
④ 외부의 기압이 낮아 황과 철분이 외부로 빠져 나오기 때문

08. 달걀의 기포성을 이용한 것은?

① 달걀찜 ② 푸딩(pudding)
③ 머랭(meringue) ④마요네즈(mayonnaise)

09. 난백으로 거품을 만들 때의 설명으로 옳은 것은?

① 레몬즙을 1~2방울 떨어뜨리면 거품 형성이 용이해진다.
② 지방은 거품 형성을 용이하게 한다.
③ 소금은 거품의 안정성에 기여한다.
④ 묽은 달걀보다 신선란이 거품 형성을 용이하게 한다.

10. 머랭을 만들고자 할 때 설탕 첨가는 어느 단계에 하는 것이 가장 효과적인가?

① 처음 젓기 시작할 때
② 거품이 생기려고 할 때
③ 충분히 거품이 생겼을 때
④ 거품이 없어졌을 때

정답 24. ④ / 01. ① 02. ③ 03. ② 04. ① 05. ② 06. ③ 07. ② 08. ③ 09. ① 10. ③

11. 난백의 기포성에 대한 설명으로 틀린 것은?

① 난백에 올리브유를 소량 첨가하면 거품이 잘 생기고 윤기도 난다.
② 난백은 냉장온도보다 실내온도에 저장했을 때 점도가 낮고 표면장력이 작아져 거품이 잘 생긴다.
③ 신선한 달걀보다는 어느 정도 묵은 달걀이 수양난백이 많아 거품이 쉽게 형성된다.
④ 난백의 거품이 형성된 후 설탕을 서서히 소량씩 첨가하면 안정성 있는 거품이 형성된다.

12. 달걀의 기포형성을 도와주는 물질은?

① 산, 수양난백
② 우유, 소금
③ 우유, 설탕
④ 지방, 소금

13. 달걀에 관한 설명으로 틀린 것은?

① 흰자의 단백질은 대부분이 오보뮤신(Ovomucin)으로 기포성에 영향을 준다.
② 난황은 인지질인 레시틴(Lecithin), 세팔린(Cephalin)을 많이 함유한다.
③ 신선도가 떨어지면 흰자의 점성이 감소한다.
④ 신선도가 떨어지면 달걀흰자는 알칼리성이 된다.

14. 난백의 기포성에 관한 설명으로 옳은 것은?

① 신선한 달걀의 난백이 기포형성이 잘된다.
② 수양난백이 농후난백보다 기포형성이 잘된다.
③ 난백거품을 낼 때 다량의 설탕을 넣으면 기포형성이 잘된다.
④ 실온에 둔 것보다 냉장고에서 꺼낸 난백의 기포 형성이 쉽다.

15. 달걀 저장 중에 일어나는 변화로 옳은 것은?

① pH 저하
② 중량 감소
③ 난황계수 증가
④ 수양난백 감소

16. 달걀의 보존 중 품질변화에 대한 설명으로 틀린 것은?

① 수분의 증발
② 농후난백의 수양화
③ 난황막의 약화
④ 산도(pH)의 감소

17. 달걀의 신선도를 판정하는 올바른 방법이 아닌 것은?

① 껍질이 까칠까칠한 것
② 달걀은 흔들어보아 소리가 들리지 않는 것
③ 3~4% 소금물에 담그면 위로 뜨는 것
④ 달걀을 깨어보아 난황계수가 0.36 ~ 0.44인 것

18. 신선한 달걀에 대한 설명으로 옳은 것은?

① 깨뜨려 보았을 때 난황계수가 작은 것
② 흔들어 보았을 때 진동소리가 나는 것
③ 표면이 까칠까칠하고 광택이 없는 것
④ 수양난백의 비율이 높은 것

19. 신선한 달걀의 감별법 중 틀린 것은?

① 햇빛(전등)에 비출 때 공기집의 크기가 작다.
② 흔들 때 내용물이 흔들리지 않는다.
③ 6% 소금물에 넣어서 떠오른다.
④ 깨뜨려 접시에 놓으면 노른자가 볼록하고 흰자의 점도가 높다.

정답 11. ① 12. ① 13. ① 14. ② 15. ② 16. ④ 17. ③ 18. ③ 19. ③

20. 50g인 달걀의 난황 높이는 1.3cm, 난황 직경은 3.5cm이었다. 이 달걀의 난황계수는?

① 0.249 ② 0.371
③ 0.393 ④ 0.412

[우유]

01. 우유를 응고시키는 요인과 거리가 먼 것은?

① 가열
② 레닌(Rennin)
③ 산
④ 당류

02. 우유에 산을 넣으면 응고물이 생기는데 이 응고물의 주체는?

① 유당
② 레닌
③ 카제인
④ 유지방

03. 우유의 카제인을 응고시킬 수 있는 것으로 되어 있는 것은?

① 탄닌 – 레닌 – 설탕
② 식초 – 레닌 – 탄닌
③ 레닌 – 설탕 – 소금
④ 소금 – 설탕 – 식초

04. 우유를 데울 때 가장 좋은 방법은?

① 냄비에 담고 끓기 시작할 때까지 강한 불로 데운다.
② 이중냄비에 넣고 젓지 않고 데운다.
③ 냄비에 담고 약한 불에서 젓지 않고 데운다.
④ 이중냄비에 넣고 저으면서 데운다.

05. 토마토 크림스프를 만들 때 나타나는 응고 현상은?

① 산에 의한 우유의 응고
② 레닌에 의한 우유의 응고
③ 염류에 의한 밀가루의 응고
④ 가열에 의한 밀가루의 응고

06. 우유에 함유된 단백질이 아닌 것은?

① 락토오스(lactose)
② 카제인(casein)
③ 락토알부민(lactoalbumin)
④ 락토글로불린(lactoglobulin)

07. 우유 가공품이 아닌 것은?

① 마요네즈
② 버터
③ 아이스크림
④ 치즈

08. 우유 가공품 중 발효유에 속하는 것은?

① 가당연유
② 무당연유
③ 전지분유
④ 요구르트

09. 카세인(Casein)이 효소에 의하여 응고되는 성질을 이용한 식품은?

① 아이스크림
② 치즈
③ 버터
④ 크림스프

정답 10. ② / 01. ④ 02. ③ 03. ② 04. ④ 05. ① 06. ① 07. ① 08. ④ 09. ②

10. 우유의 가공에 관한 설명으로 틀린 것은?

① 크림의 주성분은 우유의 지방성분이다.
② 분유는 전유, 탈지유, 반탈지유 등을 건조시켜 분말화 한 것이다.
③ 저온 살균법은 61.6 ~ 65.6 ℃에서 30분간 가열하는 것이다.
④ 무당연유는 살균과정을 거치지 않고, 유당연유만 살균과정을 거친다.

11. 우유의 균질화(homogenization)에 대한 설명으로 옳은 것은?

① 우유의 성분을 일정하게 하는 과정을 말한다.
② 우유의 색을 일정하게 하기 위한 과정이다.
③ 우유의 지방의 입자의 크기를 미세하게 하기 위한 과정이다.
④ 우유의 단백질 입자의 크기를 미세하게 하기 위한 과정이다.

12. 가공치즈(processed cheese)의 설명으로 틀린 것은?

① 자연치즈에 유화제를 가하여 가열한 것이다.
② 일반적으로 자연치즈 보다 저장성이 높다.
③ 약 85 ° C에서 살균하여 pasteurizde cheese라고도 한다.
④ 가공치즈는 매일 지속적으로 발효가 일어난다.

13. 치즈제조에 사용되는 우유단백질을 응고시키는 효소는?

① 프로테아제(protease)
② 렌닌(rennin)
③ 아밀라아제(amylase)
④ 말타아제(maltase)

14. 우유에 대한 설명으로 틀린 것은?

① 시판되고 있는 전유는 유지방 함량이 3.0% 이상이다.
② 저지방우유는 유지방을 0.1% 이하로 낮춘 우유이다.
③ 유당소화장애증이 있으면 유당을 분해한 우유를 이용한다.
④ 저염우유란 전유 속의 Na(나트륨)을 K(칼륨)과 교환 시킨 우유를 말한다.

[어패류와 해조류]

01. 어패류에 관한 설명 중 틀린 것은?

① 붉은살 생선은 깊은 바다에 서식하며 지방함량이 5% 이하이다.
② 문어, 꼴뚜기, 오징어는 연체류에 속한다.
③ 연어의 분홍살색은 카로티노이드 색소에 기인한다.
④ 생선은 자가소화에 의하여 품질이 저하된다.

02. 어류의 혈합육에 대한 설명으로 틀린 것은?

① 정어리, 고등어, 꽁치 등의 육질에 많다.
② 비타민 B군의 함량이 높다.
③ 헤모글로빈과 미오글로빈의 함량이 높다.
④ 운동이 활발한 생선은 함량이 낮다.

03. 생선의 자가소화 원인은?

① 세균의 작용 ② 단백질 분해효소
③ 염류 ④ 질소

04. 일반적으로 생선의 맛이 좋아지는 시기는?

① 산란기 몇 개월 전 ② 산란기 때
③ 산란기 직후 ④ 산란기 몇 개월 후

정답 10. ④ 11. ③ 12. ④ 13. ② 14. ② / 01. ① 02. ④ 03. ② 04. ①

05. 어류의 사후경직에 대해서 설명이 틀린 것은?

① 붉은살 생선이 흰살 생선보다 강직이 빨리 일어난다.
② 자가소화가 일어나면 풍미가 저하된다.
③ 보통 사후 12~14시간 동안 가장 단단하며, 맛이 없다.
④ 담수어는 자체 내 효소 작용으로 해수어보다 부패 속도가 빠르다.

06. 어류 지방의 불포화지방산과 포화지방산의 일반적인 비율로 옳은 것은(불포화지방산 : 포화지방산)?

① 20 : 80　② 80 : 20
③ 60 : 40　④ 40 : 60

07. 생선의 육질이 육류보다 연한 주된 이유는?

① 콜라겐과 엘라스틴의 함량이 적으므로
② 미오신과 액틴의 함량이 많으므로
③ 포화지방산의 함량이 많으므로
④ 미오글로빈 함량이 적으므로

08. 어패류의 신선도 판정 시 초기부패의 기준이 되는 물질은?

① 삭시톡신(saxitoxin)
② 베네루핀(venerupin)
③ 트리메틸아민(trimethylamine)
④ 아플라톡신(aflatoxin)

09. 생선의 신선도를 판별하는 방법으로 틀린 것은?

① 생선의 육질이 단단하고 탄력성이 있는 것이 신선하다.
② 눈의 수정체가 투명하지 않고 아가미색이 어두운 것은 신선하지 않다.
③ 어체의 특유한 빛을 띠는 것이 신선하다.
④ 트리메틸아민(TMA)이 많이 생선된 것이 신선하다.

10. 어류의 신선도에 관한 설명으로 틀린 것은?

① 어류는 사후경직 전 또는 경직 중이 신선하다.
② 경직이 풀려야 탄력이 있어 신선하다.
③ 신선한 어류는 살이 단단하고 비린내가 적다.
④ 신선도가 떨어지면 조림이나 튀김조리가 좋다.

11. 신선도가 저하된 생선의 설명으로 옳은 것은?

① 히스타민(histamine)의 함량이 많다.
② 꼬리가 약간 치켜 올라갔다.
③ 비늘이 고르게 밀착되어 있다.
④ 살이 탄력적이다.

12. 어취의 성분인 트리메틸아민(TMA; Trimethylamine)에 대한 설명 중 틀린 것은?

① 불쾌한 어취는 트리메틸아민의 함량과 비례한다.
② 수용성이므로 물로 씻으면 많이 없어진다.
③ 해수어보다 담수어에서 더 많이 생성된다.
④ 트리메틸아민 옥사이드(trimethylamineOxide)가 환원되어 생성된다.

13. 생선의 비린내를 억제하는 방법으로 부적합한 것은?

① 물로 깨끗이 씻어 수용성 냄새 성분을 제거한다.
② 처음부터 뚜껑을 닫고 끓여 생선을 완전히 응고시킨다.
③ 조리 전에 우유에 담가 둔다.
④ 생선 단백질이 응고 된 후 생강을 넣는다.

14. 어취 제거 방법에 대한 설명으로 틀린 것은?

① 식초나 레몬즙을 이용하여 어취를 약화시킨다.
② 된장, 고추장의 흡착성은 어취 제거 효과가 있다.
③ 술을 넣으면 알코올에 의하여 어취가 더 심해진다.
④ 우유에 미리 담가두면 어취가 약화된다.

정답 05. ③ 06. ② 07. ① 08. ③ 09. ④ 10. ② 11. ① 12. ③ 13. ② 14. ③

15. 생선 조리 시 식초를 적당량 넣었을 때 장점이 아닌 것은?

① 생선의 가시를 연하게 해준다.
② 어취를 제거한다.
③ 살을 연하게 하여 맛을 좋게 한다.
④ 살균 효과가 있다.

16. 생선의 조리 방법에 관한 설명으로 옳은 것은?

① 선도가 낮은 생선은 양념을 담백하게 하고 뚜껑을 닫고 잠깐 끓인다.
② 지방함량이 높은 생선보다는 낮은 생선으로 구이를 하는 것이 풍미가 더 좋다.
③ 생선조림은 오래 가열해야 단백질이 단단하게 응고되어 맛이 좋아진다.
④ 국물이 끓을 때 생선을 넣어야 맛 성분의 유출을 막을 수 있다.

17. 생선묵의 점탄성을 부여하기 위해 첨가하는 물질은?

① 소금 ② 전분
③ 설탕 ④ 술

18. 어육연제품의 결착제로 사용되는 것은?

① 소금, 한천 ② 설탕, MSG
③ 전분, 달걀 ④ 솔비톨, 물

19. 연제품의 제조에서 어육단백질을 용해하며 탄력성을 주기위해 꼭 첨가해야하는 물질은?

① 소금 ② 설탕
③ 펙틴 ④ 소다

20. 어패류 조리방법 중 틀린 것은?

① 조개류는 낮은 온도에서 서서히 조리하여야 단백질의 급격한 응고로 인한 수축을 막을 수 있다.
② 생선은 결체조직의 함량이 높으므로 주로 습열조리법을 사용해야 한다.
③ 생선조리시 식초를 넣으면 생선이 단단해진다.
④ 생선조리에 사용하는 파, 마늘은 비린내 제거에 효과적이다.

21. 생선을 껍질이 있는 상태로 구울 때 껍질이 수축되는 주원인 물질과 그 처리방법은?

① 생선살의 색소 단백질, 소금에 절이기
② 생선살의 염용성 단백질, 소금에 절이기
③ 생선 껍질의 지방, 껍질에 칼집 넣기
④ 생선 껍질의 콜라겐, 껍질에 칼집 넣기

22. 생선조리 방법으로 적합하지 않은 것은?

① 탕을 끓일 경우 국물을 먼저 끓인 후에 생선을 넣는다.
② 생강은 처음부터 넣어야 어취 제거에 효과적이다.
③ 생선조림은 양념장을 끓이다가 생선을 넣는다.
④ 생선 표면을 물로 씻으면 어취가 감소된다.

23. 생선을 후라이팬이나 석쇠에 구울 때 들러붙지 않도록 하는 방법으로 옳지 않은 것은?

① 낮은 온도에서 서서히 굽는다.
② 기구의 금속면을 테프론(teflon)으로 처리한 것을 사용한다.
③ 기구의 표면에 기름을 칠하여 막을 만들어 준다.
④ 기구를 먼저 달구어서 사용한다.

정답 15. ③ 16. ④ 17. ② 18. ③ 19. ① 20. ② 21. ④ 22. ② 23. ①

24. 생선튀김의 조리법으로 가장 알맞은 것은?

① 180℃에서 2~3분간 튀긴다.
② 150℃에서 4~5분간 튀긴다.
③ 130℃에서 5~6분간 튀긴다.
④ 200℃에서 7~8분간 튀긴다.

25. 홍조류에 속하며 무기질이 골고루 함유되어 있고 단백질도 많이 함유된 해조류는?

① 김
② 미역
③ 우뭇가사리
④ 다시마

26. 김의 보관 중 변질을 일으키는 인자와 거리가 먼 것은?

① 산소
② 광선
③ 저온
④ 수분

27. 해조류에서 추출한 성분으로 식품에 점성을 주고 안정제, 유화제로서 널리 이용되는 것은?

① 알긴산(alginic acid)
② 펙틴(Pectin)
③ 젤라틴(Gelatin)
④ 이눌린(Inulin)

28. 한천의 용도가 아닌 것은?

① 훈연제품의 산화방지제
② 푸딩, 양갱의 겔화제
③ 유제품, 청량음료 등의 안정제
④ 곰팡이, 세균 등의 배지

29. 식품의 응고제로 쓰이는 수산물 가공품은?

① 젤라틴
② 셀룰로오스
③ 한천
④ 펙틴

30. 질이 좋은 김의 조건이 아닌 것은?

① 겨울에 생산되어 질소함량이 높다.
② 검은 색을 띠며 윤기가 난다.
③ 불에 구우면 선명한 녹색을 나타낸다.
④ 구멍이 많고 전체적으로 붉은 색을 띤다.

31. 젤라틴과 한천에 관한 설명으로 틀린 것은?

① 한천은 보통 28~35℃에서 응고되는데 온도가 낮을수록 빨리 굳는다.
② 한천은 식물성 급원이다
③ 젤라틴은 젤리, 양과자 등에서 응고제로 쓰인다.
④ 젤라틴에 생파인애플을 넣으면 단단하게 응고한다.

30. 젤라틴의 응고에 관한 내용으로 틀린 것은?

① 젤라틴의 농도가 높을수록 빨리 응고된다.
② 설탕의 농도가 높을수록 빨리 응고된다.
③ 염류는 젤라틴이 물을 흡수하는 것을 막아 단단하게 응고시킨다.
④ 단백질 분해효소를 사용하면 응고력이 약해진다.

33. 한천에 대한 설명으로 틀린 것은?

① 겔은 고온에서 잘 견디므로 안정제로 사용된다.
② 홍조류의 세포벽 성분인 점질성의 복합다당류를 추출하여 만든다.
③ 30℃ 부근에서 굳어져 겔화된다.
④ 일단 겔화되면 100℃이하에서는 녹지 않는다.

정답 24. ① 25. ① 26. ③ 27. ① 28. ① 29. ③ 30. ④ 31. ④ 32. ② 33. ④

34. 건조 한천을 물에 담그면 물을 흡수하여 부피가 커지는 현상은?

① 이장
② 응석
③ 투석
④ 팽윤

35. 아이스크림을 만들 때 굵은 얼음 결정이 형성되는 것을 막아 부드러운 질감을 갖게 하는 것은?

① 설탕
② 달걀
③ 젤라틴
④ 지방

36. 젤라틴과 관계없는 것은?

① 양갱
② 족편
③ 아이스크림
④ 젤리

37. 젤라틴에 대한 설명으로 옳은 것은?

① 과일젤리나 양갱의 제조에 이용한다.
② 해조류로부터 얻은 다당류의 한 성분이다.
③ 산을 아무리 첨가해도 젤 강도가 저하되지 않는 특징이 있다.
④ 3~10℃에서 젤화되며 온도가 낮을수록 빨리 응고한다.

38. 젤라틴의 원료가 되는 식품은?

① 한천
② 과일
③ 동물의 연골
④ 쌀

39. 다음 중 한천과 젤라틴의 설명 중 틀린 것은?

① 한천은 해조류에서 추출한 식물성 재료이며 젤라틴은 육류에서 추출한 동물성 재료이다.
② 용해온도는 한천이 35℃, 젤라틴이 80℃정도로 한천을 사용하면 입에서 더욱 부드럽고 단맛을 빨리 느낄 수 있다.
③ 응고온도는 한천이 25 ~ 35℃, 젤라틴이 10 ~ 15℃로 제품을 응고시킬 때 젤라틴은 냉장고에 넣어야 더 잘 굳는다.
④ 모두 후식을 만들 때도 사용하는데 대표적으로 한천으로는 양갱, 젤라틴으로는 젤리를 만든다.

[유지]

01. 유지를 가열할 때 유지 표면에서 엷은 푸른 연기가 나기 시작할 때의 온도는?

① 팽창점
② 연화점
③ 용해점
④ 발연점

02. 다음 중 기름의 발연점이 낮아지는 경우는?

① 유리지방산 함량이 많을수록
② 기름을 사용한 횟수가 적을수록
③ 기름 속에 이물질의 유입이 적을수록
④ 튀김용기의 표면적이 좁을수록

03. 발연점을 고려했을 때 튀김용으로 강장 적합한 기름은?

① 쇼트닝(유화제 첨가)
② 참기름
③ 대두유
④ 피마자유

정답 34. ④ 35. ③ 36. ① 37. ④ 38. ③ 39. ② / 01. ④ 02. ① 03. ③

04. 라드(lard)는 무엇을 가공하여 만든 것인가?

① 돼지의 지방
② 우유의 지방
③ 버터
④ 식물성 기름

05. 버터 대용품으로 생산되고 있는 식물성 유지는?

① 쇼트닝
② 마가린
③ 마요네즈
④ 땅콩버터

06. 마가린, 쇼트닝, 튀김유 등은 식물성 유지에 무엇을 첨가하여 만드는가?

① 염소
② 산소
③ 탄소
④ 수소

07. 지방의 경화에 대한 설명으로 옳은 것은?

① 물과 지방이 서로 섞여 있는 상태이다.
② 불포화지방산에 수소를 첨가하는 것이다.
③ 기름을 7.2℃까지 냉각시켜서 지방을 여과하는 것이다.
④ 반죽 내에서 지방층을 형성하여 글루텐 형성을 막는 것이다.

08. 유지를 가열하면 점차 점도가 증하게 되는데 이것은 유지 분자들의 어떤 반응 때문인가?

① 산화반응
② 열분해반응
③ 중합반응
④ 가수분해반응

09. 기름을 여러 번 재가열할 때 일어나는 변화에 대한 설명으로 맞는 것은?

> ㉠ 풍미가 좋아진다.
> ㉡ 색이 진해지고, 거품 현상이 생긴다.
> ㉢ 산화중합반응으로 점성이 높아진다.
> ㉣ 가열분해로 황산화 물질이 생겨 산패를 억제한다.

① ㉠, ㉡
② ㉠, ㉢
③ ㉡, ㉢
④ ㉢, ㉣

10. 유지의 산패도를 나타내는 값으로 짝지어진 것은?

① 비누화가, 요오드가
② 요오드가, 아세틸가
③ 과산화물가, 비누화가
④ 산가, 과산화물가

11. 유지류의 조리 이용 특성과 거리가 먼 것은?

① 열전달 매체로서의 튀김
② 밀가루 제품의 연화 작용
③ 지방의 유화작용
④ 결합제로서의 응고성

12. 식빵에 버터를 펴서 바를 때처럼 버터에 힘을 가한 후 그 힘을 제거해도 원래상태로 돌아오지 않고 변형된 상태로 유지하는 성질은?

① 유화성
② 가소성
③ 쇼트닝성
④ 크리밍성

정답 04. ① 05. ② 06. ④ 07. ② 08. ③ 09. ③ 10. ④ 11. ④ 12. ②

13. 다음 유화상태 식품 중 유중 수적형(W/O) 식품은?

① 우유
② 생크림
③ 마가린
④ 마요네즈

14. 유화액의 상태가 같은 것으로 묶여진 것은?

① 우유, 버터, 마요네즈
② 버터, 아이스크림, 마가린
③ 크림수프, 마가린, 마요네즈
④ 우유, 마요네즈, 아이스크림

15. 지방의 산패를 촉진시키는 인자가 아닌 것은?

① 토코페롤
② 자외선
③ 금속
④ 효소

[냉동식품]

01. 냉동 보관에 대한 설명으로 틀린 것은?

① 냉동된 닭을 조리할 때 뼈가 검게 변하기 쉽다.
② 떡의 장시간 노화방지를 위해서는 냉동 보관하는 것이 좋다
③ 급속 냉동 시 얼음 결정이 크게 형성되어 식품의 조직 파괴가 크다.
④ 서서히 동결하면 해동 시 드립(drip)현상을 초래하여 식품의 질을 저하시킨다.

02. 다음 식품 중 직접 가열하는 급속 해동법이 많이 이용되는 것은?

① 생선류
② 육류
③ 반조리 식품
④ 계육

03. 냉동생선을 해동하는 방법으로 위생적이며 영양 손실이 가장 적은 경우는?

① 18 ~22 ℃ 의 실온에 둔다.
② 40℃ 의 미지근한 물에 담가둔다.
③ 냉장고 속에 해동한다.
④ 23 ~ 25℃의 흐르는 물에 담가둔다.

04. 다음 중 식육의 동결과 해동시 조직 손상을 최소화 할 수 있는 방법은?

① 급속동결, 급속해동
② 급속동결, 완만해동
③ 완만동결, 급속해동
④ 완만동결, 완만해동

05. 냉동식품의 해동에 관한 설명으로 틀린 것은?

① 비닐봉지에 넣어 50℃ 이상의 물속에서 빨리 해동시키는 것이 이상적인 방법이다.
② 생선의 냉동품은 반 정도 해동하여 조리하는 것이 안전하다.
③ 냉동식품을 완전해동하지 않고 직접 가열하면 효소나 미생물에 의한 변질의 염려가 적다.
④ 일단 해동된 식품은 더 쉽게 변질되므로 필요한 양만큼만 해동하여 사용한다.

정답 13. ③ 14. ④ 15. ① / 01. ③ 02. ③ 03. ③ 04. ② 05. ①

06. 조리에 사용하는 냉동식품의 특성이 아닌 것은?

① 비교적 신선한 풍미가 유지된다.
② 장기간 보존이 가능하다.
③ 저장 중 영양가 손실이 적다.
④ 완만 동결하여 조직이 좋다.

[조미료와 향신료]

01. 음식의 색을 고려하여 녹색 채소를 무칠 때 가장 나중에 넣어야 하는 조미료는?

① 설탕
② 식초
③ 소금
④ 고추장

02. 조미의 기본 순서로 가장 옳은 것은?

① 설탕 → 소금 → 간장 → 식초
② 설탕 → 식초 → 간장 → 소금
③ 소금 → 식초 → 간장 → 설탕
④ 간장 → 설탕 → 식초 → 소금

03. 향신료의 종류와 성분의 연결이 틀린 것은?

① 고추 – 캡사이신
② 마늘 – 알리신
③ 겨자 – 차비신
④ 생강 – 진저론

04. 살균 작용과 소화를 도우며 비타민B_1과 결합하여 흡수를 돕는 향신료와 그 성분은 무엇인가?

① 생강 – 쇼가올
② 마늘 – 알리신
③ 고추 – 캡사이신
④ 파 – 황화알릴

05. 못처럼 생겨서 정향이라고도 하며 양고기, 피클, 청어절임, 마리네이드 절임 등에 이용되는 향신료는?

① 클로브
② 코리앤더
③ 캐러웨이
④ 아니스

06. 냄새 제거를 위한 향신료가 아닌 것은?

① 육두구(nutmeg, 넛맥)
② 월계수잎(bay leaf)
③ 마늘(garlic)
④ 세이지(sage)

07. 겨자를 갤 때 매운맛을 가장 강하게 느낄 수 있는 온도는?

① 20~25℃
② 30~35℃
③ 40~45℃
④ 50~55℃

정답 06. ④ / 01. ② 02. ① 03. ③ 04. ② 05. ① 06. ① 07. ③

계산문제 정복하기

[열량]

01. 달걀 100g 중에 당질 5g, 단백질 8g, 지질 4.4g이 함유되어 있다면 달걀 5개의 열량은 얼마인가? (단, 달걀 1개의 무게는 50g이다.)

① 91.6kcal ② 229kcal
③ 274kcal ④ 458kcal

02. 수분 70g, 당질 40g, 섬유질 7g, 단백질 5g, 무기질 4g, 지방 3g이 들어있는 식품의 열량은?

① 198kcal ② 207kcal
③ 250kcal ④ 273kcal

03. 하루 동안 섭취한 음식 중에 단백질 70g, 지질 35g, 당질 400g이 있었다면 이 때 얻을 수 있는 열량은?

① 1995 kcal ② 2095kcal
③ 2195kcal ④ 2295kcal

04. 소시지 100g당 단백질 13g, 지방 21g, 당질 5.5g이 함유되어 있을 경우, 소시지 150g의 열량은?

① 263kcal ② 322kcal
③ 395kcal ④ 412kcal

05. 성인여자의 1일 필요열량을 2000kcal라고 가정할 때, 이 중 15%를 단백질로 섭취할 경우 동물성 단백질의 섭취량은? (단, 동물성 단백질량은 일일단백질양의 1/3로 계산한다.)

① 25 g ② 50 g
③ 100 g ④ 300 g

06. 하루 필요 열량이 2700kcal 일 때 이 중 14%에 해당하는 열량을 지방에서 얻으려 한때 필요한 지방의양은?

① 36g ② 42g
③ 81g ④ 94g

07. 중등 활동하는 여자의 열량권장량은 2,000kcal 이다. 이 중 65%를 당질에서, 15%를 단백질에서, 20%를 지방에서 취하려고한다. 당질, 단백질, 지방을 각각 몇 g씩 섭취하면 되겠는가?

① 358g, 37g, 49g
② 325g, 75g, 44g
③ 358g, 83g, 110g
④ 159g, 83g, 110g

08. 5g의 버터(지방 80%, 수분 20%)가 내는 열량은?

① 36 kcal ② 45 kcal
③ 130 kcal ④ 170 kcal

09. 버터의 수분함량이 17% 라면 버터 15g 은 몇 칼로리(kcal)정도의 열량을 내는가?

① 10kcal ② 112kcal
③ 210kcal ④ 315kcal

10. 꽁치 160g의 단백질 양은? (단, 꽁치 100g당 단백질 양은 24.9g)

① 28.7g ② 34.6g
③ 39.8g ④ 43.2g

정답 01. ② 02. ② 03. ③ 04. ③ 05. ① 06. ② 07. ② 08. ① 09. ② 10. ③

11. 우유 100mL에 칼슘이 180mg 정도 들어있다면 우유 250mL에는 칼슘이 약 몇 mg 정도 들어있는가?

① 450mg ② 540mg
③ 595mg ④ 650mg

[대치식품]

01. 쇠고기 40g을 두부로 대체하고자 할 때 필요한 두부의 양은 약 얼마인가? (단, 100g당 쇠고기 단백질 함량은 20.1g, 두부 단백질 함량은 8.6g)

① 80g ② 84g
③ 90g ④ 94g

02. 고등어 150g을 돼지고기로 대체하려고 한다. 고등어의 단백질 함량을 고려했을 때 돼지고기는 약 몇g 필요한가? (단, 고등어 100g당 단백질 함량:20.2g, 지질:10.4g, 돼지고기 100g당 단백질 함량:18.5g, 지질:13.9g)

① 137g ② 152g
③ 164g ④ 178g

03. 탄수화물 급원인 쌀 100g을 고구마로 대치하려면 고구마는 몇 g 정도 필요한가? (단, 100g당 당질 함량 - 쌀 80g, 고구마 32g)

① 250 g ② 275 g
③ 300 g ④ 325g

04. 두부 50g을 돼지고기로 대치할 때 필요한 돼지고기의 양은? (단, 100g당 두부 단백질 함량 15g, 돼지고기 단백질 함량 18g이다.)

① 39.45g ② 40.52g
③ 41.67g ④ 42.81g

05. 아래의 조건에서 당질 함량을 기준으로 고구마 180g을 쌀로 대치하려면 필요한 쌀의 양은?

- 고구마 100g의 당질 함량 29.2g
- 쌀 100g의 당질 함량 31.7g

① 165.8g ② 170.6g
③ 177.5g ④ 184.7g

[수분활성도]

01. 식품이 나타내는 수증기압이 0.75기압이고, 그 온도에서 순수한 물의 수증기압이 1.5기압일 때 식품의 수분활성도(Aw)는?

① 0.5
② 0.6
③ 0.7
④ 0.8

02. 어떤 식품의 수분활성도(Aw)가 0.960이고 수증기압이 1.39일 때 상대습도는 몇 %인가?

① 0.69%
② 1.45%
③ 139%
④ 96%

03. 20%의 수분(분자량:18)과 20%의 포도당(분자량:180)을 함유하는 식품의 이온적인 수분활성도는 약 얼마인가?

① 0.82
② 0.88
③ 0.91
④ 1.21

정답 11. ① / 01. ④ 02. ③ 03. ① 04. ③ 05. ① / 01. ① 02. ④ 03. ③

[발주량, 단가, 출고계수]

01. 시금치나물을 조리할 때 1인당 80g이 필요하다면, 식수 인원 1500명에 적합한 시금치 발주량은? (단, 시금치 폐기율은 4%)

① 100kg ② 110kg
③ 125kg ④ 132kg

02. 고등어구이를 하려고 한다. 정미중량 70g을 조리하고자 할 때 1인당 발주량은 약 얼마인가? (단, 고등어 폐기율은 35%)

① 91g ② 108g
③ 110 ④ 115g

03. 삼치구이를 하려고 한다. 정미중량 60g을 조리하고자 할 때 1인당 발주량은 약 얼마인가?(단, 삼치의 폐기율은 34%)

① 43g ② 67g
③ 91g ④ 110g

04. 급식인원이 1000명인 단체급식소에서 1인당 60g의 풋고추조림을 주려고 한다. 발주할 풋고추의 양은? (단, 풋고추의 폐기율은 9%이다.)

① 55kg ② 60kg
③ 66kg ④ 68kg

05. 오징어 12kg을 25000원에 구입하였다. 모두 손질한 후의 폐기율이 35%였다면 실사용량의 kg당 단가는 얼마인가?

① 5,556원 ② 3,205원
③ 2,083원 ④ 714원

06. 김장용 배추포기김치 46kg을 담그려는데 배추 구입에 필요한 비용은 얼마인가? (단, 배추 5포기(13kg)의 값은 13260원, 폐기률은 8%)

① 23,920원
② 38,934원
③ 46,000원
④ 51,000원

07. 배추김치를 만드는 데 배추 50kg이 필요하다. 배추 1kg의 값은 1,500원이고 가식부율은 90%일 때 배추 구입비용은 약 얼마인가?

① 67,500원
② 75,000원
③ 82,500원
④ 83,400원

08. 폐기율이 20%인 식품의 출고계수는 얼마인가?

① 0.5 ② 1.0
③ 1.25 ④ 2.0

09. 가식부율이 70%인 식품의 출고계수는?

① 1.25 ② 1.43
③ 1.64 ④ 2.00

[난황계수]

01. 50g의 달걀을 접시에 깨뜨려 놓았더니 난황 높이는 1.5cm, 난황 직경은 4cm이었다. 이 달걀의 난황계수는?

① 0.188 ② 0.232
③ 0.336 ④ 0.375

✓ 정답 01. ③ 02. ② 03. ③ 04. ③ 05. ② 06. ④ 07. ④ 08. ③ 09. ② / 01. ④

[선입선출]

01. 다음은 한 급식소에서 한 달 동안 참기름을 구입한 내역이며, 월말의 재고는 7개이다. 선입선출법에 의하여 재고자산을 평가하면 얼마인가?

날짜	구입량(병)	단가
11월 1일	10	5300
11월 10일	15	5700
11월 20일	5	5500
11월 30일	5	5000

① 32,000원 ② 36,000원
③ 38,000원 ④ 40,000원

02. 10월 한달 간 과일통조림의 구입현황이 아래와 같고, 재고량이 모두 13캔인 경우 선입선출법에 따른 재고금액은?

날 짜	구입량(캔)	구입단가(원)
10/1	20	1000
10/10	15	1050
10/20	25	1150
10/25	10	1200

① 14,500원 ② 15,000원
③ 15,450원 ④ 16,000원

03. 다음은 간장의 재고 대상이다. 간장의 재고가 10병일 때 선입선출법에 의한 간장의 재고자산은 얼마인가?

입고일자	수량	단가
5일	5병	3,500원
12일	10병	3,000원
20일	5병	3,000원
27일	3병	3,500원

① 25,500원 ② 26,000원
③ 31,500원 ④ 35,000원

04. 아래와 같은 조건일 때 2월의 재고 회전율은 약 얼마인가?

2월 초 초기 재고액 : 550,000원
2월 말 마감 재고액 : 50,000원
2월 한 달 동안의 소요 식품비 : 2,300,000원

① 4.66 ② 5.66
③ 6.66 ④ 7.66

[원가]

01. 다음 자료에 의해서 총 원가를 산출하면 얼마인가?

직접재료비 150,000 간접재료비 50,000
직접노무비 100,000 간접노무비 20,000
직접경비 5,000 간접경비 100,000
판매 및 일반관리비 10,000

① 435,000원 ② 365,000원
③ 265,000원 ④ 180,000원

02. 다음 제품 원가의 구성 중에서 제조원가는 얼마인가?

이익	20,000원	제조간접비	15,000원
판매관리비	17,000원	직접재료비	10,000원
직접노무비	23,000원	직접경비	15,000원

① 40,000원 ② 63,000원
③ 80,000원 ④ 100,000원

03. 어떤 음식의 직접원가는 500원, 제조원가는 800원, 총원가는 1000원이다. 이 음식의 판매관리비는?

① 200원 ② 300원
③ 400원 ④ 500원

정답 01. ② 02. ③ 03. ③ 04. ④ / 01. ① 02. ② 03. ①

04. 다음과 같은 자료에서 계산한 제조원가는?

- 직접재료비 : 32,000원	- 직접노무비 : 68,000원
- 직접경비 : 10,500원	- 제조간접비 : 20,000원
- 판매경비 : 10,000원	- 일반관리비 :5,000원

① 130,500원
② 140,500원
③ 145,500원
④ 155,500원

05. 김치공장에서 포기김치를 만든 원가자료가 다음과 같다면 포기김치의 판매가격은 총 얼마인가?

구분	금액
직접재료비	60,000원
간접재료비	19,000원
직접노무비	150,000원
간접노무비	25,000원
직접제조경비	20,000원
간접제조경비	15,000원
판매비와 관리비	제조원가의 20%
기대이익	판매원가의 20%

① 289,000원
② 346,800원
③ 416,160원
④ 475,160원

06. 1일 총매출액이 1,200,000원, 식재료비가 780,000원인 경우의 식재료비 비율은?

① 55%
② 60%
③ 65%
④ 70%

07. 미역국을 끓일 때 1인분에 사용되는 재료와 필요량, 가격이 아래와 같다면 미역국 10인분에 필요한 재료비는? (단, 총 조미료의 가격 70원은 1인분 기준임)

재료	필요량(g)	가격(원/100g당)
미역	20	150
쇠고기	60	850
총 조미료	-	70(1인분)

① 610원
② 6,100원
③ 870원
④ 8,700원

08. 100인분의 멸치 조림에 소요된 재료의 양이라면 총 재료비는 얼마인가?

재료	사용재료량(g)	1kg 단가
멸치	1000	10000
풋고추	2000	7000
기름	100	2000
간장	100	2000
깨소금	100	5000

① 17,900원
② 24,900원
③ 26,000원
④ 33,000원

09. 닭고기 40kg으로 닭강정 150인분을 판매한 매출액이 1,000,000원이다. 닭고기의 kg당 단가를 12,000원에 구입하였고, 총양념 비용으로 80,000원이 들었다면 식재료의 원가비율은?

① 32%
② 46%
③ 56%
④ 65%

정답 04. ① 05. ③ 06. ③ 07. ② 08. ② 09. ③

계산문제 정복하기 해설지

[열량]

탄수화물, 단백질 = 4kcal/g
지질 = 9kcal/g
물과 식이섬유, 무기질은 열량가가 없다.

01. 달걀 100g의 열량가
= (5 × 4) + (8 × 4) + (4.4 × 9) = 91.6kcal
달걀 5개의 무게 = 250g이므로,
달걀 100g : 91.6kcal = 달걀 250g : χ
∴ χ = (250 × 91.6)/100 = 229kcal

02. 열량가 = (40 × 4) + (5 × 4) + (3 × 9)
= 207kcal

03. 열량가 = (400 × 4) + (70 × 4) + (35 × 9)
= 2,195kcal

04. 소세지 100g의 열량가
= (5.5 × 4) + (13 × 4) + (21 × 9) = 263kcal
소세지 100g : 263kcal = 소세지 150g : χ
∴ χ = (263 × 150)/100 = 395kcal

05. 2,000kcal × 15% = 300kcal = 일일 단백질 열량단백질은 1g 당 4kcal로 계산한다.
∴ 필요한 단백질의 양 = 300 / 4 = 75g
∴ 동물성 단백질량
= 1/3 일일 단백질양 = 75g / 3 = 25g

06. 2,700kcal × 14% = 378kcal
지방은 1g 당 9kcal로 계산한다.
∴ 필요한 지방의 양 = 378 / 9 = 81

07. 2,000kcal × 65% = 1300kcal
당질은 1g 당 4kcal로 계산한다.
∴ 필요한 당질의 양 = 1,300/ 4 = 325g

2,000kcal × 15% = 300kcal
단백질은 1g 당 4kcal로 계산한다.
∴ 필요한 단백질의 양 = 300 / 4 = 75g

2,000kcal × 20% = 400kcal = 일일 단백질 열량
지방은 1g 당 9kcal로 계산한다.
∴ 필요한 지방의 양 = 400 / 9 = 44.4g

08. 버터 5g 중에 지방의 비율이 80% 이므로
5 × 0.8 = 4g이 지방이다
지방은 1g 당 9kcal로 계산한다.
∴ 4 × 9 = 36kcal

09. 버터의 수분함량이 17%이므로,
지방의 함량은 100−17 = 83%이다.
지방은 9kcal/g의 열량을 내므로,
∴ 15 × 0.83 × 9 = 112kcal

10. 꽁치 100g : 단백질 24.9g = 꽁치 160g : χ
∴ χ = (160g × 24.9g) ÷ 100 = 39.8g

11. 우유 100ml : 칼슘 180mg = 우유 250ml : χ
∴ χ = (180mg × 250ml) ÷ 100 = 450mg

[대치식품]

$$대치\ 식품량 = \frac{원래\ 식품\ 성분}{대치\ 식품\ 성분} \times 원래\ 식품량$$

01. $대치식품량 = \frac{20.1g}{8.6g} \times 40g = 93.48g ≒ 94g$

02. $대치식품량 = \frac{20.2g}{18.5g} \times 150g = 163.78g ≒ 164g$

03. $대치식품량 = \frac{80g}{32g} \times 100g = 250g$

04. $대치식품량 = \frac{15g}{18g} \times 50g = 41.666g ≒ 41.67g$

05. $대치식품량 = \frac{29.2g}{31.7g} \times 180g = 165.8g$

[수분활성도]

① $수분활성도(Aw) = \frac{식품이\ 나타내는\ 수증기압(P)}{순수한\ 물의\ 수증기압(P_0)}$

② 상대습도 = 수분활성도 × 100

③ $수분활성도 = \dfrac{\frac{용매의\ 농도}{분자량}}{\frac{용매의\ 농도}{분자량} + \frac{용질의\ 농도}{분자량}}$

01. $수분활성도 = \frac{0.75}{1.5} = 0.5$

02. 상대습도 = 0.960 × 100 = 96%

03. $수분활성도 = \dfrac{\frac{용매의\ 농도}{분자량}}{\frac{용매의\ 농도}{분자량} + \frac{용질의\ 농도}{분자량}}$

$$= \dfrac{\frac{20}{18}}{\frac{20}{18} + \frac{20}{180}} ≒ 0.91$$

[발주량, 단가, 출고계수]

① 가식부율 = 100 - 폐기율

② $폐기율 = 100 - 가식부율 = \frac{폐기량}{전체중량} \times 100$

③ $총\ 발주량 = \frac{정미중량}{100 - 폐기율} \times 100 \times 인원수$

④ $필요비용 = 필요량 \times \frac{100}{가식부율} \times 1㎏당\ 단가$

⑤ $출고계수 = \frac{100}{100 - 폐기율} = \frac{100}{가식부율}$

⑥ 정미중량 = 전체중량 × [100-폐기율](%)

01. $총발주량 = \frac{80g}{100-4} \times 100 \times 1,500명$

$= 125,000g = 125㎏$

02. $총발주량 = \frac{70g}{100-35} \times 100 \times 1명$

$= 107.69g = 108g$

03. 총발주량 = $\frac{70g}{100-35}$ × 100 × 1명 = 91g

04. 총발주량 = $\frac{60g}{100-9}$ × 100 × 1,000명

= 65,934g ≒ 66,000g = 66kg

05. 정미중량 = 전체중량 × [100−폐기율(%)]
= 12kg × (100−35)% = 7.8kg

∴ 1kg 당 단가 = $\frac{25,000원}{7.8kg}$ = 3,205원

06. 필요비용 = 필요량× $\frac{60g}{가식부율(\%)}$ × 1kg당 단가

= 46kg × $\frac{100}{100-8}$ × $\frac{13,260원}{13kg}$

= 51,000원

07. 필요비용 = 필요량× $\frac{60g}{가식부율(\%)}$ × 1kg당 단가

= 50kg × $\frac{100}{90}$ ×1,500원

= 83,333원 ≒ 83,400원

08. 출고계수 = $\frac{100}{100-20}$ = 1.25

09. 출고계수 = $\frac{100}{70}$ = 1.43

[난황계수]

> ① 난백계수 = $\frac{농후난백의 높이}{농후난백의 직경}$
>
> ② 난황계수 = $\frac{난황의 높이}{난황의 직경}$

01. 난황계수 = $\frac{난황의 높이}{난황의 직경}$ = $\frac{1.5}{4}$ = 0.375

[선입선출]

> ① 재고회전율 = $\frac{총출고액}{평균재고액}$
>
> ② 평균재고액 = $\frac{초기재고액 + 마감재고액}{2}$
>
> ③ 선입선출법은 먼저 입고된 재료가 먼저 출고된다는 전제하에 재료의 소비 가격을 계산하는 방법이다.

01. **선입선출에 따라** 입고 일자가 늦은 30일(5병) + 20일(2병) = 총 7병의 재고량
∴ 재고자산 = (5병 × 5,000원) + (2병 × 5,500원) = 36,000원

02. **선입선출에 따라** 입고 일자가 늦은 25일(10캔) + 20일(3캔) = 총 13캔의 재고량
∴ 재고자산 = (10캔 × 1,200원) + (3캔 × 1,150원) = 15,450원

03. **선입선출에 따라** 입고 일자가 늦은 27일(3병) + 20일(5병) + 12일(2병) = 총 10병의 재고량
∴ 재고자산 = (3병 × 3,500원) + (5병 × 3,000원) + (2병 × 3,000원) = 31,500원

04. 재고회전율 $= \dfrac{\text{총출고액}}{\text{평균재고액}}$

$$= \frac{2,300,000}{\frac{550,000 + 50,000}{2}}$$

$$= \frac{2,300,000}{300,000} = 7.66$$

[원가]

① 직접원가(기초원가) : 직접재료비 + 직접노무비 + 직접경비

② 제조원가(생산원가) : 직접원가 + 제조간접비(간접재료비+간접노무비+간접경비)

③ 총원가 : 제조원가 + 판매관리비

④ 판매원가 : 총원가 + 이익

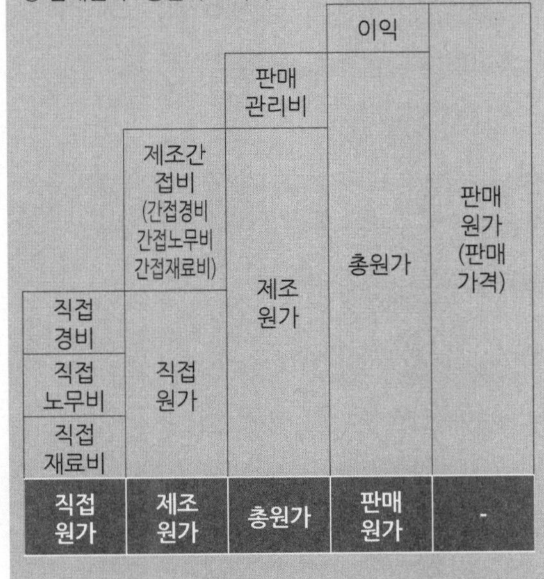

⑤ 식재료비 비율(%) $= \dfrac{\text{식재료비}}{\text{매출액}} \times 100$

⑥ 인건비 비율(%) $= \dfrac{\text{인건비}}{\text{매출액}} \times 100$

01. 총원가 = 직접원가(직접재료비 + 직접노무비 + 직접경비) + 제조간접비(간접재료비 + 간접노무비+ 간접경비) + 판매관리비 = (150,000 + 100,000 + 5,000) + (50,000 + 20,000 + 100,000) + 10,000 = 435,000원

02. 제조원가(생산원가) = 직접원가(직접재료비+직접노무비+직접경비) + 제조간접비
= (10,000+23,000+15,000) + 15,000 = 63,000원

03. 총원가 = 제조원가 + 판매관리비
판매관리비 = 총원가 – 제조원가
= 1000 – 800 =200원

04. 제조원가(생산원가) = 직접원가(직접재료비+직접노무비+직접경비) + 제조간접비
= (32,000 + 68,000 + 10,500) + 20,000
= 130,500원

05.제조원가(생산원가) = 직접원가(직접재료비 + 직접노무비 + 직접경비) + 제조간접비(간접재료비 + 간접노무비 + 간접경비) = 60,000원 + 19,000원 + 150,000원 + 25,000원 + 20,000원 + 15,000원 = 289,000원
∴ 총원가 = 제조원가 + 판매관리비(제조원가의 20%) = 289,000 + (289,000 × 0.2) = 346,800원
∴ 판매가격 = 총원가 + 이익(판매원가의 20%) = 346,800 + (346,800 × 0.2) = 416,610원

06. 총매출액에서 식재료비의 비율

$$= \frac{\text{식재료비}}{\text{총매출액}} \times 100 = \frac{780,000}{1,200,000} \times 100 = 65\%$$

07. 미역국의 1인분 재료비 = (20g × 150원/100g당) + (60g × 850원/100g당) + 70 = 610원
∴ 미역국 10인분의 재료비
= 610원 × 10명 = 6,100원

08. 사용재료량을 kg 단위로 바꾸고 단가를 곱해준다.
∴ 총재료비 = (1kg × 10,000원) + (2kg × 7,000원) + (0.1kg × 2,000원) + (0.1kg × 2,000원) + (0.1kg × 5,000원) = 24,900원

09. $\text{식재료비 비율(\%)} = \dfrac{\text{식재료비}}{\text{매출액}} \times 100$

$$= \frac{(40\text{kg} \times 12{,}000\text{원/kg} + 80{,}000\text{원}}{1{,}000{,}000\text{원}} \times 100 = 64\%$$

PART 02

재료관리, 음식조리 및 위생관리

한식, 양식, 중식, 일식, 복어

한식

01. 한식 기초 조리 실무

1. 기본 칼 기술 습득하기

1) 칼의 종류와 사용용도

한식 조리작업에는 약 30~35cm 길이의 순강철로 된 일반조리용 칼을 많이 사용한다. 가정용 일반 칼은 길이 25cm 정도의 스테인리스로 만들어 사용한다.

(1) 칼의 종류

칼의 종류	사용용도
아사아형 (low tip)	• 칼날 길이를 기준으로 18cm 정도 • 칼등이 곡선 처리, 칼날이 직선인 안정적인 모양 • 칼이 부드럽고 똑바로 자르기에 좋음 • 채 썰기 등 동양 요리에 적당 • 우리나라와 일본 같은 아시아에서 많이 사용되는 칼
서구형 (center tip)	• 칼날 길이를 기준으로 20cm 정도 • 칼등과 칼날이 곡선으로 처리, 칼끝에서 한 점으로 만남 • 주로 자르기에 편하며 힘이 들지 않음 • 일반 부엌칼이나 회칼로도 많이 사용
다용도칼 (high tip)	• 칼날 길이를 기준으로 16cm 정도 • 칼등이 곧게 뻗어 있고 칼날은 둥글게 곡선 처리 • 주로 칼을 자유롭게 움직이면서 도마 위에서 롤링하며 뼈를 발라내기도 하는 다양한 작업을 할 때 사용

※ 칼의 용도에 따른 분류

한식칼, 양식칼, 일식 회칼, 중식칼, 과도 및 조각도 등

2. 기본 썰기

1) 기본 썰기 방법

재료를 써는 방법에는 밀어 썰기, 당겨 썰기 및 내려 썰기 등 다양한 썰기 방법이 있다.
칼의 사용방법은 써는 식품의 종류나 용도에 따라서 칼의 사용부위와 조작의 방향이 정해진다.

(1) 칼질법의 종류

종류	칼질의 방법
밀어썰기	- 모든 칼질의 기본이 되는 칼질법 - 피로도와 소리가 작아 가장 많이 사용하는 칼질법 - 안전사고가 적음 - 무, 양배추 및 오이 등을 채 썰 때 사용
작두 썰기 (칼끝 대고 눌러 썰기)	- 배우기에 쉬운 방법 - 칼이 잘 들지 않을 때 사용하면 편함 - 칼의 길이가 27cm 이상 되는 칼로 하는 것이 적합 - 무나 당근처럼 두꺼운 재료를 썰기에는 부적당
칼끝 대고 밀어 썰기	- 밀어 썰기와 작두 썰기를 겸한 방법 - 소리가 작음 - 밀어 썰기보다 조금 쉬워 쉽게 배울 수 있음 - 두꺼운 재료를 썰기에 부적당(주로 양식조리에 많이 사용) - 고기처럼 질긴 것을 썰 때 힘이 분산되지 않고 한 곳으로 집중되어 썰기 좋음
후려썰기	- 속도가 빠르고 손목의 스냅을 이용 → 힘이 적게 듦 - 많은 양을 썰 때 적당 - 정교함이 떨어지고 소리가 크게 나는 단점이 있음 - 칼날이 넓은 칼을 사용하여 안전사고에 유의
칼끝썰기	- 양파를 곱게 썰거나 다질 때 칼끝으로 양파의 뿌리 쪽을 그대로 두어 한쪽을 남기며 써는 방법(양파가 흩어지지 않게 하기 위해) - 한식에서 다질 때 많이 사용
당겨썰기	- 오징어채 썰기나 파 채 썰기 등에 적당한 방법 - 칼끝을 도마에 대고 손잡이를 약간 들었다 당기며 눌러 써는 방법

당겨서 눌러 썰기	- 내려치듯이 당겨 썰고 그대로 살짝 눌러 썰리게 하는 방법 - 초밥이나 김밥을 썰 때 칼에 물을 묻히고 내려치듯이 당겨 썰고 그대로 살짝 눌러 김이 썰리게 하는 방법
당겨서 밀어붙여 썰기	- 주로 회를 썰 때 많이 사용하는 칼질법 - 발라낸 생선살을 일정한 간격으로 썰 때 적당 - 칼을 당겨서 썰어 놓은 횟감을 차곡차곡 옆으로 밀어 붙여 겹쳐 가며 써는 방법
당겨서 떠내어 썰기	- 발라낸 생선살을 일정한 두께로 떠내는 방법 - 주로 회를 썰 때 많이 쓰는 칼질 방법 - 탄력이 좋은 생선을 자를 때 많이 사용하는 방법
뉘어썰기	- 오징어 칼질을 넣을 때 칼을 45° 정도 눕혀 칼집을 넣을 때 사용하는 칼질 방법
밀어서 깎아썰기	- 우엉을 깎아 썰거나 무를 모양 없이 썰 때 많이 사용하는 방법
톱질썰기	- 말아서 만든 것이나 잘 부서지는 것을 썰 때 부서지지 않게 하기 위해 톱질하는 것처럼 왔다 갔다 하며 써는 방법이다.
돌려 깍아썰기	- 엄지손가락에 칼날을 붙이고 일정한 간격으로 돌려가며 껍질을 까는 방법
손톱 박아 썰기	- 마늘처럼 작고 모양이 불규칙적이고 잡기가 나쁠 때 손톱 끝으로 재료를 고정시키고 써는 방법

(2) 식재료 썰기

- 조리에 사용되는 식재료는 요리에 알맞은 모양과 크기로 일정하게 썰어서 사용해야 한다.
- 고르지 못하게 썬 재료는 조리시간의 차이로 인해 모양이 망가지기도 한다.
- 썰기의 목적은 칼을 이용하여 조리의 목적에 맞게 잘라서 모양을 만드는 것이다.

㉠ 썰기의 목적

① 모양과 크기를 정리하여 조리하기 쉽게 한다.

② 먹지 못하는 부분을 없앤다.

③ 씹기를 편하게 하여 소화하기 쉽게 한다.

④ 열의 전달이 쉽고, 조미료(양념류)의 침투를 좋게 한다.

㉡ 썰기의 종류

종류	칼질의 방법
편 썰기 (얄팍 썰기)	- 마늘이나 생강 등의 재료를 다지지 않고 향을 내면서 깔끔하게 사용 - 생밤이나 삶은 고기를 모양 그대로 얇게 썰 때 이용하는 방법
채 썰기	- 보통 생채, 구절판이나 생선회에 곁들이는 채소를 썰 때 쓰임 ① 재료를 원하는 길이로 자른다. ② 얇게 편을 썰어 겹쳐 놓는다. ③ 일정한 두께로 가늘게 썬다.
다지기	- 파, 마늘, 생강 및 양파 등 양념을 만드는 데 주로 쓰임 - 크기는 일정하게 써는 것이 좋음 ① 파, 마늘, 생강 및 양파 등을 곱게 채 썬다. ② 채를 썬 것을 가지런히 모아서 잡는다. ③ 직각으로 잘게 썬다.
막대 썰기	- 무장과나 오이장과 등을 만들 때 사용 ① 재료를 원하는 길이로 토막 낸다. ② 알맞은 굵기의 막대 모양으로 썬다.
골패 썰기와 나박 썰기	- 무·당근 등의 둥근 재료의 가장자리를 잘라내어 직사각형으로 만들어 얇게 써는 방법 ① 무·당근 등의 둥근 재료의 가장자리를 잘라내어 직사각형으로 만든다. ② 나박 썰기는 가로·세로가 비슷한 사각형으로 반듯하고 얇게 썬다.
깍둑 썰기	- 깍두기, 찌개 및 조림 등에 이용 ① 무나 감자 등을 막대 썰기 한다. ② 같은 크기로 주사위처럼 썬다.
둥글려 깎기	- 모서리를 둥글게 만드는 방법 - 오랫동안 끓이거나 졸여도 재료의 모양이 뭉그러지지 않아서 조리 후에 음식이 보기 좋음 ① 감자, 당근, 무 등을 썬다. ② 각이 지게 썰어진 재료의 모서리를 얇게 도려낸다.
반달 썰기	- 통으로 썰기에 너무 큰 재료들을 길이로 반을 잘라 이용 ① 무, 감자, 당근 및 호박 등을 길이로 반을 가른다. ② 원하는 두께로 반달 모양으로 썬다.
은행잎 썰기	- 주로 조림이나 찌개 등에 이용 ① 감자, 당근 및 무 등의 재료를 길이로 십자 모양으로 4등분한다. ② 원하는 두께로 은행잎 모양으로 썬다.

통 썰기	- 볶음, 절임 등에 이용 ① 모양이 둥근 오이·당근·연근 등을 통째로 둥글게 썬다. ② 두께는 재료와 음식에 따라 다르게 조절하여 썬다.
어슷 썰기	- 주로 볶음·찌개 등에 이용 ① 오이·파·당근 등의 가늘고 길쭉한 재료를 가지런하게 한다. ② 적당한 두께로 어슷하게 썬다.
깎아 깎기	- 우엉 등의 재료를 얇게 써는 방법 ① 재료를 칼날의 끝부분으로 연필 깎듯이 돌려가면서 얇게 썬다. ② 무 같이 굵은 것은 칼집을 여러 번 넣은 다음 썬다.
저며 썰기	- 표고나 고기 또는 생선포를 뜰 때 이용 ① 재료의 끝을 한손으로 누른다. ② 칼몸을 뉘여서 재료를 안쪽으로 당기듯이 한 번에 썬다.
마구 썰기	-주로 채소의 조림에 이용 ① 오이나 당근 같이 비교적 가늘고 긴 재료를 한손으로 잡는다. ② 빙빙 돌려가며 한 입 크기로 작고 각이 있게 썬다.
돌려 깍기	- 가늘게 채를 썰 때 이용 ① 호박, 오이 및 당근 등을 일정한 크기(길이5cm정도)로 토막을 낸다. ② 껍질에 칼집을 넣어 칼을 위·아래로 움직이며 얇게 돌려 깎아낸다.
솔방울 썰기	- 갑오징어나 오징어를 볶거나 데쳐서 회로 낼 때 큼직하게 모양을 내어 써는 방법 ① 오징어 안쪽에 사선으로 칼집을 넣는다. ② 다시 엇갈려 비스듬히 칼집을 넣는다. ③ 끓는 물에 넣어 살짝 데쳐서 모양을 낸다.

(3) 칼 관리

1) 칼 다루기

칼날은 예리하고 날카롭게 관리해야 사고의 위험을 줄일 수 있다. 무딘 칼을 사용할 경우 재료를 썰 때 힘이 많이 들게 되므로 더 크게 다칠 수 있다. 칼날을 세우기 위해서는 숫돌에 갈아서 날카롭게 만들어야 한다.

※ 숫돌의 입자의 크기를 측정하는 단위

입도 (기호 # 으로 나타냄) : 숫자가 클수록 입자가 미세하다는 뜻

① 숫돌의 종류

종류	특징
400 # (거친 숫돌)	• 새 칼을 사용할 때 칼의 형상을 조절 • 형태가 깨진 칼끝의 형태를 수정 • 칼날이 두껍고 이가 많이 빠진 칼을 가는 데 사용
1000 # (고운 숫돌)	• 굵은 숫돌로 간 다음 잘리는 칼의 면을 어느 정도 부드럽게 하기 위해 사용 • 일반적인 칼갈이에 많이 사용
4000~6000 # (마무리 숫돌)	• 어느 정도 부드럽게 손질된 칼날을 더욱더 윤기가 나고 광이 나게 갈아줌

② 숫돌의 사용방법

가) 칼이 숫돌의 전면을 고루고루 닿도록 사용한다. 숫돌의 중앙만 사용하게 되면 가운데만 움푹 파이게 된다.

나) 전면이 고르지 않을 경우 거친 바닥에 갈아 수평을 유지하게 해서 사용한다.

다) 숫돌은 사용하기 전에 물에 담가 충분히 물을 먹인 다음에 사용한다.

라) 숫돌을 사용할 때에는 미끄러짐을 방지하기 위하여 숫돌 밑에 천을 깔거나 숫돌집에 고정시켜 사용한다.

③ 칼 가는 방법

가) 숫돌을 물에 담가 수분이 충분히 흡수되게 한 후 사용한다.

나) 젖은 행주를 숫돌 밑에 깔거나 숫돌 고정틀을 사용하여 고정시킨다.

다) 칼날의 갈아야 할 부분과 중점적으로 갈아야 할 부분을 확인한다.

라) 칼을 오른손으로 꼭 잡고, 왼손을 손끝으로 칼 표면을 지그시 누르고 칼을 간다.

2. 기본 기능 습득하기

1) 한식 기본 양념 준비

(1) 한식 기본양념

양념	조미료	기본적으로 짠맛, 단맛, 신맛, 매운맛 및 쓴맛 등의 다섯 가지 기본 맛을 내는 것 음식에 따라 조미료를 적당히 혼합하여 맛을 내는 것 간장, 소금, 된장, 고추장, 식초 및 설탕 등
	향신료	자체가 좋은 향기가 나거나 매운맛, 쓴맛 및 고소한 맛 등을 내는 것

(2) 한식의 조미료

소금	• 순수한 짠맛을 내는 소금의 주성분은 염화나트륨(NaCl) • 약간의 쓴맛도 가지고 있음	
	천일염(호렴)	• 바닷물을 염전으로 끌어와 바람과 햇볕으로 수분과 유해성분을 증발시킨 소금(굵은 소금) • 김장이나 장을 담글 때, 젓갈을 담글 때 주로 사용
	정제염	• 바닷물을 전기분해하여 이온수지막으로 불순물과 중금속 등을 제거하고 얻어낸 염화나트륨 결정체
	가공염	• 볶거나 태우거나 용융시키거나 식품첨가물을 가하여 가공한 소금 • 맛소금 : 정제염 + 조미료
	꽃소금(재제염)	• 천일염을 깨끗한 물에 녹여 불순물을 제거하고 다시 가열하여 결정시킨 것
설탕	• 가장 널리 쓰이는 천연 감미료 • 음식에 단맛 • 식품 가공 및 저장의 재료 • 용해성과 점성, 결정성, 방부성, 발효성 등의 조리적 특성이 있음	
된장	• 간장을 걸러내고 남은 건더기 • 단백질이 풍부하여 국, 찌개, 무침 등에 이용 • 어육의 비린내와 수육의 누린 냄새를 제거하는 역할 • 소화되기 쉬운 단백질과 식염의 공급원	
간장	• 대두 발효 제품 • 재래식 간장(대두로 만든 메주를 숙성시켜 달여서 만듦) : 주로 국과 구이, 볶음 등에 사용 • 개량식 간장(진간장 등; 대두, 밀, 종국을 섞어 염수에 숙성시킨 후 간장을 짜서 숙성시킨 것) : 주로 조림에 사용	

식초	• 신맛을 주는 조미료 • 식욕을 촉진하고 생선살을 단단하게 만듬 • 양조식초와 합성식초로 나누어짐 • 5~6%의 초산을 함유한 식초는 방부 작용을 함
화학조미료	• 대표적으로 모노소디움 글루타메이트(MSG)와 핵산조미료, 복합조미료 등 • 맛의 종류에 따라 단맛의 감미료와 신맛의 산미료, 맛난 맛의 지미료, 짠맛의 염미료 등으로 분류

2) 한식 고명 준비

한식의 고명은 음식의 겉모양을 좋게 하기 위해 음식 위에 얹는 것을 말한다. 모양과 색을 중시하며, 맛과 영양을 보충하며 돋보이게 하고, 음양오행설을 바탕으로 사용한다.

(1) 한식 고명의 종류

종류	내용
달걀지단	• 채썰기 : 나물이나 잡채 • 골패형, 마름모꼴 : 국이나 찜, 전골 • 줄알 : 국수나 만둣국, 떡국 등
미나리초대	• 마름모꼴, 골패 : 탕, 신선로 및 전골 등 • 실파나 쑥갓도 초대를 만들어 사용
고기완자	• 완자의 크기 : 음식에 따라 직경 1~2cm 정도 • 신선로, 면, 전골 등
알쌈	• 흰자와 노른자로 분리하여 팬에 올려 콩알 크기의 익힌 쇠고기를 놓고 반으로 접어 반달모양으로 지지기 • 신선로나 된장찌개 등
버섯류	• 표고버섯 : 채 썰기, 은행잎 모양, 골패형, 마름모꼴 → 전골,탕 • 석이버섯 : 이채 썰어 소금과 참기름으로 양념하여 볶아서 사용 • 목이버섯 : 3~4등분으로 찢은 후 양념하여 볶기
실고추	• 4cm 정도씩 짧게 끊어서 사용
홍고추, 풋고추	• 씨를 빼고 채로 썰거나 완자형이나 골패형으로 썰어서 사용 • 익힌 음식의 고명으로 사용할 때는 끓는 물에 살짝 데쳐서 얹기 • 잡채나 국수의 고명으로 사용
통깨	• 나물·잡채·적·구이 등
호두	• 반으로 갈라서 더운 물에 잠시 담갔다가 속껍질을 벗긴 후 사용 • 찜, 신선로, 전골

대추	• 찜(크게 썰기), 보쌈김치나 백김치(채로 썰기), 식혜와 차(채로 썰어 띄우기) • 대추는 보통 음식보다는 떡이나 과자류에 많이 사용
잣	• 통잣, 비늘잣, 잣가루로 하여 사용 • 보관 시에 종이로 싸 두면 기름이 베어나와 보송보송하게 사용할 수 있음

3) 한식 기본 육수 준비

(1) 한식 육수

'육수'는 고기를 삶아 낸 물을 의미하며 찌개나 전골의 맛을 결정하는 중요한 요인 중의 하나이다. 육류 또는 가금류, 뼈, 건어물, 채소류 및 향신채 등을 넣고 물에 충분히 끓여 내어 국물로 사용하는 재료를 말한다.

(2) 재료에 따른 육수 분류

종류	특징
소고기 육수	• 맑은 육수에는 양지머리, 사태육 및 업진육 등 질긴 부위의 소고기가 적당하다. (사골, 도가니 및 잡뼈 등을 섞어서 끓이면 맛이 더 진해지나 육수가 탁해짐) • 고기의 양이 적을 경우에는 면포로 핏물을 닦은 후 물에 넣고 끓인다. • 육수를 끓여낸 고기는 편육으로 먹거나 찌거나 썰어서 국건더기 또는 고명으로 사용하기도 한다. • 육수는 토장국, 육개장, 우거지탕, 미역국, 갈비탕 및 냉면 육수 등에 사용된다.
닭고기 육수	• 노란 기름 부분을 자르고 찬물에 통째로 푹 끓여 고기가 익으면 건져 내고 육수는 면포에 걸러 사용한다. • 초계탕, 초교탕 및 미역국 등에 사용한다.
멸치·다시마 육수	• 멸치는 머리와 내장을 떼고, 다시마는 젖은 면포로 닦아 사용한다. • 생선국, 전골 및 해물탕 등에 사용된다. • 멸치를 볶아서 사용하면 멸치의 비린 맛을 없앨 수 있다.
조개 육수	• 조개 육수는 조개탕, 조개 국물로 끓이는 토장국(된장, 고추장), 해물탕 및 매운탕 등에 사용한다.

※ 육수에 사용되는 부재료

양파껍질, 당근, 고추씨, 대파, 마늘, 양파, 무, 건 표고버섯, 통후추 등

3. 기본 조리법 습득하기

1) 한국음식의 종류

주식, 부식, 후식 으로나눈다

(1) 주식류

구분	내용
밥	• 밥은 쌀을 비롯한 곡류에 물을 붓고 가열하여 호화시킨 음식 • 한국 음식의 주식 중 가장 기본이 되는 음식 • 잡곡밥, 별미밥, 비빔밥 등
죽	• 죽은 우리나라 음식 중 가장 일찍 발달된 것 • 곡물의 5~7배 정도의 물을 붓고 오랫동안 끓여 호화시킨 음식 • 별미식, 환자식 및 보양식 등으로 이용
국수	• 밀가루·메밀가루 등의 곡식가루를 반죽하여 긴 사리로 뽑아 만든 음식 • 젓가락 문화의 발달을 가져옴
만두와 떡국	• 만두는 밀가루 반죽을 얇게 밀어서 소를 넣고 빚어, 장국에 삶거나 찐 음식(북쪽 지방에서 즐겨 먹는 음식) • 떡국은 멥쌀가루를 찐 후 가래떡 모양으로 만든 후 어슷하게 썰어 장국에 끓이는 음식(새해 첫 날에 꼭 먹는 음식)

(2) 부식류

구분	내용
국	• 채소·어패류·육류 등을 넣고 물을 많이 부어 끓인 음식 • 한국의 기본적인 상차림은 밥과 국(맑은장국·토장국·곰국·냉국 등으로 나눔) • 국은 우리나라 숟가락 문화를 발달
찌개	• 국보다 국물은 적고 건더기가 많으며 간이 센 편 • 맑은 찌개와 토장찌개가 있음
전골	• 반상과 주안상을 차릴 때 육류·어패류·버섯류·채소류 등에 육수를 넣고 즉석에서 끓여 먹는 음식 • 여러 재료들의 조화된 맛을 즐길 수 있는 음식
찜	• 주재료에 양념을 하여 물을 붓고 푹 익혀, 약간의 국물이 어울리도록 끓이거나 쪄내는 음식
선	• 선은 좋은 재료를 뜻하는 것으로 호박·오이·가지·배추·두부 등 식물성 재료에 쇠고기·버섯 등으로 소를 넣고 육수를 부어 잠깐 끓이거나 찌는 음식
숙채	• 채소를 끓는 물에 데쳐서 무치거나 기름에 볶는 음식
생채	• 계절별로 나오는 신선한 채소류를 익히지 않고 초장·고추장·겨자즙 등에 새 • 콤달콤하게 무친 것으로 재료의 맛을 살리고 영양의 손실은 적게하는 조리법

조림	• 육류·어패류·채소류 등에 간장이나 고추장을 넣고, 간이 스며들도록 약한 불에서 오랜 시간 익히는 조리법 • 간을 세게 하여 오래 두고 먹는다.
초	• 해삼·전복·홍합 등에 간장 양념을 넣고 약한 불에서 끓이다가 녹말을 물에 풀어 넣어 익힌 음식 • 국물이 걸쭉하고 윤기가 난다.
볶음	• 육류·어패류·채소류 등을 손질하여 기름에만 볶는 것과 간장·설탕 등으로 • 양념하여 볶는 것
구이	• 육류·어패류·채소류 등을 재료 그대로 혹은 양념을 한 다음 불에 구운 음식
전·적	• 전은 육류·어패류·채소류 등의 재료를 다지거나 얇게 저며 밀가루와 달걀로 옷을 입혀서 기름에 지진 음식 • 적은 재료를 양념하여 꼬지에 꿰어 굽는 음식
회·편육·족편	• 회: 육류나 어류·채소 등을 날로 먹거나 또는 끓는 물에 살짝 데쳐서 초간장·초고추장·겨자즙 등에 찍어 먹는 음식 • 편육: 쇠고기나 돼지고기를 삶아 눌러서 물기를 빼고 얇게 저며 썬 음식 • 족편: 쇠머리나 쇠족 등을 장시간 고아서 응고시켜 썬 음식
마른찬	• 육류·생선·해물·채소 등을 저장하여 먹을 수 있도록 소금에 절이고 양념하여 말리거나 튀겨서 먹는 음식
장아찌	• 무·오이·도라지·마늘 등의 채소를 간장·된장·고추장 등에 넣어 오래 두고 먹는 저장 음식
젓갈	• 어패류의 내장이나 새우·멸치·조개 등에 소금을 넣어 발효시킨 음식으로 반찬이나 조미료용 식품
김치	• 채소(배추나 무 등)를 소금에 절여서 고추·마늘·파·생강·젓갈 등의 양념 • 을 넣고 버무려 익힌 음식 • 한국의 대표적인 저장 발효음식으로 가장 기본이 되는 반찬

(3) 후식류

떡	• 쌀 등의 곡식가루에 물을 주어 찌거나 삶아서 익힌 곡물 음식 • 통과의례와 명절행사 때
한과	• 전통과자를 말함 • 만드는 법이나 재료에 따라 유과류, 약과류, 엿강정류, 매작과류, 정과류, 숙실과류, 다식류, 과편류 및 엿류 등
음청류	• 음청류는 술 이외의 기호성 음료

2) 상차림의 종류

상차림은 한 상에 차려놓은 찬품의 이름과 수효를 말하는데, 그 규모는 그 음식대접이 어떤 뜻을 가졌는가에 따라 정해진다.

구분	내용
초조반상(아침상)	• 새벽자리에서 일어나 처음 먹는 음식 • 응이, 미음 및 죽 등의 유동식을 중심 • 맵지 않은 국물김치(동치미, 나박김치), 젓국찌개 및 마른찬(암치보푸라기, 북어보푸라기, 유포 및 어포 등) 등
반상	• 밥을 주식으로 하여 차린 상차림 • 아랫사람(밥상), 어른(진짓상), 임금 (수랏상) 이라 부름 • 찬품 수는 최하 3품으로부터 12품으로 홀수(3첩, 5첩, 7첩 및 9첩 반상 등)로 나감 • 5첩은 평일 식사, 7첩은 여염집 신랑·색시상, 9첩은 반갓집, 12첩은 궁에서 차리는 격식
낮것상(점심상)	• 점심은 간단한 요기만 하는 정도로 가볍게 차림 • 손님이 오면 온면·냉면 등으로 간단한 국숫상 • 국수상 차림 : 국수장국과 묽은 장, 봄·가을에는 나박김치, 겨울에는 배추김치, 등이 같이 차려짐
주안상	• 약주에 안주가 곁들여지는 술을 대접하기 위한 상차림 • 육포·어포 등의 마른안주와 전·편육·찜·전골·생채·김치·과일·떡·한과 등을 올림
잔칫상	• 잔치는 경축의 뜻을 가진 상 • 대개 면(국수)을 차리기도 하나 보통 '교자상'을 차림 • 교자상: 손님들의 회식을 위해 큰 상에 음식을 차려 놓고 동시에 여러 사람이 음식을 먹게 하는 것

추가tip 반상의 첩수

내용 / 첩수	첩수에 들어가지 않는 음식							첩수에 들어가는 음식										
	밥	국	김치	장류	찌개	찜	전골	나물 생채	나물 숙채	구이	조림	전	마른반찬	장아찌	젓갈	편육	회	수란
3첩	1	1	1	1				1	1	택1								
5첩	1	1	2	2				택1		1	1	1	택1					
7첩	1	1	2	3	2	택1		1	1	1	1	1	택1					
9첩	1	1	3	3	2	1	1	1	1	1	1	1	1	1	1	택1		
12첩	1	1	3	3	2	1	1	1	1	2	1	1	1	1	1	1	1	1

3) 조리도구의 종류와 사용법

구분		내용
가스레인지		• 조리온도는 음식의 품질을 좌우하는 중요한 요소이다. 따라서 조리법에 따라 음식의 맛을 가장 좋게 하는 불 조절이 필요하다.
	강불(센불)	• 불꽃이 냄비 바닥 전체에 닿는 정도 • 볶음·구이·찜 등의 요리에서 처음에 재료를 익힐 때 • 국물 음식을 팔팔 끓일 때의 불의 세기
	중불	• 가스레인지의 레버가 꺼짐과 열림의 중간 위치 • 국물 요리에서 한 번 끓어오른 다음 부글부글 끓는 상태를 유지할 때의 불의 세기
	약불	• 꺼지지 않을 정도까지 최소한으로 줄인 상태 • 오랫동안 지글지글 끓이는 조림요리나 뭉근히 끓이는 국물 요리에 알맞음
온도계		• 조리온도를 측정하는데 사용 • 적외선 온도계 : 비접촉식으로 표면온도 측정 시 • 200~300℃ 정도 측정 봉상 액체온도계 : 액체의 온도를 잴 때 • 육류용 온도계 : 탐침하여 육류의 내부온도측정
조리용 시계		• 조리시간을 특정할 때는 스톱워치(stop watch)나 타이머(timer)를 사용 • 면 요리, 찜 요리 등

추가tip 조리의 목적

ⓐ 식품이 함유하고 있는 영양가를 최대로 보유하게 하는 것
ⓑ 향미를 더 좋게 향상시키는 것
ⓒ 음식의 색이나 조직감을 더 좋게 하여 맛을 증진시키는 것
ⓓ 소화가 잘 되도록 하는 것
ⓔ 유해한 미생물을 파괴시키는 것

예/상/문/제

01. 숫돌 사용방법이 틀린 것은?

① 칼이 숫돌의 전면을 고루고루 닿도록 사용한다. 숫돌의 중앙만 사용하게 되면 가운데만 움푹 파이게 된다.
② 전면이 고르지 않을 경우 칼로 계속 갈아 수평을 유지하게 해서 사용한다.
③ 숫돌은 사용하기 전에 물에 담가 충분히 물을 먹인 다음에 사용한다.
④ 숫돌을 사용할 때에는 미끄러짐을 방지하기 위하여 숫돌 밑에 천을 깔거나 숫돌집에 고정시켜 사용한다.

02. 다음 가열 조리 중 습열 조리가 아닌것은?

① 찜
② 조림
③ 삶기
④ 볶기

해설 구이, 볶기 ,튀기기는 석쇠구이 직화구이는 건열조

03. 한식 썰기 종류의 설명이 틀린 것은?

① 통 썰기 : 길이가 긴 재료를 한손에 잡고 빙빙 졸려 가며 한입 크기로 작고 각이 있게 썬다.
② 깍둑썰기 : 무, 감자들을 막대 썰어 같은 크기의 주사위모양으로 썬다.
③ 나박 썰기 : 가로 · 세로가 비슷한 사각형으로 반듯하고 얇게 썬다
④ 편 썰기 : 생밤이나 삶은 고기를 모양 그대로 얇게 다.

04. 다음은 칼의 특징 및 사용용도에 대해 짝지어 놓은 것이다. 틀린 것은?

① 아시아형 – 칼날 길이를 기준으로 18cm이고 칼등이 곡선 처리, 칼날이 직선인 안정적인 모양
② 다용도칼 – 칼날 길이가 16cm이고 일반 부엌칼이나 회칼로도 많이 사용된다
③ 서구형 – 칼날 길이 20cm 정도이며 칼등과 칼날이 곡선으로 처리
④ 서구형 – 칼날 길이가 20cm이며 주로 자르기에 편하며 힘이 들지 않음

05. 썰기의 목적으로 틀린 것은?

① 열의 전달이 쉽다
② 조미료(양념류)의 침투를 좋게 한다.
③ 씹기는 편하나 소화하기 어렵다.
④ 모양과 크기를 정리하여 조리하기 쉽게 한다.

06. 다음 중 끓이는 조리법으로 옳은 것은?

① 식품의 중심부까지 열이 전도되기 어려워 단단한 식품의 가열이 어렵다
② 영양분의 손실이 비교적 많으며, 식품의 모양이 변형되기 쉽다.
③ 식품의 수용성분이 국물 속으로 유출이 되지 않는다.
④ 가열 중 재료식품에 조미료의 침투가 어렵다.

해설 식품을 끓이게 되면 수용성 영양소의 손실이 많으며, 모양이 변형되기가 쉽다.

07. 계량단위로 틀린 것은?

① Table spoon(Ts) ② Cup(C)
③ ounce(oz) ④ Bottle(B)

해설 계량단위는 큰술(Ts), 작은술(ts), 파인트(pint), 쿼트(quert), 온스(oz) 등이 있다.

정답 01. ② 02. ④ 03. ① 04. ② 05. ③ 06. ② 07. ④

08. 센불로 가열한 후 약한불로 세기 조절하는 음식이 아닌 것은?

① 고구마튀김　② 전복죽
③ 생선찌개　④ 고등어무조림

09. 거친숫돌에 대한 설명이다. 틀린 것은?

① 새 칼을 사용할 때 칼의 형상을 조절
② 형태가 깨진 칼끝의 형태를 수정
③ 칼날이 두껍고 이가 많이 빠진 칼을 가는 데 사용
④ 숫돌의 입자가 1000#이다.

10. 한식 썰기 종류의 설명이 옳은 것은 ?

① 당겨 썰기: 칼끝을 도마에 대고 손잡이를 약간 들었다 당기며 눌러 써는 방법
② 밀어서 깍아썰기: 고기처럼 질긴 것을 썰 때 힘이 분산되지 않고 한 곳으로 집중되어 썰기 좋음
③ 칼끝썰기: 우엉을 깎아 썰거나 무를 모양 없이 썰 때 많이 사용하는 방법
④ 돌려 깍아썰기: 속도가 빠르고 손목의 스냅을 이용 → 힘이 적게 듦

11. 썰기의 목적으로 틀린 것은?

① 열의 전달이 쉽다
② 조미료(양념류)의 침투를 좋게 한다.
③ 씹기를 편하나 소화하기 어렵다.
④ 모양과 크기를 정리하여 조리하기 쉽게 한다.

12. 한식의 조미료 중 소금에 대한 설명이 다 틀린 것은?

① 천일염(호렴): 바닷물을 염전으로 끌어와 바람과 햇볕으로 수분과 유해성분을 증발시킨 소금 (굵은 소금)
② 정제염: 바닷물을 전기분해하여 이온수지막으로 불순물과 중금속 등을 제거하고 얻어낸 염화나트륨 결정체
③ 가공염: 볶거나 태우거나 용융시키거나 식품첨가물을 가하여 가공한 소금
④ 꽃소금(재제염): 김장이나 장을 담글 때, 젓갈을 담글 때 주로 사용

해설 천일염을 깨끗한 물에 녹여 불순물을 제거하고 다시 가열하여 결정시킨 것

13. 한식 고명에 들어가지 않는 것은?

① 달걀지단　② 실고추
③ 잣　④ 계피가루

14. 한국음식의 종류는 주식, 부식, 후식으로 나눈다. 부식에 들어가지 않는 것은?

① 전골　② 찜
③ 선　④ 국수

15. 상차림에 대한 설명 중 맞는 것은?

① 반상: 밥을 주식으로 한상차림이며 찬품 수는 최하 3품으로부터 12품으로 홀수(3첩, 5첩, 7첩 및 9첩 반상 등)로 나감
② 교자상: 손님들의 회식을 위해 큰 상에 음식을 차려 놓고 동시에 여러 사람이 음식을 먹게 하는 것
③ 주안상: 약주에 안주가 곁들여지는 술을 대접하기 위한 상차림으로잔치는 경축의 뜻을 가진 상
④ 초조반상: 새벽자리에서 일어나 처음 먹는 음식으로 응이, 미음 및 죽 등의 유동식을 중심

16. 조리의 목적이 아닌 것은?

① 식품이 함유하고 있는 영양가를 최대로 보유하게 하는 것
② 향미를 더 좋게 향상시키는 것
③ 음식의 색이나 조직감을 더 좋게하여 맛을 증진시키는 것
④ 소화가 잘 되도록 하나 유해한 미생물을 파괴시키지 못함

정답　08. ①　09. ④　10. ①　11. ③　12. ④　13. ④　14. ③　15. ③　16. ④

02. 한식 밥 조리

1) 밥 재료 준비하기

(1) 재료의 종류와 특성

<table>
<tr><th colspan="2">재료</th><th colspan="2">특성</th></tr>
<tr><td rowspan="3">쌀</td><td>인디카형
(장립종)</td><td colspan="2">• 세계생산량의 90%를 차지
• 쌀알의 길이가 길며, 씹을 때 단단함
• 찰기가 적고 잘 부서지고 불투명</td></tr>
<tr><td>자바니카형
(중립종)</td><td colspan="2">• 생산량이 많지 않음
• 낱알 길이와 찰기가 인디카형과 자포니카형의 중간 정도
• 인도네시아의 자바 섬, 그 근처의 일부 섬에서 재배</td></tr>
<tr><td>자포니카형
(단립종)</td><td colspan="2">• 세계생산량의 10%를 차지
• 쌀알의 길이가 짧고 둥글며, 찰기가 있음</td></tr>
<tr><td rowspan="5">보리</td><td colspan="3">• 주성분은 전분이며, 탄수화물이 70%, 단백질이 8~12%
• 비타민류는 B군이 많음
• β글루칸이 함유 → 콜레스테롤 저하 및 변비 예방에 도움</td></tr>
<tr><td>압맥</td><td colspan="2">• 보리쌀의 수분을 14~16%로 조절하여 예열통에 넣기 → 간접적으로 60~80℃로 가열 → 가열증기나 포화증기로 수분을 25~30%로 하여 조직을 변화시킴 → 2개의 롤러 사이로 통과시킴(압력)</td></tr>
<tr><td>할맥</td><td colspan="2">• 보리의 골에 들어 있는 섬유소를 제거한 것
• 조리하기가 간편하고, 섬유소 함량이 낮아 소화율이 높음</td></tr>
<tr><td rowspan="2">맥아</td><td>단맥아</td><td>• 고온에서 발아시켜 싹이 짧은 것
• 맥주, 양조에 사용</td></tr>
<tr><td>장맥아</td><td>• 비교적 저온에서 발아시킨 것
• 식혜나 물엿 제조에 사용</td></tr>
<tr><td>두류</td><td colspan="3">• 두류는 식물성 단백질이 풍부한 식품
• 종피가 단단하여 장기 저장이 가능
• 생 대두의 독성물질 : 사포닌, 트립신 저해물질, 아밀로오스 저해 물질, 헤마글루티닌(혈구를 응집시키는 독소) → 이들은 열에 약하여 가열하면 파괴</td></tr>
<tr><td>조</td><td colspan="3">• 단백질 중 프롤라민이 많고 소화율이 좋음
• 아밀로펙틴 함량에 따라 차조와 메조로 구분
• 차조 : 메조보다 단백질과 지질함량이 높으며 값이 저렴 → 경제적 식량으로 이용
• 조의 겨 : 단무지 착색에 사용</td></tr>
<tr><td>기장</td><td colspan="3">• 주성분은 당질이고, 쌀과 비교하면 조 단백질의 95%는 순수 단백질
• 소화율은 떨어지며, 단백질·지방질·비타민A 등이 풍부
• 팥과 혼식</td></tr>
</table>

(2) 돌솥, 압력솥 도구 선택

돌솥	• 보온성이 좋고 천연 재질이라 음식 고유의 맛을 그대로 살림 • 돌솥밥 : 돌솥에 쌀과 잡곡, 견과류, 육류, 인삼 등을 넣고 지은 밥으로, 쌀에 부족한 영양소를 골고루 섭취할 수 있는 음식
압력솥	• 내부의 증기를 모아 내부압력을 높여 물의 비점을 상승시키는 원리를 이용한 습식 가열조리 기구(0.9 ~ 1.3㎏/㎠의 가압 하에서 110 ~ 115℃의 고온으로 가열)이다. • 짧은 시간에 요리 → 연료와 시간이 절약 • 영양소 파괴가 적고, 재료의 색상이 그대로 유지

2) 밥 조리하기

(1) 쌀 씻기(수세)

쌀은 3~5회 정도 맑은 물이 나올 때까지 씻되, 쌀을 너무 문질러 씻으면 수용성 비타민, 비타민 B_1, 향미 물질 등의 손실이 있으므로, 손실 최소화를 위해 단시간 흐르는 물에서 한다. 밥의 종류와 특성에 따라 조리방법이 다르므로 주의한다.

(2) 쌀 불리기(수침)

쌀을 물에 미리 불리는 것으로, 쌀의 호화에 도움을 준다. (멥쌀 30분, 찹쌀 50분)

(3) 물 붓기

쌀의 종류에 따른 물의 양은 다음과 같다. 일반적인 밥은 쌀 무게의 1.2~1.4배 정도의 물을 흡수한다.

구분	쌀의 중량(무게)에 대한 물의 분량	체적(부피)에 대한 물의 분량
백미	1.5배	1.2배
불린쌀	1.2배	1.0배
햅쌀	1.4배	1.1배
묵은쌀	1.1배	1.3~1.4배
찹쌀	1.1~1.2배	0.9~1~1배

(4) 뜸 들이기

- 쌀의 표층부에 포함되어있는 수분이 급격히 쌀의 내부로 침투
  → 수분분포가 균일화, 밥의 찰기 형성, 쌀의 중심부까지 호화가 완료
- 뜸 들이기 시간 : 15분 정도(쌀의 경도가 가장 낮음) → 밥 냄새와 향미가 가장 좋음

(5) 밥 담기

ⓐ 밥의 종류와 특성에 따라 그릇을 알맞게 선택한다.
ⓑ 먹는 시간을 고려하여 따뜻하게 담는다.
ⓒ 조리 종류에 따라 고명을 올릴 수 있다.
ⓓ 형태, 분량, 인원수 등에 맞게 그릇을 선택한다.

예 / 상 / 문 / 제

01. 쌀의 호화를 돕기 위해 밥을 짓기 전에 침수 시키는데, 밥을 지을 때 불린 쌀과 물의 가장 알맞은 배합률은?

① 불린쌀의 중량의 1.4배, 부피의 1.2배
② 불린쌀의 중량의 1.2배, 부피의 1배
③ 불린쌀의 중량의 1.6배, 부피의 1배
④ 불린쌀의 중량의 1배, 부피의 1.5배

해설 불린쌀의 중량에 따른 물의 분량은 1.2배이고, 부피에 대한 물의 분량은 1배 이다.

02. 소화가 안되는 베타(β)전분을 소화가 잘 되는 알파(α)전분으로 만드는 것을 전분의 무엇라고 하는가?

① 노화 ② 호화
③ 유화 ④ 산화

해설 베타(β)전분은 생전분으로 전분입자가 규칙적으로 뭉쳐있어 소화가 어려우나, 물과 열을 가하면 불규칙적으로 분산되어 효소작용이 용이한 알파(α)전분으로 바뀌는 것을 전분의 호화라고 한다.

03. 전분 식품의 노화를 억제하는 방법으로 틀린 것은?

① 설탕을 첨가한다.
② 식품을 냉장 보관한다.
③ 식품의 수분함량을 15% 이하로 한다.
④ 유화제를 사용한다.

04. 쌀의 종류와 특성 중 인디카형은?

① 쌀알의 길이가 길며, 씹을 때 단단함, 찰기가 적고 잘 부서지고 불투명
② 생산량이 많지 않으며 인도네시아의 자바 섬, 그 근처의 일부 섬에서 재배
③ 쌀알의 길이가 짧고 둥글며, 찰기가 있음
④ 세계생산량의 10%를 차지

정답 01. ② 02. ② 03. ③ 04. ①

05. 현미의 도정률을 증가시킴에 따른 변화 중 옳지 않은 것은?

① 소화율이 낮아진다.
② 탄수화물의 양이 증가된다.
③ 총열량이 증가된다.
④ 단백질의 손실이 커진다.

해설 도정도가 높아짐에 따라 탄수화물은 증가하고, 섬유소, 회분, 비타민 등이 감소하며, 소화율이 높아진다.황)

06. 쌀의 종류와 특성 중 인디카형은?

① 쌀알의 길이가 길며, 씹을 때 단단함, 찰기가 적고 잘 부서지고 불투명
② 생산량이 많지 않으며 인도네시아의 자바 섬, 그 근처의 일부 섬에서 재배
③ 쌀알의 길이가 짧고 둥글며, 찰기가 있음
④ 세계 생산량의 10%를 차지

07. 다음 중 밥맛에 영향을 주는 인자에 대한 설명 중 틀린 것은?

① 밥 물의 산도가 높을수록 밥맛이 좋다.
② 미량의 소금을 첨가하면 밥맛이 좋다.
③ 쌀의 저장기간이 짧을수록 밥맛이 좋다.
④ 밥 물의 pH가 7~8로 사용하면 밥맛이 좋다.

08. 다음 중 쌀을 지나치게 으깨어 오래 씻을 때 손실이 큰 비타민은 어떤 것인가?

① 토코페롤
② 아스코르브산
③ 카로틴
④ 티아민

해설 쌀눈(배아)에는 바타민 B1이 많이 함유되어있어 쌀을 오래 씻으면 비타민 B1의 손실이 크다.

09. 밥을 지을 때 콩을 섞으면 영양적인 면에서 효과적이다. 이를 바르게 설명한 것은?

① 소화흡수가 잘된다.
② 콩의 유독 성분이 쌀에 의해 무독화된다.
③ 콩의 비타민섭취가 증가된다.
④ 아미노산 조성이 효과적으로 된다.

해설 쌀에 부족한 아미노산인 리신을 콩이 풍부하게 가지고 있어서 두 식품을 섞어 먹으면 영양적으로 보완이 되어 완전단백질이 만들어 진다.

10. 우리의 식사예법에 따른 식사상은 어느 것인가?

① 뷔페상 ② 품요리상
③ 반상 ④ 풍속음식상

해설 우리나라의 식사예법에 따른 식사상은 반상이다 반상은 밥을 주식으로 한 상을 말하며, 반찬의 수(첩수)에 따라 3첩반상, 5첩반상, 7첩반상, 9첩반상, 12첩반상 등으로 부른다

11. 다음과 같은 식단은 몇 첩 반상인가?

공밥, 무국, 배추김치, 장조림, 생선찌개, 쑥갓나물, 도라지생채, 초간장, 두부전, 무장아찌

① 3첩반상 ② 5첩반상
③ 7첩반상 ④ 9첩반상

해설
- 3첩반상 : 밥, 탕, 김치, 종지 1개, 반찬 3가지 (생채, 조림 또는 구이, 장아찌)
- 5첩반상 : 밥, 탕, 김치, 종지 2개, 조치 1가지, 반찬 5가지(생채, 조림, 마른반찬, 숙채, 전유어)
- 7첩반상 : 밥, 탕, 김치, 종지 3개, 조치 2가지, 반찬 7가지(5첩 외 회, 구이)
- 9첩반상 : 밥, 탕, 김치, 종지 3개, 조치 2가지, 반찬 9가지

12. 밥할 때 백미와 물의 가장 알맞은 비율은?

① 쌀의 중량의1.5배, 부피의1.2
② 쌀의 중량의1.1배, 부피의1.5
③ 쌀의 중량의1.4배, 부피의1.0
④ 쌀의 중량의1.3배, 부피의1.0

정답 05. ① 06. ① 07. ① 08. ④ 09. ④ 10. ③ 11. ② 12. ①

03. 한식 죽 조리

1) 죽 재료 준비하기

(1) 부재료의 특성

㉠ 채소류

- 수분이 85~95%로 칼로리는 매우 적은 편
- 섬유질로는 셀룰로오스와 헤미셀룰로오스 등이 함유 → 장을 적당히 자극, 변통을 좋게 함
- 알칼리성 식품(칼륨, 나트륨, 칼슘, 마그네슘, 철, 황 등이 다량 함유)으로 어류나 산성을 중화시킴

종류	영양 특성
오이	• 비타민 A, K, C가 함유 • 칼륨이 312mg/100g 함유 → 체내의 노폐물을 배설 • 큐커비타신 : 오이의 쓴맛 • 비타민C 산화효소가 있음 : 비타민C를 파괴
양파	• 퀘세틴 : 양파 껍질에 있는 황색 색소 • → 지질의 산패를 방지, 신진대사를 높여 혈액순환을 좋게 하며, 콜레스테롤을 저하시킴
당근	• 꼬리 부위의 비대가 양호, 잎은 1.0cm 이하로 자르고 흙과 수염뿌리를 제거한 것이 좋으며, 부패, 병충해, 변질되지 않아야 함 • 베타카로틴, 비타민 A, B, C, 철분, 인, 식이섬유 등이 풍부
도라지	• 알칼로이드 성분 : 도라지 쓴맛 → 물에 담가서 우려낸 후 잘 주물러 씻어서 사용 • 사포닌 : 가래를 삭히고 진통·소염 작용, 기관지의 기능을 향진시킴
시금치	• 수산 : 시금치의 떫은맛 → 끓는 물에 데치면 상당 부분 제거 • 수산은 칼슘과 결합 → 칼슘의 흡수를 저해 • 사포닌과 식이섬유 다량 함유 → 변비에 효과 • 엽산이 함유 → 빈혈 예방에 효과 • 시금치즙 → 발암물질의 생성을 예방, 혈중 콜레스테롤을 낮춤
고사리	• 잎 : 탄닌 성분 • 어린 싹 : 유리아미노산이 1.4%(로이신, 아스파라긴산, 글루타민산, 티로신, 페닐알라닌의 함량이 높음) • 잎을 달여 마시면 이뇨, 해열에 효과 • 생고사리에는 비타민B1을 분해하는 효소인 티아미나제가 있어 삶아서 사용

호박	• β-카로틴이 풍부 • 전신부종, 임신부종, 천식으로 인한 부종 등에 사용 • 당뇨, 고혈압, 전립선비대에 효과 • 항산화, 항암 작용, 야맹증, 안구건조증에 효과 • 호박씨 : 불포화지방산인 리놀레산 → 혈중 콜레스테롤을 낮추어 고혈압, 동맥경화 예방, 노화 방지에 효과적

ⓛ 육류

- 주성분은 단백질(20%)과 지질이며, 일반적으로 지질함량과 수분함량은 반비례하며 어린 동물의 육은 수분이 많고 지방이 적다.
- 근육의 비타민은 B군 복합체로 B_2와 나이아신이 있으며, 돈육에는 비타민B_1 함량이 높다.

재료	영양 특성
소고기	• 고기를 썬 직후(암적색) → 공기 중에 노출되면 미오글로빈이 산소와 결합(선홍색) → 시간이 오래될수록 갈색으로 변함
닭고기	• 닭고기의 맛을 내는데 영향을 주는 성분 : 이노신산, 글루탐산은 좋은 맛과 짠맛에 영향을 주며, 칼륨은 단맛에 영향을 줌 • 숙성은 보통 닭이 1일 정도 → 맛이 더 좋아지고 글루탐산 함유량도 많음

ⓒ 어패류

- 단백질이 우수하며 결합조직량이 적고 근섬유가 짧아 소화하기 좋다.
- 불포화지방산 함량이 많아 산패되기 쉽다
- 미생물 번식에 대한 품질 저하가 많으므로 위생적으로 취급해야 한다.

재료	영양 특성
전복	• 감칠맛 : 글루탐산과 아데닐산 • 단맛 : 아르기닌, 글리신, 베타인 • 깊은 맛 : 글리코겐 • 생전복은 콜라겐과 엘라스틴과 같은 단단한 단백질이 많아서 살이 오독오독한 질감을 줌
새우	• 보리새우 : 글리신, 아르기닌 및 타우린의 함량이 높아 단맛이 나며 비타민E와 나이아신이 풍부 • 자연산 대하 : 양식에 비해 수염의 길이가 2배 정도 김 • 젓새우 : 몸이 분홍색이나 흰색을 띠며 암컷이 수컷보다 큼
참치	• 적색육 부위는 지질이 1% 수준으로 낮아서 다이어트에 도움 • 머리와 배 같은 지방육 부위는 지질이 25~40% 수준으로 높음 • 철 함량은 소고기와 유사한 수준으로 높음 • 셀레늄이 많아 항산화작용, 발암 억제작용

※ 어패류가 쉽게 부패하는 이유

① 수분이 많고, 지방이 적어 세균발육이 쉽다.
② 조직이 연하고, 외부로부터 세균의 침입이 쉽다.
③ 어체에는 세균의 부착기회가 많고, 표피, 아가미, 내장 등에 세균이 많다.
④ 저온에서도 증식한다.
⑤ 어패육은 자기소화작용이 커서 육질의 분해가 쉽다.
⑥ 어체 중의세균은 단백질 분해효소의 생산력이 크다.

2) 죽 조리하기

(1) 죽 조리 방법

㉠ 죽의 종류에 따라 재료를 미리 물에 담가 수분을 흡수시킨다.
㉡ 쌀은 30분에서 1시간 정도 침지시킨다. (쌀의 품종, 재배 조건, 저장 기간에 따라 좌우)
㉢ 죽은 곡물의 5~7배 정도 물을 붓고 오래 끓여서 알이 부서지고 녹말이 완전 호화상태로까지 무르익게 만든다. (유동식 상태)
㉣ 재료에 따라 물의 양을 가감하되 처음부터 전부 넣어 끓인다.
㉤ 불의 세기는 중불 이하로 오랜 시간 끓인다. (냄비의 재질은 열을 은근하게 전하는 재질이 좋음)

추가tip 조리 형태적 특징

① 가열시간이 길어 오랫동안 끓여서 소화되기 좋다
② 많은 물을 붓고 끓여 양을 많게 하므로 소량의 재료로 많은 사람이 먹을 수 있게 한다.
③ 주재료는 곡물이지만 다른 어떤 재료도 죽의 소재가 될 수 있어 변화의 폭이 넓다.

추가tip 죽의 영양 및 효능

① 죽의 열량은 100g당 30~50Kcal 정도로 밥의 1/3~1/4 정도이다.
② 팥죽은 산모의 젖을 많이 나게 하고 해독 작용이 있으며 체내 알코올을 배설시켜 숙취를 완화하고 위장을 다스리는데 이용한다.
③ 찹쌀은 화학구조상 아밀로펙틴 100%로 구성되어 멥쌀에 비해 소화흡수가 빠르고 차지기 때문에 떡이나 약용으로 쓰였다. 한방에서 찹쌀은 멥쌀보다 소화가 잘 되어 위장을 보호하고, 중초(심장과 배꼽의 중간)를 보한다고 한다.

3) 죽 담기

(1) 식기의 종류

주발	• 유기나 사기, 은기로 된 밥그릇 • 주로 남성용이며 사기 주발을 사발이라 함 • 아래는 좁고 위는 차츰 넓어지며 뚜껑이 있음
바리	• 입이 안쪽으로 오그라든 형태 • 여자용 밥그릇
탕기	• 국을 담는 그릇 • 주발과 똑같은 모양으로 주발 안에 들어가는 작은 크기
대접	• 위가 넓고 운두가 낮은 그릇 • 숭늉이나 면, 국수를 담는 그릇으로 국대접으로 사용
조치보	• 찌개를 담는 그릇 • 주발과 같은 모양으로 탕기보다 한 치수 작은 크기
보시기	• 김치류를 담는 그릇 • 쟁첩보다 약간 크고 조치보다는 운두가 낮음
쟁첩	• 전, 구이, 나물, 장아찌 등 대부분의 찬을 담는 그릇 • 작고 납작하며 뚜껑이 있음 • 반상기의 그릇 중에 가장 많은 수를 차지하며 반상의 첩수에 따라 한상에 올리는 숫자가 정해지는데, 5첩 반상이면 쟁첩에 담은 찬을 5가지 놓고, 9첩이면 9가지를 놓음
종지	• 간장·초장·초고추장 등의 장류와 꿀을 담는 그릇 • 주발의 모양과 같고 기명 중에 크기 가 제일 작음
조반기	• 대접처럼 운두가 낮고 위가 넓은 모양으로 꼭지가 달리고 뚜껑이 있음 • 떡국·면·약식 등을 담는 그릇
반병두리	• 위는 넓고 아래는 조금 평평한 양푼 모양의 유기나 은기의 대접 • 면·떡국·떡·약식 등을 담는 그릇
옴파리	• 사기로 만든 입이 작고 오목한 바리
밥소라	• 떡·밥·국수 등을 담는 큰 유기그릇 • 위가 벌어지고 굽이 있고 둘레에 전이 달려 있음
쟁반	• 운두가 낮고 둥근 모양 • 다른 그릇이나 주전자·술병·찻잔 등을 담아 놓거나 나르는 데 쓰이며 사기·유기·목기 등으로 만듦
놋양푼	• 음식을 담거나 데우는 데 쓰는 놋그릇 • 운두가 낮고 입구가 넓어 반병두리와 같은 모양이나 크기가 큼
수저	• 같은 재질의 금속으로 되어있으며, 은수저·유기 수저·백동 수저·스테인리스 수저 등이 있음

4) 고명 올리기

- 고명 : 음식을 보고 아름답게 느껴 먹고 싶은 마음을 갖도록 음식의 맛보다 모양과 색을 좋게 하기 위해 장식하는 것을 말하며 '웃기'또는'꾸미'라고도 한다.
- 한식의 색깔은 오행설에 바탕을 두어 붉은색 · 녹색 · 노란색 · 흰색 · 검정색의 오색이 기본이다.
- 붉은색(다홍고추 · 실고추 · 대추 등), 녹색(미나리 · 실파 · 호박 · 오이 등), 노란색과 흰색(달걀의 황백 지단), 검정색(석이버섯)
- 특이한 모양으로 잣 · 은행 · 호두 등의 견과류와 고기 완자 · 표고버섯 등도 고명으로 사용한다.

예/상/문/제

01. 죽의 영양 및 효능이 아닌 것은?

① 죽의 열량은 100g당 30~50Kcal 정도로 1/3~1정도이다.
② 팥죽은 산모의 젖을 많이 나게 하고 해독 작용이 있으며 체내 알코올을 배설시켜 숙취를 완화하고 위장을 다스리는데 이용한다.
③ 찹쌀은 화학구조상 아밀로펙틴 80%로 구성되어 있다.
④ 찹쌀은멥쌀에 비해 소화흡수가 빠르고 차지기 때문에 떡이나 약용으로 쓰였다.

02. 노화가 가장 많이 일어나는 전분의 성분으로 옳은 것은?

① 아밀로텍틴(Amylopectin)
② 아밀로오스(Amylose)
③ 글리코겐(Glycogen)
④ 한천(Agar)

해설 전분의 노화는 아밀로오스(Amylose)의 함량이 높을수록 잘 일어난다.

03. 전분의 노화억제 방법으로 틀린 것은?

① 설탕 첨가
② 유화제 첨가
③ 수분함량을 15% 이하로 유지
④ 5℃에서 보존

해설 전분의 노화억제방법은 수분함량조절(15%이하), 0℃이하로 냉동, 설탕 첨가, 유화제 첨가 등이 있다.

04. 전분에 대한 설명으로 틀린 것은?

① 아밀로오스와 아밀로펙틴의 비율이 2 : 8이다.
② 식혜, 엿은 전분의 효소작용을 이용한 식품이다.
③ 동물성 탄수화물로 일량 공급을 갖는다.
④ 가열하면 팽윤되어 점성을 갖는다.

해설 식물계 저장 탄수화물 쌀, 밀, 옥수수 등의 곡류 전분에 널리 분포되어 있다.

05. 어패류가 쉽게 부패하는 이유가 바르지 않은 것은?

① 수분이 많고, 지방이 적어 세균발육이 쉽다.
② 조직이 연하고, 외부로부터 세균의 침입이 쉽다.
③ 어체에는 세균의 부착기회가 많고, 표피, 아가미, 내장 등에 세균이 많다.
④ 어패육은 자기소화작용이 적어서 육질의 분해가 쉽다.

정답 01. ③ 02. ② 03. ④ 04. ③ 05. ④

06. 채소류의 특성을 연결한 것 중 맞지 않는 것은?

① 오이 – 오이의 쓴맛은 큐커비타신이며 비타민C를 파괴시키는 효소가 있음
② 양파 – 양파 껍질에 있는 황색 색소는 퀘세틴이며 지질의 산패를 방지
③ 시금치 – 시금치의 떫은맛인 수산이 있어 데칠 때 뚜껑덮고 데침
④ 도라지 – 알칼로이드 성분으로 쓴맛있다

07. 죽 조리 방법으로 틀린 것은?

① 죽의 종류에 따라 재료를 미리 물에 담가 수분을 흡수시킨다.
② 쌀은 30분에서 1시간 정도 침지시킨다
③ 죽은 곡물의 3~5배 정도 물을 붓고 오래 끓여서 알이 부서지고 녹말이 완전 호화상태로까지 무르익게 만든다.
④ 불의 세기는 중불 이하로 오랜 시간 끓인다

04. 한식 국·탕 조리

1) 국·탕 재료 준비하기

(1) 국, 국물, 육수

국	고기, 생선, 채소 따위에 물을 많이 붓고 간을 맞추어 끓인 음식
국물	국, 찌개 따위의 음식에서 건더기를 제외한 물
육수(肉水)	고기를 삶아 낸 물 육류 또는 가금류, 뼈, 건어물, 채소류, 향신채 등을 넣고 물에 충분히 끓여 내어 국물로 사용

(2) 국물의 기본

쌀 씻은 물	• 쌀을 처음 씻은 물은 버리고 2~3번째 씻은 물을 이용 • 쌀의 전분성의 농도가 국물에 진한 맛과 부드러움을 줌
멸치 또는 조개 국물	• 멸치는 머리와 내장을 떼기 → 비린내를 없애기 위해 냄비에 살짝 볶기 → 찬물을 부어 끓이기 → 끓기 시작하면 10~15분간 우려내고 거품은 걷어 면보에 걸러 사용 • 내장을 넣고 육수를 끓이면 쓴맛이 우러남 • 국물을 내는 조개 : 모시조개나 바지락처럼 크기가 작은 것이 적당하며, 모시조개는 3~4%의 소금 농도, 바지락은 0.5~1% 정도의 소금 농도에서 바닥이 평편한 그릇에 소금물을 담고 조개를 담가 놓아 해감시킨 후 사용

정답 06. ③ 07. ③

다시마 육수	• 다시마는 적당한 크기로 잘라 물에 담가 두었다가 사용 • 만니톨(mannitol) : 다시마 표면의 하얀 가루, 감칠맛 나는 성분
소고기 육수	• 양지머리, 사태, 채끝 등을 사용 • 육수를 끓이기 전 30분 정도 찬물에 담가 핏물을 빼기 → 찬물에 고기를 넣고 센 불에서 끓이기 → 끓기 시작하면 불을 줄여 잘 우러나도록 함 • 육수가 우러나기 전에는 간을 하지 않음
사골 육수	• 국, 전골, 찌개 요리 등에 중심이 되는 맛을 내는 육수 • 단백질 성분인 콜라겐(collagen)이 많은 사골을 선택 → 찬물에서 1~2시간 정도 담가 핏물을 충분히 빼기 → 육수 내기 • 핏물을 빼지 않으면 국물이 검어지고 누린내가 남 • 단순히 맹물을 사용하여 육수를 대신하여 끓이기도 함

(3) 국과 탕의 종류

국류	무 맑은 국, 시금치토장국, 미역국, 북엇국, 콩나물국 등
탕류	조개탕, 갈비탕, 육개장, 추어탕, 우거지탕, 감자탕, 설렁탕, 머위깨탕, 비지탕 등

※ 육수 조리 시 주의 사항

ⓐ 찬물로 시작 : 뼈 속 내용물 용해를 쉽게 하기 위해
ⓑ 센 불로 시작 약 불로 마무리 : 오랜 시간 은근히 끓이기
ⓒ 거품과 불순물 제거 : 육수가 혼탁해지는 것을 방지
ⓓ 투명하게 걸러내기 : 재료와 국물을 분리하여 맑은 육수를 준비
ⓔ 순환 냉수에 급속 냉각 : 급속 냉각시켜 육수가 상하는 것을 방지
ⓕ 생산 일지에 기록 저장 : 선입 선출 방법으로 효율적으로 저장

(4) 국 양념장 제조

㉠ 육수 우려내어 냉각 : 육수에 간장, 된장, 고추장 등을 넣어 혼합한 후 상온에서 냉각
㉡ 부재료 양념 첨가 : 냉각된 혼합액에 분쇄된 마늘, 생강, 고춧가루 혼합
㉢ 숙성 : 제조된 혼합물을 빛이 차단된 상온에서 2~4일 동안 1차 숙성, 8~12℃ 정도 더 낮은 온도에서 5~10일 동안 2차 숙성하여 사용

(5) 국 분류

종류	특징
맑은국	• 소고기 육수가 기본이고, 건지는 적은 편이다. • 콩나물과 대합, 재첩, 홍합 등 조개류로 끓인 것이 있다.
장국	• 된장, 고추장을 넣고 끓이는 방법 • 소금, 간장으로 간을 하되 약간의 고춧가루를 넣고 끓이는 방법
냉국	• 여름철 국으로서 국물은 소고기 또는 닭고기나 멸치, 다시마 등을 사용 • 냉국을 만들 때는 진하게 끓인 육수를 차갑게 하여 사용

(6) 계절별 국의 종류

계절	종류
봄	쑥국·생선 맑은장국·생고사리국 등의 맑은장국 냉이 토장국·소루쟁이 토장국 등 봄나물로 끓인 국
여름	미역 냉국·오이 냉국·깻국 등의 냉국류 보양을 위한 육개장·영계백숙·삼계탕 등의 곰국류
가을	무국·토란국·버섯 맑은장국 등의 주로 맑은 장국류
겨울	시금치 토장국·우거짓국·선짓국·꼬리탕 등 곰국류나 토장국

(7) 탕 재료의 종류와 특성

사골	• 소의 다리뼈(소 한 마리에서 8개의 사골이 생산) • 단면적이 유백색이고 골밀도가 치밀한 것이 좋음 • 보통 체중을 버티는 앞 사골이 뒤 사골보다 골밀도가 높아 품질이 좋다. • 암소보다는 건강한 수소(거세우)의 사골이 좋다. • 연령이 젊고 건강한 소에서 생산된 사골이 좋다. (지나치게 어리거나 늙은 소는 좋지 않음) • 골화 진행이 적은 사골을 사용해 우려낸 국물 : 색깔이 뽀얗고, 단백질, 콜라겐, 콘드로이친황산과 무기물인 칼슘, 나트륨, 인, 마그네슘 함량이 높으며, 국물에 대한 관능평가에서도 색도, 맛(진한 정도, 구수한 맛) 및 전체 기호도가 우수
양지머리	• 지방이 거의 없고 질긴 것이 특징 • 육단백질의 향미가 강한 부위(육수를 만드는 데 좋음) • 결대로 잘 찢어지기 때문에 다양한 요리에 이용 • 오랜 시간에 걸쳐 끓이는 요리에 이용하는 것이 좋음

사태	• 운동량이 많아 육색이 짙고 결체 조직(근막, 힘줄)의 함량이 높음 • 근섬유도 굵은 다발을 이루고 있어 고기의 결이 거친 편 • 육색은 짙은 담적색으로 근 내 지방 함량이 적고 근섬유들이 다발을 이루고 있어 특유의 담백하고 쫄깃한
맛	• 콜라겐이나 엘라스틴과 같은 질긴 결체 조직들의 함량이 높은 편

(8) 탕의 종류

맑게 끓이는 탕	곰탕, 갈비탕, 설렁탕, 조개탕
얼큰하게 끓이는 탕	추어탕, 육개장, 매운탕
닭 육수로 끓이는 탕	삼계탕, 초계탕

4) 국·탕 담아 완성하기

(1) 국, 탕 그릇

탕기	• 국을 담는 그릇으로 주발과 똑같은 모양 • 주발 안에 들어가며 국이나 탕을 담음
대접	• 위가 넓고 운두가 낮은 그릇 • 국을 담거나 면이나 국수를 담음
뚝배기	• 상에 오를 수 있는 유일한 토기 • 불에서 끓이다가 상에 올려도 한동안 식지 않아 찌개를 담는 데 애용
질그릇	• 잿물을 입히지 않고 진흙만으로 구워 만든 그릇 • 겉면에 윤기가 없는 것이 특징
오지그릇	• 붉은 진흙으로 만들어 볕에 말리거나 약간 구운 다음에 오짓물을 입혀 다시 구운 질그릇 • 독, 항아리, 자배기, 동이, 옹배기, 뚝배기, 화로, 단지, 약탕관 등
유기그릇	• 놋쇠로 만든 그릇 • 보온과 보냉, 항균 효과

(2) 고명 올리기

고명은 음식에 직접적인 변화나 맛을 바꾸지는 않지만, 음식을 아름답게 꾸며 자극을 줌으로써 식욕을 돋구어 주며, 음식을 품위 있게 해주는 역할을 한다.

달걀 지단	달걀을 흰자와 노른자로 나누기 → 각각 소금넣고 저어 거품을 제거 → 팬에 지지기 → 원하는 길이로 자르기 → (비닐 포장, 냉동시킨 후 사용)
미나리 초대	깨끗이 씻은 적당한 양의 미나리를 꼬지로 꿰기 → 밀가루, 달걀 물을 씌우기 → 지지기 → 꼬지를 제거 → 원하는 모양으로 제단
미나리	미나리를 씻어 잎을 떼고 다듬기 → 줄기만 4cm 길이로 자르고 소금을 뿌려 살짝 절이기 → 프라이팬에 볶아 녹색 고명으로 사용
고기 완자	소고기 다지기 → 소금, 파, 마늘 등으로 양념 → 작은 크기로 만들기 → 밀가루를 입히기 → 달걀 물을 묻히기 → 지지기
홍고추	어슷하게 썰어 고추씨를 제거하고 사용

예/상/문/제

01. 질긴 부위의 고기를 물속에서 끓일 때 고기가 연하게 되는 현상으로 옳은 것은?

① 헤모글로번 ② 엘라스틴
③ 미오글로빈 ④ 젤라틴

해설 고기 속 콜라겐은 가열하면 젤라틴으로 변한다.

02. 채소류 조리 시 색의 변화로 옳은 것은?

① 시금치는 산을 넣으면 녹황색이 된다.
② 당근에 산을 넣으면 퇴색된다.
③ 양파에 알칼리를 넣으면 백색이 된다.
④ 가지에 산을 넣으면 청색이 된다.

해설 시금치에 있는 클로로필 색소는 산에 불안정하여 녹색황으로 변한다.

03. 육류의 부패 과정에서 pH가 약간 저하되었다가 다시 상승하는 것과 연관이 있는 것은?

① 암모니아 ② 비타민
③ 지방 ④ 글리코겐

해설 육류 부패 과정에서 pH가 약간 저하될 때 염기성 물질은 증가하는데, 염기성 물질 중 하나가 암모니아이다.

04. 고기 국물이 맛있는 것은 무엇 때문인가?

① 아미노산 ② 지방
③ 맥아당 ④ 포도당

정답 01. ④ 02. ① 03. ① 04. ①

05. 다음 설명은 쇠고기의 어느부위인가?

- 지방이 거의 없고 질긴 것이 특징
- 육단백질의 향미가 강한 부위(육수를 만드는 데 좋음)
- 결대로 잘 찢어지기 때문에 다양한 요리에 이용
- 오랜 시간에 걸쳐 끓이는 요리에 이용하는 것이 좋음

① 사태 ② 양지머리
③ 소꼬리 ④ 사골

06. 맑게 끓이는 탕은?

① 추어탕 ② 육개장
③ 매운탕 ④ 갈비탕

07. 쇠꼬리를 이용한 요리는?

① 불고기
② 탕이나 수프
③ 소지니나 햄
④ 국이나 찌개

08. 쇠고기 중 운동을 많이 한 부분으로 고기가 질겨서 탕에 주로 사용하는 부위는?

① 안심, 등심 ② 우둔육, 대접살
③ 장정육, 사태 ④ 머리, 홍두깨살

09. 육류를 물에 넣고 끓이면 고기가 연하게 되는 이유는?

① 조직 중의 콜라겐이 젤라틴으로 변해 용출되기 때문
② 조직 중의 미오신이 젤라틴으로 변해 용출되기 때문
③ 조직 중의 콜라겐이 알부민으로 변해 용출되기 때문
④ 조직 중의 미오신이 알부민으로 변해 용출되기 때문

10. 고깃국을 끓일 때 조직을 연하게 하고 맛있게 끓이는 방법은?

① 강한 불에서 끓이다가 약한 불에 오래 끓인다.
② 끓는 물에 넣어 잠시 끓인다.
③ 냉수에 넣고 약한 불에서 오래 끓인다.
④ 약한 불에서 끓이다가 강한 불로 잠시 더 끓인다.

05. 한식 찌개 조리

1) 찌개(조치)

(1) 찌개의 특징과 종류

찌개는 궁중용어로 조치라고도 하며, 국보다 국물은 적고 건더기가 많은 음식으로, 섞는 재료와 간을 하는 재료에 따라 구분된다.

맑은 찌개류	소금이나 새우젓으로 간을 맞춘 것 두부젓국찌개와 명란젓국찌개 등
탁한 찌개류	된장이나 고추장으로 간을 맞춘 것 된장찌개, 생선찌개, 순두부찌개, 청국장찌개, 두부고추장찌개, 호박감정, 오이감정, 게감정 등

정답 05. ② 06. ④ 07. ② 08. ③ 09. ① 10. ①

추가 tip 용어의 정의

- 지짐 : 찌개와 마찬가지이나 국물을 많이 하는 것
- 감정 : 고추장으로 조미한 찌개
- 찌개(조치) : 골조치, 처녑조치, 생선조치 등으로 구분
- 맑은 조치 : 간장으로 조리하는 것
- 토장 조치 : 고추장이나 된장에 쌀뜨물로 조리하는 것

(2) 찌개의 종류

① 명란젓국찌개
② 된장찌개
③ 생선찌개
④ 순두부찌개
⑤ 청국장찌개

(3) 찌개 담기

㉠ 찌개 그릇

냄비	음식을 끓이는 데 쓰는 조리기구 솥에 비해 운두가 낮고 손잡이는 고정되어 있으며, 바닥이 평평함
뚝배기	가장 토속적인 그릇의 하나로, 찌개를 끓이거나 조림을 할 때 쓰임 크기는 대형의 큰 뚝배기에서 아주 작은 알뚝배기가 있음
오지남비	찌개나 지짐이를 끓이거나 조림을 할 때 사용하는 기구로 솥 모양

㉡ 식기

- 조치보 : 찌개를 담는 그릇, 주발과 같은 모양으로 탕기보다 한 칫수 작은 크기

예/상/문/제

01. 생선찌개를 끓일 때 국물이 끓은 후에 생선을 넣는 이유는?

① 비린내를 없애기 위해
② 국물을 더 맛있게 하기 위해
③ 살이 덜 단단해지기 때문
④ 살이 부스러지지 않게 하려고

02. 찌개의 건더기량은 어느 정도가 좋은가?

① 국물의1/2 ② 국물의2/3
③ 국물의2/2 ④ 국물의1/3

03. 조리용어 설명 중 틀린 것은?

① 감정 : 고추장으로 조미한 찌개
② 맑은 조치 : 간장으로 조리하는 것
③ 토장 조치 : 고추장이나 된장에 쌀뜨물로 조리하는 것
④ 지짐 : 재료를 익혀 꼬지에 끼워 밀가루 달걀물로 지지는 것

04. 탁한 찌개가 아닌 것은?

① 순두부찌개 ② 게감정
③ 된장찌개 ④ 두부젓국찌개

해설 맑은 찌개류 : 두부젓국찌개와 명란젓국찌개

05. 조리에서 생선 비린내를 없애는 방법 중 잘못된 것은?

① 생선을 조리하기 전에 우유에 담가둔다.
② 된장과 고추장을 넣는다
③ 선도가 떨어지는 생선을 먼저 열탕 처리한 후 조리한다.
④ 파와 마늘은 처음부터 생선과 같이 넣어 조리한다.

06. 다음은 생선을 조리하는 방법을 설명한 것이다. 틀린 것은?

① 비린내를 없애기 위하여 생강과 술을 넣는다
② 처음 가열할 때 몇 분간은 뚜껑을 약간 열어 비린내를 많이 휘발시킨다.
③ 양을 그대로 유지하고 맛을 낸는 성분이 밖으로 유출되지 않도록 양념이 끓을 때 생선을 넣어준다.
④ 선도가 약간 저하된 생선은 조미를 비교적 약하게 하여 뚜껑을 열고 잠깐 끓인다.

해설
- 선도가 저하된 생선은 비린내가 심하므로 향신이 강한 여러 가지 양념을 이용하여 강하게 양념 후 조리한다.
- 국물이 끓을 때 생선을 넣어 살이 단단해져 부스러지지않고 단백질의 용출을 막아 맑은 국물을 만들 수 있다.

정답 01. ④ 02. ② 03. ④ 04. ③ 05. ④ 06. ④

06. 한식 전·적 조리

1) 전·적 재료 준비하기

(1) 전과 적의 정의

전	• 기름을 두르고 지진 음식으로, 기름의 섭취를 가장 많이 할 수 있는 방법 • 전유어(煎油魚)·전유아·저냐·전 등으로 불림 • 궁중에서는 전유화(煎油花)'라고도 함 • 간남(肝南; 납·갈납) : 제사에 쓰인 전
적(炙)	• 고기를 비롯한 재료를 꼬치에 꿰어서 불에 구워 조리하는 것 • 석쇠에 굽는 직화 구이, 번철에 굽는 간접구이로 구분 • 대표적인 음식 : 산적, 누름적 등

※지짐: 빈대떡이나 파전처럼 재료들을 밀가루 푼 것에 섞어서 직접 기름에 지져내는 음식

(2) 적의 특징과 종류

구분	특징	종류
산적	날 재료를 양념하여 꼬챙이에 꿰어 굽거나, 살코기 편이 나 섭산적처럼 다진 고기를 반대기지어 석쇠로 굽는 것	소고기산적, 섭산적, 장산 적, 닭산적, 생치산적, 어산 적, 해물산적, 두릅산적, 떡 산적 등
누름적	재료를 꿰어서 굽지 않고 밀가루, 달걀 물을 입혀 번철에 지져 익히는 것	김치적, 두릅적, 잡누름적, 지짐누름적 등
	재료를 썰어서 번철에서 기름을 누르고 익혀 꿴 것을 의미	화양적

2) 전·적 조리하기

(1) 전을 반죽할 때의 재료 선택 방법

㉠ 밀가루, 멥쌀가루, 찹쌀가루를 사용해야 하는 경우

반죽이 너무 묽어서 전의 모양이 형성되지 않고 뒤집을 때 어려움이 있을 때는 달걀을 넣는 것을 줄이고 밀가루나 쌀가루를 추가로 사용한다.

㉡ 달걀흰자와 전분을 사용해야 하는 경우

전을 도톰하게 만들 때 딱딱하지 않고 부드럽게 하고자 할 경우 또는 흰색을 유지하고자 할 때 사용한다.

㉢ 달걀과 밀가루, 멥쌀가루, 찹쌀가루를 혼합하여 사용해야 하는 경우

전의 모양을 형성하기도 하고 점성을 높이고자 할 때 사용한다.

㉣ 속 재료를 더 넣어야 하는 경우
속 재료가 부족하면 전이 넓게 쳐지게 될 경우 밀가루나 달걀을 추가하면 점성은 높여주나 전이 딱딱해지므로, 속 재료를 더 준비하여 사용하는 것이 좋다.

(2) 전류의 재료보관방법

ⓐ 중간 냉동(sub freezing)된 상태에서 썰기해야 한다.
ⓑ 썰어 놓은 전은 서로 붙지 않게 해야 한다.
ⓒ 다지거나 갈아낸 재료는 투명한 비닐봉지에 담아 냉동시켜야 한다.
ⓓ 소로 사용될 재료 중 야채는 구분하여 냉장 보관해야한다.

(3) 전·적 조리 방법

① 전처리 : 재료를 지지기 좋고, 먹기 좋은 크기로 하여 얇게 저미거나, 채썰기
- 육류와 해산물 : 구우면 수축하므로 다른 재료보다 길게 자름
- 육류와 어패류 : 익힐 때 오그라드는 것을 방지하기 위해 잔칼집 넣기
② 조미하기(소금, 후추)
③ 밀가루, 달걀 물 입히기
④ 번철(그리들), 후라이팬, 석쇠 등 조리도구에 기름을 두르고 부치기
⑤ 완성한 전은 겹쳐지지 않게 펴서 기름 종이 위에 올려두어 식히기
⑥ 초간장 곁들이기

3) 전·적 담기

(1) 완성된 음식의 외형을 결정하는 요소

음식의 크기	음식 자체의 적정 크기, 그릇 크기와의 조화, 1인 섭취량 및 경제성
음식의 형태	전체적인 조화, 식재료의 미적 형태, 특성을 살린 모양
음식의 색	각 식재료의 고유의 색, 전체적인 색의 조화, 식욕을 돋우는 색

(2) 음식을 담을 시 주의할 점

ⓐ 접시의 내원을 벗어나지 않게 담는다.
ⓑ 고객의 편리성에 초점을 두어 담는다.
ⓒ 재료별 특성을 이해하고 일정한 공간을 두어 담는다.
ⓓ 너무 획일적이지 않은 일정한 질서와 간격을 두어 담는다.

ⓔ 불필요한 고명은 피하고 간단하면서도 깔끔하게 담는다.
ⓕ 소스 사용으로 음식의 색상이나 모양이 망가지지 않게 유의해서 담는다.

(3) 음식과 온도

5℃ 이하	맛을 느낄 수 없음
70℃ 이상	너무 뜨거워서 음식을 먹을 수 없음
맛있게 느껴지는 온도	뜨거운 음식 60~70℃, 차가운 음식 12~15℃ 정도가 좋음

예/상/문/제

01. 누름적에 대한 설명중 맞는 것은?

① 재료를 꿰어서 굽지 않고 밀가루, 달걀 물을 입혀 번철에 지져 익히는 것으로 김치적, 두릅적 등이 있다.
② 재료를 썰어서 번철에서 기름을 누르고 익혀 펜 것으로 화양적이 있다.
③ 날 재료를 양념하여 꼬챙이에 꿰어 굽는 것으로 섭산적. 떡산적등이있다.
④ 재료를 썰어서 번철에서 기름을 두르고 익혀 펜 것으로 화양적이 있다.

02. 전류의 재료보관방법을 설명한 것 중 틀린 것은?

① 소로 사용될 재료 중 채소는 구분하여 냉장 보관해야 한다.
② 다지거나 갈아낸 재료는 투명한 비닐봉지에 담아 냉장시켜야 한다.
③ 썰어 놓은 전은 서로 붙지 않게 해야 한다.
④ 중간 냉동(sub freezing)된 상태에서 썰기 해야한다.

03. 혀의 미각은 섭씨 몇 도에서 가장 예민하게 느끼는가?

① 20℃ 전후　② 30℃ 전후
③ 40℃ 전후　④ 50℃ 전후

해설 미각은 보통 10~40℃에서 잘 느끼나 특히 30℃에서 가장 예민하여 그 온도에서 멀어질수록 미감은 둔해진다

04. 산적의 설명으로 틀린 것은?

① 날 재료를 양념하여 꼬챙이에 꿰어 굽는것
② 살코기 편이 나 섭산적처럼 다진 고기를 반대기지어 석쇠로 굽는 것
③ 소고기산적, 떡산적, 장산 적, 닭산적,등이 있다
④ 재료를 썰어서 번철에서 기름을 누르고 익혀 펜 것을 의미

05. 음식을 제공할 때 온도를 고려해야 한다. 맛있게 느껴지는 적합한 온도로서 잘못된 것은?

① 국 : 95℃　② 전골 : 95℃
③ 커피 : 70℃　④ 밥 : 45℃

정답　01. ③　02. ②　03. ②　04. ④　05. ①

07. 한식 생채·회 조리

1) 생채·회 정의와 특징

생채	• 익히지 않고 날로 초장, 고추장, 겨자장 등에 무친 나물 • 신선할수록 맛이 좋고, 위생적으로 다루어야 함 • 자연의 색, 향, 맛을 그대로 느낄 수 있으며, 씹을 때의 아삭아삭한 촉감과 신선한 맛을 느끼게 되는 것이 특징 • 가열 조리에 비해 영양소의 손실이 적고 비타민을 풍부하게 섭취 가능함 • 물이 생기지 않게 해야하고, 기름을 사용하지 않음 • 무생채, 오이생채, 도라지생채, 미나리생채, 부추생채, 배추생채, 굴생채, 해파리냉채, 겨자채, 미역무침, 파래무침, 실파무침, 달래무침 등
회	• 육류, 어패류, 채소류를 썰어서 날로 초간장, 초고추장, 소금, 기름 등에 찍어 먹는 조리법 • 재료가 신선해야 하고 날로 먹기 때문에 재료를 위생적이고 정갈하게 다루어야 함 • 회는 조리도구 위생에 각별히 신경 써야 함 • 양념장은 고추장, 식초, 설탕등을 혼합하여 만듦 • 육회, 생선회 등
숙회	• 육류, 어패류, 채소류를 끓는 물에 삶거나 데쳐서 익힌 후 썰어서 초고추장이나 겨자즙 등을 찍어 먹는 조리법 • 문어숙회, 오징어숙회, 낙지숙회, 새우숙회, 미나리강회, 파강회, 어채, 두릅회 등

2) 생채·회 재료 준비하기

(1) 이용 부위에 따른 채소 분류

잎줄기 채소	• 엽채류(葉菜類)라고 함 • 단맛과 아삭한 질감 때문에 나물, 쌈, 생채, 샐러드, 전, 국, 찌개, 전골 등 여러 음식에 이용 • 배추, 시금치 양배추, 시금치, 상추, 쑥갓, 미나리등
뿌리 채소	• 연근 : 조림, 튀김, 정과, 초절임 등에 이용 • 무 : 국, 생채, 나물, 떡, 김치, 찜, 조림 등 다양한 조리에 이용 • 당근 : 생채, 샐러드, 주스, 스프, 찜, 볶음, 조림 등에 이용 • 도라지 : 생채, 숙채, 전, 적, 정과, 장아찌 등 다양하게 이용 • 감자 : 국, 조림, 볶음, 튀김, 전 등의 조리에 활용
열매 채소	• 생식기관인 열매를 식용 • 오이, 호박 고추, 토마토, 가지 등의 가지과 채소 등 • 떡, 나물, 전, 국, 찌개, 찜, 선, 죽, 수프, 파이, 케이크 등에 이용
꽃 채소	• 꽃 봉오리, 꽃잎을 식용 • 브로컬리, 컬리플라워, 아티초크 등

기타	• 버섯 : 엽록소를 가지지 않고 광합성을 이루어진 채소류 • 능이, 표고, 송이, 느타리, 석이, 팽이 버섯 등 • 국, 찌개, 잡채, 구이, 적, 전, 조림, 튀 김, 나물 등의 주·부재료로 이용

(2) 채소류의 신선도 선별방법

생채	• 익히지 않고 날로 초장, 고추장, 겨자장 등에 무친 나물 • 신선할수록 맛이 좋고, 위생적으로 다루어야 함 • 자연의 색, 향, 맛을 그대로 느낄 수 있으며, 씹을 때의 아삭아삭한 촉감과 신선한 맛을 느끼게 되는 것이 특징 • 가열 조리에 비해 영양소의 손실이 적고 비타민을 풍부하게 섭취 가능함 • 물이 생기지 않게 해야하고, 기름을 사용하지 않음 • 무생채, 오이생채, 도라지생채, 미나리생채, 부추생채, 배추생채, 굴생채, 해파리 냉채, 겨자채, 미역무침, 파래무침, 실파무침, 달래무침 등
회	• 육류, 어패류, 채소류를 썰어서 날로 초간장, 초고추장, 소금, 기름 등에 찍어 먹는 조리법 • 재료가 신선해야 하고 날로 먹기 때문에 재료를 위생적이고 정갈하게 다루어야 함 • 회는 조리도구 위생에 각별히 신경 써야 함 • 양념장은 고추장, 식초, 설탕등을 혼합하여 만듦 • 육회, 생선회 등
숙회	• 육류, 어패류, 채소류를 끓는 물에 삶거나 데쳐서 익힌 후 썰어서 초고추장이나 겨자즙 등을 찍어 먹는 조리법 • 문어숙회, 오징어숙회, 낙지숙회, 새우숙회, 미나리강회, 파강회, 어채, 두릅회 등

2) 생채·회 재료 준비하기

(1) 이용 부위에 따른 채소 분류

토마토	• 표면의 갈라짐이 없고 꼭지 절단부위가 싱싱하고 껍질은 탄력이 있어야 함 • 만져 보아 단단하고 무거운 느낌이 드는 것 • 붉은 빛이 너무 강하지 않고 미숙으로 인한 푸른 빛이 많지 않아야 함 • 라이코펜 색소 : 세포의 산화 방지, 항암효과
가지	• 가벼울수록 부드럽고 맛이 좋고 구부러지지 않고 바른모양이 좋음 • 흑자색이 선명하며 광택이 있고 상처가 없으며, 표면에 주름이 없어 싱싱하고 탄력이 있고, 꼭지에 가시가 적은 것 • 크기에 비해 열매가 작은 것은 미숙과이므로 주의 • 안토시아닌계 색소 : 자주색, 적갈색

오이	• 취청오이, 다다기오이(단과형), 가시오이(장과형) 등 • 꼭지가 마르지 않고 색깔이 선명하며 시든 꽃이 붙어 있는 것 • 육질이 단단하면서 연하고 속씨가 적은 오이, 수분함량이 많아서 시원한 맛이 강하며, 처음과 끝의 굵기가 일정한 오이 • 짓무른 곳이 없고 육질이 단단하며 과면에 울퉁불퉁한 돌기가 있고 가시를 만져보아 아픈 것 • 수분, 비타민 공급, 칼륨의 함량이 높아 체내 노폐물을 밖으로 내보내는 역할 • 쿠쿠르비타신(cucurbitacin C) : 쓴맛 성분
호박	• 쥬키니호박 : 약간 각이 있고 색이 짙고 꼭지가 신선해야 하며 굵기가 일정해야 함 • 애호박 : 옅은 녹색을 띠며 쥬키니호박보다는 길이가 짧고 굵기가 일정하고 단단한 것이 좋음 • 늙은 호박 : 짙은 황색을 띠고 표피에 흠이 없어야 함 • 단호박 : 껍질의 색이 진한 녹색을 띠며 무겁고 단단해야 함
고추	• 꽈리고추, 붉은 고추, 청량고추, 풋고추, 파프리카(녹색, 적색, 주황색, 황색), 피망(붉은색, 푸른색) 등 • 색이 짙고 윤기가 있으며 꼭지가 시들지 않고 탄력이 있는 것
당근	• 선홍색이 선명하고 표면이 고르고 매끈하며 단단하고 곧은 것 • 머리 부분은 검은 테두리가 작고 가운데 심이 없으며 꼬리 부위가 통통한 것 • 껍질이 얇은 것일수록 맛이 좋고 비타민A도 풍부 • 흰 육질이 많이 박힌 것은 맛도 없을뿐더러 수분이 적어 좋지 않음
도라지	• 뿌리가 곧고 굵으며 잔뿌리가 거의 없이 매끄러워야 하며, 색깔은 하얗고 촉감이 꼬들꼬들한 것
무	• 조선무 : 흠이 없고 몸이 쭉 고르고 육질이 단단하고 치밀해야 하며, 뿌리 부분이 시들지 않고 푸르스름한 것 • 동치미무 : 조선무보다 크기가 작고 동그랗게 생긴 것은 바람이 들지 않은 것 • 알타리무 : 무 허리가 잘록하고 너무 크지 않아야 하며, 무 잎에 흠이 없이 깨끗하고 억세지 않아야 함 • 초롱무 : 뿌리의 흙이 제거되고 썩은 것이 없으며, 매운맛이 적고 잎에 흠이 없고 싱싱하며 억세지 않은 것 • 무말랭이 : 만졌을 때 휘고 부드러우며 표면이 매끈하고 깨끗해야 하며 베이지색에 가까운 흰색
우엉	• 바람이 들지 않고 육질이 부드러우며 뿌리 부분이 검거나 돌출된 것은 피하고, 외피와 내피 사이에 섬유질의 심이 없고 이물질 혼입이 없는 것
연근	• 손으로 부러뜨렸을 때 잘 부러지고 진득한 액이 있으며 약간 갈색을 띠고, 몸통이 굵고 곧으며 겉표면이 깨끗하고 광택이 나는 것
깻잎	• 짙은 녹색을 띠고 크기가 일정하며 싱싱하고 향이 뛰어나야 하며, 벌레 먹은 흔적이 없어야 한다. 잎이 넓고 큰 것은 품질이 떨어지는 것

미나리	• 줄기가 매끄럽고 진한 녹색으로 줄기에 연갈색의 착색이 들지 않으며 줄기가 너무 굵거나 가늘지 않고 질기지 않아야 함 • 잎은 신선하고 줄기를 부러뜨렸을 때 쉽게 부러져야 함 • 특유의 향으로 식욕을 돋움
배추	• 잎의 두께가 얇고 잎맥도 얇아 부드러워야 함 • 줄기의 흰 부분을 눌렀을 때 단단하고, 수분이 많아 싱싱해야 하며, 잘랐을 때 속이 꽉 차 있고 심이 적어 결구 내부가 노란색이어야 함 • 잎은 반점이 없어야 하며, 뿌리 부분에 검은 테가 있는 것은 줄기가 썩을 가능성이 높음
비름	• 신선하며 향기가 좋고, 엷고 억세지 않아 부드러우며, 줄기에 꽃술이 적고 꽃대가 없고, 줄기가 길지 않아야 함
시금치	• 잎: 선명한 농녹색으로 윤기가 뛰어나며, 매끄럽고 잎이 두텁고 길이는 20cm 내외(상처 입은 잎, 시든 잎, 마른 잎, 변색된 잎이 없어야 함) • 뿌리는 붉은색이 선명해야 함 • 단시간에 살짝 데쳐서 엽산 등의 영양소가 파괴되지 않도록 해야 함
고사리	• 건조상태가 좋으며 이물질이 없어야 하고 줄기가 연하고, 삶은 것은 선명한 밝은 갈색이 나고, 대가 통통하고 불렸을 때 퍼지지 않고, 미끈거리지 않으며, 모양을 유지하는 것
숙주	• 이물질이 섞이지 않고 상한 냄새가 나지 않아야 하며, 뿌리가 무르지 않고 잔뿌리가 없으며, 줄기는 가는 것이 좋음
콩나물	• 콩나물은 머리가 통통하고 노란색을 띄며 검은 반점이 없고, 줄기의 길이가 너무 길지 않은 것(7~8cm)

추가tip 미나리 강회

ⓐ 편육은 뜨거울 때 모양을 잡고, 익으면 면보를 이용하여 네모 모양을 잡아준다.
ⓑ 편육을 삶을 때 꼬지로 찔러보고 핏물이 나오지 않으면 익은 것이다.
ⓒ 미나리는 소금물에 데치고 찬물로 바로 헹구어 준비한다.
ⓓ 미나리로 감을 때 매듭은 옆이나 뒷면에 꼬지로 마무리한다.
ⓔ 채소, 황백지단, 고기(편육)은 일정한 크기로 잘라서 데친 미나리를 둘러 매듭을 고정시킨다.

예/상/문/제

01. 생선의 자기소화 원인으로 옳은 것은?

① 세균의 작용 ② 염류
③ 질소 ④ 단백질 분해효소

해설 자기소화는 단백질 분해요소에 의하여 일어난다.

02. 어패류의 신선도 판정 시 초기부패의 기준이 되는 물질로 옳은 것은?

① 삭시톡신 ② 베네루핀
③ 아플라톡신 ④ 트리메탈아민

해설 • 삭시톡신 : 검은조개, 섭조개의 독소
• 베네루핀 : 모시조개, 굴, 바지락 들의 독소
• 아플라톡신 : 곰팡이의 독소

03. 무생채를 만들 때 당근을 첨가하여 오래 두면 어떤 비타민의 손실이 가장 큰가?

① 비타민A ② 비타민B_1
③ 비타민C ④ 비타민D

04. 비타민의 열에 대한 안정도를 나타낸 순서가 옳은 것은?

① A > D > C > E > B
② E > D > A > B > C
③ A > B > C > D > E
④ E > B > D > C > A

05. 조미료를 넣는 순서로 옳은 것은?

① 설탕 → 소금 → 간장 → 식초
② 간장 → 설탕 → 소금 → 식초
③ 간장 → 소금 → 식초 → 설탕
④ 설탕 → 소금 → 식초 → 간장

06. 생채 조리의 특징이 아닌 것은?

① 자연의 색, 향, 맛을 그대로 느낄 수 있어야함
② 씹을 때의 아삭아삭한 촉감과 신선한 맛을
③ 가열 조리에 비해 영양소의 손실이많고 비타민을 풍부하게 섭취 가능함
④ 물이 생기지 않아야 한다.

07. 채소류의 신선도 선별방법이 옳은 것은?

① 가지 : 가벼울수록 부드럽고 맛이 좋다.
② 오이 : 꼭지가 마르지 않고 색깔이 선명하며 시든 꽃이 붙어 있지 않은 것이 좋다.
③ 단호박 : 껍질의 색이 진한 녹색을 띠며 가볍고 단단해야 한다.
④ 도라지 : 뿌리가 곧고 굵으며 잔뿌리가 많아야 한다.

08. 미나리 강회를 만드는 방법 중 틀린 것은?

① 편육은 뜨거울 때 모양을 잡아준다.
② 미나리는 소금물에 데치고 찬물로 바로 헹구어 준비한다.
③ 미나리로 감을 때 매듭은 앞면에 꼬지로 마무리한다.
④ 황백지단과 고기(편육)은 일정한 크기로 잘라서 사용한다.

09. 채소, 과일, 샐러드를 담는 그릇으로 부적합한 것은?

① 사기그릇 ② 유리그릇
③ 나무그릇 ④ 알루미늄그릇

해설 알루미늄은 비타민 손실이 많으므로 사용하지 않는다.

10. 월과채의 채소류가 아닌 것은?

① 표고 ② 느타리
③ 애호박 ④ 당근

정답 01. ④ 02. ④ 03. ③ 04. ② 05. ① 06. ③ 07. ① 08. ③ 09. ④ 10. ④

08. 한식 조림·초 조리

1) 조림·초의 특징

조림	• 고기. 생선. 감자. 두부 등을 간장으로 조린 식품 • 조리방법 : 재료를 큼직하게 썬 다음 간을 하고 처음에는 센 불에서 가열하다가 중불에서 은근히 속까지 간이 배도록 조리고 약불에서 오래 익히는 것 • 식품이 부드러워지고 양념과 맛 성분이 배어드는 조리법 • 생선조림 : 흰살 생선은 간장을 주로 사용하고, 붉은살 생선이나, 비린내가 나는 생선은 고춧가루나 고추장을 넣고 조림 • 소고기를 간장 조림 : 염절임 효과와 수분활성도의 저하 및 당도가 상승되어 냉장 보관 시 10일 정도의 안전성을 가짐 • 소고기장조림, 돼지고기 장조림, 생선조림, 두부조림, 감자조림, 풋고추조림 등
초	• 초(炒)란 볶는다는 뜻이나, 조림과 비슷한 방법이나 윤기가 나는 것이 특징 • 국물이 걸쭉하고, 거의 없어지게 하는 요리법 • 전복초, 홍합초, 삼합초, 해삼초 대구초·마른 조갯살초·마른 꼴뚜기초 등과 같이 주재료에 따라서도 명칭이 다름 • 습열조리법 • 전복초 : 전복을 삶아 칼집을 내어 양념한 뒤에 소고기와 함께 조린 음식 • 홍합초 : 홍합을 데쳐 소고기와 함께 양념하여 조린 음식 • 삼합초 : 홍합 · 전복 · 해삼 양념한 소고기를 모두 합쳐 조린 음식

2) 조림·초 재료 준비하기

(1) 장조림 주재료

소고기	• 조림에 적합한 부위 : 교질이 많고 지방분이 적은 사태육이나, 연하고 맛이 담백한 홍두깨살, 충치육, 우설, 우둔으로 사용 • 색이 빨갛고 윤기가 나며, 눌러보았을 때 탄력성이 있는 고기가 신선한 것 • 품온측정 : 냉장육 0~5℃, 냉동육은 -18℃ 이하가 적당
돼지고기	• 등심, 안심, 앞다리, 뒷다리살을 사용 • 색은 분홍색이 좋으며 색깔이 지나치게 창백한 것은 조리 시 감량이 크고 조리 후에는 퍽퍽한 맛이 남 • 품온측정 : 냉장육 0~5℃, 냉동육은 -18℃ 이하가 적당
닭고기	• 가슴살을 사용 - 희고 단백질은 많으나, 지방이 적어 담백하고 독특한 풍미가 있음 • 껍질부위 : 결체조직이 대부분이지만 지방이 풍부하고 부드러움 • 품온측정은 냉장육 0~5℃, 냉동육은 -18℃ 이하가 적당

(2) 장조림 부재료

메추리알	• 꿩과의 작은 새의 알 • 계란과 비교하면 크기가 작고 무게는 10~12g • 난각에는 황회색~다갈색의 반점 • 비타민 A, B1, B2가 풍부하며 맛이 좋음 • 삶았을 때의 껍질부가 잘 벗겨지는 것이 특징 • 계란보다 유통이 느리기 때문에 선도에 주의가 필요 • 껍질은 깨끗하고 금이 가지 않아야 한다. 윤기가 있고 반점이 크며 껍질이 거칠고 크기에 비해 무게가 있는 것이 좋다. • 깨뜨렸을 때 노른자가 도톰하게 올라와 탄력 있고 흰자가 퍼지지 않는 것 • 품온측정 : 10℃~15℃가 적당
꽈리고추	• 저장하는 적정한 온도는 5~7℃ • 적정 온도 이하에서 장기간 저장 → 저온장해 피팅 현상이 일어남(조직 손상,씨가 검게 변함) • 모양이 곧고 만져 보아 탄력이 있는 것 • 메추리알(비타민C를 제외한 각종 영양소가 골고루 들어 있음) + 꽈리고추(비타민 C가 풍부) = 영양적 궁합이 맞음

3) 조림 조리하기

(1) 조림 조리용기

조림을 할 때 작은 냄비보다는 큰 냄비를 사용하여 바닥에 닿는 면이 넓어야 재료가 균일하게 익으며 조림장이 골고루 배어들어 조림의 맛이 좋아진다.

(2) 초 조리 맛을 좌우하는 조리원칙

ⓐ 재료의 크기와 써는 모양에 따라 맛이 좌우되므로 일정한 크기를 유지

ⓑ 양념을 적게 써야 식재료의 고유한 맛을 살릴 수 있음

ⓒ 삶기, 데치기는 끓는 물에서 재빨리 데쳐 냉수에 헹굼. (푸른색 채소는 소금물에 데쳐야 색이 더욱 선명해지고 질감이 유지되며 우엉, 연근은 식초를 넣으면 갈변을 방지)

ⓓ 대부분의 음식은 센 불에서 조리하다가 양념이 배기 시작하면 불을 줄여 속까지 익히며 국물을 끼얹으면서 조림(남는 국물의 양이 10% 이내로 하여 간이 세지 않도록 해야 함)

ⓔ 생선요리는 조림장 또는 국물이 끓을 때 넣어야 함(부서지지 않게 하기 위함). 생선 비린내는 센 불에서 끓이며 휘발시킨 후 뚜껑 덮고 80% 정도 익힌다. 파 마늘 등을 넣음

ⓕ 조미료에는 넣는 순서 : 설탕 → 소금 → 간장 → 식초

추가 tip 홍합초

① 홍합
- 홍합은 사새목 홍합과에 속하는 조개류로 색이 홍색이어서 홍합 또는 담채라고 함
- 단백질과 지질, 비타민 풍부, 노화방지에 탁월, 유해산소를 제거하는 데 도움이 됨
- 비타민A가 소고기보다 10배가 많음
- 콜레스테롤 수치를 낮추고 간 기능을 좋게 해주는 타우린 함량도 풍부
- 단백질이 일부 분해되어 아미노산이 되면서 맛이 좋아지고 소화흡수도 잘 됨

② 홍합초 만드는 방법
생홍합 손질하기 → 끓는 물에 홍합 데치기 → 마늘과 생강 편 썰기, 파 준비 → 양념과 파, 마늘 생강 먼저 넣어 조리기 → 다음 국물이 자작해지면 홍합 데친 것 넣기 → 참기름 넣기

4) 조림·초 담기

(1) 그릇의 형태

원형	• 가장 기본적인 형태, 편안함과 고전적인 느낌 • 완전한, 부드러운, 친밀함으로 인해 자칫 진부한 느낌을 가질 수 있음 • 테두리의 무늬와 색상에 따라 다양한 이미지를 연출할 수 있음 • 색상, 담는 음식의 종류, 음식의 레이아웃에 따라 자유롭고 풍성하게, 고급스럽고 안정된 이미지를 부여
사각형	• 모던함을 연출할 때 사용 • 각진 형태로 인해 안정되고 세련된 느낌과 함께 친근한 인상 • 개성이 강하며 독특한 이미지를 표현할 때 사용 • 재미있는 연출을 할 수 있으므로 창의성이 강한 요리에 활용
이미지 사각형	• 평행사변형, 마름모형 등 • 움직임과 속도감을 느낄 수 있음 • 평면이면서도 입체적으로 보임
타원형	• 우아함, 여성적인 기품, 원만함 등을 표현 • 섬세함과 신비성을 표현 • 포근한 인상을 전해 주는 등 이미지가 다양하므로 여러 가지로 연출

삼각형	• 코믹한 분위기의 요리에 사용 • 날카로움과 빠른 움직임을 느낄 수 있어 자유로운 이미지의 요리에 사용
역삼각형	• 날카로움과 속도감이 증가 • 마치 먹는 사람을 향해 달려오는 것과 같은 효과를 낼 수 있어 강한 이미지를 연출

(2) 담는 방법

좌우대칭	• 가장 균형적인 구성형식, 중앙을 지나는 선을 중심으로 대칭으로 담는 방법 • 고급스러워 보이며 안정감이 느껴지나 단순화되기 쉬움 • 식품의 소재와 배열을 고려하면 재미있고 매력적인 배열이 될 수 있음
대축대칭	• 접시 중심에 좌우 균등한 열십자를 그려서 요리의 배분이 똑같은 것 • 원형접시가 대축 대칭하기 쉬움 • 통일에 의한 안정감, 화려함, 높은 완성도 • 새로운 이미지를 만들기는 어렵고 클래식한 스타일의 담기로 많이 이용
회전대칭	• 요리의 배열이 일정한 방향으로 회전하며 균형 잡혀 있음 • 방사형의 모양으로 대칭의 안정감, 차분한 가운데서도 움직임, 리듬과 흐름을 느낄 수 있음 • 균형을 잘 맞추지 않으면 산만한 느낌을 줄 수도 있음 • 격정적이고 경쾌하며 중심이 강조
비대칭	• 중심축에 대해 양쪽 부분의 균형이 잡혀 있지 않은 것 • 새로운 창의적 요리를 시도해 보고 싶을 때 사용 • 불균형 속에서의 균형이 중요

(3) 음식의 종류와 담는 양

① 식기의 50% : 장아찌, 젓갈

② 식기의 70% : 국, 찜/선, 생채, 나물, 조림 · 초, 전유어, 구이 · 적, 회 쌈, 편육 · 족편, 튀각 · 부각, 포, 김치

③ 식기의 70~80% : 탕/찌개, 전골/볶음

예/상/문/제

01. 조림의 특징으로 틀린 것은?

① 재료를 큼직하게 썬 다음 간을 하고 처음에는 약한 불에서 가열하다가 강한 불로 조려 윤기 낸다.
② 붉은살 생선이나, 비린내가 나는 생선은 고춧가루나 고추장을 넣고 조림
③ 소고기 간장 조림은 염절임 효과와 수분활성도의 저하 및 당도가 상승되어 냉장 보관 시 10일 정도의 안전성을 가짐
④ 생선, 감자, 두부 등을 간장으로 조린다.

02. 다음 고기의 부위 중 각 조리법에 적합한 것끼리 묶여진 것은?

① 장조림 – 우둔, 등심, 꼬리
② 구이 – 꼬리, 우둔, 안심
③ 찜 – 안심, 등심, 사태
④ 국 – 꼬리, 사태, 양지

03. 초 조리 맛을 좌우하는 조리원칙 중 틀린 것은?

① 우엉, 연근은 소다를 넣으면 갈변을 방지
② 센 불에서 조리하다가 양념이 배기 시작하면 불을 줄여 속까지 익히며 국물을 끼얹으면서 조린다.
③ 양념을 적게 써야 식재료의 고유한 맛을 살릴 수 있다.
④ 생선요리는 조림장 또는 국물이 끓을 때 넣고 조린다.

04. 다음 식품 중 콜레스테롤 수치를 낮추고 간 기능을 좋게 해주는 타우린 함량도 풍부하며 비타민A가 소고기보다 10배가 많은 식품으로 담채라고도 하는것은?

① 전복　　② 홍합
③ 해삼　　④ 오징어

09. 한식 구이 조리

1) 구이

구이는 건열조리법으로 육류, 가금류, 어패류, 채소류 등의 재료를 그대로 또는 소금이나 양념을 하여 불에 직접 굽거나 철판 및 도구를 이용하여 구워 익힌 음식

(1) 구이 조리의 방법

㉠ 직접 조리방법–브로일링(broiling)

- 복사열을 위에서 내려 직화로 식품을 조리하는 방법
- 복사에너지와 대류에너지로 구성된 직접 열을 가하여 굽는 방법

정답　01. ①　02. ④　03. ①　04. ②

㉡ 간접 조리방법-그릴링(grilling)

- 석쇠 아래의 열원이 위치하여 전도열로 구이를 진행하는 조리방법
- 석쇠가 아주 뜨거워야 고기가 잘 달라붙지 않음

(2) 구이의 종류

구분	종류
육류	갈비 구이, 너비아니 구이, 방자(소금) 구이, 양지머리 편육 구이, 장포육·염통 구이, 콩팥 구이, 제육 구이, 양갈비 구이 등
가금류	닭 구이, 생치(꿩) 구이, 메추라기 구이, 오리 구이 등
어패류	갈치 구이, 도미 구이, 민어 구이, 병어 구이, 북어 구이, 삼치 구이, 청어 구 이, 장어 구이, 잉어 구이, 낙지호롱, 오징어 구이, 대합 구이, 키조개 구이 등
채소류 · 기타	더덕 구이, 송이 구이, 표고 구이, 가지 구이, 김 구이 등

(3) 재료에 맞는 양념 선별

㉠ 소금구이

방자구이	소고기의 소금을 말하며 춘향전에 방자가 고기를 양념할 겨를도 없이 얼른 구워 먹었다는 데서 유래
청어구이	청어를 칼집을 내고 소금을 뿌려 구운 음식
고등어구이	고등어를 내장을 제거한 후 반을 갈라서 칼집을 내고 소금을 뿌려 구운 음식
김구이	김에 들기름이나 참기름을 바르고 소금을 뿌려서 구운 음식

㉡ 간장 양념 구이

간장, 다진 대파, 다진 마늘, 설탕, 후추, 참기름, 청주 등이 양념재료로 만들어진 음식

가리구이	쇠갈비 살을 편으로 계속 이어 뜨고 칼집을 내어 양념장에 재어 두었다가 구운 음식
낙지호롱	낙지머리를 볏짚에 끼워서 양념장을 발라가며 구운 음식

장포육	소고기를 도톰하게 저며서 두들겨 부드럽게 한 후 양념하여 굽고 또 반복해서 구운 포육
너비아니구이	흔히 불고기라고 하는 것으로 궁중음식으로 소고기를 저며서 양념장에 재어 두었다가 구운 음식
닭구이	닭을 토막 내어 양념장에 재어 두었다가 구운 음식
삼치구이	삼치를 포를 떠서 양념장에 재어 두었다가 구운 음식
생치(꿩)구이	꿩을 편으로 뜨거나 칼집을 내어 양념장에 재어 두었다가 구운 음식
염통구이	염통을 저며서 잔 칼질하여 양념장에 재어두었다가 구운 음식
도미구이	도미를 포를 떠서 양념장에 재어 두었다가 구운 음식
민어구이	민어를 포를 떠서 양념장에 재어 두었다가 구운 음식

㉢ 고추장 양념구이

고추장, 고춧가루, 간장, 소금, 다진 대파, 다진 마늘, 설탕, 후추, 참기름, 청주 등이 양념 재료로 만들어진 음식

제육구이	돼지고기를 고추장 양념장에 재어 두었다가 구운 음식
북어구이	북어를 부드럽게 불려서 유장에 재어 애벌구이한 후 고추장 양념장을 발라 구운 음식
더덕구이	더덕을 두드려 펴서 양념장을 발라 구운 음식
병어구이	병어를 통째로 칼집을 내고 애벌구이한 후 고추장 양념장을 발라 구운 음식
장어구이	장어 머리와 뼈를 제거하고 고추장 양념장을 발라 구운 음식
오징어구이	오징어를 껍질을 제거하고 칼집을 넣어 토막 낸 후 고추장 양념장에 재어 두었다가 구운 음식
뱅어포구이	뱅어포에 양념장을 발라 구운 음식

(4) 재료의 연화

① 단백질 가수분해 효소 첨가(연육제)

파파야의 파파인(papain), 파인애플의 브로멜린(bromelin), 무화과 열매의 피신(ficin), 키위의 액티니딘(actinidin)과 배 또는 생강에 들어 있는 단백질분해효소(프로테아제; protease)가 고기를 연화시키는 목적으로 첨가된다.

② 수소이온농도(pH: potential of hydrogen)

수소이온농도는 근육 단백질의 등전점인 pH 5~6보다 낮거나 높게 한다. 등전점에서는 단백질의 용해도가 가장 낮기 때문이다. 고기를 숙성시키기 위해 젖산 생성을 촉진시키거나, 그와 비슷한 효과를 얻기 위해 인위적으로 산을 첨가하기도 한다.

③ 염의 첨가

식염용액(1.2~1.5%), 인산염용액(0.2M)의 수화작용에 의해 근육 단백질이 연해진다.

④ 설탕의 첨가

설탕은 단백질의 열응고를 지연시키므로 단백질의 연화작용을 가진다. 그러나 역시 너무 많이 첨가하면 탈수작용으로 인해 고기의 질이 좋지 않다.

⑤ 기계적 방법

만육기(meat chopper)로 두드리거나, 칼등으로 두드림으로써 결합조직과 근섬유를 끊는다. 또는 칼로 썰 때 고기결의 직각 방향으로 썬다.

2) 구이 양념하기

- 설탕과 향신료는 먼저 쓰고, 간은 나중에 하는 것이 좋다.
- 소금 구이를 하는 생선은 가능한 한 선도가 높은 생선을 선택하는 것이 좋다.
- 소금은 생선 무게의 약 2% 정도가 적당하다.
- 재워 두는 시간 : 양념 후 30분 정도
- 고추장 양념의 경우 미리 만들어 3일 정도 숙성시켜야 고춧가루의 거친 맛이 줄고 깊은 맛이 남

※ 유장이란? 간장 : 참기름 = 1:3 비율로 섞은 것

3) 구이 가열 방법

팬 등을 이용해 구이를 할 경우 팬이 충분히 달궈진 후 식재료를 놓아야 육즙이 빠져가 나가지 않고 맛있는 구이 조리를 할 수 있다. 하지만 너무 고온으로 가열하면 겉만 타고 속은 익지 않으며, 너무 낮으면 수분 증발로 식품 표면이 마르고 내부는 익지 않아 육즙이 손실되면서 맛과 영양소가 감소될 수 있다.

초벌구이	유장을 발라 초벌구이를 할 때는 살짝 익히기
재벌구이	유장을 발라 초벌구이를 한 후에는 양념을 2번으로 나누어 사용하며 타지 않게 주의하며 굽기
뒤집기	자주 뒤집으면 모양 유지가 어렵고 부서지기 쉬움

4) 구울 때 여러 가지의 주의 사항

ⓐ 생선처럼 수분량이 많은 것: 화력이 강하면 겉만 타고 속은 제대로 익지 않을 때가 많다. 생선을 통으로 구울 때는 제공하는 면 쪽을 먼저 갈색이 되도록 구운 다음 프라이팬 또는 석쇠에서 약한 불로 천천히 구워서 속까지 익히도록 한다.

ⓑ 지방이 많은 식재료: 직화로 구우면 녹는 유지가 불위에 떨어져서 타기 때문에 불꽃에 그을려 색도 나빠지고 연기 속에 아크로레인(acrolein)과 같은 성분이 포함되어 옆에서 부채질하여 불꽃이나 연기가 식재료에 가지 않도록 주의해야 한다.

ⓒ 지방이 많은 덩어리 고기일 경우: 저열에서 로스팅(roasting)하면 지방이 흘러내리면서 색깔과 맛이 향상된다.

ⓓ 생선, 소고기의 단백질 응고온도는 40℃ 전후인데, 소고기 내부의 단백질은 무기질, 그 외의 성분영향을 받아 온도가 더 높아지며, 65℃ 전후가 가장 맛이 좋다.

ⓔ 생선은 좀 더 높은 70~80℃로 하여 잘 응고시키는 편이 맛이 좋다.

ⓕ 굽는 것이 끓이는 것보다 온도 상승이 급격하기 때문에 주의하지 않으면 타버린다. 그러나 알맞은 온도로 노릿하게 구워진 것은 맛이 아주 좋다. 어류에는 트리메틸아민(trimethylamo-ine) 등을 주체로 하는 비린내가 나는데, 구우면 방향으로 변하여 풍미가 좋아진다.

예/상/문/제

01. 구이에 대한 식품의 변화 중 틀린 것은?

① 기름이 녹아 나온다.
② 살이 단단해진다.
③ 수용성 성분의 유출이 매우 크다,
④ 식욕을 돋우는 맛있는 냄새가 난다.

해설 수용성 성분의 용출은 끓이기의 단점이다

02. 가열 조리 중 건열 조리로 옳은 조리법은?

① 찜 ② 구이 ③ 삶기 ④ 조림

해설 조림, 삶기, 찜은 습열조리법이다.

03. 고기를 연하게 하기 위해 사용하는 과일에 들어있는 단백질 분해효소로 틀린 것은?

① 피신 ② 파파인
③ 브로멜린 ④ 아밀라이제

해설 과일에 들어있는 단백질 분해효소에는 배의 프로스테, 파인애플의 브로멜린, 무화과의 피신, 파파야의 파파인 등이 있다.

04. 식품을 볶을 때 일어나는 현상 중 옳은 것은?

① 동물성 식품은 일반적으로 연화되고 식물성 식품은 단단해진다.
② 식품의 수분량이 증가되고 풍미가 없어진다.
③ 카로틴을 함유한 식품은 기름에 용해되어 이용률이 높아진다.
④ 고온 단시간의 가열로 인하여 비타민의 손실이 많아진다.

해설 카로틴을 함유한 대표적인 식품인 당근은 지용성 비타민이므로 기름에 용해되는 성질이 있다.

05. 구이의 장점에 부적당한 설명은?

① 고온가열이므로 성분 변화가 심하다
② 수용성 물질의 용출이 끓이는 것보다 많다
③ 식픔 자체의 성분이 용출되지않고 표피 가까이에 보존된다.
④ 익히는 맛과 향이 잘 조화된다

해설 구이는 불을 이용한 조리법이 아니므로 수용성 물질의 용출은 거의 없다.

06. 북어구이 등 유장처리하여 애벌구이 할 때 참기름과 간장의 비율은?

① 2:1 ② 3:1
③ 1:2 ④ 1:1

07. 재료에 맞는 양념 구이중 간장양념구이가 아닌 것은?

① 너비아니구이 ② 장포육
③ 방자구이 ④ 낙지호롱

해설 소금구이는고등어구이,김구이,방자구이,청어구이등이다

08. 구이할 때 재료의 연화작용과 관계없는 것은?

① 단백질 가수분해 효소 첨가(연육제)
② 수소이온농도는 근육 단백질의 등전점인 pH 5 ~6 보다 낮거나 높게 한다.
③ 염의 첨가
④ 식초 첨가

해설 재료의 연화작용 : 연육제.수소이온농도.설탕의 첨가,만육기(meat chopper)로 두드리거나

09. 궁중음식으로 소고기를 저며서 양념장에 재어 두었다가 굽는것으로 불고기라고 부르기도 하는 것은?

① 가리구이 ② 너비아니구이
③ 생치(꿩)구이 ④ 장포육

정답 01. ③ 02. ② 03. ④ 04. ③ 05. ② 06. ② 07. ③ 08. ④ 09. ②

10. 한식 숙채 요리

1) 숙채의 정의

① 물에 데치거나 기름에 볶은 나물을 말한다.
② 콩나물, 시금치, 숙주나물, 기타 나물 등 : 대개 끓는 물에 파랗게 데쳐서 무친다.
③ 호박 · 오이 · 도라지 등 : 소금에 절였다가 팬에 기름을 두르고 볶아서 익힌다.
④ 시금치 · 쑥갓 등 : 끓는 물에 소금을 약간 넣어 살짝 데치고 찬물에 헹군다.
⑤ 채소를 익혀서 조리하는 것 : 재료의 쓴맛이나 떫은 맛을 없애고 부드러운 식감을 줌
⑥ 잡채, 탕평채, 겨자채 등이 있다.

2) 숙채 조리하기

(1) 숙채 조리법의 특징

습열조리	끓이기, 삶기	• 많은 양의 물에 식품을 넣고 가열하여 익힘 • 조리시간이 길고, 고루 익혀야 함 • 수용성 영양소가 빠져 나오므로 국물까지 이용이 가능
	데치기	• 녹색 채소는 선명한 푸른색을 띠어야 하고 비타민C의 손실이 적어야 함 • 채소를 찬물에 넣으면 채소의 온도를 급격히 저하 → 비타민C의 자가분해를 방지
	찌기	• 가열된 수증기로 식품을 익히는 방법으로 식품 모양이 그대로 유지됨 • 수용성 영양소의 손실이 적음
건열조리	볶기	• 냄비나 프라이팬에 기름을 두르고 식품이 타지 않게 뒤적이며 조리 • 지용성 비타민의 흡수를 돕고, 수용성 영양소의 손실이 적음

(2) 숙채 채소의 종류

고사리	• 칼슘과 섬유질, 카로틴과 비타민이 풍부 • 어린 순을 삶아서 말렸다가 식용으로 사용 • 말린 고사리는 물에 불려 데쳐낸 다음 조선간장이나, 소금, 들기름, 마늘, 파, 양념하고 팬에 육수를 부어 자작하게 익힘
쑥갓	• 7월이 제철 • 독특한 향을 내고 전골이나 찌개에 넣어 맛과 향을 좋게 함 • 데쳐도 영양소 손실이 적고 칼슘과 철분이 풍부하여 빈혈과 골다공증에 좋음 • 동초채라고도 하며 위장을 따뜻하게 하고 심장기능을 활성화하는 것이 특징 • 비타민C, 비타민A와 알칼리성이 풍부한 나물로 가래나 변비예방에 좋음 • 쑥갓과 두부, 쑥갓과 씀바귀, 쑥갓과 샐러리, 쑥갓과 솔잎의 궁합이 좋음
물쑥	• 이른 봄에 나온 물쑥을 데쳐서 양념장에 무침 • 묵이나 김, 배를 채 썰어 무치면 맛이 좋음
씀바귀	• 이른 봄에 입맛을 돋구는 나물로 예부터 귀한 나물 • 뿌리를 초고추장에 무쳐 먹으면 좋음
표고버섯	• 단백질과 가용성 무기질소물 및 섬유소를 함유 • 맛을 내는 성분 : 5-구아닐산 나트륨 • 독특한 향기의 주성분 : 레티오닌 • 생것보다 햇볕에 말린 것이 영양분이 더 좋으며, 혈액순환을 돕고 피를 맑게 해주며, 고혈압과 심장병에도 좋음 • 마른 표고버섯은 갈아서 나물이나 찌개에 천연양념으로 활용
두릅	• 비타민과 단백질이 많은 나물 • 어리고 연한 두릅을 살짝 데쳐 초고추장에 무쳐 먹으면 좋음
무	• 디아스타제 : 소화를 촉진, 해독작용 • 리그닌 : 식물성 섬유, 변비 개선, 장 내의 노폐물을 청소, 혈액이 깨끗해지고, 세포에 탄력을 줌 • 뇌졸중 전조증상이 있을 때 좋으며, 무 껍질에는 비타민이 많이 있어 껍질째 요리하는 것이 좋음

예/상/문/제

01. 다음 중 푸른 채소를 데치는 방법으로 바른 것은?

① 삶는 물의 온도변화를 최소한으로 줄이기 위해 물의 양을 5배 정도로 충분히 한다.
② 뚜껑을 덮고 가열한다.
③ 삶은 후 찬물에서 냉각해서는 안 된다.
④ 수용성 성분의 손실을 줄이기 위해 물을 최소한으로 줄인다.

해설 ㉠ 블랜딩(데치기)의 방법 : 푸른색을 최대한으로 유지하기 위해서는 다량의 물이 끓을 때 채소를 넣어 데친다.
㉡ 엽록소는 마그네슘이론을 가지고 있어 산성에서는 퇴색하고 알칼리성에서는 안정화하여 녹색을 나타내므로 중조 또는 식염을 넣고 데치면 녹색을 얻을 수 있으나 중조로 처리하면 비타민의 손실이 크다.
㉢ 데칠 때 뚜껑을 열면 휘발성 유기산이 휘발되어 녹색 색소의 변색이 최대한으로 억제된다.

02. 흰색 야채의 흰색 그대로 유지 시킬 수 있는 조리 방법은?

① 약간의 소다를 넣고 삶는다
② 약간의 식촛물을 넣고 삶는다.
③ 야채를 데친 직 후 냉수에 헹군다
④ 야채를 물에 담궜다가 삶는다

해설 흰색 야채에 함유된 플라보노이드 계통의 색소는 산에서 백색을 유지하고 알칼리성에서 황색으로 된다.

03. 다음 식품을 삶는 방법 중 틀린 것은 어느 것인가?

① 연근을 엷은 식촛물에 삶으면 하얗게 삶아진다.
② 가지는 백반이나 철분이 녹아있는 물에 삶으면 가지색을 안정시킨다.
③ 완두콩의 푸른빛을 고정시키려면 황산구리를 약간 넣은 물에 삶으면 색이 변치않는다.
④ 시금치는 저온에서 오래 삶으면 비타민C의 손실이 적다.

해설 시금치의 비타민C는 수용성 비타민이기 때문에 고온에서 단시간 삶는 것이 영양소 파괴를 감소 할 수 있다.

04. 볶은 양배추를 조리할 때 식초나 레몬즙을 조금 넣으면 어떤 변화가 일어나는가?

① 안토시아닌계 색소가 선명하게 유지된다.
② 카로티노이트계 색소가 변색되어 녹색으로 된다.
③ 클로로필계 색소가 선명하게 유지된다.
④ 플라보노이드계 색소가 변색되어 청색으로 된다.

해설 안토시아닌계 색소는 딸기, 포도, 붉은 양배추 등 적색과 자색을 띄는 식품에 함유되어 있으며 pH에 따라 산성-적색, 중성-자색, 알칼리성-청색으로 변한다. 적색의 양배추에 산성의 식초를 넣으면 적색 색소가 선명해진다.

05. 다음 조리법 중 비타민C의 파괴율이 가장 적은 것은?

① 시금치국 ② 무생채
③ 고사리무침 ④ 오이지

해설 비타민 C는 열에 약하여 가열 조리를 할 때 많이 파괴되므로 열을 가하지 않은 무생채가 파괴율이 가장 적다.

06. 푸른 채소를 데칠 때 색을 선명하게 유지시키고, 비타민 C의 산화를 억제해주는 것은?

① 소금 ② 식초 ③ 기름 ④ 간장

07. 숙채의 설명으로 옳지 않은 것은?

① 잡채, 탕평채, 무생채 더덕생채 등이 있다.
② 시금치 · 쑥갓은 끓는 물에 소금을 약간넣어 데쳐 찬물에 헹군다.
③ 물에 데치거나 기름에 볶은 나물을 말한다.
③ 도라지는 소금에 절였다가 팬에 기름을 두르고 볶아서 익힌다.

08. 채소를 데칠 때에 뭉그러짐을 방지하기 위한 소금의 농도로 옳은 것은?

① 1% ② 5% ③ 10% ④ 15%

해설 채소를 데칠 때에 소금의 농도는 1~2%가 적당하다

정답 01. ① 02. ② 03. ④ 04. ① 05. ② 06. ① 07. ① 08. ②

11. 한식 볶음 조리

1) 볶음 재료 준비하기

(1) 볶음 조리의 특징

- 볶음은 소량의 지방을 이용해 뜨거운 팬에서 음식을 익히는 방법이다.
- 팬을 달군 후 소량의 기름을 넣어 높은 온도에서 단기간에 볶아 익혀야 원하는 질감, 색과 향을 얻을 수 있다.
- 낮은 온도에서 볶으면 기름이 재료에 흡수되어 좋지 않은 영향을 줌

(2) 볶음 조리 도구

볶음을 할 때 작은 냄비보다는 큰 냄비를 사용하여 바닥에 닿는 면이 넓어야 재료가 균일하게 익으며 양념장이 골고루 배어들어 볶음의 맛이 좋아진다.

(3) 볶음 재료 특징

ⓐ 말린 채소는 생채소보다 비타민과 미네랄 함량이 높다.

ⓑ 참기름 : 리그난이 산패를 막는 기능을 하므로 4℃ 이하 온도에서 보관시 굳거나 부유물이 뜨는 현상이 발생하므로, 마개를 잘 닫아 직사광선을 피해 상온 보관한다.

ⓒ 들기름 : 리그난이 함유되어 있지 않아 오메가-3 지방산이 많이 들어 있어 공기에 노출되면 영양소가 파괴되어 마개를 잘 닫아 냉장 보관한다.

추가tip 재료 전처리

(1) 전처리 식품의 의미

좁은 의미	세척, 탈피, 또는 절단 등의 과정을 거쳐 가열 조리 전의 준비과정을 마친 식품 세척 당근, 깐 감자, 내장을 제거한 생선 등
넓은 의미	냉동 조리식품과 같은 편의식품 또는 즉석식품 등을 포함하는 가공식품에는 식품 원료에 물리적, 화학적 또는 미생물학적 처리를 하여 저장 기간은 연장하거나, 영양가를 높이며, 기호에 맞고 식생활에 적합하도록 만든 식품

(2) 전처리 음식재료의 장점과 단점

장점	단점
• 인건비감소 • 음식물 쓰레기 감소 • 수도비 사용량 감소 • 업무의 효율성 • 공간적, 시간적 효율성 • 조리 공정과정의 편리성 • 식재료 재고 관리 용이성 • 편리성, 다양성 • 당일조리가능	• 낮은 단가에 따른 재료비의 부담 • 신선도에 대한 신뢰성 낮음 • 안정적 공급 체계 필요 • 생산, 가공, 유통과정의 위생적 관리 • 물리적 위해요소(유리, 돌, 머리카락 등) • 화학적 위해요소(살충제, 살균제, 세척제) • 생물학적 위해요소(미생물적)

2) 볶음 조리하기

(1) 재료에 따른 불 조절

육류

ⓐ 중국 프라이팬에 기름을 넣고 기름의 연기가 비춰질 정도로 뜨거워지면 육류를 넣고 색을 낸다.
ⓑ 낮은 온도에서 조리하면 육즙이 유출되어 퍽퍽해지고 질겨진다.
ⓒ 이때 손잡이를 위로 하고 불꽃을 팬 안쪽에서 끌어들여 훈제되어지는 향을 유도하면 특유의 볶음요리가 된다.

채소

ⓐ 색깔이 있는 구절판 재료(당근, 오이)는 소금에 절이지 말고 중간 불에 볶으면서 소금을 넣는다.
ⓑ 기름을 적게 두르고 볶는다. (기름을 많이 넣으면 색이 누래짐)
ⓒ 오이 또는 당근즙이 볶는 과정에서 침출되는데, 그대로 흡수될 정도로 볶아 준다.
ⓓ 기본적인 간(조림간장, 식초 약간, 설 탕 등)을 한 다음 볶는다.
ⓔ 마른 표고버섯 볶을 때는 약간의 물을 넣어 준다.
ⓕ 일반 버섯은 물기가 많이 나오므로 센 불에 재빨리 볶거나 소금에 살짝 절인 후 볶는다.
ⓖ 요리의 부재료로 넣는 야채(낙지볶음 등 볶음 요리에 넣는 야채)는 연기가 날 정도로 센불에 야채를 넣고 먼저 볶은 다음 주재료를 넣고 다시 볶은 후 마지막에 양념을 한다.

예/상/문/제

01. 생식하는 것보다 기름에 볶는 조리법을 사용하는 것이옳은 식재료는?

① 무 ② 감자
③ 토란 ④ 당근

해설 녹황색 채소는 식용성 비타민 A를 함유하고 있어 열에 비교적 안정적이기 때문에 기름을 이용한 조리법을 하면 영양분 흡수가 잘된다.

02. 참기름과 들기름의 설명 중 맞는 것은?

① 참기름은 들기름보다 오메가-3 지방산이 많이 들어 있다.
② 들기름에는 리그난이 함유되어있다.
③ 참기름에 리그난이 산패를 막는 기능이없어냉장보관한다.
④ 들기름은오메가-3 지방산이 많이 들어 있어 공기에 노출되면 영양소가 파괴되어 마개를 잘 닫아 냉장 보관한다.

03. 볶음 재료의 특징 중 틀린 것은?

① 낮은 온도에서 볶으면 기름이 재료에 흡수가잘된다.
② 볶음은 소량의 지방을 이용해 뜨거운 팬에서 음식을 익히는 방법이다.
③ 높은 온도에서 단기간에 볶아 익혀야 원하는 질감, 색과 향을 얻을 수 있다.
④ 말린 채소는 생채소보다 비타민과 미네랄 함량이 높다.

04. 식품의 조리법 중에서 비타민을 용출, 파괴시키고, 무기질 및 기타 영양성분을 용출시키는 조리법은?

① 데치기 ② 튀기기
③ 삶기 ④ 끓이기

05. 비교적 영양소 손실이 적은 조리법은?

① 튀기기 ② 찌기
③ 삶기 ④ 굽기

06. 전처리 음식 재료의 장점이 아닌 것은?

① 조리 공정과정이 편리하다.
② 업무의 효율이 높아진다.
③ 생산, 가공, 유통과정의 위생적 관리를 필요로한다.
④ 식재료 재고 관리가 용이하다.

07. 육류와 채소를 볶을 때 주의할 점으로 옳은 것은?

① 채소를 모두 볶은 후 간을 한다.
② 마른 표고버섯 볶을 때는 약간의 물과 함께 볶는다.
③ 육류는 높은 온도에서 조리하면 육즙이 유출되어 퍽퍽해지고 질겨진다.
④ 채소는 기름을 많이 두르고 볶는다.

정답 01. ④ 02. ④ 03. ① 04. ④ 05. ① 06. ③ 07. ②

Chapter 02

양식

01. 양식 기초 조리 실무

1. 기본 칼 기술 습득

1) 칼

조리사에게 칼은 가장 많이 사용하는 조리 도구이므로 칼을 잘 사용하고 관리하는 능력은 기본적인 요소라 할 수 있다. 조리사의 칼은 식재료를 자르는 용도 이외에는 사용해서는 안 되고, 칼의 본래의 기능에 맞추어 위생적으로 사용하며, 항상 안전한 곳에 보관한다.

(1) 칼의 구조

칼은 크게 식재료를 자르는 부분과 손잡이 부분으로 나누어진다.

- 자르는 부분 : 칼끝(Point), 칼날(Cutting edge), 칼등(Shoulder)
- 손잡이 부분 : 슴베(Tang; 칼날의 고정을 위해 손잡이 속으로 들어간 부분), 리벳(Rivets; 칼날과 깔끔하게 접합되어야 하는 부분)

(2) 칼의 분류

가) 칼날에 의한 분류

직선 날 (Stratght edge)	• 일반적으로 많이 사용되는 칼날 • 많은 종류의 칼이 가지고 있는 날
물결 날 (Scalloped edge)	• 제과 부서에서 가장 많이 사용하는 칼의 날로 • 바게트 등 여러 종류의 빵을 쉽게 자를 수 있음
칼 옆면에 홈이 파인 날 (Hollowed edge)	• 칼의 옆면에 식재료가 달라붙지 않도록 사용하는 날 • 훈제 연어 또는 고기 덩어리 등을 자르는 데 효과적

나) 칼의 종류에 따른 분류

칼	용도
주방장의 칼 (Chef's knife)	• 보통 조리사들이 많이 사용
빵 칼 (Bread knife)	• 여러 종류의 빵을 자를 때 사용
껍질 벗기는 칼 (Paring knife)	• 야채나 과일의 껍질을 벗길 때 사용
고기 써는 칼 (Carving knife)	• 익힌 큰 고기 덩어리를 자를 때 사용 • 뷔페 레스토랑에서 손님 앞에서 큰 덩어리의 고기를 잘라 고객에게 제공할 때 사용
살 분리용 칼 (Bone knife)	• 육가공 주방에서 육류나 가금류의 뼈와 살을 분리하는 데 사용
뼈 절단용 칼 (Cleaver knife)	• 단단하지 않은 뼈가 있는 식재료를 자를 때 사용
생선 손질용 칼 (Fish knife)	• 생선살을 뼈에서 분리하거나 부위별로 자를 때 사용
다지는 칼 (Mezzaluna or Mincing knife)	• 파슬리 등 여러 가지 허브를 다질 때 사용
치즈 자르는 칼 (Cheese knife)	• 여러 종류의 치즈를 자를 때 사용
훈제 연어 자르는 칼 (Salmon knife)	• 훈제된 생선을 얇게 자를 때 사용

2) 칼의 사용 방법

(1) 칼을 잡는 방법

㉠ 칼의 양면을 엄지와 검지 사이로 잡는 방법 : 식재료를 자를 때 가장 많이 사용되는 칼을 잡는 방법

㉡ 칼등에 엄지를 올려 잡는 방법 : 크기가 크거나 단단한 야채 등의 식재료를 자를 때 사용하는 방법(힘이 많이 들어감)

㉢ 칼등에 검지를 올려 잡는 방법 : 일반적으로 칼의 끝(Point)을 이용하는 작업 시 칼을 잡는 방법

(2) 칼 연마 및 관리

가) 칼 연마 방법 및 관리

㉠ 숫돌에 연마하는 방법

숫돌에 칼날을 연마할 때에는 칼날의 전체를 갈아야 한다. 이때 칼날의 끝을 숫돌에 대고 칼등을 살짝 들어 각도를 약 15도 정도를 유지하면서 밀고 당기는 것을 반복하여 칼날의 앞뒷면을 칼의 형태에 따라 고르게 갈아 날을 세워 준다.

㉡ 스틸에 연마하는 방법

스틸에 칼날을 연마할 때에는 작업 시 빨리 칼날을 잘 들게 수정하는 방법으로 임시 방편으로 사용할 수 있는 장점이 있으나 지속적으로 유지되지 않으므로 보통의 경우 작업 전후로 숫돌에 항상 칼이 연마되어 있어야 한다. 칼 손잡이부터 칼끝 방향으로 스틸과 약간의 각도를 주고 밀듯이 반복한 후 반대쪽도 동일하게 반복한다.

나) 칼 관리

① 칼을 사용하지 않을 때에는 안전한 곳(칼 보관함 또는 개인 가방)에 보관한다.
② 작업 중 칼 사용을 잠시 멈출 시에는 잘 보이는 곳에 둔다(도마의 옆 또는 위쪽).
③ 칼을 손에 들고 자리를 이동하지 않는다.
④ 칼을 식재료 자르는 용도 이외에는 사용하지 않는다.
⑤ 작업 종결 시에는 칼을 먼저 세척하여 안전한 곳에 보관 후 정리 정돈을 한다.

추가tip 기본 썰기 _ 기본 식재료 썰기

큐브(Cube)	• 정육면체 사방 2㎝의 크기 • 식재료를 써는 방법 중 가장 큰 썰기 방법 • 스튜나 샐러드 조리에 사용
다이스(Dice)	• 큐브보다는 작은 정육면체 사방 1.2㎝의 크기 • 샐러드 메인 요리의 사이드 요리 등에 사용
스몰 다이스 (Small dice)	• 다이스의 반 정도의 정육면체 사방 0.6㎝의 크기 • 샐러드나 볶음 요리 등의 다양한 요리에 사용

브뤼누아즈 (Brunoise)	• 스몰 다이스의 반 정도의 정육면체 사방 0.3㎝의 크기 • 여러 요리에서 가니쉬(Garnish)로 사용 • 수프나 소스의 안에 넣는 재료 등으로 많이 사용
쥘리엔 (Julienne)	• 재료를 얇게 자른 뒤에 포개어 놓고 0.3㎝ 정도의 두께로 얇고 길게 채 써는 것 • 샐러드, 수프, 소스, 에피타이저, 메인 등의 요리, 가니쉬(Garnish)로도 사용
파인 쥘리엔 (Fine julienne)	• 쥘리엔 두께의 반인 약 0.15㎝로 채 써는 것 • 가니쉬(Garnish)나 식재료의 롤 안에 넣는 속재료로 사용
시포나드 (Chiffonnade)	• 채소(당근, 무 등)를 실처럼 얇게 썬 형태 • 푸른 잎채소 또는 허브 등은 말아서 최대한 얇게 써는 것 • 메인이나 샐러드 요리 등의 가니쉬(Garnish)로 많이 사용
바토네 (Batonnet)	• 감자튀김(프렌치프라이)의 형태로 써는 것 • 야채나 과일은 샐러드 용도로 사용 • 육류나 가금류 등도 바토네 형태로 썰어 용도에 맞게 사용
슬라이스 (Slice)	• 한식의 편 썰기와 비슷한 방법 • 무, 당근의 초기 작업으로 덩어리 형태의 재료를 위에서 작업대와 직각으로 얇게 절단하는 형태
페이잔 (Paysanne)	• 두께 0.3㎝로 가로세로 1.2㎝ 크기의 사각형 모양 • 보통 야채 수프에 사용
촙 (Chop)	• 식재료를 잘게 칼로 다지는 것을 말함 • 샐러드나 볶음 요리, 소스 등의 기본 재료로 사용
샤또 (Chateau)	• 길이 5~6㎝ 정도의 원통 형태의 모양 • 당근, 감자 등 메인 요리의 사이드 야채로 많이 쓰임
올리베트 (Olivette)	• 샤또 보다는 길이가 짧고(4㎝ 정도) 끝이 뾰쪽하여야 함 • 사이드 요리의 야채로 주로 쓰이고 올리브 형태로 깎는 것
콩카세 (Concasse)	• 토마토에 칼집을 내고 살짝 데치기 → 껍질을 벗기기 → 4등분하여 속을 제거 → 과피만을 사방 0.5㎝ 크기로 제단 • 각종 요리의 가니쉬로 사용

2. 조리기구의 종류와 용도

(1) 조리 시 자르거나 가는 용도 등의 용도로 쓰이는 조리 기물

에그 커터(Egg cutter)	• 삶은 계란을 자르는 도구 • 반으로, 슬라이스로 여러 조각을 내는 것, 반달 모양의 6등분으로 자르는 것 등
제스터(Zester)	• 오렌지나 레몬의 색깔 있는 부분만 길게 실처럼 벗기는 도구
베지터블 필러(Vegetable peeler)	• 오이 당근 등의 야채류 껍질을 벗기는 도구
스쿱(Scoop), 볼 커터(Ball Cutter)	• 과일, 야채의 모양을 원형이나 반원형의 형태로 만드는 도구(멜론, 수박, 당근 등)
롤 커터(Roll cutter)	• 얇은 반죽을 자르거나 피자 등을 자를 때 사용
자몽 나이프(Grafefruit knife)	• 반으로 자른 자몽을 통째로 돌려가며 과육만 발라내는 도구(보통 양식 조리의 조식에서 사용)
그레이터(Grater)	• 야채나 치즈 등을 원하는 형태로 가는 도구
여러 종류의 커터(Assorted cutter)	• 원하는 커터의 모양대로 식재료를 자르거나 안에 식재료를 채워 형태를 유지하기 위한 도구
만돌린(Mandoline)	• 채칼이라고도 하며, 과일이나 야채를 채로 썰 때 사용 • 와플 형태(벌집모양)로도 감자 등을 썰 수 있는 도구
푸드 밀(Food mill)	• 완전히 익힌 감자나 고구마 등을 잘게 분쇄하는 도구

(2) 조리 시 물기 제거나 담고 섞는 등의 용도로 쓰이는 조리 기물

시노와(Chinois)	• 스톡, 소스, 수프를 고운 형태로 거를 때 사용
차이나 캡(China cap)	• 토마토소스와 같이 입자가 조금 있게 거를 때 사용 • 삶은 식재료를 거를 때 사용
콜랜더(Colander)	• 많은 양의 식재료의 물기를 제거 혹은 거를 때 사용
스키머(Skimmer)	• 뜨거운 스톡이나 소스 안의 식재료를 건져 낼 때 사용
믹싱 볼(Mixing bowl)	• 식재료를 담거나 섞는 등의 조리 시 사용되는 도구(크기 다양)
시트 팬(Sheet pan)	• 식재료를 담아 두거나 옮길 때 사용되는 도구 • 카트(Cart)에 끼워 많은 양을 옮길 수 있음(크기 다양)
호텔 팬(Hotel pan)	• 크기와 높이가 다양한 형태 • 음식물을 보관할 때 사용하는 도구

래들(Ladle)	• 한식에서의 국자 • 육수나 소스 드레싱 등을 뜰 때 사용하는 도구 (크기, 모양은 다양)
스패튤러(Spatula)	• 재질에는 금속과 플라스틱이 사용 • 조그만 음식을 옮길 때, 부드러운 재료를 섞을 때, 재료를 깨끗이 긁어 모을 때 등 용도에 맞게 재질과 크기를 골라 사용
키친 포크(Kitchen fork)	• 음식물을 옮기거나 뜨거운 큰 육류 등을 썰 때, 한 손은 카빙 나이프, 한 손에는 키친 포크를 잡고 고정시켜 주는 용도
계량컵과 계량스푼 (Measuring cup, Measuring spoon)	• 식재료의 부피를 계량하는 도구
소스 팬(Sauce pan)	• 크기와 종류가 다양하며 소스를 데우거나 끓일 때 사용 • 음식물의 양에 따라 크기를 선택하여 사용
프라이팬(Fry pan)	• 크기와 종류는 다양하고 간단하게 소량의 음식을 볶거나 튀기는 등 다용도로 사용
버터 스크레이퍼 (Butter scraper)	• 버터를 모양내서 긁는 도구
미트 텐더라이저 (Meat tenderizer)	• 스테이크 등을 두드려 모양을 잡거나 육질을 연하게 할 때 사용
솔드 스푼 (Soled spoon, 롱 스푼)	• 음식물을 볶을 때 섞거나 뜨는 용도로 사용
위스크(Whisk)	• 크림을 휘핑하거나 계란 등 유동성 액체를 섞을 때 사용

(3) 기계류가 있는 조리 기물

블렌더(Blender)	• 소스나 드레싱 등 음식물을 곱게 가는 데 사용
초퍼(Chopper)	• 식재료(고기, 야채)를 가는 도구(크기와 형태 다양)
슬라이서(Slicer)	• 양이 많은 채소나 육류 등을 다양한 두께로 썰 때 사용
민서(Mincer)	• 고기나 야채를 으깰 때 사용 • 틀의 구멍이 다른 것을 갈아 끼우면 원하는 형태를 얻을 수 있는 기물
그리들(Griddle)	• 윗면이 두꺼운 철판으로 되어 여러 종류의 식재료를 볶거나 오븐에 넣기 전의 초벌구이에 이용하는 기물
그릴(Grill)	• 가스나 숯으로 달구어진 무쇠를 이용하여 조리하는 기물 • 식재료의 겉 표면의 형태와 향이 좋아진다.

샐러맨더 (Salamander)	• 음식물이 위에서 내리 쬐는 열로 조리 • 음식물을 익히거나 색깔을 내거나 뜨겁게 보관할 때에 사용
딥 프라이어 (Deep fryer)	• 여러 가지 음식물을 튀길 때 사용하는 기물
컨벡션 오븐 (Convection oven)	• 음식물을 속까지 고르게 익힐 때 사용 • 찌고 삶고 굽는 등의 다용도로 사용이 가능한 기물
스팀 케틀 (Steam kettle)	• 대용량의 음식물을 끓이거나 삶는 데 사용 • 기계적으로 구부릴 수 있어 편리
토스터(Toaster)	• 샌드위치를 만드는 데 사용 • 빵을 회전식으로 구워 주는 것
샌드위치 메이커 (Sandwich maker)	• 샌드위치를 만들어진 상태로 빵에 그릴 형태의 색을 내거나 데워주는 도구

추가tip **식재료의 계량방법**

(1) 계량스푼

설탕이나 소금, 간장, 식초 등 소량 계량할 때 사용하며, 1 Table spoon(1Ts), 1 tea spoon(1ts)으로 사용된다.

(2) 계량컵

크기에 따라 여러 종류가 있고 옆면에 눈금이 ㎖(밀리리터)로 표시되어 있어 계량할 수 있다. 1,000㎖는 1L(리터)로 표시된다. 미국은 1C = 240㎖, 한국은 1C=200㎖이다.

(3) 저울

식재료의 무게를 측정하는 도구로 gram(g) 단위로 표시된다. 영점을 맞추거나 용기 무게를 영(0)으로 맞추어 재료의 무게를 측정한다.

(4) 온도계

식재료의 내부 온도를 측정하는 도구로 일반적인 온도계와 육류 등의 내부를 측정하는 송곳 모양(탐침)의 온도계, 기름 온도를 측정하는 온도계(봉상액체 온도계), 비접촉식 온도계(적외선 온도계) 등이 있다.

추가 tip

- 1TS(테이블스푼) → 15㎖(밀리리터)
- 1ts(티스푼) → 5㎖(밀리리터)
- 1L(리터) → 1,000㎖(밀리리터)
- 0.5L(리터) → 500㎖(밀리리터)
- 1kg(킬로그램) → 1,000g(그램)
- 0.3Kg(킬로그램) → 300g(그램)
- 1oz(온스) → 28.35g(그램)

3. 양식조리의 전처리

1) 채소의 전처리

마늘 (Garlic)	• 마늘을 볶은 후 요리를 시작하는 경우가 많으므로 촙(Garlic chop)으로 준비 해둠 • 깐 마늘을 칼등으로 눌러 으깬 다음 칼날로 다지며, 슬라이스(편) 형태 등 다양하게 사용
양파 (Onion)	• 볶음 요리를 할 때 마늘 다진 것과 같이 볶는 등 요리에 다용도로 사용되므로 양파 촙(Onion chop)으로 준비가 되어 있어야 함 • 양파 껍질 까기 → 다음 반으로 자르기 → 꼭지 부분이 잘려 나가지 않게 칼집을 낸 후 직각으로 썰기(Mise en Place) • 샐러드나 스튜 등에는 용도에 맞게 양파를 다이스(Dice)나 쥘리엔(Julienne) 형태로 썰어 사용하기도 함
오이 (Cucumber)	• 오이를 깨끗이 닦아 필러로 껍질을 살짝 벗겨 반으로 잘라 씨를 제거하여 사용 • 샐러드, 피클, 샌드위치 속재료 등으로도 사용
브로콜리 (Broccoli)	• 줄기 끝부분을 한 손으로 잡고 칼끝으로 꽃봉오리 부분만 용도에 맞는 크기로 자른 후 사용 • 샐러드, 사이드 야채 등
아스파라거스 (Asparagus)	• 끝부분은 질기므로 잘라 내고 필러로 껍질을 얇게 벗겨 내어 사용 • 줄기가 얇은 것은 껍질을 벗겨 내지 않고 사용해도 무방함 • 수프나 샐러드, 사이드 야채 등
양상추, 로메인 (Lettuce, Romaine)	• 꼭지 부분은 떼어 내고 원하는 형태로 잘라서 물에 담가 물기를 제거하여 샐러드나 샌드위치 속재료 등으로 사용 • 물에 잠시 담가 두어야 변색되지 않고 오래 아삭한 식감을 지속시킬 수 있음

양배추 (Cabbage)	• 겉장의 상태가 안 좋으면 몇 장을 제거, 안쪽의 심 부분을 제거한 후 샐러드 사용에 맞게 잘라 물에 담가 두었다가 물기를 제거하여 사용
파프리카 (Paprika)	• 깨끗이 씻어 반으로 잘라 씨와 꼭지를 제거 후 원하는 형태로 자른 후 사용 • 샐러드, 볶은 요리의 사이드 야채 등
실파 (Spring Onion)	• 세척하여 가지런히 놓고 촙(Chop)을 하거나 원하는 크기로 썰어 준비 • 샐러드, 요리의 가니쉬 등

2) 어패류의 전처리

연어	• 냉동된 것은 해동하여 훈제의 형태로 많이 쓰이고, 냉동되지 않은 것은 스테이크나 절인 연어 등으로 많이 사용 • 훈제용, 절인 연어로 사용할 때 : 비늘 벗기지 않음 • 스테이크로 사용할 때 : 비늘 제거 • 꼬리 쪽부터 아가미 쪽으로 한 번에 칼로 살을 뼈에서 분리 → 원하는 크기로 잘라 사용 • 고혈압, 동맥경화, 심장 질환 등의 예방, 비타민 D가 풍부하여 골다공증 예방
농어	• 스테이크로 가장 많이 사용, 에피타이저 메뉴에 따라서 미들 코스에 사용 • 비늘을 제거 → 내장과 머리를 제거 → 등 쪽부터 살을 발라 뼈 쪽에 되도록 살이 붙지 않게 분리 • 스테이크로 쓰일 때에는 껍질을 제거하지 않아도 되고 용도에 따라 원하는 크기로 잘라 사용 • 비타민 영양소가 풍부
광어	• 스테이크, 훈제, 에피타이저 등으로 많이 이용 • 비늘을 제거 → 내장, 머리를 제거 → 살을 옆줄 중앙부터 분리하여 4장으로 분리 → 껍질을 제거 → 원하는 크기로 잘라 사용 • 고단백, 저지방, 저칼로리 생선
도버솔, 가자미	• 도버솔(Dover sole)과 가자미 손질 방법은 거의 유사하고, 도버솔은 양식 조리에서 가장 많이 사용하는 참서대류로 도버 해협에서 많이 잡히며 맛이 쫄깃하고 향이 좋음 • 특히 프랑스 요리 솔 모르네(Sole morey)와 솔뫼니에르(Sole meuniere) 등에 많이 사용 • 광어와 같은 방법으로 손질하며, 보통 급속으로 냉동하여 필요할 때마다 해동하여 사용

3) 패류, 새우와 갑각류 전처리 방법

조개류	물에 소금을 넣고 서늘한 곳에서 충분히 해감 → 체에 걸러 물기를 빼고 필요한 용도에 맞게 사용 타우린이 풍부한 조개류는 혈중 콜레스테롤과 중성 지방을 감소
새우	흐르는 물에 깨끗이 씻기 → 수염과 주위의 뾰쪽한 뿔 형태를 자름 → 꼬챙이를 활용하여 등 쪽의 내장을 제거 → 꼬리 부분의 물집 자르기 → 껍질을 벗기기 → 원하는 용도에 맞게 사용 요즘 현장에는 냉동 수입 새우가 많이 사용되어 흐르는 물에 녹여 사용
갑각류	통째로 머리부터 꼬리까지 잘라 사용하거나 몸통과 꼬리 쪽을 분리하여 껍질을 제거하여 사용 바닷가재(Lobster)가 양식 요리에는 가장 많이 사용

4) 육류의 전처리

소고기 안심	• 소고기 중 가장 부드럽고 지방이 적어 양식 조리에서는 가장 비싼 스테이크 중의 하나이고, 많이 사용되는 부위 • 안심은 헤드 부분이 꼬리 쪽으로 위치 • 모든 육류는 2개씩의 안심을 가지며, 소의 안심 무게는 4kg 내외
소고기 등심	• 보통 6kg 내외이고, 2개의 등심을 가지며 갈비뼈 바깥쪽에 위치함 • 지방이 적어 스테이크(Sirloin steak) 용도로 많이 사용 • 가격이 안심보다는 저렴
양갈비	• 양갈비 통째로는 Lamb rack이라 하며, 갈비뼈를 하나씩 넣어서 손질한 것은 Lamb chop이라 하고, 스테이크 용도로 많이 사용
닭고기	• 지방 함량이 적고 단백질 함량이 높다. • 닭고기의 가슴살은 서양 요리, 샌드위치, 샐러드, 스테이크, 스튜 등으로 사용 • 닭다리는 스튜나 튀김 등으로 사용 • 크게 다리(Leg) 2개, 가슴(Breast) 2개, 몸통뼈(Bone)로 5등분을 하고, 뼈는 스톡을 끓일 때 사용하며 날개(Wing)는 뷔페 용도 등으로 사용한다.

예/상/문/제

01. 칼의 구조 중 손잡이 부분에 칼날의 고정을 위해 손잡이 속으로 들어간 부분은 무엇인가?

① Point ② Tang
③ Rivets ④ Shoulder

02. 식재료의 썰기 방법 중 모양이 다른 방법은?

① 브뤼누아즈(Brunoise)
② 큐브(Cube)
③ 스몰 다이스(Small dice)
④ 시포나드(Chiffonnade)

03. 칼의 관리 방법으로 적합하지 않은 것은?

① 칼을 손에 들고 자리를 이동하지 않는다.
② 작업 종결 시에는 칼을 싱크대에 넣어둔다.
③ 칼을 식재료 자르는 용도 이외에 사용하지 않는다.
④ 작업 중 칼 사용을 잠시 멈출 경우 잘 보이는 곳에 둔다.

04. 재료를 얇게 자른 뒤 포개어서 3mm 두께로 얇고 길게 채 써는 방법은 무엇인가?

① 슬라이스(Slice) ② 시포나드(Chiffonnade)
③ 쥘리엔(Julienne) ④ 콩카세(Concasse)

05. 식재료를 써는 방법으로 알맞지 않은 것은?

① 다이스(Dice) – 큐브보다는 작은 정육면체 사방 1.2㎝의 크기
② 큐브(Cube) – 정육면체 사방 2㎝의 크기
③ 콩카세(Concasse) – 토마토 과피만 사용하여 사방 5mm로 제단
④ 촙(Chop) – 채소(당근, 무 등)를 실처럼 얇게 썬 형태

06. 뜨거운 스톡이나 소스 안의 식재료를 건져낼 때 사용하는 도구는?

① 스패출러 ② 래들
③ 계량스푼 ④ 스키머

07. 음식물 위에서 내리쬐는 열로 조리되며 겉면의 색을 내거나 뜨겁게 보관할 때 사용하는 기계는 무엇인가?

① 샐러맨더 ② 컨벡션 오븐
③ 그릴 ④ 그리들

정답 01. ② 02. ④ 03. ② 04. ③ 05. ④ 06. ④ 07. ①

02. 양식 스톡 조리

1) 양식 조리의 기본 스톡(Stock)

(1) 스톡의 필수 구성 요소(야채, 향신료, 뼈)

구분		내용
부케가르니 (Bouquet garni)		• 통후추, 월계수 잎, 샐러리 줄기, 정향, 파슬리 줄기, 마늘, 타임(Thyme) 등을 넣은 것(실로 겹쳐 묶어 향신료 다발로 사용) • 오랫동안 조리하면서 이것들의 향을 추출하기 위하여 통째로 사용
미르포아 (Mirepoix)		• 스톡을 끓일 때 뼈와 함께 들어가는 네모(큐브) 모양으로 썬 야채
	기본 미르포아	• 브라운 스톡에서 사용 • 양파 50%, 당근 25%, 샐러리 25%의 비율
	화이트 미르포아	• 맑은 육수를 끓일 때 • 양파, 셀러리, 파의 흰 부분(혹은 흰색의 야채)
뼈(Bone)		• 뼈는 스톡에서 가장 중요한 재료 • 스톡 고유의 맛과 향을 부여하며 스톡의 이름을 결정지어 주는 요소 • 소뼈의 경우 8~10㎝ 정도의 크기로 잘라서 사용(맛, 젤라틴, 영양 가치를 빨리 완전히 추출) • 소뼈, 송아지뼈 : 가장 많이 사용, 단백질과 무기질 함유 • 닭뼈 : 전체 혹은 목, 등뼈를 이용, 경제적으로 유리함 • 생선뼈 : 광어, 도미, 가자미, 넙치 등 찬물에 불순물 제거 후 사용(기름기가 적은 뼈 선호) • 기타 잡뼈 : 양(Lamb), 칠면조(Turkey), 가금류(Game), 햄 뼈(Ham bone) 등을 화이트(White) 또는 브라운 스톡(Brown stock)으로 사용, 허브(Herb)와 스파이스(Spice)를 곁들여 특정 냄새를 잡아줌

(2) 스톡의 종류

① 뼈의 종류에 따른 분류

구분	내용
비프 스톡 (Beef stock)	• 브라운(Brown)과 화이트(White) 스톡의 두 종류 • 브라운 스톡이 많이 사용 • 양질의 비프 스톡을 얻으려면 기본이 되는 뼈와 야채의 색을 오븐이나 그리들 등으로 갈색으로 만들어 향신료와 함께 7~11시간 정도 은근히 끓여 주어야 함
치킨 스톡 (Chicken stock)	• 갈색과 화이트 스톡의 두 종류 • 화이트 치킨 스톡 : 가장 많이 사용되는 스톡으로 색이 있는 야채(당근 등)는 넣지 않음 • 조리시간이 2~4시간 내외로 짧아 간편하게 사용

생선 스톡 (Fish stock)	• 대부분 화이트 스톡으로 사용 • 생선 스톡의 조리 시간은 1시간 이내로 짧음 • 사용되는 야채는 흰색(양파, 파, 샐러리나 파슬리 줄기, 파스닙(Parsnip) 등)의 야채만 사용 • 레몬주스나 화이트 와인을 첨가하기도 함 • 생선 퓌메(Fish Fumet) : 생선 육수에 화이트 와인, 레몬주스를 첨가

② 색에 따른 분류

화이트 스톡 (White Stock)	• 각종 뼈와 채소, 향신료를 찬물에 넣고 센불에서 약불로 7~8시간 정도 맑게 끓여 만든 것
브라운 스톡 (Brown Stock)	• 각종 뼈, 채소를 오븐의 높은 열(200°C, 1시간) 혹은 강한 불로 볶아 갈색으로 캐러멜화 시켜 사용 • 구운 뼈, 미르포아, 부케가르니를 넣고 센불에서 약불로 끓임 • 토마토 페이스트를 첨가 • 강한 육즙 향이 남

추가tip 쿠르 부용(Court Bouillon)

- 미르포아, 부케가르니, 산성 액체(식초, 레몬, 화이트 와인 증)를 넣어 약불에서 맑게 끓이는 육수로 45분 정도 시머링(simmering; 은근하게 끓임)한다.
- 스키밍(Skimming; 액체 위에 뜨는 기름이나 불순물을 건져내는 작업)을 하면서 끓인다.
- 해산물을 포칭(Poaching)하는데 사용하며, 쿠르 부용에 생선뼈, 갑각류의 껍데기를 넣어 끓이는 것을 나지(nage) 라고 한다.

2) 스톡 조리하기

찬물에서 스톡 조리를 시작	• 찬물로 재료를 충분히 잠길 정도까지 부은 다음에 시작 • 찬물은 식품 중에 있는 맛, 향 등 요리의 질을 향상시키는 식품의 성분을 잘 용해시켜줌
서서히 스톡을 조리	• 스톡의 온도가 섭씨 약 90℃를 유지하게끔 은근히 끓여줌(맑은 스톡 생산, 맛과 향이 물속으로 충분히 용해)
거품 및 불순물 걷어내기	• 표면 위로 떠오르는 기름과 불순물을 스키머(skimmer)로 제거

간을 하지 않기	• 스톡은 용도가 매우 다양 • 다른 주방에서 공급되는 경우 얼마만큼의 소금을 넣었는지를 알 수 없기 때문에 조리 과정에서 혼란이 발생할 수 있음 • 스톡이 사용될 요리의 조리 단계에서 소금을 첨가

3) 스톡 완성하기

(1) 스톡 거르기

① 스톡 안으로 채소나 뼈, 다른 불순물이 섞이지 않고, 내용물이 부서지지 않게 원뿔체(china cap)와 소창(cheese cloth)을 통과시켜 조심스럽게 스톡 분리

② 기름기가 많은 스톡의 경우, 양이 많으면 국자로 조심스럽게 걷어내고, 국자 사용이 불가능할 때는 흡수지를 이용하여 걷어내고, 정제할 때 종이필터를 사용하는 것이 효과적

2) 스톡 냉각시키기

① 스톡을 거른 후 빨리 식히는 것이 좋은데, 열전달이 빠른 금속기물을 사용하는 것이 식는 시간을 절감시키고, 박테리아 증식 기회를 줄여줌

② 냉각 첫 번째 단계는 21℃로 2시간 이내, 두 번째 단계는 추가로 4시간 동안 5℃ 이하로 냉각시키는 것이 안전

3) 스톡 보관하기

① 스톡을 담은 용기 뚜껑에는 만든 날짜와 시간을 기록

② 스톡을 좀 더 오래 저장하고자 할 때는 냉동시켜 보관

③ 냉장 보관 스톡은 3~4일 이내에 사용

④ 냉동 보관된 스톡은 5~6개월까지도 보관이 가능

4) 완성된 스톡 품질 평가 기준

문제점	이유	해결
맑지 않음	조리 시 불 조절 실패	찬물에서 스톡 조리 시작(시머링)
	이물질	소창으로 걸러냄
향이 적다	충분히 조리되지 않음	조리 시간을 늘려줌
	뼈와 물과의 불균형	뼈를 추가로 더 넣기

색상이 없음	뼈와 미르포아가 충분히 태워지지 않음	뼈와 미르포아를 짙은 갈색이 나도록 태우기
무게감이 없다	뼈와 물과의 불균형	뼈를 추가로 더 넣기
짜다	조리하는 동안 소금을 넣음	스톡을 다시 조리한다. (스톡에 소금 사용 금지)

예/상/문/제

01. 미르포와(mirepoix)에 해당하지 않는 재료는?

① 양파
② 파의 흰 부분
③ 마늘
④ 셀러리

02. 다음 중 스톡 조리 시 주의사항으로 틀린 것은?

① 스톡을 서서히 조리한다.
② 스톡 조리를 할 때 간을 하지 않는다.
③ 뜨거운 물에서 조리를 시작한다.
④ 거품이나 불순물은 걷어낸다.

03. 미르포아, 부케가르니, 식초나 레몬, 화이트와인 등의 산성 액체를 넣어 은근히 끓인 육수로 야채나 해산물을 데칠 때 주로 사용하는 것은?

① 쿠르부용
② 치킨 스톡
③ 브라운스톡
④ 비프스톡

04. 곰국이나 스톡을 조리하는 방법으로 운근하게 오랫동안 끓이는 조리법은?

① 블렌징(Blanching) ② 스튜잉(Stewing)
③ 포칭(Poaching) ④ 시머링(Simmering)

05. 부케가르니란 무엇인가?

① 스톡을 끓일 때 뼈와 함께 들어가는 네모(큐브) 모양으로 썬 야채
② 통후추, 월계수 잎, 샐러리 줄기, 정향, 파슬리 줄기, 마늘, 타임(Thyme) 등을 넣은 향신료
③ 양파, 셀러리, 파의 흰 부분 당근 등을 넣은 야채 육수
④ 양파 50%, 당근 25%, 샐러리 25%로 끓인 육수

06. 뼈와 야채의 색을 갈색으로 만들어 향신료와 함께 은근히 끓여 주는 스톡은?

① 생선 스톡 ② 비프 스톡
③ 화이트 스톡 ④ 화이트 치킨 스톡

정답 01. ③ 02. ③ 03. ① 04. ④ 05. ② 06. ②

03. 양식 전채 조리

1) 전채 요리 준비하기

전채 요리는 메인 요리가 나오기 전에 식욕촉진제로 제공되는 음식으로, 육류, 가금류, 어패류, 채소류, 치즈 등으로 사용된다. 전채 요리는 신맛과 짠맛이 침샘을 자극하여 식욕을 촉진시키는 요리이므로 소금, 식초, 올리브유, 겨자, 마요네즈와 같은 소스류(콩디망) 등을 사용한다. 맛을 향상시키기 위해 허브(Herb)와 스파이스(Spice)를 사용하기도 한다.

(1) 전채 요리의 분류

명칭	특징	종류
플레인 (Plain)	형태와 맛이 유지된 것	햄 카나페(Ham canape), 생굴(Oyster), 캐비아(Caviar), 올리브(Olive), 토마토(Tomato), 렐리시(Relish), 살라미(Salami), 소시지(Sausage), 새우 카나페(Shrimp canape), 안초비(Anchovies), 치즈(Cheese), 과일(Fruits), 거위 간(Foie gras), 연어(Salmon) 등
드레스트 (Dressed)	요리사의 아이디어와 기술로 가공되어 맛이 유지된 것	과일 주스(Fruits juice), 칵테일(Cocktail), 육류 카나페(Meat canape), 게살카나페(Crab meat canape), 소시지 말이(Sausage roll), 구운 굴(Grilled oyster), 스터프트 에그(Stuffed egg) 등

(2) 전채 요리의 종류와 특징

종류	특징
오르되브르 (Hors d'oeuvre)	• 식전에 나오는 모든 요리(전채, 에피타이저)의 총칭
칵테일 (Cocktail)	• 보통 해산물이 주재료이고, 산뜻한 과일을 많이 이용 • 크기를 작게 만들어야 함 • 차갑게 제공, 모양이 예쁘고 맛도 좋아야 함

카나페 (Canape)	• 빵을 얇게 썰어서 여러 가지 모양으로 잘라 구워서 사용 • 빵 위에 버터를 바르고 여러 가지 재료를 올려 만듦 • 빵 대신 크래커(Cracker)를 사용
렐리시 (Relishes)	• 채소를 예쁘게 다듬어 소스를 곁들어 주는 것 • 셀러리, 무, 올리브, 피클, 채소 스틱 등을 사용

(3) 전채 요리 양념의 종류와 특성

<table>
<tr><th>종류</th><th colspan="2">특성</th></tr>
<tr><td>소금(Salt)</td><td colspan="2">• 천일염과 정제염, 맛소금
• 가장 좋은 소금 : 천일염(바닷속에서 얻어지는 소금, 음식의 풍미 증진)</td></tr>
<tr><td>식초
(Vinegar)</td><td colspan="2">• 신맛을 가지는 가장 대표적인 조미료(과일, 곡류의 알코올을 발효시켜 양조)
• 신맛 : 침샘을 자극, 소화액 분비를 촉진, 식욕을 증진, 피로회복과 미용에 좋음</td></tr>
<tr><td rowspan="4">올리브유
(Olive oil)</td><td colspan="2">• 올리브 나무의 열매에 함유된 기름을 압착 과정을 거처 추출한 것
• 불포화 지방산인 올레인산(Oleic acid)을 다량 함유
• 식용유 중에서 최고급품으로 사용</td></tr>
<tr><td>엑스트라 버진 올리브유
(Extra virgin olive oil)</td><td>• 올리브 열매에서 압착 과정을 한번 거쳐 추출한 것(최상급)
• 산도의 조건(1%), 질, 향, 맛이 제일 우수하여 음식의 향을 내거나 조미료로 사용</td></tr>
<tr><td>버진 올리브유
(Virgin olive oil)</td><td>• 산도 1~1.5%(맛과 향이 다소 떨어짐)</td></tr>
<tr><td>퓨어 올리브유
(Pure virgin olive oil)</td><td>• 올리브 열매로부터 3~4번째 나오는 오일로 혼합되어 사용
• 산도가 2% 이상
• 가격이 저렴해서 많이 사용</td></tr>
</table>

(4) 전채에 사용되는 재료의 특성과 용도

재료	특성과 용도
육류 (Meat)	부드러운 안심이나 등심 부위를 사용 파마햄(Parma ham) : 생고기를 염지해서 말린 것 에어 드라이비프(Air dry beef) : 소고기를 양념해서 말린 것 간(Liver)이나 송아지 목젓(Sweetbread) 등을 이용

가금류 (Poultry)	오리(Duck), 거위(Goose), 닭(Chicken), 간(Liver), 메추리(Quail), 꿩(Pheasant) 등을 사용 로스트(Roasted), 테린(Terrine), 훈(Smoked), 갈라틴(Galantine) 같은 조리방법을 사용하여 조리
생선류 (Fish and shellfish)	생선류, 극피동물(성게류와 해삼류), 갑각류, 연체동물 등을 생것에 양념하는 타르타르(Tartar), 훈제(Smoked), 세비체(Ceviche), 쿠르 부용(court bouillon)에 살짝 삶아서 콩디망(Condiments)으로 양념해서 사용 ▶어패류는 쉽게 변질되므로 주의◀ 가) 바다생선(Sea fish) : 도미, 광어, 우럭 등 나) 민물생선(Raw river fish) : 잉어, 붕어, 메기, 뱀장어, 은어, 가물치, 미꾸라지 등 다) 극피동물(Echinodermata) : 성게류와 해삼류 등 라) 갑각류(Crustacea) : 바다가재, 새우, 게, 대하 등 마) 연체동물(Delayed an animal) : 형태적으로 두족류(오징어, 문어, 꼴뚜기, 낙지), 복족류(전복, 소라, 우렁이), 이매패류(굴, 대합, 모시조개, 가리비) 등
채소류 (Vegetable)	가) 양상추(Lettuce) • 샐러드로 많이 이용 • 수분이 전체의 94~95%를 차지 • 탄수화물, 조단백질, 조섬유, 비타민 C 등이 들어 있음 • 양상추의 쓴맛 : 락투세린(Lactucerin)과 락투신(Lactucin)이라는 알칼로이드 성분 → 최면, 진정 효과가 있어 졸음이 옴 나) 당근(Carrot) • 미나리과 식물, 황색, 감색, 붉은색을 띰 • 비타민 A와 비타민 C가 많음 • 샐러드나 스튜 등 다양하게 사용 다) 셀러리(Celery) • 미나리과 식물, 전채에 향이 있는 중요한 식물 라) 양파(Onion) • 백합과 식물 • 줄기에서 나는 독특한 냄새 : 이황화프로필, 황화알릴 등 → 생리적으로 소화액 분비를 촉진하고 흥분, 발한, 이뇨 등의 효과 • 샐러드, 수프, 고기요리와 향신료 용도로 사용 마) 로메인 상추(Romaine lettuce) • 성질이 차고 씁쌀한 맛 • 피부가 건조해지는 것을 막아주고, 잇몸을 튼튼하게 하여 잇몸의 출혈을 막아줌

4) 전채에 필요한 조리도구(Kitchen utensil)

소스 냄비 (Sauce pan)	• 소스를 끓일 때, 달걀을 삶거나 생선을 데칠 때 사용 • 손잡이가 길게 한 개가 있는 것을 주로 사용
짤 주머니 (Pastry bag)	• 생크림 등을 넣고 모양을 내어 짤 때 사용 • 스터프트 에그(Stuffed egg)를 만들 때 사용
고운 체 (Meas skimmer)	• 음식을 거를 때 사용하는 도구(고운 것, 거친 것)
달걀 절단기 (Egg slicer)	• 달걀을 삶아 껍질을 벗긴 후 일정한 모양으로 써는데 사용 • 삶은 달걀을 이용해서 카나페를 만들 때 사용
프라이팬 (Fry pan)	• 음식물을 볶거나 튀길 때 사용 • 빠르게 조리할 때 사용
꼬치 (Skewer)	• 꼬치는 조리 시 모양이 흐트러지지 않도록 사용 • 새우 내장을 제거할 때 사용

2) 전채 요리 조리하기

(1) 전채 요리의 조리 특징

① 신맛과 짠맛이 적당히 있어야 한다.

② 주요리보다 소량으로 만들어야 한다.

③ 예술성이 뛰어나야 한다.

④ 계절감, 지역별 식재료 사용이 다양해야 한다.

⑤ 주요리에 사용되는 재료와 반복된 조리법을 사용하지 않는다.

(2) 전채 요리의 조리방법

데침(Blanching)	식품을 끓는 물에 넣고 천천히 또는 단시간 내에 끓여 찬물에 헹구어 내는 조리법, 보통 10배의 물을 넣고 조리
포칭(Poaching)	식품을 물 스톡, 쿠르 부용(Court bouillon)에 잠기도록 하여 뚜껑을 덮지 않고 70~80℃에 삶는 방법

삶기(Boiling)	식품을 찬물이나 끓는 물에 넣고 비등점 가까이에서 끓이는 방법
튀김(Deep fat frying)	영양 손실이 가장 적은 조리법으로 식용 기름에 담가 튀기는 방법
볶음(Saute)	얇은 팬을 이용하여 소량의 버터나 식용 유지를 넣고 채소나 고기류 등을 200℃ 정도의 고온에서 살짝 볶는 방법
굽기(Baking)	오븐 안에서 건조 열로 굽는 방법으로 육류나 채소 조리에 많이 사용
석쇠에 굽기(Grilling)	직접 열을 이용한 조리 방법으로 석쇠에 굽는 방식으로 줄무늬를 내서 오븐에서 익힘
그라탱(Gratin)	식품에 치즈, 크림, 혹은 달걀 등을 올려 샐러맨더(Salamander)에 올려 요리 윗면이 황금색을 내게 하는 조리법

3) 전체 요리 완성하기

(1) 접시(Plate)의 종류 및 핑거볼

원형 접시	• 기본적인 접시 • 완전함, 부드럽고 친밀감으로 인해 진부한 느낌 • 테두리나 무늬의 색상에 따라 다양함 연출
삼각형 접시	• 날카롭고 빠른 이미지 • 코믹한 분위기의 요리에 사용
사각형 접시	• 안정되고 세련된 느낌, 모던하고 개성이 강하고 독특한 이미지
타원형 접시	• 여성적인 기품과 우아함, 원만한 느낌
마름모형 접시	• 정돈되고 안정된 느낌 • 이미지가 변해 움직임과 속도감을 줌
핑거볼 (Finger bowl)	• 식후에 손가락을 씻는 그릇 • 핑거 푸드(Finger food)나 과일 등을 손으로 먹을 경우 손을 씻을 수 있도록 물을 담아 식탁 왼쪽에 놓음 • 작은 그릇에 꽃잎이나 레몬조각을 띄워 놓음 • 음료수로 착각해서 먹는 경우가 있느니 주의

(2) 전채 요리 접시 담기

가) 전채 요리 접시 담기는 고객의 편리성이 우선 고려되어야 한다.
나) 전채 요리의 재료별 특성을 이해하고 적당한 공간을 두고 담는다.
다) 접시의 특성에 따라 다르지만, 내원을 벗어나지 않게 한다.
라) 전채 요리에 일정한 간격과 질서를 두고 담는다.
마) 전채 요리의 소스(Sauce)는 너무 많이 뿌리지 않게 적당하게 뿌린다.
바) 전채 요리의 가니쉬(Garnish)는 요리 재료의 중복을 피해 담는다.
사) 전채 요리의 양과 크기가 주요리보다 크거나 많지 않게 주의한다.
아) 전채 요리의 색깔과 맛, 풍미, 온도에 유의하여 담는다.

(2) 전채 요리에 적합한 콩디망(Condiments) 종류

오일 앤 비네그레트 (Oil vinaigrette)	• 오일:식초 = 3:1의 비율로 섞어서 사용 • 소금과 후추로 간하기 • 허브를 다져 넣으면 허브 비네그레트 • 해산물이나 채소 요리에 어울리는 양념
베지터블 비네그레트 (Vegetable vinaigrette)	• 양파, 홍피망, 청피망, 노란 파프리카, 마늘, 파슬리 등을 작은 주사위 모양으로 잘라 오일과 식초를 3:1의 비율로 섞어 소금과 후추로 간해서 사용 • 해산물 요리에 많이 사용
토마토 살사 (Tomato salsa)	• 토마토를 작은 주사위 모양으로 잘라 다진 양파, 올리브유, 적포도주 식초, 파슬리 다진 것을 섞고 소금과 후추로 간을 해서 만듦
마요네즈 (Mayonnaise)	• 정제된 식물성 유지와 달걀노른자를 유화시켜 반고체 식품으로 만든 소스 • 채소와 같이 먹거나 무쳐서 사용
발사믹 소스 (Balsamic sauce)	• 발사믹 식초를 반으로 졸여 올리브유와 소금, 후추로 간을 해서 사용

예/상/문/제

01. 전채요리에 사용되는 콩디망이 아닌 것은?

① 비네그레트 ② 발사믹글레이즈
③ 마요네즈 ④ 토마토살사

02 메인요리가 나오기 전에 식욕촉진제로 제공되며, 다음에 나오는 요리에 대해 기대감을 가질 수 있게 해 주는 요리는?

① 샌드위치 ② 파스타
③ 수프 ④ 전채요리

03. 전채요리의 종류와 특징이 잘못 설명 된 것은?

① 렐리시 : 채소들을 예쁘게 다듬어 소스와 곁들여 제공하는 요리
② 칵테일 : 주로 육류를 주재료로 산뜻한 과일을 곁들인 차갑게 제공 되는 한입 크기 요리
③ 오르되브르 : 식전에 나오는 모든 요리의 총칭
④ 카나페 : 빵이나 크래커에 여러 가지 재료를 올린 요리

04. 전채 요리를 조리할 때 주의해야 할 점으로 바르지 않은 것은?

① 메인요리와 같은 조리법을 이용하여 메인요리와 통일성을 갖는다.
② 메인요리보다 크기를 작게하여 소량으로 만든다.
③ 신맛과 약간의 짠맛을 부여해 식용을 자극한다.
④ 계절에 맞는 다양한 식재료를 사용한다.

05. 전채요리에 주로 사용되는 식재료 중 로메인 상추의 특징으로 바르지 않은 것은?

① 피부가 건조해지는 것을 막아준다.
② 황 함유물 때문에 아린 맛이 난다.
③ 잇몸 출혈을 방지한다.
④ 로마인이 주로 먹는 상추에서 유래한 명칭이다.

06. 올리브유의 설명 중 바르지 않은 것은?

① 엑스트라버진 올리브유–산도1%로질, 향, 맛이 제일 우수함
② 버진 올리브유–산도 1~1.5%로맛과 향이 다소 떨어짐
③ 퓨어 올리브유–산도가 2% 이상으로가격이 저렴해서 많이 사용
④ 올리브유–포화 지방산인 올레인산(Oleic acid)을 다량 함유

07. 다음은 어떤 양념에 대한 설명인가?

- 오일:식초 = 3:1의 비율로 섞어서 사용
- 소금과 후추로 간하기
- 허브를 다져 넣기도함
- 해산물이나 채소 요리에 어울리는 양념

① 마요네즈 (Mayonnaise)
② 발사믹소스 (Balsamic sauce)
③ 베지터블 비네그레트 (Vegetable vinaigrette)
④ 오일 앤 비네그레트 (Oil vinaigrette)

정답 01. ② 02. ④ 03. ② 04. ① 05. ② 06. ④ 07. ④

04. 양식 샌드위치 조리

1) 샌드위치 재료 준비하기

(1) 샌드위치 분류

㉠ 온도에 따른 분류

핫 샌드위치	가운데를 썬 빵 사이에 뜨거운 속재료(고기 패티, 어패류 패티, 그릴 야채)가 주재료가 되게 만든 샌드위치
콜드 샌드위치	가운데를 썬 빵 사이에 차가운 속재료(마요네즈에 버무린 야채, 참치캔, 파스트라미, 살라미, 프로슈트, 하몽)가 주재료가 되게 만든 샌드위치

㉡ 형태에 따른 분류

오픈 샌드위치 (Open sandwich)	• 얇게 썬 빵에 속재료를 넣고 위에 덮는 빵을 올리지 않고 오픈해 놓는 종류의 샌드위치 • 오픈 샌드위치, 브루스케타(Brustchetta), 카나페(Canape) 등
클로즈드 샌드위치 (Closed sandwich)	• 얇게 썬 빵에 속재료를 넣고 위와 아래에 빵을 덮는 형태의 샌드위치
핑거 샌드위치 (Finger sandwich)	• 클로즈드 샌드위치로 만들어 손가락 모양으로 길게 3~6등분으로 썰어 제공하는 형태의 샌드위치
롤 샌드위치 (Roll sandwich)	• 빵을 넓고 길게 잘라 속재료(크림 치즈, 게살, 훈제연어, 참치)를 넣고 둥글게 말아 썰어 제공하는 형태의 샌드위치 • 또르티야, 딸기 롤 샌드위치, 단호박 롤 샌드위치, 게살 롤 샌드위치 등

(2) 샌드위치의 5가지 구성 요소

빵(Bread)	• 단맛이 덜하고 썰기 좋은 부드러운 빵이 주로 사용 • 부드러운 빵이 수분이 많은 속재료를 넣었을 때에 오히려 쉽게 눅눅해지지 않고, 거친 빵보다 상하는 속도가 느림 • 빵의 적당한 두께: 식빵은 1.2~1.3㎝, 오픈 샌드위치일 경우 바게트 빵은 1.5㎝정도 • 식빵(White pan bread), 포카치아(Focaccia), 바게트(Barquette), 햄버거번(Hamburger buns), 피타(Pita), 치아바타(Ciabatta) , 피자도우(Pizza dough), 난(Nanbread). 크루아상(Croissant), 베이글(Bagel) 등

스프레드(Spread)	• 빵이 눅눅해지는 것을 방지(코팅제 역할) • 접착제 역할 • 개성 있는 맛을 내고, 빵과 속재료, 가니쉬의 맛이 잘 어울리게 함 • 유지가 들어간 마요네즈, 버터, 땅콩버터 • 단맛인 잼, 꿀, 발사믹 크림, • 유제품인 크림 치즈, 리코타 치즈, • 매운맛의 머스터드 다섯째, 블랙올리브 등을 다져 올리브오일에 절인 타페나드(Tapanade) 등
주재료(Main Ingredients)로서의 속재료(Filling)	• 핫 샌드위치 : 뜨거운 빵과 뜨거운 속재료를 이용 • 콜드 샌드위치 : 상온의 빵과 차가운 속재료를 이용
부재료(Vegetables & herb)로서의 가니쉬(Garnish)	• 야채류, 싹류, 과일 등으로 만들며 보기 좋게 하는 요소 • 상품성 있게 만드는 필수적인 구성요소
양념(꽁디망, Condiment)	• 조미료나 음식의 소스 혹은 드레싱을 뜻함 • 음식에 짠맛, 단맛, 신맛, 쓴맛, 매운맛을 제공 • 재료의 맛이 개성 있게 표현될 수 있게 하는 역할

2) 샌드위치의 스프레드 준비

(1) 샌드위치 스프레드(Sandwich spread)를 사용하는 이유

코팅제	• 속재료의 수분이 빵을 눅눅하게 하는 것을 방지
접착성	• 빵과 속재료, 가니쉬의 접착성을 높임
맛의 향상	• 샌드위치의 맛을 더욱 좋게 하기 위해 사용 • 과일 잼(단맛), 타페나드(짠맛, 고소한 맛) • 마요네즈와 버터(깊고 고소한 맛)
감촉	• 샌드위치의 촉촉한 감촉을 위해서 사용

(2) 샌드위치 스프레드의 종류

단순 스프레드(Simple spread)	• 마요네즈, 잼, 버터, 머스터드, 크림치즈, 리코타 치즈, 발사믹 크림, 땅콩버터 자체로 이용 • 스프레드 재료 본래의 맛과 질감을 가진 샌드위치를 만들 때 사용
복합 스프레드(Compound spread)	• 두 가지 이상의 재료를 혼합하여 샌드위치에 특별한 맛을 제공

3) 샌드위치의 속재료 준비

(1) 주재료로서의 속재료

㉠ 핫(Hot) 속재료

구분	내용
육류	육류 패티(Patty) + 그릴한 야채 + 샐러맨더한 치즈
생선	생선 패티(Patty) + 그릴한 야채 + 샐러맨더한 치즈
야채	그릴한 야채
기타	루벤 샌드위치(Reuben sandwich: 호밀빵에 얇게 썬 그릴한 콘드비프+그릴한 토마토+뜨거운 사워크라우트+스위스 치즈), 햄버거 샌드위치

㉡ 콜드(Cold) 속재료

구분	내용
육류	파스트라미 (Pastrami : 지방이 없는 Plat, Brisket, Round 부위의 쇠고기를 진하게 양념해 말리거나 훈제한것), 살라미, 프로슈토, 하몽, 본레스 햄, 소세지
생선	훈제 연어, 훈제 송어, 훈제 참치, 캔 참치, 게살
야채	훈제 치즈, 에멘탈 치즈, 아메리칸 치즈, 브리 치즈, 모짜렐라
기타	마요네즈에 버무린 재료, 유제품(사워크림, 플레인 요플레)에 버무린 견과류, 야채, 과일

(2) 샌드위치의 가니쉬

오이 피클	• 설탕과 식초, 소금, 향신료 등 적당한 비율로 끓여 오이를 절여 먹는 음식(신맛과 짠맛, 적당한 단맛) • 오이 피클은 침샘을 자극, 샌드위치와 같은 퍽퍽한 음식에 궁합이 맞는 음식
토마토 (Tomato)	• 샌드위치에 부족할 수 있는 영양성분을 공급 • 빨간 색으로 샌드위치의 색감을 예쁘게 하는 역할
양상추 (Lettuce)	• 아삭한 맛, 수분이 빵에 흡수되는 것을 막아주는 역할 • 영양소도 풍부하게 함유

4) 샌드위치 완성하기

(1) 샌드위치 요리 플레이팅

① 재료 자체가 가지고 있는 고유의 색감과 질감을 잘 표현한다.

② 전체적으로 심플하고 청결하며 깔끔하게 담아야 한다.

③ 요리의 알맞은 양을 균형감 있게 담아야 한다.
④ 고객이 먹기 편하도록 플레이팅이 이루어져야 한다.
⑤ 요리에 맞게 음식과 접시 온도에 신경을 써야 한다.
⑥ 식재료의 조합으로 인한 다양한 맛과 향이 공존하도록 플레이팅을 한다.

(2) 샌드위치 썰기(10가지)

▲ 삼각 4쪽 썰기, 삼각 3쪽 썰기, 삼각 2쪽 썰기, 사다리꼴 3쪽 썰기, 사선 썰기
■ 사각모양 4쪽 썰기, 사각모양 3쪽 썰기, 사각모양 2쪽 썰기
▨ 사선 4쪽 썰기, 사선 3쪽 썰기

예/상/문/제

01. 다음 중 샌드위치에 스프레드(Spread)를 사용하는 이유로 틀린 것은?

① 빵이 재료와 잘 접착이 되도록 하기 위해서
② 각 재료의 맛을 내고 재료와 어울리도록 하게 하기 위해
③ 속 재료의 수분이 빵을 눅눅하게 하는 것을 방지하게 하기 위해
④ 완성 시 맛있어 보이게 하기 위해

02. 샌드위치를 담을 때 주의해야 할 점으로 틀린 것은?

① 재료 자체의 고유 색감과 질감을 잘 표현한다.
② 전체적으로 화려하고 다양한 형태로 담는다.
③ 접시의 온도는 신경 쓰지 않아도 된다.
④ 요리의 양을 균형감 있도록 알맞게 담아야 한다.

03. 달걀흰자로 거품을 낼 때 식초를 약간 첨가하는 것은 다음 중 어떤 것과 가장 관계가 깊은가?

① 난백의 등전점　② 용해도 증가
③ 향 형성　④ 표백 효과

04. 마요네즈가 분리되는 경우로 올바르지 않은 것은?

① 기름의 양이 많았을 때
② 신선한 마요네즈를 조금 첨가했을 때
③ 기름의 온도가 너무 낮을 때
④ 기름을 첨가하고 천천히 저어주었을 때

05. 햄버거 샌드위치의 조리순서로 올바른 것은?

① 빵 – 양상추 – 토마토 – 햄버거 – 양파 – 빵
② 빵 – 햄버거 – 양상추 – 양파 – 토마토 – 빵
③ 빵 – 양상추 – 햄버거 – 토마토 – 양파 – 빵
④ 빵 – 햄버거 – 양파 – 토마토 – 양상추 – 빵

06. 마요네즈 제조 시 유화제로 작용하는 성분은?

① 알부민 (albumin)　② 스테롤 (sterlo)
③ 레시틴 (lecithin)　④ 라이소자임 (lysozyme)

정답　01. ④　02. ③　03. ①　04. ②　05. ③　06. ③

05. 양식 샐러드 조리

1) 샐러드 재료 준비하기

(1) 샐러드의 정의

차가운 소스를 곁들여 주요리가 제공되기 전에 신선한 채소, 과일 등을 드레싱과 함께 섞어 제공하는 요리

(2) 샐러드의 기본 구성

바탕(Base)	• 잎상추, 로메인 상추와 같은 샐러드 채소로 구성 • 그릇을 채워주는 역할, 사용된 본체와의 색 대비를 이루는 것
본체(Body)	• 샐러드의 종류는 사용된 주재료의 종류에 따라 결정
드레싱(Dressing)	• 맛을 증가시키고 가치를 돋보이게 함 • 소화를 돕고, 곁들임의 역할
가니쉬(Garnish)	• 완성된 제품을 아름답게 보이도록 하는 것 • 때에 따라 형태를 개선하고 맛을 증가시키기는 역할

(3) 샐러드의 분류

분류	특징
순수 샐러드 (Simple Salad)	• 여러 가지 채소를 적당히 배합하여 영양, 맛, 색상 등이 서로 조화를 이루도록 만들어진 샐러드 • 재료를 단순하게 구성하여 만들고 곁들임 요리 또는 세트 메뉴에 코스용 샐러드로 사용
혼합 샐러드 (Compound Salad)	• 그대로 제공할 수 있는 완전한 상태로 만들어진 샐러드 • 2~3가지 이상 재료를 사용 • 생으로 또는 익혀서 만들고 애피타이저나 뷔페에 사용
더운 샐러드 (Warm Salad)	• 중간 불이나 낮은 불에서 드레싱을 데워 샐러드 재료와 버무려 만드는 샐러드
그린 샐러드 (Green Salad)	• 한 가지 또는 그 이상의 샐러드를 드레싱과 곁들이는 형태 • Garden Salad

(4) 샐러드용 채소 손질

세척(Clean)	• 흐르는 물에 여러 번 헹궈낸 후 3~5℃ 정도의 차가운 물에 30분 정도 담가 놓기 • 어린잎같이 여린 채소들은 상온의 물에 담가서 사용
정선(Cutting)	• 칼로 자르든지 손으로 뜯어서 한입 크기로 정선 • 채소가 가진 모양을 그대로 살려서 사용하는 경우도 있음 • 겉잎보다는 속잎을 사용, 줄기보다는 잎 쪽을 사용
수분 제거(Dry)	• 스피너를 이용하여 수분을 제거 • 드레싱은 잘 마른 야채에 가장 잘 달라붙음 • 물기를 제거한 채소는 오래 저장할 수 있음
보관하기(Store)	• 넓은 통에 젖은 행주를 깔고 채소를 넣은 후 다시 젖은 행주를 덮어서 보관 • 채소가 통의 2/3만 차도록 넣어서 보관

(5) 샐러드의 기본 재료군

육류(Meat)	• 쇠고기, 돼지고기, 양고기, 햄, 베이컨 등 • 쇠고기 : 안심, 등심, 차돌박이, 특수 부위 등 사용 • 돼지고기 : 삼겹살 • 양고기 : 등심, 갈빗살
해산물류(Seafood)	• 생선류 : 흰살생선(광어, 농어, 도미, 우럭 등), 붉은 생선(참치, 연어, 훈제연어) • 어패류 : 가리비, 홍합, 바지락, 대합, 중합, 모시조개 등 • 갑각류 : 바닷가재, 새우 등 • 연체류 : 문어, 낙지, 주꾸미, 오징어, 한치 등
채소류(Vegetable)	• 엽채류 : 각종 상추류(엽상추, 로메인 상추), 시금치, 파슬리, 각종 배추류 등 샐러드에 있어 가장 기본이 되는 채소류 • 근채류 : 셀러리 뿌리, 무, 양파, 생강, 야콘, 당근, 우엉, 사탕무, 연근, 고구마 등 • 과채류 : 오이, 가지, 호박, 토마토, 고추, 오크라, 피망 등 • 종실류 : 두류(완두콩), 곡류 • 화채류 : 오이꽃, 호박꽃, 유채꽃, 장미꽃, 브로콜리와 콜리플라워(꽃양배추) • 새싹(Sprout) 및 새순류(Baby-leavss) : 자란 지 얼마 안 된 식물의 싹(일반 채소에 비해 영양가가 6~7배로 뛰어남) • 허브류 : 바질, 타임, 처빌, 실란트로, 차이브, 딜, 애플민트, 로즈메리, 파슬리 등
가금류(Poultry)	• 닭가슴살과 닭다리살 훈제 오리 가슴살 등

(6) 드레싱

드레싱(Dressing)이란 샐러드의 맛을 좀 더 향상시키고 소화를 돕기 위한 액체 형태의 재료를 말하며, 육류나 생선에 뿌려질 수 있는 소스를 의미한다.

(7) 드레싱의 종류

<table>
<tr><td rowspan="2">차가운
유화 소스류</td><td>비네그레트
(Vinaigrettes)</td><td>• 오일과 식초를 3:1 비율, 소금, 후추를 넣고 빠르게 섞어 유화시킨 드레싱
• 식초의 종류에 따라 레드와인 비네그레트, 발사믹 비네그레트, 셰리와인 비네그레트 등</td></tr>
<tr><td>마요네즈
(Mayonnaise)</td><td>• 난황에 오일, 머스터드, 식초, 소금, 후추를 넣고 잘 섞어 만든 차가운 드레싱
• 한번 만들어지면 형태가 파괴되지 않음(부드러운 질감, 걸쭉한 농도)
• 사우전 아일랜드 드레싱, 아이올리 등</td></tr>
<tr><td>유제품
기초 소스류</td><td colspan="2">• 샐러드드레싱, 디핑 소스(Dipping sauce)로 사용
• 주재료가 우유나 생크림, 사워크림, 치즈 등의 유제품
• 허브 크림 드레싱 : 바질이나 딜 같은 허브류를 다져서 크림치즈와 우유를 섞어서 만듦</td></tr>
<tr><td>살사류
(Salsa)</td><td colspan="2">• 익혀지지 않은 과일이나 야채에 향미(감귤류의 주스, 식초, 포도주)를 가함
• 신선한 재료 : 멕시칸 토마토 살사
• 익혀진 재료 : 처트니, 렐리시, 콤포트 등</td></tr>
<tr><td>쿨리
(Coulie)</td><td colspan="2">• 퓌레 혹은 용액의 형태로 잘 졸여지고 많이 농축된 맛을 가진 음식
• 생 혹은 조리된 과일이나 채소를 소스와 같은 농도, 달콤한 형태의 맛과 모양을 가짐</td></tr>
<tr><td>퓌레
(Puree)</td><td colspan="2">• 과일이나 채소가 블렌더나 프로세서에 의해 갈아진 형태
• 다시 걸러진 부드러운 질감의 액체 형태 음식</td></tr>
</table>

추가tip 드레싱의 기본 재료

오일(Oil)	• 주재료와 궁합이 맞는 오일을 사용 • 올리브오일, 옥수수기름, 카놀라유, 포도씨유, 호두기름, 땅콩기름, 면실유, 헤이즐넛 오일, 바질 오일, 아몬드 오일, 코코넛 오일, 아르간 오일, 아보카도 오일 등 • 드레싱에 주로 사용하는 오일은 올리브오일인데, 산도가 가장 좋은 엑스트라 버진 올리브오일이 가장 많이 쓰인다.
식초(Vinegar)	• 식초의 맛에 따라 드레싱의 맛이 결정 • 사이다 식초, 발사믹 식초, 와인 식초, 셰리 식초, 레몬 식초, 현미 식초, 라스베리 식초 등
달걀노른자(Egg Yolk)	• 마요네즈나 다른 드레싱의 유화제 • 반드시 신선한 달걀을 사용
소금(Salt)	• 천일염(순수한 소금)을 사용
후추(Pepper)	• 비린내를 잡는 효과 • 오일이나 달걀의 비린 맛을 잡아줌
설탕(Sugar)	• 설탕보다는 올리고당, 꿀, 포도당, 메이플시럽 등이 대체 재료로 사용
레몬(Lemon)	• 레몬 향이 좀 더 상큼한 맛을 줌

(8) 드레싱 사용 목적

① 차가운 온도의 드레싱으로 샐러드의 맛을 한층 더 증가시켜 준다.
② 맛이 강한 샐러드를 더욱 부드럽게 해준다.
③ 맛이 순한 샐러드에는 향과 풍미를 충분하게 제공한다.
④ 음식을 섭취할 때 입에서 즐기는 질감을 높일 수 있다.
⑤ 신맛의 드레싱으로 소화를 촉진시켜 준다.
⑥ 상큼한 맛으로 식욕을 촉진시킨다.

2) 샐러드 조리하기

(1) 유화 드레싱 조리 방법

비네그레트	① 믹싱볼에 머스터드, 소금, 후추, 허브 등을 넣고 식초를 조금씩 부어가며 거품기로 빠르게 섞기 ② 천천히 오일을 부어가며 저어주면 크림 같은 질감이 형성(유화) ③ 가니쉬를 첨가해주고 마무리
마요네즈	① 믹싱볼에 달걀노른자와 머스터드, 소금, 후추를 넣고 거품기로 빠르게 혼합 ② 재료가 골고루 섞이면 기름을 조금씩 넣어가며 마요네즈를 만들기 ③ 어느 정도 되직한 질감이 되면 식초를 조금씩 부어가며 농도 조절 ④ 농도는 소프트피크(Soft peak:외관상으로는 윤기가 흐르며, 저었을 때 리본이 그려져서 그대로 약 15초간 머무는 정도의 점성) 정도

(2) 유화 드레싱 유분리 현상과 복원 방법

가) 유분리 현상 원인

① 달걀노른자가 기름을 흡수하기에 너무 빠르게 기름이 첨가될 때

② 소스의 농도가 너무 진할 때

③ 소스가 만들어지는 과정에서 너무 차거나 따뜻하게 되었을 때

나) 유분리 복원 방법

① 멸균 처리된 달걀노른자를 거품이 일어날 정도로 저어준다.

② 유분리된 마요네즈를 조금씩 부어가면서 다시 드레싱을 만들어준다.

(3) 식재료별 조리 방법

가) 쇠고기

샐러드에서 사용하는 부위는 부드러운 부위인 안심, 등심, 갈빗살, 채끝, 치마살 등

그릴링(Gilling)과 브로일링(Broiling)	• 기름 없이 건조한 150~250℃의 열로 직화로 굽는 방법
로스팅(Roasting)	• 고기에 머스터드나 오일 혹은 지방을 발라서 담은 다음 140~200℃ 열로 조리하는 방법 • 보통 로스트 비프(Roast Beef)라고 함

소팅(Sauteing)	• 작은 사이즈의 고기를 팬에 소량의 기름을 두르고 160~240℃ 정도의 고온에서 살짝 볶아 주는 방법 <주의해야 할 사항> - 재료가 팬에 꽉 차지 않게 한다. - 낮은 온도에서 팬에 재료를 넣지 않는다. - 뚜껑을 덮지 않는다. - 소스 속에서 주재료를 익히지 않는다.
브레이징(Braising)	• 부피가 큰 고기를 요리할 때 주로 사용 • 로스팅 팬에 색깔을 내기 → 그 팬을 디글레이징(deglazing) → 와인이나 육수를 부어서 180℃ 오븐에 넣어 천천히 조리하는 방법 • 장시간 천천히 조리하는 과정에서 응집된 식재료로부터 추출한 풍미가 매우 뛰어난 액체를 생산
스튜잉(Stewing)	• 복합 조리 방법 • 브레이징 : 큰 덩어리의 고기를 통째로 요리, 조리하면서 나온 육수를 따로 빼서 체에 걸러 정제하여 소스로 사용 • 스튜잉 : 작게 자른 고기를 사용, 고기와 소스를 같이 양념해서 같이 먹을 수 있게 만든 조리법

나) 돼지고기

샐러드에 사용할 때는 기름이 적은 안심, 등심, 뒷다리살 사용

디프 프라잉 (Deep Frying)	• 160~180℃ 온도의 기름에 잠기게 하여 조리하는 방법 • 돈가스, 탕수육 같은 튀김류
스터 프라잉 (Stir-Frying)	• 웍(Wok)에서 250℃ 이상에서 계속 움직이면서 조리하는 방법(초고온, 단시간) • 주로 볶음 요리, 중식 요리의 대표적인 조리법

다) 해산물

보일링/끓이기 (Boiling)	• 식재료를 육수나 물, 액체에 넣고 끓이는 방법
포칭/삶기 (Poaching)	• 비등점 이하의 온도(65~85℃)에서 끓는 물에 데쳐내는 방법 • 살이 연한 흰살생선, 질겨지기 쉬운 관자류, 어패류에 적합
스티밍/증기찜 (Steaming)	• 수증기 대류를 이용하여 수증기의 열(적정온도 200~220℃)이 재료에 옮겨져 조리되는 원리 • 부피가 큰 생선이나 갑각류(바닷가재, 대게) 조리에 적합
팬 프라이 (Pan Frying)	• 170℃ 정도에서 프라잉을 시작, 중간 이상의 온도에서 뚜껑을 덮지 않고 조리하는 방법 • 흰살생선과 붉은생선 요리

라) 채소 조리 방법

데치기 (Blanching)	짧은 시간 내에 빨리 익혀내기 위한 목적으로 사용하는 조리법

마) 곡물 조리 방법

시머링/은근히 끓이기 (Simmering)	은근히 85~93℃의 온도로 끓이기 곡류의 경우 장시간 부서지지 않게 은근히 익힘

추가tip 포칭(Poaching)과 시머링(Simmering)의 차이

조리 과정 중 생기는 거품 발생 여부로 나뉜다. 거품이 생기지 않게 끓이는 것이 포칭이고, 거품이 생기되 98℃가 넘지 않게 끓이는 방법이 시머링이다.

3) 샐러드 요리 완성하기

(1) 플레이팅(Plating; 접시 꾸미기)의 의미

① 완성된 음식을 접시에 균형과 색감을 맞춰서 예쁘게 담아내는 것을 말한다.

② 고객에게 제공하기 전에 예술성을 발휘하여 품질을 향상시키는 수단으로, 요리에 있어 최종적인 작업을 의미한다.

(2) 플레이팅의 기본 원칙

① 접시의 내원을 벗어나지 않는다.

② 고객의 편리성에 초점을 두어 담는다.

③ 재료별 특성을 이해하고 일정한 공간을 두어 담는다.

④ 너무 획일적이지 않은 일정한 질서와 간격을 두어 담는다.

⑤ 불필요한 가니쉬를 배제하고 주요리와 같은 수로 담는다.

⑥ 소스 사용으로 음식의 색상이나 모양이 버려지지 않게 유의해서 담는다.

⑦ 너무 복잡하고 만들기 힘든 가니쉬는 피하고 간단하면서도 깔끔하게 담는다.

(3) 플레이팅의 구성 요소

통일성(Unity)	중심 부분에 균형 있게 담기
초점(Focal point)	메인과 가니쉬는 상하 대칭이든 좌우 대칭을 나타내면서 정확한 초점이 있어야 함

흐름(Flow)	접시에 담긴 음식은 균형과 통일성, 초점들이 잘 나타내어지면 마치 움직임이 있는 것과 같은 흐름이 연상되어야 함
균형(Balance)	ⓐ 재료 혹은 음식 선택의 균형: 복잡함과 단순함의 균형 ⓑ 색의 균형: 강렬하지 않은 3~5가지 색의 균형 ⓒ 조리 방법의 균형: 다양한 조리법의 균형 ⓓ 음식 혹은 재료의 균형: 동일한 형태의 음식 사용의 균형 ⓔ 질감, 향미의 균형: 비슷한 질감의 음식 사용의 균형
색(Color)	색은 신선함, 품질, 조리된 상태를 반영하여 그 판단 기준이 되므로 자연스러운 색 연출
가니쉬(Garnish)	본래의 요리가 가지고 있는 맛, 향과 조화를 이뤄야 하며 보기에도 좋아야 함

추가tip 샐러드와 드레싱의 조화

(1) 식재료 간 궁합이 잘 맞아야 한다.
(2) 반복되는 맛과 색은 지양한다.
(3) 식재료 간 맛의 상승작용을 고려해서 만든다.
(4) 접시에 플레이팅할 때는 음식의 질감과 색감을 잘 맞혀서 배열한다.

4) 샐러드 완성하기

(1) 샐러드 담을 때 주의사항

ⓐ 채소의 물기는 반드시 제거하고 담는다.
ⓑ 주재료와 부재료의 크기를 생각하고 부재료가 주재료를 가리지 않게 담는다.
ⓒ 주재료와 부재료의 모양과 색상, 식감은 항상 다르게 준비한다.
ⓓ 드레싱의 양이 샐러드의 양보다 많지 않게 담는다.
ⓔ 드레싱의 농도가 너무 묽지 않게 한다.
ⓕ 드레싱은 절대로 미리 뿌리지 말고 제공할 때 뿌린다.
ⓖ 샐러드를 미리 만들면 반드시 덮개를 씌워서 채소가 마르는 일이 없도록 한다.
ⓗ 가니쉬는 절대 중복해서 사용하지 말아야 한다.

예/상/문/제

01. 샐러드의 기본 구성 4가지에 해당 되지 않는 것은?

① 바탕 ② 사이드
③ 본체 ④ 드레싱

02. 재료를 단순하게 구성하여 만들고 곁들임 요리 또는 세트 메뉴에 코스용 샐러드로 사용하는 샐러드는?

① 그린 샐러드 ② 혼합 샐러드
③ 순수 샐러드 ④ 더운 샐러드

03. 드레싱을 사용하는 목적이 아닌 것은?

① 신맛의 드레싱은 소화를 촉진시킨다.
② 맛이 순한 샐러드에는 향과 풍미를 향상시킨다.
③ 실온의 드레싱은 맛을 더 증가시킨다.
④ 식욕을 촉진시켜준다.

04. 요리의 맛, 색, 모양 등을 조화를 이루게 담아 시각적으로도 음미할 수 있도록 하는 플레이팅의 구성요소에 해당하지 않는 것은?

① 통일성 ② 맛
③ 균형 ④ 초점

05. 유화 드레싱에 대한 설명 중 틀린 것은?

① 난황이 기름을 흡수하기에 너무 빠르게 기름이 첨가될 때 드레싱이 분리될 수 있다.
② 소스의 농도가 너무 진할 때 분리될 수 있다.
③ 소스가 만들어지는 과정에서 너무 차거나 따뜻하게 되면 드레싱이 분리될 수 있다.
④ 분리된 마요네즈를 한꺼번에 넣고 다시 드레싱을 만들면 복원된다.

06. 다음 중 샐러드 드레싱의 기본재료에 해당하지 않는 것은?

① 오일 ② 달걀노른자
③ 식초 ④ 우유

07. 드레싱의 종류에 들어가지 않는 것은?

① 비네그레트 ② 레몬즙
③ 살사류 ④ 쿨리

08. 아래의 설명은 무슨 드레싱인가?

- 믹싱볼에 머스터드, 소금, 후추, 허브 등을 넣고 식초를 조금씩 부어가며 거품기로 빠르게 섞기
- 천천히 오일을 부어가며 저어주면 크림 같은 질감이 형성(유화)
- 가니쉬를 첨가해주고 마무리

① 사우전아일랜드 ② 홀렌다이즈
③ 비네그레트 ④ 마요네즈

09. 조리방법에 대한 설명 중 옳지 않은 것은?

① 로스팅(Sauteing)-고기에 머스터드나 오일 혹은 지방을 발라서 담은 다음 140~200℃ 열로 조리하는 방법
② 브레이징(Braising)-부피가 큰 고기를 요리할 때 주로 사용
③ 로스팅(Roasting)-작은 사이즈의 고기를 팬에 소량의 기름을 두르고 160~240℃ 정도의 고온에서 살짝 볶아 주는 방법
④ 스튜잉(Stewing)-기름 없이 건조한 150~250℃의 열로 직화로 굽는 방법

정답 01. ② 02. ③ 03. ③ 04. ② 05. ④ 06. ④ 07. ② 08. ③ 09. ④

06. 양식 조식 조리

1) 달걀요리 조리하기

(1) 조식의 종류

유럽식 아침 식사 (Continental breakfast)	• 유럽식 아침 식사는 대륙식 아침 식사 • 각종 주스류와 조식용 빵과 커피나 홍차로 구성
미국식 아침 식사 (American breakfast)	• 유럽식 아침 식사에 달걀 요리가 제공 • 감자 요리와 햄, 베이컨, 소시지가 고객의 취향에 따라 제공
영국식 아침 식사 (English breakfast)	• 빵과 주스 등 미국식 조찬과 같이 제공 • 달걀과 감자 요리에 육류 요리나 생선 요리가 제공 • 조식 요리 중 가장 무겁게 느껴지는 아침 식사

추가tip 달걀의 품질

조리 과정 중 생기는 거품 발생 여부로 나뉜다. 거품이 생기지 않게 끓이는 것이 포칭이고, 거품이 생기되 98℃가 넘지 않게 끓이는 방법이 시머링이다.
달걀의 품질은 축산물품질평가원에서 세척한 달걀에 대해 외관 검사, 투광 및 할란 판정을 거쳐 1^{+}, 1, 2, 3등급으로 구분하며, 달걀의 무게에 따라 왕란, 대란, 중란, 소란으로 구분한다

㉠ 등급 표시
축산물품질평가원에서는 객관적이고 과학적인 평가 기준에 따라 평가한 달걀을 등급 조회 서비스를 이용해 등급 정보, 농장 정보(주소, 품종, 일령), 판정일, 브랜드, 집하장 등 생산 정보를 조회할 수 있다.

㉡ 달걀 선별법 : 투시법, 비중법, 할랄 판정

(2) 달걀 요리의 종류

① 습식열을 이용한 달걀 요리의 종류

포치드 에그(Poached egg)	90℃ 정도의 비등점 아래 뜨거운 물에 식초를 넣고 껍질을 제거한 달걀을 넣어 익히는 방법

보일드 에그 (Boiled egg)	코들드 에그 (Coddled egg)	100℃ 끓는 물에 넣고 30초 정도 살짝 삶아진 달걀
	반숙 달걀 (Soft boiled egg)	100℃ 끓는 물에 넣고 3~4분간 삶아 노른자가 1/3 정도 익은 달걀
	중반숙 달걀 (Medium boiled egg)	100℃ 끓는 물에 넣고 5~7분간 삶아 노른자가 반 정도 익은 달걀
	완숙 달걀 (Hard boiled egg)	100℃ 끓는 물에 넣고 10~14분간 삶아 노른자가 완전히 익은 달걀

② 건식열을 이용한 달걀 요리의 종류

달걀 프라이 (Fried egg)	써니 사이드 업 (Sunny side up)	• 달걀의 한쪽 면만 익혀 달걀노른자 위가 마치 떠오르는 태양과 같은 모양의 요리
	오버 이지 (Over easy egg)	• 달걀의 양쪽 면을 살짝 익힌 것 • 달걀의 흰자는 익고 노른자는 익지 않아야 함(노른자가 터지지 않게 조리)
	오버 미디엄 (Over medium egg)	• 오버 이지와 같은 방법으로 조리 • 달걀노른자가 반 정도 익어야 하는 요리
	오버 하드 (Over hard egg)	• 달걀을 양쪽으로 완전히 익힌 요리
스크램블 에그(Scrambled egg)		• 달걀을 깨서 팬에 버터나 식용유를 두르고 넣어 빠르게 휘저어 만든 달걀요리
오믈렛(Omelet)		• 달걀을 깨서 스크램블 에그로 만들다 프라이팬을 이용하여 럭비공 모양으로 만든 달걀요리 • 치즈 오믈렛, 스패니시 오믈렛 등
에그 베네딕틴(Egg benedictine)		• 구운 잉글리시 머핀에 햄, 포치드에그(Poached egg)를 얹고 홀랜다이즈 소스(Hollandaise sauce)를 올린 미국의 대표적 요리

2) 조찬용 빵류 조리하기

(1) 아침 식사용 빵의 종류

토스트 브레드 (Toast bread)	• 식빵을 0.7~1㎝ 두께로 얇게 썰어 구운 빵
데니시 페이스트리 (Danish pastry)	• 다량의 유지를 중간에 층층이 끼워 만든 페이스트리 반죽에 잼, 과일, 커스터드 등의 속 재료를 채워 구운 덴마크의 대표적인 빵
크루아상 (Croissant)	• 버터를 켜켜이 넣어 만든 페이스트리 반죽을 초승달 모양으로 만든 프랑의 대표적인 페이스트리
베이글 (Bagel)	• 밀가루, 이스트, 물, 소금으로 반죽해서 가운데 구멍이 뚫린 링 모양으로 만들어 발효시킨 후 끓는 물에 익힌 후 오븐에 한 번 구워 낸 빵
잉글리시 머핀 (English muffin)	• 달지 않은 납작한 빵 • 영국의 대표적인 빵으로 샌드위치용으로도 많이 사용
프렌치 브레드 (French bread: bagutte)	• 밀가루, 이스트, 물, 소금만으로 만든 프랑스의 대표적이며 주식인 빵 • 모양은 가늘고 길쭉한 몽둥이 모양이고, 바삭바삭한 식감이 특징
호밀 빵 (Rye bread)	• 호밀을 주원료로 한 독일의 전통 빵 • 향이 강하며 섬유소가 많아서 건강 빵으로 사용
브리오슈 (Brioche)	• 프랑스의 전통 빵으로 밀가루, 버터, 이스트, 설탕 등으로 달콤하게 만듦. 주로 아침 식사용
스위트 롤 (Sweet roll)	• 영국에서 처음 만들었으며, 건포도, 향신료, 시럽 등의 재료를 겉에 입히지 않는 모든 롤빵 • 일반적으로 롤 사이에는 계핏가루를 넣음
하드 롤 (Hard roll)	• 껍질은 바삭하고 속은 부드러운 빵 • 속을 파내고 채소나 파스타를 넣어 만듦
소프트 롤 (Soft roll)	• 둥글게 만든 빵으로 하드 롤보다 설탕, 유지가 많이 들어가고, 달걀을 첨가하여 속이 매우 부드러움 • 모닝 롤이라고도 부름

(2) 아침 식사 조리용 빵의 종류

프렌치토스트 (French toast)	• 건조해진 빵을 활용하기 위해 만들어진 조리법 • 달걀과 계핏가루, 설탕, 우유에 빵을 담가 버터를 두르고 팬에 구워 잼과 시럽을 곁들임

팬케이크 (Pancake)	• 뜨거울 때 먹으면 맛있어서 핫케이크라고 함 • 밀가루, 달걀, 물 등으로 만들어 프라이팬에 구워 버터와 메이플 시럽을 뿌려줌
와플 (Waffle)	• 표면이 벌집 모양이며, 바삭한 맛을 가지고 있어 아침 식사와 브런치, 디저트로 인기가 높음 • 미국식 와플 : 베이킹파우더를 넣어 반죽, 설탕을 많이 넣어 달게 먹는 것이 특징 • 벨기에식 와플 : 이스트를 넣어 발효시킨 반죽에 달걀흰자를 거품 내어 반죽해서 구움. 반죽 자체는 달지 않아 과일이나 휘핑크림을 얹어서 먹음

추가tip 조찬용 빵류에 사용되는 조리 도구

ⓐ 토스터(Toaster) : 전기를 이용하여 식빵이나 빵을 굽는 기구
ⓑ 가스 그릴(Gas grill) : 대량 요리가 가능하며, 팬케이크나 채소를 볶을 때 사용
ⓒ 프라이팬(Frypan) : 팬케이크를 굽거나 부재료를 조리할 때 사용
ⓓ 스패튤라(Grill spatula) : 뜨거운 음식을 뒤집거나 옮길 때 사용하는 조리 도구
ⓔ 와플 머신(Waffle machine) : 요철 모양의 와플을 만들 때 사용되는 기구

3) 시리얼류 조리하기

(1) 차가운 시리얼(Cold cereals)

가열하지 않고 개봉해서 바로 먹을 수 있는 시리얼로 주로 우유나 주스를 넣어 아침 식사로 먹는다. 얇게 썬 생과일이나 견과류 등을 곁들여 먹기도 한다.

차가운 시리얼의 종류 및 특징

콘플레이크 (Cornflakes)	• 옥수수를 구워서 얇게 으깨어 만든 것
올 브랜 (All bran)	• 밀기울을 으깨어 가공한 것
라이스 크리스피 (Rice crispy)	• 쌀을 바삭바삭하게 튀긴 것
레이진 브렌 (Raisin bran)	• 구운 밀기울 조각에 달콤한 건포도를 넣은 것

쉬레디드 휘트 (Shredded wheat)	• 밀을 조각내고 으깨어 사각형 모양으로 만든 비스킷 형태
버처 뮤즐리 (Bircher muesli)	• 오트밀(귀리)을 기본으로 해서 견과류 등을 넣은 아침 식사 • 오트밀과 견과류, 과일 등을 우유나 플레인 요구르트에 넣고 냉장고에서 하루 정도 보관한 다음 섭취

(2) 더운 시리얼(Hot cereals)

오트밀(Oatmeal)

- 귀리를 볶은 다음 거칠게 부수거나 납작하게 누른 식품
- 육수나 우유를 넣고 죽처럼 조리
- 식이 섬유소가 풍부해서 아침 식사로 많이 먹음

추가tip 시리얼의 부재료

(1) 생과일(Fresh fruits)
- 바나나(Banana) : 칼로리가 높고, 알칼리성 식품으로 카로틴, 칼륨, 비타민 C 함유
- 사과(Apple) : 유기산과 당분, 펙틴을 함유, 펙틴이 있어 잼으로도 사용
- 딸기(Strawberry) : 유제품과 같이 먹으면 칼슘 흡수를 도와 골다공증 예방, 항산화 작용과 비타민 C가 풍부하고 칼로리가 낮음

(2) 건조 과일(Dry fruits)
과일을 건조시키면 수분이 줄어들며, 식이 섬유, 탄수화물, 지방, 단백질, 무기질 등의 함량 비율이 높아지며, 고유의 향과 맛이 깊어지며 보관이 쉬워짐
- 블루베리(Blueberry) : 안토시아닌, 비타민 A, 칼륨, 엽산 등이 풍부,
- 건포도(Raisin) : 철분 풍부, 탄수화물, 식이 섬유가 많아 변비 및 노화 방지, 비타민 풍부(피로 회복)
- 건살구(Apricot) : 비타민 A와 천연 당류가 풍부, 건조 시 철분 함유

(3) 견과류(Nut)
- 호두(Walnut) :불포화 지방산이 풍부 → 두뇌 건강 및 피부에 좋음. 리놀렌산과 비타민 E가 풍부 → 동맥 경화를 예방, 피부의 노화 방지에 효과. 우유와 같이 먹으면 단백질과 칼슘을 보충
- 마카다미아 너트(Macadamia nut) : 식감이 아삭하고 고소함. 비스킷, 과자, 아이스크림, 케이크 등으로 만들어 먹는다.
- 아몬드(Almond) : 불포화 지방산, 비타민 E가 풍부함. 피부 미용에 좋으며, 칼슘, 철분이 풍부

예/상/문/제

01. 다음 중 조식을 의미하는 설명으로 옳지 않은 것은?

① 조식은 아침과 점심 식사 사이의 중간 시간대의 식사를 의미한다.
② 유럽식 조식은 주로 주스류와 조식용 빵과 커피나 홍차로 제공
③ 자극적이지 않고 위에 부담을 주지 않는 음식을 많이 먹는다.
④ 영국식 조식은 달걀, 감자, 육류, 생선 요리가 제공되며 무거운 아침 식사이다

02. 다음 중 습식열을 이용한 달걀 요리가 아닌 것은?

① 코들드에그
② 오버 이지
③ 보일드에그
④ 포치드에그

03. 달걀을 깨서 팬에 버터나 식용유를 두르고 넣어 빠르게 휘저어 만든 달걀 요리는?

① 써니 사이드 업
② 오믈렛
③ 오버 하드
④ 스크램블 에그

04. 조식에 이용되는 빵 중 가운데 구멍이 뚫린 링 모양으로 발효시킨 후 끓는 물에 익힌 후 오븐에 구운 빵에 해당하는 것은?

① 베이글
② 잉글리시머핀
③ 데니시페스트리
④ 브리오슈

05. 뜨거운 음식을 뒤집거나 옮길 때 사용하는 조리 도구는?

① 토스터(Toaster)
② 와플 머신(Waffle machine
③ 스패츌라(Grill spatula)
④ 가스 그릴(Gas grill)

06. 표면이 벌집 모양이며, 바삭한 맛을 가지고 있어 아침 식사와 브런치, 디저트로 쓰는빵은?

① 와플
② 팬케이크
③ 스위트롤
④ 프렌치토스트

07. 차가운 시리얼의 특징으로 틀린 것은?

① 콘플레이크 : 옥수수를 구워서 얇게 으깨어 만든 것
② 라이스 크리스피 : 쌀을 튀겨서 만든 것
③ 시레디드 휘트 : 귀리로 만든 시리얼이며, 우유등을 넣어서 절쭉하게 먹는 것
④ 버치 뮤즐리 : 귀리를 주로 하여 견과류 등을 첨가한 시리얼

정답 01. ① 02. ② 03. ④ 04. ① 05. ③ 06. ① 07. ③

07. 양식 수프 조리

1) 수프 재료 준비하기

(1) 수프의 구성 요소

육수(Stock)	• 수프의 맛을 좌우하는 가장 기본이 되는 요소 • 생선(Fish), 소고기(Beef), 닭고기(Chicken), 채소(Vegetable)와 같은 식재료의 맛을 낸 국물
루(Roux) 등의 농후제	• 녹인 버터에 동량의 밀가루를 넣고 볶은 것 • 수프의 농도를 조절하는 농후제(리에종;Liaison) : 루(Roux), 버터, 뵈르마니에(Beurre manie), 달걀노른자, 크림, 쌀 등 • 색에 따라 화이트 루(White Roux), 블론드 루(Blond Roux), 브라운 루(Brown Roux)로 나누며 화이트 루를 기본으로 함
곁들임(Garnish)	• 수프의 맛을 증가시켜주는 역할을 하는 것 • 수프에 해당하는 재료를 사용하여 조화가 잘 이루어져야 함 • 토마토 콩카세(Tomato consasse), 크루통(Crouton), 파슬리, 달걀 요리, 덤블링(Dumpling), 휘핑크림(Whipping cream) 등
허브와 향신료(Herb & Spice)	• 식품의 풍미 증진, 식욕 촉진, 방부작용, 산화 방지, 식품 보존성을 증가 등

(2) 수프의 종류(Kind of soup)

수프는 농도에 따라 맑은 수프(Clear soup)와 진한 수프(Thick soup)로 나뉘고, 온도에 따라 뜨거운 수프(Hot soup)와 차가운 수프(Cold soup)로 분류된다.

맑은 수프 (Clear soups)	• 수프의 색깔이 깔끔하며 투명한 색 • 국물에 맛이 스며들어 맛을 느낄 수 있음 • 대부분 맑은 수프는 다른 요리와 함께 제공 • 수프에 이물질이나 다른 향이 들어가지 않도록 조리 과정에서 세심한 주의가 요구됨
크림과 퓌레 수프 (Cream and pureed soups)	• 우리나라의 전통요리인 '죽'과 비슷 • 맛이 부드럽고 감촉이 좋아 사람들에게 가장 대중적으로 알려져 있는 수프 • 주재료 자체로 농도를 내거나, 그렇지 않을 경우 다른 재료를 이용하여 농도를 조절하는 방법을 사용
비스크 수프 (Bisque soups)	• 바닷가재(Lobster)나 새우(Prawn) 등의 갑각류 껍질을 으깨어 채소와 함께 완전히 우러나올 수 있도록 끓이는 수프 • 마무리로 크림을 넣어줌 • 다른 재료를 너무 많이 첨가하여 맛이 변화하지 않아야 함

차가운 수프 (Cold Soups)	• 가스파초(Gazpacho) : 오이(Cucumber), 토마토(Tomato), 양파(Onions), 피망(Bell pepper), 빵가루(Bread crumbs)에 올리브유와 마늘을 곁들여 얼음과 함께 제공하는 스패니시 수프(Spanish Soup) • 과일과 신선한 야채를 퓌레(Puree)로 만들어 크림이나 다른 가니쉬(곁들임)를 곁들이는 방법을 많이 사용
스페셜 수프 (Special soup)	• 어니언그라탱 수프(프랑스), 미네스트로니 수프(이탈리아), 카레(인도), 검보 수프(미국 남부)

추가tip 수프의 사용되는 채소 썰기 방법

(1) 막대 모양으로 썰기(Cutting stick)
가) 쥘리엔느(Julienne): 0.3×0.3×2.5~5㎝ 막대 모양으로 써는 방법
나) 알리메트(Allumette): 0.32×0.32×2.5~5㎝ 성냥개비 모양으로 써는 방법
다) 바토네(Batonnet): 0.64×0.64×5~6.4㎝ 크기의 막대 모양으로 써는 방법
라) 퐁뇌프(Pont-neuf): 1.27×1.27×7.6㎝ 크기의 막대 모양으로 써는 방법
마) 쉬포나드(Chiffonade): 실처럼 가늘게 채 써는 방법(허브나 야채의 얇은 잎을 둥글게 말아서 써는 방법)

(2) 주사위 모양 썰기(Dice)
가) 브뤼누아즈(Brunoise): 가로와 세로 0.3㎝ 정육면체 모양으로 써는 방법
나) 큐브(Cube): 가로와 세로 1.5㎝ 정육면체 모양으로 써는 방법
다) 다이스 스몰(Dice Small): 0.6×0.6×0.6㎝ 정육면체 모양으로 써는 방법
라) 다이스 미디엄(Dice Medium): 0.12×0.12×0.12㎝
마) 콩카세(Concasse) : 0.5㎝의 정육면체 모양으로 써는 방법

(3) 얇게 썰기(Slice)
가) 론델(Rodelles): 둥글고 얇게 써는 방법
나) 디아고날(Diagonals): 어슷하게 써는 방법

(4) 기타 모양으로 썰기
가) 샤토(Chateau): 5㎝ 길이의 타원형 모양으로 써는 방법
나) 에멩세(Emincer): 얇게 저며 써는 방법(양파, 버섯 등)
다) 아세(Hacher): 잘게 다지는 방법(양파, 당근, 고기)
라) 민스(Mince): 야채나 고기를 잘게 다지는 방법
마) 올리베트(Olivette): 올리브 모양으로 써는 방법
바) 파리지엔(Parisienne): 둥글게 모양을 내어 뜬 것(김병희·장명하·김송기 외 2013)

2) 수프 조리하기

(1) 농도(Concentration)에 의한 수프 조리

구분		내용
맑은 수프 (Clear soup)		• 맑은 스톡을 사용하며 농축하지 않음 • 콩소메(Consomme): 소고기(Beef), 닭(Chicken), 생선(Fish) • 맑은 채소 수프(Clear vegetable soup): 미네스트로니(Minestrone)
진한 수프 (Thick soup)		• 농후제를 사용한 걸쭉한 상태의 수프
	크림(Cream)	• 베샤멜(Bechamel): 화이트 루(White roux)에 우유를 넣고 만든 약간 묽은 수프 • 벨루테(Veloute): 블론드 루(Blond roux)에 닭 육수를 넣고 만든 수프
	포타주(Potage)	• 재료 자체의 녹말 성분을 이용하여 걸쭉하게 만든 수프
	퓌레(Puree)	• 야채를 잘게 분쇄한 퓌레(Puree)와 부용(Bouillon)을 결합시켜 만든 수프 • 크림을 사용하지 않음
	차우더(Chowder)	• 게살, 감자, 우유를 이용한 크림수프
	비스크(Bisque)	• 갑각류를 이용한 부드러운 수프

(2) 온도(Temperature)에 의한 수프 조리

구분	내용
가스파초 (Gazpacho)	믹서에 채소를 갈아 체에 걸러 빵가루, 마늘, 올리브유, 식초 또는 레몬주스를 넣어 간을 하여 걸쭉하게 만들어 먹는 차가운 수프
비시스와즈 (Vichyssoise)	감자를 삶아 체에 내려 퓌레로 만들기 → 잘게 썬 대파의 흰 부분과 함께 볶기 → 물이나 육수(Stock)를 넣고 끓이기 → 크림, 소금, 후추로 간 하여 식히기(차가운 수프)

(3) 재료(Ingredient)에 의한 수프 조리

고기 수프(Beef soup), 채소 수프(Vegetable soup), 생선 수프(Fish soup)로 분류

(4) 지역(Region)에 따른 수프 조리

요리명	지역명	특징
부야베스 (Bouillabaisse)	프랑스 남부지방	생선 스톡에 여러 가지 생선과 바닷가재, 채소, 갑각류, 올리브유를 넣고 끓인 생선 수프
헝가리안 굴라시 수프(Hungarian goulash soup)	헝가리	파프리카 고추로 진하게 양념하여 매콤한 맛이 특징인 쇠고기와 야채의 스튜(Stew)

미네스트로네 (italian minestrone)	이탈리아	각종 야채와 베이컨(Bacon)과 파스타(Pasta)를 넣고 끓인 수프
옥스테일 수프 (Ox-tail soup)	영국	소꼬리(Ox-tail), 베이컨(Bacon), 토마토 퓌레(Tomato Puree) 등을 넣고 끓인 수프
보르스치 수프 (Borscht soup)	러시아, 폴란드	신선한 비트를 이용하여 만든 수프로 차게 하거나 뜨겁게 먹을 수 있으나 반드시 생크림으로 장식

3) 수프 요리 완성하기

(1) 수프 요리 담기 고려사항

ⓐ 수프 재료 자체가 가지고 있는 고유의 색상과 질감을 잘 표현한다.
ⓑ 전체적으로 보기 좋아야 하고 청결하며 깔끔하게 담아야 한다.
ⓒ 요리에 알맞은 양을 균형감 있게 담아야 한다.
ⓓ 고객이 먹기 편하게 플레이팅(접시 꾸미기)이 이루어져야 한다.
ⓔ 요리에 맞게 음식과 접시의 온도에 신경 써야 한다.
ⓕ 식재료의 조합으로 인한 다양한 맛과 향이 공존하도록 담는다.

(2) 수프 가니쉬의 종류

㉠ 수프에 첨가되는 형태(Garnish) : 그 자체 내용물이 가니쉬로 보여지는 형태 – 콩소메의 경우 채소, 국수, 달걀지단, 버섯, 라비올리 등
㉡ 수프에 어울리는 형태(Toopping) : 거품을 올린 크림, 크루통, 잘게 썬 차이브 등
㉢ 수프에 따로 제공되는 형태(Accompanish) : 첨가하지 않고 따로 제공될 수 있음 – 빵, 달걀, 토마토 콩카세 등

예/상/문/제

01. 수프의 구성 요소로 옳지 않은 것은?

① 육수 ② 루(Roux)
③ 가니시 ④ 전분

02. 썰기 방법 중 가로 세로 0.3cm 정육면체 모양으로 써는 방법은 무엇인가?

① 콩카세(concasse) ② 다이스 스몰(dice small)
③ 브뤼누아즈(Brunoise) ④ 큐브(cube)

정답 01. ④ 02. ③

03. 썰기 방법 중 양파나 버섯 등을 얇게 저며 써는 방법은 무엇인가?

① 에멩세(Emincer) ② 쥘리엔느(Julienne)
③ 민스(Mince) ④ 퐁뇌프(Pont-neuf)

04. 수프의 종류 중 맑은 수프인 것은?

① 크림 (Cream) ② 포타주(Potage)
③ 차우더(Chowder) ④ 콩소메(Consomme)

05. 진한 수프(Thick Soup)의 종류에 대한 설명으로 틀린 것은?

① 차우더 : 게살, 감자, 우유를 이용한 크림수프이다.
② 크림수프에는 베샤멜소스, 벨루테소스가 이용된다.
③ 가스파쵸 : 콩을 사용하여 걸쭉하게 만든 수프이다.
④ 포타주: 재료 자체의 녹말 성분을 이용하여 걸쭉하게 만든 수프

06. 수프 요리를 담을 때 고려해야 할 사항이 아닌 것은?

① 플레이팅은 먹기 불편해도 디자인에 신경써야 한다.
② 음식과 접시의 온도에 신경 써야 한다.
③ 청결하며 깔끔하게 담아야 한다.
④ 알맞은 양을 균형감 있게 담아야 한다.

07. 수프에 어울리는 형태가 아닌 가니쉬는?

① 잘게 썬 차이브 ② 크루통
③ 토마토 콩가세 ④ 거품을 올린 크림

08. 양식 육류 조리

1) 육류 재료 준비하기

(1) 육류의 종류

종류	특징
소고기 (Beef)	• 잘 비육된 암소와 거세된 소의 고기는 선홍색이고 광택이 남 • 근섬유는 결이 잘고 탄력이 크며 마블링이 좋음 • 살을 찌운 소는 지방이 연하고 황색을 띰 • 늙은 소나 황소의 고기는 암적색이고 지방은 황색을 띠며 마블링의 양도 적음
송아지 고기 (Veal)	• 담적색이고 지방이 섞여 있지 않음 • 근섬유는 가늘고 수분이 많아서 연하지만, 육즙이 적어 풍미는 덜함 • 연하여 숙성할 필요가 없으나 변패되기 쉽고 보존성이 짧음

정답 03. ① 04. ④ 05. ③ 06. ① 07. ③

돼지고기 (Pork)	• 암수 구별 없이 7개월에서 1년의 어린 돼지고기를 식육으로 사용 • 일반적으로 담홍색, 회적색, 암적색을 띰 • 지방 함량이 많아 육질이 연하고 근섬유는 가늘며, 지방은 순백색
양고기 (Lamb)	• 생후 12개월 이하의 어린 양고기는 램(Lamb), 그 이상을 머튼(Mutton) • 근육 섬유가 가늘고 점조성이 풍부, 지방이 많고 부티르산이 많아 특유의 누린내가 있어 향신료를 이용하여 조리
닭고기 (Chicken)	• 육색소인 미오글로빈의 함량이 적어 색이 연하고 지방 함량이 적어서 맛이 담백함 • 근섬유의 길이가 짧고 두께가 얇아 연하며, 다른 육류에 비하여 지방 함량이 낮고 단백질 함량이 높음
오리고기 (Duck)	• 부드럽고 풍미가 있어 건강 기호식품으로 소비 • 인체에 유익한 불포화지방산을 많이 함유, 혈액순환을 도움 • 콜레스테롤의 억제와 독성물질의 해독 능력, 고혈압, 중풍 등 성인병 예방에도 효과 • 단백질이 풍부, 칼슘, 철, 칼륨, 티아민, 리보플라빈을 다량 함유
거위고기 (Goose)	• 야생 기러기를 길들여 식육용으로 개량한 가금류 • 서양 요리에 많이 사용되며, 특유의 누린내가 있고 선홍색을 띰 • 지방이 적어 다이어트에 효과적이고, 강알칼리성으로 인체에 필요한 지방산인 리놀산이나 리놀레산을 함유 • 거위 간(푸아그라)에는 양질의 단백질, 지질, 비타민 A, 비타민 E, 철, 구리, 코발트, 망간, 인, 칼슘 등 빈혈이나 스태미나 증강에 필요한 성분이 풍부 • 서양 요리에서는 세계 3대 진미라 하여 캐비아, 송로버섯과 거위 간을 고급 요리에 사용
칠면조고기 (Turkey)	• 육질이 부드럽고 독특한 향이 있음 • 소화율이 높아 통째로 굽는 요리를 많이 함 • 서양에서는 크리스마스나 추수감사제 및 결혼식 때 많이 사용 • 단백질 함량이 높고 저칼로리 식품

(2) 육류의 마리네이드(Marinade, 밑간)

① 고기를 조리하기 전에 간을 배이게 하거나, 육류의 누린내를 제거하고 맛을 내게 하는 것

② 육질이 질긴 고기를 부드럽게 하도록 재워두고, 향미를 낸 액체나 고체를 이용하여 절이는 것

③ 향미와 수분을 주어 맛이 좋아짐

④ 식용유, 올리브유, 레몬주스, 식초, 와인, 갈아진 과일, 향신료 등을 섞어서 사용

⑤ 식초나 레몬주스는 질긴 고기를 연하게 만드는 작용을 하므로 주로 질긴 고기에 많이 사용

추가tip 향신료의 분류

구분		내용
사용 용도에 따른 분류	향초계(Herb)	• 생잎을 그대로 사용하여 육류의 잡내를 제거하거나, 음식의 외관상 신선하고 장식적인 요소를 사용 • 로즈메리, 바질, 세이지, 파슬리, 타임 등
	종자계(Seed)	• 과실이나 씨앗을 건조시켜 사용 • 육류, 브레이징이나 스튜, 제과류에 사용 • 캐러웨이 시드, 셀러리 시드, 큐민 시드 등이 있다.
	향신계(Spice)	• 특유의 강한 맛과 매운맛을 이용하는 것 • 후추, 너트메그(육두구), 마늘, 겨자, 양겨자, 산초 등
	착색계(Coloring)	• 음식에 색을 내주는 향신료의 종류 • 특유의 향은 있지만 맛과 향은 강하지 않음 • 파프리카, 샤프란, 터메릭 등
사용 부위에 따른 분류	잎(Leaves)	• 향신료의 잎을 사용 • 바질, 세이지, 처빌, 타임, 코리안더, 민트, 오레가노, 마조람, 파슬리, 스테비아, 타라곤, 세몬 밤, 로즈메리, 라벤더, 월계수 잎, 딜 등
	씨앗(Seed)	• 씨앗을 건조시켜서 사용 • 너트메그, 캐러웨이 씨, 큐민, 코리안더 씨, 머스터드 씨, 딜 씨, 휀넬 씨, 아니스 씨, 흰 후추, 양귀비 씨, 메이스 등
	열매(Fruit)	• 과실을 말려서 사용하는 것 • 검은 후추, 파프리카, 카다몬, 주니퍼 베리, 카옌 페퍼, 올스파이스(Allspice), 스타 아니스(팔각), 바닐라 등
	꽃(Flower)	• 꽃을 사용하는 것 • 샤프론, 정향, 케이퍼 등
	줄기와 껍질(Stalk and skin)	• 줄기 또는 껍질을 신선한 상태 또는 말려서 사용하는 것 • 레몬그라스, 차이브, 계피 등
	뿌리(Root)	• 뿌리를 사용하는 것 • 터메릭, 겨자(고추냉이), 생강, 마늘, 호스래디시 등

2) 육류 요리 조리하기

(1) 육류 조리 방법

㉠ 건열식 조리 방법(Dry heat cooking)

익히고자 하는 재료에 기름이나 공기 등을 열전달 매개체로 하여 직접 열을 가하거나 간접 열을 이용하여 조리하는 것으로, 조리 방법에 따라 기름의 양이나 온도를 조절한다.

Broilling (윗불 구이)	• 열원이 위에 있어 불 밑에서 음식을 넣어 익히는 방법
Grilling (석쇠 구이, 아랫불 구이)	• 열원이 아래에 있으며, 직접 불로 굽는 방법 • 숯을 사용 시 훈연의 향, 특유의 맛을 줌
Roasting (로스팅)	• 통째로 오븐에 넣어 굽는 방법 • 향신료를, 버터, 기름을 발라주며 150~220℃에서 굽기
Baking (굽기)	• 오븐에서 뜨겁고 마른 열의 대류작용을 이용하여 굽는 방법 • 빵, 타르트, 파이, 케이크 등 제과제빵에도 많이 사용 • 감자 요리, 파스타, 생선, 햄 등을 요리할 때도 사용
Sauteing (소테, 볶기)	• 프라이팬에 소량의 버터나 기름을 넣고 160~240℃에서 짧은 시간에 조리하는 방법
Frying (튀김)	• 기름에 음식을 튀겨내는 방법 • 딥 팻 프라잉(Deep fat frying) : 많은 기름으로 140~190℃의 온도에서 튀기는 방법 • 스위밍(Swimming) 방법 : 반죽을 입혀 튀기기 • 바스켓(Basket) 방법 : 그냥 튀기는 방법 • 팬 프라잉(Pan frying, Shallow frying) : 적은 양의 기름으로 170~200℃의 온도에서 튀겨내는 방법 • 채소의 경우 141~151℃, 육류, 가금류 등은 125~135℃에서 튀김
Gratinating (그레티네이팅)	• 조리한 재료 위에 버터, 치즈, 크림, 소스, 크러스트(Crust), 설탕 등을 올려 샐러맨더(Salamander), 브로일러(Broiler)나 오븐 등에서 뜨거운 열을 가해 색깔을 내는 방법 • 육류, 가금류, 감자, 야채, 생선, 파스타 요리 등에 사용
Searing (시어링)	• 팬에 강한 열을 가하여 짧은 시간에 육류나 가금류의 겉만 누렇게 지지는 방법으로, 일반적으로 오븐에 넣기 전에 사용

㉡ 습열식 조리 방법(Moist heat cooking)

조리하고자 하는 재료에 물, 수증기나 액체 등을 열전달 매개체로 하여 조리하는 것으로, 삶기, 끓이기, 찜 등이 사용된다.

Poaching (포칭)	• 비등점 이하 65~92℃의 온도에서 물, 스톡, 와인 등의 액체 등에 육류, 가금류, 달걀, 생선, 야채 등을 잠깐 넣어 익히는 방법 • 섈로 포칭(Shallow Poaching) : 물이나 액체를 적게 넣어 조리 - 생선이나 가금류 밑에 다진 양파나 샬롯을 깔고 물이나 액체(육수, 와인) 등을 내용물의 반으로 넣어 조리 • 서브머지 포칭(Submerge Poaching) :물이나 액체 등을 많이 넣어 조리 - 많은 양의 물이나 스톡 등의 액체에 육류, 달걀, 가금류, 해산물 등을 넣고 서서히 익히는 방법

Boiling (삶기, 끓이기)	• 물이나 육수 등의 액체에 재료를 끓이거나 삶는 방법 • 생선과 채소는 국물을 적게 넣고, 건조한 재료는 액체의 양을 많이 넣어 끓임 • 육수를 얻기 위한 육류나 감자, 무, 당근 등의 야채는 찬물에서 시작해서 끓이며 스파게티나 국수 등은 끓는 물에 시작해서 조리
Simmering (시머링)	• 60~90℃ 액체의 약한 불에서 조리하는 것으로, 소스(Sauce)나 스톡(Stock)을 끓일 때 사용
Steaming (증기찜)	• 물을 끓여 수증기의 대류작용을 이용하여 조리하는 방법 • 재료의 형태 유지, 영양 손실이 적고 풍미와 색채를 유지할 수 있음
Blanching (데치기)	• 많은 양의 끓는 물(100℃)이나 기름(130℃)에 재료를 짧게 데쳐 찬물에 식히는 조리 방법
Glazing (글레이징)	• 버터나 과일의 즙, 육즙 등과 꿀, 설탕을 졸여서 재료에 입혀 코팅시키는 조리 방법

㉢ 복합 조리 방법(Combination cooking)

조리하고자 하는 재료의 특성에 따라 건열식 조리 방법(Dry heatcooking), 습열식 조리 방법(Moist heat cooking)을 모두 이용하여 조리하는 것이다. 일반적으로 겉면에 색을 내는 조리 방법에서는 건열식 조리 방법을 사용하고, 마무리 조리하는 과정에서는 습열식 조리 방법을 사용한다. 맛이나 영양가의 손실을 줄여 조리하기 위한 방법으로, 질긴 부위나 맛이 덜한 부위를 조리할 때 많이 사용한다.

Braising (브레이징)	• 팬에서 색을 낸 고기에 볶은 야채, 소스, 굽는 과정에서 흘러나온 육즙 등을 브레이징 팬에 넣은 다음 뚜껑을 덮고 천천히 조리하는 방법 • 주로 질긴 육류, 가금류를 조리할 때 사용하는 방법 • 150~180℃의 온도에서 천천히 장시간 끓여 조리
Stewing (스튜잉)	• 육류, 가금류, 미르포아(Mirepoix), 감자 등을 약 2~3cm의 크기로 썰어 뜨겁게 달군 팬에 기름을 넣고 색을 낸 후 그레이비 소스(Gravy sauce)나 브라운 스톡(Brown Stock)을 넣어 110~140℃의 온도에 끓여 조리하는 방법

㉣ 기타 조리 방법

수비드 (Sous vide)	완전 밀폐와 가열 처리가 가능한 위생 플라스틱 비닐 속에 재료와 부가적인 조미료(Seasoning)나 양념(Condiment)을 넣은 상태로 진공 포장한 후 일반적인 조리 온도보다 상대적으로 낮은 온도(55~65℃)에서 장시간 조리하여 맛과, 향, 수분, 질감, 영양소를 보존하며 조리하는 방법

추가tip 고기의 익힘 정도 레어 → 미디엄 레어 → 미디엄 → 미디엄 웰던 → 웰던

3) 소스 조리하기

(1) 소스의 분류

베샤멜 소스 (Bechamel sauce)	• 우유, 화이트 루(Roux)를 사용한 화이트 소스 • 파생 소스 : 크림소스(Cream sauce), 모네이 소스(Mornay sauce,), 낭투아 소스(Nantua sauce) 등
벨루테 소스 (Veloute sauce)	• 화이트 루에 화이트 스톡을 넣어 만든 블론드색 소스 • 파생 소스 : 베르시 소스 (Bercy sauce), 카디널 소스(Cardinal sauce), 노르망디 소스(Normandy sauce), 오로라 소스(Aurora sauce), 호스래디시(Horseradish sauce), 버섯 소스(Mushroom sauce), 헝가리안 소스(Hungarian sauce), 아이보리 소스(Ivory sauce), 알부페라 소스(Albufera sauce) 등
브라운소스 (Brown sauce)	• 브라운 스톡과 브라운 루를 이용하여 만든 브라운 소스 • 파생 소스 : 에스파뇰 소스(Espagnole sauce)라고도 부른다. 파생 소스로는 샤토브리앙 소스(Chateaubriand sauce), 마데이라 소스(Madeira sauce), 포트 소스, 레드 와인 소스(Red wine sauce), 버섯 소스(Mushroom sauce), 트러플 소스(Perigueux sauce) 등
토마토소스 (Tomato sauce)	• 토마토를 이용하여 만든 적색 소스 • 파생 소스 : 프랑스식 토마토소스(Creole tomato sauce), 밀라노식 토마토소스(Milanese tomato sauce), 이탈리안 미트소스(Bolognese sauce) 등
홀란데이즈 소스 (Hollandaise sauce)	• 정제 버터와 달걀노른자, 레몬주스 등을 이용하여 만든 황색 소스 • 파생 소스 : 베어네이즈 소스(Bearnaise sauce), 쇼롱 소스(Choron sauce), 샹티이 소스(Chantilly sauce), 포요트 소스(Foyot sauce), 말타이즈 소스(Maltaise sauce) 등

4) 육류 요리 완성하기

(1) 플레이팅의 원칙

① 재료 자체가 가지고 있는 고유의 색감과 질감을 잘 표현한다

② 전체적으로 심플하고 청결하며 깔끔하게 담아야 한다.

③ 요리의 알맞은 양을 균형감 있게 담아야 한다.

④ 고객이 먹기 편하게 플레이팅이 이루어져야 한다.

⑤ 요리에 맞게 음식과 접시 온도에 신경 써야 한다.

⑥ 식재료의 조합으로 인한 다양한 맛과 향이 공존하도록 플레이팅을 한다.

(2) 육류 요리 플레이팅의 5가지 구성 요소

① 단백질 파트(육류, 가금류 등)
② 탄수화물 파트(감자, 쌀, 파스타 등)
③ 비타민 파트(브로콜리, 콜리플라워, 아스파라거스 등)
④ 소스 파트(육류와 조화가 중요)
⑤ 가니쉬 파트(신선한 잎, 튀김 등)

예/상/문/제

01. 육류 조리 시 건열식 조리 방법이 아닌 것은?

① Baking (굽기) ② Glazing(글레이징)
③ Roasting(로스팅) ④ Grilling(석쇠구이)

02. 육가공 주방에서 육류나 가금류의 뼈와 살을 분리하는 데 사용하는 칼의 종류는?

① bread knife ② paring knife
③ bone knife ④ salmon knife

03. 팬을 달구어 강한 열에 겉면을 지지는 방법으로 오븐에 넣기 전에 하는 조리법은?

① 베이킹 ② 그라탱 ③ 시어링 ④ 소테

04. 육류에 간을 배게 하고, 잡내 제거, 육질이 단단한 고기를 부드럽게 해주는 역할을 하는 것으로 옳은 것 은?

① 미르포아 ② 부케가르니
③ 마리네이드 ④ 디글레이징

05. 육류를 조리할 때 습열식 조리 방법으로 틀린 것은?

① Poaching(포칭)
② Blanching(데치기)
③ Boiling(삶기, 끓이기)
④ Gratinating(그레티네이팅)

06. 결합조직이 많아 육질이 질긴 부위를 사용할 때 가장 적합한 복합 조리법끼리 묶인 것은?

① 스튜, 브레이징 ② 프라잉, 포칭
③ 보일링, 브로일링 ④ 그릴링, 로스팅

07. 육류 연화 첨가 식품과 단백질 분해효소가 바르게 연결된 것은?

① 키위 – 무화과 ② 배 – 파파인
③ 무화과 – 피신 ④ 파인애플 – 액티니딘

08. 조리방법 중 수비드(Sous vide)에 관한 설명으로 옳은 것은?

① 물이나 육수 등의 액체에 재료를 끓이거나 삶는 방법
② 위생 플라스틱 비닐 속에 진공 포장한 후 일반적인 조리 온도보다 상대적으로 낮은 온도(55~65℃)에서 장시간 조리하는 방법
③ 물을 끓여 수증기의 대류작용을 이용하여 조리하는 방법
④ 많은 양의 끓는 물(100℃)이나 기름(130℃)에 재료를 짧게 데쳐 찬물에 식히는 방법

09. 다음 중 육류 플레이팅의 구성요소가 아닌 것은?

① 지방 파트 ② 비타민 파트
③ 소스 파트 ④ 단백질 파트

정답 01. ② 02. ③ 03. ③ 04. ③ 05. ④ 06. ① 07. ③ 08. ② 09. ①

09. 양식 파스타 조리

1) 파스타 재료 준비하기

(1) 밀의 종류와 특징

구분	특징
일반 밀 (연질 소맥)	• 우리가 흔하게 접할 수 있는 밀, 옅은 노란색을 띰 • 가루로 만들어 빵과 케이크, 과자류, 페이스트리 등 오븐 요리에 주로 사용
듀럼 밀 (경질 소맥)	• 파스타의 제조에 주로 사용 • 제분하면 다소 거친 느낌이 드는 노란색을 띠는 세몰리나(semolina)라는 모래알 같은 가루가 만들어짐 • 글루텐 함량이 연질 밀보다 많아 파스타의 점성과 탄성을 높이는 역할을 하며, 여러 가지 다양한 모양의 파스타를 만들 수 있음

(2) 파스타의 종류와 특징

구분	특징
건조 파스타	• 경질 소맥인 듀럼 밀을 거칠게 제분한 세몰리나를 주로 이용 • 면의 형태를 만든 후 건조시켜 사용
생면 파스타	• 세몰리나에 밀가루를 섞어 사용하거나, 밀가루만을 사용해 반죽한 면(강력분과 달걀) • 신선하고 부드러운 식감을 가짐 • 다른 재료의 혼합에 따라 다양한 색을 표현할 수 있으며, 영양 측면을 고려할 수 있음 • 노른자: 파스타의 색상과 맛, 반죽의 질감을 좋게 함 • 흰자: 반죽을 단단하게 뭉치게 함

(3) 다양한 생면 파스타

구분	특징
오레키에테 (Orecchiette)	• '작은 귀'라는 의미로, 귀처럼 오목한 데서 유래 • 반죽을 원통형으로 만들어 자르고 엄지손가락으로 눌러 모양을 만들거나 날카롭지 않은 칼 같은 도구를 이용 • 소스가 잘 입혀지도록 안쪽 면에 주름이 잡혀야 함 • 부서지지 않고 휴대하기 쉬워 항해하는 뱃사람들이 많이 이용
탈리아텔레 (Tagliatelle)	• 이탈리아 중북부 지역인 에밀리아-로마냐 주에서 주로 이용 • 적당한 길이와 넓적한 형태이며, 소스가 잘 묻는 장점 • 쉽게 부서지는 단점이 있어 보관하기 쉽게 둥글고 새집처럼 말아서 말려 사용 • 주로 쇠고기나 돼지고기로 만든 진한 소스 사용

탈리올리니 (Tagliolini)	• 탈리아텔레보다는 좁고 가늘지만, 스파게티보다는 두꺼움 • 이탈리아 중북부 리구리아 지방에서 전통적으로 사용 • 탈리올리니는 '자르다'의 의미 • 주로 달걀과 다양한 채소를 넣어 면을 만듦 • 소스는 크림, 치즈, 후추 등을 주로 사용
파르팔레 (Farfalle)	• 나비넥타이 모양 혹은 나비가 날개를 편 모양 • 이탈리아 중북부 롬바르디아나 에밀리아-로마냐 지역에서 유래 • 충분히 말려서 사용하는 것이 좋음 • 부재료는 주로 닭고기와 시금치를 사용 • 크림소스, 토마토소스와도 잘 어울림
토르텔리니 (tortellini)	• 소를 채운 파스타로서 속재료는 다양(일반적으로 버터나 치즈 사용) • 도우(Dough)에 내용물을 넣고 반지 모양으로 만든 것이 특징 • 맑고 진한 묽은 수프 혹은 크림을 첨가
라비올리 (ravioli)	• 두 개의 면 사이에 치즈나 시금치, 고기, 다양한 채소 등으로 속을 채운 만두와 비슷한 형태 • 주로 사각형 모양을 기본 모양으로 반달, 원형 등 다양한 모양

(4) 파스타에 필요한 소스

조개 육수	• 기본적인 해산물 파스타, 갑각류에 사용하는 육수 • 바지락, 모시조개, 홍합 등을 사용 • 오래 끓이면 맛이 변하므로 30분 이내로 끓임 • 농축된 육수는 올리브유에 유화시켜 소스 대신 사용
토마토소스	• 신선하고 적당한 당도와 진하게 농축된 감칠맛을 가진 토마토를 고르는 것이 중요 • 사용하는 목적에 따라 여러 가지 다른 재료를 추가 • 믹서기보다 으깬 후 끓이는 방법을 선호
볼로네즈 소스 (라구 소스)	• 흔히 알고 있는 이탈리아식 미트소스(농축된 진한 맛) • 치즈, 크림, 버터, 올리브유 등을 이용해 부드러운 맛을 냄
화이트 크림소스	• 밀가루, 버터, 우유를 주재료로 만든 화이트소스 • 화이트 루 만들기 → 우유를 데우기 → 루가 들어있는 팬에 우유를 부어가며 덩어리지지 않게 끓이기 • 파생 소스는 치즈와 크림 등을 첨가
바질 페스토 소스	• 바질을 주재료로 사용한 소스 • 도마 위에서 다지거나 믹서기에 • 갈아서 만듦 • 보관 동안 산화와 변색 방지를 위해 바질을 소금물에 데쳐 사용 • 전통적인 소스는 양젖을 이용한 치즈를 주로 사용

2) 파스타 조리하기

(1) 파스타 삶기

① 파스타는 적당하게 삶아 원하는 식감을 얻는 것이 중요하다.
② 씹히는 정도가 느껴질 정도로 삶는 것이 보통이다.
③ 알덴테(al dente) : 파스타를 삶는 정도(입안에서 느껴지는 알맞은 상태)
④ 파스타를 삶는 냄비는 깊이가 있어야 하며 파스타 양의 10배 정도가 알맞다.
⑤ 1리터 내외의 물에 파스타의 양은 100g 정도가 알맞은 양이다.
⑥ 파스타를 삶을 때 알맞은 소금의 첨가는 파스타의 풍미를 살려주고 밀 단백질에 영향을 주어 파스타 면에 탄력을 준다.
⑦ 면수 : 파스타 소스의 농도를 잡아주고 올리브유가 분리되지 않게 한다.
⑧ 파스타를 삶을 때 파스타가 서로 달라붙지 않도록 분산되게 넣어야 하며 잘 저어주어야 한다.
⑨ 파스타를 삶는 시간은 파스타가 소스와 함께 버무려지는 시간까지 계산해야 한다.
⑩ 파스타는 삶은 후 바로 사용해야 한다. 삶아진 파스타 겉면에 수증기가 증발하면서 남아 있는 전분 성분이 소스와 어우러져 파스타의 품질을 좋게 한다.
⑪ 면의 특성에 따라 삶는 정도가 다르며 다양한 경험과 숙련을 필요로 한다.

(2) 파스타의 형태와 소스와의 조화

길고 가는 파스타	• 토마토소스나 올리브유를 이용한 소스가 잘 어울림 • 올리브유는 정당한 수분에 유화 되면서 독특한 풍미를 줌
길고 넓적한 파스타	• 파르미지아노 레지아노 치즈, 프로슈토, 버터 등과 어울림 • 파스타 면의 표면적이 넓어서 파스타 면에 잘 달라붙는 진한 소스가 어울림
짧은 파스타	• 가벼운 소스와 진한 소스 모두 어울림 • 우리나라보다 이탈리아에서 더 선호하는 경향
짧고 작은 파스타	• 수프의 고명으로 많이 사용 • 샐러드의 재료로도 많이 이용

(3) 파스타에 필요한 기본 부재료

구분		내용
올리브 오일		• 올리브 오일에 허브와 스파이스를 첨가하여 사용하기도 함 • 빵을 찍어 먹거나, 드레싱과 소스로 사용 • 담백한 향미와 농도감을 위해 반드시 엑스트라 버진 올리브 오일을 사용
후추		• 고기, 생선요리에서 냄새나 비린 맛을 제거하는 효과 • 음식의 변질을 막는 항균작용, 매운맛을 내는 피페린 성분이 음식의 대사작용을 촉진 • 통후추를 직접 후추 가는 도구를 이용해 신선한 맛을 느낄 수 있음
소금		• 천일염(굵은 소금): 염장 또는 파스타 삶은 물의 염도를 내는데 사용 • 가는소금: 요리의 간을 하는데 표준이 되고 조리시 표준 레시피를 만드는데 도움 • 소금의 삼투압, 갈변방지, 단백질 응고 촉진, 발효조정 등의 효과
토마토		• 산마르치아노 토마토는 일반 토마토에 비해 감칠맛이 높아 파스타요리에 적합 • 토마토는 소스 뿐만 아니라 자연건조 하거나 오븐에 말려 파스타, 샐러드, 피자 등에 사용 • 항산화, 항암, 성인병 예방에 주목 받고 있는 재료
치즈	파르미지아노 레지아노 치즈	• 팔마산 치즈(1년 이상 숙성되어야 하며 고급제품은 4년정도 숙성) • 조각을 내어 식후에 먹거나, 갈아 넣어 풍미를 살리거나 볼로네제 소스 위에 뿌려 먹는 등 여러 가지 파스타의 풍미를 살리는데 이용
	그라나 빠다노 치즈	• 소젖으로 만들어지는 압축가공 치즈
허브		• 파스타의 맛과 향을 이끌어 내는데 필수적인 재료 • 허브의 종류 : 바질(허브 중 가장 중요), 오레가노(파스타의 상쾌한 맛을 살림), 파슬리(특별한 향, 장식의 효과), 세이지(자극적인 맛,지방이 많은 음식에 어울림), 처빌(부드러운 맛, 장식용), 타임(약간의 산미, 씁씁한 특유의 향), 차이브(실파와 비슷함), 로즈마리(마리네이드와 구이에 사용되는 자극적인 향), 딜(생선과 피클 등에 사용), 루꼴라(부드러운 매운맛을 톡쏘는 향)
스파이스		• 파스타의 고유의 맛과 풍미를 주는 필수적인 재료 • 넛맥(달콤하고 독특한 향), 사프랑(파스타의 색을 살려주고 풍미를 더해줌), 페페론치노(매운맛)

3) 파스타 요리 완성하기

(1) 파스타의 완성

① 파스타에 사용하는 버터와 치즈의 역할은 파스타에 부드러운 질감을 준다.
② 탈리아텔레 같은 넓적한 면은 치즈와 크림 등이 들어간 진한 소스가 어울린다.
③ 소스가 많이 묻을 수 있는 짧은 파스타의 경우 진한 질감을 가진 소스를 사용한다.
④ 생면 파스타의 경우 부드러운 질감을 유도하기 위해 버터나 치즈를 많이 사용한다.
⑤ 건조 파스타의 경우 고기와 채소를 이용한 소스를 주로 이용한다.
⑥ 소를 채운 파스타의 경우 소에 이미 일정한 수분과 맛이 결정되어 있으므로 수프 또는 가벼운 소스를 이용한다.
⑦ 조개나 해산물을 이용한 육수는 센불에 오랫동안 끓이지 않는 것이 중요하다.
⑧ 토마토 소스의 경우 믹서에 갈리면 신맛이 나기 때문에 손으로 으깨는 것이 좋다.
⑨ 토마토 소스를 넣은 파스타를 완성하는 과정에서는 토마토에 포함되어 있는 수분을 고려하여 충분히 졸여 주거나 수분을 첨가해 주어야 한다.
⑩ 베이컨을 사용한 볼로네제 소스의 경우 다진 채소와 다진고기, 와인, 토마토를 주 재료로 육수를 충분히 넣어 오랜시간 동안 뭉근히 졸여 주어야 제맛이 난다.
⑪ 화이트 크림을 이용하여 파스타는 만드는 과정에서 고루저어야 눋거나 타는 것을 방지할 수 있다.
⑫ 바질 페스토 소스의 경우 변색을 방지하기 위하여 데쳐서 사용하거나 조리과정에서 너무 뜨거운 환경에 오래 방치하면 안 된다.
⑬ 파스타를 완성하는데 있어서 올리브 오일과 면을 삶은 전분이 녹아 있는 물을 이용하여 소스가 분리되는 것을 방지 하거나 파스타의 수분을 유지 하도록 한다.
⑭ 홈이 파이거나 원통형의 파스타의 경우 홈이나 구멍 속에 소스가 들어가 씹을 촉촉함을 느끼게 한다.
⑮ 이탈리아의 북부지역은 주로 유제품과 고기, 버섯, 치즈 등을 주로 사용하고 북부 지역은 해산물과 토마토, 가지, 진한 향신료를 주로 사용한다.
⑯ 대형 연회나 뷔페 등 대규모의 행사인 경우 미리 시간을 절약하고 빠르고 효과적인 서비스를 위해 미리 삶아 식혀 놓은 뒤 제공할 때 데워서 사용하는 경우도 있다.
⑰ 파스타의 형태가 굵고 단단한 경우 수분이 많이 필요하며 양념이 잘 어우러져야 한다.
⑱ 파스타 요리는 소스에 버무려주는 경우가 대부분인데 소스 위에 면을 올려 소스와 파스타 각각의 질감을 얻는 경우도 있다.

예/상/문/제

01. 파스타를 삶을 때 주의 점으로 바르지 않은 것은?

① 알덴테(al dente)로 삶는다
② 파스타를 삶을 때 물의 양은 파스타양의 3배 정도가 적당하다.
③ 면이 달라붙지 않게 서로 분산되게 넣어 준다.
④ 파스타를 삶을 때 소금의 첨가는 면에 탄력을 준다.

02. 파스타의 형태와 소스와의 조화에 대한 설명 중 알맞은 것은?

① 길고 가는 파스타 – 파르미지아노 레지아노 치즈와 잘 어울림
② 짧고 작은 파스타 – 면에 잘 달라붙는 진한 소스가 어울림
③ 길고 넓적한 파스타 – 올리브유를 이용한 소스가 어울림
④ 짧은 파스타 – 가벼운 소스와 진한 소스 모두 잘 어울림

03. 생면 파스타의 종류가 아닌 것은?

① 오레키에테
② 탈리올리니
③ 카펠리니
④ 파르팔레

04. 두 개의 면 사이에 치즈나 시금치, 고기, 다양한 채소 등으로 속을 채운 만두와 비슷한 형태의 면은?

① 라비올리
② 탈리아텔레
③ 토르텔리니
④ 탈리올리니

05. 파스타 형태와 소스의 조화가 잘 짝지어진 것은?

① 탈리아텔레 – 소고기나 돼지고기로 만든 진한 소스 사용
② 토르텔리니 – 가벼운 토마토 소스를 사용
③ 파르팔레 – '작은 귀'라는 의미로, 귀처럼 오목한 데서 유래
④ 라비올리 – 크림이나 치즈를 사용한 소스

06. 파스타 소스의 종류에 대한 설명 중 틀린 것은?

① 바질 페스토 소스는 보관하는 동안 산화되거나 변색되는 것을 방지하기 위해 데쳐서 사용한다.
② 볼로네즈소스는 이탈리아식 미트소스로 오랜 시간 농축된 진한 맛이 날 때까지 끓인다.
③ 토마토소스는 믹서기에 갈아서 사용하는 것보다 으깬 후 끓이는 방법을 선호한다.
④ 조개 육수는 바지락, 모시조개 등의 맛이 충분히 우러나도록 수 있게 50분 이상 끓이는 것이 좋다.

07. 파스타에 필요한 부재료 중 소젖으로 만든 압축가공 치즈는 무엇인가?

① 파르미지아노 레지아노 치즈
② 그라나 빠다노 치즈
③ 리코타 치즈
④ 모짜렐라 치즈

08. 파스타의 색을 살려주고 풍미를 더해주는 스파이스는?

① 바질 ② 페퍼론치노
③ 사프랑 ④ 루꼴라

정답 01. ② 02. ④ 03. ③ 04. ① 05. ① 06. ④ 07. ② 08. ③

10. 양식 소스 조리

1) 소스 재료 준비하기

(1) 농후제(Liaisons)의 종류와 특성

소스나 수프를 걸쭉하게 하여 농도를 내며 풍미를 더해 주는 것

루(Roux)	밀가루:버터 = 1:1 비율로 섞어 고소한 풍미가 나도록 가열하여 볶은 것 색에 따라 화이트, 블론드, 브라운 루로 나누고 음식에 따라 적합한 것을 골라 사용
뵈르 마니에 (Beurre Manie)	버터와 밀가루를 동량으로 섞어 만든 농후제 향이 강한 소스의 농도를 맞출 때 사용
전분 (Cornstarch)	감자전분, 옥수수 전분과 찬물을 섞어 준비하고, 육수가 끓으면 불을 줄이고 자연스럽게 섞어주어 농도를 냄
달걀(Eggs)	달걀은 노른자를 이용하여 농도를 냄 앙글레이즈(디저트 소스), 홀란데이즈 등
버터(Butter)	높은 온도로 가열하면 물과 기름이 분리되어 농후제 역할을 할 수 없으나, 60°C 정도의 따뜻한 소스에 넣어 농도를 조절하는데 사용

(2) 루(Roux)의 종류

종류	특징	예
화이트 루 (White Roux)	색이 나기 직전까지만 볶아낸 하얀색 소스	베샤멜 소스, 크림 소스
브론드 루 (Brond Roux)	약간의 갈색이 돌 때까지 볶은 것	벨루테 소스
브라운 루 (Brown Roux)	갈색이 되도록 볶은 것	브라운 소스, 에스파뇰 소스, 데미글라스

(3) 5대 모체 소스

베샤멜 소스	화이트 루(버터+밀가루)에 우유를 넣어 만든 화이트 소스
벨루테 소스	화이트 루에 화이트 스톡(생선, 가금류)을 넣은 블론드 색 소스
에스파뇰 소스	브라운 루에 브라운 스톡(육류)을 넣어 만든 브라운 소스
홀렌다이즈 소스	정제버터와 노른자, 레몬주스 등을 이용하여 만든 황색 소스
토마토 소스	토마토를 이용하여 만든 소스로 파스타의 기본이 되는 적색 소스

2) 소스(Sauce) 조리하기

(1) 소스의 종류와 조리법

<table>
<tr><td rowspan="2">육수 소스</td><td>갈색 육수 소스</td><td>• 갈색 육수 소스는 가장 중요한 소스 중의 하나로, 뼈는 보통 오븐에 넣고 색을 내고 야채는 팬에 볶아 골든 브라운색(황갈색)을 내어 향신료와 함께 끓여 육수를 만들어 낸다.
• 폰드보(fond de veau)
• 에스파뇰(Espagnole) 소스
• 반 이상 진하게 졸여서 사용한다고 하여 데미글라스(Demi glace)</td></tr>
<tr><td>흰색 육수 소스
(Velute sauce)</td><td>• 각 재료(송아지, 닭, 생선 등)의 육수에 연갈색 루(Blond Roux)를 넣어 끓여 만듦
• 송아지 벨루테, 닭 벨루테, 생선 벨루테 등</td></tr>
<tr><td rowspan="4">토마토 소스</td><td>토마토 퓌레</td><td>• 토마토를 파쇄하여 그대로 조미하지 않고 농축시킨 것</td></tr>
<tr><td>토마토 쿨리</td><td>• 토마토 퓌레에 어느 정도 향신료를 가미한 것</td></tr>
<tr><td>토마토 페이스트
(반죽)</td><td>• 토마토 퓌레를 더 강하게 농축하여 수분을 날린 것</td></tr>
<tr><td>토마토 홀</td><td>• 토마토 껍질만 벗겨 통조림으로 만든 것</td></tr>
<tr><td rowspan="2">우유 소스</td><td>베샤멜 소스</td><td>• 버터를 두른 팬에 밀가루를 넣고 볶다가 색이 나기 직전에 향을 낸 차가운 우유를 넣고 만든 소스
• 양파 : 밀가루 : 버터 : 우유 = 1:1:1:20</td></tr>
<tr><td>크림소스</td><td>• 그냥 졸이기만 해도 자체 농도만으로 소스로 사용
• 생선 육수 등을 첨가하거나 화이트 와인을 넣어 사용할 때는 생크림을 졸여 뵈르 마니에(Beurre Manier)로 농도를 맞춤</td></tr>
<tr><td rowspan="2">유지 소스</td><td>식용유 소스</td><td>• 마요네즈 : 달걀노른자에 식초와 겨자, 소금을 넣고 섞어준 다음 기름을 첨가하여 응고시킨 반고체 상태의 소스(파생소스-사우전드 아일랜드, 타르타르 소스, 시저 드레싱)
• 비네그레트(Vinaigrette;식초 소스) :오일, 식초의 비율이 3:1인데, 경우에 따라 4:1이나 2:1로 거품기로 젛거나 믹서기로 섞어 유상액을 형성함으로써 소스로 활용</td></tr>
<tr><td>버터 소스</td><td>• 홀렌다이즈 : “더운 마요네즈”로 불리며, 버터를 정제하여 사용하며 난황, 물, 레몬주스, 식초 등을 넣어 만든 소스(유화작용 이용)
• 베어네즈 : 홀렌다이즈에 타라곤, 파슬리 찹을 넣은 것
• 뵈르블랑(Vert Blanc) : 부드럽고 더운 버터 소스, 약불에서 조리해야 최상의 맛을 느낄 수 있음
• 60°C 이상의 온도로 가열할 경우 수분과 유분 분리</td></tr>
</table>

디저트 소스	크림소스	• 모체 소스: 앙글레이즈(Anglaise) 소스 • 미국: 커스터드 소스 • 프랑스: 크렘 앙글레즈(creme de Anglaise)
	리큐르 소스	• 모체는 과일 소스 • 과일즙이 주재료로 사용된 소스에 약간의 리큐르나 럼을 넣어 만드는 것 • 산딸기, 키위, 살구, 망고 등 뚜렷한 색감의 과일이 소스로 사용
초콜릿(Chocolate) 소스		• 녹인 버터에 코코아 가루를 섞은 후 설탕 시럽을 조금씩 부어 섞고, 바닐라 향 등의 향료를 첨가하여 만듦

3) 소스 완성하기

(1) 소스 종류에 따른 좋은 품질 선별법

브라운 소스	질 좋은 재료의 사용하고, 볶는 과정에 탄내가 나지 않게 볶아야 한다. 진한 소스를 뽑기 위해 5일 이상 끓인 소스가 고급 소스(대량이 필요한 연회장의 경우 3~4일)
벨루테 소스	루를 타지 않게 약한 불로 잘 볶아서 밀가루 고유의 고소한 맛을 끌어낼 수 있어야 한다. 생선 벨루테는 신선한 흰 살 생선을 사용해야 비린내가 안 난다.
토마토 소스	완성된 소스의 색이 먹음직스러운 붉은 색을 띠어야 하며, 적당한 스파이스 향이 배합된 것이 좋다.
버터 소스	좋은 버터를 사용해야 한다. 60°C 이상의 온도로 가열할 경우 수분과 유분이 분리되어 사용할 수 없는 기름이 될 수 있으므로 만들어진 소스의 경우 보관 관리가 매우 중요하다.
홀렌다이즈	따뜻하게 보관해야 한다. 다른 소스에 곁들여 색을 내는 용도로도 사용하는 경우가 많으므로 농도에 유의한다.

※ 마요네즈는 파생된 소스(타르타르 소스, 다우젠 아일랜드 드레싱, 시저 드레싱 등)도 산패되지 않도록 주의한다.

(2) 소스를 용도에 맞게 제공하는 방법

ⓐ 소스는 사용하는 재료의 맛을 끌어 올릴 수 있어야 한다.
ⓑ 소스의 향이 너무 강하여 원재료의 맛을 저하시키면 안 된다.
ⓒ 연회장에서 사용하는 소스는 많은 양의 접시를 제공해야 하므로 약간 되직한 게 좋다.
ⓓ 색감을 자극하여 모양을 내기 위해 곁들여 주는 소스는 색이 변질되면 안 된다.
ⓔ 튀김 종류의 소스는 바삭함에 방해되지 않도록 제공 직전 뿌려주어야 한다.

ⓕ 현대 양식에서 스테이크에 곁들여 주는 소스는 질 좋은 고기의 맛을 오히려 방해할 수 있으므로 많은 양을 제공하지 않는다.
ⓖ 주재료의 맛에 개성이 부족한 요리의 경우에는 개성이 강한 소스가 필요하며, 주재료의 맛에 개성이 충분할 때에 그 맛을 상승시킬 수 있는 소스가 필요하다

예/상/문/제

01. 농후제의 종류와 특성으로 알맞지 않은 것은?

① 뵈르 마니에 – 버터와 밀가루를 동량으로 섞어 만든 농후제
② 달걀 – 노른자와 흰자를 섞어 농도를 내는 데 이용
③ 루 – 색에 따라 화이트, 블론드, 브라운 루로 나눔
④ 버터 – 뜨거우면 분리되므로 따뜻한 소스에 넣어 농도를 조절함

02. 5대 모체 소스가 아닌 것은?

① 토마토 소스 ② 홀렌다이즈 소스
③ 에스파뇰 소스 ④ 볼로네즈 소스

03. 토마토 소스에 대한 설명으로 옳은 것은?

① 토마토 퓌레 : 토마토를 파쇄하여 조미하지 않고 농축한 것
② 토마토 홀 : 토마토 퓌레에 향신료를 어느 정도 가미한 것
③ 토마토 페이스트 : 토마토를 껍질만 벗겨 통조림으로 만든 것
④ 토마토 쿨리 : 토마토 퓌레를 농축하여 수분을 날린 것

04. 유지 소스에 대한 설명으로 옳지 않은 것은?

① 식용유 소스에는 마요네즈와 비네그레트가 있다.
② 홀렌다이즈는 버터 소스이며 더운 마요네즈로 불린다.
③ 뵈르블랑은 약불에서 조리해야 최상의 맛을 낸다.
④ 마요네즈는 부드럽고 더운 버터 소스이다.

05. 화이트 루(버터+밀가루)에 우유를 넣어 만든 화이트 소스는?

① 베샤멜 소스 ② 벨루테 소스
③ 에스파뇰 소스 ④ 홀렌다이즈 소스

06. 베샤멜 소스의 재료와 그 비율로 올바른 것은?

① 양파 : 식용유 : 버터 = 1 : 1 : 10
② 밀가루 : 버터 : 우유 = 1 : 2 : 20
③ 버터 : 밀가루 : 우유 = 1 : 1 : 20
④ 식용유 : 밀가루 : 버터 = 1 : 1 : 10

07. 차가운 곳에 보관된 뵈르 블랑 소스가 버터와 수분이 분리가 났다. 다시 원래 상태로 복구하는 방법으로 알맞은 것은?

① 소스를 냄비에 넣고 높은 온도로 빠르게 가열시킨다.
② 우유를 넣고 섞일 때 까지 서서히 끓인다.
③ 중탕으로 다시 녹여서 섞어준다.
④ 약간의 생크림을 냄비에 두르고 소스를 조금씩 넣어가면서 섞어준다.

정답 01. ② 02. ④ 03. ① 04. ④ 05. ① 06. ③ 07. ④

Chapter 03

중식

01 중식 기초 조리 실무

1) 중식 요리

(1) 중국 요리의 특징

중국은 영토가 매우 넓어 지역별로 기후가 다르고 풍습도 매우 다양하여 지역별로 사용하는 식재료와 조리 방법이 다양하게 발달하였다. 중국 요리는 크게 북부 지역의 북경 요리, 동부 지역의 상해 요리, 서부 지역의 사천 요리, 남부 지방의 광동 요리로 4개 지역으로 분류하여 나눌 수 있다.

(2) 지역별 중국 요리의 특징

분류	기후	특징	대표 음식
산동 요리 (북경 요리)	봄 : 건조, 황사 발생 여름 : 고온 다습, 한랭 기후	• 궁중 요리, 고급 요리 문화가 발달	오리구이, 면류, 전병, 만두 등
강소 요리 (상해 요리)	온대성 기후	• 해산물을 많이 이용 • 특산품인 간장과 설탕을 사용하여 진하고 달콤하며, 기름지게 요리함	게요리, 동파육, 볶음밥 등
사천 요리	지역별 : 한대~ 열대 겨울 : 춥고 건조함	• 사계절 산물이 풍성해 다양한 재료를 이용 • 향신료를 많이 이용 • 깨끗하고 신선함, 순수함과 진함이 함께 느껴짐	마파두부, 궁보계정등 소금에 절인 생선류나 말린 저장식품 등
광동 요리	열대성 기후	• 외국과의 교류가 많은 지역으로 전통 요리와 국제적인 요리의 특성이 조화를 이뤄 독특하게 발달함	탕수육, 팔보채, 딤섬 등

2) 기본 칼 기술 습득하기

(1) 칼의 종류

칼에는 여러 종류가 있기 때문에 그 특징을 알고 용도에 맞게 사용하는 것이 무엇보다도 중요하다.

종류	특징
셰프 나이프 (Chef's knife)	• 튼튼하며 넓고 강한 칼날을 가진 칼 • 모든 사람을 위한 가장 기본적인 칼 • 채소를 정리하거나 허브 등을 다지거나 썰 때 사용
필링 나이프 (Peeling knife)	• 작고 가벼우며 곡선이 진 칼 • 감자, 과일, 채소의 껍질을 벗기거나 썩은 부위를 도려내기에 용이
베지터블 나이프 (Vegetable knife)	• 강한 칼날을 가진 작은 나이프 • 작은 과일이나 채소를 다듬거나 껍질을 벗길 때 편리 • 썩은 부위를 도려내기에 용이
보닝 나이프 (Boning knife)	• 얇고 굴곡을 가진 칼 • 뼈에서 살을 발라내는 데 적합
산토쿠 나이프 (Santoku knife)	• 아시아 지역에서 가장 기본적으로 사용하는 칼 • 넓고 날카로운 날을 가진 칼 • 고기나 생선, 채소의 준비 등에 사용
중국 주방용 칼 (Chinese chef's knife)	• 중국식 칼, 넓고 길며, 날카로운 칼날을 가진 칼 • 고기나 생선, 채소에 사용

※ 중식도(양면도) 잡는 방법
검지를 칼 옆으로 대고, 중지 및 약지와 새끼손가락으로 감싸듯이 잡는다.

(2) 중식 기초 기능 썰기 익히기

용어		방법
조	條, tiáo, 티아오	채 썰기
니	泥, ní, 니	잘게 다지기
정	丁, dīng, 띵	깍둑썰기
사	絲, sī, 쓰	가늘게 채 썰기
편	片, piàn, 피엔	편 썰기
입	粒, lì, 리	쌀알 크기 정도로 썰기
미	未, wèi, 웨이	
곤도괴	滚刀塊, dāo kuài, 다오 콰이	재료를 돌리면서 도톰하게 썰기

(3) 중식 조리도(切刀, 절도, qie dāo 치에 다오) 용어의 이해

채도(菜刀 cài dāo 차이 다오)	채소를 썰 때 사용하는 칼
딤섬도(點心刀 dian sin dāo 디옌 신 다오)	딤섬 종류의 소를 넣을 때 사용하는 칼
조각도(雕刻刀 diāo kè dāo 띠아오 커 다오)	조각 칼

(4) 칼 사용 안전 수칙

① 칼은 제작된 목적 이외에 사용해서는 안 된다.
② 용도에 알맞은 칼을 사용해야 한다.
③ 칼날이 무디면 더 안전하지 못하다.
④ 칼을 갈 때에는 주의를 기울여야 한다.
⑤ 칼을 보이지 않는 곳에 두거나 물이 든 개수대 등에 담아 두지 않는다.
⑥ 주방에서 칼을 들고 다른 장소로 이동할 때에는 칼끝을 정면으로 두지 않으며, 칼끝을 위로 향하게 하고 칼날은 뒤로 가게 한다.
⑦ 칼을 떨어뜨렸을 경우 잡으려 하지 말고 물러서서 피한다.
⑧ 칼을 사용하지 않을 때에는 안전함에 넣어서 보관한다.

추가tip 칼 보관 방법

① 고온은 철의 열처리를 파손시킬 수 있으므로 칼을 열이나 화염에 노출시키지 않는다.
② 칼을 사용할 때에는 비연마성의 스펀지로 철저히 씻고 부드러운 천으로 닦아 준다.
③ 주방용 칼에 쓰이는 쇠는 칼을 날카롭게 하고 절단력을 유지하기 위해 소량의 탄소를 함유하고 있기 때문에 적절하게 관리하지 않으면 녹이 생길 수 있다.
④ 칼의 미감을 유지하고 칼날을 좋은 상태로 유지하기 위해서는 손으로 씻어 주는 것이 좋으며, 기계 세척을 할 경우 세척이 끝난 후 석회성의 물과 세제로 인한 녹의 방지를 위해 칼을 건조시켜주는 것이 좋다.
⑤ 칼을 서랍에 보관할 경우 칼끼리 부딪쳐 빨리 뭉툭해지거나 칼을 찾다가 다칠 수도 있으므로 칼집이나 적외선 소독기에 넣어 보관한다.

2) 중식 조리에 사용되는 기물의 종류 및 명칭

명칭	특징
중화팬	• 바닥 부분이 둥근 금속 냄비로 중국요리를 할 때 기본으로 사용되는 팬 • 음식을 볶을 때 사용하는 무쇠로 된 프라이팬 • 열의 전도가 전체에 골고루 퍼져 빠르게 재료를 익힐 수 있음

편수팬	• 프라이팬 모양으로 구멍이 뚫려 있어 식재료를 물이나 기름에서 건져 낼 때 사용
국자	• 식재료를 볶을 때뿐만 아니라 식재료를 덜어 사용할 때에도 이용 • 자루가 긴 국자를 사용
튀김 건짐망	• 튀김 재료들을 튀겨 건질 때나 육수에 삶아 건질 때 사용 • 소스나 기름 등을 거를 때도 사용
볶음 튀김국자	• 둥근 모양이며 작은 구멍이 나 있어 재료를 튀겨 건지거나 식재료를 데치거나 삶아 건질 때 사용
도마	• 식재료를 자를 때 사용
제면기	• 면을 뽑거나 만두피를 밀 때 사용
대나무 찜기	• 식재료나 딤섬을 쪄서 낼 때 사용
풋(put)	• 닭뼈, 생선뼈 등 여러 가지의 육수를 끓일 때 사용 • 대량으로 소스을 만들 때 사용하는 커다란 용기

3) 기본 조리 방법 습득하기

(1) 물을 사용하는 조리법

<table>
<tr><th>조리법</th><th colspan="2">특징</th></tr>
<tr><td>배
(ba, 바)</td><td colspan="2">• 조림을 기본으로 하며, 조리 시간이 다소 길다.
• 물전분을 넣어 만들기 때문에 맛이 부드럽고 이질감이 없음
• 북경 요리에 많이 사용하는 조리법
• 만들었을 때 음식의 형태가 흩어지지 않고 바로 잡혀 있어야 함</td></tr>
<tr><td>소
(shao, 샤오)</td><td colspan="2">• 조림
• 재료를 볶거나 기름에 튀겨 사용하거나 쪄 놓기 → 육수를 붓고 센 불에 끓이기 → 서서히 조리기
• 진한 맛과 향이 나올 수 있도록 불 조절 중요
• 전분의 사용 농도에 따라 탕즙의 맛과 형태가 달라짐</td></tr>
<tr><td rowspan="4">돈
(dun, 뚠)</td><td colspan="2">• 육수를 요리 재료에 넉넉히 넣어 오래 달이는 방법
• 가열 방식에 따라 과돈(侉炖), 청 돈(清炖), 격수돈(隔水炖)으로 나눔</td></tr>
<tr><td>과돈</td><td>• 재료에 밀가루 또는 전분 가루를 입히고, 풀어 놓은 달걀을 묻힌 다음, 팬에 입힌 재료를 가지고 음식 모양을 만들어 물 또는 육수를 붓고 끓이는 방식
• 버섯 요리 또는 부드러운 재료로 음식을 만들 때 사용하면 좋음</td></tr>
<tr><td>청돈</td><td>• 끓는 물 또는 육수에 준비한 음식 재료를 살짝 넣어 데친 뒤 다시 가열하는 방식</td></tr>
<tr><td>격수돈</td><td>• 재료를 끓는 물 또는 육수에 데친 후 그릇에 옮겨 담아 육수를 넣고, 뚜껑을 닫아 직접 끓이거나 간접적으로 수증기로 익히는 방식</td></tr>
</table>

민 (men, 먼)	• 육수를 붓고 은근히 익히는 방식 • 오래 건조된 식재료나 질긴 식재료를 이용하여 요리할 때 끓는 물에 데치거나, 기름에 한 번 데친 후 육수와 조미료를 넣어 센 불과 중불, 약한 불로 조절하여 음식을 만드는 방식 • 음식이 육수와 어우러져 걸쭉하게 될 때 물전분을 넣어 마무리
외 (wei, 웨이)	• 음식의 재료 중 질긴 힘줄과 같은 식재료를 조리할 때 주로 사용 • 재료를 크게 썰어 끓는 물에 데친 후 육수를 붓고, 불 조절을 하면서 은근하게 익힘 • 완성된 음식에는 육수가 다소 많이 담겨 있음
쇄 (shuan, 쑤안)	• 중국에서는 흔히 훠궈로, 일본에서는 샤브샤브라는 명칭의 음식과 비슷함 • 뜨거운 육수에 양고기나 채소를 담가 살짝 익힌 후, 기호에 맞는 소스를 찍어 먹는 것 • 사천 지역에서는 마라탕, 북경에서는 쇄양육으로 유명함
자 (zhu, 쮸)	• 고기류를 작게 썰어 육수를 붓고 센 불과 중불, 약불로 불 조절을 하면서 삶아 조리하는 방식 • 재료를 먼저 익히거나 조미를 나중에 하기도 함 • 익은 상태에서 먹거나 다시 익은 재료를 건져 조미하고 요리함
회 (hui, 후에이)	홍회 : • 황설탕과 간장, 전분을 사용하여 만드는 요리로 농도가 진함 청회 : • 전분이 들어가지 않는 조리법 백회 : • 전분을 소량으로 넣어 조리하는 방법 소회 : • 기름과 각종 향신료, 양념을 넣고 재료와 함께 조리는 방법
탄 (tun, 툰)	• 부드러운 조직의 재료로 완자를 만들어 끓는 물 또는 육수에 빠르게 데쳐서 사용하는 조리법

(2) 기름을 사용하는 조리법

조리법	특징
초 (chao, 챠오)	• '볶다'라는 뜻 • 재료를 먹기 좋게 썰어 팬에 기름을 두르고, 센 불과 중불에 재빠르게 볶아서 만드는 조리법 • 재료의 영양 손실이 적으며, 기름과 조미료의 복합적 방식으로 다양한 맛과 향을 지닌 방법 • 중국 요리에서 자주 사용되는 조리법
팽 (peng, 펑)	• 음식의 주재료를 알맞은 모양으로 썰어 밑간을 하고 기름에 튀기거나 볶아 낸 뒤 다시, 준비한 부재료를 넣어 센 불에서 볶고, 육수를 조금 부어 조려주는 방법 • 되직한 전분을 만들어 밑간이 된 주재료에 옷을 입혀 기름에 바삭바삭하게 튀긴 후 센 불에 양념을 넣어 빠르게 볶아 양념 또는 육수가 음식에 스며들 수 있도록 하는 조리법 • 대표적인 요리 : 깐풍기, 칠리새우

<table>
<tr><td>폭
(bao, 빠오)</td><td>• 깍둑 모양으로 썰거나 재료에 칼집을 넣어 뜨거운 물 또는 기름에 데친 후 팬을 달구어 센 불에서 빠르게 볶아 내는 방식
• 재료의 질감과 맛이 풍부하게 살아 있는 조리법
• 음식이 부드럽고 바삭한 느낌의 질감을 느낄 수 있게 조리</td></tr>
<tr><td>작
(zha, 짜)</td><td>• 밑 손질한 재료를 중식 팬에 기름을 넉넉히 넣고 튀기는 방식
• 기름의 온도에 따라 재료의 맛을 살릴 수 있음
• 겉은 바삭하고 속은 부드럽게 만드는 조리법</td></tr>
<tr><td>류
(liu, 리우)</td><td>• 재료에 조미료로 간을 하고, 된 전분이나 밀가루 옷을 만들어 입힌 후 튀김 온도에 맞춰 튀겨 내는 방식과 재료를 데치거나 쪄 낸 후 준비한 소스에 빠르게 버무리는 방식
• 소스에 버무릴 때에는 불의 조절은 중간이나 센 불에서 버무려야 음식의 향과 맛을 충분히 살려 낼 수 있음</td></tr>
<tr><td>첩
(tie, 티에)</td><td>• 세 가지의 재료를 쓰는 첩은 특수한 조리법으로 만들어짐
• 첫 번째 재료를 곱게 다지고, 두 번째 재료는 넓게 편을 내어 그 위에 재료를 얹고, 다시 세 번째 재료로 덮는 방법
• 만든 음식을 아래로 하여 기름에 지져 낸 후 다시 그릇에 물을 붓고 끓여서 증기로 익힘</td></tr>
<tr><td>전
(jian, 지엔)</td><td>• 팬에 기름을 두르고 만들어 놓은 재료를 넣어 양면 또는 요리에 따라 한쪽 면만을 익히기도 함
• 재료에 따라 전분이나 밀가루를 발라 지지기도 하는데, 속은 부드럽고 겉은 노릇노릇하게 지져 낼 때 사용하는 조리법</td></tr>
</table>

4) 증기를 사용하는 조리법

<table>
<tr><th>조리법</th><th colspan="2">특징</th></tr>
<tr><td>고
(kao, 카오)</td><td colspan="2">• 중국 요리 조리법 중 제일 오래되었으며 원시적인 방법(오랜 전통 방식)
• 장작이나 숯, 석탄, 적외선, 가스 등을 연료로 사용
• 미리 음식의 재료에 간을 한 후에 직화를 이용하거나 오븐 또는 복사열을 이용하여 음식을 익히는 조리법
• 음식의 수분이 증발되어 마치 튀겨놓은 듯 겉 표면은 바삭바삭하며, 음식의 속은 부드러움
• 대표 요리 : 북경 오리구이
• 고의 조리법은 다양한 식재료에 사용할 수 있음</td></tr>
<tr><td rowspan="5">증
(zheng, 쩽)</td><td colspan="2">• 재료를 수증기로 쪄서 만드는 방식의 조리법
• 각각 재료의 성질이나, 재료의 영양 손실과 본연의 맛 및 형태를 유지하기 위해 사용</td></tr>
<tr><td>분증</td><td>• 음식의 재료에 오향초분 등 조미료를 넣어 골고루 버무린 후 그릇에 옮겨 담고 증기로 음식을 익힘</td></tr>
<tr><td>청증</td><td>• 음식의 재료를 미리 손질하고 양념에 재워 놓고, 재료에 양념이 잘 배었을 때 그릇에 담아 증기로 익혀 냄</td></tr>
<tr><td>백회</td><td>• 전분을 소량으로 넣어 조리하는 방법</td></tr>
<tr><td>포증</td><td>• 음식의 재료에 양념을 하고 대나무의 잎 또는 연잎에 재료를 싼 후 증기로 익히는 방식</td></tr>
</table>

5) 향신료

(1) 중국 요리에서 많이 사용하는 향신료의 종류

종류	특징
인삼	• 맛이 달고 약간 쓰며 평한 성질로 원기를 회복시키고 정신을 안정시키며 진액을 생성하는 효능 • 뿌리에는 사포닌이 들어있음 • 혈액 순환을 좋게 하고, 혈당을 내려 주는 약리 효과
숙지황	• 생지황의 뿌리줄기를 찐 것 • 당분과 비타민이 주성분이며, 맛이 달고 약간 따뜻한 성질로 음기를 자양하고 혈을 보호하는 효능
팔각	• 회향나무의 열매 → 익기 전 수확 → 건조 후 사용 • 여덟 개의 씨방으로 이루어짐 • 향기 성분: 아네올(Anehol) - 음식의 향기 증진, 잡냄새를 제거 • 성질은 맵고 달며 따뜻하여 찬 성질을 다스리는 데 사용 • 오래 끓이거나 푹 고는 요리, 밑 양념을 했다가 만드는 요리에 사용
구기자	• 구기자나무의 열매 • 맛이 달고 자극적이지 않은 편한 성질 • 간과 신장의 기능을 활발하게 하여 눈을 맑게 함
산마	• 참마의 줄기를 말린 것 • 달고 평한 성질로, 비장과 신장의 기능을 강화
산사	• 배나무과에 속하는 산사나무의 익은 열매를 햇볕에 말린 것 • 식욕을 돋우고 소화가 잘되게 하여 체기를 풀어 줌
천궁	• 미나리과에 속한 천궁의 뿌리줄기 • 혈액 순환을 좋게 해주어 당귀와 적절히 섞어 쓰면 조혈 작용을 촉진하므로 빈혈에 좋음
당귀	• 미나리과에 속한 참당귀의 뿌리 • 쿠마린이 들어 있고, 맛이 달고 매우며 따뜻한 성질로 대표적인 보혈제
감초	• 콩과의 여러해살이 풀인 감초의 뿌리를 말린 것 • 껍질이 얇고 붉은 빛을 띠며 맛이 달수록 좋은 것 • 맛이 달고 평한 성질이 있으면, 폐에 좋고 해독 작용을 하고 약재들을 조화시키는 효능

계피	• 계피 계수나무의 껍질 • 향이 있고 맛은 청량하면서 달아 음식의 맛과 향을 좋게 함(단맛, 매운맛) • 요리나 오래 끓이는 요리에 많이 사용
정향	• 정향 정향나무의 꽃봉오리 • 맛이 맵고 뜨거운 성질로 위를 따뜻하게 하여 체기를 없애 주어 소화 불량, 구토, 설사에 좋고, 향균 작용을 함 • 음식에 사용하면 구취를 없애 주는 효능(향이 강하므로 알맞은 사용 권장)
동충하초	• 겨울은 벌레, 여름은 풀의 형태를 띰 • 항암 작용, 몸이 허하고 춥고 열나는 증세와 구안와사증에 효과 • 인공 재배에 성공하여 수요량이 점차 늘고있음
산초	• 산초의 열매를 껍질째 건조시킨 것 • 알갱이 상태와 가루 상태로 빻은 것이 있고, 향기가 짙음 • 고기의 잡냄새를 없애 주고 절임 요리 등의 향을 내며, 식용 촉진 작용 • 사천요리(마파두부)에 많이 사용
고수	• 음식의 잡냄새를 제거, 향을 첨가할 때 쓰이는 효과적인 향신료 • 중국요리 및 쌀국수 요리에 많이 사용 • 입맛을 돋우고 소화를 촉진 시키며 위를 보 호하는 데 도움
진피	• 귤껍질을 말린 것, 씁쓸한 맛을 가짐 • 향이 좋아 향을 내거나 비릿 하고 느끼한 맛을 없앨 때 사용
월계수 잎	• 건조시킨 월계수 잎 - 단맛과 향긋한 향

6) 소스

(1) 소스 조리 시 주의점

① 소스의 농도, 광택, 색채 등 모든 요소가 조화롭게 이루어져야 한다.

② 인공적이지 않고 주재료의 순한 맛을 느낄 수 있어야 한다.

③ 색채는 주재료와 담는 그릇과 소스의 색깔이 조화를 잘 이룰 수 있도록 해야 한다.

④ 시각적으로 혐오감을 주는 색채는 피해야 한다.

(2) 전분으로 농도를 맞추는 방법

① 수분과 기름은 분리되는 성질이 있으므로 전분의 힘을 빌려 융화시키는 역할을 한다.

② 재료를 고온의 기름으로 처리하면 그 표면이 거칠다. 이것은 먹을 때 혀가 매끄럽게 느끼도록 해 준다.

③ 중국 요리는 뜨거울 때 먹는 것이 많으므로 잘 식지 않도록 전분으로 농도를 맞춘다.

예/상/문/제

01. 중국의 4대요리로 적합하지 않은 것은?

① 북경요리 ② 궁중요리
③ 사천요리 ④ 광동요리

02. 중국요리의 특징으로 올바르지 않는 것은?

① 산동요리(북경요리):궁중요리, 고급요리문화가발달
② 강소요리(상해요리):해산물을 많이 이용하며 기름지게 요리함
③ 사천요리: 사계절산물이 풍성해 다양한재료이용
④ 광동요리:추운 지방이라 매운 음식 위주로 만듦

03. 중국 조리의 기본 썰기 방법으로 틀린 것은?

① 정(띵) – 잘게 다지기
② 입(리) – 쌀알 크기로 썰기
③ 곤도괴(다오콰이) – 재료를 돌리며 도톰하게 썰기
④ 조(티아오) – 채썰기

04. 중식 칼의 종류 및 설명으로 옳은 것은?

① 채도(菜刀 차이다오) : 고기를 손질 할 때 사용하는 칼이다.
② 딤섬도(딤섬도 디엔 신 다오) : 딤섬 종류의 소를 뺄 때 사용하는 칼이다.
③ 곤도(滾刀愧 다오콰이) : 재료를 돌리면서 도톰하게 써는 칼이다.
④ 조각도(雕刻刀, 띠아오 커 다오) : 뼈를 절단하는 칼이다.

05. 다음 중 중식조리기구 가 아닌 것을 고르시오?

① 제면기 ② 풋(put)
③ 중화팬 ④ 구시

06. 다음 중식의 조리법 중 물을 사용하는 조리법이 아닌 것은?

① 돈(뚠) ② 작(짜)
③ 외(웨이) ④ 배(바)

07. 중국의 요리법 중 가장 오래된 방법으로 미리 음식의 재료에 간을 한 후 직화를 이용하여 익히며 북경오리구이를 만들 때 사용하는 방법은?

① 증(쩽) ② 폭(빠오)
③ 고(카오) ④ 소(샤오)

정답 01. ② 02. ④ 03. ① 04. ③ 05. ④ 06. ② 07. ③

02 중식 절임 · 무침 조리

1) 절임·무침 준비하기

(1) 절임의 정의

① 절임 식품이란 채소류, 과일류, 향신료, 야생식물류, 수산물 등을 주원료로 하여 식염, 식초, 당류 또는 장류 등에 절인 후 그로 또는 이에 다른 식품을 가하여 가공한 절임류, 당절임 등을 말한다.

② 절이는 방법은 원재료를 담은 용기(내열성이 강한 유리병이나 스테인레스 통)에 식초, 설탕, 간장 등을 부어 주는 것이 일반적이다.

③ 용기는 재료를 넣기 전 끓는 물에 소독하고 물기 등과 같은 이물질을 완전히 제거해야 함

④ 조미 식초는 물 : 식초 : 설탕의 비율이 2 : 1 : 1이 되도록 하는 방법을 많이 사용

⑤ 조미 식초는 끓는 뜨거운 상태일 때 재료에 부어야 원재료의 아삭함이 오래 유지된다.

⑥ 소금 절임 방부효과 : 식염 삼투압 증가 → 탈수 → 수분 활성 감소 → 미생물 생육 저지

(2) 절임과 무침에 많이 사용되는 채소의 종류

자차이(榨菜)

① 일종의 장아찌로 무처럼 생긴 뿌리를 소금과 양념에 절여서 만든 것

② 중국의 절임 김치라고 할 수 있으며, 중국 쓰촨성[四川省]의 대표적인 음식

③ 가늘게 썰어 낸 착채를 물에 헹궈 짠맛 빼기 → 잘게 썬 양파나 파, 오이를 곁들이기 → 설탕, 식초, 고추기름과 참기름을 더해 버무리기

④ 씹히는 식감이 좋으며 약간 짭짤한 맛이 입맛을 돋워줌

⑤ 촨차이라고도 함

향차이(芫荽)

① 파슬리과에 속하는 일년초

② 줄기와 어린잎에서 특유하고 독특한 냄새가 있는데 사람에 따라서 악취로 느낄 수도 있음

③ 동남아시아의 여러 나라에서 스파이스로 중요하게 사용

④ 종자는 과자, 쿠키, 빵 등의 향신료로 이용

⑤ 오이 피클이나 육류제품, 진, 스프의 향신료로 이용

청경채

① 성장 기간이 짧은 십자화과 채소
② 몸 전체가 녹색일 경우 청경채, 잎줄기가 백색일 경우 백경채라 부름
③ 모양과 색깔 때문에 고기 요리에 많이 곁들여 짐
④ 오래 보관하면 잎이 노랑색으로 변하기 때문에 즉시 사용해야 함
⑤ 절임과 무침에는 데쳐서 사용하거나, 소금에 절여서 사용함
⑥ 생으로 사용할 경우 식초, 간장, 젓갈, 고춧가루 등을 넣고 무침

무(radish)

① 십자화과의 뿌리채소
② 함유되어 있는 효소 : 디아스타제 풍부 → 소화를 촉진
③ 김치, 깍두기, 무말랭이, 단무지, 피클 등 쓰임새가 매우 다양
④ 껍질에 비타민 C가 많이 있으므로 껍질을 도려내지 말고 깨끗이 씻어서 먹는 것이 좋음

당근(carrot)

① 붉은색이 진하고 껍질이 매끄러우며, 단단하고 무거운 것이 좋음
② 재배할 때 햇빛을 많이 받은 것 : 당근의 머리 부분에 검은빛이 많은 것 → 단맛이 적고 중앙에 심이 굵게 들어있어 조리에 사용하지 않는 것이 좋음
③ 황색(黃色) 색소의 카로틴(carotene)과 비타민A 성분이 있음
④ 베타카로틴은 7,000mg(익힌 것 8,300)이상으로 가장 풍부하게 함유
⑤ 당근의 카로틴 성분은 주로 껍질에 함유되어 있으므로 먹을 때 껍질을 깎지 말고 그대로 물에 씻어 먹는 것이 좋다고 함
⑥ 생으로 먹으면 카로틴 흡수율이 10% 이하이지만 기름에 조리하여 섭취하면 60% 이상 높아지므로 조리하여 먹는 것이 좋음

양파(洋葱)

① 고추, 마늘 등과 더불어 여러 가지 요리의 향신료와 조미료로 이용
② 항균효과, 중금속의 해독작용, 콜레스테롤의 감소 및 항동맥경화 효과, 혈당저하 효과, 심혈관계질환 예방효과, 항암효과 등
③ 양파를 다지거나 썰어서 양념 형태로 조리하거나 샐러드 등의 생식으로도 이용
④ 가공식품으로는 분말, 기름, 피클 등이 있음

마늘(大蒜)

① 김치 제조에 사용되는 주요 향신료
② 항균, 항암, 항바이러스, 항산화, 면역증강, 혈액응고 억제, 스테미나 증강, 체질개선, 성인병 예방, 간 기능 회복, 피부미용, 혈당치 감소, 고지혈증 및 동맥경화증 개선, 뇌기능 향상 등
③ 마늘의 항균작용: 알리신(allicin; 알린(alliin)이 알리나아제(allinase) 효소에 의해 분해되어 생성) 때문

고추(名词)

① 고추의 매운맛 : 캡사이신(capsaicin)이라는 성분 때문, 고추씨에 가장 많고 껍질에 있음
- 캡사이신은 기름의 산패를 막아 주고 젖산균의 발육을 돕는 기능을 함
- 뇌에서 기분이 좋게 만드는 엔돌핀 생성을 촉진시키는 역할
- 혈관을 확장시켜 혈액순환을 잘 되게 하여 체온이 높아지는 것
- 위산분비를 촉진, 단백질 소화를 도움
- 장내에서 세균의 번식을 막는 젖산균의 발육을 도움

② 캡사이신은 식도, 위, 장을 거쳐 배설될 때까지 자극
③ 지나치게 먹으면 간, 신장에 부담
④ 생식, 조림, 절임, 장아찌, 조림, 전, 잡채, 튀김, 고춧가루, 고명 등

배추(白菜)

① 김치의 주재료로 무·고추·마늘과 함께 우리나라 4대 채소에 속함
② 비타민과 무기질 공급원으로 우수

양배추(圆白菜)

① 식용 부위는 칼로리는 낮지만 비타민 C, 칼슘이 풍부
② 무기염류 공급, 포만감 제공
③ 중국요리에서는 소금에 절여서 피클에 사용
④ 피클, 김치, 생식, 쌈, 샐러드, 즙 등

땅콩

① 지방질과 단백질을 많이 함유한 고열량 식품
② 직접 식용으로 이용되거나, 식용유, 버터, 마가린 등 다양한 분야에 이용
③ 단백질, 지질, 탄수화물, 무기질 비타민을 고루 함유
④ 하루 섭취량은 성인 기준, 하루에 약 15~20알 정도(이상 먹을경우 살이 찌거나 부작용이 있을 수 있음)

⑤ 콜레스테롤 수치를 낮춰주는 리놀렌산과 올레인산 같은 불포화지방산 함유
⑥ 중국요리에서는 땅콩을 물에 물려서 소금을 넣고 삶아 반찬으로 곁들여 사용하거나 소금을 넣고 볶아서 사용함

(3) 절임·무침류에 사용되는 향신료와 조미료

㉠ 향신료

- 요리의 향과 맛을 살리고, 육류와 어패류의 비린내와 같은 잡냄새를 없애며, 음식의 향미를 낸다.
- 중국요리에서 사용되는 향신료의 종류 : 장(생강:姜), 충(파:葱), 쏸(마늘:蒜), 화자오(산초씨), 띵샹(정향: 丁香), 팔각(八角), 따후이(회향:大茴), 계피(桂皮), 샤오후이(회향:小香), 천피(귤껍질) 등이 있다.

㉡ 조미료

종류	특징
간장	• 음식의 간을 맞추는 기본양념 • 짠맛·단맛·감칠맛 등이 복합된 독특한 맛과 함께 특유의 향을 가짐 • 묽은간장 : 담근 햇수가 1~2년 정도, 국을 끓이는 데 사용 • 중간 장 : 찌개나 나물을 무칠 때 사용 • 진간장 : 담근 햇수가 5년 이상, 달고 가무스름하여 약식(藥食)이나 전복초(全鰒炒) 등을 만드는 데 사용
굴소스	• 신선한 생굴을 으깬 다음 끓여서 조려서 농축시켜 만든 것 • 볶음요리, 튀김요리, 찜요리 등에 다양하게 사용 • 해산물 요리에 간장과 함께 사용하면 시원한 국 물맛을 낼 수가 있어 중식당에서 가장 많이 사용
흑초	• 검은콩으로 발효시켜 만든 식초로 독특한 향기와 맛을 가짐 • 요리를 흰색으로 만들고 싶을 때는 보통 식초와 혼합하여 사용 • 광동요리에 많이 사용
고추기름	• 식용유를 끓여서 팔각, 파, 생강, 양파와 같은 향신료를 으깨서 받친 다음, 고춧가루를 매운맛과 향을 낸 것 • 향기와 매운맛과 좋은 풍미가 잘 어울리는 음식을 만들 때 사용 • 사천요리에는 빠뜨릴 수 없는 조미료 • 자차이와 같은 반찬을 버무릴 때 많이 사용

막장	• 검은콩, 밀, 누에콩, 고추를 발효시켜 만든 것 • 검고 윤기 나는 것이 우수한 제품 • 볶음 요리나, 찜 요리, 생선에 얹어서 먹거나 반찬류의 무침 또는 절임 요리에 사용 • 생채소에 찍어 먹거나, 냄비 요리에 조미 국물로 넣기도 함
싱겁게 간을 한 해선장	• 북경요리에 많이 사용되는 된장 • 그대로 혹은 다른 조미료와 섞어서 사용 • 북경 오리 요리에 소스로 곁들임
새우간장	• 새우젓 같이 독특한 냄새를 지녔으며, 요리의 강한 맛을 냄 • 볶음요리, 수프, 탕, 조미 국물이나 소스용
겨자장	• 사천요리에서 많이 사용 • 고추기름과 함께 매운맛의 기초 • 마파두부와 같은 볶아서 완성되는 요리에 많이 사용 • 식탁에서 주재료를 찍어먹는 조미료로 사용
기타 조미료	• 흰설탕, 붉은 설탕, 얼음설탕, 순두부, 버터, 파, 양파, 생강, 새우기름, 고추장, 풋고추, 파기름, 참기름, 쇠기름, 돼지기름, 고추, 소금, 식초, 꿀 등 • 노추(노두유) : 관동 일대에서 쓰는 색깔이 진한 간장을 말한다. 노두추 또는 노추라고도 하며 색이 진하며 짠맛은 강하지 않고 주로 색을 낼 때 사용한다.

2) 절임류 만들기

절임 식품이란 채소류, 과일류, 향신료, 야생식물류, 수산물 등을 주원료로 하여 식염, 식초, 당류 또는 장류 등에 절인 후 그로 또는 이에 다른 식품을 가하여 가공한 절임류, 당절임을 말한다.

(1) 김치

① 우리나라의 지방에 따른 김치의 특색은 고춧가루의 사용량과 젓갈의 종류들에 따라 생겨남

② 북쪽의 추운 지방 : 고춧가루를 적게 쓰는 백김치 · 보쌈김치 · 동치미 등

③ 호남지방 : 매운 김치

④ 남쪽지방 : 짠 김치

⑤ 중부 · 북부지방 : 새우젓 · 조기젓을 많이 사용, 남부지방 : 멸치젓 · 갈치젓을 많이 사용

(2) 피클

① 우리나라의 전통식품인 장아찌와 제조방법이 비슷한 서양식 반찬요리
② 오이, 작은 양파, 토마토, 피망, 양배추, 콜리플라워, 당근, 비트, 버섯, 버찌, 올리브 등을 다양하게 소금에 절인 뒤 식초, 설탕, 향신료를 섞은 액에 담가 절인 음식
③ 대체로 설탕, 소금, 식초를 섞은 조미 식초에 절이는 방법, 향신료를 섞은 소금물에 절여서 발효시키는 방법이 있음
④ 초 절임법과 피클 : 산에 의해 부식이 되는 금속성 철 용기는 피하고, 유리나 돌로 만든 항아리가 적당
⑤ 스테인리스 용기나 알루미늄 용기 : 소금물에 닿으면 부식될 우려가 있음

(3) 장아찌

① 장지(醬漬) 또는 장과(醬瓜)라고 함
② 무, 오이, 고추, 가지, 깻잎 등의 채소류와 굴비, 전 복 등의 어패류, 김과 파래 등의 해조류를 간장, 된장, 고추장, 젓갈, 식초 등의 절임원에 담가 침장액의 삼투와 효소의 작용으로 독특한 풍미를 내게 하는 저장 발효 식품
③ 작채(자차이: 榨菜)는 중국의 표적인 절임 장아찌라고 볼 수 있다.

추가tip 미추

쌀을 발효시켜 만든 중국 전통 식초를 말하며, 알콜 성분이 많이 들어있어 소독하는 데 많이 사용된다고 한다. 이 식초의 맛은 우리나라의 사과 식초보다 농도가 강하고 은은한 막걸리 같은 맛도 나기도 한다. 이것은 요리에 뿌려 먹기도 하고 무침에 많이 사용한다.

3) 무침류 만들기

① 채소나 말린 생선, 해초 따위에 갖은 양념을 하여 국물 없이 무치거나 볶아서 식초, 설탕 ② 등의 양념을 넣고 버무려서 제공하는 음식
③ 먹기 직전에 만들어 식탁에 올려야 고소하고 신선한 재료의 특유의 맛을 그로 낼 수가 있음
④ 봄에 나는 신선한 나물류, 말린 해산물 → 무침에 많이 사용
⑤ 양념 : 고추기름, 파기름, 고춧가루, 향신료, 소금, 후추, 식초, 마늘, 설탕이 많이 사용

4) 절임 보관·무침 완성하기

(1) 식품의 저장 원리

양적 가치, 기호적 가치, 위생적 가치 등을 포함한 식품의 품질을 변하지 않게 보전하는 것

(2) 절임·무침 저장원리

원인	요인	대책
물리적 요인	수분	건조
	온도	냉동, 냉장
	빛	차광
화학적 요인	공기	진공, 산화제, 수분 조정
	pH	완충제(산, 알칼리)
	식품 성분 반응	가열
	금속이온	사용 억제
생물학적 요인	미생물	가열, 냉동, 보존료, 수분 조절
	효소	가열, pH 조절, 저온
	곤충	훈증
	동물	약제, 기계적 방제

(3) 식품 변질을 방지하는 원리

수분 활성(water activity; Aw) 조절	탈수 건조, 농축, 염장, 당장
온도 조절	냉장·냉동 보존
pH 조절	산장
가열 살균	통조림, 병조림, 레토르트 식품
광선 조사	자외선 조사, 방사선 조사
산소 제거	가스 치환(CA 저장), 진공포장, 탈산소제 사용

(4) 저장방법

건조법

1. 자연 건조법 : 태양열과 자연통풍을 이용하는 방법, 곡류와 생선은 건조시켜 저장, 효율적이어서 다른 첨가적인 처리가 필요하지 않음
2. 인공 건조법 : 터널 건조법, 분무 건조법, 진공 건조법 등
3. 탈수는 미생물의 성장을 억제하는 효과적인 방법
4. 건조로 인한 수분 손실로 인해 식품에는 영양소가 농축됨

발효와 초절임

1. 미생물은 특정 조건 아래에서 산소와 알코올을 이용한 발효 → 절임 저장 같은 바람직한 효과
2. 산도, 이용 가능한 탄수화물, 산소, 온도에 따라 식품 속에서 생장하는 미생물과 그로 인한 식품 변화에 영향
3. 소금 첨가 : 나쁜 미생물을 불활성화 → 발효에 적당한 환경을 만듦

당장법

1. 설탕을 첨가하여 식품의 삼투압을 높여 미생물의 생육 저지 효과를 이용한 저장법
2. 과일 및 뿌리채소에 주로 이용
3. 설탕은 농도가 높을 때 재료로부터 강하게 탈수하여 수분을 완전히 빼냄 → 미생물이 번식할 수 없음 → 방부효과가 발휘
4. 식품의 산화 방지 작용

훈연법

1. 어류·육류를 소금에 절인 후 참나무, 자작나무, 오리나무 및 호두나무 등의 목재를 태워서 생기는 연기의 화학 성분을 식품 표면에 부착 및 침투시켜 건조시키는 방법
2. 연기 : 방부제 역할(포름알데히드와 일련의 알코올 성분 등)
3. 훈연 중의 건조작용 → 미생물이 살 수 없는 환경을 만들어 고기를 오래 보존
4. 연어·송어·청어·굴 및 조개와 같은 훈제 어패류와 소시지·햄 및 베이컨 등의 육제품이 있다.
5. 훈연법은 낮은 온도에서 훈연하는 냉훈법과 가열하면서 훈연하는 온훈법으로 나뉜다.

염장법

1. 삼투 작용에 의해 식품이 탈수되어 세균이 생육하는 데 필요한 수분이 감소되고, 식품에 붙어 있던 세균도 삼투압에 의해 원형질 분리가 일어나 미생물의 생육이 억제되는 원리를 이용한 저장법
2. 소금을 넣어 소금 용질의 농도를 높여 식품 내 수분 활성도 낮춘 원리
3. 건염법(dry curing) : 고기나 생선에 굵은 소금을 뿌려 재우는 방법

4. 염수법(brine curing) : 고기를 진한 농도의 소금물에 담그는 방법
5. 채소류로는 오이지, 무짠지 등의 장아찌류, 김치류
6. 새우젓·멸치젓·조개젓·게젓 등의 젓갈류와 자반류는 부패되기 쉬운 육류, 어류 및 물고기알 등에 소금을 첨가하여 만들어서 저장한 식품이다.

움저장법

1. 땅을 파고 그 속에 농산물을 통으로 또는 가공하여 저장하는 방법
2. 창고시설이나 냉장시설이 발달하지 않았던 시절에 농산물을 오래 저장하려고 겨울철에 많이 이용했던 방법
3. 감자, 고구마, 무, 김장김치 등

예/상/문/제

01. 다음 중 절임과 무침에 사용되는 채소가 아닌것은?

① 자차이 ② 향차이
③ 청경채 ④ 빠스

02. 절임 .무침의 저장원리 중 물리적 요인과 대책이 바르게 짝지어지지 않은 것은?

① 수분 – 건조 ② 온도 – 냉동, 냉장
③ 빛 - 차광 ④ 공기 – 진공, 산화제

03. 다음 중 식품 변질을 막는 원리로 적당하지 않은 것은?

① 수분 활성 조절 – 탈수 건조
② pH조절 – 산장
③ 온도 조절 – 실온보관
④ 산소 제거 – 진공포장

04. 식품의 저장방법 중 명칭과 설명이 잘못 짝지어진 것은?

① 움저장법 – 미생물의 특정 조건 아래 산소와 알코올을 이용한 방법
② 당장법 – 설탕을 첨가하여 삼투압을 높인 방법
③ 인공건조법 – 분무건조법, 진공건조법 등
④ 훈연법 – 소금에 절인 육류에 목재를 태워 생기는 성분으로 건조시키는 방법

05. 염장법에 대한 설명 중 틀린 것은?

① 삼투작용에 의해 식품이 탈수된다.
② 염수법은 고기를 진한 농도의 소금물에 담그는 방법이다.
③ 소금 용질의 농도를 높여 식품 내 수분활성도를 낮춘 것이다.
④ 미생물의 생육을 촉진시켜 맛을 좋게 하는 원리이다.

정답 01. ④ 02. ④ 03. ③ 04. ① 05. ④

03. 중식 육수·소스 조리

1) 육수 준비하기

(1) 육수

육수는 음식을 만들기 앞선 요리의 시작이다. 소뼈, 닭뼈, 생선뼈, 채소, 향신료 등을 물과 함께 끓여 우려낸 국물로 부재료와 주재료를 혼합할 때나 소스를 만들 때 음식의 맛과 소스의 맛을 결정하는 가장 주요한 과정이라 할 수 있다.

(2) 뼈

육수를 만들기 위해서는 뼈의 선택이 중요하다. 신선한 뼈를 이용할수록 육수의 맛과 향이 향기롭다. 뼈는 종류에 따라서 각각의 향을 갖고 있어 음식을 만들 때 육수를 선택하여 사용해야 한다. 뼈 속에는 연골, 콜라겐, 젤라틴 등이 포함되어 있으며, 물과 함께 가열 시 이러한 성분들이 용해되며 추출된다.

소뼈	• 소와 송아지 뼈에 힘살과 연골이 많이 포함되어 있음 • 콜라겐은 조리 과정에서 물과 함께 젤라틴으로 변하게 된다. 완성된 육수는 풍부한 단백질과 무기질이 포함되어 있음
돼지뼈	• 특유의 냄새가 있으므로 냄새를 제거할 수 있는 향신 채소나 향신료를 적절히 사용하는 것이 좋다.
닭뼈	• 다른 뼈에 비하여 가격이 저렴하고 중국 조리에서 가장 많이 사용되는 육수 • 살을 제거한 닭뼈 전체를 모두 사용하거나 통째로 육수를 생산할 수 있음
갑각류	• 꽃게, 랍스터 등 갑각류들을 이용하여 부재료를 첨가하여 육수를 생산

(3) 육수의 조리과정

① 찬물에서 시작

- 육수를 생산할 때에는 반드시 찬물로 재료를 충분히 잠길 정도까지 부은 다음 시작한다.
- 찬물은 뼈 속에 남아 있는 핏기와 불순물을 용해시킨다.
- 열을 가하면 분순물들이 굳어져서 표면 위로 떠오르게 된다. 이때 불순물을 제거한다.
- 뜨거운 물로 육수를 시작하면 불순물이 빨리 굳어지고 뼈 속에 있는 맛들이 우러나지 않고 육수가 혼탁해진다.

② 센 불로 시작하여 약한 불로 끓이기

- 육수가 끓기 시작하면 불의 세기를 조절하여 육수의 온도가 섭씨 약 90도를 유지하게 하여 은근하게 끓여 준다.
- 은근히 끓는 동안 뼈 속에 포함되어 있는 맛과 향이 물속으로 용해될 수 있도록 충분한 시간을 두고 조리해야 한다.
- 센 불에서 끓이면 육수 내용물의 움직임이 빨라지면서 불순물과 기름기가 물과 함께 엉키어 혼탁해진다.

③ 거품 및 불순물 제거

- 표면 위로 떠오르는 불순물은 처음 끓어오르기 시작할 때 가장 많으므로 국자로 제거해 준다.
- 불순물을 제거하지 않으면 육수를 혼탁하게 하는 원인이 되므로 일정한 시간을 두고 지속적으로 불순물을 제거해 준다.

④ 육수 걸러 내기

- 완성된 육수는 내용물과 국물을 서로 분리해야 한다.
- 육수 표면 위에 기름기나 불순물이 많이 남아 있는 경우 → 국물을 분리하기 전에 제거
- 걸러 낸 육수 위로 기름기가 떠 있는 경우 → 국자와 흡수지를 이용하여 걷어내기
- 쿨링탱크에 육수를 집어넣어 빠른 시간에 기름기를 응고시키고 건지는 방법도 있다.

⑤ 냉각

- 육수 대량 생산 시 냉각 상태가 양호해야 수의 변화를 늦출 수 있고, 안정하게 육수를 보관할 수 있다.
- 육수를 거른 후에는 재빨리 식히는 것이 박테리아 증식을 줄일 수 있다.
- 열전달이 빠른 금속 기물을 사용하고, 냉각 중에는 육수를 한 번씩 저어 주어 보다 빨리 냉각되도록 한다.

⑥ 저장

- 냉각된 육수는 뚜껑이 있는 용기로 옮겨 담아 냉장고에 보관하게 된다.
- 냉각이 된 육수 표면에 기름기가 굳어 있게 되면 제거해 준다.
- 용기 뚜껑에는 만든 날짜와 시간을 기록한다.
- 육수를 보다 오랜 시간 저장하고자 할 때에는 냉동시켜 보관한다.
- 냉장 보관 육수는 3-4일 내에 사용하고, 냉동 보관된 육수는 5~6개월까지 보관이 가능하다.

2) 소스

(1) 소스의 구성 요소

육수	• 소스의 맛을 좌우하는 가장 기본이 되는 요리 • 소고기, 닭고기, 돼지, 각류, 야채류, 향신료 같은 재료의 본맛을 낸 국물 • 보관 시 이물질이나 다른 향이 스며들지 않도록 주의
농후제	• 대부분 녹말이 젤라틴화되는 원리를 이용한 것(전분의 호화로 인한 점성을 이용) • 농후된 소스 : 구강 내에 머무르는 시간이 늘어나서 맛을 느낄 수 있는 시간이 길어지고, 음식의 감촉을 좋게 하여 맛의 느낌을 후각이나 촉각 등으로 확대시킬 수 있음 • 부드러운 분말 형태, 옥수수, 감자, 고구마 전분, 애로우 루트 등

(2) 가공 소스류 종류와 특징

종류	특징
두반장	• 발효시킨 메주콩에 고추를 갈아 넣고 양념을 첨가한 것 • 맵고 칼칼한 맛을 내는 요리에 사용 • 마파두부, 새우 칠리소스, 돼지고기 요리, 냉채 요리 등의 소스
춘장	• 대두, 소금,(밀가루)을 이용하여 발효시킨 중국식 된장 • 색깔 : 검갈색 → (6개월 정도 발효를 시키면) 검은색 → 맛이 깊어짐 • 가열 하면 짠맛이 엷어지고 단맛이 올라옴
고추기름	• 고춧가루를 80~90°C의 기름에 볶아 우려 만든 기름 • 매운 향, 매운맛을 내는 요리나 고기 특유의 냄새를 잡을 때 사용
파기름	• 파를 뜨거운 기름에 끓여 만든 것 • 파의 감칠맛과 풍미가 있어 모든 요리에 두루 사용 • 보관 시에 냉장 보관(산화 방지)
생추왕 간장	• 광동 일대에서 사용하는 비교적 색깔이 짙은 간장 • 노추보다 약간 묽은 짠 간장
해선장	• 대두를 중심으로 발 효시킨 소스 • 짠맛과 단맛, 특유의 고소하며 독특한 향 → 딥 소스, 국, 구이용
XO 소스	• 고추기름에 건관자, 건새우, 건고 추, 중식 햄, 게, 말린 전복, 송로버섯 등 값비싼 식재료를 잘게 자른 후 고추기름에 볶은 것 • 건더기 중심의 소스(홍콩에서 시작) • 주로 딥핑 소스로 많이 쓰이며, 볶음 요리에도 널리 사용

두시장	• 황두, 흑두를 삶아서 찐 뒤에 발효시킨 것 • 건두시, 강두시, 수두시 세 종류 로 분류
황두대장 (황두장)	• 밀가루, 대두, 소금, 누룩을 섞은 후 4개월 이상 발효를 시켜 만든 것 • 북경요리와 태국 요리에 많이 쓰이고 • 양념과 딥핑 소스로 이용 가능 • 닭고기, 쇠고기, 생선을 포함한 해산물에 잘 어울림
겨자 가루	• 중국 냉채 요리(양장피, 새우 냉채 등)에 빠지지 않고 이용되는 소스 • 매운맛과 향이 좋고 해독 작용이 있어 식중독 예방에 효과 • 미지근한 물에 개어 따뜻한 곳에 숙성(약 15분)시켜 사용
검은 콩 소스	• 주로 광동요리에 많이 사용되며 독특한 향과 맛을 가짐 • 보통 식초와 섞어서 사용할 수도 있음
매실 소스	• 중국 매실과 생강 고추를 섞어 만든 소스 • 매실의 연육 작용 → 육류 구이용 • 향도 뛰어남 → 튀김 요리의 소스
치킨 파우더	• 중국요리에는 닭뼈 육수를 많이 쓰는데 가정집에서 닭 육수를 간편히 만들 때 사용 • 물과 함께 끓여 국물을 내거나 볶음 요리에 첨가하여 감칠맛을 냄
홍초 (레드 비네거 소스)	• 쌀 식초, 찹쌀, 아니스, 계피, 정향 등으로 만든 식초 • 딤섬과 함께 제공
친키앙 비네거	• 냉면 육수, 갈비구이 등 여러 요리에 사용

3) 육수·소스 완성·보관하기

(1) 육수·소스 관리하기

온도 관리

- 세균 : 0℃ 이하나 80℃ 이상에서는 증식이 어려우며 16℃~49℃에서 가장 빠르게 증식
- 요리를 만들 때 60℃ 이상으로 가열하여 4℃ 이하로 냉각시켜 보관하는 것이 세균의 증식을 억제하는 저장방법

pH 관리

- 세균 : 중성 혹은 알칼리성에서 잘 번식
- 곰팡이 : 산성에서 증식
- pH 6.6~7.5 사이 : 증식 왕성
- pH 4.6 이하 : 증식 정지
- 레몬주스나 토마토 주스, 식초(산성 재료)는 세균이 증식할 수 없는 환경

예/상/문/제

01. 육수와 소스 완성 후 관리할 때 옳지 않은 것은?

① 0℃ 이하에서는 세균의 증식이 어렵다.
② 곰팡이는 알칼리성에서 증식한다.
③ pH 4.6 이하에서 세균의 증식은 멈춘다.
④ 세균은 16℃~49℃에서 가장 빠르게 증식한다.

02. 가격이 저렴하고 중식에서 가장 많이 사용되는 육수로 옳은 것은?

① 돼지뼈
② 소뼈
③ 닭뼈
④ 갑각류

03.육수의 조리과정순서가 올바른 것은?

① 찬물에서 시작 → 센불에서 약불로 끓이기 → 육수 거품 제거 → 냉각 → 저장
② 찬물에서 시작 → 약불에서 센불로 끓이기 → 냉각 → 저장
③ 뜨거운물에서 시작 → 육수거르기 → 센불에서약불로 → 저장 → 냉각
④ 뜨거운물에서 시작 → 약불에서 센불로 끓이기 → 육수 거르기 → 냉각 → 저장

04. 다음 중 소스 조리의 주의점이 아닌 것은?

① 소스의 농도, 광택, 색채 등 모든 요소가 조화롭게 이루어져야 한다.
② 소스는 인공적인 맛을 잘 표현해야 한다.
③ 채는 주재료와 담는 그릇과 소스의 색깔이 조화를 잘 이룰 수 있도록 해야 한다.
④ 시각적으로 혐오감을 주는 색채는 피해야 한다.

05. 중식 요리에서 소스의 농도를 맞출 때 주로 사용하는 농후제는?

① 밀가루 ② 버터
③ 전분 ④ 달걀

06. 전분의 농도를 맞추는 방법으로 올바르지 않은 것은?

① 수분과 기름은 분리되는 성질이 있으므로 전분의 힘을 빌려 융화시키는 역할을 한다.
② 재료를 고온의 기름으로 처리하면 그 표면이 거칠다. 이것은 먹을 때 혀가 매끄럽게 느끼도록 해 준다.
③ 중국 요리는 뜨거울 때 먹는 것이 많으므로 잘 식지 않도록 전분으로 농도를 맞춘다.
④ 전분은 가루 형태 그대로 사용하여 조리하는 것이 좋다.

정답 01. ② 02. ③ 03. ① 04. ② 05. ③ 06. ④

04. 중식 튀김 조리

1) 튀김 조리하기

(1) 식품공전 기준 유지의 정의 및 유형

① 식품공전상 유지의 정의

식용 유지라 함은 유지를 함유한 식물(파쇄분 포함) 또는 동물로부터 얻은 원유를 원료로 여 제조 · 가공한 기름을 말함

② 식품공전상 유지의 유형

조리법	특징	
콩기름 (대두유)	콩으로부터 채취한 원유를 식용에 적합하도록 처리한 것	
옥수수기름 (옥배유)	옥수수의 배아로부터 채취한 원유를 식용에 적합하도록 처리한 것	
채종유 (유채유 또는 카놀라유)	유채로부터 채취한 원유를 식용에 적합하도록 처리한 것	
올리브유	압착 올리브유	• 올리브 과육을 물리적, 기계적인 방법으로 압착·여과
	정제 올리브유	• 올리브 원유를 정제시킨 것
	혼합 올리브유	• 압착 올리브유 + 정제 올리브유
참기름	압착 참기름	• 참깨를 압착하여 얻은 것
	초임계 추출 참기름	• 이산화탄소(초임계 추출)로 추출한 것
	추출 참깨유	• 참깨로부터 추출한 원유를 정제한 것
들기름	압착 들기름	• 들깨를 압착하여 얻은 것
	초임계 추출 들기름	• 이산화탄소(초임계 추출)로 추출한 것
	추출 들깨유	• 들깨로부터 추출한 원유를 정제한 것
해바라기유	• 해바라기의 씨로부터 채취한 원유를 식용에 적합하도록 처리한 것 • 해바라기유(압착 해바라기유 포함), 고올레산 해바라기유	
미강유(현미유)	• 미강으로부터 채취한 원유를 식용에 적합하도록 처리한 것	
홍화유 (사플라워유 또는 잇꽃유)	• 홍화씨로부터 채취한 원유를 식용에 적합하도록 처리한 것 • 홍화유, 고올레산 홍화유	
목화씨 기름 (면실유)	• 목화씨로부터 채취한 원유를 식용에 적합하도록 처리한 것 • 목화씨 기름, 목화씨 샐러드유, 목화씨 스테아린유	
팜유류	• 팜의 과육으로부터 채취한 팜유, 팜유를 분별한 팜올레인유 또는 팜스테아린유, 팜의 핵으로부터 채취한 팜핵유를 말함	

땅콩기름 (낙화생유)	• 땅콩으로부터 채취한 원유를 식용에 적합하도록 처리한 것 • 땅콩기름, 정제 땅콩기름
야자유	• 야자 과육으로부터 채취한 원유를 식용에 적합하도록 처리한 것
혼합 식용유	• 이 공전에서 제품 유형이 정하여진 2종 이상의 식용유지(다만, 압착한 참기름, 압착한 들기름, 향미유 제외)를 단순히 혼합한 것
가공 유지	• 식용 유지류에 수소 첨가, 분별 또는 에스테르 교환의 방법에 의하여 유지의 물리, 화학적 성질을 변화시킨 것 • 식용에 적합하도록 정제한 것
쇼트닝	• 식용 유지를 그대로 또는 이에 식품첨가물을 가하여 가소성, 유화성 등의 가공성을 부여한 고체상 또는 유동상의 것
마가린류	• 식용 유지(유지방 포함)에 물, 식품, 식품첨가물 등을 혼합하고 유화시켜 만든 고체상 또는 유동상인 마가린과 저지방 마가린(지방 스프레드)을 말함 • 유지방 원료로 할 때는 제품의 지방 함량에 대한 중량 비율로서 50% 미만일 것
고추씨 기름	• 고추씨로부터 채취한 원유를 식용에 적합하도록 처리한 것 • 압착 고추씨 기름, 고추씨 기름을 말함
향미유	• 식용 유지(다만, 압착 참기름, 초임계 추출 참기름, 압착 들기름, 초임계 추출 들기름은 제외)에 향신료, 향료, 천연추출물, 조미료 등을 혼합한 것(식용 유지 50% 이상) • 조리 또는 가공 시 식품에 풍미를 부여하기 위하여 사용하는 것

2) 중식 튀김 조리

(1) 기름을 사용한 중식 조리법

초(炒)	재료의 크기와 모양을 일정하게 자르고 적은 양의 기름을 넣고 불의 세기를 조절하며 단시간 뒤섞으며 익히는 조리 방법
폭(爆)	재료를 1.5cm 정육면체로 썰거나 칼집을 내준 후 뜨거운 기름, 육수, 물 등으로 열처리한 후 센 불에서 빠르게 볶아 내는 조리법
전(煎)	달궈진 팬에 기름을 약간 두르고 손질해둔 재료들을 팬에 펼쳐 중불이나 약불에서 한 쪽 혹은 양쪽 면을 지져서 익히는 조리 방법
첩(貼)	보통 세 가지 재료를 사용하는데, 한 가지 재료는 곱게 다져 편을 낸 다른 재료 위에 올리고, 남은 한 재료로 덮어준다. 편으로 썬 재료를 닿게 하여 바삭하게 지져내고 물을 부어 수증기로 익히는 조리법
류(熘)	재료들을 녹말이나 밀가루로 튀김옷을 입혀 튀기거나 삶거나 찐 후 소스를 재료 위에 부어 주거나 버무려 내는 조리 방법
작(炸)	팬에 기름을 넉넉히 넣어 손질한 재료를 넣고 튀기는 조리법
팽(烹)	적당한 크기로 준비한 재료들을 밑간하여 지지거나, 튀기거나, 볶아 낸 뒤, 부재료와 조미료를 넣어 섞으면서 소스를 재료에 흡수시키는 조리법

(2) 중식 튀김옷 재료

㉠ 전분

- 튀김에 사용하는 전분의 종류 : 감자 전분, 옥수수 전분, 고구마 전분
- 보편적으로 튀김에는 한 종류의 전분을 사용하기도 하고, 두 종류의 전분(감자 전분 + 옥수수 전분, 옥수수 전분 + 고구마 전분 종류)을 혼합하여 사용하기도 한다.
- 소스의 농도를 맞출 때는 감자 전분을 많이 활용한다.

㉡ 밀가루

- 튀김에는 글루텐이 적고 탈수가 잘 되는 박력분을 많이 활용
- 튀김옷 : 재료의 수분 및 맛난 맛 성분의 증발을 줄이고 적당히 기름을 흡수해야만 맛과 풍미가 좋아진다.

㉢ 물

- 찬물 이용 : 단백질의 수화를 늦게 하고 글루텐 형성을 저해하기 위해서

㉣ 달걀

- 튀김옷의 경도를 도와주고 맛도 좋게 한다.
- 튀김이 오래되면 눅눅해지고 질감이 떨어지는 단점이 있다.

㉤ 식소다

- 튀김옷을 반죽할 때 소량의 식소다를 사용하면 가열 중 탄산가스를 방출하고 수분을 증발시켜 튀김옷의 수분 함량이 낮아지면서 가볍게 튀겨진다.
- 쓴맛이 발생할 수 있다.

㉥ 설탕

- 튀김옷을 반죽할 때 소량의 설탕을 첨가 → 튀김옷의 색이 적당하게 갈변, 글루텐 형성 저해 → 튀김옷이 부드럽고 바삭해짐

(3) 튀김 조리 시 주의 사항

① 튀김을 할 때 재료의 투입은 기름양의 60%를 넘지 않게 한다. (한꺼번에 너무 많이 넣으면 기름 온도가 급격하게 떨어져 재료에 기름의 흡유량이 늘어난다.)

② 두꺼운 팬을 사용하면 튀김 온도의 변화가 적어 맛있는 튀김이 된다.

③ 안전사고 및 튀김의 완성도를 위해 튀김 재료의 수분은 제거한다.

④ 튀김옷은 재료의 양을 고려하여 만든다.

⑤ 기름에 튀김을 넣은 다음 조리용 젓가락으로 살짝 흔들어 주면 가지런히 튀겨진다.

⑥ 물 반죽으로 튀김을 할 때 재료 표면에 전분 가루를 묻히면 재료 표면에 마찰력이 커져 튀김옷이 잘 붙고 모양이 단정하게 나온다.

추가tip 튀김 온도, 시간, 재료와의 관계

- 튀김에 적합한 유지 : 정제가 잘되고 발연점이 높은 식물성 유지나 유화제가 들어있지 않은 유지류
- 압착유 및 물과 유화제가 들어 있는 버터나 마가린 등은 발연점이 낮아 튀김에는 적당하지 못함
- 튀김 시 튀김 온도가 낮거나 튀김 재료의 특성에 따라, 튀김 시간이 길거나, 재료 표면의 상태, 당, 수분 등이 많을 때는 기름의 흡수량이 많아짐
- 튀김은 식품의 종류와 크기, 튀김옷에 따라 온도가 다름
- 어패류는 섭씨 170℃에서 1~2분 정도, 채소는 160~170℃에서 3분 정도, 육류는 1차 튀김 시 165℃에서 8~10분 정도, 2차 튀김은 190~200℃에서 1~2분 정도, 두부는 160℃에서 3분 정도가 적당함

3) 튀김 완성하기

(1) 중국 그릇(식기)의 분류

① 챵야오판(橢圓形盘子, 타원형 접시)

장축이 17~66cm 정도이다. 음식 형태가 길면서 둥근 모양이거나 장방형 음식을 담는 데 적합한데, 특히 생선, 오리, 동물의 머리와 꼬리 부분을 담을 경우에 사용한다.

② 위엔판(圆形盘子, 둥근 접시)

지름이 13~66cm 정도이다. 중식에서 가장 많이 사용하는 그릇으로 수분이 없거나 전분으로 농도를 잡은 음식을 담는 데 사용한다.

③ 완(碗, 사발)

지름이 3.3~53cm 정도로 다양하며, 탕(湯)이나 갱(羹)을 담을 데 사용한다. 크기에 따라 식사류나 소스를 담을 때 사용한다.

4) 튀김 요리에 어울리는 기초 장식

(1) 식품 조각

중식당에서 많이 사용하는 식품 조각은 음식을 돋보이게 하기 위해서 주로 사용하며 접시에 사용할 때는 접시 길이의 1/2, 접시 넓이의 1/3이 넘으면 안 된다.

(2) 식품 조각의 도법

착도법(戳刀法)	• 재료를 찔러서 활용하는 도법 • 새 날개, 생선 비늘, 옷 주름, 꽃 조각에 활용
절도법(切刀法)	• 사물의 큰 형태를 만들 때 사용하는 도법 • 위에서 아래로 썰기를 할 때 또는 돌려 깎을 때 사용
각도법(刻刀法)	• 가장 많이 사용하는 도법 • 주도를 사용하여 재료를 깎을 때
선도법(旋刀法)	• 칼로 타원을 그리며 재료를 깎을 때 사용하는 도법
필도법(筆刀法)	• 칼로 그림을 그리듯 재료 표면에 외형을 그릴 때 사용하는 도법

예/상/문/제

01. 적당한 크기의 재료를 밑간하여 지지거나, 튀기거나, 볶은 뒤 부재료, 조미료와 섞으면서 재료에 흡수시키는 조리법으로 옳은 것은?

① 초 ② 작
③ 팽 ④ 첩

02. 다음중 기름을 사용하는 중식조리법이 아닌 것은?

① 초(炒) ② 폭(爆)
③첩(貼) ④증(蒸)

03. 중국 식품 조각의 도법으로 설명이 틀린 것은?

① 선도법(旋刀法) : 칼로 타원을 그리며 재료를 깎을 때 사용하는 도법이다.
② 착도법(戳刀法) : 재료를 찔러서 조각하는 방법으로 새 날개, 옷 주름, 꽃 조각, 생선 비늘 조각에 사용한다.
③ 각도법(刻刀法) : 큰 재료의 형태를 깍을 때 사용하는 도법으로, 위에서 아래로 썰기를 할 때 또는 돌려 깍을 때 이용하는 도법이다.
④ 필도법(筆刀法) : 칼로 그림을 그리듯 재료 표면에 외형을 그릴 때 사용하는 도법이다.

04. 튀김 조리 시 재료와 온도의 관계로 알맞은 것은?

① 채소 : 145℃
② 육류(2차) : 190~200℃
③ 어패류 : 150℃
④ 육류(1차) : 180℃

05. 다음 중 튀김조리시 주의점 중 올바르지 않은 것은?

① 얇은 팬을 사용하면 튀김 온도의 급격히 올라감으로 맛있는 튀김이 된다.
② 안전사고 및 튀김의 완성도를 위해 튀김 재료의 수분은 제거한다.
③ 튀김옷은 재료의 양을 고려하여 만든다.
④ 기름에 튀김을 넣은 다음 조리용 젓가락으로 살짝 흔들어 주면 가지런히 튀겨진다.

정답 01. ③ 02. ④ 03. ③ 04. ② 05. ①

05. 중식 조림 조리

1) 조림의 개요

(1) 정의

식재료(육류, 생선류, 채소, 가금류, 두부)를 정선하고 팬에 담아 불에 올려 양념을 하면서 불 조절을 하여 끓여서 즙이 거의 없을 때까지 자박하게 끓여내는 것을 조림이라 한다.

홍소(紅燒) -홍샤오(hong shao)	생선류, 육류, 가금류, 갑각류, 해삼류를 뜨거운 기름이나 끓는 물에 데친 후 부재료와 함께 볶아 간장소스에 조림한다.
민(燜)-먼(men)	사전적 의미는“뜸을 들이다, 띄우다”라는 의미를 가지고 있으며 다른 의미로는 뚜껑을 닫고 약한 불에 고거나 익히는 것이라고 정의한다.

(2) 특성

정선된 재료를 양념하여 불 조절을 강한 불과 약한 불로 조절하여 물 전분을 넣고 자박하게 끓여내는 것이 조림의 특징이다.

(3) 재료에 따른 조림의 종류

① 육류 : 오향장육, 닭발조림, 돼지족발조림, 난자완스 등

② 어류 : 홍소도미(홍샤오다오위; 간장도미조림) 등

③ 두부류 : 홍소두부 등

④ 채소류 : 오향땅콩조림 등

2) 조림 조리하기

(1) 조림 조리방법 및 유의 사항

① 뚜껑을 열고 조림 : 생선의 비린 맛을 감소시키기 위해

② 처음에 뚜껑을 열고 조림 → 비린 맛이 휘발되면 뚜껑 덮고 서서히 끓이면서 조림

③ 생선이 90~95% 정도 익으면 불을 끄고 남은 잔열로 익혀줌

④ 내부까지 맛이 잘 들게 하고, 생선 자체의 맛이 외부로 빠져나가지 않게 조림

⑤ 마늘과 생강은 거의 익은 상태에서 첨가

⑥ 오래 가열 시 → 생선의 수분이 빠져나가 육질이 단단해짐

(2) 전분 사용

중국 요리에서는 전분의 사용량이 매우 많은 부분을 차지한다.

- 마른 전분 : 재료에 묻혀서 튀기거나 찌기
- 계란 + 마른 전분 : 걸쭉한 농도를 맞춘 다음 식재료의 표면에 발라 튀기기
- 전분물(전분 : 물 = 1:1로 혼합) : 요리 완성의 마지막 단계에 천천히 넣고 휘 젓으면 겔화가 이루어져 요리와 결합시키는 역할을 하기도 하며, 기름과 수분을 결합시키는 역할, 요리의 따뜻함을 유지하는 역할을 함

3) 조림 완성하기

(1) 그릇의 종류

① 조림을 담는 그릇 : 오목하게 들어가 있는 그릇을 사용하는 것이 좋다.

② 조림의 특성상 소스를 주재료와 부재료와 같이 담을 경우가 많기 때문에 소스가 흐르지 않을 움푹 들어가 있는 접시나 질그릇의 형태가 좋다.

③ 냄비로 담아 음식을 제공할 때 : 밑바닥에 고체 알코올 올려 불을 붙여 제공하거나 인덕션 위에 그릇을 올려 제공함

(2) 그릇의 크기

테이블에 크기나 요리의 크기, 다른 요리들과의 조화를 고려하여 그릇의 크기를 조절

(3) 그릇의 재질

사기, 에나멜, 유리등으로 많이 사용되어지고 범랑 용기나 철제 용기, 인덕션 전용 용기를 사용할 수 있음

4) 완성된 조림 담기

① 주재료와 부재료의 비율을 파악하고 크기, 모양, 색감이 잘 어우러지게 담는다.

② 소스의 양을 얼마나 담을지 생각해서 담는다.

③ 뜨거운 요리이기 때문에 시간을 잘 파악하여 담고, 조림 요리가 식지 않도록 주의한다.

④ 지나치게 많이 담지 않고, 색감도 눈에 띄는 식재료를 위로 올려 식감을 증가시킨다.

⑤ 고명으로 고추, 실파, 지단, 깨, 대파 등을 올려도 포인트가 된다.

예/상/문/제

01. 조림에 대한 설명으로 틀린 것은?

① 생선이 95% 정도 익으면 불을 끄고 잔열로 익힌다.

② 조림은 생선 자체의 맛 성분이 외부로 빠져나가지 않게 졸여야 한다.

③ 마늘과 생강은 처음부터 같이 넣고 조려야 비린내를 제거할 수 있다.

④ 민(燜)이란 뚜겅을 닫고 약한 불에 오래 끓이거나 졸이는 조리법이다.

02. 생선조림 조리의 방법 중 뚜껑을 열고 조리하는 이유는?

① 산소와 결합하여 육질을 더욱더 단단하게 한다

② 생선의 비린맛을 휘발시키기 위해

③ 강한 화력으로 뚜껑이 열기기 때문

④ 향신료가 강하기 때문에 휘발하기 위해

03. 조림을 완성한 후 설명으로 적절한 것은?

① 조림은 납작하고 평편한 그릇에 담는 것이 보기 좋다.

② 뜨거운 요리가 아니므로 약간 식혀서 제공한다.

③ 소스는 많이 담을수록 좋다.

④ 주재료와 부재료의 비율을 파악하여 어우러지게 담는다.

정답 01. ③ 02. ② 03. ④

06. 중식 밥 조리

1) 곡류의 종류와 특성

(1) 쌀

보리나 밀에 비하여 늦게 인류의 식량으로 이용되었지만 오늘날 전 세계 인구의 약 40%가 쌀을 주식으로 이용하고 있다.

쌀	인디카형 (장립종)	• 인도, 인도네시아, 베트남, 태국, 미얀마, 필리핀, 방글라데시, 중국남부, 미 대륙, 브라질 등에서 생산 • 고온, 다습한 열대 및 아열대 지역 • 쌀 생산량의 대부분을 차지함 • 가늘고 길쭉한 형태 • 끈기가 적고 잘 부서지고 불투명하며, 푸슬푸슬한 느낌
	자바니카형 (중립종)	• 인도네시아의 자바 섬, 동남아시아, 스페인, 이탈리아, 중남미 등 아열대 지역에서 생산 • 생산량이 많지 않음 • 맛이 담백하며, 크기가 큰 편
	자포니카형 (단립종)	• 한국, 중국 동북부, 대만 북부, 일본, 미국 서해안 등 온난한 지역에서 생산 • 세계생산량의 20%를 차지 • 쌀알의 길이가 짧고 둥글며, 찰기가 있음 • 아밀로오스 함량 17~20% • 물을 넣고 끓이면 끈기가 생김

(2) 보리

보리는 성숙 후에도 껍질이 종실에 밀착하여 분리되지 않는 껍질보리와 성숙 후 껍질이 종실에서 잘 분리되는 쌀보리로 나눌 수 있다. 껍질보리는 배아를 제외하고는 부피, 과층, 호분층, 배유의 순으로 되어 있고, 껍질에 해당하는 부피는 두꺼운 각질 조직으로 되어 있다.
보리는 단백질 9.4%, 지질 1.2%를 함유하고 있어 밀과 큰 차이가 없으나 전분 함량은 약 65%로 밀보다 적다.

(3) 밀

밀은 파종 시기에 따라 겨울밀과 봄밀로 나누거나 단백질의 함량에 따라 경질밀, 중간밀, 연질밀의 세 종류로 분류된다.

• 경질밀 : 단백질 함량이 13% 이상, 입자의 단면이 반투명상으로 빵 제조에 적당

- 연질밀 : 단백질 함량이 9% 이하, 입자의 단면이 백색 불투명한 분상질
- 중간밀 : 단백질 함량이나 단면의 상태가 경질밀과 연질밀의 중간

밀은 주로 제분하여 빵류, 면류, 케익, 과자류 등 제조 원료로 쓰이고, 그 밖에 호료, 비누, 치약, 등 배합 원료로 사용된다.

(4) 옥수수

옥수수는 재배가 용이하고, 생산량이 많기 때문에 사료로 많이 사용되며, 옥수수기름, 전분, 포도당, 물엿 등을 만드는데 쓰인다. 옥수수는 다른 잡곡에 비해 탄수화물, 지방과 단백질을 다량 함유하지만, 단백질은 제인(zein)으로 필수아미노산인 트립토판이 부족하여 옥수수를 주식으로 섭취하는 경우 양질의 단백질을 같이 섭취하지 않으면 단백질 결핍증이나 나이아신 결핍으로 펠라그라에 걸리기 쉽다.

2) 밥 조리하기

① 밥 준비하기 : 쌀의 종류와 특징, 음식의 용도에 맞게 쌀과 물의 양을 계량하여 준비한다.
② 밥 짓기 : 밥 짓는 도구를 선정하고, 불의 세기, 가열 시간 등을 잘 고려하여 밥을 짓는다.
③ 완성하기 : 표준 조리법에 준하여 각 요리별로 완성하여 접시에 담는다.

3) 밥 조리의 종류

덮밥류	잡채밥, 마파두부덮밥, 송이덮밥, 잡탕밥, 류산슬덮밥 등
볶음밥류	새우볶음밥, 게살볶음밥, 삼선볶음밥, XO볶음밥, 카레볶음밥 등

예/상/문/제

01. 쌀의 특징으로 알맞지 않은 것은?

① 자포니카쌀 – 쌀알이 짧고 둥글다.
② 자포니카쌀 – 끈기가 적고, 푸슬푸슬하다.
③ 자바니카쌀 – 아열대 지역에서 생산된다.
④ 인디카쌀 – 가늘고 길쭉한 형태의 모양을 가진다.

02. 밀에 대한 설명으로 옳은 것은?

① 탄수화물의 함량에 따라 경질밀, 중간밀, 연질밀로 나눈다.
② 경질밀은 단면이 불투명한 백색이다.
③ 경질밀은 빵 제조에 적합한 밀이다.
④ 중간밀은 단백질 함량이 9% 이상이다.

정답 01. ② 02. ③

07. 중식 면 조리

1) 면 재료 준비하기

(1) 면의 정의 및 분류

① 면류란 곡분 또는 전분류를 주원료로 하여 성형하거나 이를 열처리, 건조 등을 한 것으로 국수, 냉면, 당면, 유탕면류, 파스타류를 말한다

② 일반적으로 국수류는 원료에 물과 기타 원료를 넣어 반죽하고 면대를 형성한 다음 잘라서 만들거나 반죽을 압출하여 만든 제품이다.

③ 국수류의 원료로는 주로 밀가루가 쓰이나, 전분, 메밀가루, 녹두 가루(또는 전분), 쌀가루 등이 쓰이기도 한다.

④ 면류는 원료의 종류, 제조 방법, 제품의 성상 등에 따라 그 종류가 매우 다양하다.

(2) 면의 종류

면은 주로 사용되는 원료, 제조 방법에 따라 분류할 수 있으며 국수, 냉면, 당면, 유탕면류, 파스타류 및 기타 면류로 분류할 수 있다.

종류	특징
밀가루 국수	• 밀가루 등의 곡분을 주원료로 하여 제조한 것 • 냉면은 밀가루에 메밀가루가 5% 이상 첨가된 것이므로 편의상 밀가루 국수에 포함시키기도 함 • 우리나라의 경우 대략적인 품질 기준은 단백질 함량 9.5% 정도, 회분 함량 0.5% 정도이고, 중국식 국수의 경우에는 익힌 국수는 단백질 함량이 10.5% 정도, 생국수는 12% 또는 그 이상이 좋은 것으로 알려져 있다. • 기본 제조 공정은 혼합, 면대 형성 및 자름이며, 이후 처리 방법에 따라 여러 가지 제품으로 분류된다.
전분 국수	• 전분 국수의 대표적인 것은 당면 • 전분(80% 이상)을 주원료로 하여 제조한 것 • 우리나라 : 고구마 전분과 옥수수 전분이 주로 이용 • 일본 : 감자, 고구마, 녹두 전분이 이용되며, 중국 : 녹두 전분이 이용
파스타	• 듀럼 세몰리나(semolina), 듀럼(durum) 가루, 파리나(farina) 또는 밀가루를 주원료로 하여 파스타 성형기로 제조한 것 • 스파게티나 마카로니와 같은 제품들을 총칭하여 일컫는 말
냉면	• 메밀가루, 곡분 또는 전분을 주원료로 하여 압출, 압연 또는 이와 유사한 방법으로 성형한 것
유탕면류	• 면발을 익힌 후 유탕 처리를 한 것

기타 면류	• 국수, 냉면, 당면, 유탕면류, 파스타류 등 위 면의 분류에 포함되지 않은 것으로 수제비나 만두피 등

2) 면 뽑아내기

(1) 면대와 면발의 차이

면대란 반죽을 얇게 편 것을 말하고, 면발이란 면대를 썰어서 만든 면 가닥을 말한다.

(2) 면대와 면발 만드는 방법

면대 : 다단 롤러를 이용하여 반죽을 얇고 넓적하게 펴서 만든다.

면발 : 절출기 또는 칼날을 이용하여 면 가닥을 만든다.

(3) 면발의 특성

면수분 함량	다가수 면발, 일반 면발, 반건조 면발, 건조 면발 등으로 구분
면발의 굵기	세면, 소면, 중면, 중화면, 칼국수면, 우동면 등으로 구분

(4) 면발의 굵기에 따른 요리 소재

세면	• 면발의 굵기가 가장 가는 면 • 중국이나 일본 등에서 요리 재료로 많이 사용
소면	• 세면보다 조금 굵은 면발 • 잔치국수나 비빔면 등의 요리 재료로 많이 사용 • 메밀면 : 소면의 면발과 유사하거나 조금 굵은 면발을 사용
중화면	• 소면보다 조금 굵은 면발 • 일본식 라면, 자장면, 짬뽕 등 • 일본식 라면에는 상대적으로 더 가는 면발을 사용하고, 자장면, 짬뽕 등에는 상대적으로 더 굵은 면발을 사용 • 중화면 중에 수타로 뽑은 면은 수타의 특성상 굵기가 일정하지 않은 것이 특징
칼국수면	• 중화면보다 조금 굵은 면발 • 넓적하고 얇은 형태의 면발과 상대적으로 좁고 굵은 면발이 있음 • 닭 국물이나 고기 국물을 사용하는 칼국수 : 면발이 넓으면서 두께는 얇은 면발을 사용 • 해물칼국수나 팥칼국수 등 : 상대적으로 폭은 좁고 두께가 두꺼운 면발을 사용

우동면	• 칼국수면보다 조금 굵은 면발 • 분식집에서는 덜 굵은 면발을 사용하고, 일식 전문점에서는 더 굵은 면발을 사용 • 우동 면발의 기준은 일본 사누끼 지방에서 가장 많이 사용하는 두께의 면발을 표준으로 여기는 경우가 일반적임

(5) 면발의 규격

면발 폭의 규격

① 면발의 규격은 면발의 폭과 두께로 정한다.

② 면발 번호의 의미는 30mm의 길이를 해당 번호로 나눈 값이 그 번호의 면발의 폭이라는 의미이다.
예) 10번 면발의 폭 = 30mm ÷ 10 = 3mm, 20번 면발의 폭 = 30mm ÷ 20 = 1.5mm

③ 면발의 폭을 정하는 번호 매기기의 표현 방식은 #10 #15 #20 등의 형태로 # 뒤에 숫자를 표기한다.
예) #10 = 10번 면 = 면발의 폭이 3mm라는 의미이다.

면발 두께의 규격

① 면발의 규격은 주로 면발의 폭의 길이를 기준으로 하며, 두께의 규격에 번호 매기기 방식이나 기준이 따로 정해진 것은 없다.

② 면발의 두께는 각종 면의 특성과 소비자의 기호도에 따라 얇거나 두껍게 자율적으로 결정한다.

③ 우동면의 경우에는 면발의 폭과 면발 두께의 비율이 4 : 3 정도가 소비자 선호도가 가장 높다고 알려져 있다.

3) 면 삶기

(1) 면 삶아 담기

기계면, 도삭면(칼 또는 가위), 수타면 등을 삶을 시에는 각각의 면류의 성질에 따라 삶는 방법의 차이를 두어야 한다. 이들이 가지고 있는 수분 함량에 따라 차이가 크게 날 수 있으니 각각의 반죽 상태를 이해하는 것이 중요하다.

소금	• 국수의 특징에 따라 사용되는 소금의 종류는 다르다. • 대부분의 면에서는 밀가루 기준 2~6%의 함량으로 사용되고 있다. • 소금은 글루텐에 대한 점탄성을 증가, 맛과 풍미를 향상, 삶는 시간을 단축, 보존성을 향상시켜 준다. • 건면의 경우에는 이상 건조, 낙면을 방지한다.

물	• 제면을 할 때 사용되는 물은 모든 부분에서 중요하지만, 그중에서도 중요한 것은 반죽할 때의 배합수이며, 삶을 때의 삶는 물, 수세, 세척 용수도 아주 중요하다. • 제면 공정에서 원료분 100에 대해 물 35 이상을 혼합 반죽하는 데 사용한다. 또한, 면을 삶을 때는 충분한 양의 끓는 물에서 삶는다. • 사용되는 물의 성질은 면류의 품질에 영향을 미치는 중요한 요소이다.
기타 부원료	• 생면 제조에 사용되는 기본 원료는 밀가루이나 이외 밀가루의 점도 및 성형을 위해서는 전분이 중요한 부원료로 사용되고 있다. • 타피오카 전분, 감자 전분, 고구마 전분, 옥수수 전분 등이며, 이들을 생전분 그대로 혹은 변성 전분의 형태로 하여 이용하고 있다.
	• 탄산수소나트륨($NaHCO_3$) : 화합물의 한 종류로 베이킹 소다, 중탄산나트륨, 중탄산 소다, 중조(重曹)로 부른다. • 상온에서는 백색의 분말 상태로, 약간 쓰고 짠맛이 난다. • 가열하면 이산화탄소와 물을 발생하고, 탄산나트륨 무수물로 변하는 성질을 지녔다.

예/상/문/제

01. 다음 중 면의 정의를 가장 바르게 표현한 것은?

① 곡분 또는 전분류를 주원료로 하여 성형하거나 이를 열처리, 건조 등을 한 것이다.
② 곡물만 주원료로 사용하여야만 한다.
③ 밀가루나 전문을 물과 혼합하여 만든 것이다.
④ 밀가루와 전분만 사용하여 만든 것이다.

02. 면의 종류 중 설명이 틀린 것은?

① 당면의 원료는 전분이며, 전분 국수의 종류이다.
② 우리나라는 고구마와 옥수수 전분을 많이 사용한다.
③ 메밀가루, 전분을 주원료로 하여 압출, 압연한 방법으로 만들어진 것은 냉면이다.
④ 파스타는 면을 익히고 유탕처리를 한 것이다.

03. 다음 중 면류의 굵기의 순서가 올바른 것은?

① 세면 – 소면 –중화면 – 칼국수면 – 우동면
② 소면 –중화면 – 칼국수면 – 우동면–세면
③ 세면 – 소면 –칼국수면 – 중화면 – 우동면
④ 세면 – 소면 –중화면 – 우동면 –칼국수면

04. 15번(#15) 면발의 폭은 얼마인가?

① 3mm
② 1.5mm
③ 2mm
④ 20mm

정답 01. ① 02. ④ 03. ① 04. ③

08. 중식 냉채 조리

1) 냉채 준비하기

(1) 냉채에 대한 이해

① 중국 음식은 순서에 맞추어서 요리를 한 가지씩 상에 낸다. 이때 맨 처음 나가는 요리는 만들어서 차갑게 두었다가 나가는데 이 요리를 냉채(冷菜)라고 부른다.

② 요리를 드시는 손님들이 소화가 잘되게 구성해야 하고, 뒤에 나오는 요리에 대해서 기대를 갖게 해야 하며, 그날의 연회에 대한 성격도 상징적으로 표현할 수 있어야 한다.

③ 냉채는 대부분 조리를 먼저 하고 썰어서 접시에 담아내는 것이다.

④ 냉채는 입에 넣고 오래 씹을수록 더 맛있게 느껴진다.

⑤ 냉채요리의 온도는 4℃ 정도일 때가 가장 바람직하다.

⑥ 냉채는 반드시 신선해야 하고, 향이 있어야 하며, 부드러워야 하고, 국물이 없어야 하며, 만들어진 요리에 이미 맛이 들어있어야 하고, 느끼하지 않아야 한다.

(2) 냉채 요리 선정할 때 유의 사항

① 주요리의 가격대에 따라 결정한다.

② 주요리가 어떤 요리가 나가는지에 따라 냉채를 결정한다.

③ 주요리는 계절과 연회에 따라서 자주 바뀌어야 하므로 냉채도 주요리에 따라서 변화를 주어야 한다.

④ 재료와 부재료에 균형을 이루어야 한다.

⑤ 조리 방법이 겹치지 않아야 한다.

(3) 냉채에 사용 가능한 재료

- 육류 : 쇠고기, 돼지고기, 닭고기 등의 모든 고기와 각 부위, 특히 내장도 가능
- 해물 : 해삼, 새우, 전복, 패주, 조개 등의 바다에서 나는 모든 재료를 이용 가능
- 채소 : 무, 배추, 당근 등의 채소류도 모두 사용 가능
- 냉채에 자주 사용되는 향신료 : 파, 마늘, 생강
- 자주 사용하는 양념 : 간장, 소금, 설탕, 식초, 레몬즙, 겨자가루, 고추기름, 참기름, 볶은 참깨, 토마토케첩, 고수 등

(4) 재료에 따른 냉채 요리의 재료 손질법

재료	손질법
새우	• 용도에 맞는 크기를 선택 → 가위로 수염, 머리 위와 꼬리의 뾰족한 부분을 잘라 내기 → 칼로 등을 갈라 모래집(내장) 꺼내기
해파리와 해파리 머리	• 해파리와 해파리 머리는 소금에 오랫동안 절여 놓은 것이므로 물에 담가 소금기를 완전히 제거한 다음 사용해야 함 • 물에 데칠 때는 물의 온도가 너무 뜨거우면 오그라들기 때문에 주의
오징어	• 배를 갈라 내장을 제거하기 → 마른 행주로 껍질 벗기기
갑오징어	• 몸통 속의 단단한 부분을 꺼내기 → 껍질을 벗기기 → 다리 떼어 내고 몸통만 사용하기
숭어	• 비늘과 내장을 제거하고 사용
피단	• 신선한 것으로 선택하여 한 개씩 껍질을 까서 사용 • 어둡고 차가운 곳에 보관 • 오랫동안 두면 속이 마르기 때문에 사용하기가 어려움
분피	• 상온의 창고에 보관 • 손으로 부스러뜨리기 → 끓는 물에 담가 부드러워지면 사용
오이	• 소금으로 문질러 씻은 다음 사용
셀러리	• 줄기의 껍질(섬유질)을 벗겨서 사용
땅콩	• 햇땅콩을 사용하되 전날 물에 불려 맑은 물이 나올 때까지 씻어서 사용

3) 냉채 조리하기

(1) 냉채 조리법의 종류

① 무치기

- 재료에 따라서 생으로 썰어서 무쳐도 되고 익혀서 무칠 수도 있으며 생것과 익은 것을 섞어서 무쳐도 좋다.
- 무칠 때는 부드럽고 상큼하고 깔끔한 맛이 나게 하는 것이 좋다.
- 생으로 무치는 방법은 반드시 신선한 재료를 선택하여 소스를 더하는 방법이다.
- 생 재료를 사용할 때는 소독된 도마를 사용한다.
- 무칠 때 사용하는 양념은 소금, 간장, 설탕, 식초, 다진 마늘, 파기름, 생강즙, 산초기름, 고추기름, 겨자가루, 후춧가루, 참기름, 고수 등이다.

② 장국물에 끓이기

- 냉채에 사용할 재료를 양념과 향료 등을 넣어 만든 국물에 넣고 약한 불로 끓이는 조리법
- 장국물에 끓여 만든 냉채는 깊은 맛이 나고 부드러운 것이 특징이다.
- 장국물에 끓이는 방법에 사용할 수 있는 재료 : 쇠고기, 양고기, 닭고기, 오리고기, 거위고기 등과 그의 내장, 달걀류, 해물류, 채소류, 버섯, 콩 제품 등
- 장국물은 소금, 간장, 설탕, 술, 파, 생강, 마늘 등의 기본양념에 산초, 팔각, 계피, 감초, 진피, 초과, 정향, 월계수 잎 등을 넣어 만든다.
- 장국물을 만들 때 주의할 점은 재료를 장국물에 넣고 끓으면 불을 약하게 조절하여 장시간 가열해야 한다.
- 장국물을 만들 때는 재료를 넣었을 때 재료가 푹 잠기도록 장국물을 여유 있게 만들어야 한다.

③ 양념에 담그기

냉채 중 양념(소스)에 담그는 조리법은 소금, 간장, 술, 설탕과 식초 등에 재료를 담가 만드는 방법이다. 이 조리 방법은 오래 두어도 맛이 쉽게 변하지 않기 때문에 장시간 보관해야 할 때 사용하는 것이 좋다.

소금물	• 재료를 소금으로 문지른 다음 소금물에 넣어 담그는 방법 • 수분은 빠지고 소금물이 들어가기 때문에 단단한 질감을 주는 것이 특색 • 배추, 무, 셀러리 등은 소금물에 절였다 바로 냉채로 낼 수 있음 • 여름은 3~5일, 겨울은 5일이 지나야 숙성
간장	• 간장에 절였다 사용하는 방법 • 배추 밑동, 오이 등과 같은 신선한 채소를 절여서 사용 • 살아 있는 재료를 간장에 담을 때는 재료를 담근 후 10일이 지나야 숙성
술	• 소흥주(찹쌀로 빚은 술)에 소금을 넣어 절이는 방법 • 게, 새우 등을 담글 수 있음 • 새우 등 술에 담그는 재료는 술에 담근 후로부터 하루가 지나면 숙성
설탕과 식초	• 설탕과 식초에 담그기 전에 소금에 절이는 과정을 통하여 채소의 수분을 뺀 다음 단맛이 배이게 하는 방법 • 오이 : 설탕과 식초에 담그면 최소 8시간 지나면 숙성 • 양배추, 당근, 무 등 : 최소 4~5일이 지나야 먹을 수 있음

④ 수정처럼 만들기

- 돼지껍질 등 아교질 성분이 많은 것을 끓여서 차갑게 만들어 두면 수정처럼 맑게 응고되는 원리를 이용하여 냉채를 만든다.
- 이 방법은 돼지다리, 생선살, 새우살, 닭고기, 게살 등으로 냉채를 만들 때 사용한다.
- 단맛이 나게 만들 때는 귤, 수박, 파인애플 등을 넣어 만들기도 한다.

⑤ 훈제하기

- 가공하거나 재웠던 재료를 삶거나 찌거나, 장국물에 삼거나 튀기는 방법을 이용하여 익힌 후 설탕, 찻잎, 쌀 등을 솥에 넣고 밀봉하여 냉채로 이용할 재료에서 훈제한 향이 느껴지도록 한 것이다.
- 훈제한 요리는 색이 붉은 빛으로 예쁘게 훈연한 향기가 있어 독특한 맛이 난다.

(2) 냉채 종류에 적합한 소스의 선택

겨자를 이용한 장	겨자가루 2큰술에 뜨거운 물 1큰술을 넣어 갠 다음 찜통에 넣어 끓는 물에 10분간 찐 다음 사용
케첩을 이용한 장	토마토케첩, 간장, 술, 소금, 설탕, 물 등을 혼합하여 하루 지난 다음 사용
춘장을 이용한 장	두반장, 춘장, 간장, 설탕, 술을 혼합하여 하루 지난 다음 사용
레몬을 이용한 장	레몬, 설탕, 물, 소금, 녹말가루, 참기름을 혼합하여 하루 지난 다음 사용
콩장을 이용한 장	콩장, 술, 소금, 설탕, 간장을 혼합하여 하루 지난 다음 사용

※ 소스를 선택할 때는 주재료에 따라서 계절에 따라서 또 손님의 기호에 따라서 그때그때 다르게 만들어 사용한다.

추가tip 숙성 및 발효가 필요한 소스조리

(1) 숙성이 필요한 소스조리

냉채의 소스를 만들어 놓은 후 일정 시간이 지나면 양념들이 서로 어우러지므로 숙성하는 시간이 필요하다.

탕수소스	설탕과 식초 혹은 레몬즙을 넣어서 설탕이 모두 녹을 때 까지 20-30분간 숙성
깐소소스	물, 소금, 참기름, 토마토케첩, 고추장 등을 넣고 잘 섞은 후 1시간 정도 숙성

(2) 발효가 필요한 소스조리

냉채 소스에 사용하는 소스는 이미 발효되어진 장 등을 이용한 소스가 다양하므로 요리에 적합한 양념을 선택하여 활용하도록 한다.

이미 발효된 대표적인 장 : 간장, 두반장, 춘장 등

4) 냉채 완성하기

(1) 냉채 담기

여러 가지 냉채는 재료의 생김새가 다르고 질감이 다르기 때문에 형태와 색과 맛이 다르다.

봉긋하게 쌓기	• 미리 썰어 놓은 재료를 데쳐 만든 냉채를 담는 방법 • 서로 다른 재료를 혼합하여 만들어 모양이 일정하지 않으므로 산봉우리처럼 봉긋하게 올라오게 담기 • 해파리 냉채 등을 담는 방법
평편하게 펴놓기	• 정형화된 냉채를 썬 다음 접시에 평편하게 담는 방법 • 밑에 오이 등의 재료를 깔기도 하고, 잘라서 원래의 재료 모양대로 만들기도 함 • 통닭 냉채 등을 담는 방법
쌓기	• 냉채를 한 조각씩 잘라서 계단 형태로 담는 방법
두르기	• 접시의 중앙에 동그랗게 담거나 꽃 모양으로 담는 방법 • 재료를 가지런하게 잘 썰어야 함 • 동그랗게 두른 다음 어울리는 재료를 함께 담기도 하고, 꽃 모양으로 만들고 중간에 꽃으로 장식하기도 함
형상화하기	• 서로 다른 색깔과 형태의 냉채 요리를 색상을 배합하여 꽃이나, 새, 동물 등을 표현하는 방법 • 예술적 감각을 발휘하여 기획을 하고 만드는 과정을 여러 번 반복하여 숙련된 단계에 이르러야 가능 • 시간이 많이 걸리고 재료를 상온에 오랫동안 노출시켜야 하기 때문에 위생에 특별히 주의해야 함

(2) 냉채에 어울리는 기초 장식

① 해물에 어울리는 기초 장식

- 색이 희거나 미색인 경우(갑오징어, 해파리 머리 무침 등) : 무, 오이, 당근, 고추 등 어떤 색의 장식이든 구분 없이 사용할 수 있다.
- 색깔이 있는 냉채(술 취한 새우, 훈제 숭어 등) : 흰색이나 붉은 계통을 사용하면 좋다.

② 육류에 어울리는 기초 장식

마늘소스삼겹살 냉채	• 돼지고기가 익어서 색이 희게 변함 → 무, 오이, 양파 등 흰색과 갈색이 나는 장식을 사용
오향장육	• 색이 짙으므로 오히려 흰색을 사용하는 것이 맛이 있어 보이고 눈길을 끌 수 있음

예/상/문/제

01. 냉채에 대한 설명으로 옳지 않은 것은?

① 냉채는 4℃ 정도일 때가 가장 좋다.
② 냉채는 소화가 잘 되도록 구성해야 한다.
③ 냉채는 채소만 사용하여 만들어야 한다.
④ 냉채는 반드시 신선해야 하고, 향이 있어야 한다.

02. 냉채 요리를 선정할 때 주의해야 할 점이 아닌 것은?

① 주요리가 무엇이냐에 따라 냉채의 종류를 결정한다.
② 주요리는 계절을 고려하여 변화를 준다.
③ 조리 방법이 겹치지 않아야 한다.
④ 주요리의 가격대와는 상관없이 만든다.

03. 냉채 조리법 중 돼지껍질 등을 끓여 차갑게 한 뒤 응고되는 원리를 이용한 방법은?

① 수정처럼 만들기 ② 장국물에 끓이기
③ 양념에 담그기 ④ 훈제하기

04. 냉채를 양념에 담그는 방법으로 조리할 때 양념이 아닌 것은?

① 소금물 ② 춘장
③ 술 ④ 설탕과 식초

05. 냉채를 담는 방법 중 접시의 중앙에 동그랗게 담거나 꽃 모양으로 담는 방법은?

① 두르기 ② 형상화하기
③ 봉긋하게 쌓기 ④ 쌓기

06. 냉채에 대한 설명으로 옳은 것은?

① 냉채의 색이 미색인 경우 기초 장식은 색깔 상관없이 사용할 수 있다.
② 겨자를 이용한 소스는 따뜻한 물로 갠 후 발효시킨 뒤 사용한다.
③ 냉채에 사용되는 해파리는 뜨거운 물에 오래 데쳐야 한다.
④ 냉채가 색이 있는 경우 붉은계통의 기초장식이 좋다.

정답 01. ③ 02. ④ 03. ① 04. ② 05. ① 06. ③

09. 중식 볶음 조리

1) 볶음 조리 준비하기

(1) 중국 볶음 음식의 특징

정확한 사전준비

① 중식 볶음요리는 재료를 단시간 내에 빠르게 익혀서 완성시켜야 한다.
② 조리 기구를 미리 철저하게 정비하고 준비한다.
③ 각종 조미료와 부재료가 항상 일정한 자리에 있어 즉시 언제나 사용할 수 있게 한다.

불 조절이 중요하고 화력을 나누어서 사용

① 중식은 고온에서 짧은 시간 안에 음식을 만드는 '불의 요리'이다.
② 높은 화력을 바탕으로 재료의 고유한 맛을 그대로 유지하고 영양소의 손실도 최소화할 수 있다.
③ 볶을 때는 강하게, 전분을 잡을 때는 약하게 화력을 잘 조절해야 한다.
④ 대부분 기름을 사용하여 조리하며 볶음 요리는 중식의 대표적인 요리이다.

향신료와 조미료의 향을 잘 활용

① 볶음 요리를 위해 팬을 가열 한 후 마늘, 파, 고추 등 향채소나 간장, 청주 등 조미료를 뜨거운 기름에 먼저 익혀 향을 내고 볶음 요리를 한다.
② 완성 후에는 참기름, 후추 등을 첨가해서 풍미를 높인다.

식재료가 다양하고 조리법과 맛내기도 풍부함

① 중식의 식재료는 다양하고 그를 이용한 음식의 종류도 많다.
② 이러한 조리를 할 때 다양한 조리법을 사용하여 그 맛을 더욱 향상시킨다.

재료 고유의 맛, 색, 향을 살리고 풍요롭고 화려함

① 식재료 자체의 모양을 살리며 맛과 색을 살리는 중국요리는 오색을 기본으로 하고 있다.
② 중식과 같은 오색을 기반으로 재빨리 볶아 내는 요리에서는 건강과 함께 각 재료의 색이 살아 있어 화려하고 풍요로운 음식이 만들어지게 된다.
③ 중국요리에서는 채소, 해산물, 육류 등을 조화시켜 만든 음식을 한 그릇에 모두 담고 화려한 장식을 한다.

(2) 오방색과 중국 음식

색깔	재료와 음식
노란색	• 당근, 고구마, 생강, 바나나, 콩, 오렌지, 옥수수, 죽순 등 • 당근 - 탕수육, 난젠완쯔, 짜춘권, 채소 볶음, 새우 케찹 볶음, 탕수 조기 등 • 생강 - 부추잡채, 고추잡채, 홍소 두부, 물만두 등 돼지고기가 들어가는 요리에 모두 들어감 • 콩 - 두부형태로 제조, 마파두부, 가상두부, 삼선 두반두부 등 • 죽순 - 난젠완쯔, 라조기, 채소 볶음 등
빨간색	• 홍고추, 홍피망, 팥, 석류, 토마토 등 • 깐풍기, 라조기, 마파두부 등에 사용
흰색	• 양배추, 양파, 양송이, 새송이, 무, 마늘, 인삼 등 • 양파 - 채소 볶음, 짬뽕, 탕수육 고추잡채, 난젠완쯔, 짜춘권, 양장피, 잡채 등 • 마늘은 깐풍기, 고추잡채, 라조기 등 기본 향신료
청색	• 청경채, 오이, 파, 완두콩, 풋고추, 피망, 부추, 셀러리, 얼갈이 등 • 거의 모든 중국요리에서 파를 이용하여 조리 • 파 - 깐풍기, 고추잡채, 라조기, 짬뽕, 탕수육 고추잡채, 난젠완쯔 등 • 완두콩 - 탕수육, 새우 케첩 볶음 등 • 피망 - 전가복, 피망 잡채 등 • 부추 - 부추잡채, 짜춘권 등
검은색	• 검정콩, 다시마, 우엉, 가지, 표고 등 • 표고버섯은 향과 질감이 좋아 재료로 많이 사용 • 죽순과 함께 표고버섯을 중국의 거의 모든 음식에 넣는 경향이 있음

(3) 전분 사용 유무에 따른 볶음 요리

㉠ 전분을 사용하지 않는 중식 볶음류(초채 炒菜 chaocai 차오차이)

• 부추잡채(소구차이), 고추잡채(칭지아오러우시), 당면잡채, 토마토달걀볶음 등

㉡ 전분 사용하는 중식의 볶음류(류채 熘菜 liucai 리우차이)

• 라조육, 마파두부, 새우케첩 볶 음, 채소 볶음, 류산슬, 전가복, 브로콜리소고기 볶음, 새우완자, 마라우육, 꽃게 콩 소스 볶음, 부용게살 등

(4) 주·부재료의 선별

주재료	• 육류, 생선류, 채소류, 두부 등
부재료	• 주재료를 선택한 후 음식의 질과 양, 주재료의 종류와 맛, 성분을 서로 조화할 수 있는 부재료를 선택 • 파, 마늘, 생강 등의 향신료와 채소류 등

(5) 기름의 역할

㉠ 조리용 매개체

- 볶음에서 기름이 열 전달체(열 매개체)의 역할을 하여 음식을 익힌다.
- 다른 나라 음식과는 달리 중식 조리에서는 주 · 부재료를 높지 않은 온도의 기름이나 물을 이용하여 전처리한 후 볶음에 사용하는 독특함이 있다.

㉡ 영양 공급원

- 기름이 영양 공급체 역할을 하여 음식에 영양과 맛을 더한다.
- 기름은 음식을 부드럽게 하고 고소한 맛을 증가시킨다.
- 기름은 지용성 비타민의 흡수를 도와준다.

㉢ 향을 부가하는 역할

- 기름은 향을 증진시키는 효과 물질로 작용하여 음식에 향을 증가시킨다.
- 고소한 맛과 함께 음식 자체의 향뿐 아니라 볶음 작용으로 향을 배가시키므로 기름은 중식에 있어 자주 이용되고 있는 식품 재료이다.

2) 볶음 조리하기

(1) 볶음과 관련된 중식의 대표적인 조리법

초(炒; 차오)	• '볶는다'는 뜻으로 중식을 조리하는 데 있어서 가장 많이 사용되는 방법 • 기름을 넣고 재료를 센 불이나 중간 불에서 짧은 시간에 뒤섞으며 조미하여 익히는 조리법 • 가열 시간이 짧아 열이나 산화에 의해 쉽게 파괴되는 비타민 등 영양소의 손실이 적으며, 재료와 조미료의 복합적인 맛을 낼 수 있음 • 부추 볶음, 당면 잡채
류(溜; 려우)	• 조미료에 잰 재료를 녹말이나 밀가루 튀김옷을 입혀 기름에 먼저 튀기거나 삶거나 혹은 찌는 방식으로 조리하는 요리 • 걸쭉한 소스를 만들어 재료 위에 끼얹거나 또는 조리한 재료를 소스에 버무려 묻혀 내는 조리법 • 류산슬, 라조기 등
폭(爆, 빠오)	• 폭은 1.5cm 정육면체로 썰거나 가늘게 채 썰고 혹은 꽃 모양으로 만들어 칼집을 낸 재료를 뜨거운 물이나 탕, 기름 등으로 먼저 고온에서 매우 빠른 속도로 솥에서 뒤섞어 열처리를 한 뒤 볶아 내는 방법 • 재료 원래의 맛이 그대로 살아 있어 부드럽고 아삭아삭한 질감을 살리는 데 적당 • 궁보 계정
작(炸, zhá)	• 기름을 넉넉히 붓고 센 불에 튀기는 조리 • 자장면

전(煎, jiān)	• 기름을 두르고 지지는 조리법 • 한식의 전보다는 좀 더 많은 기름을 필요로 함 • 난젠완쯔

예/상/문/제

01. 볶음 조리의 특징이 아닌 것은?

① 향신료와 조미료의 향을 잘 활용하여 풍미를 높인다.
② 불의 조절이 중요하며 화력을 나누어 사용한다.
③ 재료를 오래 볶아 재료 본래의 색과 맛이 사라지는 것이 중요하다.
④ 식재료가 다양하고 조리법이 풍부하다.

02. 전분을 사용하지 않은 볶음요리는?

① 고추잡채 ② 새우완자
③ 류산슬 ④ 마라우육

03. 기름의 역할이 아닌 것은?

① 조리용 매개체 ② 향미 증진
③ 영양 공급원 ④ 부패방지

04. 기름을 넉넉히 둘러 센불에 튀기는 볶음요리 조리법으로 자장면을 만들 때 사용하는 방법은?

① 류(溜) ② 폭(爆)
③ 작(炸) ④ 전(煎)

05. 볶음과 관련된 조리법 중 초(炒)에 대한 설명은?

① 걸쭉한 소스를 만들어 재료위에 끼얹는 조리법
② 기름을 넣고 재료를 센 불이나 중간 불에서 짧은 시간에 뒤섞으며 익히는 조리법
③ 류산슬과 라조기를 만들 때 사용하는 조리법
④ 기름을 넉넉하게 넣고 센 불에 튀기듯이 하는 조리법

10. 중식 후식 조리

1) 후식 준비

(1) 후식의 정의

① 후식(後食) 또는 디저트(dessert)란 음식을 먹고 난 뒤 입가심으로 먹는 것
② 프랑스어로는 '식사를 끝마치다', '식탁 위를 치우다'라는 뜻을 가지고 있다.

정답 01. ③ 02. ① 03. ④ 04. ③ 05. ②

③ 프랑스 요리에서 말하는 앙트르메(entremets)는 원래 정식 식사에서 요리 사이에 내는 음식이었으나 현재는 식사 후의 후식을 의미한다.

④ 뜨거운 것을 앙트르메 쇼(entremets chaud)라고 하는데, 수플레(soufflé) · 푸딩 등이 있다.

⑤ 찬 것은 앙트르메 프루아(entremets froid)라고 하여 냉과(冷菓)와 아이스크림이 있다.

⑥ 더운 것과 찬 것을 모두 낼 때는 더운 것을 먼저 내고 찬 것을 후에 내는 것이 순서이다.

(2) 후식의 종류

종류	특징
빠스류	• 중국어로 빠스(拔絲)는 '실을 뽑다'라는 의미 • 설탕을 녹여 시럽을 만든 후 여러 식재료에 입히는 후식용 음식 • 어떠한 식재료와도 어울리는 후식류 • 고구마빠스, 바나나빠스, 사과빠스, 은행빠스, 귤빠스, 딸기 빠스, 아이스크림 빠스 등
시미로	• 전분의 한 종류인 타피오카를 주재료로 사용한 후식류 • 여러 식재료와 혼합하여 냉장고에 차게 보관 후 후식으로 사용 • 모든 과일에 사용하며, 중국 음식의 느끼함을 정리해 주는 후식류에 사용 • 한식에서는 한천, 양식에서는 젤라틴을 사용하여 같은 효과를 냄 • 시미로와 한천은 식물성, 젤라틴은 동물성 • 멜론시미로, 망고시미로, 연시시미로 등
과일	• 과육·과즙이 많고 향기가 높으며 단맛이 있는 식물의 열매 • 과일은 제철 과일을 주로 사용 • 하우스 재배 과일이 많이 생산 → 사계절 과일이 출하
무스류	• 무스(mousse)는 프랑스어로 '거품'이라는 뜻 • 거품처럼 부드럽고 차가운 크림 상태의 과자를 뜻함 • 계란과 휘핑크림을 주재료로 이용, 몰드에 넣어 냉각시켜 모양을 낸 것 • 초콜릿, 커피, 과일, 바닐라 등을 첨가하여 맛과 향을 다양하게 할 수 있음 아이스크림과 젤리의 중간 형태 • 딸기무스케이크, 단호박무스케이크 등
파이류	• 식용 가능한 식재료 어떤 것이든 이용 가능 • 주로 디저트로 많이 이용되는 것은 과일을 넣은 것 • 호두파이, 사과파이 등

2) 후식의 분류

(1) 더운 후식류

① 후식은 여러 식재료를 이용하여 달콤하고 깔끔한 맛을 내도록 해야 한다.

② 식후에 먹는 음식이므로 양을 많지 않게 하여 부담 없이 즐길 수 있어야 한다.

③ 후식류는 모양과 향에도 신경을 써야 한다.

④ 더운 후식류의 주요 식재료 : 고구마, 은행, 바나나, 옥수수, 찹쌀 등
⑤ 더운 후식류에는 빠스류, 지마구 등이 있다.

(2) 찬 후식류

① 모든 식재료를 이용하여 만들 수 있는 장점이 있다.
② 중식 후식류 중에 찬 후식의 대표 격은 행인두부(杏仁豆腐), 시미로, 과일 등이다.

3) 중식 후식 조리법

① 재료의 선택은 다양하고 엄격하게 : 재료의 조합에도 주의하여야 한다. 재료의 성질, 본래 지닌 맛, 색, 형태 등을 고려한 배합으로 맛있고, 아름답고, 풍성한 요리를 만든다.
② 썰기는 요리에 맞는 방법으로 정교하고 세밀하게
③ 오미(五味)를 기본으로한 다양하고도 광범위한 맛내기 연구
④ 화력 조절에 주의 : 재료를 너무 익히거나 덜 익히지 않고 식자재의 고유의 맛을 살리고, 딱딱하고 바삭바삭한 감촉, 매끄러운 혀 감촉, 부드럽고도 바삭바삭한 감촉 등 기대되는 촉감을 만들어 내는 것은 중화 프라이팬(웍)의 조작에 있다.

예/상/문/제

01. 중식 후식용 음식으로 설탕을 녹여 시럽을 만든 후 여러 가지 재료에 입히는 방법이며, '실을 뽑다'라는 의미를 가지는 후식은?

① 푸딩 ② 무스
③ 시미로 ④ 빠스

02. 더운 후식류인 것은?

① 지마구
② 행인두부
③ 시미로
④ 과일

03. 거품이라는 뜻을 가지며 차가운 크림 상태의 후식은?

① 시미로 ② 무스
③ 빠스 ④ 파이

04. 후식의 종류와 특징의 연결이 잘못된 것은?

① 시미로 – 타피오카를 주재료로 한 후식류, 냉장고에 차게 보관 후 제공
② 과일 – 제철 과일을 주로 사용, 과육과 과즙이 많음
③ 무스 – 설탕을 녹여 시럽을 만들어서 과일에 입힌 것
④ 파이 – 식재료의 사용이 제한되지 않으며, 주로 과일 사용

정답 01. ④ 02. ① 03. ② 04. ③

Chapter 04

일식

01. 일식 기초 조리 실무

1) 기본 칼 기술 습득하기

(1) 칼의 종류와 사용 용도

① 회칼–사시미보쵸(刺身包丁 : さしみぼうちょう)

- 회칼은 생선회를 자를 때 사용하는 칼
- 생선회용 칼은 다른 칼들에 비해 가늘고 긴 것이 특징
- 칼날의 길이 : 27~30㎝ 정도가 사용하기에 편리
- 칼을 선택할 때 칼의 수평이 잘 맞고, 자기 손에 맞는 것을 선택하는 것이 중요함

명칭	지역	특징
다코비키	관동 지방 (關東地方)	• 길게 사각 진 생선회 용도의 칼
야나기보쵸	관서 지방 (關西地方)	• 칼끝이 뾰족한 버들잎 모양의 생선회 용도의 칼 • 최근에는 대부분 야나기보쵸를 사용하는 추세

② 절단칼–데바보쵸(出刃包丁 : でばぼうちょう)]

- 생선을 손질하거나 포를 뜰 때 또는 굵은 뼈를 자를 때 사용하는 칼
- 절단칼은 칼등이 두껍고 무거운 것이 특징
- 크기가 다양하므로 식재료의 용도에 따라 알맞은 것을 골라 사용해야 함

③ 채소칼–우스바보쵸(薄刃包丁 : うすばぼうちょう)

- 주로 채소를 자르거나 무 등을 돌려깎기할 때 사용하는 칼
- 칼날이 얇기 때문에 뼈가 있거나 단단한 재료에는 사용하지 않음
- 이 칼을 사용할 때는 자기 몸 바깥쪽으로 밀면서 자른다.
- 관동식 칼(關西式包丁)은 칼끝이 직각이고, 관서식 칼(關東式包丁)은 칼끝이 둥그스름하다.

④ 장어칼–우나기보쵸(鰻包丁: うなぎぼうちょう)
- 민물장어나 바다장어 등을 손질할 때 전용으로 사용하는 칼
- 칼끝이 45도 정도로 기울어져 있고 뾰족하여 장어 손질에 적합

(2) 칼의 부위별 명칭

칼날 뾰족날	• 육류의 힘줄을 자르거나 생선 내장 긁어낼 때, 채소에 칼집 등을 낼 때 사용
윗날	• 식재료를 자르는 데 가장 많이 사용
중심날	• 육류와 생선을 잡아당겨서 썰거나 채소를 자를 때 사용
불룩배	• 강철과 철의 맞물리는 경계선이라서 이 부분이 명확할수록 좋음
아랫날	• 채소나 과일 등의 껍질을 벗길 때 사용하는 부위
칼턱	• 생선의 뼈나 머리 등을 반으로 자를 때나 감자 등의 씨눈을 파낼 때 사용
날면	• 날의 끝부분에서 불룩배까지의 부분
칼등	• 육류를 두드리거나 채소 등의 껍질을 벗길 때 사용
칼날배	• 칼날의 끝부분에서 불룩배까지 비스듬히 깎여 있는 단면을 말함
칼배	• 마늘이나 호두 등을 깨부술 때 사용하는 부위
칼뿌리	• 칼날과 손잡이 사이 부분을 말함
꼭지쇠	• 칼의 손잡이 주둥이에 끼우는 금속제를 말함
슴베	• 손으로 칼자루를 쥘 때 미끄러지지 않게 하는 부위
손잡이	• 둥근형 손잡이와 팔각슴베의 손잡이 등

(3) 올바른 칼 잡는 법

전악식	• 주먹 쥐기 형태로 가장 일반적인 칼 잡는 방법 • 주로 재료를 연속해서 자르거나 단단한 재료를 자를 때 사용하는 쥐기 방법
단도식	• 누르기 형태로 양식 칼을 잡는 가장 기본적인 방법 • 생선의 껍질을 벗길 때 주로 이용
지주식	• 일반적으로 회칼이나 채소칼을 사용할 때 쥐는 방법 • 손가락질 형태로 쭉 편 집게손가락이 칼등 위를 가볍게 누름 • 단단한 재료는 칼을 깊이 쥐고, 부드러운 재료는 가볍게 쥐기

(4) 칼 관리

① 일식 조리도의 특징

일식(和式: わしょく)에 사용되는 조리도는 다른 분야에 비해 종류가 다양할 뿐만 아니라, 폭이 좁고 긴 것이 많다. 생선을 손질하기에 적합한 조리도가 발달하였다. 회칼 등이 매우 예리하고, 칼날을 세울 때는 반드시 숫돌을 사용해야 한다.

② 숫돌(砥石: といし)의 종류와 특징

㉠ 아라토이시(荒砥石: あらといし) : 거친 숫돌(400# 이상), 칼이 이가 나가거나 끝을 갈아낼 때 사용하는 입자가 아주 거친 숫돌이다.

㉡ 나카토이시(中荒石: なかといし) : 중간 숫돌(1,000# 이상), 일반적으로 칼의 날을 세울 때 사용하는 입자가 중간의 숫돌이다.

㉢ 시아게도이시(仕上げ荒石: しあげといし) : 마무리 숫돌(4,000~6,000# 이상), 칼 표면의 잔 숫돌을 갈아낸 자국 등을 없애 주는 표면 입자가 아주 미세한 숫돌이다.

추가tip 칼 가는 방법

칼 앞면 가는 방법

- 칼의 갈아야 할 면을 숫돌에 부착한 후 오른손으로 칼의 손잡이를 잡는다.
- 오른손의 집게손가락은 칼등 쪽에 댄다.
- 엄지손가락은 칼의 뒷면에 대어 남은 세 손가락으로 칼자루를 쥔다.
- 칼을 잡고 칼의 앞면 경사를 자연스럽게 물에 적셔 둔 숫돌에 밀착시킨다.
- 칼의 뒷면에 왼손을 댄 후 왼손 집게손가락, 가운뎃손가락, 약손가락을 칼의 뒷면에 댄다.
- 칼자루를 쥔 오른손과 뒷면에 댄 왼손을 동시에 움직여 칼을 앞쪽으로 가볍게 힘을 넣어 밀고 당기는 식으로 계속 반복해서 간다.
- 칼날의 폭이 2㎝ 정도이면 중심의 1㎝ 정도를 숫돌에 밀착시켜 자연스러운 각 도를 유지한다.

칼의 뒷면을 가는 방법

- 오른손의 집게손가락을 칼의 평면에 대고, 엄지손가락을 칼의 등에 댄다.
- 왼손은 앞면과 동일하게 칼의 앞 가장자리부터 끝 가장자리까지 간다.
- 일식 조리도는 한쪽 면만 갈기 때문에 칼끝이 살짝 반대편으로 넘어가게 되는 데 뒷면을 가는 것을 가에리(返り: かえり)라고 한다.
- 칼을 다 갈았다면 마무리용 숫돌을 사용해 앞뒤를 마무리한다. 마무리 단계에서는 흙탕물이 나오지 않도록 물을 계속 끼얹어 주며 가볍게 간다.
- 주방 세제로 깨끗이 닦고 씻어 물기를 제거한 후 칼 보관용 장소에 보관한다.

> **추가tip** 조리도의 관리 방법
>
> ⓐ 조리도는 하루에 한 번 이상 가는 것을 원칙으로 한다.
>
> ⓑ 칼을 간 후 숫돌 특유의 냄새를 제거할 때는 자른 무 끝에 헝겊을 감은 후 아주 가는 돌가루를 묻혀 칼을 닦지만, 일반적으로 수세미를 이용해 비눗물 등으로 닦은 후 씻어 물기를 완전히 제거한 다음, 마른종이에 싸서 칼집에 넣어 보관한다.
>
> ⓒ 각자 자신의 조리도를 직접 관리하고 작업할 때에도 자신의 조리도를 사용한다.
>
> ⓓ 조리도는 자신의 몸과 같이 관리하며, 다른 사람이 절대로 손댈 수 없도록 한다.

(5) 기본 썰기

① 기본 썰기[기혼키리(基本切り：きほんきり)]

썰기는 재료나 요리의 종류와 용도에 따라 써는 방법을 달리하여 일의 능률은 높이는 것은 물론 일본 요리를 더욱더 시각적, 미각적인 효과를 발휘하게 하는 중요한 역할을 한다. 또 썰기에서 중요한 것은 각 재료의 특징을 잘 살리는 것이다.

명칭	방법
와기리(輪切り：わぎり)	둥글게 썰기
항게쓰기리(半月切り：はんげつぎり)	반달썰기
이쵸기리(銀杏切り：いちょうぎり)	은행잎 썰기
지가미기리(地紙切り：ちがみぎり)	부채꼴 모양 썰기
나나메기리(斜切り：ななめぎり)	어슷하게 썰기
효시키기리(拍子木切り：ひょうしぎぎり)	사각 기둥 모양 썰기
사이노메기리(賽の目切り：さいのめぎり)	주사위 모양 썰기
아라레기리(霰切：あられぎり)	작은 주사위 썰기
미징기리(微塵切り：みじんぎり)	곱게 다져 썰기
고구치기리(小口切り：こぐちぎり)	잘게 썰기
셍기리(千切り：せんぎり)	채썰기
센록퐁기리(千六本切り：せんろっぽんぎり)	성냥개비 두께로 썰기
하리기리(針切り：はりぎり)	바늘 굵기 썰기
단자쿠기리(短冊切り：たんざくぎり)	얇은 사각 채 썰기
이로가미기리(色紙切り：いろがみぎり)	색종이 모양 자르기
가쓰라무키기리(桂剝切り：かつらむきぎり)	돌려 깍기

요리우도기리(縒独活: よりうどぎり)	용수철 모양 썰기
란기리(乱切り: らんぎり)	멋대로 썰기
사사가키(笹抉切り: ささがき	대나무 잎 썰기
구시가타기리(櫛型切り: くしがたぎり)	빗 모양 썰기
다마네기미징기리(玉ねぎみじんぎり)	양파 다지기

② 모양 썰기[가자리기리(飾り切り: かざりきり)]

일본 요리의 모양 썰기는 요리의 미적 효과를 최대화하기 위한 기법이다. 용도는 본선 요리, 회석 요리 등의 요리에 다양하게 응용한다.

명칭	방법
멘토리기리(面取り切り -めんとりぎり)	각 없애는 썰기
긱카기리(菊花切り: きっかぎり)	국화 잎 모양 썰기
스에히로기리(螺子ひろ切り: すえひろぎり)	부채살 모양 썰기
하나카타기리(花形切り: はなかたぎり)	꽃 모양 썰기
네지우메기리(捻梅切り: ねじうめぎり)	매화꽃 모양 썰기
마쓰바기리(松葉切り: まつばぎり)	솔잎 모양 썰기
오레마쓰바기리(折れ松葉切り: おれまづばぎり)	접힌 솔잎 모양 썰기
기리치가이큐리기리(切り違い胡瓜切り: ぎりちがいきゅうりぎり)	오이 원통 뿔 모양 썰기
자바라큐리기리(蛇腹胡瓜切り: じゃばらきゅうりぎり)	자바라 모양 썰기
가쿠도큐리기리(角度胡瓜切り: かくどきゅうりぎり)	나사 모양으로 오이 썰기
하나랭콩기리(花蓮根切り: はなれんこんぎり)	꽃 연근 만드는 썰기
야바네랭콩기리(矢羽蓮根切り: やばねれんこんぎり)	화살의 날개 모양 썰기
자카고랭콩기리(蛇籠蓮根切り: じゃかごれんこんぎり)	연근 돌려깎아 썰
자센나스기리(茶せん茄子切り: ちゃせんなすぎり)	차센 모양 가지 썰기
구다고보기리(管牛蒡: 切り: くだごぼうぎり)	원통형 우엉 만드는 썰기
다즈나가리기리(手綱切り: たづなぎり)	말고삐 곤약 썰기
무스비가마보코기리(結び蒲鉾切り:むすびかまぼこぎり)	매듭 어묵 모양 썰기
후데쇼우가기리(筆生姜切り: ふでしょうがぎり)	붓끝 모양 썰기
이카리후우보우기리(いかりふうぼうぎり)	갈고리 모양 썰기
마쓰카사이카기리(松笠烏賊切り: まつかさいかぎり)	솔방울 모양 오징어 썰기
가라쿠사이카기리(唐草烏賊切り: からくさいかぎり)	당초무늬 오징어 썰기
아야메기리(菖蒲切り: あやめぎり)	붓꽃 모양 썰기
다이콩노아미기리(大根の網切り: ダイコンのあみぎり)	그물 모양 무 썰기

2) 일식 조리 도구의 종류 및 용도

종류	용도
아게나베 [아게나베(揚鍋:あげなべ)]	• 튀김 전문용 냄비 • 두껍고 깊이와 바닥이 평평한 것이 좋음 • 재질 : 구리합금이나 철이 대표적이고, 양은이나 알루미늄, 스테인리스 등
편수냄비 [가타테나베 たてなべ)]	• 일반적으로 가장 많이 사용하는 냄비로 손잡이가 있어서 사용하기 편리함
달걀말이 팬 [타마고야키나베 (卵焼鍋: たまごやきなべ)]	• 사각으로 된 형태 • 사용 전 : 자른 채소를 기름에 볶아 팬을 길들이기 • 사용 후 : 물로 씻지 않고, 기름을 얇게 발라 보관
덮밥 냄비 [돔부리나베 (丼鍋: どんぶりなべ)]	• 쇠고기덮밥(牛肉丼)이나 닭고기덮밥(親子丼) 등의 주로 계란을 풀어서 끼얹는 덮밥을 만들 때 사용
찜통 [무시키(蒸し器: むしき)]	• 목재 제품은 열효율도 좋고 나무가 여분의 수분을 적당히 흡수하는 장점이 있음
강판 [오로시가네 (卸金:おろしがね)]	• 무나 고추냉이, 생강 등을 갈 때 사용
눌림 통 [오시바코 (御し想: おしばこ)]	• 목재로 된 상자초밥용과 오시바코에 밥을 넣어 눌러 모양을 찍어내는 두 종류가 있음 • 사용 전 : 물을 적셔 주어야만 밥알이 달라붙지 않음
쇠꼬챙이 [가네쿠시(鉄串: かねくし)]	• 생선구이에 대부분 쇠꼬챙이를 많이 사용
핀셋 [호네누키 (骨 抜きほねぬき)]	• 생선의 지아이(血合い: ちあい) 부근의 잔가시나 뼈를 제거하거나 유자 등의 과육을 빼내는 데 사용
비늘치기 [우로코히키, 고케히키 (うろこひき, こけひき)]	• 도미나, 연어 등의 생선의 비늘을 제거할 때 사용
말린 대나무 껍질 [다케노카와 (竹の皮: たけのかわ)]	• 죽순 껍질을 말린 것 • 재료를 감쌀 때, 물이나 뜨거운 물에 불려서 사용 • 잔 칼집을 내어 냄비의 바닥에 깔면 재료가 눌어붙거나 타는 것을 방지
조림용 뚜껑 [오토시부타 (落し蓋: おとしぶた)]	• 냄비 중앙 위에 재료를 덮어 재료나 국물이 직접 닿게 하여 조림이 빨리 되고 양념이 고루 스며들도록 하는 역할을 하는 뚜껑 • 재질 : 나무, 종이

엷은 판자종이 [우스이타(薄板: うすいた)]	• 삼나무(杉: すぎ)나 노송나무(檜: ひのき)를 종잇장처럼 엷게 깎아 만든 것 • 말아서 만든 요리를 감싸거나 포를 뜬 생선을 싸서 냉장고에 보관 • 냄비의 바닥에 깔아서 사용하기도 하고, 각종 요리의 재료에 장식용으로 많이 사용
장어 고정시키는 송곳 [메우치(目打: めうち)]	• 뱀장어나 갯장어, 바닷장어 등을 손질할 때 장어의 눈 부분을 송곳으로 고정시켜서 장어 손질을 할 때 편리함
요리용 붓 [하케(刷毛: はけ)]	• 튀김 재료에 밀가루나 녹말가루 등을 골고루 바를 때 사용. • 민물장어 구이나 생선구이 요리 등의 다레(垂れ: たれ)를 바를 때도 사용

추가tip 계량 방법

계량컵 눈금 보기 : 반듯하게 놓고 액체 표면 아랫부분의 눈금을 눈과 수평으로 해서 읽기
액체식품(간장, 맛술, 청주, 물 등)을 계량스푼으로 계량할 경우 : 계량스푼이 약간 볼록하게 표면장력이 될 때까지 재기

3) 일식 기본양념 준비

(1) 일식 기본양념 조미료의 사용 순서

ⓐ 사 [さ: 청주(さけ), 설탕(さとう)]
ⓑ 시 [し: 소금(しお)]
ⓒ 스 [す: 식초(す)]
ⓓ 세 [せ: 간장(しょうゆ)]
ⓔ 소 [そ: 조미료 ちょうみりょう]

- 생선 종류에 맛을 들일 때 : 청주 → 설탕 → 소금 → 식초 → 간장
- 채소 종류에 맛을 들일 때 : 설탕 → 소금 → 간장 → 식초 → 된장

(2) 일본 요리법의 기법

① 오색(五色): 빨간색, 노란색, 청색, 흰색, 검정색
② 오미(五味): 단맛, 짠맛, 신맛, 쓴맛, 매운맛
③ 오법(五法): 생것, 구이, 튀김, 조림, 찜

4) 일식 곁들임 (아시라이-あしらい)재료

분류	곁들임 재료
맑은국(すいもの)	산초잎, 유자
생선회(さ しみ)	무겡, 오이꽃, 고추냉이, 당근으로 만든 스프링(よりにんじん), 레디쉬 채
구이(やきもの)	무 국화꽃, 매실조림
튀김(あげもの)	푸른 채소
조림(にもの), 찜(むしもの)	우엉조림, 생강채
냄비(なべもの)요리, 면류(めんるい), 덮밥류(とんぶりもの)	쑥갓, 김 채
초밥(すし)	초생강, 간장

예/상/문/제

01. 칼끝이 뾰족한 버들잎 모양의 생선회 용도의 칼로서 관서지방에서주로많이쓰는칼은?

① 야나기보쵸 ② 데바보쵸
③ 우스바보쵸 ④ 우나기보쵸

02. 칼의 부위별 명칭을 설명한 것중 틀린 것은?

① 칼턱–생선의 뼈나 머리 등을 반으로 자를 때나 감자 등의 씨눈을 파낼 때 사용
② 칼날 뾰족날–육류의 힘줄을 자르거나 생선 내장 긁어낼 때, 채소에 칼집 등을 낼 때 사용
③ 칼등–육류를 두드리거나 채소 등의 껍질을 벗길 때 사용
④ 아랫날–육류와 생선을 잡아당겨서 썰거나 채소를 자를 때 사용

해설 아랫날-채소나 과일 등의 껍질을 벗길 때 사용하는 부위

03. 다음은 일식모양 썰기[가자리기리(かざりきり)를 연결이 틀린것은 ?

① 네지우메기리(捻梅切り) – 매화꽃 모양 썰기
② 긱카기리(菊花切り) – 국화 잎 모양 썰기
③ 하나랭콩기리(花蓮根切り) – 꽃 연근 만드는 썰기 솔방울 모양 오징어 썰기
④ 구다고보기리(管牛蒡: 切り) – 솔방울 모양 오징어 썰기

해설 구다고보기리(管牛蒡: 切り)는원통형 우엉 만드는 썰기

04. 본요리의 오미 중 거리가 먼 것은?

① 단맛 ② 신맛
③ 아린맛 ④ 쓴맛

해설 일본요리와 기본은 오미로 짠맛, 단맛, 신맛, 쓴맛, 매운맛 이다.

정답 01. ① 02. ④ 03. ④ 04. ③

05.일식기본썰기방법과 연결이틀린 것은?

① 지가미기리 – 부채꼴 모양 썰기
② 이쵸기리 – 은행잎 썰기
③ 셍기리 – 채썰기
④ 나나메기리 – 곱게 다져 썰기

해설 • 나나메기리 - 어슷하게 썰기
• 미징기리 - 곱게 다져 썰기

06. 일본요리중 생선 요리에 맛을 들일 때양념순으로 옳은 것은?

① 청주 → 설탕 → 소금 → 식초 → 간장
② 설탕 → 소금 → 간장 → 식초 → 된장
③ 청주 →간장 → 설탕 → 소금 → 식초
④ 설탕 → 소금 → 식초 → 간장 → 된장

07.일본요리 기본양념인 조미료의 사용 순서로 옳은 것은?

① 사 → 세 → 소 → 스 → 시
② 소 → 시 → 스 → 세 → 사
③ 사 → 소 → 스 → 시 → 세
④ 사 → 시 → 스 → 세 → 소

해설 • 사↔청주, 설탕
• 스↔식초
• 소↔된장
• 시↔소금
• 세↔간장

08.올바른 칼 잡는법이 아닌 것은?

① 전악식–주먹쥐기 일반적 칼잡는방법
② 단도식–누르기 형태로 양식카를 잡는 기본적인방법
③ 지주식–일반적으로 회칼이나 채소칼을 사용 할 때
④ 압박식–손에 입을주어 강하게 잡는 방법

09. 칼을 올바르게 가는 방법으로 틀린 것은?

① 칼판 위에 숫돌을 움직이지 않데 받침대에 고정시키거나 신문지, 수건 들으로 고정시킨다.
② 칼자루를 쥔 왼손과 뒷면에 댄 오른손 을 동시에 움직여 칼을 앞쪽으로 가볍게 힘을 넣어 밀고 당기는 식으로 계속 반복해서 간다.
③ 숫돌을 미리 물에 한 시간 전에 담가 물이 흡수 되도록 한다.
④ 마무리 단계에서는 흙탕물이 나오지 않도록 물을 계속 끼얹어 주며 가볍게 간다.

10.일본 요리법의 기법에서 오색에들어가지않는 것은?

① 빨간색 ②노란색
③ 보라 ④ 흰색

해설 오색(五色): 빨간색, 노란색, 청색, 흰색, 검정색

11. 일식 곁들임재료 중 연결 맞은 것은?

① 생선회–무겡, 오이꽃, 고추냉이, 쑥갓
② 조림–우엉조림, 생강채
③ 구이–무 국화꽃, 매실조림, 김 채
④ 초밥–초생강, 간장 ,산초잎

해설 • 맑은국-산초잎, 유자 ·생선회-무겡, 오이꽃,
• 고추냉이, 당근으로 만든 스프링(よりにんじん),
• 구이-무 국화꽃, 매실조림
• 튀김-푸른 채소
• 초밥-초생강, 간장
• 냄비요리, 면류덮밥류-쑥갓, 김 채

정답 05. ④ 06. ① 07. ④ 08. ④ 09. ② 10. ③ 11. ②

12. 맛술의 장점과 거리가 먼 것은?

① 설탕과 비교하면 포도당과 올리고당이 다량 함유되어 있어 조리 시 식재료가 부드러워 진다.
② 조림요리에서 성분의 당분과 알코올리 재료의 부서짐을 방지한다.
③ 단맛 성분인 당류, 아미노산, 유기산 등이 빠르게 재료에 담겨져 맛이 밴다.
④ 복수의 당류가 포함되어 있어 조리 시 재료의 표면에 윤기가 생기는 현상을 방지한다.

해설 복수의 당류가 포함되어 있어 조리시 재료의 표면에 윤기가 생긴다.

13. 일본요리의 특징으로 옳은 것은?

① 일본요리는 손님대접요리로서 항상 푸짐하게 만들어서 제공한다.
② 일본요리는 장기숙성된 것을 많이 사용한다
③ 일본요리의 육수는 대부분 가쓰오부시(가당랑어포)를 사용한다,
④ 일본요리의 구이요리가 대부분이다

02. 일식 무침 조리

1) 무침 재료 준비하기

(1) 일본 무침 조리

- 재료와 향신료 등을 섞어서 무친 것을 말한다.
- 무침에는 된장 무침, 초된장 무침, 초무침 깨 무침, 호두 무침, 땅콩 무침, 성게알젓 무침, 흰깨와 두부를 으깨 양념해서 버무린 무침, 명란젓 알무침 등이 있다.
- 그릇은 작으면서도 약간 깊은 것이 잘 어울리고 과일이나 대나무 그릇, 조개껍데기 등을 이용해도 잘 어울린다.
- 재료는 신선한 것을 준비하고 재료에 따라서 가열하거나 밑간을 먼저 한 후에 무치는 경우가 있다.
- 재료는 충분히 식혀서 사용하며 요리는 먹기 직전에 무치는 것이 중요하다. 먼저 무쳐 놓으면 물기가 생기고, 색과 맛이 떨어진다.

정답 12. ④ 13. ③

2) 재료의 특성과 전처리 방법

재료	특성	
갑오징어	• 여덟 개의 짧은 다리와 두 개의 긴촉 완(촉수)이 있는데 이 다리들 가운데에 입이 있다. • 비만증, 고혈압, 당뇨병에 효과적인데 고혈압 환자에게 특히 효과가 있으며 중풍 환자에게도 효과가 있다. • 고단백, 저칼로리로 다이어트 음식이며, 타우린 함량이 풍부해서 피로 회복 효과가 있다.	
	전처리 (손질법)	가) 갑오징어는 겉껍질과 속껍질을 벗겨 낸 것을 얇고 가늘게 채 썰어 둔다. 나) 여분의 수분과 비린내를 없애기 위해 소금을 사용한다. 다) 갑오징어 손질을 하여 채 썰어 청주에 부드럽게 데친다.
명란젓	• 명태의 난소를 소금에 절여서 저장한 음식 • 맨 타이코 또는 모미 지코라고도 한다. • 명란젓에는 노화를 방지하고 피부에 좋은 비타민 E가 함유되어 있어 지용성 비타민인 비타민 E 흡수를 참기름의 지방 성분이 돕는다. • 명란젓과 어울리는 요리는 찜, 구이, 샐러드, 무침, 탕 등이 있다.	
	전처리 (손질법)	가) 명란 알은 반을 갈라 칼등으로 알만 밀어 내듯이 긁어낸다. 나) 명란 알은 마르지 않게 보관한다.
두부	• 막두부, 연두부, 순두부, 비단두 등 종류가 다양하다.	
	전처리 (손질법)	가) 두부는 끓는 물에 삶아 찬물에 한 번 헹군다. 나) 가)의 두부를 면 보자기에 싸서 무거운 것으로 눌러 물기를 뺀다.
곤약	• 구약나물을 식용하는 것은 뿌리로 생각되고 있는 지하경이다. • 수분 75~83%, 탄수화물 13%, 단백질 약4% • 탄수화물의 주성분은 글루코만난이다. • 곤약은 칼로리가 거의 없어 다이어트에 좋다고 한다	
	전처리 (손질법)	가) 곤약은 소금을 약간 뿌려 밀방망이로 가볍게 두들기듯 민다. 나) 곤약을 데쳐서 준비한다.
흰깨	• 참깨를 호마라고도 하며, 검정깨, 누런 깨 등으로 구분한다. • 참깨의 단백질 : 글로불린 • 참깨를 볶을 때 나오는 고소한 향기 : 시스틴	
	전처리 (손질법)	가) 흰깨는 깨끗이 씻어 물기를 뺀다. 나) 팬에 흰깨를 잘 볶아서 준다.
도미	• 몸은 담홍색이며 육질은 백색으로 맛은 담백하고 종류가 다양하다. • 참돔, 감성돔, 붉돔, 황돔, 흑돔 등이 있다. • 봄철의 분홍빛을 띤 참도미가 단백질이 많고 지방은 적어 맛이 가장 뛰어나다.	
	전처리 (손질법)	소금을 뿌려 준 도미 생선살을 구워 준다.

시치미토가라시(しちみとうがらし)

고추를 주재료로 한 향신료를 섞은 일본의 조미료다. 치미(七味)라고 줄여서 이르기도 한다. 고추를 주재료로 해, 일곱 가지 향신료를 섞어서 만들어진 것에서 그 이름을 따왔다.

3) 무침 담기

㉠ 무침 그릇 준비

너무 화려하거나 큰 접시에 담으면 모양이 좋지 않기 때문에 일식 무침은 작으면서도 깊이가 있는 것이 잘 어울린다.

㉡ 양념의 종류 및 특성

무침 요리를 완성하기 위해서는 된장, 청주, 소금, 흰깨 등 조미료가 사용된다.

㉢ 곁들임 재료

차조기 잎(시소), 무순 등이 있다.

- 차조 잎 : 찬물에 씻어 물기를 제거하여 용기에 담고 젖은 면 보자기로 덮어서 싱싱하게 보관한다.
- 무순 : 끝부분을 다듬은 후 찬물에 씻어서 물기를 제거하여 용기에 담고 젖은 면 보자기 를 덮어서 싱싱하게 보관한다.

예/상/문/제

01. 무침 조리에 대한 설명이 맞지 않은 것은?

① 재료는 충분히 식혀서 사용하며 요리는 먹기 직전에 무치는 것이 좋다.
② 곁들임 재료는 차조기 잎(시소), 무순, 생강이 있다
③ 된장, 청주, 소금, 흰깨 등 조미료가 사용된다.
④ 그릇은 작으면서도 약간 깊은 것이 잘 어울린다

02. 무침조리의 종류를 일본어로 표현한 것이 맞는 것은?

① 흰두부무침(시리아에)
② 겨자무침(고마아에)
③ 초무침(미소아에)
④ 산초순무침(스시소아에)

정답 01. ② 02. ①

03. 곤약에 대한 설명 중 맞지 않은 것은?

① 구약나물을 식용하는 것은 뿌리로 생각되고 있는 지하경이다.
② 수분 75~83%, 탄수화물 13%, 단백질 약4% 이다.
③ 탄수화물의 주성분은 글루코만난이다.
④ 곤약은 칼로리가 높아 다이어트에 좋다고 한다.

04. 시치미토가라시(しちみとうがらし)란?

① 고추를 주재료로 해, 일곱 가지 향신료를 섞어서 만들어진 것
② 된장을 주재료로 해 향신료를 섞어서 만들어진것
③ 흰깨를 주재료로 해, 일곱 가지 향신료를 섞어서 만들어진 것
④ 간장을 주재료로 해, 다섯 가지 향신료를 섞어서 만들어진 것

해설 산초, 진피(귤껍질), 고춧가루, 삼씨(마자유), 파란김(아오노리), 검은깨, (평지씨,양귀비씨) 의 7종류로 만들어진다.

05. 갑오징어 명란 무침의 재료가 아닌 것은?

①무순
②시소
③ 미나리
④ 명란

06. 갑오징어 명란 무침의 설명으로 옳지 않은 것은?

① 명란은 뜨거운 물에 살짝 데쳐 사용한다.
② 오징어가 뜨거우면 포를 떠서 사용한다
③ 명란를 잘 발라 낸 다음 오징어 채 썬 것과 함께 잘 버무려서 제출한다
④ 위생적으로 옮겨 담아 위에 무순을 올려서 완성한다

03. 일식 국물 조리

1) 국물 재료 준비하기

(1) 국물 요리의 종류

종류	특징
맑은 국물 요리	• 회석 요리(일본 요리의 코스 요리)에서 주로 사용 • 조개 맑은국, 도미 맑은국 등
탁한 국물 요리	• 식사와 함께 내는 요리 • 일본 된장(미소)을 이용한 된장국, 술지게미를 이용한 국물 등

정답 03. ④ 04. ① 05. ③ 06. ①

(2) 국물 요리의 구성

종류	특징
주재료(완다네)	• 국물 요리의 주재료 • 어패류 : 도미, 대합 등 • 조개류 : 타우린 등의 감칠맛 성분이 높아 국물 요리에 많이 활용 • 그 외 육류, 채소류 등
부재료(쯔마)	• 제철에 나는 채소류, 해초류를 많이 사용 • 주로 맛, 색, 질감 등이 주재료와 어울리는 것을 골라 사용 • 맑은국 : 죽순, 두릅 등 • 된장국 : 미역 등
향(스이구치)	• 주재료의 맛을 살리는 보조적인 역할 • 향은 계절에 맞는 것을 사용하는데 유자, 산초, 시소, 와사비, 겨자, 생강, 깨, 고춧가루 등을 사용 • 봄, 여름 : 산초 새순 • 여름 : 파란 유자 • 가을 : 노란 유자 껍질 • 맑은국 : 유자 · 레몬 껍질 • 된장국 : 산초 가루

2) 국물 우려내기

(1) 맛국물 재료의 종류와 특성

① 가다랑어 포[가쓰오부시(鰹節: かつおぶし)]

- 일본 요리(日本料理)에서 가장 기본적이고 가장 중요한 재료
- 가다랑어 포를 만드는 과정 : 가다랑어를 세장뜨기하기 → 고열로 찌기 → 훈제연어 만들듯이 연기에 그을려 건조시키기 → 상자 등에 넣고 곰팡이가 생기도록 해서 이것을 다시 햇빛에 건조 → 재차 7~8회 3개월간 푸른 곰팡이가 생기도록 하기 → 음지에서 수분이 없어질 때까지 잘 건조시키기 → 대패밥처럼 깎기
- 가다랑어포의 독특한 감칠맛 : 이노신산(푸른곰팡이의 효소 작용으로 단백질이 분해되면서 생성)
- 하나가쓰오(花鰹節) : 얇게 썬 가다랑어 포이며, 그 모양이 꽃과 비슷하고 폭넓게 깎은 것. 향기 좋고 감칠맛 나는 국물은 다양한 요리에 활용하여 요리의 맛을 돋보이게 한다. 조림, 된장국이나 찌개 국물 등에 주로 쓰인다.
- 이토카키(絲かき) : 실처럼 가늘게 깎은 것이며, 요리의 마지막에 고명으로 올리고, 주로 샐러드나 무침, 조림 등의 요리에 많이 이용한다.

- 가루 가다랑어 : 가다랑어를 깎을 때에 나오는 가루이다. 단 시간에 향기로운 국물을 낼 때 분말 그대 로 사용하거나, 조림이나 샐러드 소스 등에 넣어 가다랑어 맛을 낸다.

② 가다랑어 포의 종류

큰 가다랑어 포	• 오부시(雄節) : 등 쪽 • 메부시(雌節) : 배 쪽
작은 가다랑어 포	• 다시 국물 요리에 많이 사용하는데 작은 가다랑어를 세장뜨기하여 손질하여 만든 것

③ 다시마

- 다시마는 해조류로 자연적으로는 녹갈색을 띤다.
- 국물에 사용하는 것은 완전히 건조된 것을 사용한다.
- 감칠맛 성분인 글루타민산이 많아 맛국물의 재료로 사용한다.
- 다시마를 끓일 때 나오는 독특한 끈기 성분 : 해초 특유의 수용성 식이 섬유(알긴산, 후코이단)
- 다시마의 색채 성분 : 후코키산틴(지방 축적 억제)

④ 다시마의 종류

참다시마 [마곤부(眞昆布: まこんぶ)]	• 마(眞)라는 글자가 앞에 붙은 것은 다시마 중의 으뜸이라는 의미 • 길이가 3m, 폭은 50㎝ 정도, 특유의 끈적거리는 맛이 없음
리시리 곤부 (利尻昆布: りしりこんぶ)	• 일반 음식점에서 많이 사용하는 리시리 곤부는 마곤부와 비슷하고 특징은 향도 있고, 색도 잘 들지 않고, 폭이 좀 좁고 얇은 편 것이 특징
라우스 곤부 (羅臼昆布: らうすこんぶ)	• 리시리 곤부와 비슷하고 특징은 부드럽고 색이 나와서 노랗게 물이 들고 향과 맛이 비교적 강하게 느껴짐
미쓰이시 곤부 (三石昆布: みついしこんぶ), 하다카곤부 (日高昆布: はたか こんぶ)	• 라우스 곤부와 미쓰이시 곤부는 비슷하고 특징은 다시마의 맛이 강하게 우러나고, 색도 많이 나고 부드러운 것이 특징

⑤ 기타 재료

마른 멸치나 마른 새우 등도 맛국물용으로 사용

(2) 맛국물의 종류

종류	특성	
다시마 국물 (곤부 다시)	• 다시마만을 이용한 맛국물 • 찬물에 담가 천천히 맛을 우려내는 경우와 찬물에 다시마를 넣고 끓어오르기 직전까지 끓여 만든 것이 있다.	
	방법	ⓐ 다시마를 젖은 행주로 닦기 → ⓑ 준비한 양의 물과 닦은 다시마를 불에 올려 은근히 끓이기 → ⓒ 끓으면 불을 끄고 거품과 다시마를 건져내기(면포 사용)
일번 다시 (이치반 다시)	• 다시마와 가다랑어포(가쓰오부시)만을 이용하여 짧은 시간 안에 맛을 우려내 최고의 맛과 향을 지닌 맛국물로 고급 국물 요리에 가장 많이 사용한다.	
	방법	ⓐ 다시마에 묻어 있는 먼지나 모래를 깨끗한 행주로 닦아내기 → ⓑ 냄비에 적당량의 물과 준비된 다시마를 넣고 중불로 가열 → ⓒ 끓기 직전의 온도가 약 95℃ 정도 되면 다사마를 건져내기 → ⓓ 가다랑어포를 넣고 불 끄기 → ⓔ 위에 뜬 불순물을 걷어내기 → ⓕ 가다랑어포가 바닥에 가라앉고 10～15분 정도 지나면 면포에 거르기
이번 다시 (니반 다시)	• 일번 다시를 만들고 난 후의 다시마, 가다랑어포를 재활용하여 재료에 남아 있는 감칠맛 성분을 약한 불에서 천천히 우려서 만드는 맛국물이다. • 여기에 새로운 가다랑어포를 약간 첨가할 수도 있다. • 일번 다시 보다는 맛과 향이 약하므로 조림이나 된장국 등에 사용할 수 있다.	
니보시 다시	• 쪄서 말린 것으로 멸치, 새우 등 여러 가지 해산물을 이용하여 만든 맛국물을 말한다.	

3) 국물 요리 조리하기

(1) 간장, 맛술, 식초의 종류와 특성

국물 요리를 완성하기 위해서는 여러 가지 조미료가 사용된다. 그중 일본 요리의 국물 요리에서 간을 하는 데 항상 빠지지 않는 조미료에는 대표적으로 간장, 맛술, 식초 등이 있다.

① 간장(쇼유)

일본 간장은 우리나라의 간장이 콩을 주원료로 제조하는 것과는 달리 콩과 밀을 이용하여 만들기 때문에 간장의 발효 과정에서 밀에 의해 단맛이 나는 특징이 있다.

일본 간장의 종류와 특성

종류	특성
진한 간장 (濃い口醬油, 고이구치쇼유)	• 가장 일반적인 간장으로 색이 진하고(밝은 적갈색) 향이 좋음 • 일본 요리에 가장 많이 쓰이는 간장 • 염도 : 15~18% 정도 • 생선회나 구이 등을 먹을 때 곁들이는 간장으로 많이 사용한다.
연한 간장 (うすくちしょうゆ, 우스구치쇼유)	• 색이 진간장보다 옅고 맛, 향이 모두 담백함 • 재료가 가지는 고유의 색과 맛, 향을 살리는 데 적합한 간장 • 염도 : 진간장 보다 약 2% 정도 높음
타마리간장 [타마리쇼유(たまりしょうゆ)]	• 흑색이며 부드럽고 진함 • 단맛을 띠고 특유의 향이 있음 • 조림, 구이 요리에 사용하며 깊은 맛과 윤기를 냄
생간장 [나마쇼유(生醬油)]	• 열을 가하지 않은 간장 • 향기와 풍미가 매우 좋음 • 오랜 시간 끓여도 향기가 날아가지 않는 것이 특징 • 서늘한 곳이나 냉장고에 보관
흰(백)색간장 [시로쇼유(白醬油)]	• 투명하고 황금에 가까운 색을 띠며 향이 매우 우수함 • 킨잔지미소(金山)의 액즙에서 채취한 것으로서, 재료의 색을 살리는 데는 훌륭한 역할을 함 • 색이 변하기 쉬우므로 오래 보관하는 것은 피하는 것이 좋음
간로쇼유 (甘露醬油)	• 단맛, 향기와 함께 우수한 농후의 재료 • 사시미(刺身) 또는 신선한 재료의 찍어 먹는 간장 또는 곁들임에 사용 • 열을 가하지 않은 진간장을 거듭 양조 한 것

② 맛술(미림)

- 미림은 단맛이 나는 술로 처음에는 마시기 위한 술이었으나 점차 요리에 사용되기 시작
- 소주(알코올 약 40%)에 찐 찹쌀 또는 멥쌀과 쌀로 만든 누룩을 넣어 천천히 발효(당화숙성)시켜 만든 것
- 약 14%의 알코올, 45% 전후의 당분, 각종 유기산, 아미노산 등이 함유되어 특유의 맛을 내고 당분으로 인하여 음식에 윤기가 나게 하는 특징이 있는 조미료
- 특히, 요리에 넣을 경우에는 가열하여 알코올을 증발시킨 후 사용해야 함

추가tip 맛술 성분

구분	내용
당류	포도당, 이소 말토오스, 올리고당 등
아미노산	글루타민산, 로이신, 아스파라긴산 등
유기산	젖산, 구연산, 피로 글루타민산 등
향기 성분	훼루라산 에틸, 페닐에틸 아세테이트 등

추가tip 맛술의 장점

가) 설탕과 비교하면 포도당과 올리고당이 다량 함유되어 있어 식재료가 부드러워진다.
나) 복수의 당류가 포함되어 있어 재료의 표면에 윤기가 생긴다.
다) 성분의 당분과 알코올이 조릴 때 재료의 부서짐을 방지한다.
라) 찹쌀에서 나온 아미노산과 펩타이드 등의 감칠맛이 성분과 당류가 다른 성분과 어울려서 깊은 향과 맛을 낸다.
마) 단맛 성분인 아미노산과 유기산 당류 등이 빠르게 재료에 담겨져 맛이 밴다.

③ 식초(스)

- 식초는 신맛이 나는 조미료
- 식욕을 돋우고 입안을 상쾌하게 해주는 역할
- 음식에 사용되었을 때 방부 및 살균 효과를 내게 하는 특징
- 생선에서 살을 단단하게 하고 비린내를 제거
- 양조 식초 : 곡물을 이용하여 발효시켜 만든 것
- 합성 식초 : 인위적으로 합성한 초산(아세트산)에 물을 섞어 만든 것

(2) 국물 요리에 사용되는 향신료의 종류와 특성

① 유자(유즈)

- 유자의 과육은 산도가 높아 생식으로는 어울리지 않지만 향이 좋아서 향신료로 사용
- 청유자(초가을)와 노란 유자(11월경) 모두 향신료로 사용 가능
- 노란 유자 : 껍질과 과육을 따로 모두 향신료로 사용
- 청유자 : 반달 썰기를 하여 통째로 사용

② 산초(산쇼)

- 잎과 열매, 꽃 모두 특유의 매운 향을 가지는 향신료
- 고나잔쇼 : 잘 익은 열매를 건조시켜 분말 상태로 만든 것으로, 많이 사용함

예/상/문/제

01. 다시마, 가다랑어포를 재활용하여 재료에 남아 있는 감칠맛 성분을 약한 불에서 천천히 우려서 만드는 다시는어떤것인가?

① 곤부 다시 ② 이치반 다시
③ 니반 다시 ④ 니보시 다시

02. 열을 가하지 않고향기와 풍미가 매우 좋으며 오랜 시간 끓여도 향기가 날아가지 않는 간장의종류는 어떤것인가?

① 생간장(나마쇼유)
② 타마리간장(타마리쇼유)
③ 흰(백)색간장(시로쇼유)
④ 연한 간장우스구치쇼유

03. 일식 국물요리중 맑은 국물 요리로만 짝지어진 것은?

① 조개 맑은국, 적된장국
② 도미 맑은국, 미역된장국
③ 조개 맑은국, 일본 된장국
④ 도미 맑은국, 조개 맑은국

04.국물 요리의 구성을 설명한것중 틀린 것은?

① 주재료는 도미, 대합 등이많다
② 부재료맑은국 에는죽순, 두릅 등을쓰고된장국 에는 미역 등을 많이사용
③ 맑은국의 향은 유자 · 레몬 껍질, 산초가루를 주로쓴다
④ 향은 유자, 산초, 시소, 와사비, 겨자, 생강, 깨, 고춧가루 등을 사용

05. 맛술의 장점의설명중 틀린것은?

① 조림요리에서 성분의 당분과 알코올리 재료의 부서짐을 방지한다.
② 단맛 성분인 당류, 아미노산, 유기산 등이 빠르게 재료에 담겨져 맛이 밴다.
③ 찹쌀에서 나온 아미노산과 펩타이드 등의 감칠맛이 성분과 당류가 다른 성분과 어울려서 깊은 향과 맛을 낸다.
④ 설탕과 비교하면 포도당과 올리고당이 다량 함유되어 있어 조리 시 식재료가 단단해진다

06. 다시마설명중틀린 것은?

① 해조류로 자연적으로는 녹갈색을띤다
② 감칠맛 성분은 호박산이다
③ 다시마의 색채 성분은 후코키산틴이다
④ 다시마를 끓일 때 나오는 독특한 끈기 성분은알긴산과 후코이다

07. 일식 국물요리의 일본어 표현으로 맞는 것은?

① 스이보노 ② 첸사이
③ 스노모노 ④ 야끼모노

해설
- 무침 조리(아게모노)
- 무침 조리(아게모노)
- 구이요리(야끼모노)
- 초회(스노모노)
- 전채(첸사이)
- 맑은국(스이모노)
- 조림요리(니모노)
- 식사(쇼쿠지)

08. 일본요리에서 국물요리에 사용하지 않는 것은?

① 가다랑어 ② 멸치
③ 다시마 ④ 돼지뼈

정답 01. ③ 02. ① 03. ④ 04. ③ 05. ④ 06. ② 07. ① 08. ④

04. 일식 조림 조리

1) 조림(煮る: 니루)의 정의

재료와 국물을 함께 끓여서 맛이 속으로 스며들게 하는 방법이다. 밥반찬이 되고 곤다테(こんだて, 식단)를 마무리 짓는 역할을 한다. 야채 니모노는 야채를 기본 다시만 넣어 살짝 조리는 담백한 요리다.

2) 조림 조리하기

(1) 도미 손질법

① 도미 손질하기

도미 머리 부분에 칼집을 넣는다. → 데바칼 끝으로 꼬리 부분을 자른 후 꼬리를 들어 피를 빼낸다. → 비늘을 제거한다. → 아가미의 연결 부위를 자른 후 배 쪽에 칼집을 넣는다. → 아가미와 내장을 꺼낸다. → 머리를 잘라낸다. → 꼬리를 잘라낸다. → 중간 뼈 위로 칼을 넣어 위에서 아래로 당긴다. → 살과 뼈를 분리해 두 장 뜨기한다. → 반대쪽도 위와 같은 요령으로 해서 세 장 뜨기한다.→ 배 쪽의 갈비뼈를 분리한다. → 용도에 맞게 잘라 사용한다.

② 도미 머리 손질하기

도미의 입을 벌려 앞니 사이로 데바 칼을 넣는다. → 머리 가운데를 자른다. → 머리 뒤쪽에 칼을 넣는다. → 머리를 잘라 2등분한다 → 양쪽의 지느러미를 자른다. → 가마 살을 분리한 후 머리가 클 경우 입과 눈 부분으로 분리한다. → 머리를 분리한 후 소금을 뿌린다. → 끓는 물에 데쳐 얼음물(찬물)에 식힌다. → 비늘과 불순물을 제거한다.

③ 도미 꼬리 손질하기

꼬리지느러미를 V자로 손질한다. →X자로 칼집을 넣는다. → 소금을 뿌린 후 데쳐서 손질한다.

(2) 조림 방법

① 냄비에 우엉을 먼저 넣고 도미를 위에 얹기
② 청주와 맛술을 넣어 비린내를 제거하기
③ 다시마 국물을 이용한 양념장에 조려내기
④ 채소 고유의 색이 선명하게 유지되도록 조리기
⑤ 냄비의 뚜껑을 열고 데쳐 조림에 윤기가 나게 하기

(3) 조미료 넣는 방법

- 조림 요리는 다시물과 설탕, 소금, 식초, 간장, 된장, 미림, 정종 등 조미료의 특성과 성질을 파악하여 사용하도록 한다.
- 소금은 설탕보다 입자가 작아서 재료에 스며들기 쉬움 → 처음에 넣으면 재료의 표면을 단단하게 해서 다른 조미료 등이 스며들기 어렵게 함
- 처음에는 술, 설탕 등을 넣어 재료를 부드럽게 해준다.
- 식초, 간장, 된장은 그 자체의 풍미를 가지고 있어 너무 빨리 넣으면 풍미가 달아날 수 있다. 식초는 냄새 제거나 근채류 등을 희게 하는 성분이 있기 때문에 빨리 넣지 않으면 안 된다.

추가tip 조림 양념의 종류

① 단 조림: 맛술, 청주, 설탕을 넣어 조림.
② 짠 조림: 주로 간장으로 조림.
③ 보통 조림: 장국, 설탕, 간장으로 적당히 조미하여 맛의 배합을 생각하며 조림.
④ 소금 조림: 소금으로 조림.
⑤ 된장 조림: 된장으로 조림.
⑥ 초 조림: 식품을 조림한 다음 식초를 넣어 조림.
⑦ 흰 조림(푸른 조림): 색상을 살려 간장을 쓰지 않고 소금을 사용하여 단시간에 조림.

(4) 조림 담기

- 도미는 그릇에 담을 때 도미 몸통 → 머리 → 꼬리 순으로 껍질이 위쪽에 오도록 담기
- 남은 국물을 살짝 끼얹어서 윤기를 더해줌
- 우엉과 꽈리고추는 앞쪽으로 세워 담기
- 하리쇼가의 물기를 제거하여 도미조림 위쪽에 곁들여 담기

예/상/문/제

01. 조림 양념 넣는 방법이 옳은 것은?

① 다시물과 설탕, 소금, 식초, 간장, 된장, 미림, 정종 등 조미료의 특성과 성질을 파악하여 사용하도록 한다.
② 소금은 설탕보다 입자가 커서 재료에 스며들기 쉬움
③ 처음에는 간장을 넣어 재료를 부드럽게 해준다.
④ 식초는 냄새 제거나 시금치등을 더푸르게 하는 성분이 있다.

02. 도미 조림 방법이 아닌 것은?

① 우엉을 먼저 넣고 도미를 위에 얹는다.
② 청주와 맛술을 넣어 비린내를 제거한다
③ 다시마 국물을 이용한 양념장에 조려낸다
④ 냄비의 뚜껑을 닫고 조려야 윤기가 난다

03. 조림의 양념 종류로 연결이 잘못된 것은?

① 보통 조림– 장국, 설탕, 간장으로 조미
② 초 조림 – 식초를 사용
③ 짠 조림 – 소금으로 조림
④ 단 조림 – 맛술, 청주, 설탕을 넣어 조림

05. 일식 면류 조리

1) 면 재료 준비하기

(1) 면류의 종류와 특성

종류	특성
메밀국수 [蕎麦, そば(소바)]	• 메밀가루로 만든 국수를 뜨거운 국물이나 차가운 간장에 무·파·고추냉이를 넣고 찍어 먹는 일본 요리 • 곡물인 메밀의 열매를 원료로 하는 메밀가루를 사용하여 가공한 일본의 면류 및 그것을 이용한 요리 • 메밀국수의 기물 : 접시(대나무 발이 깔린 전용의 메밀국수 그릇), 체(메밀국수용), 메밀 찜통 등이 있음
우동 (饂飩, うどん)	• 대표적인 일본 요리 중의 하나로, 밀가루를 넓게 펴서 칼로 썰어서 만든 굵은 국수

정답 01. ① 02. ④ 03. ③

<table>
<tr><td rowspan="5">라멘
(ラーメン)</td><td colspan="2">• 면과 국물로 이루어진 일본의 대중 음식
• 면과 국물 그 위에 돼지고기(차슈), 파, 삶은 달걀 등의 여러 토핑을 얹는데, 지역이나 점포에 따라 다양한 종류가 있음</td></tr>
<tr><td>미소 라멘</td><td>• 일본식 된장으로 맛을 낸 라멘</td></tr>
<tr><td>쇼유 라멘</td><td>• 간장으로 맛을 낸 라멘</td></tr>
<tr><td>시오 라멘</td><td>• 소금으로 맛을 낸 라멘</td></tr>
<tr><td>돈코츠 라멘</td><td>• 돼지뼈로 맛을 낸 라멘</td></tr>
<tr><td rowspan="4">소면
(素麵, 소멘)</td><td>소면(素麵)</td><td>• 밀가루 반죽을 길게 늘려서 막대기에 면을 감아 당긴 후 가늘게 만드는 국수</td></tr>
<tr><td>납면(拉麵)</td><td>• 국수 반죽을 양쪽에서 당기고 늘려 만든 면</td></tr>
<tr><td>압면(押麵)</td><td>• 국수 반죽을 구멍이 뚫린 틀에 넣고 밀어 끓는 물에 넣어 끓여 만든 면</td></tr>
<tr><td>절면(切麵)</td><td>• 밀대로 밀어 얇게 만든 반죽을 칼로 썰어 만든 면</td></tr>
</table>

※여기서 잠깐※

면의 종류, 면발의 굵기, 규격에 대한 추가적인 정보는 <Part 02> **07 중식 면 조리 부분**을 참고해주시기 바랍니다.

2) 면 조리하기

(1) 맛국물의 종류

종류	특성
찬 면류 맛국물	• 메밀국수의 맛국물은 기본적으로 다시 7 : 진간장(코이구치쇼유) 1 : 맛술 1의 비율로 끓여서 만들고 식힌다. • 취향에 따라 설탕의 양을 조절하여 만들기도 하며, 관동 지역이 관서 지역보다 맛이 진하고 단맛이 강하다. • 찬 우동 맛국물은 면발이 탄력이 있고 두꺼워 맛국물을 기본적으로 **다시 6~5 : 진간장(코이구치쇼유) 1 : 맛술 1**의 비율로 끓여서 만들고 식힌다. • 찬 우동의 곁들임 재료 : 갈은 생강, 텐가스(아게다마), 실파, 김 등
볶음류 맛국물	• 볶음 메밀국수와 우동이 대표적이다. • 볶음 요리는 간장을 기본으로 양념이 주로 사용되며, **간장 1 : 청주 1 : 맛술 1 : 물 2**의 비율에 후추를 첨가하고 마지막에 간장을 이용하여 전체적인 색과 향을 체크하여 마무리한다

따뜻한 면류 맛국물	• 일반적으로 **다시 14 : 진간장(코이구치쇼유) 1 : 맛술** 1의 비율로 끓여서 만든다. • 업소에 따라 멸치, 가다랑어 포, 도우가라시(고추가루)를 추가하여 진한 맛을 내기도 한다.

※여기서 잠깐※

면발의 종류와 규격과 관련한 추가적인 정보는 중식 면 요리를 참고하세요.

3) 면 담기

(1) 면 조리 도구 종류 및 용도

① 소쿠리

- 소쿠리는 재료를 넣거나 여분의 수분을 제거하기 위해 널리 사용
- 재질 : 스테인리스, 플라스틱, 나무(주재)
- 스테인리스 제품은 보관이 쉽고 관리가 쉬운 장점이 있다.
- 크기는 대, 중, 소로 구분되며, 나무의 경우는 사용한 후에 잘 건조해야 한다.
- 일본 요리는 물의 사용이 많은 만큼 수분 제거가 쉬운 재질을 선택하는 것이 바람직하다.

② 냄비

면류에 쓰이고 있는 냄비는 다음과 같다.

알루미늄 냄비	• 가볍고 취급하기 쉬우며 열전도가 빠름 • 단점 : 불꽃이 닿는 부분만 고온이 되어 균일하게 열이 전해지지 않음. 고온에 약하여 장시간 사용하면 구멍이 나기 쉬움
붉은 구리 냄비	• 열이 전해짐이 균일하여 우수하고 열전도율이 좋음 • 공기 중의 탄산가스가 습기와 결합하여 녹청이 발생 → 사용한 후에 관리 필요 • 단점 : 무거우며, 가격이 비싸고, 취급이 불편함 → 수요가 적어짐
요철 냄비	• 일반 냄비보다 열 흡수율이 높음 • 붉은 구리와 알루미늄 합금을 쇠망치로 두드려 성형하므로 냄비의 안쪽과 바깥쪽에 생기는 요철이 있음 • 일식 전문 레스토랑에서 많이 쓰이고 있다. • 일본 전문 용어로 얏또꼬나베(やっとこ鍋)로 불리고 있으며, 손잡이가 없으며 냄비의 바닥 표면이 평평한 형으로 되어 있어 얏또꼬(やっとこ, 뜨거운 냄비를 집는 집게)라는 집게를 이용해서 얏또고나베라고 한다. • 손잡이가 없어 수납할 때에 포개어 놓을 수 있고, 씻을 때도 편리한 장점이 있다.

③ 국자

국자는 국물이 있는 요리를 떠내기 위한 도구이며 대부분 스테인리스 재질로 구성되며, 크기와 모양이 다양하다. 요리에 금속성을 피해야 할 경우에는 나무 제품을 사용하는 것도 좋다. 국물을 없애고 재료를 건져 낼 경우에는 작은 구멍이 있는 국자(穴杓子)를 이용한다.

나무 주걱(국자)	본래는 밥을 담기 위한 도구였지만 재료를 혼합하거나 뒤섞기 등에 사용하는 등 이용 범위가 넓다.
구슬 국자	서양 조리 기구의 유입으로 여러 재질(알루미늄, 스테인리스, 법랑)과 형태가 있으며, 둥근 공 모양의 국자로 사용하며 이용 범위는 넓다.
구멍 국자	일본어로는 아나쟈꾸시(穴杓子)라고 하며, 재료에 수분을 제거하는 데 이용한다.
체 주걱	국물의 재료를 제거하고 건져 낼 때 주로 이용하며 맛국물의 이물질을 제거할 때와 튀김 기름 안의 이물질을 제거할 때 주로 사용한다.

④ 강판

- 강판은 무, 생강, 오이, 고추냉이 등을 갈 때 사용하는 조리 도구이다.
- 재질은 알루미늄, 스테인리스, 대나무, 도자기 등 다양하다.
- 내구성을 살펴보면 구리 재질의 쇠 제품(赤銅, 아까도우)이 가장 좋다.
- 무는 돌기 부분이 거친 쪽을 사용하고 고추냉이나 생강은 돌기 부분이 부드러운 쪽을 사용한다.
- 사용한 후에는 흐르는 물에 표면을 깨끗이 손질하여 돌기 부분에 붙어 있는 재료의 이물질을 제거한다.
- 묻어 있는 재료가 있을 경우는 대나무 꼬챙이를 이용하여 제거하고 수세미나 솔 등의 이용은 피하는 것이 좋다.

예/상/문/제

01. 면류에 쓰는 냄비 중 냄비얏또꼬나베(やっとこ鍋)로 불리고 있으며, 손잡이가 없으며 냄비의 바닥 표면이 평평한 형으로 되어 있는 냄비는?

① 알루미늄 냄비　② 붉은 구리 냄비
③ 요철 냄비　④ 양은냄비

02. 밀의 주요 단백질이 아닌 것은?

① 알부민(albumin)　② 글리아딘(gliadin)
③ 글루테닌(glutenin)　④ 덱스트린(dextrin)

03. 박력분에 대한 설명 중 옳은 것은?

① 식빵, 마카로니, 바게트등 제조에 쓰인다.
② 우동등의 면류제조에 쓰인다.
③ 단백질 함량이 9% 이하이며 튀김옷, 과자류, 카스테라제조에 쓰인다.
④ 글루텐의 탄력성과 점성이 강하다

04 일본 라멘의 종류가 틀리게 짝지어진 것은?

① 미소라멘 –일본식 된장으로 맛을 낸 라멘
② 시오라멘–소금으로 맛을 낸 라멘
③ 돈코츠라멘 – 돼지뼈로 맛을 낸 라멘
④ 소유라멘–된장으로 맛을 낸 라멘

해설 일본라멘에는 돼지고기(차슈), 파, 삶은 달걀 등의 여러 토핑을 얹는다.

05. 면 요리 맛국물에 대한 설명 중 틀린 것은?

① 찬 메밀국수의 맛국물은 기본적으로 다시 7 : 진간장(코이구치쇼유) 1 : 맛술 1의 비율로 끓여서 만들고 식힌다.
② 찬 우동 맛국물은 면발이 탄력이 있고 두꺼워 맛국물을 기본적으로 다시 6~5 : 진간장(코이구치쇼유) 3 : 맛술 2의 비율로 끓여서 만들고 식힌다.
③ 따뜻한 면류 맛국물은다시 14 : 진간장(코이구치쇼유) 1 : 맛술 1의 비율로 끓여서 만든다.
④ 볶음우동(야끼우동), 볶음메밀국수(야끼소바)처럼 국물이 없는 요리는 볶을 때 간장을 기본으로 양념이 주로 사용되며, 간장 1 : 청주 1 : 맛술 1 : 물 2로서 후추와 마지막에 간장을 이용하여 전체적인 색과 향을 체크하여 마무리한다.

06.밀가루 반죽을 양쪽에서 당기고 늘려 만든 면은 ?

① 소면(素麵)　② 납면(拉麵
③ 압면(押麵)　④ 절면(切麵)

07. 메밀국수 야꾸미에 들어가지 않는 것은?

① 실파　② 고추냉이
③ 무　④ 겨자

08. 일식 면을 담을 때 올바른 그릇이 아닌 것은?

① 온우동 – 깊이가 있고 넓이가 적당한 그릇
② 냄비우동 – 토기그릇(질그릇)
③ 소면 – 넓고 낮은그릇
④ 라멘 – 깊이가 있고 넓이가 적합한 그릇

09. 다음 중 일본의 대표적인 음식으로 밀가루를 펴서 칼로 썰어서 만든 굵은 국수는?

① 우동　② 칼국수　③ 소면　④ 메밀국수

10. 다음 중 라멘(ラーメン)의 종류가 아닌 것은?

① 미소라멘　② 마라라멘
③ 시오라멘　④ 돈코츠라멘

정답　01. ③　02. ④　03. ③　04. ④　05. ②　06. ②　07. ④　08. ③　09. ①　10. ②

06 일식 밥류 조리

1) (녹차)밥 조리하기

(1) 차밥[오챠즈게(おちゃずけ](お茶漬け: 녹차 밥)

- 밥에 녹차 우린 물을 넣어 만든 요리
- 녹차뿐만 아닌 뜨거운 물이나 다시를 넣거나 스프를 넣는 경우에도 차밥이라고 칭함
- 사용되는 재료에 따라 'ㅇㅇ챠즈케'라고 부른다(재료에 대한 제한은 없음).
- 매실장아찌를 넣은 **우메챠즈케**
- 연어구이를 올린 **사케챠즈케**
- 향미를 더 좋게 하기 위해 보통 와사비, 참깨, 김 등을 추가로 넣어 줌
- 본래 따뜻한 밥 위에 뜨거운 차를 부어서 먹는 요리
- 히야시챠즈케(冷やし茶漬け) : 차가운 차를 뜨거운 밥 위에 부어 주는 것

2) 덮밥 조리하기

(1) 돈부리모노(丼物, どんぶりもの, 덮밥)

- 덮밥을 돈부리모노라고 하는데 줄여서 돈부리라고도 한다
- 돈부리는 본래 사발 형태의 깊이가 깊은 식기를 이르는 말로 여기에 밥과 반찬이 되는 요리를 함께 담아 제공하는 요리이다.
- 튀김을 올리는 **덴동(天丼)**
- 소고기 조림을 올리는 **규동(牛丼)**
- 돈까스를 올린 **카츠동(カツ丼)**
- 돼지고기 구이를 올린 **부타 동(豚丼)**
- 장어구이를 올린 **우나동(鰻丼)**
- 참치회를 올린 **텟카동(鉄火丼)**
- 여러 가지 회를 올 린 **카이센동(海鮮丼)**
- 닭과 달걀조림을 올린 **오야코동(親子丼)**
- 이외에도 밥 위에 올리는 요리에 따라 다양한 이름으로 불리고 있다.

(2) 덮밥에 쓰이는 냄비(丼鍋, どんぶりなべ, 돈부리나베)

- 덮밥용 냄비는 작은 프라이팬 모양으로 생겨 손잡이가 직각으로 놓여 있으며 익히는 과정에 맛국물이 너무 졸여지는 것을 방지하기 위해 뚜껑이 있다.
- 밥에 올리는 과정에서 힘을 적게 주기 위해 턱이 낮고 가벼운 것이 특징이다.

(3) 덮밥에 쓰이는 고명의 종류와 특성

- 김, 고추냉이, 실파, 대파, 초피, 양파, 무순, 쑥갓 등
- 생선회를 올린 덮밥 : 비린 맛을 없애고 매콤한 맛을 주기 위해 고추냉이, 양파, 무순, 실파를 올리고 감칠맛을 주기 위해 김을 사용
- 재료를 구워서 올린 덮밥 : 향과 매운맛을 주기 위해 초피, 실파, 대파, 등을 사용
- 재료를 튀겨서 올린 덮밥 : 주로 색감을 주는 고명을 올림
- 맛국물을 사용하여 익힌 재료를 올린 덮밥 : 향을 주기 위해 쑥갓과 실파 그리고 감칠맛을 주기 위해 김을 올림
- 고명은 재료 외의 조합과 조리 방법과의 조합 등을 고려하여 맛과 향 그리고 아름다움을 주는 역할을 한다.

3) 죽류 조리하기

(1) 죽의 종류와 조리법

종류	조리법
오카유(お粥)	팥이나 쌀 등의 곡류에 물을 충분히 넣고 부드럽게 끓인 것
시라가유(白粥)	흰쌀로만 지은 죽
료쿠도우가유(緑豆粥)	녹두로 만든 죽
아즈키가유(小豆粥)	팥으로 만든 죽
이모가유(芋粥)	감자나 고구마를 넣은 죽
챠가유(茶粥)	차를 넣은 죽
조우스이(雑炊)	복어냄비, 게냄비, 닭고기 냄비, 샤브샤브 등 냄비나 전골을 먹고난 후 자연스럽게 생긴 맛국물에 밥을 넣어 끓여 부드럽게 만든 죽

- 냄비나 전골이 없는 경우 양념이 되어 있는 맛국물에 여러 가지 재료와 밥을 넣어 따로 만들기도 한다.

예/상/문/제

01.녹차 밥에대한설명중틀린것은?

① 연어구이를 올린밥을 우메챠즈케라한다
② 향미를 더 좋게 하기 위해 보통 와사비, 참깨, 김 등을 추가로 넣어 줌
③ 본래 따뜻한 밥 위에 뜨거운 차를 부어서 먹는 요리
④ 차가운 차를 뜨거운 밥 위에 부어 주는 것을 히야시챠즈케라한다

02. 찹쌀밥의 노화지연과 가장 관계가 깊은 것은?

① 아밀라아제 ② 아밀로펙틴
③ 글리코겐 ④ 글루코오스

03. 덮밥의 종류중 틀리게 짝지어진것은?

① 참치회덮밥- 텟카동
② 돼지고기 구이덮밥- 부타 동
③ 돈까스덮밥-우나기동
④ 소고기덮밥- 규동

04. 덮밥에 쓰이는 고명의 종류로 틀린것은?

① 생선회를 올린 덮밥 – 고추냉이, 양파, 무순, 실파를 올리고 감칠맛을 주기 위해 김을 사용
② 재료를 구워서 올린 덮밥 – 초피, 실파, 대파, 등을 사용
③ 재료를 튀겨서 올린 덮밥–고추냉이,양파, 무순,대파사용
④ 맛국물을 사용하여 익힌 재료를 올린 덮밥 – 쑥갓과 실파 그리고 감칠맛을 주기 위해 김을 사용

05. 덮밥류 조리에 관한 설명 중 틀린 것은?

① 맛국물에 튀기거나 익힌 재료를 넣어 밥 위에 조리된 재료와 고명을 올려 완성한다.
② 밥 위에 올리는 과정에서 힘을 작게 주기 위해 턱이 낮고 가벼운 장점이 있는 냄비는 돈부리나베이다
③ 밥과 반찬이 되는 요리를 각자따로 담아 제공하는 요리이다.
④ 덮밥을 돈부리모노라고 하는데 줄여서 돈부리라고도 한다.

06. 찹쌀의 아밀로오스와 아밀로펙틴에 대한 설명 중 맞는 것은?

① 아밀로오스 함량이 더 많다.
② 아밀로오스 함량과 아밀로펙틴의 함량이 거의 같다.
③ 아밀로펙틴으로 이루어져 있다.
④ 아밀로펙틴은 존재하지 않는다.

07.일반적으로 맛있게 지어진 밥은 쌀 무게의 약 몇 배 정도의 물을 흡수하는가?

① 1.2 ~ 1.4배 ② 2.2 ~ 2.4배
③ 3.2 ~ 4.4배 ④ 4.2 ~ 5.4배

08. 냄비나 전골을 먹고난 후 자연스럽게 생긴 맛국물에 밥을 넣어 끓여 부드럽게 만든 죽

① 오카유 ② 조우스이
③ 시라가유 ④ 챠가유

09. 죽의 종류와 조리법이 틀린 것은?

① 오카유(お粥):팥이나 쌀 등의 곡류에 물을 충분히 넣고 부드럽게 끓인 것
② 시라가유(白粥):흰쌀로만 지은 죽
③ 이모가유(芋粥):감자나 고구마를 넣은 죽
④ 챠가유(茶粥):생선을 넣고 끓인죽

정답 01.① 02.② 03.③ 04.③ 05.③ 06.③ 07.① 08.② 09.④

07. 일식 초회 조리

1) 초회 재료 준비하기

일본 초회 조리

초회는 날것을 그대로 사용할 때는 특히 재료의 신선도를 잘 보고 선별해야 하며 식초를 사용하기 때문에 비린내가 나는 재료도 상큼하게 먹을 수 있다. 미역이나 오이 등의 채소를 바탕으로 어패류를 담아낸다.

2) 초회 준비 시 유의 사항

ⓐ 생선, 어패류는 수분과 비린내 제거를 위해 소금을 사용한다.
ⓑ 채소류는 소금으로 씻거나, 소금물에 절여서 사용한다.
ⓒ 건조 재료는 물에 불려 사용한다.
ⓓ 전처리할 재료를 물 또는 식초물에 깨끗하게 세척하여 사용한다.
ⓔ 데치기, 삶기, 살짝 굽거나 볶아서 사용한다.
ⓕ 너무 빨리 무쳐 놓지 않는다.

3) 초회 담기

(1) 초회를 담을 수 있는 완성품 그릇 준비

일본 요리의 기본 중 계절감에 어울리는 그릇 선택이 중요하다. 초회는 너무 화려하거나 큰 접시 그릇에 담으면 모양이 좋지 않기 때문에 작으면서도 깊이 있는 것에 담는 것이 잘 어울린다.

(2) 초회 요리에 사용되는 곁들임 재료

① 야쿠미

- 요리에 첨가하는 향신료나 양념을 말한다.
- 요리에 첨가하여 먹으면 매우 좋은 맛을 낸다.
- 향기를 발하여 식욕을 증진시키는 역할을 한다.
- 튀김 : 무즙, 생강즙, 실파 등이 사용
- 메밀국수 : 실파나 와사비 등이 사용
- 우동 : 시치미(고춧가루, 삼씨, 파래김, 흰깨, 검정깨, 풋 고춧가루, 산초 등 일곱 가지를 넣어 가루로 만든 것)가 쓰임
- 그 외에 차조기잎, 명하, 참깨, 김, 유자피, 마늘, 고추 등이 있다.

② 모미지 오로시

- 고추즙(고운 고춧가루)에 무즙을 개어 빨간색을 띤 무즙을 말한다.
- 붉은 단풍을 물들인 것처럼적색을 띠므로 모미지라고 한다.
- 폰즈나 초회에 곁들여서 사용한다.

추가tip 폰즈

- 감귤류에서 짠 즙을 말한다.
- 등자(스다치)를 주로 사용한다.
- 이것은 냄비 요리나 찐 생선, 기름에 튀긴 요리 등 여러 가지에 쓰인다.
- 찜 조리에 짠 즙 1, 간장 1, 즉 같은 비율로 하는 것이 좋다.
- 용도에 따라 다시물을 약간 섞는 경우도 있다.

추가tip 혼합초의 종류

ⓐ 이배초(니바이스) - 다시물1.3 : 식초1 : 간장1
ⓑ 삼배초(삼바이스) - 다시물3 : 식초2 : 간장1 : 설탕1
ⓒ 초간장(폰즈) - 다시물1 : 간장1 : 식초1

예/상/문/제

01. 초회 조리에 관한 설명으로 틀린 것은?

① 생선, 어패류는 수분과 비린내 제거를 위해 소금을 사용한다.
② 일식 초회 조리는 식욕촉진제 역할을 하며 해산물, 오이, 미역 등 기초 손질한 식재료에 새콤달콤한 혼합초를 이용하여 만든 조리법이다.
③ 초회의 재료는 어패류와 육류가 가장좋다
④ 문어초회, 해삼초회, 모둠초회, 껍질초회 등 이 있다.

해설 일식 초회는 식초를 사용하기 때문에 비린내가 나는 재료도 상큼하게 먹을 수 있는 장점이 있다.

02. 모미지 오로시란?

① 고추즙(고운 고춧가루)에 무즙을 개어 빨간색을 띤 무즙을 말한다.
② 요리에 첨가하는 향신료나 양념을 말한다.
③ 향기를 발하여 식욕을 증진시키는 역할을 한다.
④ 요리에 첨가하여 먹으면 매우 좋은 맛을 낸다.

정답 01. ③ 02. ①

03. 일본요리의 야꾸미 연결이 틀린 것은?

① 메밀국수 : 실파나 무 등이 사용
② 우동 : 시치미(고춧가루, 삼씨, 파래김, 흰깨, 검정깨, 풋 고춧가루, 산초 등 일곱 가지를 넣어 가루로 만든 것)가 사용
③ 차조기잎, 명하, 참깨, 김, 유자피, 마늘, 고추 등이 있다.
④ 튀김 : 모미지 오로시, 김, 생강즙, 실파 등을 사용

04. 초회 담기 설명 중 틀린 것은?

① 미역이나 오이 등의 채소를 바탕으로 어패류를 제공 직전에 무쳐 색상에 맞게 담아낸다.
② 화려하거나 큰 접시 그릇에 담으면 모양이 좋다
③ 큰 접시보다는 작으면서도 깊이가 조금 있는 것에 담는 것이 잘 어울린다
④ 곁들임 재료로는 차조기 잎(시소). 무순 등이 있다.

05. 폰즈의 비율이 맞는 것은?

① 식초1 : 설탕 2 : 소금1/2 ② 다시물 1,5 : 간장 1 : 식초 1
③ 다시물 1 : 식초 1 : 간장 1
④ 다시물 2 : 식초 2 : 간장 1 : 설탕 1

해설 폰즈 기본분량 = 다시물 1 : 간장 1: 설탕 1

06. 혼합초의 종류와 내용으로 올바르지 않은 것은?

① 이배초(니바이스) – 다시물1.3 : 식초1 : 간장1
② 삼배초(삼바이스) – 다시물3 :식초2 :간장1 : 설탕1
③ 초간장(폰즈) – 다시물1 : 간장1 : 식초1
④ 초간장(폰즈) – 다시물1 : 간장3 : 식초3

08. 일식 찜 조리

1) 찜 조리의 원리

① 찜이라는 가열 방법 : 조리하는 식재의 표면 또는 그 용기의 표면에서 수증기가 물로 환원될 때 다량의 열을 방출하는 것으로 그릇이나 식재를 고온으로 가열하게 된다.
② 모든 방향에서 식재 전체를 감싸듯이 가열하기 때문에 매우 효율이 높은 가열 방법이다.
③ 열이 가해질 때 한쪽으로 치우치지 않는다.
④ 찜 조리는 보통 100℃의 수증기 속에서 식재를 가열하는 것으로, 주로 수증기의 잠열을 이용하는 것이다.
⑤ 찌는 것은 비교적 다른 조리법에 비해 쉬운 조리법이라고 할 수 있다.

정답 03. ④ 04. ② 05. ③ 06. ④

2) 찜 조리의 특징

① 찜 조리는 본래 따뜻한 요리로 제공되나 이것을 차갑게 식혀 여름에 시원한 맛을 제공하는 요리로서도 올려진다.

② 다른 요리에 비해 음식이 차갑게 식어도 딱딱하게 변하지 않는 특징 → 증기로 쪄내어 소재가 가진 수분을 잃는 일이 없기 때문이다.

③ 소재를 부드럽게 만들 뿐만 아니라 형태와 맛을 그대로 유지한다.

④ 압력을 이용하는 것도 가능하기 때문에 소재를 단시간에 부드럽게 만들 수 있다.

⑤ 대량의 음식을 조리할 경우 조리 과정의 단계에서 자주 활용되고 있다.

3) 찜 조리의 종류

ⓐ 조미료에 따른 분류

종류	특성
사카무시(술찜)	- 도미, 대합 전복, 닭고기 등에 소금을 뿌린 뒤 술을 부어 찐 요리 - 폰즈(ポソ酢)가 어울림
미소무시(된장찜)	- 된장은 냄새를 제거하고 향기를 더해 줘서 풍미를 살리므로 찜 조리에 많이 사용 - 단, 빠른 시간 내에 쪄야 함
시오무시(소금찜)	- 술을 넣지 않고 소금을 뿌린 다음 찐 요리

ⓑ 재료에 따른 분류

종류	특성
가부라무시(무청찜)	- 무청을 강판에 갈아 재료를 듬뿍 올려서 찐 요리 - 매운맛이 적고 싱싱한 것으로 풍미가 달아나지 않게 빨리 쪄야 함
신주무시(신주찜)	- 메밀을 재료 속에 넣고 표면을 다양하게 감싸서 찐 요리
조요무시(상용찜)	- 강판에 간 산마를 곁들여 주재료에 감싸서 찐 요리
도묘지무시(찹쌀찜)	- 찐 찹쌀을 물에 불려서 재료에 올려 찐 요리

ⓒ 형태에 따른 분류

종류	특성
도빙무시 (질주전자찜)	- 송이버섯, 닭고기, 장어, 은행 등을 찜 주전자에 넣고 다시국물을 넣어 찐 요리

야와라카무시 (부드러운찜)	- 문어, 닭고기 재료를 아주 부드럽게 찐 요리
호네무시	- 뼈까지 충분히 익혀서 다시 물에 생선 감칠맛이 우러나오게 함 - 강한 불에 쪄야 함 - 치리무시(ちり蒸し)라고도 함
사쿠라무시 (벚꽃입사귀찜)	- 잘 불린 찹쌀을 벚꽃 나뭇잎으로 말아서 다른 재료와 함께 찐 요리

4) 찜통 사용의 주의점

① 찜 조리는 그 소재와 목적에 의해 찜통의 물의 양과 시간, 소재의 배치 등을 고려하지 않으면 안 된다.

② 온도가 너무 높을 경우 : 소재에 작은 구멍이 생김

③ 시간이 충분하지 않은 경우 : 중앙에 응고되지 않은 부분이 생김

④ 적절한 물의 양

- 찜통의 물의 양은 재료에 대해 적당량 있어야 한다.
- 찜통의 물이 많은 경우 : 끓어서 증기가 오를 때까지 시간이 걸리며 불필요한 연료와 시간을 소비하게 된다. 소재의 양과 찌는 시간을 계산하여 정확한 양을 준비하여야 한다. 도중에 물을 추가하면 요리를 균일하고 아름답게 완성하지 못하게 된다.
- 찜통의 위치와 높이 그리고 물의 양을 조정해서 찜통의 물이 끓어 식재료에 닿지 않도록 주의한다.

⑤ 적당한 시간

- 쪄내는 시간을 정확하게 계산하여 시간 내에 완성하도록 노력한다.
- 소재의 크기를 균일하게 하며, 그릇의 질량과 열의 전도율 등을 잘 생각하여 쪄야 한다.
- 시간 조절을 하지 않고 찌게 되면 식재의 맛과 향이 물방울과 함께 흘러내려 맛이 떨어질 뿐만 아니라 영양가도 손실된다.

⑥ 찜 요리 완성 후에는 불을 끄고 뚜껑을 들 때 스팀에 의한 화상에 주의한다.

5) 재료에 따라 찜 시간 조절하는 방법

강한 불로 찌기	• 생선, 닭고기, 찹쌀 • 날것일 때 단단한 재료가 쪘을 때 부드러워지는 것은 강한 불에 찐다. • 생선은 날것일 때 단단하지만 열을 가하면 부드러워진다. • 생선찜, 전복술찜, 대합술찜 등

약한 불로 찌기	• 달걀, 두부, 산마, 생선살 간 것 • 원래 부드러웠다가 찌면 딱딱해지는 재료는 약한 불로 찐다. • 달걀찜, 달걀두부 등

6) 찜 시간 조절하는 방법

흰살생선	• 생으로 먹을 수도 있으므로 살짝 데친 정도로만 찜을 하면 된다. • 열을 가하여 익히는 정도는 95%가 가장 적당하다.
등 푸른 생선	• 지방이 많고 특유의 냄새가 있으니 완전히 익히는 것이 좋다.
육류	• 붉은색 재료(소고기, 오리고기)는 중심부가 약간 붉은빛이 도는 정도 80%로 익히는 것이 좋다. • 흰 재료(닭고기, 돼지고기)는 완전히 익힌다.
조개류	• 익히면 익힐수록 단단해진다. 대합, 중합은 입을 딱 벌리면 완성된 것이다.
채소류	• 색과 씹히는 맛을 중요시하므로 아삭할 정도로 살짝 익힌다.

예/상/문/제

01. 찜 조리의 특징으로 옳지 않은 것은?

① 본래 따뜻한 요리로 제공되나 차갑게 식혀 여름에 시원한 맛을 제공하는 요리로서도 올려진다.
② 소재를 부드럽게 만들 뿐만 아니라 형태와 맛을 그대로 유지한다.
③ 음식이 차갑게 식으면 딱딱하게 변한다.
④ 대량의 음식을 조리에서 자주 활용한다.

02. 찜요리에 대한 설명으로 알맞게 짝지어진 것은?

① 가부라무시 – 무청을 강판에 갈아 재료를 듬뿍 올
② 사카무시 – 술을 넣지 않고 소금을 뿌린 다음 찐 요리
③ 조요무시 – 강판에 간 산마를 곁들여 주재료에 감싸서 찐 요리
④ 호네무시 – 문어, 닭고기 재료를 아주 부드럽게 찐 요리

03. 찜통의 사용 시 주의할 점으로 알맞지 않은 것은?

① 찜통의 물의 양은 재료에 대해 적당량 있어야 한다.
② 쪄내는 시간을 정확하게 계산하여 시간 내에 완성하도록 노력한다.
③ 도중에 물을 추가하면 요리를 균일하고 아름답게 완성하지 못한다.
④ 찜은 온도가 높을수록, 찌는 시간이 길수록 좋다.

04. 강한 불로 찌는 찜의 종류가 아닌 것은?

① 생선찜 ② 달걀찜
③ 전복술찜 ④ 대합술찜

정답 01. ③ 02. ① 03. ④ 04. ②

09. 일식 롤초밥 조리

1) 초밥 재료 준비하기

(1) 초밥용 쌀의 조건

- 밥을 하였을 때 맛과 향기 그리고 찰기와 적당한 탄력이 있어야 한다.
- 보통 밥과 달리 밥에 초밥용 초를 섞어야 하므로 흡수성이 좋아야 한다.
- 보통의 밥보다는 된밥으로 지어야 한다.
- 햅쌀은 묵은쌀에 비해 수분이 많기 때문에 초밥용 초를 뿌렸을 때 흡수율이 낮아 질퍽한 밥이 되므로 햅쌀보다 묵은쌀이 좋다.

(2) 재료 및 부재료 준비

① 고추냉이(와사비)

와사비는 생선 초밥에 없어서는 안 될 중요한 재료이다.

구분		내용
역할		• 톡 쏘는 매운맛 성분 : 시니그린 → 생선 냄새 제거, 강력한 살균 작용, 위장 자극을 통한 식욕 촉진
종류	생와사비 (스리와사비)	• 강판에 갈아서 사용 • 필요할 때 손질 후 바로 갈아서 사용 • 매운맛은 윗부분에 많아 위에서부터 사용하는 것이 좋음
	분말 와사비 (네리와사비)	• 물에 개어서 사용 • 찬물과 1:1 동량으로 섞어 랩을 씌운 후 사용

② 생강

- 매운맛 성분 : 진저롤 → 육류, 생선의 냄새 제거, 식욕 증진, 연육작용 등
- 살균효과를 가짐(생선회를 먹을 때 곁들임)
- 식품이 익은 후 생강을 넣어주면 냄새 제거에 효과

초생강 만들기

통생강 껍질 벗기기 → 편 썰기 → 소금에 절이기 → 뜨거운 물에 데치기 → 찬물로 거르기 → 식초에 소금, 설탕 녹이기 → 다시물 넣고 식히기 → 데친 생강에 배합초 붓기

③ 시소

- 붉은 것과 푸른 것이 있고, 깻잎과 비슷한 모양이다.
- 항균작용을 가지며, 식중독의 예방에 도움이 된다.
- 일본 요리의 장식이나 곁들임에 많이 사용한다.

④ 초밥 간장

- 진간장에 니기리미리(알코올 제거 미림), 니기리사케(알코올 제거 정종)을 혼합하여 사용한다.
- 일반 간장보다 조금 싱겁게 만들어서 사용한다.

⑤ 김

- 매끄럽고 감촉이 좋은 것이 좋다.
- 잘 말려있으며 일정한 두께로 약간 두꺼운 것이 좋다.
- 광택이 나며 냄새가 좋은 것을 선택한다.
- 조리 전에 살짝 구워서 사용한다.
- 바삭하게 굽는 것이 좋다.

⑥ 냉동 참치

냉동 참치는 식염수에 해동하여 사용해야한다.

여름철 해동	18~25°C의 물에 3~5% 식염수
겨울철 해동	30~33°C의 물에 3~4% 식염수
봄, 가을철 해동	27~30°C의 물에 3% 식염수

2) 초밥 조리하기

(1) 초밥 만들기 전 준비 사항

① 깨끗한 행주로 도마를 닦는다.
② 데스(물)와 와사비를 나란히 놓고 그 옆에 초밥통을 놓는다.
③ 와사비는 그릇 끝에서 찍어 사용하며 한 번 사용한 후에는 원 상태로 해놓는다.
④ 초밥을 만들기 전에 반드시 차가운 물에 손을 적셔 손바닥 온도를 차게 한다.
⑤ 최대한 동작을 신속히 하여 초밥이 손바닥에 머무르는 시간을 줄여야 한다.
⑥ 부드럽고 매끈한 모양으로 빠르게 만든다.

(2) 초밥 만드는 조리사가 갖추어야 할 필수 조건

① 개인위생을 철저히 해야 한다. (깨끗한 조리복, 조리모, 두발, 손톱 등)
② 항상 미소를 짓고 손님을 대한다.
③ 고객의 취향을 파악한다.
④ 가능한 한 다방면으로 독서를 많이 하여 다양한 고객과의 대화가 있도록 해박한 지식을 갖춘다.

(3) 초밥의 온도

- 초밥에서 밥의 온도는 대단히 중요하다.
- 너무 따뜻해도 안 되고 반대로 차가우면 더더욱 맛이 없다.
- 사람의 체온(36.5℃) 정도일 때 초밥을 만들기도 쉽고 밥맛도 제일 좋다.
- 초밥은 부드러우면서도 단단하게 만드는 것이 기술이다.

(4) 배합초 만드는 방법

- 식초, 소금, 설탕을 낮은 불에서 녹이기(끓으면 식초맛이 날아가므로 끓이지 않도록 주의)
- 밥과 배합초의 비율은 밥 15 : 배합초 1 정도의 비율을 기본으로 한다.
- 김초밥보다 생선초밥의 배합초 비율을 조금 높게하는 경우도 있다.

※ 뜨거운 밥에 배합초를 뿌리고 나무주걱으로 가르듯이 고루 섞어준 뒤 부채질을 하여 식혀준다.

(5) 롤초밥의 종류

굵게 만 김초밥(후토마키)	김 한 장을 이용하여 굵게 만든 초밥
가늘게 만 김초밥(호소마키)	김 0.5장을 이용하여 얇은 초밥 참치김초밥(데카마키), 오이김초밥(갑파마키) 등

(6) 그 외 초밥의 종류

종류	특징
니기리 스시	• 동경의 대표적인 스시 • 흰살 생선, 붉은 살 생선, 등 푸른 생선, 조개류, 연체류로 구성하여 그릇에 담기
마키 스시	• 일반적으로 김초밥을 말함 • 여러 가지 퓨전 롤도 포괄적으로 포함

지라시 스시	• '지라시'라는 뜻은 '흩뿌리는 것'을 의미 • 그릇에 잘게 썬 생선이나 달걀, 오이, 양념한 채소를 놓고 그 위에 계란 지단이나 초생강, 고추냉이 등을 고명으로 얹은 초밥 • 그릇에 초밥을 담고 재료를 얹어 가며 담기
자킨 스시	• 생선의 종류나 기술의 영향을 받지 않아 가정에서 만들어 먹기에 가장 손쉽고 이상적인 생선 초밥
유부 초밥	• 유부 속에 밥을 채워 만든 초밥 • 만드는 방법이 간단하여 야외나 여행할 때 많이 이용

(7) 초밥 도구

강판(사메가와)	• 고추냉이를 갈 때 사용하는 기구
김발(마키스)	• 김초밥 등을 마는 데 사용하는 기구
눌림 상자(오시바코)	• 상자 초밥과 같이 눌러서 형태를 만드는 도구
초밥 버무리는 통(한기리)	• 초밥을 버무릴 때 사용하는 도구 • 재질은 나무이며 사용하기 전에 충분히 수분을 흡수시킨 후 남은 물기를 제거하고 사용
뼈 뽑기(호네누키)	• 고등어, 전갱이 등 초절임 재료 가운데 뼈를 제거하는데 사용 • 뼈를 뽑을 때 머리 쪽으로 잡아당기면 생선살이 부스러지는 것을 방지할 수 있음
초밥 밥통(샤리비츠)	• 초밥을 만들기 위해 밥을 보관하는 데 사용하는 도구

추가tip 초밥에 사용하는 전문 용어

ⓐ 아카미 : 참치의 등 쪽 살, 빨간 부위를 말한다.
ⓑ 샤리 : 초밥을 이르는 말이다.
ⓒ 오오도로 : 참치 배쪽 살을 말한다.
ⓓ 시로미 : 흰살 생선을 말한다.
ⓔ 히카리모노 : 전어, 고등어 등 등 푸른 생선을 말한다.
ⓕ 교쿠 : 계란을 사각 팬에 두껍게 말아 부친 것이다.
ⓖ 가리 : 초생강을 말한다.
ⓗ 군깡마끼 : 연어 알이나 성게알을 넣기 위해 김으로 만든 스시이다.
ⓘ 네기도로 : 파와 도로를 섞어 만든 초밥을 말한다.
ⓙ 츠케 : 참치 등살을 간장에 절인 것이다.

3) 초밥 담기

(1) 초밥 곁들임

단무지	• 신선한 무를 선택하여 소금과 설탕 밥을 이용하여 초밥용 단무지를 만들어서 사용
초생강	• 생강의 성분인 진저론이나 쇼가론이 세균의 번식을 막아 주며 세균의 종류에 따라서 살균력을 나타낸다. • 스시다네는 날것이 많기 때문에 세균에 따라서 중독에 신경 쓰지 않으면 안 된다.
오차	• 초밥에서 없어서는 안 될 필수품이다. • 식사 후 내는 것이 일반적이지만 초밥의 경우 식전에 낸다. • 생선 초밥을 먹을 때 입안에 남는 생선 냄새와 기름기를 씻어 준다. • 다른 종류의 생선을 먹을 때 새로운 맛을 느끼게 해 준다. • 혀 위에 남아 있는 생선 지방분을 씻어 내는 일종의 입가심 역할도 한다.
장국	• 일본에는 된장의 종류가 많고, 지방마다 맛도 이름도 모두 다르다. • 염도나 당도도 된장마다 다 다르다. • 된장국은 물에 된장을 풀고 정종, 미림을 첨가하여 맛을 더할 수 있다.

예/상/문/제

01. 초밥용 쌀의 조건이틀린것은

① 밥이 맛과 향기 그리고 찰기와 적당한 탄력이 있어야 한다.
② 초밥용 초를 섞어야 하므로 흡수성이 좋아야 한다.
② 밥을 평상시보다 약간 질게 지을 것
④ 햅쌀은 묵은쌀에 비해 수분이 많기 때문에 초밥용 초를 뿌렸을 때 흡수율이 낮아 질퍽한 밥이 되므로 햅쌀보다 묵은쌀이 좋다.

02. 일식 조리용어 중 틀린 것은?

① 눌림상자(오시바코)
② 김발(샤리비츠)
③ 뼈뽑기(호네누키)
④ 초밥 버무리는 통(한기리)

해설 강판(오로시가네), 눌림상자(오시바코), 뼈뽑기(호네누키), 초밥밥통(샤리비츠), 김발(마키스), 초밥 버무리는 통(한기리) 등

03 .김에대한것중 틀린것은?

① 매끄럽고 감촉이 좋은 것이 좋다.
② 잘 말려있으며 일정한 두께로 약간 두꺼운 것이 좋다.
③광택이 나며 냄새가 좋은 것을 선택한다.
④김을구우면 부서지기쉬워 굽지않는다.

04. 초 생강 만드는 방법 중 괄호 안에 들어가야 할 순서는?

"통생강 껍질 벗기기 →(　　　)→(소금에 절이기) → 뜨거운 물에 데치기 → 찬물로 거르기 → 식초에 소금, 설탕 녹이기 → 다시물 넣고 식히기 → 데친 생강에 배합초 붓기"

① 소금에 절이기
② 편썰기
③ 찬물에 헹구기
④ 설탕에 절이기

정답 01. ② 02. ② 03. ④ 04. ②

05. 냉동 참치의 해동 방법으로 올바르지 않은 것은?

① 여름철해동:18~25℃의 물에 3~5% 식염수
② 겨울철해동:30~33℃의 물에 3~4% 식염수
③ 봄,가을철해동:27~30℃의 물에 3% 식염수
④ 겨울철 해동: 60℃ 이상의 물에 3~5% 식염수

06. 초밥을 고루 섞는 방법(배합초 뿌리기)을 올바르게 설명한 것은?

① 밥과 배합초의 비율은 밥 3 : 배합초 1 정도의 비율을 기본으로 한다.
② 나무주걱으로 살살 옆으로 자르는 식으로 밥알이 깨지지 않도록 섞음과 동시에 한 번씩 밑과 위를 뒤집어 주면서 배합초가 골고루 섞이도록 한다.
③ 초밥보다 생선초밥의 배합초 비율을 조금 높게하는 경우도 있다.
④ 식초, 소금, 설탕을 낮은 불에서 녹인다.

해설 초 양념은 밥을 짓기 30분 전에 만들어 놓기(재료들이 잘 섞이기 때문)→나무통(한기리)에 뜨거운 밥을 옮겨 담고 배합초를 뿌리기(밥이 식으면서 흡수력이 떨어지므로)→나무주걱으로 살살 옆으로 자르는 식으로 밥알이 깨지지 않도록 섞기→한 번씩 밑과 위를 뒤집어 주면서 배합초가 골고루 섞이도록 함→밥에 배합초가 충분히 흡수되면 부채 등을 이용하여 밥에 남아있는 여분의 수분을 날리기→초밥의 온도가 사람 체온(36.5℃) 정도로 식히기→보온밥통에 담아 사용(온도 유지)

07. 초밥의 만드는 과정중 올바르지 않은 것은?

① 반드시 차가운 물에 손을 적셔 손바닥 온도를 차게 한다.
② 너무 따뜻해도 안 되고 반대로 차가우면 더더욱 맛이 없다.
③ 초밥은 50℃ 정도따끈할때초밥을 만들기면 밥맛이 제일 좋다
④ 초밥은 부드러우면서도 단단하게 만드는 것이 기술이다.

08. 초밥의 종류와설명이 올바르지 않은 것은?

① 니기리 스시:흰살 생선, 붉은 살 생선, 등 푸른 생선, 조개류, 연체류로 구성
② 마키 스시:일반적으로 김초밥을 말함
③ 지라시 스시:그릇에 잘게 썬 생선이나 달걀, 오이, 양념한 채소를 놓고 그 위에 계란 지단이나 초생강, 고추냉이 등을 고명으로 얹은 초밥
④ 자킨스시:고도의기술을 요하는 초밥으로 고급기술 조리사만 가능

10. 일식 구이 조리

1) 구이 조리의 개요

(1) 구이 조리의 특징

① 구이는 가열 조리 방법 중 가장 오래된 조리법이다.
② 불이 직접 닿는 직화 구이와 오븐과 같은 대류나 재료를 싸서 직접 열을 차단하여 굽는 간접 구이가 있다.

정답 05. ④ 06. ② 07. ③ 08. ④

③ 재료의 표면이 뜨거운 열에 노출되어 표면이 굳어 재료가 가지고 있는 감칠맛이 새어 나오지 않아 맛이 더욱 좋다.

(2) 일식 구이의 종류

ⓐ 조미 양념에 따른 분류

시오 야끼(소금구이)	신선한 재료를 선택하여 소금으로 밑간을 하여 굽는 구이
데리 야끼 (양념 간장 구이)	구이 재료를 데리(양념 간장)로 발라 가며 굽는 구이
미소 야끼(된장 구이)	미소(된장)에 구이 재료를 재웠다가 굽는 구이

ⓑ 조리 기구에 따른 분류

스미 야끼(숯불 구이)	숯불에 굽는 구이
데판 야끼(철판구이)	철판 위에서 구이 재료를 굽는 구이
쿠시 야끼(꼬치구이)	꼬치에 꽂아 굽는 구이

2) 식재료의 손질과 특징

ⓐ 어류(해산물)

- 비늘과 내장을 제거한 후 껍질은 대체로 함께 굽기 때문에 그대로 준비한다.
- 큰 생선은 1인분 크기로 잘라 두꺼운 부분은 살 안쪽까지 열이 들어가기 쉽도록 칼집을 낸다.
- 작은 생선은 형태 그대로를 살려 준비한다.

ⓑ 육류

- 육류는 기름과 힘줄을 제거하고 양념에 재워 둔다.

ⓒ 야채

- 야채는 주로 단단한 재료를 많이 사용한다.
- 수분이 많아 굽는 도중에 간이 약해지기 쉽기 때문에 강하게 하는 경우가 많다.

3) 어취 제거 방법의 종류

물	• 어취는 생선의 함유된 트리메틸아민에 의해 발생하는데 수용성으로 여러 번 씻어 주면 제거된다.
식초	• 식초, 레몬을 뿌려 주면 어취가 제거되고 생선의 단백질이 응고되어 균의 발생을 억제하는 효과가 있다.
맛술	• 휘발성이 있는 알코올은 어취와 함께 날아가며 맛술의 감칠맛을 더해 준다.

우유	• 콜로이드 상태의 우유 단백질이 어취와 흡착하여 씻겨 내려가기 때문에 우유에 담근 후 씻어 사용하면 어취가 제거 된다.
향신채소	• 향이 강한 채소(마늘, 양파, 생강)는 생선의 어취를 약화시키고 셀러리, 무, 파슬리 등은 채소에 함유된 함황 물질로 어취를 약화시킨다.

4) 구이 조리 기구의 종류와 특성

(1) 샐러맨더

- 샐러맨더는 열원이 위에 있어 생선의 기름이나 육류의 기름이 떨어져 연기나 불이 나지 않아 작업이 용이한 조리 기구이다.
- 열원이 위에서 내려오는데 레버를 위아래로 조절하여 구이 재료가 움직여 불의 강약을 조절하거나 가스 밸브로 조절하여 굽는다.

(2) 오븐

- 열원에 의한 가열된 공기가 재료에 균일하게 가열되어 뒤집지 않아도 되는 편리한 조리 기구이다.
- 밀폐된 기물 안에서 열원이 공기를 데워 굽는 방식이며 온도 조절은 전자 방식과 가스 밸브로 조절하여 굽는다.

(3) 철판

- 열원이 철판을 데워 철판 위에 놓인 재료를 익히는 방법으로 다양한 식재료를 조리할 수 있는 조리 기구이다.
- 화로 위에 번철(철판)을 달구어 구이 재료를 굽고 가스 밸브로 불의 강약을 조절한다.

(4) 숯불 화덕

- 재료를 높은 직화로 굽는 조리 방법으로, 재료가 타지 않게 거리를 조절하며 굽는 것으로 숯의 향과 풍미가 더해져 맛이 좋다.
- 숯불에 구이를 올릴 때는 석쇠나 쇠꼬챙이에 재료를 끼워 굽는데 불의 강약조절은 재료를 직접 올렸다 내려가며 조절하기에 불편함이 있다.

(5) 꼬치구이 (쿠시 야끼)

모양을 내어 꼬치로 고정시킨 재료를 대체로 직화로 구워 내는 조리 방법으로 꼬치를 꽂는방법에 따라 이름이 달리 불려진다.

노보리 쿠시	• 작은 생선을 통으로 구울 때 쇠꼬챙이를 꽂는 방법 • 생선이 헤엄쳐서 물살을 가로질러 올라가는 모양으로 꽂은 것
오우기 쿠시	• 자른 생선살을 꽂을 때 사용하는 방법 • 앞쪽은 폭이 좁고 꼬치 끝은 넓게 하여 부채 모양처럼 꽂은 것
가타즈마 오레, 료우즈마 오레 쿠시	• 가타즈마 오레 : 생선 껍질 쪽을 도마 위에 놓고 앞쪽 한쪽만 말아 꽂는 방법 • 료우즈마 오레 : 양쪽을말아 꽂는 방법
누이 쿠시	• 주로 오징어와 같이 구울 때 많이 휘는 생선에 사용되는 방법 • 살 사이에 바느질하듯 꼬치를 꽂고 꼬치와 살 사이에 다시 꼬치를 꽂아 휘는 것을 방지하는 방법

5) 식재료의 특성에 따른 조미 방법과 구이 방법

식재료명	조리 방법	구이 방법	사용 기물
작은 생선	소금	소금구이	숯불 화로, 샐러맨더
흰살 생선(손질된)	된장절임, 소금	미소 야끼, 소금구이	샐러맨더, 오븐
붉은살 생선	데리, 유안지	데리 야끼, 유안 야끼	철판, 샐러맨더
육류	된장절임, 소금, 데리	미소 야끼, 데리 야끼, 소금구이	샐러맨더, 오븐, 숯불 화로
가금류	데리, 소금	데리 야끼, 소금구이	샐러맨더, 숯불 화로, 철판

추가tip 재료의 형태를 유지하며 굽는 요령

구이 조리 시 주의할 점은 재료가 익으면 부드러워 깨지기 쉽기 때문에 자주 뒤집지 않아야 한다. 쇠꼬챙이에 끼워 구울 때는 쇠꼬챙이 끼는 방법에 맞게 끼워 굽지 않으면 재료에 힘이 분산되지 않아 부서지기 쉽다.

6) 구이 담는 법

구이는 재료의 형태와 곁들임 요리(아시라이), 양념장을 함께 제공하는데 본요리와 곁들임 요리, 양념장이 놓이는 위치와 구도가 정해져 있다.

(1) 통생선

① 통생선을 담을 때 머리는 왼쪽, 배는 앞쪽으로 담기
② 아시라이는 오른쪽 앞쪽에 놓고, 양념장은 구이접시 오른쪽 앞에 둔다.

(2) 조각 생선

① 토막 내어 구운 생선은 껍질이 위를 보이게 하고, 넓은 부위가 왼쪽으로 향하게 한다.
② 아시라이는 오른쪽 앞쪽에 놓고 양념장은 구이 접시 오른쪽 앞에 둔다.

(3) 육류와 가금류

① 육류나 가금류는 껍질이 위를 향하게 하여 쌓아 올리듯 담는다.

7) 구이에 쓰이는 양념장

(1) 양념장의 종류

ⓐ 폰즈
감귤류(유자, 영귤)의 즙에 간장, 청주, 다시마, 가다랑어포를 첨가하여 1주일 정도 숙성시켜 만든 간장 양념장으로 비율은 유자즙 50cc, 진간장 50cc, 다시마 약간, 가다랑어포 약간으로 한다.

ⓑ 다데즈
여귀잎을 갈고 쌀죽을 넣어 만든 양념장으로 주로 은어 구이에 제공된다.
비율은 여귀잎 40cc, 식초 60cc, 알코올 날린 청주 20cc, 소금 약간, 쌀죽 20g으로 한다.

(2) 곁들임 음식(아시라이)

- 아시라이는 구이 요리를 제공하면 반드시 함께 나오는 곁들임이다.
- 구이를 먹고 난 후 입안을 헹구어 주는 역할을 하여 입안에 비린내를 제거하는 데 효과적이다.
- 다양한 아시라이는 계절감이 잘 표현된다.

초절임	• 재료 : 연근, 무, 햇생강 대(하지카미) 등 → 단촛물에 재워 사용 • 단촛물 비율 : 설탕 20g, 식초 50cc, 물 50cc • 연근, 햇생강 대는 데친 후 소금을 뿌려 식혀 단촛물에 재우기
단조림	• 재료 : 밤, 고구마, 금귤 등 • 단조림 비율 : 설탕 100g, 물 100cc → 조리기
간장 양념 조림 (오시 다시)	• 재료 : 머위, 우엉, 꽈리고추 등 → 데친 후 양념에 재워 사용 • 양념조림 비율 : 연간장 20cc, 다랑어포 육수 300cc, 청주 10cc
감귤류	• 구이에 뿌려 먹거나 먹고 난 후 입을 헹굴 때 사용 • 레몬, 영귤 등

예 / 상 / 문 / 제

01. 일식 구이 조리 조미 양념에대한 설명이 틀린 것은?

① 시오 야끼(소금구이)–신선한 재료를 선택하여 소금으로 밑간을 하여 굽는 구이
② 데리 야끼 (양념 간장 구이)–구이 재료를 데리(양념간장)로 발라 가며 굽는 구이
③ 미소 야끼(된장 구이)–미소(된장)에 구이 재료를 재웠다가 굽는 구이
④ 쿠시 야끼(꼬치구이)–숯불에 굽는 구이

02. 구이 담는 법중 옳지않은것은?

① 통생선을 담을 때 머리는 왼쪽, 배는 앞쪽으로 담기
② 아시라이는 오른쪽 앞쪽에 놓는다
③ 양념장은 구이 접시 오른쪽 뒤에 둔다
④ 토막 내어 구운 생선은 껍질이 위를 보이게 하고, 넓은 부위가 왼쪽으로 향하게 한다.

03. 어취 제거에 사용되지않는 것은?

① 향신채소 ② 식초 ③ 설탕 ④ 우유

해설 어취 제거-향신채소, 식초 ,물, 맛술 , 우유

04. 구이를 먹고 난 후 입안을 헹구어 주는 역할과 입안에 비린내를 제거하며구이요리곁드림은?

① 아시라이 ② 다데즈 ③ 폰즈 ④ 단조림

05. 데리야끼 에 대한 설명으로 틀린 것은?

① 처음에는 간장을 발라 굽고, 어느 정도 익으면 3~4번 정도 더 발라가며 구워 완성한다.
② 구이 재료를 데리(양념간장)로 발라 가며 굽눈 구이이다.
③ 일반적으로 간장 1: 청주 1: 맛술 1의 비율로 기호에 따라 설탕을 가미한다.
④ 유장에 재료를 재웠다가 굽는 구이이다.

정답 01. ④ 02. ③ 03. ③ 04. ① 05. ④

06. 구이 굽는 법에 대한 설명으로 틀린 것은?

① 굽는 석쇠는 생선을 얹는 쪽을 충분히 열을 가한 다음 구어야 생선이 붙지 않는다.
② 껍질 쪽부터 구워 색깔이 먹음직스럽게 되면 뒤집어서 살 쪽을 천천히 굽는다.
③ 구시를 끼워서 구울 때는 3~4회 정도 빙글빙글 돌려가면서 구워야 구시를 뺄 때 살이 깨지는 것을 말을 수 있다.
④ 껍질과 살을 3 : 7 의 비율로 굽는 것이 기본이다.

해설 껍질과 살을 6 : 4의 비율로 굽는 것이 기본이다.

07. 구이요리의 올바른 불 조절법으로 틀린 것은?

① 재료가 익으면 부드러워 깨지기 쉽기 때문에 자주 뒤집지 않아야 한다.
② 된장절임구이나 간장구이 등은 타기 쉽기 때문에 불 조절을 약하게 해서 굽는다.
③ 보통 구이는 약한불로 가까이에서 굽는다.
④ 조개 종류와 새우는 강한 불로 빨리 굽는다.

정답 06. ④ 07. ③

Chapter 05

복어

01. 복어 기초 조리실무

1) 기본 조리 도구

(1) 칼의 종류에 따른 사용 용도

① 회칼[사시미보쵸(さしみぼうちょう): 생선회용 칼]

- 생선회용 칼은 다른 칼들에 비해 **가늘고(폭이 좁고) 긴 것**이 특징이다.
- **복어회용** 칼은 회를 더 얇게 떠야 하므로 생선회용 칼과 길이는 비슷하나, 두께는 더 얇고 가볍다.
- 칼날의 길이: 27~30㎝ 정도가 사용하기에 편리하다.
- 회칼은 연마의 정도에 따라 생선 살의 결이 달라진다.
- 끝이 뾰족해 요리사가 다양한 모양으로 회를 가공하는 데 유용하고 정교하게 사용하기 때문에 미끄러지지 않도록 손잡이와 손에 물이 닿지 않도록 해야 한다.

종류	지역	썰기 편한 방법
다꼬비끼(복어 사시미용)	관동 지방	평썰기[히라즈쿠리(ひらずくり, 平作り)]
야나기보쵸(전통적으로 사용)	관서 지방	히끼쯔꾸리(引き作り,앞당겨 썰기)

② 절단칼[데바보쵸(でばぼちょう): 등이 두껍고 짧고 작은 칼]

- 생선의 밑 손질, 뼈 자름 등에 사용한다.
- 다양한 크기가 있다.
- 용도에 따라 무게와 크기를 선택하여 사용한다.
- 약 18㎝ 정도의 데바보쵸가 있으면 2㎏ 정도까지의 생선을 다룰 수 있다.

③ 채소칼[우스바보쵸(うすばぼうちょう): 얇은 칼)]

- 채소를 손질할 때, 돌려 깎기 할 때 많이 사용한다.
- 노래미, 바닷장어 등 작은 뼈 자르기에도 사용한다.
- 18~20㎝가 간단해서 좋다.

④ 특수칼

- 우나기보쵸 : 장어 손질하는 칼
- 스시기리보쵸 : 김초밥 자르는 칼
- 소바기리보쵸 : 메밀 자르는 칼

※여기서 잠깐※

칼과 칼 관리(숫돌 등)에 대한 추가적인 정보는 <Part 02> 01 일식 기초조리실무 부분을 참고해 주시기 바랍니다.

(2) 도마[마나이타(まないた)] 종류별 특징과 관리법

- 복어를 손질할 때 미끄러움 방지를 위하여 목재 도마를 사용한다.
- 도마는 재료에 따라 구분하여 사용한다(**육류는 빨간색, 채소는 초록색, 생선류는 파란색**).★
- 생선을 전용으로 하는 전용 도마 組板(まないた), 야채 도마 野菜組板(やさいまないた), 과일 도마 果物組板(くだものまないた), 육류 도마 組板(にく まないた) 등
- 사용하는 목적에 따라 구분하여 사용한다(생선 세척용, 재료 절단용 등).
- 사용 후에는 잘 닦아서 건조시켜 두는 것이 좋으며 때때로 직사광선으로 소독을 하거나 도마 살균기에 보관하여 미생물 억제를 막는다.
- 하루에 한 번씩 살균, 소독하며 도마 종류별 특징과 관리법은 다음과 같다.

구분	특징	관리법
나무 도마	천연 재료이므로 건조시키지 않으면 세균 번식이 잘 일어남	➲ 키친타월을 깔고, 식초를 골고루 뿌려 소독하고 햇빛에 말려 건조 보관함
유리 도마	위생적이고 칼자국이 남지 않고, 음식의 색이나 냄새가 배지 않음	➲ 주방 세제로 충분한 거품을 내어 깨끗하게 씻어 주고 헹굼
플라스틱 도마	가격이 저렴하며 가볍고, 흠이 생기기 쉽고, 세균에 약해 소독이 중요함	➲ 굵은 소금과 레몬을 이용하여 깨끗하게 닦고 난 후 세제를 사용하여 닦음.

(3) 그 외 조리 기구의 종류와 용도

① 냄비[나베(なべ)]

냄비는 삶거나, 조리거나, 튀기거나, 굽거나, 짜는 것 등 조리를 하는 데 없어서는 안 되는 기본적인 기구이다. 재료가 균일하게 열을 받고 보온력이 좋은 것이 적당하며 다소 두꺼운 것을 고르는 것이 좋다. 재질로는 알루미늄, 적동, 철 등이 있으나, 일반적인 용도로는 알루미늄이 가격도 저렴하고 사용하기에도 편리하다.

② 꼬치[구시(串)]

꼬치는 주로 생선구이에 사용하는 것으로서 쇠 구시는 스테인리스로 되어 있으며 굵기와 길이가 용도별로 차이가 있다. 최근에는 대나무로 만든 꼬치가 많이 사용된다.

③ 김발[마키스(巻きす)]

김발은 김초밥 따위의 재료를 마는 데 사용하거나 삶은 채소를 말거나 찜 요리에 재료를 고정하기 위하여 사용한다. 대나무로 되어 있어 견고하고 강한 열에도 변형되지 않는다. 대나무의 표면이 보이는 곳이 바깥 면이다.

④ 석쇠[야끼아미(やきあみ)]

석쇠는 직화로 구울 때 사용하는 것으로 재질이 다양하고 무게 또한 사용처에 따라 다르다.

⑤ 체[우라고시(うらごし)]

체는 원형 목판에 망을 씌워 입힌 기구이다. 체를 내리거나 가루를 거르거나 다시를 거르거나, 재료의 건더기를 걸러내는 데 등 여러 가지 용도로 사용한다. 망의 눈이 고운 것부터 굵은 것까지 여러 단계의 체가 사용된다.

⑥ 강판[오로시가네(おろしがね)]

강판은 무나 와사비, 생각 등을 갈 때 사용된다. 구리, 알루미늄, 스테인리스, 도기 등 여러 가지 재질이 있다. 안과 밖의 눈의 크기가 틀리다. 무는 굵은 눈에, 생강이나 와사비는 가는 눈을 사용한다.

⑦ 계량 기구

저울, 계량컵, 계량스푼을 이용하여 사용량을 계량한다.

2) 곁들임 채소

(1) 곁들임 채소의 특징과 선별법

종류	특징과 선별법
무 [다이콩 (大根: だいこん)]	• 계절에 따라 나오는 종류가 다름 • 디아스타아제가 다량으로 함유 → 비타민류와 소화를 도움 • 모양이 좋고 색깔이 희며 싱싱한 무청이 달린 것이 좋음
당근 [닌징 (人参 にんじん)]	• 둥근 모양에 마디가 없고 속에 단단한 심이 없을수록 좋음 • 당근은 색상이 균일하고 탄력이 있으며 단단한 것이 좋음
대파 [네기(葱: ねぎ)]	• 잎사귀가 싱싱한 것이 좋고 지나치게 굵어 뻣뻣한 것은 좋지 않음
미나리 [세리(芹: せり)]	• 산뜻한 녹색을 띠고 줄기가 세지 않은 것으로 뿌리가 붙어 있는 것이 신선한 것
배추 [학사이 (白菜 はくさい)]	• 다른 채소에 비해 단백질이 비교적 많고 비타민 C와 무기질이 풍부 • 배추는 바깥 잎이 선명한 녹색이고 누렇게 변한 부분이나 반점이 없는 것이 좋음 • 잎사귀가 확실하게 말려 있고 묵직한 것, 흰 줄기 부분에 윤기가 나는 것이 신선한 것
표고버섯 [시이다케 (椎茸: しいたけ)]	• 버섯 중에 가장 많이 쓰이는 종류(자연산 & 양식으로 나뉨) 일 년 내내 생산되지만 봄과 가을이 제철 • 주름살이 노란색이고 주름에 상처나 검은 얼룩이 없어야 함 • 갓이 너무 피지 않고 육질이 두꺼운 것, 대가 굵고 짧은 것이 좋음
실파[와케기(わけぎ)], 파[네기(葱: ねぎ)]	• 필수적인 양념으로 대파, 움파, 실파, 세파, 등으로 품종이 다양 • 비타민 A, B가 많고 특히 푸른 잎에는 칼슘이 다량 함유 • 잎사귀가 싱싱한 것이 좋고 지나치게 굵어 뻣뻣한 것은 좋지 않음 • 파는 잎이 진한 녹색이고 흰 부분과의 차이가 확실한 것이 좋음 • 흰 부분이 길고 단단하며 윤이 나고 무거운 것이 좋음
고춧가루 [도카라시 (とうがらし)]	• 붉은 고추를 말린 후 빻은 것 • 음식의 붉은색을 입히는 것과 매운맛을 첨가시키는 데 사용 • 매운맛의 정도가 달라 기호에 맞게 사용하는 향신료
미나리 [세리(芹: せり)]	• 우리나라에서는 줄기를 많이 사용 • 이른 봄에서 초여름까지가 많이 나오고 칼슘, 비타민 A, C가 풍부 • 산뜻한 녹색을 띠고 줄기가 세지 않은 것, 뿌리가 붙어 있는 것이 신선한 것, 잎 길이가 가지런한 것이 좋음
레몬 (レモン)	• 인도가 원산지로, 아열대 각지에서 재배 • 과즙에 시트르산과 비타민 C가 많이 함유 → 신맛 • 향기가 진하며, 음료를 만들어 먹거나 향료로 사용
팽이버섯	• 무게가 가볍거나 길이가 너무 긴 것은 피하고 무게가 무겁고 단단한 것이 좋다.

(2) 곁들임 재료 보관하기

- 채소를 신선하게 보관하는 방법 : 신문지에 싸서 보관하기, 밀폐 용기에 담아 두기, 얼음에 채워 두기 등
- 냉장고에 보관할 때 : 채소가 냉장고 벽에 직접 닿지 않도록 종이 박스에 담거나, 벽에서 1㎝ 이상 간격을 두어야 채소가 냉해를 당하지 않고 오래 보관할 수 있다.

> **추가tip 채소의 껍질**
>
> 무(다이꽁,だいこん), 당근(닌징, にんじん)등의 껍질 부분은 비타민 C를 다량 함유하고 있으므로 껍질을 벗기지 않고 조리하는 것이 좋으나, 소화가 잘되게 하고 맛을 좋게 하기 위해서 껍질을 벗기지 않으면 안 되는 경우도 많다. 이러한 경우 가능한 한 영양의 손실을 적게 하기 위하여 껍질을 얇게 벗기도록 해야 한다. 그러나 연근, 두릅, 감자 종류 등은 자기가 갖고 있는 특유의 끈적끈적한 액이 있기 때문에 껍질을 조금 두껍게 벗겨 물에 잘 씻어 액을 씻어 낼 필요가 있다. 이것을 전문 용어로 아꾸누끼(あくぬき)라고 한다.

3) 복어 기본 맛국물 조리

(1) 복어 기본 맛국물 재료

① 가다랑어 포[가쓰오부시(鰹節: かつおぶし)]

- 가다랑어 포는 복어 요리에서 일번다시를 뽑는데 사용한다.
- 통가다랑어 포는 잘 말라 있고 무거우며 두드려 보아 맑은 음(소리)이 나는 것을 고르며, 깎아 놓은 것은 한 장을 들어 보아서 맞은편 사람이 보일 정도의 투명감이 있는 것을 사용한다.
- 가다랑어의 단백질이 아미노산으로 변해 맛을 내는 주성분인 이노신산이 증가한다.
- 일번 다시(이치반 다시)

  다시마와 가다랑어포(가쓰오부시)만을 이용하여 짧은 시간 안에 맛을 우려내 최고의 맛과 향을 지닌 맛국물로 고급 국물 요리에 가장 많이 사용한다.

  방법 : ⓐ 다시마에 묻어 있는 먼지나 모래를 깨끗한 행주로 닦아내기
  → ⓑ 냄비에 적당량의 물과 준비된 다시마를 넣고 중불로 가열
  → ⓒ 끓기 직전의 온도가 약 95℃ 정도 되면 다사마를 건져내기
  → ⓓ 가다랑어포를 넣고 불 끄기
  → ⓔ 위에 뜬 불순물을 걷어내기
  → ⓕ 가다랑어포가 바닥에 가라앉고 10~15분 정도 지나면 면포에 거르기

종류

구분	내용
혼부시	• 대형 가다랑어를 3장 뜨기 한 후 한쪽 살을 세로로 자른 것
가메 부시	• 작은 가다랑어의 한쪽 살로 만든 것
오부시	• 혼부시의 등 부분 • 지방이 적어 좋은 다시를 낼 수 있기 때문에 일반적으로 많이 사용
메부시	• 혼부시의 배 부분 • 감칠맛이 나는 다시를 뽑을 수 있음 • 생선 등 쪽의 검푸른 부분(지아이)을 제거하면 더욱 질 좋고 고급스러운 맛의 다시를 만들 수 있음
자츠 부시	• 가다랑어포 이외의 생선포 • 고등어포(사바 부시), 정어리포(이와시 부시), 참치포(소우다 부시) 등

② 다시마[곤부(昆布 こんぶ)]

- 마른 다시마 표면의 흰 분말 성분 : 만니톨(설탕이 갖는 단맛의 약 60% → 단맛이 느껴짐)
- 다시마는 잘 건조되고 두툼하며 표면의 흰 가루가 전체적으로 고르게 있는 것이 좋다.
- 만니톨은 물로 씻으면 안 되고, 마른 행주로 먼지만 살살 제거한 후 물에 넣어 국물에 우려내어 사용한다.
- 글루탐산(glutamic acid) : 구수한 맛 성분
- 다시마를 물에 너무 오래 끓이면 구수한 맛이 쓴맛으로 변하므로 한소끔 끓인 후에는 건져내는 것이 국물 맛을 좋게 한다.

※여기서 잠깐※

맛국물의 재료, 종류, 조미료(간장, 맛술, 식초) 등에 대한 추가적인 정보는 〈Part 02〉 03 일식 국물 조리 부분을 참고해주시기 바랍니다.

4) 복어 기본 재료의 이해

(1) 복어 河豚(ふぐ)의 종류

- 식용 가능한 복어 : 풀복어, 잔무늬복어, 피안복, 상재복, 배복, 참복, 눈복, 붉은 눈복, 범

복, 까마귀복, 줄무니복(까치복), 깨복, 철복, 흰고등어복, 검은고등어복, 삼색복, 껍질복 등
- 식용 불가능한 복어 : 독고등어복, 돌담복, 가시복, 쥐복, 상자복, 부채복, 잔무늬속임수복, 별두개복, 얼룩 곰복, 별복, 선인복, 무늬복 등
- 복어는 일반적으로 거의 다 독을 가지고 있는 것으로 알려져 있으나 복어 중에서도 전혀 독을 가지고 있지 않은 종류도 있다. 보통 우리나라 근해에서 잡히는 일반 복어는 고기, 이리, 껍질 등에는 독성이 없으나 남방산은 고기, 이리, 등에서도 독이 나왔다는 이야기도 있다.

종류	특징
밀복 (鯖河豚 さばふぐ)	참복과 밀복 속의 바다 경골어의 총칭으로 전장(길이)이 40㎝ 정도이며 흰 밀복, 민 밀복, 은 밀복, 흑 밀복 등이 있다.
까치복 (縞河豚 シマフグ)	등 부위와 측면이 청흥색의 바탕색이며 배면에서 몸쪽 후방 쪽으로 현저한 흰 줄무늬가 뻗어 있으나 개중에는 흰줄무늬가 끊어져서 흰점 모양으로 되어 있는 것도 있다.
검복 (真河豚 マフグ)	등 부위는 암녹갈색으로 명확하지 않은 반문이 있고 몸쪽 중앙에 황색선이 뻗어 있으나 성장함에 따라 불분명하게 된다.
황복	황점복의 성어와 비슷하지만 황복은 가슴지느러미 후방과 등지느러미 기부에 불명료한 흰 테로 둘러진 검은 무늬가 있으며, 옛날부터 중국에서 즐겨 먹어 온 복어로 강으로 거슬러 올라가는 소하성 습성이 있다.

(2) 복어의 독

- 복어의 알과 내장에는 신경 독소인 '테트로도톡신'이 함유되어 있다.
- 테트로도톡신(tetrodotoxin) : 섭취 후 30분~4시간에 신경성 독으로 말초 신경을 마비시켜 여러 가지 중독 증상이 나타나며 열에도 강하여 120℃에서 1시간 이상 가열해도 파괴되지 않는다.
- 알코올, 유기산, 열, 효소 염류 등에 잘 분해되지 않는다.
- 테트로도톡신의 치사량 : 2mg

중독증상

가) 입술, 혀끝, 손발이 마비되기 시작하며 복통이나 구토 증상이 나타난다.
나) 심장 마비 증상이 나타나는데, 섭취 후 20분~3시간, 잠복기가 짧을수록 증세가 심해진다.
다) 지각 마비, 언어 장해, 호흡 곤란, 건반사 등을 일으키며 혈압 강하가 일어난다.
라) 치사 시간은 최소 1시간 반이며, 일반적으로 4~6시간이고, 8시간 이내 생사가 결정되

며, 회복되는 경우 후유증은 없다.

마) 호흡곤란과 고혈액증 산소 결핍으로 청색증이 나타나며 의식이 흐려진다

바) 의식 불명과 함께 호흡이 정지되어 사망하게 되며 효과적 치료법이 없어 치사율이 높다

사) 복어 독의 알코올, 알칼리성, 산, 열, 효소, 염류, 일광 등에 분해되지 않는다

아) 난소, 간장 이외에도 아가미, 심장, 위장, 비장, 신장, 담낭, 안구, 혈액, 점액은 비식용이므로 제거해야 한다.

(3) 복어의 영양과 효능

① 복어의 영양

- 저칼로리(약 85kcal), 고단백(18~20%), 저지방(0.1~1%)식품
- 각종 무기질과 비타민을 함유
- 불포화지방산 EPA, DHA 함유

② 복어의 효능

- 당뇨병, 신장 질환자의 식이요법에 좋음
- 저칼로리 고단백 다이어트 식품
- 수술 전후의 환자의 회복에 도움
- 갱년기 장애, 혈전과 노화 방지
- 암, 위궤양, 신경통, 두통, 해열, 파상풍 환자에게 도움

(2) 식용 가능 부위

식용 가능	입, 혀, 지느러미, 껍질, 살, 머리뼈·갈비뼈, 정소(이리)
식용 불가능	난소, 알, 간장, 위장, 신장, 비장, 쓸개, 안구, 아가미, 심장 등 정소를 제외한 내장

※ 부위별 독의 양 : 난소 > 간 > 피부 > 장 > 근육

예/상/문/제

01. 다음 중 칼의 종류와 특징에 관한 설명으로 옳지 않은 것은?

① 사시미보쵸는 다른 칼에 비해 가늘고 길다.
② 데바보쵸는 등이 두껍고 짧은 칼로, 생선의 뼈를 자르는데 사용한다.
③ 우나기보쵸는 채소를 손질과 돌려 깎기에 사용하는 칼이다.
④ 복어 사시미용 회칼은 두께가 더 얇다.

02. 도마의 사용방법과 관리법으로 적절한 것은?

① 사용 목적에 따라 구분하여 사용한다.
② 도마는 재료에 따라 구분하며 채소는 파란색, 생선류는 녹색 도마를 사용한다.
③ 복어 손질 시 위생을 위해 플라스틱 도마를 사용한다.
④ 사용 후에는 물기를 닦지 않고 그대로 두어 자연 건조하는 것이 좋다.

03. 생선구이에 사용하며 재료와 용도에 따라 굵기와 길이가 다른 꼬치 구이에 사용하는 기구는 무엇인가?

① 나베(なべ)
② 구시(串)
③ 야끼아미(やきあみ)
④ 오로시가네(おろしがね)

04. 복어의 맛국물 조리 중 이치반 다시에 관한 설명으로 옳지 않은 것은?

① 다시마와 가다랑어포만을 이용한 맛국물이다.
② 다시마를 넣고 물이 끓을 때 다시마와 가다랑어포를 넣고 같이 끓이다가 불을 끈다.
③ 짧은 시간 안에 우려낸 맛국물이다.
④ 맛과 향이 좋고 고급 국물 요리에 사용한다.

05. 맛국물의 재료에 관한 설명 중 옳지 않은 것은?

① 오부시는 지방이 적어 좋은 다시를 내기 때문에 일반적으로 많이 사용한다.
② 가다랑어 포의 맛 성분은 이노신산에 의한 것이다.
③ 다시마의 구수한 맛 성분은 글루탐산이다.
④ 다시마는 겉에 흰 가루가 없는 것이 좋으므로 물로 씻은 후 사용한다.

06. 다음 중 식용이 불가능한 복어는 무엇인가?

① 참복 ② 까치복 ③ 배복 ④ 가시복

07. 복어의 독성분으로 신경 독소이며 마비 증상을 일으키는 성분은?

① 베네루핀 ② 삭시톡신
③ 테드로도톡신 ④ 솔라닌

08. 복어 독에 관한 설명 중 옳지 않은 것은?

① 가열해도 파괴되지 않으며 치사량은 5mg이다.
② 알코올, 유기산에 잘 분해되지 않는다.
③ 마비 증상을 일으키며, 치사율이 높다.
④ 난소에 가장 많은 독을 가지며, 간, 장 등의 비식용 부위를 제거해야한다.

09. 다음 중 복어의 독이 가장 많은 부위는 어디인가?

① 껍질 ② 간장 ③ 정소 ④ 난소

10. 다음 설명에 해당하는 복어의 종류는?

등 부위는 암녹갈색으로 명확하지 않은 반문이 있고 몸쪽 중앙에 황색선이 뻗어 있으나 성장함에 따라 불분명하게 된다.

① 밀복 ② 검복
③ 까치복 ④ 황복

정답 01. ③ 02. ① 03. ② 04. ② 05. ④ 06. ④ 07. ③ 08. ① 09. ④ 10. ②

02. 복어 부재료 손질

1) 채소 손질하기

(1) 채소의 명칭

배추ハクサイ(白菜), 당근ニンジン(人参), 미나리セリ(芹), 실파ワケギ(分葱), 대파ねぎ(葱), 무ダイコン(大根), 팽이버섯エノキタケ(えのき茸), 표고버섯シイタケ(椎茸), 두부とうふ(豆腐) 등

(2) 채소 자르는 방법

종류	방법
가늘게 채썰기	• 무나 당근 등을 오른쪽 끝에서 일정한 두께로 자른 뒤, 재료를 가지런히 포개 두고 먹기 부드럽게 소금으로 문질러도 모양이 부서지지 않을 정도로 비스듬히 채썰기
어슷 썰기	• 오이, 파, 우엉 등 가늘고 긴 재료를 써는 방법 • 주로 냄비 요리에 사용 • 오른쪽 끝에서부터 간격을 맞추어 비스듬히 썰기
둥글게 썰기	• 둥근 재료를 끝에서부터 일정한 두께로 자르는 방법 • 왼손으로 재료를 가볍게 누르고 오른쪽 끝에서부터 칼을 밀면서 자르기
반달 썰기	• 둥글게 썰기 한 것을 절반으로 잘라 두 개로 만드는 방법 • 둥근 재료를 반으로 잘라 끝에서부터 일정한 두께로 자르기
은행잎 썰기	• 반달 썰기 한 것을 절반으로 자르는 방법 • 주로 냄비 요리나 맑은 국에 사용
벚꽃 모양 깎기	• 무나 당근을 정사각형으로 잘라 면과 각이 진 부분에 칼로 홈을 판 후 끝에서부터 돌려가며 깎아 벚꽃처럼 된 것을 물에 담가 두고 사용

※ 채소를 신선하게 보관하는 방법 : 신문지에 싸서 보관하기, 밀폐 용기에 담아 두기, 얼음에 채워 두기 등

2) 복떡 굽기

(1) 구이 요리의 특징

- 구이 요리는 찌거나 조리는 요리보다 표면이 구워져 익기 때문에 식재료 고유의 맛이 밖으로 빠져 나가지 않는다.
- 적당히 수분이 감소하여 고유의 맛이 함축되어 있다.

- 노랗게 구운 시각적인 맛과 냄새가 풍미를 더해 주는 특징이 있다.
- 일본 요리의 메뉴 중 구이 요리는 맑은국, 회와 함께 중요한 요리에 속한다.
- 쇠꼬챙이를 이용하여 굽는 직접 구이가 주종을 이룬다.
- 좋은 요리를 만들기 위해서는 쇠꼬챙이를 끼는 방법과 불의 강약 조절이 숙련되어야 한다.

(2) 구이 조리 방법의 종류

직접 구이	직접 열원을 이용하여 석쇠나 쇠꼬챙이에 굽는 방법
간접 구이	재료와 열원 사이에 금속이나 돌 등을 이용하거나 타지 않는 요리용 종이, 알루미늄에 싸서 간접적으로 가열하여 굽는 방법

(3) 구이용 쇠꼬챙이(가네구시)의 종류

가느다란 꼬챙이 (호소구시)	은어나 빙어 등의 작은 생선구이용
평행 꼬챙이 (나라비구시)	보통 크기의 생선에 사용
납작한 꼬챙이 (히라구시)	조개나 새우 등 살이 부서지기 쉬운 것을 여러 개 연결해 꽂아 구울 때 사용

(4) 복떡 굽기 조리순서

- 물을 침전시킨 쌀가루를 찌고 절구를 사용하여 만든 떡은 시간이 지남에 따라서 노화가 빠르기 때문에 가열해서 사용한다.
- 떡을 굽지 않고 그대로 사용하면 형태의 변형이 생기므로 구워서 사용한다.

조리 방법	점검 사항	조리 내용
계량하기	저울 및 용기 등의 상태	사용 비율에 맞게 원·부재료를 계량 한다.
복떡 손질하기	이물 혼입 및 모양 유지하기	복떡을 3cm 정도로 잘라 준비한다.
쇠꼬챙이에 꽂기	이물 혼입 및 안전사고	잘려진 복떡을 쇠꼬챙이에 꽂는다.

복떡 구워 내기	타지 않게 조리하기	쇠꼬챙이에 꽂아진 복떡을 직접 열을 이용하여 구워낸다.
복떡 식히기	모양 유지하기	구워낸 떡을 재빨리 빼내어 얼음물에 식혀 낸다.
복떡 완성하기	지리에 넣기	구워진 복떡을 물기를 제거하여 지리에 넣어 완성한다.

예/상/문/제

01. 채소를 신선하게 보관하는 방법으로 알맞지 않은 것은?

① 밀폐 용기에 담는다.
② 실온에 보관한다.
③ 신문지에 싸서 보관한다.
④ 얼음에 채워둔다.

02. 구이에 대한 설명으로 옳지 않은 것은?

① 식재료 고유의 맛이 빠져나가지 않는다.
② 쇠꼬챙이를 이용해서 굽는 직접 구이를 많이 한다.
③ 보통 크기의 생선은 나라비구시를 사용한다.
④ 은어나 빙어 등의 작은 생선은 히라구시를 사용한다.

03. 조개나 새우 등 부서지기 쉬운 것을 연결해 꽂아 구울 때 사용하는 쇠꼬챙이는 무엇인가?

① 나라비구시 ② 호소구시
③ 우라고시 ④ 히라구시

04. 복떡을 구울 때 조리 방법과 관련한 설명으로 옳은 것은?

① 구워낸 떡은 천천히 실온에서 식힌다.
② 구울 때는 타지 않도록 조심한다.
③ 복떡이 완성되면 물기를 제거하여 지리에 넣어 완성한다.
④ 복떡을 손질 할 때는 3cm 정도로 잘라서 준비한다.

정답 01. ② 02. ④ 03. ④ 04. ①

03. 복어 양념장 준비

1) 초간장 만들기

(1) 초간장의 정의

① 초간장은 흔히 폰즈라고도 한다.

② 감귤류의 과즙(레몬 · 라임 · 오렌지 · 유자 · 카보스 등)에 초산을 첨가하여 맛을 더하여 보존성을 높인 것이다.

③ 감귤류의 즙에 간장, 식초, 미림, 가츠오부시와 다시마 등의 국물을 가하기도 한다.

④ 냄비 요리(지리, 백숙, 샤브샤브 등)와 산성이 적당하게 융합되는 요리(생선회, 냉샤브샤브, 두부 요리, 생선구이, 찜, 초무침 등)에 양념(かけ:타래)으로 사용된다.

(2) 초간장 구성 재료

가다랑어포(鰹節: 가쓰오부시), 다시마(昆布: 곤부), 간장(醬油: 쇼유), 식초(酢: 스), 유자, 레몬, 카보스, 영귤(스다치) 등

(3) 초간장 만들기

조리 방법	조리 내용
계량하기	사용 비율에 맞게 원·부재료를 계량한다.
다시 국물 만들기	다시마 손질 후 물과 가쓰오부시를 넣고 다시 국물을 만든다.
혼합하기	다시, 식초, 간장을 1:1:1 비율로 섞고, 레몬을 혼합한다.
숙성하기	혼합한 초간장에 가쓰오부시를 넣고 숙성한다.
초간장 걸러내기	하루 정도 숙성한 뒤 면보를 이용하여 맑게 걸러 낸다.
초간장 완성하기	그릇에 초간장과 양념을 담아 낸다.

2) 양념 만들기

(1) 양념 재료

무(大根: 다이콘), 실파(ワケギ: 와케기), 고춧가루(唐辛子粉: 도카라시), 레몬 등

(2) 양념 만들기

조리 방법	조리 내용
계량하기	사용 비율에 맞게 원·부재료를 계량한다.
강판에 무 갈기	씻은 무를 강판에 곱게 갈아낸다.
무 매운맛 제거하기	물을 이용하여 무의 향과 매운맛을 제거한다.
고춧가루 버무리기	무 오로시와 고춧가루를 섞어 준다.
실파 썰기	실파의 파란 부분을 송송썰기한다.
양념 완성하기	그릇에 초간장과 양념을 담아 낸다.

추가tip 오로시(채소를 강판에 간 즙)

- 무로 만든 즙(다이콘 오로시), 생강즙(쇼가 오로시), 고추냉이를 강판에 갈아서 만든 즙(와사비)을 함께 낸다.
- 각각의 오로시의 역할은 생선에 따라 다르다.
- 주된 역할 : 생선 특유의 냄새 제거, 해독 작용, 풍미 증강

3) 조리별 양념장 만들기

(1) 참깨 소스(ゴマのソース: 고마다래)

볶은 깨를 아타리바치(스리바치)에 갈아서 만든 깨에 간장, 미림 등의 양념을 넣어서 맛을 낸 일본 요리의 대표적인 양념장의 하나이다. 향이 좋고 농후한 소스로 담백한 재료를 구워먹을 때와 담백한 식재료의 냄비 요리 등에 찍어 먹는 소스류로 사용한다.

(2) 참깨 소스 조리 도구 : 절구

재료를 곱게 갈아 으깨거나 끈기를 낼 때 사용

(3) 참깨 소스 만들기

조리 방법	조리 내용
계량하기	사용 비율에 맞게 원·부재료를 계량한다.
깨 볶아 내기	화력 조절을 하여 깨를 볶아낸다

깨 갈기	아타리바치를 이용하여 갈아 낸다.
간장 투입하기	간장 향과 간을 더해 준다.
미림 투입하기	윤기와 단맛을 더해 준다.
참깨 소스 완성하기	그릇에 참깨 소스를 담아 낸다.

추가tip 참깨(ゴマ: 고마)

- 항산화 효과가 우수하며, 참깨, 검은깨, 노란깨 등으로 구성된다.
- 검은깨의 우수한 영양 성분은 뛰어나며, 약 50%를 차지하는 a-리놀렌산의 불포화 지방산은 혈중 콜레스테롤 수치를 낮추어 동맥 경화를 예방한다.
- 세사민이 풍부하여 강한 항산화 작용으로 간 기능을 회복시킨다.

예/상/문/제

01. 초간장(폰즈)에 관한 설명으로 옳지 않은 것은?

① 냄비요리에는 사용되지 않는다.
② 감귤류의 즙에 국물을 가하기도 한다.
③ 감귤류의 과즙에 초산을 첨가하여 맛을 더하여 보존성을 높인 것이다.
④ 간장, 다시마, 가쓰오부시, 식초, 유자, 레몬 등이 재료로 사용된다.

02. 초간장을 만드는 방법으로 적절하지 않은 것은?

① 다시마, 가쓰오부시로 다시 국물을 만든다.
② 초간장에 레몬을 혼합한다.
③ 다시, 식초, 간장의 비율은 2 : 1 : 1이 적합하다.
④ 하루 숙성 후 면보로 걸러 사용한다.

03. 양념을 만들 때 구성 재료로 적합하지 않은 것은?

① 무, 실파, 레몬
② 가쓰오부시, 다시마, 레몬
③ 고춧가루, 실파, 무
④ 무, 레몬, 고춧가루

04. 오로시의 주된 역할이 아닌 것은?

① 매운맛 제공 ② 해독 작용
③ 생선의 냄새 제거 ④ 풍미 증진

05. 참깨 소스에 관한 설명으로 옳은 것은?

① 소스에는 깨, 간장, 미림이 재료로 사용된다.
② 담백한 음식에 찍어 먹는 소스류이다.
③ 깨는 아타리바치(스리바치)로 갈아서 사용한다.
④ 깨는 볶지 않고 그대로 사용하는 것이 더 좋다.

정답 01. ① 02. ③ 03. ② 04. ① 05. ④

04. 복어 껍질초회 조리

1) 복어 껍질 준비하기

(1) 복어 껍질河豚皮(ふぐかわ) 손질

① 복어 껍질의 종류

- 검은 껍질 : 구로가와 또는 세가와
- 흰 껍질 : 시로가와 또는 히라가와

② 복어 껍질 河豚(ふぐ)皮(かわ) 벗기는 방법

- 관동지방 방식 : 두 장으로 잘라 펼치는 방법
- 관서지방 방식 : 한 장으로 통째로 벗기는 방법(복어 등 중앙에 칼집을 넣어 한 장으로 벗겨 나가는 방식)
- 복어의 껍질에는 미끈미끈한 점액질이 많고 냄새가 많이 나기 때문에, 굵은 소금으로 잘 문질러 씻어 주고 맑은 물에 헹구어 사용
- 복어의 껍질은 겉껍질과 속껍질을 데바 칼로 깨끗이 긁어 내어 분리하고, 표면의 잔가시는 바닥에 껍질 안쪽을 밀착시켜 가시를 제거
- 껍질에 아주 촘촘하게 돋아 있는 가시를 제거하는 것이 아주 중요한 작업
- 손질된 껍질은 사시미, 아에모노, 굳힘 요리(니코고리) 등에 주로 사용

(2) 복어 껍질 河豚(ふぐ)皮(かわ)의 손질 방법과 사용 방법

ⓐ 먼저 표면의 이물질을 솔로 깨끗이 닦아낸다.
ⓑ 한 장 또는 두 장으로 껍질을 제거한다.
ⓒ 겉껍질과 속껍질을 데바 칼로 분리한다.
ⓓ 도마에 복어 껍질의 안쪽을 바닥에 밀착시키고 사시미 칼로 복어 표면의 단단한 가시를 제거한다. (손으로 만졌을 때 걸리는 느낌이 들지 않도록 가시 제거)
ⓔ 끓는 물에 소금을 약간 넣고 무르도록 삶아 얼음물에 식힌다.
ⓕ 물기를 제거하고 구시에 끼워 냉장고에서 꼬들꼬들하게 건조시킨다(젤라틴 성분이 많으므로 차게 보관하여야 한다.).
ⓖ 사용하기 전에 꺼내어 무침 등 용도에 맞게 얇게 썰어 사용한다.
ⓗ 겉껍질과 속껍질의 사용 비율은 9대 1 정도가 좋다.

2) 복어 초회 양념 만들기

(1) 초회 酢の物(すのもの) 양념 薬味(やくみ)

① 무 : 강판에 갈기 → 흐르는 물에 냄새 제거 → 고운 고춧가루와 혼합 → 붉은색 무즙 만들기
② 실파 : 곱게 흐르는 물에 씻어 물기를 제거
③ 다시마 맛국물과 가쓰오부시로 일번 맛국물을 만든 후 진간장, 식초, 레몬, 미림, 설탕 등을 넣어 초간장 ポン 酢(ぽんず)을 만든다.
④ 붉은색의 무즙(아카 오로시)과 물기가 제거된 실파를 초간장에 넣어 초회 양념을 만든다.

3) 복어 껍질 무치기

(1) 양념 薬味(やくみ)의 종류별 특징

- 재료는 신선한 것을 준비하고 재료에 따라서 가열하거나 밑간을 먼저 한 후에 무치는 방법이 있다.
- 재료는 충분히 식혀서 사용해야 하며, 요리는 먹기 직전에 무치는 것이 중요하다.
- 먼저 무쳐 놓아두면 수분이 나오게 되는 경우가 있어 색, 맛이 떨어진다.
- 그릇은 작으면서도 깊은 그릇이 잘 어울린다.
- 무, 감, 귤, 유자, 대나무 그릇, 대합 껍데기 등을 이용해도 잘 어울린다.

(2) 아와세스(모듬초) 合せ酢(あわせず)

일반적으로 초회에 사용하고 있으며 만드는 방법도 간단하며 초와 다른 조미료를 고루 섞는 것만으로도 충분하다. 특히 삼바이스는 널리 사용되고 있다. 주의해야 할 것은 식초의 선택 방법이다. 좋은 것은 부드러우면서도 시큼한 맛과 약간의 달콤한 맛, 감칠맛이 있다.

종류	만드는법
니바이스(이배초) 二杯酢(にばいず)	• 주재료 : 청주, 간장, 미림 • 생선(갯장어 등)과 야채의 혼합 요리, 초회 등에 사용한다.
삼바이스(삼배초) 三杯酢(さんばいず)	• 주재료 : 술, 국간장, 설탕 • 일반적으로 폭넓게 많이 이용된다. • 야채 등의 초회에 사용한다.
도사스 土砂酢(どさず)	• 주재료 : 삼바이스 + 미림, 가쓰오부시를 넣어 한 번 끓인 다음, 식혀서 사용한다. • 삼바이스보다 고급 요리에 사용한다.
아마스 甘酢(あまず)	• 주재료 : 청주, 설탕, 미림

(3) 모듬 간장 合わせ醬油((あわせしょうゆ)

① 깨간장 ゴマ醬油(ごましょうゆ)

- 흰깨, 설탕, 간장으로 참깨를 곱게 갈아 설탕, 간장을 넣으면서 잘 섞는다.
- 주로 야채를 무칠 때 사용

② 고추 간장 唐辛子醬油(とうがらししょうゆ)

- 물에 갠 겨자와 간장, 미림을 혼합한다.

③ 땅콩 간장 落花生醬油(らっかせいしょうゆ)

- 땅콩(낙화생) 落花生(らっかせい)과 설탕, 간장으로 만든다.
- 땅콩을 칼로 곱게 다지기 → 양념 절구擂(り)鉢(すりばち)에 넣어 더욱 부드럽게 갈기 → 설탕, 간장을 넣어 잘 혼합하기
- 주로 야채류에 많이 이용된다.

예/상/문/제

01. 복어 껍질을 벗기는 방법으로 옳은 것은?

① 껍질은 미끈한 점액질이 많으므로 굵은 소금으로 잘 문질러 씻는다.
② 관동지방은 한 장을 통째로 벗기는 방법을 사용한다.
③ 껍질에 촘촘히 있는 가시는 모두 제거할 필요 없다.
④ 속껍질과 겉껍질은 우나기보쵸로 깨끗이 긁어낸다.

02. 복어 껍질의 손질 방법으로 알맞지 않은 것은?

① 겉껍질과 속껍질을 분리한다.
② 끓는 소금물에 삶고 얼음물에 식힌다.
③ 복어 표면의 잔가시는 식감을 위해 그대로 둔다.
④ 표면의 이물질은 솔로 깨끗하게 닦아낸다.

03. 복어 껍질을 무칠 때에 대한 설명으로 틀린 것은?

① 재료는 미리 무쳐두면 수분이 나온다.
② 재료는 충분히 식혀서 사용한다.
③ 요리는 먹기 직전에 무치고, 작고 깊은 그릇에 담는다.
④ 재료가 신선하지 않아도 양념을 강하게 하는 것이 중요하다.

04. 아와세스에 관한 설명으로 옳은 것은?

① 삼바이스의 주재료는 청주, 간장, 미림이다.
② 삼바이스가 일반적으로 폭 넓게 사용된다.
③ 니바이스의 주재료는 청주, 미림, 설탕이다.
④ 아마스는 삼바이스보다 고급요리에 사용된다.

05. 깨간장의 재료로 알맞지 않은 것은?

① 참깨 ② 미림 ③ 설탕 ④ 간장

정답 01. ① 02. ③ 03. ④ 04. ② 05. ②

05. 복어 죽 조리

1) 맛국물 出し汁(だしじる) 만들기

① 맛국물의 종류

이치반 다시, 니반 다시, 니보시 다시, 도리 다시, 곤부 다시, 시다케 다시 등

다시마 맛국물 昆布出し(こんぶだし)	냉수에 다시마를 넣고 가열하여, 끓으면 불을 끄고 다시마를 건져낸다.
일번 맛국물 一番だし(いちばんだし)	다시마 맛국물에 가쓰오부시를 넣고 잠시 후 체에 면포를 얹어 걸러낸다.

2) 복어죽 재료 준비하기

(1) 쌀 米(こめ) 씻기

- 쌀에 물을 붓고 먼지나 오물을 씻어낸 후 잘 문질러 씻어서 3회 정도 물을 바꾼다
- 가볍게 씻어 흘려버릴 정도가 좋다. 강하게 문질러 씻으면 쌀의 전분을 깎아내고 쌀알이 부서지기 때문에 유의한다.
- 씻을 때마다 충분히 물기를 빼고, 새로 깨끗한 물을 넣어 씻는다.
- 쌀은 밥을 짓기 전, 최소 여름은 약 30분, 겨울은 약 1시간 전에 씻어 둔다.
- 가열하기 전에 쌀의 중심부까지 충분히 수분을 함유시키기 위한 것이다.
- 씻은 쌀은 채반에 받쳐 물기를 제거하여 밥을 지을 때 사용한다.

(2) 밥 짓기

- 죽을 만들 때에는 불린 쌀과 물의 비율을 8:1 정도로 죽을 끓인다.
- 불린 생쌀을 사용하지 않고 밥으로 죽을 끓이기 위해서는 밥을 사용
- 씻은 쌀과 물의 비율을 1:1(초밥용 밥)로 하면 고슬고슬한 밥을 지을 수 있다.
- 일반 밥은 씻은 쌀과 물의 비율을 1:1.2 정도로 한다.
- 물의 양을 조절하며 청주를 넣어 주면 잡냄새가 제거되고 풍미가 증가한다.

3) 죽 かゆ(粥])의 종류 및 조리법

종류	조리법
오카유 おかゆ(粥])	• 불린 쌀이나 밥으로 만들 수 있다. • 불린 쌀을 사용할 경우 : 쌀을 반만 갈아서 맛국물을 넉넉히 넣고 끓인다. • 밥을 이용할 경우 : 밥에 물을 넣고 밥알을 국자로 으깨어 가면서 끓인다.
조우스이 ぞうすい(雑炊)	• 밥을 씻어 해물이나 야채를 넣어 다시로 끓인 것이다. • 쌀을 절약하려는 목적에서 시작되었으나 후에 여러 가지 재료를 넣어 만들어 먹게 되었다. • 야채죽, 전복죽, 굴죽, 버섯죽, 알죽 등

4) 복어죽[河豚の粥(ふぐのかゆ)] 끓여서 완성하기

복죽	조우스이	복 냄비 요리를 먹고 난 뒤 남은 국물에 밥을 넣은 것
	조우니	복 냄비 요리를 먹고 난 뒤 남은 국물에 떡을 넣은 것

(1) 복어 조우스이 만들기

① 다시마 맛국물 만들기

• 냄비에 물과 건다시마 넣고 끓으면 불을 끄고, 다시마를 건져낸다.

② 복어 뼈 맛국물 만들기

• 냄비에 물, 다시마를 넣고 중불에 끓으면, 다시마를 건져낸다.

• 다시물에 복어의 머리뼈, 중간뼈, 아가미뼈를 넣고 충분히 끓여 맛국물을 우려낸다.

③ 다시에 밥 넣고 간하기

• 복어 뼈 맛국물에 찬물에 씻은 밥을 넣고 끓인다.

• 소금과 국간장으로 밑간을 한다.

④ 달걀 풀기

• 냄비에 죽이 끓으면 불을 끄고 달걀을 넣고 여분의 열로 덩어리지지 않게 섞어주고, 잘게 썬 실파를 넣고 3~4분 뜸을 들인다.

⑤ 담기

• 그릇에 담고 곱게 자른 김(하리노리)을 올리고 폰즈를 넣어 완성한다.

(2) 복어 오카유 만들기

① 복어살, 참나물 손질하기

• 복어살은 얇고 가늘게 썰고, 참나물 줄기는 끓는물에 데쳐 흐르는 물에 씻어 1cm로 썬다.

② 김, 실파 손질하기

- 김은 불에 살짝 구워 잘게 자르고, 실파는 송송 썰어 흐르는 물에 2~3회 씻어 체에 건져서 물기를 제거해둔다.

③ 죽 끓이기

- 냄비에 다시마 맛국물, 밥을 넣고 중불로 끓이다가 거품이 떠오르면 걷어낸다.
- 어느정도 농도가 되면 손질한 복어살을 넣고 천천히 끓인다.
- 소금, 간장으로 밑간하고 불을 끈다.
- 달걀 혹은 달걀 노른자를 풀어 뜸들인다.

④ 담기

- 걸쭉해지면 참나물(기호에 따라 참기름과 깨)을 넣고 그릇에 담는다.
- 실파와 김을 올려준다.

추가tip 토기 냄비

복죽을 끓이면서 뜸을 들이는데 아주 적합한 것으로, 여분의 열을 잘 살려서 뜸을 들일 수 있는 용기로 토기 냄비가 제일 좋다.

예/상/문/제

01. 오카유(おかゆ)에 대한 설명으로 옳은 것은?

① 밥을 씻어 해물이나 야채를 넣어 다시로 끓인 것이다.
② 야채죽, 전복죽, 굴죽 등이 있다.
③ 여러 가지 재료를 넣어 만들어 먹는다.
④ 불린 쌀이나 밥으로 만들 수 있고 맛국물을 사용한다.

02. 복어 죽에 관한 설명으로 적절하지 않은 것은?

① 복 냄비 요리를 먹은 후 남은 국물에 밥을 넣은 것은 조우스이이다.
② 복 냄비 요리를 먹은 후 남은 국물에 쌀을 넣은 것은 조우니이다.
③ 복죽은 토기 냄비를 사용하는 것이 좋다.
④ 죽을 담은 후 실파와 김을 올려준다.

03. 조우스이에 관한 설명으로 옳은 것은?

① 다시마 맛국물을 먼저 만든다.
② 복어 뼈 맛국물에는 다시물에 머리뼈, 꼬리뼈를 넣고 충분히 끓여 우려낸다.
③ 소금, 후추, 진간장으로 밑간을 한다.
④ 죽이 끓으면 달걀을 넣어 섞되 덩어리가 지도록 천천히 섞어준다.

정답 01. ④ 02. ② 03. ①

06. 복어 튀김 조리

1) 복어 어취 제거

(1) 재료의 손질 및 특성

유자	• 향기가 좋으며 과육이 부드러우나 신맛이 강함 • 복어 튀김을 할 때 유자 껍질을 잘게 썰어서 넣음
정종	• 일본술은 일본 요리에서는 조미료로서도 이용 • 요리에 사용되는 사케 : 재료의 냄새 제거, 감칠맛과 풍미 증진, 재료를 부드럽게 하는 역할 등 • 생선과 육류의 조미에는 빠져서는 안 되는 조미료로서 역할 • 복어살에 간을 할 때 사용

2) 복어튀김 재료 및 튀김옷 준비하기

(1) 복어 자르기 및 밑간

복어를 활용 용도에 맞게 자르고 만들어진 양념에 밑간을 하여야 한다.

(2) 복어튀김의 재료 준비

① 복어는 깨끗이 손질하여 수분을 제거한다.

② 복어살에는 칼집을 넣어 준다.

③ 실파는 얇게 슬라이스하여 준다.

④ 국간장 1T, 미림 1T, 정종 1T 참기름을 약간 넣고 소스를 만들어 준다.

⑤ 복어살을 소스에 1분간 절여 준다.

⑥ 복어살을 건져서 채에 받쳐 준다.

⑦ 유자 껍질을 다져서 복어살에 묻힌다.

(3) 튀김옷 종류

① 박력분 밀가루 사용

② 전분 가루 사용

③ 밀가루와 전분가루 혼합(1:1 비율)

※ 튀김옷의 농도 조절에 유의해야한다.

3) 복어튀김 조리 완성하기

(1) 복어튀김 조리

- 복어튀김은 가라아게로서 전분을 묻혀서 튀긴다.
- 일반적인 튀김의 온도는 180℃ 정도이지만, 가라아게는 160℃에서 튀기며 재료의 종류나 크기, 조리 방법에 따라 튀기는 시간과 온도가 달라진다.

(2) 튀김의 종류

종류	방법
스아게	• 식재료 그 자체를 아무것도 묻히지 않은 상태에서 튀겨 내어 재료가 가진 색과 형태를 그대로 살릴 수 있는 튀김
고로모아게	• 박력분이나 전분으로 튀김옷(고로모)에 물을 넣어서 만들어 재료에 묻혀 튀겨 내는 튀김
가라아게	• 양념한 재료를 그대로 튀기거나 박력분이나 전분만을 묻혀 튀긴 튀김

추가tip 기본 조리 용어

용어	설명
아게다시	• 튀긴 재료 위에 조미한 조림 국물을 부어 먹는 요리 • 다시 7 : 연간장 1 : 미림 1
덴다시	• 튀김을 찍어 먹는 간장 소스 • 다시 4 : 진간장 1 : 미림 1
고로모	• 박력분이나 전분으로 튀김을 튀기기 위한 반죽옷
야쿠미	• 요리의 풍미 증진과 식욕을 자극하기 위해 첨가하는 야채나 향신료 • 파, 와사비, 생강, 간 무, 고춧가루 등
덴가츠	• 고로모(튀김옷)를 방울지게 튀긴 것 • 튀길 때 재료에서 떨어져 나온 여분의 튀김

4) 가라아게(양념튀김) 의 종류

(1) 지역별 가라아게

일본의 각 지역별 다양한 종류의 가라아게가 있는데 그 대표적인 예는 다음과 같다.

종류	특색
나라현	• **다츠타아게(竜田揚げ)** • 닭고기를 미림, 간장으로 양념한 후 녹말가루를 입혀 튀겨 낸 것
미야자키현	• **치킨 남방(チキン南蛮)** • 치킨 가라아게를 설탕, 미림 등으로 단맛을 더한 식초에 담가 적신 후 타르타르 소스 (tartar sauce)를 뿌려 먹는 것
기후현	• **세키가라아게(関からあげ)** • 닭고기를 톳과 표고버섯을 빻은 가루에 묻혀 튀겨 낸 것 • 완성된 가라아게는 검은색을 띠는 것이 특징 • '쿠로(黒, 검은색) 가라아게'라고도 불림
에히메현	• **센잔키(せんざんき)** • 닭을 뼈째 튀긴 중국의 루안자지 軟炸鶏(Ruan zha ji)에서 유래한 가라아게라는 설이 있음 • 닭뼈에서 우러난 감칠맛과 양념된 고기의 맛이 잘 어우러지는 것이 특징
니이가타현	• **한바아게(半羽揚げ)** • 닭고기를 뼈째 반으로 가르고 밀가루를 얇게 묻혀 튀긴 것
아이치현	• **데바사끼 가라아게(手羽先から揚げ)** • 닭 날개를 사용한 가라아게 • 튀긴 후에는 달콤한 소스와 소금, 후추, 산초, 참깨 등을 뿌려 먹음
나가노현	• **산조쿠 야끼(山賊焼き)** • 닭고기의 다리살 부분을 통째로 마늘, 간장 등으로 양념해 녹말가루를 묻혀 튀긴 것 • 식당에서는 보통 양배추 채가 곁들여 나옴
홋카이도	• **잔기 (ザンギ)** • 중국의 炸鶏(zha ji)로부터 유래한 가라아게의 한 종류 • 홋카이도에서는 가라아게를 보통 '잔기'라고 함

(2) 식재료별 가라아게

닭고기와 해산물을 이용한 가라아게로 크게 나뉘며 가장 일반적으로 먹는 치킨 가라아게는 닭고기 사용 부위에 따라 다양한 종류가 있다.

종류	내용
토리노 가라아게	• 치킨 가라아게
모모니쿠노 가라아게	• 닭고기의 다리살 부위를 사용한 가라아게 • 다리살 : 치킨 가라아게에 많이 쓰이는 부위
무네니쿠노 가라아게	• 닭고기의 넓적다리 부위를 사용한 가라아게 • 육질이 부드럽고 담백한 것이 특징
난코츠노 가라아게	• 닭의 날개 혹은 다리 부분의 연골을 사용한 가라아게 • 이자카야에서 안주로 제공되는 대표적인 메뉴

예/상/문/제

01. 복어 튀김의 재료 준비에 대한 설명으로 옳지 않은 것은?

① 복어는 깨끗이 손질하고 수분을 제거한다.
② 복어살에 칼집을 넣지 않고 그대로 사용한다.
③ 국간장, 미림, 정종, 참기름으로 소스를 만든다.
④ 소스에 복어살을 재운 후 사용한다.

02. 정종에 관한 설명으로 옳지 않은 것은?

① 일본 요리에서 조미료로 사용한다.
② 냄새를 제거하고, 재료를 부드럽게 만든다.
③ 향기가 좋고, 신맛이 강하다.
④ 복어살에 간을 할 때 사용한다.

03. 복어 튀김에 사용하며 양념한 재료를 그대로 튀기거나 박력분이나 전분만을 묻혀 튀겨낸 것은?

① 스아게 ② 덴가츠
③ 고로모아게 ④ 가라아게

4. 튀김을 찍어먹는 간장소스로 다시, 진간장, 미림을 사용하는 소스는 무엇인가?

① 덴다시 ② 야쿠미
③ 덴가츠 ④ 아게다시

5. 가라아게의 적정 튀김 온도는 몇 도인가?

① 130℃ ② 160℃
③ 180℃ ④ 200℃

6. 다음 중 재료와 연결이 잘못 짝지어진 것은?

① 모모니쿠노 가라아게 – 닭다리살
② 토리노 가라아게 – 치킨
③ 무네니쿠노 가라아게 – 닭의 넓적다리 부위
④ 난코츠노 가라아게 – 닭가슴살

정답 01. ② 02. ③ 03. ④ 04. ① 05. ② 06. ④

07. 복어 회 국화모양 조리

1) 복어 살 전처리 작업

(1) 생선포 뜨기 종류

두장 뜨기 (니마이오로시)	• 머리를 자른 후 씻어서 살을 오로시하고 중간 뼈가 붙어 있지 않게 포가 2장이 되게 하는 방법
세장 뜨기 (삼마이오로시)	• 기본적인 포 뜨기 방법 • 생선을 위쪽 살, 아래쪽 살, 중앙 뼈 3장으로 나누는 것 • 생선의 중앙뼈에 붙어있는 살의 뼈를 아래에 두고, 뼈를 따라서 칼을 넣어 살을 분리하는 방법
다섯장 뜨기 (고마이오로시)	• 생선의 중앙뼈를 따라 칼집을 넣고, 일차적으로 뱃살을 떼어내고, 등쪽의 살도 떼어내는 방법 • 배 쪽 2장, 등 쪽 2장, 중앙 뼈 1장 • 광어, 가자미 등
다이묘포뜨기 (다이묘오로시)	• 생선의 머리쪽부터 중앙뼈에 칼을 넣고 꼬리쪽으로 단번에 오로시하는 방법 • 전어, 고등어, 보리멸, 학꽁치 등

(2) 비린내(어취) 제거 방법

① 물로 씻기 : 생선의 비린내 성분(트리메틸아민)은 수용성이므로, 물로 씻으면 비린내를 제거할 수 있다.

② 산 첨가 : 산을 함유한 식초, 레몬즙, 유자즙 등의 향채나 조미료를 첨가하면 트리메틸아민과 결합하여 냄새가 없는 물질을 생성하여 비린내를 줄일 수 있다.

③ 간장 첨가 : 간장은 생선살(단백질)의 응고를 촉진시켜 단단하게 만들고, 글로불린을 용출시키면서 비린내도 함께 용출된다. 비린내 제거와 함께 생선의 맛에 풍미를 준다.

④ 된장 첨가 : 된장의 콜로이드상 물질은 강한 흡착력을 가지고 있어 비린내 성분을 흡착하여 비린내를 못 느끼게 한다.

2) 복어 회 뜨기

복어 회 1장 뜨기는 기쿠모리라고 하며 헤기츠쿠리보다 좁고 얇고, 길게 자른다.

- 복어는 육질이 매우 탄력이 있고 쫄깃한 식감을 가지고 있다.
  → 그러므로, 일반 회 정도의 두께로 썰게 되면 그 식감이 매우 질겨 씹는 동안 생선의 풍미가 떨어지고, 온도가 뜨거워지면서 입안에 비린 맛이 감돌기 시작한다.

→ 따라서, 복어회는 **접시 문양이 비칠 정도로 얇게 썰어** 특유의 쫄깃한 식감을 느끼면서 짧게 씹어 넘기는 것이 복어 회를 즐기는 최고의 방법이다.

(1) 복어 회 뜨는 방법

① 복어살은 수분을 제거하고 등 쪽이 나무도마에 닿게 하고 45° 정도 비스듬히 놓기

※ 도마의 표면에 이물질이 묻었는지 확인하고, 젖은 행주를 준비하여 칼을 청결히 할 수 있도록 준비한다.

② 사시미 접시를 준비하고 사시미를 아주 얇게 썰기

– 왼쪽 검지와 중지로 복어살을 살짝 눌러 고정시키고, 칼을 비스듬하게 눕혀 칼날 전체를 이용해 위에서 아래로 당기듯이 회를 뜬다.

– 회는 결의 방향과 직각이 되게 자르며, 회는 폭 2~3cm, 길이 6~7cm정도가 되게 한다.

– 칼을 눕히면 폭이 늘어나고, 칼을 세우면 길이가 짧아지므로 일정한 모양으로 회를 뜬다.

– 수시로 손과 도마의 위생과 청결을 유지한다.

(2) 생선회 자르는 방법

• 회를 뜨기 전에는 마른 행주로 감싸 두어 물기를 제거하며 숙성을 시킨다.

평 썰기 [히라즈쿠리(平造り)]	• 생선을 자르는 방법 중 가장 많이 쓰이는 방법 • 주로 참치회 썰기에 이용 • 두께는 생선의 성질에 맞게 자르고, 칼 손잡이 부분에서 자르기 시작하여 그대로 잡아당기듯이 자른다. • 생선 자른 면이 광택이 나고 각이 있도록 자르기가 끝나면 자른 살은 오른쪽으로 밀어 가지런히 겹쳐 담는다.
잡아 당겨 썰기 [히키즈쿠리(引造り)]	• 살이 부드러운 생선의 뱃살 부분을 썰 때 유효한 방법 • 칼을 비스듬히 눕혀서 써는 방식 • 칼 손잡이 부분에서 시작하여 칼 끝까지 당기면서 썰어 오른쪽으로 보내지 않고 칼을 빼 낸다.
깎아 썰기 [소기즈쿠리(削造り)]	• 사시미 아라이(얼음물에 씻는 회)할 생선이나 모양이 좋지 않은 회를 자를 때 써는 방법 • 포 뜬 생선살의 얇은 쪽을 자기 앞쪽으로 하고 칼을 오른쪽으로 45도 각도로 눕혀서 깎아 내듯이 써는 방법
얇게 썰기 [우스즈쿠리(薄造り)]	• 복어처럼 살에 탄력이 있는 흰살생선을 최대한 얇게 써는 방법 • 높은 기술 요구 • 얇게 썰어야 하기 때문에 선도가 좋지 않는 생선으로는 안 되며 살아 있는 생선으로 얇게 썰어야 한다. • 학 모양, 장미 모양, 나비 모양 등을 만들기도 한다.

가늘게 썰기 [호소즈쿠리(細造り)]	• 칼끝을 도마에 대고 손잡이가 있는 부분을 띄어 위에서 아래로 긁어 내려 가면서 써는 방법 • 광어, 도미, 한치 등을 가늘게 써는 방법
각 썰기 [가쿠즈쿠리(角造り)]	• 참치나 방어 등의 붉은살생선을 직사각형 또는 사각으로 자르는 방법 • 산마를 갈아서 그 위에 생선살을 얹어 주는 야마카케(山掛)가 대표적 • 썬 생선을 김에 말기도 하고 겹쳐서 담기도 한다.
실 굵기 썰기 [이토즈쿠리(絲造り)]	• 실처럼 가늘게 써는 방법 • 주로 광어나 도미, 오징어 등을 가늘게 썰 때 사용 • 서로 다른 종류의 젓갈을 어우러지도록 무칠 때에 사용 • 작은 용기에 담을 때 써는 방법
뼈째 썰기 [세고시(背越)]	• 작은 생선을 손질 후 뼈째 썰어 얼음물에 씻어 수분을 잘 제거하고 회로 먹는 방법 • 전어, 전갱이, 병어, 은어 등의 살아 있는 생선만을 이용 • 얇게 자른 뼈와 함께 섭취하기 때문에 고소한 맛을 한층 즐길 수 있는 생선회 조리법이다

(3) 복어 회 모양내기

복어회의 끝부분 접기

① 자른 복어 회 단면에 넓은 쪽으로 비스듬히 칼을 넣어 복어 살의 끝부분이 찢어지지 않도록 왼손의 엄지와 검지, 가운뎃손가락을 사용하여 끝부분을 접는다.

② 복어의 끝선은 반듯하고 동일한 크기와 두께로 접어 둔다.

복어 회를 삼각 모양으로 접는다(삼각 접기)

① 자른 복어 회 단면에 넓은 쪽으로 비스듬히 칼을 넣어 복어 살의 끝부분이 찢어지지 않도록 왼손의 엄지와 검지, 가운뎃손가락을 사용하여 끝부분을 접는다.

② 복어 회는 국화모양으로 표현하기 위해 삼각 모양을 유지한다.

③ 접시 바깥쪽의 국화모양 부위보다 안쪽의 국화모양 부위를 짧게 잘라 국화꽃 모양을 표현하며 자른다.

3) 복어 회 국화모양 접시에 담기

(1) 복어 회 담기

① 복어 회는 꼬리 쪽부터 머리 쪽으로 당겨 썰어 시계 반대 방향으로 원을 그리듯이 일정한 간격으로 겹쳐 담는다

② 안쪽은 바깥쪽보다 작은 크기의 국화모양으로 원을 그리듯이 시계 반대 방향으로 겹쳐 담는다.
③ 중앙에는 복어 회를 말아 꽃 모양으로 만들어 올려 준다.
④ 복어 살(제거한 엷은 막)은 끓는 물에 데쳐서 말린 복어 지느러미와 함께 나비 모양으로 장식해 준다.

(2) 곁들임 재료 담기

복어 껍질 손질

① 복어 껍질을 준비해 둔다.
② 복어 껍질을 평평하게 펼쳐서 칼을 위아래로 밀고 당기며 전진하며 가시를 제거해 준다.
③ 냄비에 물이 끓으면 복어 껍질이 부드러워질 때까지 삶아 준다.
④ 찬물에 담가 열기를 식혀 준다.
⑤ 복어 껍질이 손과 칼에 달라붙지 않도록 물을 묻혀 가며 일정하게 잘라 준다.
⑥ 복어 껍질을 잘라 접시에 담아 둔다.

폰즈 소스 준비

① 다시물을 만들어 식혀둔다.
② 다시물, 진간장, 식초를 1큰술씩 동량을 넣고 섞어준다.

야쿠미(薬味, 양념) 준비

실파	• 실파는 송송 썰어 찬물에 헹궈 놓는다. • 마른 면보에 수분을 제거한다.
모미지 오로시	• 무의 일부는 강판에 갈아 무즙(다이꽁 오로시)을 내어 흐르는 물에 씻어 매운맛을 빼준다. • 고운 고춧가루로 단풍색 물을 들여 모양을 낸다(모미지 오로시). • 둥글고 긴 모양으로 만들어 준다.
레몬	• 레몬은 반달 모양으로 썬다.

미나리 손질

① 미나리를 씻고 잎을 제거한다.
② 길이는 4cm 정도로 잘라 접시에 담는다.

추가tip

- 복어회는 오른쪽에서 왼쪽으로 담는 것이 기본이며, 그릇의 바깥쪽에서 앞쪽으로 담는다.
- 둥근 접시에 담는 방법은 국화모양, 모란꽃 모양, 학모양, 공작 모양 등이 있다.
- 무늬와 색이 있는 원형 접시를 선택한다.
- 사각 접시나 투명한 유리접시는 부적합하다.
- 그릇의 그림이 먹는 사람의 정면에 오도록한다.

예/상/문/제

01. 생선의 머리쪽부터 중앙뼈에 칼을 넣고 꼬리쪽으로 단번에 오로시하는 방법은 무엇인가?

① 다이묘오로시 ② 고마이오로시
③ 삼마이오로시 ④ 니마이오로시

02. 복어 비린내의 제거 방법으로 옳지 않은 것은?

① 식초, 레몬즙, 유자즙을 첨가한다.
② 비린내 성분인 트리메틸아민은 물로 씻으면 제거된다.
③ 고추장은 강한 흡착력을 가지므로 비린내를 제거한다.
④ 간장을 첨가하여 비린내를 제거한다.

03. 복어 회를 뜰 때 방법으로 적절한 것은?

① 복어 회는 길이가 4~5cm 정도가 좋다.
② 접시 문양이 비칠 정도로 얇게 썰어야 하며 일정한 모양으로 뜬다.
③ 칼을 세우면 폭이 늘어나고, 칼을 눕히면 길이가 짧아진다.
④ 복어살은 수분을 그대로 두고 나무 도마 위에 두고 회를 뜬다.

04. 복어처럼 살에 탄력이 있는 흰살 생선을 최대한 얇게 써는 방법으로 높은 기술을 요구하는 방법은 무엇인가?

① 소기즈쿠리 ② 히라즈쿠리
③ 히키즈쿠리 ④ 우스즈쿠리

05. 복어 회를 담는 방법으로 적절하지 않은 것은?

① 접시에는 시계 방향으로 돌리면서 일정한 간격으로 겹쳐 놓는다.
② 접시의 중앙에는 복어 회를 말아 꽃 모양을 만든다.
③ 지느러미로 나비모양을 만든다.
④ 안쪽은 바깥쪽보다 작은 크기의 국화모양으로 겹쳐 담는다.

06. 곁들임의 재료가 아닌 것은 무엇인가?

① 폰즈 ② 미나리 ③ 와사비 ④ 야쿠미

07. 복어 회를 담는 방법으로 적절하지 않은 것은?

① 무늬와 색이 있는 원형 접시가 좋다.
② 복어 회는 왼쪽에서 오른쪽으로 담는 것이 기본이다.
③ 투명한 유리 접시는 부적합하다.
④ 그릇의 그림이 먹는 사람의 정면에 오게한다.

정답 01. ① 02. ③ 03. ② 04. ④ 05. ① 06. ③ 07. ②

PART 03

기출문제 및 모의고사

제 1 회 모의고사 한식

<위생관리>

01. 위생관리의 필요성으로 적절하지 않은 것은?

① 식중독 위생사고 예방 ② 고객 만족
③ 상품의 가치 상승 ④ 질병의 예방

02. 식품 속에 분변이 오염되었는지의 여부를 판별할 때 이용하는 집표균은?

① 대장균 ② 장티푸스균
③ 살모넬라균 ④ 이질균

03. 식품이 미생물의 작용을 받아 분해되는 현상과 거리가 먼 것은?

① 부패(puterifaction) ② 발효(fermentation)
③ 변향(flavor reversion) ④ 변패(deterioration)

04. 다음 중 살모넬라균 식중독의 주요 감염원은?

① 과일 ② 식육
③ 야채 ④ 생선

05. 경구전염병과 비교할 때 세균성 식중독이 가지는 일반적인 특성은?

① 잠복기가 짧다.
② 폭발적, 집단적으로 발생한다.
③ 소량의 균으로도 발병한다.
④ 2차 발병률이 높다.

06. 감자가 함유하는 독소 중 대표적인 것은?

① 에르고톡신(ergotoxin)
② 테트로도톡신(tetrodotoxin)
③ 솔라닌(solanine)
④ 무스카린(muscarine)

07. 곰팡이의 대사산물에 의해 질병이나 생리작용에 이상을 일으키는 것과 거리가 먼 것은?

① 황변미중독 ② 맥각중독
③ 청매중독 ④ 아플라톡신중독

08. 다음 물질 중 신선도가 저하된 꽁치, 고등어 등의 섭취로 인한 알레르기(Allergy) 식중독의 원인 성분은?

① 엔테로톡신(Enterotoxin)
② 트리메틸아민(Trimethylamine)
③ 베네루핀(Venerupin)
④ 히스타민(Histamine)

09. 관능을 만족시키는 첨가물이 아닌 것은?

① 발색제 ② 조미료
③ 강화제 ④ 산미료

10. 공중보건의 사업범주에서 제외되는 것은?

① 보건교육 ② 개인의료
③ 보건행정 ④ 모자보건

11. 환경위생의 개선으로 발생이 감소되는 전염병과 가장 거리가 먼 것은?

① 이질 ② 장티푸스 ③ 홍역 ④ 콜레라

12. 질병 발생의 3대 요소가 아닌 것은?

① 면역 ② 병인 ③ 숙주 ④ 환경

13. 집단감염이 잘되며 항문 부위의 소양증이 있는 기생충증은?

① 간흡충 ② 회충 ③ 요충 ④ 구충

14. 다음 기생충과 인체 감염 원인 식품의 연결이 틀리게 된 것은?

① 간흡충–민물고기 ② 폐흡충–가재, 게
③ 무구조충–바다생선 ④ 유구조충–돼지고기

15. 살균작용 강도를 바르게 나타낸 것은?

① 방부 〉 멸균 〉 소독 ② 소독 〉 방부 〉 멸균
③ 멸균 〉 소독 〉 방부 ④ 방부 〉 소독 〉 멸균

16. 역성비누를 식품 소독에 사용하는 이유와 가장 거리가 먼 것은?

① 무해 ② 무독 ③ 무자극성 ④ 무살균력

17. "이타이이타이“병의 원인 물질은?

① 카드뮴 ② 수은 ③ 구리 ④ 아연

18. 식품위생법상 식품이 아닌 것은?

① 식품 및 식품첨가물 ② 의약품
③ 식품, 용기 및 포장 ④ 식품, 기구

19. 식품위생법상 위해식품 등의 판매 등 금지내용이 아닌 것은?

① 부패 또는 변질되었거나 설익은 것으로서 인체의 건강을 해할 우려가 있는 것
② 불결하거나 이물질의 혼입 또는 첨가 기타의 사유로 인체의 건강을 해할 우려가 있는 것
③ 유독 또는 유해물질이 약간 함유되어 있어도 무방하다.
④ 병원 미생물에 의하여 오염되었거나 그 염려가 있어 인체의 건강을 해할 우려가 있는 것

20. 일반음식점영업의 시설기준에 관한 설명으로 옳은 것은?

① 객실에 잠금장치를 설치할 수 없다.
② 영업장에 손님이 이용할 수 있는 자막용 영상장치를 설치할 수 있다.
③ 객실 내에 음향 및 반주 시설을 설치할 수 있다.
④ 객실 내에 우주볼 등의 특수조명시설을 설치할 수 있다.

21. 식품위생행정의 중앙집행기관은?

① 식품의약품안전처 ② 관할구청
③ 관할경찰서 ④ 국립보건원

〈안전관리〉

22. 식품안전관리인증기준(HACCP)의 첫 번째 원칙은 무엇인가?

① 중점관리점 결정 ② 위해요소분석
③ 개선조치 방법 설정 ④ 제품 설명서 확인

23. 응급조치에 관한 설명으로 옳지 않은 것은?

① 응급조치는 사고현장에서 즉시 취하는 조치이다.
② 응급처치 현장에서의 자신의 안전을 먼저 확보한다.
③ 환자의 상태를 정상으로 회복시키기는 것을 우선적인 목표로 한다.
④ 원칙적으로 응급환자를 처치할 때 의약품을 사용하지 않는다.

24. 식품의 급속냉동(quick freezing)에 대한 장점이 잘못 설명된 것은?

① 육류식품 중 근육 단백질의 변성이 적게 발생한다.
② 급속하게 냉동되므로 얼음 결정이 매우 크게 형성된다.
③ 식품의 형태 및 질감의 원상유지에 유리하다.
④ 효소 작용을 빨리 억제시킬 수 있어 변질이 적다.

〈재료관리〉

25. 다당류에 속하는 탄수화물은?

① 전분 ② 포도당
③ 젖당 ④ 설탕

26. 쓴약을 먹은 뒤 곧 물을 마시면 단맛이 나는 것은 맛의 무슨 현상인가?

① 소실현상 ② 변조현상
③ 대비현상 ④ 미맹현상

27. 샌드위치를 만들고 남은 식빵을 냉장고에 보관하였더니 딱딱해졌다. 냉장저장 중 일어나는 이러한 변화를 가장 잘 설명한 것은?

① 전분 – 호화 ② 지방 – 산화
③ 단백질 – 젤화 ④ 전분 – 노화

28. 샐러드에 사용하기 위해 적자색 양배추를 채 썰어 물에 장시간 담가두었더니 탈색되었다. 가장 관계 깊은 것은?

① 플라보노이드(flavonoid)계 색소 : 수용성
② 클로로필(chlorophyll)계 색소 : 지용성
③ 안토시아닌(anthocyanin)계 색소 : 수용성
④ 카로티노이드(carotenoid)계 색소 : 지용성

29. 다음 중 식이섬유(dietary fiber)에 해당 되지 않는 것은?

① 키틴(chitin) ② 펙틴(pectin) 물질
③ 전분(starch) ④ 셀룰로오스(cellulose)

30. 다음 유지 중 필수지방산의 함량이 가장 높은 것은?

① 올리브유 ② 참기름
③ 버터 ④ 미강유

31. 다음 중 생리작용 조절 식품인 것은?

① 채소류 ② 유지류
③ 곡류 ④ 육류

32. 당류와 식품소재의 연결이 틀린 것은?

① 갈락튜로닉산(galacturonic acid) – 채소, 과일
② 맥아당(maltose) – 엿기름
③ 포도당(glucose) – 과일
④ 유당(lactose) – 동물의 혈액

33. 토란을 조리하기 위하여 삶을 때 미리 식초나 명반을 약간 넣는 가장 중요한 이유는?

① 맛을 특히 좋게 하기 위해서
② 색을 희게 하고 겉의 조직감을 단단하게 유지시키기 위해서
③ 국물이 뽀얗게 우러나오게 하기 위해서
④ 국물이 걸쭉하게 우러나오게 하기 위해서

34. 지질의 체내 기능에 대하여 설명한 것 중 잘못된 것은?

① 열량소 중에서 가장 많은 열량을 낸다.
② 뼈와 치아를 형성한다.
③ 지용성 비타민의 흡수를 돕는다.
④ 필수 지방산을 공급한다.

35. 다음 중 위에서 단백질을 분해하는 효소는?

① 아밀라아제 ② 말타아제
③ 펩신 ④ 트립신

<구매관리>

36. 신선한 달걀의 감별법 중 옳은 것은?

① 혀를 대 보아서 둥근 부분이 따뜻한 것
② 표면에 광택이 있는 것
③ 햇빛에 비추어 보아 불투명하고 어두운 것
④ 혀를 대 보아서 뾰족한 부분이 따뜻한 것

37. 다음 중 원가의 3요소에 해당되지 않는 것은?

① 직접비 ② 경비
③ 재료비 ④ 노무비

38. 원가계산의 원칙에 속하지 않는 것은?

① 발생기준의 원칙 ② 상호관리의 원칙
③ 진실성의 원칙 ④ 예상성의 원칙

39. 어떤 제품의 원가구성이 다음과 같을 때 제조원가는?

이익	20,000원	제조간접비	15,000원
판매관리비	17,000원	직접재료비	10,000원
직접노무비	23,000원	직접경비	15,000원

① 40,000원 ② 63,000원
③ 80,000원 ④ 100,000원

<기초조리실무>

40. 다음 중 단백질의 분해효소로 연결이 잘못된 것은?

① 파인애플 – 브로멜린 ② 무화가 – 피신
③ 배 – 액티니딘 ④ 파파야 – 파파인

41. 동물성 식품의 부패경로는?

① 사후강직→자기소화→부패
② 자기소화→사후강직→부패
③ 사후강직→부패→자기소화
④ 자기소화→부패→사후강직

42. 생선묵의 탄력과 가장 관계 깊은 것은?

① 결합 단백질 – 콜라겐
② 색소 단백질 – 미오글로빈
③ 염용성 단백질 – 미오신
④ 수용성 단백질 – 미오겐

43. 다음 중 글루텐을 형성하는 단백질을 가장 많이 함유한 것은?

① 보리 ② 쌀 ③ 밀 ④ 옥수수

44. 달걀의 기포성에 대한 설명 중 맞는 것은?

① 달걀에 약간의 기름을 첨가하면 거품이 잘 일어난다.
② 냉장한 달걀을 이용하면 기포형성력이 좋다.
③ 난백의 기포성은 온도가 30℃ 전후가 좋다.
④ 거품형성은 설탕을 가하면 좋다.

45. 반죽에서 달걀의 중요한 역할 중 거리가 먼 것은?

① 유화성 ② 맛과 색을 좋게함
③ 팽창제 ④ 단백질의 연화작용

46. 생선의 조리방법에 대한 설명이 잘못된 것은?

① 생선의 선도에 따라 조리법을 달리한다.
② 물이 끓을 때 생선을 넣으면 모양이 유지된다.
③ 생선의 비린내를 제거하기 위해 생강, 술을 넣는다.
④ 식초나 레몬을 생선조림에 넣으면 생선살과 생선 가시를 더욱 단단하게 한다.

47. 마요네즈 제조 시 기름과 난황이 분리되기 쉬운 경우는?

① 기름을 조금씩 넣을 때
② 밑이 둥근 모양의 그릇에서 만들 때
③ 기름의 양이 많을 때
④ 한 방향으로만 저을 때

48. 채소를 냉동시킬 때 전처리로 데치기(blanching)를 하는 이유와 가장 거리가 먼 것은?

① 살균 효과 ② 부피감소 효과
③ 효소파괴 효과 ④ 탈색 효과

49. 조리방법 중 습열 조리법에 속하지 않는 것은?

① 편육 ② 장조림 ③ 불고기 ④ 꼬리곰탕

50. 조미의 순서로 적합한 것은?

① 설탕 – 소금 – 식초 – 간장
② 설탕 – 소금 – 간장 – 식초
③ 소금 – 식초 – 설탕 – 간장
④ 간장 – 소금 – 설탕 – 식초

<한식조리>

51. 식재료 썰기의 목적이 아닌 것은?

① 향과 맛을 좋게 한다.
② 먹지 못하는 부분을 없앤다.
③ 열의 전달이 쉽고, 조미료(양념류)의 침투를 좋게 한다.
④ 모양과 크기를 정리한다.

52. 식기의 종류가 잘못 연결되어있는 것은?

① 탕기 – 국을 담는 그릇
② 조치보 – 찌개 담는 그릇
③ 보시기 – 떡, 밥, 국수를 담는 큰 그릇
④ 종지 – 간장, 초장, 초고추장을 담는 그릇

53. 육수의 조리 시 주의 사항으로 적절하지 않은 것은?

① 거품과 불순물을 제거한다.
② 센 불로 시작 후 약 불로 마무리한다.
③ 급속 냉각시켜 상하는 것을 방지한다.
④ 물이 뜨거울 때 뼈를 넣고 끓인다.

54. 다음 중 맑은 찌개류의 종류인 것은?

① 두부젓국찌개 ② 생선찌개
③ 순두부찌개 ④ 된장찌개

55. 전을 조리하는 방법으로 틀린 것은?

① 육류는 구우면 수축하므로 다른 재료보다 길게 자른다.
② 완성한 전은 겹쳐서 담아 식힌다.
③ 소금과 후추로 조미한다.
④ 기름종이에 올려두어 기름을 빼준다.

56. 조림에 대한 설명으로 옳은 것은?

① 처음에 약불에서 가열하다가 센불로 오래 익힌다.
② 고기, 생선, 감자, 두부 등을 간장으로 조린 식품을 말한다.
③ 식품이 단단해지고 양념이 배어드는 조리법이다.
④ 흰살 생선은 주로 고추장이나 고춧가루로 조림한다.

57. 구이 양념에 관한 설명으로 옳지 않은 것은?

① 양념 후 30분 정도 재워둔다.
② 신선도가 높은 생선을 사용한다.
③ 유장은 간장 : 참기름 = 3:1 비율로 섞은 것이다.
④ 고추장 양념은 숙성시킨 것이 더 좋다.

58. 음식을 담을 때 식기의 70%만 담는 것이 아닌 것은?

① 국 ② 젓갈 ③ 나물 ④ 김치

59. 습열 조리 중 조리시간이 길며 수용성 영양소가 빠져나와 국물까지 이용이 가능한 조리법은?

① 데치기 ② 찌기 ③ 볶기 ④ 끓이기

60. 볶음 재료의 특징으로 옳은 것은?

① 참기름은 리그난이 함유되어 있지 않다.
② 참기름은 4℃ 이상 온도에서 굳거나 부유물이 뜨는 현상이 발생한다.
③ 들기름은 오메가–3 지방산이 많이 함유되어 있다.
④ 들기름은 상온 보관한다.

제 2 회 모의고사 **한식**

〈위생관리〉

01. 식품의 변질 현상에 대한 설명 중 잘못된 것은?

① 변패 : 탄수화물, 지방에 미생물이 작용하여 변화된 상태
② 부패 : 단백질에 미생물이 작용하여 유해한 물질을 만든 상태
③ 산패 : 유지식품이 산화되어 냄새발생, 색택이 변화된 상태
④ 발효 : 탄수화물에 미생물이 작용하여 먹을 수 없게 변화된 상태

02. 황색 포도상구균에 의한 독소형 식중독과 관계되는 독소는?

① 장독소 ② 간독소 ③ 혈독소 ④ 암독소

03. 사시, 동공확대, 언어장해 등의 특유의 신경마비 증상을 나타내며 비교적 높은 치사율을 보이는 식중독 원인균은?

① 셀레우스균
② 포도상구균
③ 병원성 대장균
④ 클로스트리디움 보툴리늄균

04. 버섯으로 인해 식중독을 일으키는 독성분은?

① 아마니타톡신(amanitatoxin)
② 솔라닌(solanine)
③ 엔테로톡신(enterotoxin)
④ 삭시톡신(saxitoxin)

05. 비소 화합물에 의한 식중독 유발사건과 관계가 먼 것은?

① 아미노산 간장에 비소 물질이 함유되어서
② 쥬스 통조림관의 녹이 쥬스에 이행되어서
③ 비소 화합물이 밀가루 등으로 오인되어서
④ 비소제 살충제의 농작물 잔류에 의해서

06. 식품 첨가물의 사용 목적과 거리가 먼 것은?

① 영양강화 ② 식품의 상품가치 향상
③ 질병의 예방 및 치료 ④ 보존성 향상

07. 식품의 오염방지에 관한 설명 중 잘못된 것은?

① 합성세제는 경성의 것을 사용
② 수확전의 일정기간 동안 농약 살포금지
③ 가정에서는 정화조를 설치 사용
④ 공장폐수는 정화한 후 방류

08. 식품과 독성분이 서로 관계 없이 연결된 것은?

① 감자 – 솔라닌(Solanine)
② 독미나리 – 베네루핀(Venerupin)
③ 조개류 – 삭시톡신(Saxitoxin)
④ 복어 – 테트로도톡신(Tetrodotoxin)

09. 20%의 설탕이 들어 있는 설탕물 100㎖를 마시면 얼마의 열량이 공급되는가?

① 100 kcal ② 180 kcal
③ 140 kcal ④ 80 kcal

10. 세계보건기구(WHO) 보건헌장에 의한 건강의 의미로 가장 적합한 것은?

① 단순한 질병이나 허약의 부재상태를 포함한 육체적, 정신적 및 사회적 안녕의 완전한 상태
② 육체적으로 완전하며, 정신적 안녕의 완전상태
③ 각 개인의 건강을 제외한 사회적 안녕이 유지되는 상태
④ 질병이 없는 상태

11. 기온 역전 현상은 언제 발생하는가?

① 상부기온과 하부기온이 같을 때
② 상부기온이 하부기온보다 높을 때
③ 안개와 매연이 심할 때
④ 상부기온이 하부기온보다 낮을 때

12. 다슬기가 중간숙주인 기생충은?

① 폐디스토마 ② 유구조충
③ 무구조충 ④ 간디스토마

13. 포자를 형성한 세균의 멸균에 가장 좋은 방법은?

① 고압증기멸균법 ② 저온소독법
③ 고온살균법 ④ 자비소독법

14. 다음 중 무해하기 때문에 손이나 조리기구 등의 소독에 가장 적당한 것은?

① 과산화수소 ② 머큐로크롬
③ 알콜 ④ 역성비누

15. 쇠고기에서 무구조충의 낭미충을 발견할 수 있는 곳은?

① 간 ② 혈액 ③ 근육 ④ 위

16. 식품위생법의 목적이 아닌 것은 무엇인가?

① 식품 영양의 질적 향상을 도모
② 식품에 관한 올바른 정보를 제공
③ 국민의 건강 예방 및 치료
④ 식품으로 인해 생기는 위생상의 위해를 방지

17. 식품위생감시원의 직무가 아닌 것은?

① 과대광고 금지의 위반 여부에 관한 단속
② 영양사, 위생사의 위생교육
③ 시설기준의 적합 여부 확인 검사
④ 식품 등의 압류, 폐기

18. 다음 중 영업허가를 받아야 할 업종이 아닌 것은?

① 식품조사처리업 ② 단란주점영업
③ 식품제조 · 가공업 ④ 유흥주점영업

19. 국가의 보건수준이나 생활수준을 나타내는데 가장 많이 이용되는 지표는?

① 조출생률 ② 비례사망자수
③ 평균수명 ④ 영아사망률

20. 미생물 증식을 억제하여 보존성을 높이는 첨가물로 옳지 않은 것은?

① 소르빈산 ② 아질산나트륨
③ 데히드로초산 ④ 안식향산

<안전관리>

21. 교차오염에 관한 설명으로 옳은 것은?

① 장신구를 모두 제거하여 손을 반드시 세척해야 한다.
② 일반구역과 청결구역을 나누어 진행한다.
③ 바닥의 물기를 제거하여 교차오염을 방지한다.
④ 도마는 식재료 별로 구분하되, 용도별로 구분하지 않는다.

22. 재난의 원인 4요소가 아닌 것은?

① 인간 ② 매체 ③ 질병 ④ 관리

23. 칼의 사용에 관련한 설명 중 옳은 것은?

① 칼을 사용하지 않을 경우 보이지 않는 곳에 두어야 한다.
② 칼은 안전함에 넣어 보관한다.
③ 칼을 떨어뜨렸을 경우 잡으려 하지 않는다. 한 걸음 물러서서 피한다.
④ 칼을 들고 다른 장소로 옮겨갈 때는 칼끝을 정면으로 두지 않으며 칼날을 뒤로 가게 한다.

24. 장비의 안전관리를 위해 이루어지는 점검 중 재해나 사고에 의해 비롯된 손상 등에 대해 긴급히 시행하는 점검은?

① 특별점검 ② 정기점검
③ 손상점검 ④ 일상점검

25. 화재 시 대처, 대피 요령으로 옳지 않은 것은?

① 화재가 발생하면 경보를 울리고, 큰소리로 주위에 알린다.
② 소화기는 바람이 부는 방향으로 보고 서서 불이 난 지점에 분사한다.
③ 소화기나 소화전을 사용하여 불을 끈다.
④ 몸에 불이 붙으면 제자리에서 바닥을 굴러 불을 끈다.

26. 육류의 냉동에 대한 설명 중 옳지 않은 것은?

① 0℃이하가 되면 미생물번식이나 효소의 작용이 억제된다.
② 급속동결시키면 즙액의 유출량이 적어진다.
③ 급속동결은 고기 덩어리가 작고 낮은 온도일수록 효과적이다.
④ 서서히 동결되면 결체조직이 약해져서 고기가 연해진다.

〈재료관리〉

27. 건성유에 대한 설명 중 옳은 것은?

① 공기 중의 산소에 의해 산화되지 않는다.
② 포화 지방산의 함량이 많은 기름이다.
③ 올리브유 및 낙화생유가 속한다.
④ 요오드가(Iodine value)가 높은 기름이다.

28. 토코페롤의 좋은 급원식품은?

① 육류 ② 구근채소
③ 어패류 ④ 곡류의 배아

29. 식소다(Baking soda)를 넣어 만든 빵의 색깔이 누렇게 되는 이유는?

① 밀가루의 플라본 색소가 가열에 의해서 변화된 것
② 밀가루의 플라본 색소가 퇴색된 것
③ 밀가루의 플라본 색소가 산에 의해서 변화된 것
④ 밀가루의 플라본 색소가 알칼리에 의해서 변화된 것

30. 육류의 조리·가공 중 색소성분의 변화에 대한 설명이 바르게 된 것은?

① 육류 조직내의 미오글로빈(myoglobin)은 공기 중에 노출되면 산소와 결합하여 메트미오글로빈(met myoglobin) 으로 되어 선명한 붉은 색이 된다.
② 햄, 베이컨, 소시지 등의 육류 가공품은 질산염이나, 아질산염과 작용하여 옥시미오글로빈(oxymyo globin) 으로 되어 선명한 붉은 색이 된다.
③ 신선한 육류의 절단면이 계속 공기 중에 노출되면 옥시미오글로빈(oxymyoglobin)으로 되어 갈색이 된다.
④ 육류를 가열하면 미오글로빈(myoglobin)이 메트미오글로빈(metmyoglobin)으로 되어 갈색이 된다.

31. 식품 중 존재하는 수분에 대한 설명이 바르게 된 것은?

① 식품 중에서 유리수와 결합수는 각각 독립적으로 존재한다.
② 식품 내의 모든 수분은 0℃ 이하에서 모두 동결된다.
③ 식품 중 수분은 편의상 유리수와 결합수로 분류된다.
④ 식품 내의 수분은 압착하면 모두 제거될 수 있다.

32. 식품의 효소적 갈변에 대한 설명으로 맞는 것은?

① 기질은 주로 아민(amine)류와 카르보닐(carbonyl) 화합물이다.
② 간장, 된장 등의 제조과정에서 생긴다.
③ 블랜칭(blanching)에 의해 반응이 억제된다.
④ 비타민 C 에 의해 갈변이 촉진된다.

33. 매운 맛을 내는 성분의 연결이 바른 것은?

① 생강 – 호박산(succinic acid)
② 고추 – 진저롤(gingerol)
③ 겨자 – 캡사이신(capsaicin)
④ 마늘 – 알리신(allicin)

34. 일반적으로 소화효소의 구성 주체는?

① 알칼로이드　② 복합지방
③ 당질　④ 단백질

35. 체내 산·알칼리 평형유지에 관여하여 체액에 알칼리성을 유지하여 가공치즈나 피클에 많은 영양소는?

① 황　② 나트륨　③ 마그네슘　④ 철분

36. 콩이나 밀, 쌀, 감자, 연근 등에 있는 백색의 수용성 색소는?

① 플라보노이드　② 카로티노이드
③ 멜라닌　④ 안토시아닌

〈구매관리〉

37. 달걀의 보존 중 품질변화에 대하여 옳지 못한 것은?

① 노후 난백의 수양화
② 산도(pH)의 감소
③ 수분의 증발
④ 난황의 크기 증가 및 난황막의 약화

38. 계란후라이를 하기 위해 후라이팬에 계란을 깨뜨려 놓았다. 다음 중 가장 신선한 달걀은?

① 작은 혈액덩어리가 있었다.
② 난황이 터져 나왔다.
③ 난백이 넓게 퍼졌다.
④ 난황은 둥글고 주위에 농후난백이 많았다.

39. 다음 중 노무비에 속하는 것은?

① 임금　② 여비, 교통비　③ 보험료　④ 후생비

40. 기초가격이 50,000원, 내용연수가 5년인 고정자산이 있다. 3년을 사용하였을 경우 정액법에 의한 누적감가상각액은?

① 27,000원　② 9,000원
③ 10,000원　④ 30,000원

〈기초조리실무〉

41. 호화와 노화에 대한 설명 중 맞는 것은?

① 쌀이나 보리같이 수분이 적은 곡류는 물이 없어도 잘 호화한다.
② 떡에 설탕을 넣으면 노화가 느리다.
③ 떡의 노화는 냉장고 보다 냉동고에서 더 잘 일어난다.
④ 호화된 전분을 80℃ 이상에서 급속히 건조하면 노화가 쉬워진다.

42. 난백의 기포형성에 좋지 않은 것은?

① 물　② 레몬즙 같은 산
③ 설탕　④ 우유나 난황속의 유지

43. 오이지를 담글 때나 김장 배추를 절일 때 주로 사용하는 소금은?

① 꽃소금　② 정제염　③ 재제염　④ 호렴

44. 해산어패류의 선도 평가에 적절한 지표성분은?

① 트리메틸아민 ② 암모니아
③ 메르캅탄 ④ 황화수소

45. 마말레이드(marmalade)에 대하여 바르게 설명한 것은?

① 과일즙에 설탕, 과일의 껍질, 과육의 얇은 조각이 섞여 가열 · 농축된 것이다.
② 과일의 과육을 전부 이용하여 점성을 띠게 농축한 것이다.
③ 과일을 설탕시럽과 같이 가열하여 과일이 연하고 투명한 상태로 된 것이다.
④ 과일즙에 설탕을 넣고 가열 · 농축한 후 냉각시킨 것이다.

46. 전통적으로 제조한 식혜에서 맥아의 효소작용으로 단맛을 내는 가장 중요한 물질은?

① 엿당 ② 젖당 ③ 설탕 ④ 과당

47. 딸기속에 많이 들어 있는 유기산은?

① 사과산 ② 주석산 ③ 호박산 ④ 구연산

48. 계량의 단위로 틀린 것은?

① 1C = 200mℓ ② 1T = 20mℓ
③ 1t = 5mℓ ④ 1b = 16oz

49. 열효율이 가장 큰 것은?

① 가스 ② 연탄
③ 전기 ④ 숯

〈한식조리〉

50. 조리에 의한 색의 변화로 옳지 않은 것은?

① 플라보노이드는 산성에서 백색을 나타낸다.
② 클로로필은 알칼리 용액에서 갈색의 페오피틴이 생성된다.
③ 안토시안은 알칼리성에서 청색을 나타낸다.
④ 카로티노이드는 산에 안정적이다.

51. 생선조림에 대해서 잘못 설명한 것은?

① 생선을 빨리 익히기 위해서 냄비뚜껑은 처음부터 닫아야 한다.
② 조리시간은 재료에 따라 다르나 약 15분 정도가 가장 좋다.
③ 가열시간이 너무 길면 어육에서 탈수작용이 일어나 맛이 없다.
④ 가시가 많은 생선을 조릴 때 식초를 약간 넣어 약한 불에서 졸이면 뼈 째 먹을 수 있다.

52. 우리 나라의 전통적인 향신료가 아닌 것은?

① 생강 ② 고추
③ 팔각 ④ 겨자

53. 밥을 주식으로 하여 차린 밥상으로 찬품은 홀수(3첩, 5첩, 5첩 등)으로 나가는 상차림은?

① 초조반상 ② 주안상
③ 낮것상 ④ 반상

54. 조리의 목적으로 적절하지 않은 것은?

① 소화가 잘 되도록 하는 것
② 자기개발을 향상시키는 것
③ 향미를 더 좋게 향상시키는 것
④ 유해한 미생물을 파괴시키는 것

55. 죽 조리 방법으로 적절하지 않은 것은?

① 쌀은 물에 불려서 사용한다.
② 불의 세기는 중불 이하로 오래 끓인다.
③ 물은 처음부터 다 넣지 말고 중간에 조금씩 넣는다.
④ 곡물의 5~7배 정도의 물을 사용한다.

56. 한식의 고명에 대한 설명으로 옳은 것은?

① 달걀 지단은 흰자와 노른자를 나누어 팬에 지진다.
② 홍고추는 씨를 그대로 두고 어슷썰기하여 사용한다.
③ 고기완자는 크기를 크게 만들어 지져서 사용한다.
④ 고명은 음식에 직접적인 변화와 맛을 바꿔준다.

57. 생채를 사용하는 채소의 신선도를 선별하는 방법으로 옳지 않은 것은?

① 당근 – 선홍색이 선명하고 표면이 고르고 매끈하며 단단하고 곧은 것
② 가지 – 표면에 주름이 없어 싱싱하고 탄력이 있고, 꼭지에 가시가 적은 것
③ 오이 – 육질이 부드럽고 겉이 매끄러운 것
④ 도라지 – 뿌리가 곧고 굵으며 잔뿌리가 거의 없이 매끄러운 것

58. 복사열을 위에서 내려 직화로 식품을 조리하는 방법으로 구이의 직접 조리방법은 무엇인가?

① 그릴링(grilling)　② 브로일링(broiling)
③ 브레이징(Braising)　④ 로스팅(Roasting)

59. 숫돌에 대한 설명으로 옳지 않은 것은?

① 입도의 숫자가 클수록 입자가 거칠다는 뜻이다.
② 숫돌은 전면을 고루 닿도록 사용한다.
③ 숫돌은 사용 전 물에 담가 충분히 물을 먹인다.
④ 일반적인 칼을 갈 땐 1000#을 많이 사용한다.

60. 반상차림에서 기본식에 포함되지 않는 것은?

① 간장　② 탕
③ 밥　④ 회

제 3회 모의고사 **양식**

<위생관리>

01. 식품 표시기준상 유통기한의 정의는?

① 소비자에게 판매를 위해 제공할 수 있는 최종일자
② 정해진 조건 하에서 보관했을 때 위생상의 안전성이 보장된 최종일
③ 식품의 제조일로부터 소비자에게 판매가 허용되는 기간
④ 식품공전에 규정된 제품으로 식품을 제조한 날짜

02. 식품위생법으로 정의한 "식품"이란?

① 의약품을 제외한 모든 음식물
② 모든 음식물
③ 포장 · 용기와 모든 음식물
④ 담배 등의 기호품과 모든 음식물

03. 다음 중 영업허가를 받아야 할 업종은?

① 식품운반업　② 식품소분 · 판매업
③ 단란주점영업　④ 식품제조 · 가공업

04. 제조물의 결함으로 발생한 손해에 대한 피해자 보호를 위해 제정된 법률로 국민생활의 안전향상과 국민경제의 건전한 발전에 이바지함을 목적으로 하는 것은 무엇인가?

① 식품위생법　② 제조물 책임법
③ 행정법　④ 식품안전기본법

05. 식중독 원인 세균 중 히스타민(Histamine)을 생산 축적하여 알레르기(Allergy)증상을 일으키는 균은?

① 살모넬라균(Salmonella)
② 아리조나균(Arizona)
③ 장염 비브리오균(Vibrio)
④ 모르가니균(P.morganii)

06. 포도상구균에 의한 식중독 예방대책으로 가장 적당한 것은?

① 토양의 오염을 방지하고 특히 통조림의 살균을 철저히 해야 한다.
② 쥐나 곤충 및 조류의 접근을 막아야 한다.
③ 화농성 질환자의 식품 취급을 금지한다.
④ 어패류를 저온에서 보존하며 생식하지 않는다.

07. 식품에 따른 독성분이 잘못 연결된 것은?

① 독미나리 – 시큐톡신(cicutoxin)
② 감자 – 솔라닌(solanine)
③ 모시조개 – 베네루핀(venerupin)
④ 복어 – 무스카린(muscarine)

08. 식품 중 형성된 미생물총의 특징이 잘못 설명된 것은?

① 가열처리된 식품에는 내열성균과 2차 오염균에 따른 미생물총이 형성된다.
② 신선한 식품에는 그 식품이 유래된 환경과 유사한 미생물총이 형성된다.
③ 원료의 가공, 저장이 저온환경에서 이루어질 경우 호냉세균이 형성된다.
④ 수분함량이 많은 식품에는 곰팡이류가 우선적으로 증식한다.

09. 미생물의 발육을 억제하여 식품의 부패나 변질을 방지할 목적으로 사용될 수 있는 것은?

① 호박산 나트륨 ② 글루타민산 나트륨
③ 안식향산 나트륨 ④ 규소수지

10. 클로스트리디움 보툴리늄균(Clostridium botulinum)의 증식을 억제하기 위한 방법은?

① 식품의 pH를 7.0으로 유지한다.
② 식품에 착색제를 첨가한다.
③ 식품을 수분활성을 0.95 이상 유지한다.
④ 식품을 냉동 또는 4℃ 이하의 냉장 보관한다.

11. 덜 익은 매실, 살구씨, 복숭아씨 등에 들어 있으며, 인체 장내에서 청산을 생산하는 것은?

① 시큐톡신(cicutoxin)
② 솔라닌(solanine)
③ 아미그달린(amygdalin)
④ 고시폴(gossypol)

12. 소량씩 장기간 섭취할 경우에는 피로, 소화기 장애, 체중 감소 등과 같은 만성중독 증상을 보이며, 옹기류, 수도관 등을 통하여 식품에 혼입되는 것은?

① 주석(Sn) ② 비소(As)
③ 구리(Cu) ④ 납(Pb)

13. 색소를 함유하고 있지는 않지만 식품 중의 성분과 결합하여 색을 안정화시키면서 선명하게 하는 물질은?

① 산화방지제 ② 발색제
③ 보존료 ④ 착색제

14. 일반적으로 당장법(당조림)은 식품 중 당이 몇 % 이상 함유되어 있어야 저장의 효력을 갖는가?

① 30–40% ② 10–20% 이하
③ 20–30% ④ 50–60% 이상

15. 세계 보건기구의 기능이 아닌 것은?

① 자료제공 ② 무상원조
③ 기술자문 ④ 기술지원

16. 질병을 매개하는 위생 해충과 그 질병의 연결이 잘못된 것은?

① 모기–사상충증, 말라리아
② 파리–장티푸스, 콜레라
③ 진드기–유행성출혈열, 쯔쯔가무시증
④ 이–페스트, 재귀열

17. 다음 중 공통매개체(Common vehicle)가 아닌 것은?

① 우유 ② 파리
③ 공기 ④ 물

18. 제 2군 전염병에 해당되는 것은?

① 콜레라 ② 파라티푸스
③ 백일해 ④ 결핵

19. 다음 중 무해하기 때문에 손이나 조리기구 등의 소독에 가장 적당한 것은?

① 역성비누 ② 머큐로크롬
③ 알콜 ④ 과산화수소

20. 환경오염에서 모니터링(monitoring)에 관한 설명으로 가장 알맞는 것은?

① 연기의 배출시 색과 투명도를 조사하는 도표를 말한다.
② 물을 정화하기 위한 여과법 중의 하나이다.
③ 공기 중의 입자물질을 제거하는 방법을 말한다.
④ 환경오염의 검체를 취하여 오염의 질을 조사하는 것을 말한다.

21. 다음 중 공해의 발생 원인으로 취급되지 않는 것은?

① 인구의 증가 ② 화산의 폭발
③ 산업의 발달 ④ 물질소비의 증가

22. 공기 중에 먼지가 많으면 어떤 건강장해를 일으키는가?

① 진폐증 ② 울열
③ 저산소증 ④ 군집독

23. 수영장 물의 수질등급은 무엇을 기준으로 나누는가?

① 물의 온도 ② 생물화학적 산소요구량
③ 대장균군수 ④ 화학적 산소요구량

24. 식품 저장시 미생물 번식을 장기간 방지하기 위한 저장법과 거리가 먼 것은?

① 데치기 ② 딸기잼
③ 무청시레기 ④ 마늘장아찌

25. 조개류가 국에서 독특한 맛을 내는 성분은?

① 글루타민산 ② 크리아틴
③ 호박산 ④ 이노신산

〈안전관리〉

26. 작업장의 관리 방법으로 적합하지 않은 것은?

① 작업장의 적정습도는 40~60%가 적당하다.
② 작업장은 흰 형광등을 사용하여 최대의 밝기를 유지한다.
③ 작업장 내 눈부심의 요인은 스테인리스로 된 작업 테이블이다.
④ 날카로운 조리도구는 작업대에 보이는 곳에 둔다.

27. 화재의 예방과 관련한 것이 아닌 것은?

① 소화기 사용법 교육 실시
② 출입문, 복도, 통로 등 적재물 비치 여부 점검
③ 일정한 기간에만 화재 예방 교육 실시
④ 뜨거운 기름, 유지 화염원 주의

28. 안전관리를 위한 점검으로 알맞게 연결이 되지 않은 것은?

① 긴급점검 – 매일 조리기구 및 장비를 사용하기 전에 육안을 통해 주방 내에서 취급하는 기계 · 기구 · 전기 · 가스 등의 이상 여부와 보호구의 관리실태 등을 점검
② 정기점검 – 조리작업에 사용되는 기계 · 기구 · 전기 · 가스 등의 설비기능 이상 여부와 보호구의 성능 유지 여부 등에 대하여 매년 1회 이상 정기적으로 점검
③ 손상점검 – 재해나 사고에 의해 비롯된 구조적 손상 등에 대하여 긴급히 시행하는 점검
④ 특별점검 – 결함이 의심되는 경우나, 사용제한 중인 시설물의 사용 여부 등을 판단하기 위해 실시하는 점검

〈재료관리〉

29. 성장을 촉진시키고 피부의 상피세포기능과 시력의 정상유지에 관여하는 비타민은?

① 비타민 K ② 비타민 D
③ 비타민 A ④ 비타민 E

30. 캐러멜화(caramelization) 반응을 일으키는 것은?

① 지방질 ② 비타민
③ 아미노산 ④ 당류

31. 불고기를 먹기에 적당하게 구울 때 나타나는 현상은?

① 단백질의 변성
② 탄수화물이 C, H, O로 분해
③ 단백질이 C, H, O, N으로 분해
④ 탄수화물의 노화

32. 다음 중 비타민 B2 의 함량이 가장 많은 식품은?

① 밀 ② 마가린
③ 우유 ④ 돼지고기

33. 생육의 환원형 미오글로빈은 신선한 고기의 표면이 공기와 접촉하면 분자상의 산소와 결합하여 옥시미오글로빈으로 된다. 이 옥시미오글로빈의 색은?

① 선명한 적색 ② 회갈색
③ 적자색 ④ 분홍색

34. 무기질의 생리작용이 틀린 것은?

① 인(P) - 골격이나 치아의 형성, 에너지 대사의 관여
② 아연(Zn) - 인슐린의 성분
③ 황(S) - 비타민 B12의 구성성분, 함유황 아미노산의 구성성분
④ 요오드(I) - 갑상선 호르몬의 구성성분

35. 우리가 흔히 사용하는 설탕은 당질의 분류 중 어디에 속하는가?

① 다당류 ② 이당류
③ 삼당류 ④ 단당류

36. 열량원이 아닌 영양소는?

① 아이스크림 ② 감자
③ 쌀 ④ 풋고추

37. 무기질의 기능과 무관한 것은?

① 체액의 pH 조절 ② 열량 급원
③ 체액의 삼투압 조절 ④ 효소 작용의 촉진

38. 식품의 냉장 효과를 바르게 설명한 것은?

① 식품의 오염세균을 사멸시킨다.
② 식품의 기생충을 사멸시킨다.
③ 식품 중 부패세균의 생육을 억제시킬 수 있다.
④ 식품 중 세균의 생육을 중단시킨다.

〈구매관리〉

39. 급식인원 600명을 위해서 시금치나물을 하는데 1인당 시금치의 정미중량이 40 g이다. 이때 시금치의 실제 발주량은 약 몇 ㎏ 인가? (단, 시금치의 폐기율은 14% 이다.)

① 43kg ② 14kg
③ 28kg ④ 171kg

40. 제품 1단위당 원가계산의 일반적인 과정을 잘 나타낸 것은?

① 요소별 원가계산→제품별 원가계산→부문별 원가계산
② 요소별 원가계산→부문별 원가계산→제품별 원가계산
③ 제품별 원가계산→부문별 원가계산→요소별 원가계산
④ 부문별 원가계산→제품별 원가계산→요소별 원가계산

41. 비원가 항목이 아닌 것은?

① 도난으로 인한 것
② 화재로 인한 것
③ 지진 등으로 인한 것
④ 전력사용으로 인한 것

〈기초조리실무〉

42. 식품 조리의 목적으로 부적합한 것은?

① 식욕증진
② 소화되기 쉬운 형태로 변화
③ 영양소의 함량 증가
④ 풍미향상

43. 어육의 자기소화는 무엇에 의해 일어나는가?

① 어육 조직내의 염류에 의해
② 질소에 의해
③ 산소에 의해
④ 어육 조직내의 효소에 의해

44. 적자색 채소를 조리할 때 식초나 레몬즙을 약간 넣었다. 가장 관계 깊은 현상은?

① 플라보노이드계 색소가 변색되어 청색으로 된다.
② 안토시아닌계 색소가 더욱 선명하게 유지된다.
③ 카로티노이드계 색소가 변색되어 녹색으로 된다.
④ 클로로필계 색소가 더욱 선명하게 유지된다.

45. 완숙한 계란의 난황 주위가 변색하는 경우를 잘못 설명한 것은?

① 신선한 계란에서는 변색이 거의 일어나지 않는다.
② 난백의 유황과 난황의 철분이 결합하여 황화철(FeS)을 형성하기 때문이다.
③ 오랫동안 가열하여 그대로 두었을 때 많이 일어난다.
④ 이 변색 현상은 pH가 산성일 때 더 신속히 일어난다.

46. 김의 보관 중 변질을 일으키는 인자와 거리가 먼 것은?

① 산소　② 광선
③ 저온　④ 수분

47. 마요네즈 소스를 만들 때 기름의 분리를 막아주는 것은?

① 난황　② 소금　③ 난백　④ 식초

48. 토마토 크림스프를 만들 때 일어나는 우유의 응고 현상을 바르게 설명한 것은?

① 산에 의한 응고　② 가열에 의한 응고
③ 염에 의한 응고　④ 효소에 의한 응고

49. 생선을 조리할 때 생선의 냄새를 없애는 데 도움이 되는 재료로서 가장 거리가 먼 것은?

① 식초　② 설탕
③ 된장　④ 우유

50. 카제인이 산이나 효소에 의하여 응고되는 성질을 이용한 식품은?

① 치즈　② 크림 스프
③ 버터　④ 아이스크림

51. 조미료의 사용순서로 맞는 것은?

① 향이 있는 조미료는 조리 중 불끄기 직전에 넣는다.
② 양조 조미료는 조리가 끝날 때 사용한다.
③ 향이 없는 조미료는 장시간 가열한 후 넣는다.
④ 조미료는 요리에 따라 넣는 순서가 일정하다.

〈양식조리〉

52. 채소(당근, 무 등)를 실처럼 얇게 썬 형태로 식재료를 써는 방법은?

① 슬라이스(Slice)
② 브뤼누아즈(Brunoise)
③ 쥘리엔(Julienne)
④ 시포나드(Chiffonnade)

53. 식재료의 계량 방법으로 적절하지 않은 것은?

① 설탕이나 소금, 간장, 식초 등 소량 계량할 때는 계량스푼을 사용한다.
② 한국은 1C이 200ml이다.
③ 저울은 용기를 올리기 전에 영점을 맞추고 식재료를 측정한다.
④ 육류 내부를 측정하는 송곳 모양의 온도계는 탐침 온도계이다.

54. 기본 미르포아의 재료가 아닌 것은?

① 당근 ② 양파
③ 파 ④ 샐러리

55. 완성된 스톡의 색상이 너무 없을 경우 해결방법은 무엇인가?

① 뼈와 미르포아를 짙은 갈색이 나도록 태운다.
② 찬물에서 스톡 조리를 시작한다.
③ 뼈를 추가로 넣어 조리한다.
④ 스톡을 다시 조리한다.

56. 전채 요리의 종류에 대한 설명으로 옳지 않은 것은?

① 칵테일 – 보통 해산물이 주재료이고, 산뜻한 과일을 많이 이용한다.
② 카나페 – 빵 위에 버터를 바르고 여러 가지 재료를 올려 만든다.
③ 오르되브르 – 식전에 나오는 모든 요리를 말한다.
④ 렐리시 – 빵 대신 크래커(Cracker)를 사용

57. 드레싱의 사용 목적이 아닌 것은?

① 신맛의 드레싱으로 소화를 촉진시켜 준다.
② 맛이 강한 샐러드를 더욱 강하게 해준다.
③ 차가운 온도의 드레싱으로 샐러드의 맛을 한층 더 증가시켜 준다.
④ 상큼한 맛으로 식욕을 촉진시킨다.

58. 5대 모체 소스 중 화이트루에 우유를 넣어 만든 화이트 소스는?

① 홀렌다이즈 소스 ② 벨루테 소스
③ 베샤멜 소스 ④ 토마토 소스

59. 나비넥타이 모양으로 크림과 토마토 소스에 잘 어울리는 생면 파스타는?

① 오레키에테(Orecchiette)
② 파프팔레(Farfalle)
③ 탈리올리니(Tagliolini)
④ 라비올리(ravioli)

60. 육류의 조리방법 중 위생 플라스틱 비닐 속에 재료를 넣은 상태로 진공 포장 후 상대적으로 낮은 온도에서 장시간 조리하는 방법은?

① Steaming
② Poaching
③ Boiling
④ Sous vide

제 4회 모의고사 양식

〈위생관리〉

01. 바지락 속에 들어 있는 독성분은?

① 베네루핀(venerupin)
② 솔라닌(solanine)
③ 무스카린(muscarine)
④ 아마니타톡신(amanitatoxin)

02. 다음 중 잠복기가 가장 짧은 식중독은?

① 황색포도상구균 식중독
② 살모넬라균 식중독
③ 장염 비브리오 식중독
④ 장구균 식중독

03. 세균 번식이 잘되는 식품과 가장 거리가 먼 것은?

① 온도가 적당한 식품 ② 수분을 함유한 식품
③ 영양분이 많은 식품 ④ 산이 많은 식품

04. 세균성식중독과 소화기계감염병을 비교한 것으로 틀린 것은?

	(세균성식중독)	(소화기계감염병)
①	많은 균량으로 발병	균량이 적어도 발병
②	2차 감염이 빈번함	2차 감염이 없음
③	식품위생법으로 관리	감염병예방법으로 관리
④	비교적 짧은 잠복기	비교적 긴 잠복기

05. 관능을 만족시키는 식품첨가물이 아닌 것은?

① 동클로로필린나트륨 ② 질산나트륨
③ 아스파탐 ④ 소르빈산

06. 생선 및 육류의 초기부패 판정 시 지표가 되는 물질에 해당되지 않는 것은?

① 휘발성염기질소(VBN)
② 암모니아(ammonia)
③ 트리메틸아민(trimethylamine)
④ 아크롤레인(acrolein)

07. 중금속에 대한 설명으로 옳은 것은?

① 비중이 4.0 이항의 금속을 말한다.
② 생체기능유지에 전혀 필요하지 않다.
③ 다량이 축적될 때 건강장해가 일어난다.
④ 생체와의 친화성이 거의 없다.

08. 이타이이타이병과 관계있는 중금속 물질은?

① 수은(Hg) ② 카드뮴(Cd) ③ 크롬(Cr) ④ 납(Pb)

09. 오래된 과일이나 산성 채소 통조림에서 유래되는 화학성 식중독의 원인물질은?

① 칼슘 ② 주석 ③ 철분 ④ 아연

10. 조리사 또는 영양사 면허의 취소처분을 받고 그 취소된 날부터 얼마의 기간이 경과되어야 면허를 받을 자격이 있는가?

① 1개월 ② 3개월 ③ 6개월 ④ 1년

11. 식품위생법상 출입·검사·수거에 대한 설명 중 틀린 것은?

① 관계 공무원은 영업소에 출입하여 영업에 사용하는 식품 또는 영업시설 등에 대하여 검사를 실시한다.
② 관계 공무원은 영업상 사용하는 식품 등을 검사를 위하여 필요한 최소량이라 하더라도 무상으로 수거할 수 없다.
③ 관계 공무원은 필요에 따라 영업에 관계되는 장부 또는 서류를 열람 할 수 있다.
④ 출입 · 검사 · 수거 또는 열람하려는 공무원은 그 권한을 표시하는 증표를 지니고 이를 관계인에 내보여야 한다.

12. 소분업 판매를 할 수 있는 식품은?

① 전분 ② 식용유지 ③ 식초 ④ 빵가루

13. 우리나라 식품위생법 등 식품위생 행정업무를 담당하고 있는 기관은?

① 환경부 ② 고용노동부
③ 보건복지부 ④ 식품의약품안전처

14. 다음의 상수처리 과정에서 가장 마지막 단계는?

① 급수 ② 취수 ③ 정수 ④ 도수

15. 공중보건학의 목표에 관한 설명으로 틀린 것은?

① 건강 유지 ② 질병 예방
③ 질병 치료 ④ 지역사회 보건수준 향상

16. 생균(live vaccine)을 사용하는 예방접종으로 면역이 되는 질병은?

① 파상풍 ② 콜레라 ③ 폴리오 ④ 백일해

17. 돼지고기를 날 것으로 먹거나 불완전하게 가열하여 섭취할 때 감염될 수 있는 기생충은?

① 유구조충 ② 무구조충
③ 광절열두조충 ④ 간디스토마

18. 소음의 측정단위는?

① dB ② kg ③ Å ④ ℃

19. 인수공통감염병으로 그 병원체가 세균인 것은?

① 일본뇌염 ② 공수병
③ 광견병 ④ 결핵

20. 음식물이나 식수에 오염되어 경구적으로 침입되는 감염병이 아닌 것은?

① 유행성이하선염 ② 파라티푸스
③ 세균성 이질 ④ 폴리오

21. 적외선에 속하는 파장은?

① 200nm ② 400nm
③ 600nm ④ 800nm

22. 매개 곤충과 질병이 잘못 연결된 것은?

① 이 – 발진티푸스 ② 쥐벼룩 – 페스트
③ 모기 – 사상충증 ④ 벼룩 – 렙토스피라증

<안전관리>

23. 위험도 경감의 핵심요소가 아닌 것은?

① 위험요인 제거 ② 위험요인 교정
③ 위험 발생 경감 ④ 사고피해 경감

24. 안전 교육의 목적이 아닌 것은?

① 불의의 사고를 예방하는 것
② 일상생활에서 개인 및 집단의 안전에 필요한 지식, 기능, 태도 등을 이해하는 것
③ 자신과 타인의 생명을 연장시키는 것
④ 인간 생명의 존엄성을 인식시키는 것

25. 소화기의 설치 및 점검사항에 관련한 내용으로 옳지 않은 것은?

① 지시압력계가 정상 부위(보통 초록색)에 위치해 있는지 확인
② 통행 또는 피난에 지장이 없는 곳에 설치한다.
③ 수시로 점검하고 부식이나 파손, 충전상태 점검
④ 습기가 적고 건조하며 따뜻한 곳에 설치해야한다.

〈재료관리〉

26. 색소를 보존하기 위한 방법 중 틀린 것은?

① 녹색채소를 데칠 때 식초를 넣는다.
② 매실지를 담글 때 소엽(차조기 잎)을 넣는다.
③ 연근을 조릴 때 식초를 넣는다.
④ 햄 제조 시 질산칼륨을 넣는다.

27. 효소적 갈변반응에 의해 색을 나타내는 식품은?

① 분말 오렌지　② 간장
③ 캐러멜　④ 홍차

28. 단맛성분에 소량의 짠맛성분을 혼합할 때 단맛이 증가하는 현상은?

① 맛이 상쇄현상　② 맛의 억제현상
③ 맛의 변조현상　④ 맛의 대비현상

29. 지방의 경화에 대한 설명으로 옳은 것은?

① 물과 지방이 서로 섞여 있는 상태이다.
② 불포화지방산에 수소를 첨가하는 것이다.
③ 기름을 7.2℃까지 냉각시켜서 지방을 여과하는 것이다.
④ 반죽 내에서 지방층을 형성하여 글루텐 형성을 막는 것이다.

30. 간장, 다시마 등의 감칠맛을 내는 주된 아미노산은?

① 알라닌(alanine)
② 글루탐산(glutamic acid)
③ 리신(lysine)
④ 트레오닌(threonine)

31. 열에 의해 가장 쉽게 파괴되는 비타민은?

① 비타민 C　② 비타민 A
③ 비타민 E　④ 비타민 K

32. 가열에 의해 고유의 냄새성분이 생성되지 않는 것은?

① 장어구이　② 스테이크
③ 커피　④ 포도주

33. 어떤 단백질의 질소함량이 18%라면 이 단백질의 질소계수는 약 얼마인가?

① 5.56　② 6.30　③ 6.47　④ 6.67

34. 맥아당은 어떤 성분으로 구성되어 있는가?

① 포도당 2분자가 결합된 것
② 과당과 포도당 각 1분자가 결합된 것
③ 과당 2분자가 결합된 것
④ 포도당과 전분이 결합된 것

35. 1g당 발생하는 열량이 가장 큰 것은?

① 당질　② 단백질
③ 지방　④ 알코올

36. 냉동생선을 해동하는 방법으로 위생적이며 영양 손실이 가장 적은 경우는?

① 18 ~22 ℃ 의 실온에 둔다.
② 40℃ 의 미지근한 물에 담가둔다.
③ 냉장고 속에 해동한다.
④ 23 ~ 25℃의 흐르는 물에 담가둔다.

37. 아래의 조건에서 당질 함량을 기준으로 고구마 180g을 쌀로 대치하려면 필요한 쌀의 양은?

- 고구마 100g의 당질 함량 29.2g
- 쌀 100g의 당질 함량 31.7g

① 165.8g ② 170.6g
③ 177.5g ④ 184.7g

38 스파게티와 국수 등에 이용되는 문어나 오징어 먹물의 색소는?

① 타우린(taurine) ② 멜라닌(melanin)
③ 미오글로빈(myoglobin) ④ 히스타민(histamine)

39. 수분 70g, 당질 40g, 섬유질 7g, 단백질 5g, 무기질 4g, 지방 3g이 들어있는 식품의 열량은?

① 165kcal ② 178kcal
③ 198kcal ④ 207kcal

40. 버터 대용품으로 생산되고 있는 식물성 유지는?

① 쇼트닝 ② 마가린
③ 마요네즈 ④ 땅콩버터

〈구매관리〉

41. 다음 중 신선한 달걀은?

① 달걀을 흔들어서 소리가 나는 것
② 삶았을 때 난황의 표면이 암녹색으로 쉽게 변하는 것
③ 껍질이 매끈하고 윤기 있는 것
④ 깨보면 많은 양의 난백이 난황을 에워싸고 있는 것

42. 원가계산의 목적으로 옳지 않은 것은?

① 원가의 절감 방안을 모색하기 위해서
② 제품의 판매가격을 결정하기 위해서
③ 경영손실을 제품가격에서 만회하기 위해서
④ 예산편성의 기초자료로 활용하기 위해서

〈기초조리실무〉

43. 탄수화물의 조리가공 중 변화되는 현상과 가장 관계 깊은 것은?

① 거품생성 ② 호화 ③ 유화 ④ 산화

44. 브로멜린(bromelin)이 함유되어 있어 고기를 연화시키는 이용되는 과일은?

① 사과 ② 파인애플 ③ 귤 ④ 복숭아

45. 대두를 구성하는 콩단백질의 주성분은?

① 글리아딘 ② 글루텔린 ③ 글루텐 ④ 글리시닌

46. 연제품 제조에서 탄력성을 주기위해 꼭 첨가해야 하는 것은?

① 소금 ② 설탕 ③ 펙틴 ④ 글루타민산소다

47. 식혜를 만들 때 엿기름을 당화시키는데 가장 적합한 온도는?

① 10~20℃ ② 30~40℃ ③ 50~60℃ ④ 70~80℃

48. 조리대 배치형태 중 환풍기와 후드의 수를 최소화할 수 있는 것은?

① 일렬형 ② 병렬 ③ ㄷ자형 ④ 아일랜드형

49. 우유를 데울 때 가장 좋은 방법은?

① 냄비에 담고 끓기 시작할 때까지 강한 불로 데운다.
② 이중냄비에 넣고 젓지 않고 데운다.
③ 냄비에 담고 약한 불에서 젓지 않고 데운다.
④ 이중냄비에 넣고 저으면서 데운다.

50. 아래 [보기] 중 단체급식 조리장을 신축할 때 우선적으로 고려할 사항 순으로 배열된 것은?

가. 위생 나. 경제 다. 능률

① 다 → 나 → 가　　② 나 → 가 → 다
③ 가 → 다 → 나　　④ 나 → 다 → 가

51. 젤라틴과 한천에 관한 설명으로 틀린 것은?

① 한천은 보통 28~35℃에서 응고되는데 온도가 낮을수록 빨리 굳는다.
② 한천은 식물성 급원이다
③ 젤라틴은 젤리, 양과자 등에서 응고제로 쓰인다.
④ 젤라틴에 생파인애플을 넣으면 단단하게 응고한다.

52. 밀가루 반죽 시 넣는 첨가물에 관한 설명으로 옳은 것은?

① 유지는 글루텐 구조형성을 방해하여 반죽을 부드럽게 한다.
② 소금은 글루텐 단백질을 연화시켜 밀가루 반죽의 점탄성을 떨어뜨린다.
③ 설탕은 글루텐 망사구조를 치밀하게 하여 반죽을 질기고 단단하게 한다.
④ 달걀을 넣고 가열하면 단백질의 연화작용으로 반죽이 부드러워 진다.

〈양식조리〉

53. 다음 중 버터 소스가 아닌 것은?

① 홀렌다이즈　　② 마요네즈
③ 베어네즈　　④ 뵈르블랑

54. 다음 중 블론드 색의 소스는 무엇인가?

① 베샤멜 소스　　② 벨루테 소스
③ 에스파뇰 소스　　④ 데미글라스

55. 파스타 형태와 소스에 관한 내용 중 옳지 않은 것은?

① 짧은 파스타는 가벼운 소스와 진한 소스 모두 어울린다.
② 탈리올리니는 크림, 치즈, 후추 등을 주로 사용한다.
③ 길고 넓적한 파스타는 샐러드의 재료로 많이 이용한다.
④ 탈리아텔레는 적당한 길이와 넓적한 형태로 소스가 잘 묻는다.

56. 육류의 마리네이드와 관련한 설명 중 옳지 않은 것은?

① 고기 조리 전 간을 배이게 한다.
② 식용유, 올리브유, 와인, 식초 등을 사용한다.
③ 육류의 누린내를 제거하고 맛을 좋게 한다.
④ 식초나 레몬주스는 고기를 단단하게 만들므로 무른 고기에 사용한다.

57. 생선 스톡에 여러 가지 생선, 바닷가재, 채소, 갑각류, 올리브유 등을 넣고 끓인 프랑스 남부지방의 생선 수프는?

① 미네스트로네(minestrone)
② 부야베스(Bouillabaisse)
③ 옥스테일 수프(Ox-tail soup)
④ 보르스치 수프(Borscht soup)

58. 샌드위치의 구성 요소가 아닌 것은?

① 바탕(Base)　　② 스프레드(Spread)
③ 속재료(Filling)　　④ 꽁디망(Condiment)

59. 전채 요리의 조리 특징 중 옳지 않은 것은?

① 신맛과 짠맛이 적당히 있는 것이 좋다.
② 소량으로 만들어야한다.
③ 주요리에 사용하는 재료와 반복된 조리법을 사용한다.
④ 예술적인 감각이 있어야한다.

60. 다음 중 올리브유에 관한 설명으로 옳은 것은?

① 올리브유는 불포화 지방산인 올레인산(Oleic acid)을 다량 함유한다.
② 식용유 중 저급품으로 취급된다.
③ 엑스트라 버진 올리브유는 산도 1~1.5%로 향이 다소 떨어진다.
④ 버진 올리브유는 올리브 열매로부터 3~4번째 나오는 오일로 혼합되어 사용되며 가격이 저렴하다.

제 5회 모의고사 중식

<위생관리>

01. 칼슘(Ca)과 인(P)의 대사이상을 초래하여 골연화증을 유발하는 유해금속은?

① 철(Fe) ② 카드뮴(Cd)
③ 은(Ag) ④ 주석(Sn)

02. 미생물학적으로 식품 1g당 세균수가 얼마일 때 초기부패단계로 판정하는가?

① $10^3 \sim 10^4$ ② $10^4 \sim 10^5$
③ $10^7 \sim 10^8$ ④ $10^{12} \sim 10^{13}$

03. 혐기상태에서 생산된 독소에 의해 신경증상이 나타나는 세균성 식중독은?

① 황색 포도상구균 식중독
② 클로스트리디움 보툴리늄 식중독
③ 장염 비브리오 식중독
④. 살모넬라 식중독

04. 식품과 독성분이 잘못 연결된 것은?

① 감자 – 솔라닌(solanine)
② 조개류 – 삭시톡신(saxitoxin)
③ 독미나리 – 베네루핀(venerupin)
④ 복어 – 테트로도톡신(tetrodotoxin)

05. 식품첨가물의 사용목적과 이에 따른 첨가물의 종류가 바르게 연결된 것은?

① 식품의 영양 강화를 위한 것 – 착색료
② 식품의 관능을 만족시키기 위한 것 – 조미료
③ 식품의 변질이나 변패를 방지하기 위한 것 – 감미료
④ 식품의 품질을 개량하거나 유지하기 위한 것 – 산미료

06. 다음 식품 첨가물 중 주요목적이 다른 것은?

① 과산화벤조일 ② 과황산암모늄
③ 이산화염소 ④ 아질산나트륨

07. 식품의 변화현상에 대한 설명 중 틀린 것은?

① 산패 : 유지식품의 지방질 산화
② 발효 : 화학물질에 의한 유기화합물의 분해
③ 변질 : 식품의 품질 저하
④ 부패 : 단백질과 유기물이 부패미생물에 의해 분해

08. 바이러스에 의한 감염이 아닌 것은?

① 폴리오 ② 인플루엔자
③ 장티푸스 ④ 유행성 감염

09. 통조림 식품의 통조림관에서 유래될 수 있는 식중독 원인물질은?

① 카드뮴 ② 주석
③ 페놀 ④ 수은

10. 곰팡이의 대사산물에 의해 질병이나 생리작용에 이상을 일으키는 원인이 아닌 것은?

① 청매 중독 ② 아플라톡신 중독
③ 황변미중독 ④ 오크라톡신 중독

11. 식품위생법상 위해식품 등의 판매 등 금지내용이 아닌 것은?

① 불결하거나 다른 물질이 섞이거나 첨가된 것으로 인체의 건강을 해칠 우려가 있는 것
② 유독 · 유해물질이 들어 있으나 식품의약품안전청장이 인체의 건강을 해할 우려가 없다고 인정한 것
③ 병원 미생물에 의하여 오염되었거나 그 염려가 있어 인체의 건강을 해칠 우려가 있는 것
④ 썩거나 상하거나 설익어서 인체의 건강을 해칠 우려가 있는 것

12. 식품위성법상 조리사 면허를 받을 수 없는 사람은?

① 미성년자
② 마약중독자
③ B형간염환자
④ 조리사 면허의 취소처분을 받고 그 취소된 날부터 1년이 지난 자

13. 식품위생법규상 무상수거 대상 식품은?

① 도 · 소매업소에서 판매하는 식품 등을 시험검사용으로 수거할 때
② 식품 등의 기준 및 규격 제정을 위한 참고용으로 수거할 때
③ 식품 등을 검사할 목적으로 수거할 때
④ 식품 등의 기준 및 규격 개정을 위한 참고용으로 수거할 때

14. 소금절임시 저장성이 좋아지는 이유는?

① pH가 낮아져 미생물이 살아갈 수 없는 환경이 조성된다.
② pH가 높아져 미생물이 살아갈 수 없는 환경이 조성된다.
③ 고삼투성에 의한 탈수효과에 미생물의 생육이 억제된다.
④ 저삼투성에 의한 탈수효과로 미생물의 생육이 억제된다.

15. 인공능동면역의 방법에 해당하지 않는 것은?

① 생균 백신 접종 ② 글로불린 접종
③ 사균 백신 접종 ④ 순화독소 접종

16. 주로 동물성 식품에서 기인하는 기생충은?

① 구충 ② 회충
③ 동양모양선충 ④ 유구조충

17. 인구정지형으로 출생률과 사망률이 모두 낮은 인구형은?

① 피라미드형 ② 별형 ③ 항아리형 ④ 종형

18. <예비처리 - 본처리 - 오니처리> 순서로 진행되는 것은?

① 하수 처리 ② 쓰레기 처리
③ 상수도 처리 ④ 지하수 처리

19. 이산화탄소(CO_2)를 실내 공기의 오탁지표로 사용하는 가장 주된 이유는?

① 유독성이 강하므로
② 실내 공기조성의 전반적인 상태를 알 수 있으므로
③ 일산화탄소로 변화되므로
④ 항상 산소량과 반비례하므로

20. 폐기물 관리법에서 소각로 소각법의 장점으로 틀린 것은?

① 위생적인 방법으로 처리할 수 있다.
② 다이옥신(dioxin)의 발생이 없다.
③ 잔류물이 적어 매리하기에 적당하다.
④ 매립법에 비해 설치면적이 적다.

21. 진동이 심한 작업을 하는 사람에게 국소진동 장애로 생길 수 있는 직업병은?

① 진폐증 ② 파킨슨씨병
③ 잠함병 ④ 레노이드병

22. 조명이 불충분할 때는 시력저하, 눈의 피로를 일으키고 지나치게 강렬할 때는 어두운 곳에서 암순응 능력을 저하시키는 태양광선은?

① 전자파 ② 자외선
③ 적외선 ④ 가시광선

23. 감수성지수(접촉감염지수)가 가장 높은 감염병은?

① 폴리오 ② 홍역
③ 백일해 ④ 디프테리아

〈안전관리〉

24. 작업장 내 안전수칙으로 옳지 않은 것은?

① 짐을 옮길 때 주변의 충돌을 감지한다.
② 조리장비의 사용 · 작동법을 철저히 숙지한다.
③ 뜨거운 것을 만질 때는 젖은 행주나 장갑을 착용
④ 가스밸브 사용 전후 확인

25. 화재의 원인이 아닌 것은?

① 인화성 물질 적정보관 여부 점검
② 조리 중 자리 이탈 등 부주의에 의한 발생
③ 식용유 사용 중 과열로 인한 발생
④ 조리기구(가스레인지 등) 부주의한 사용

〈재료관리〉

26. 결합수의 특성으로 옳은 것은?

① 식품조직을 압착하여도 제거되지 않는다.
② 점성이 크다.
③ 미생물의 번식과 발아에 이용된다.
④ 보통의 물보다 밀도가 작다.

27. 사과, 바나나, 파인애플 등의 주요 향미성분은?

① 에스테르(ester)류 ② 고급지방산류
③ 유황화합물류 ④ 퓨란(furan)류

28. 다당류에 속하는 탄수화물은?

① 펙틴 ② 포도당 ③ 과당 ④ 갈락토오스

29. 알코올 1g당 열량산출 기준은?

① 0 kcal ② 4 kcal ③ 7 kcal ④ 9kcal

30. 유지를 가열하면 점차 점도가 증하게 되는데 이것은 유지 분자들의 어떤 반응 때문인가?

① 산화반응 ② 열분해반응
③ 중합반응 ④ 가수분해반응

31. 색소 성분의 변화에 대한 설명 중 맞는 것은?

① 엽록소는 알칼리성에서 갈색화
② 플라본 색소는 알칼리성에서 황색화
③ 안토시안 색소는 산성에서 청색화
④ 카로틴 색소는 산성에서 흰색화

32. 칼슘과 단백질의 흡수를 돕고 정장 효과가 있는 것은?

① 설탕 ② 과당 ③ 유당 ④ 맥아당

33. 쓴 약을 먹은 직후 물을 마시면 단맛이 나는 것처럼 느끼게 되는 현상은?

① 변조현상 ② 소실현상 ③ 대비현상 ④ 미맹현상

34. 오이나 배추의 녹색이 김치를 담그었을 때 점차 갈색을 띄게 되는 것은 어떤 색소의 변화 때문인가?

① 카로티노이드(carotenoid)
② 클로로필(chlorophyll)
③ 안토시아닌(anthocyanin)
④ 안토잔틴(anthoxanthin)

35. 국이나 전골 등에 국물 맛을 독특하게 내는 조개류의 성분은?

① 요오드　② 주석산　③ 구연산　④ 호박산

36. 성인여자의 1일 필요열량을 2000kcal라고 가정할 때, 이 중 15%를 단백질로 섭취할 경우 동물성 단백질의 섭취량은? (단, 동물성 단백질량은 일일단백질양의 1/3로 계산한다.)

① 25 g　② 35 g　③ 75 g　④ 100 g

〈구매관리〉

37. 제품의 제조를 위하여 소비된 노동의 가치를 말하며 임금, 수당, 복리후생비 등이 포함되는 것은?

① 노무비　② 재료비　③ 경비　④ 훈련비

38. 김장용 배추포기김치 46kg을 담그려는데 배추 구입에 필요한 비용은 얼마인가? (단, 배추 5포기(13kg)의 값은 13260원, 폐기률은 8%)

① 23,920원　② 38,934원
③ 46,000원　④ 51,000원

39. 다음 중 조리용 기기 사용이 틀린 것은?

① 필러(peeler) : 감자, 당근 껍질 벗기기
② 슬라이서(slicer) : 쇠고기 갈기
③ 세미기 : 쌀의 세척
④ 믹서 : 재료의 혼합

〈기초조리실무〉

40. 젤라틴과 관계없는 것은?

① 양갱　② 족편　③ 아이스크림　④ 젤리

41. 다음 중 일반적으로 꽃 부분을 주요 식용부위로 하는 화채류는?

① 비트(beets)　② 파슬리(parsley)
③ 브로콜리(broccoli)　④ 아스파라거스(asparagus)

42. 호화와 노화에 관한 설명 중 틀린 것은?

① 전분의 가열온도가 높을수록 호화시간이 빠르며, 점도는 낮아진다.
② 전분입자가 크고 지질함량이 많을수록 빨리 호화된다.
③ 수반함량이 0 ~ 60%, 온도가 0 ~ 4 ° C일 때 전분의 노화는 쉽게 일어난다.
④ 60 ° C 이상에서는 노화가 잘 일어나지 않는다.

43. 가공치즈(processed cheese)의 설명으로 틀린 것은?

① 자연치즈에 유화제를 가하여 가열한 것이다.
② 일반적으로 자연치즈 보다 저장성이 높다.
③ 약 85 ° C에서 살균하여 pasteurizde cheese라고도 한다.
④ 가공치즈는 매일 지속적으로 발효가 일어난다.

44. 우유에 대한 설명으로 틀린 것은?

① 시판되고 있는 전유는 유지방 함량이 3.0% 이상이다.
② 저지방우유는 유지방을 0.1% 이하로 낮춘 우유이다.
③ 유당소화장애증이 있으면 유당을 분해한 우유를 이용한다.
④ 저염우유란 전유 속의 Na(나트륨)을 K(칼륨)과 교환 시킨 우유를 말한다.

45. 냉동식품의 조리에 대한 설명 중 틀린 것은?

① 쇠고기의 드립(drip)을 막기 위해 높은 온도에서 빨리 해동하여 조리한다.
② 채소류는 가열처리가 되어 있어 조리하는 시간이 절약된다.
③ 조리된 냉동식품은 녹기 직전에 가열한다.
④ 빵, 케익은 실내 온도에서 자연 해동한다.

46. 날콩에 함유된 단백질의 체내 이용을 저해하는 것은?

① 펩신 ② 트립신
③ 글로불린 ④ 안티트립신

47. 식빵에 버터를 펴서 바를 때처럼 버터에 힘을 가한 후 그 힘을 제거해도 원래상태로 돌아오지 않고 변형된 상태로 유지하는 성질은?

① 유화성 ② 가소성
③ 쇼트닝성 ④ 크리밍성

48. 버터나 마가린의 계량방법으로 가장 옳은 것은?

① 냉장고에서 꺼내어 계량컵에 눌러담은 후 윗면을 직선으로 된 칼로 깎아 계량한다.
② 실온에서 부드럽게 하여 계량컵에 담아 계량한다.
③ 실온에서 부드럽게 하여 계량컵에 눌러담은 후 윗면을 직선으로 된 칼로 깎아 계량한다.
④ 냉장고에서 꺼내어 계량컵의 눈금까지 담아 계량한다.

49. 생선을 껍질이 있는 상태로 구울 때 껍질이 수축되는 주원인 물질과 그 처리방법은?

① 생선살의 색소 단백질, 소금에 절이기
② 생선살의 염용성 단백질, 소금에 절이기
③ 생선 껍질의 지방, 껍질에 칼집 넣기
④ 생선 껍질의 콜라겐, 껍질에 칼집 넣기

50. 육류조리에 대한 설명으로 틀린 것은?

① 탕 조리시 찬물에 고기를 넣고 끓여야 추출물이 최대한 용출된다.
② 장조림 조리 시 간장을 처음부터 넣으면 고기가 단단해지고 잘 찢기지 않는다.
③ 편육 조리 시 찬물에 넣고 끓여야 잘 익은 고기 맛이 좋다.
④ 불고기용으로는 결합조직이 되도록 적은 부위가 적당하다.

〈중식조리〉

51. 중국요리의 특징으로 올바르지 않는 것은?

① 산동요리(북경요리) : 궁중요리, 고급요리문화가발달
② 강소요리(상해요리) : 해산물 요리, 간장과 설탕 사용으로 달콤하며, 기름지게 만듦
③ 사천요리 : 사계절 산물이 풍성해 다양한 재료이용
④ 광동요리 : 추운 지방이라 매운 음식 위주로 만듦

52. 중식 기초썰기 용어를 틀리게 설명한 것은?

① 조條, tiáo, 티아오 : 채썰기
② 니泥, ní, 니 : 잘게 다지기
③ 정丁, dīng, 띵 : 깍뚝설기
④ 미未, wèi, 웨이 : 큼지막하게 사각썰기

53. 전분의 농도를 맞추는 방법으로 올바르지않은 것은?

① 수분과 기름은 분리되는 성질이 있으므로 전분의 힘을 빌려 융화시키는 역할을 한다.
② 재료를 고온의 기름으로 처리하면 그 표면이 거칠다. 이것은 먹을 때 혀가 매끄럽게 느끼도록 해 준다.
③ 중국 요리는 뜨거울 때 먹는 것이 많으므로 잘 식지 않도록 전분으로 농도를 맞춘다.
④ 전분은 가루를 그대로 사용하여 조리하는 것이 좋다

54. 다음중 튀김조리시 주의점이다 올바르지 않은 것은?

① 얇은 팬을 사용하면 튀김 온도의 급격히 올라감으로 맛있는 튀김이 된다.
② 안전사고 및 튀김의 완성도를 위해 튀김 재료의 수분은 제거한다.
③ 튀김옷은 재료의 양을 고려하여 만든다.
④ 기름에 튀김을 넣은 다음 조리용 젓가락으로 살짝 흔들어 주면 가지런히 튀겨진다.

55. 다음중 절임과 무침에 사용되는 채소가 아니것은?

① 자차이 ② 향차이
③ 청경채 ④ 빠스

56. 다음중 식품의 조각의 도법이 아닌 것은?

① 착도법(戳刀法) ② 절도법(切刀法)
③ 암각법 (暗各法) ④ 선도법(旋刀法)

57. 다음중 면류의 굵기의 순서가 올바른 것은?

① 세면 – 소면 –중화면 – 칼국수면 – 우동면
② 소면 –중화면 – 칼국수면 – 우동면–세면
③ 세면 – 소면 –칼국수면 – 중화면 – 우동면
④ 세면 – 소면 –중화면 – 우동면 –칼국수면

58. 다음중 기름을 사용하는 중식조리법이 아닌 것은?

① 초(炒) ② 폭(爆)
③ 첩(貼) ④ 蒸(증)

59. 중국의 4대요리가 아닌 것은?

① 북경요리 ② 사천요리
③ 남동요리 ④ 중동요리

60.중식 후식중 기름에 튀겨 설탕 등을 이용한 시럽을 만들어 재료를 입혀서 만드는 후식은?

① 빠스 ② 무스
③ 파이 ④ 시미로

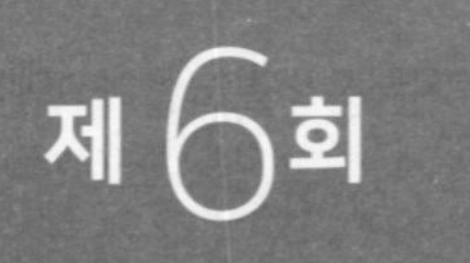

제 6 회 모의고사 **일식**

〈위생관리〉

01. 황색 포도상구균의 특징이 아닌 것은?

① 균체가 열에 강함
② 독소형 식중독 유발
③ 화농성 질환의 원인균
④ 엔테로톡신(enterotoxin) 생성

02. 섭조개에서 문제를 일으킬 수 있는 독소 성분은?

① 테트로도톡신(tetrodotoxin)
② 셉신(sepsine)
③ 베네루핀(venerupin)
④ 삭시톡신(saxitoxin)

03. 어패류의 선도 평가에 이용되는 지표성분은?

① 헤모글로빈　② 트리메틸아민
③ 메탄올　④ 이산화탄소

04. 식품에서 자연적으로 발생하는 유독물질을 통해 식중독을 일으킬 수 있는 식품과 가장 거리가 먼 것은?

① 피마자　② 표고버섯
③ 미숙한 매실　④ 모시조개

05. 과거 일본 미나마타병의 집단발병 원인이 되는 중금속은?

① 카드뮴　② 납
③ 수은　④ 비소

06. 소시지 등 가공육 제품의 육색을 고정하기 위해 사용하는 식품첨가물은?

① 발색제　② 착색제
③ 강화제　④ 보존제

07. 소독의 지표가 되는 소독제는?

① 석탄산　② 크레졸
③ 과산화수소　④ 포르말린

08. 식품의 변화현상에 대한 설명 중 틀린 것은?

① 산패 : 유지식품의 지방질 산화
② 발효 : 화학물질에 의한 유기화합물의 분해
③ 변질 : 식품의 품질 저하
④ 부패 : 단백질과 유기물이 부패 미생물에 의해 분해

09. 파라티온(parathion), 말라티온(malathion)과 같이 독성이 강하지만 빨리 분해되어 만성중독을 일으키지 않는 농약은?

① 유기인제 농약　② 유기염소제 농약
③ 유기불소제 농약　④ 유기수은제 농약

10. 식품위생법상 "식품을 제조·가공 또는 보존하는 과정에서 식품에 넣거나 섞는 물질 또는 식품을 적시는 등에 사용하는 물질"로 정의된 것은?

① 식품첨가물　② 화학적 합성품
③ 항생제　④ 의약품

11. 식품위생법상 식품 등의 위생적인 취급에 관한 기준이 아닌 것은?

① 식품 등을 취급하는 원료보관실 · 제조가공실 · 조리실 · 포장실 등의 내부는 항상 청결하게 관리하여야 한다.
② 식품 등의 원료 및 제품 중 부패 · 변질되기 쉬운 것은 냉동 · 냉장시설에 보관 · 관리하여야 한다.
③ 유통기한이 경과된 식품 등을 판매하거나 판매의 목적으로 전시하여 진열 · 보관하여서는 아니 된다.
④ 모든 식품 및 원료는 냉장 · 냉동시설에 보관 · 관리하여야 한다.

12. 조리사 면허 취소에 해당하지 않는 것은?

① 식중독이나 그 밖에 위생과 관련한 중대한 사고 발생에 직무상의 책임이 있는 경우
② 면허를 타인에게 대여하여 사용하게 한 경우
③ 조리사 면허의 취소처분을 받고 그 취소된 날부터 2년이 지나지 아니한 경우
④ 조리사가 마약이나 그 밖의 약물에 중독이 된 경우

13. 인분을 사용한 밭에서 특히 경피적 감염을 주의해야 하는 기생충은?

① 십이지장충　　② 요충
③ 회충　　④ 말레이사상충

14. 무구조충(민촌충) 감염의 올바른 예방대책은?

① 게나 가재의 가열 섭취
② 음료수의 소독
③ 채소류의 가열 섭취
④ 소고기의 가열 섭취

15. 사람이 예방접종을 통하여 얻는 면역은?

① 선천면역　　② 자연수동면역
③ 자연능동면역　　④ 인공능동면역

16. 쥐에 의하여 옮겨지는 감염병은?

① 유행성이하선염　　② 페스트
③ 파상풍　　④ 일본뇌염

17. 중금속과 중독 증상의 연결이 잘못된 것은?

① 카드뮴－신장기능 장애
② 크롬－비중격천공
③ 수은－홍독성 흥분
④ 납－섬유화 현상

18. 국소진동으로 인한 질병 및 직업병의 예방대책이 아닌 것은?

① 보건교육　　② 완충장치
③ 방열복 착용　　④ 작업시간 단축

19. 쓰레기 처리방법 중 미생물까지 사멸할 수는 있으나 대기오염을 유발할 수 있는 것은?

① 소각법　　② 투기법
③ 매립법　　④ 재활용법

20. 디피티(D.P.T) 기본접종과 관계없는 질병은?

① 디프테리아　　② 풍진
③ 백일해　　④ 파상풍

21. 국가의 보건수준 평가를 위하여 가장 많이 사용되고 있는 지표는?

① 조사망률　　② 성인병 발생률
③ 결핵 이완율　　④ 영아 사망률

22. CA저장에 가장 적합한 식품은?

① 육류　　② 과일류
③ 우유　　④ 생선류

23. 소금 절임 시 저장성이 좋아지는 이유는?

① pH가 낮아져 미생물이 살아갈 수 없는 환경이 조성된다.
② pH가 높아져 미생물이 살아갈 수 없는 환경이 조성된다.
③ 고삼투성에 의한 탈수효과로 미생물의 생육이 억제된다.
④ 저삼투성에 의한 탈수효과로 미생물의 생육이 억제된다.

〈안전관리〉

24. 재난의 4요소가 아닌 것은?

① 기계　② 매체
③ 관리　④ 행동

25. 칼의 사용에 관한 설명 중 틀린 것은?

① 칼을 떨어뜨렸을 경우 잡으려고 하지 않고 한 걸음 물러선다.
② 칼을 보이지 않는 곳에 두고 물이 든 싱크대에 담가둔다.
③ 칼은 캔을 따거나 본래 목적 이외에 사용하지 않는다.
④ 칼을 들고 이동할 경우 칼끝은 정면을 두지 않고 지면을 향하게하며 칼날은 뒤로 가게 한다.

〈재료관리〉

26. 중성지방의 구성 성분은?

① 탄소와 질소　② 아미노산
③ 지방산과 글리세롤　④ 포도당과 지방산

27. 결합수의 특징이 아닌 것은?

① 전해질을 잘 녹여 용매로 작용한다.
② 자유수보다 밀도가 크다.
③ 식품에서 미생물의 번식과 발아에 이용되지 못한다.
④ 동 · 식물의 조직에 존재할 때 그 조직에 큰 압력을 가하여 압착해도 제거되지 않는다.

28. 알칼리성 식품에 대한 설명으로 옳은 것은?

① Na, K, Ca, Mg이 많이 함유되어 있는 식품
② S, P, Cl이 많이 함유되어 있는 식품
③ 당질, 지질, 단백질 등이 많이 함유되어 있는 식품
④ 곡류, 육류, 치즈 등의 식품

29. 레드 캐비지로 샐러드를 만들 때 식초를 조금 넣은 물에 담그면 고운 적색을 띠는 것은 어떤 색소 때문인가?

① 안토시아닌(anthocyanin)
② 클로로필(chlorophyll)
③ 안토잔틴(anthoxanthin)
④ 미오글로빈(myoglobin)

30. 섬유소와 한천에 대한 설명 중 틀린 것은?

① 산을 첨가하여 가열하면 분해되지 않는다.
② 체내에서 소화되지 않는다.
③ 변비를 예방한다.
④ 모두 다당류이다.

31. 과실의 젤리화 3요소와 관계없는 것은?

① 젤라틴　② 당
③ 펙틴　④ 산

32. 탄수화물의 분류 중 5탄당이 아닌 것은?

① 갈락토오스(galactose)
② 자일로오스(xylose)
③ 아라비노오스(arabinose)
④ 리보오스(ribose)

33. 황함유 아미노산이 아닌 것은?

① 트레오닌(threonine)
② 시스틴(cystine)
③ 메티오닌(methionine)
④ 시스테인(cysteine)

34. 하루 필요 열량이 2500kcal일 경우 이 중의 18%에 해당하는 열량을 단백질에서 얻으려 한다면, 필요한 단백질의 양은 얼마인가?

① 50.0g ② 112.5g
③ 121.5g ④ 171.3g

35. 조리에 사용하는 냉동식품의 특성이 아닌 것은?

① 완만 동결하여 조직이 좋다.
② 미생물 발육을 저지하여 장기간 보존이 가능하다.
③ 저장 중 영양가 손실이 적다.
④ 산화를 억제하여 품질 저하를 막는다.

〈구매관리〉

36. 닭고기 20kg으로 닭강정 100인분을 판매한 매출액이 1,000,000원이다. 닭고기의 kg당 단가를 12,000원에 구입하였고 총양념 비용으로 80,000원이 들었다면 식재료의 원가 비율은?

① 24% ② 28%
③ 32% ④ 40%

37. 총원가에 대한 설명으로 맞는 것은?

① 제조간접비와 직접원가의 합이다.
② 판매관리비와 제조원가의 합이다.
③ 판매관리비, 제조간접비, 이익의 합이다.
④ 직접재료비, 직접노무비, 직접경비, 직접원가, 판매관리비의 합이다.

38. 식품검수 방법의 연결이 틀린 것은?

① 화학적 방법 : 영양소의 분석, 첨가물, 유해성분 등을 검출하는 방법
② 검경적 방법 : 식품의 중량, 부피, 크기 등을 측정하는 방법
③ 물리학적 방법 : 식품의 비중, 경도, 점도, 빙점 등을 측정하는 방법
④ 생화학적 방법 : 효소반응, 효소 활성도, 수소이온 농도 등을 측정하는 방법

〈기초조리실무〉

39. β-전분이 가열에 의해 α-전분으로 되는 현상은?

① 호화 ② 호정화
③ 산화 ④ 노화

40. 요구르트 제조는 우유 단백질의 어떤 성질을 이용하는가?

① 응고성 ② 용해성
③ 팽윤 ④ 수화

41. 우유의 균질화(homogenization)에 대한 설명이 아닌 것은?

① 지방구 크기를 0.1~2.2㎛ 정도로 균일하게 만들 수 있다.
② 탈지유를 첨가하여 지방의 함량을 맞춘다.
③ 큰 지방구의 크림층 형성을 방지한다.
④ 지방의 소화를 용이하게 한다.

42. 밀가루의 용도별 분류는 어느 성분을 기준으로 하는가?

① 글리아딘 ② 글로불린
③ 글루타민 ④ 글루텐

43. 소고기의 부위별 용도와 조리법 연결이 틀린 것은?

① 앞다리－불고기, 육회, 장조림
② 설도－탕, 샤브샤브, 육회
③ 목심－불고기, 국거리
④ 우둔－산적, 장조림, 육포

44. 젤라틴의 응고에 관한 설명으로 틀린 것은?

① 젤라틴의 농도가 높을수록 빨리 응고된다.
② 설탕의 농도가 높을수록 응고가 방해된다.
③ 염류는 젤라틴의 응고를 방해한다.
④ 단백질의 분해효소를 사용하면 응고력이 약해진다.

45. 전자레인지의 주된 조리 원리는?

① 복사　② 전도
③ 대류　④ 초단파

46. 생선에 레몬즙을 뿌렸을 때 나타나는 현상이 아닌 것은?

① 신맛이 가해져서 생선이 부드러워진다.
② 생선의 비린내가 감소한다.
③ pH가 산성이 되어 미생물의 증식이 억제된다.
④ 단백질이 응고된다.

47. 튀김의 특징이 아닌 것은?

① 고온 단시간 가열로 영양소의 손실이 적다.
② 기름의 맛이 더해져 맛이 좋아진다.
③ 표면이 바삭바삭해 입안에서의 촉감이 좋아진다.
④ 불미성분이 제거된다.

48. 생선의 조리방법에 관한 설명으로 옳은 것은?

① 생선은 결제조직의 함량이 많으므로 습열조리법을 많이 이용한다.
② 지방 함량이 낮은 생선보다는 높은 생선으로 구이를 하는 것이 풍미가 더 좋다.
③ 생선찌개를 할 때 생선 자체의 맛을 살리기 위해서 찬물에 넣고 은근히 끓인다.
④ 선도가 낮은 생선은 조림국물의 양념을 담백하게 하여 뚜껑을 닫고 끓인다.

49. 계량방법이 잘못된 것은?

① 된장, 흑설탕은 꼭꼭 눌러 담아 수평으로 깎아서 계량한다.
② 우유는 투명기구를 사용하여 액체 표면의 윗부분을 눈과 수평으로 하여 계량한다.
③ 저울은 반드시 수평한 곳에서 0으로 맞추고 사용한다.
④ 마가린은 실온일 때 꼭꼭 눌러 담아 평평한 것으로 깎아 계량한다.

50. 덩어리 육류를 건열로 표면에 갈색이 나도록 구워 내부의 육즙이 나오지 않게 한 후 소량의 물, 우유와 함께 습열조리하는 것은?

① 브레이징(braising)　② 스튜잉(stewing)
③ 브로일링(broiling)　④ 로스팅(roasting)

51. 한천 젤리를 만든 후 시간이 지나면 내부에서 표면으로 수분이 빠져나오는 현상은?

① 삼투현상(osmosis)
② 이장현상(sysnersis)
③ 님비현상(NIMBY)
④ 노화현상(retrogradation)

〈일식조리〉

52. 갑오징어 명란무침의 설명으로 옳지 않은 것은?

① 명란은 뜨거운물에 살짝데쳐 사용한다.
② 오징어가 두꺼우면 포를 떠서 사용한다.
③ 명란를 잘 발라낸 다음 오징어 채를 썬 것과 함께 잘 버무려서 제출한다.
④ 위생적으로 옮겨 담아 위에 무순을 올려서 완성한다.

53. 올바른 칼 잡는 법이 아닌 것은?

① 전악식–주먹쥐기 일반적 칼 잡는 방법
② 단도식–누르기 형태로 양식카를 잡는 기본적인 방법
③ 지주식–일반적으로 회칼이나 채소칼을 사용할 때
④ 압박식–손에 입을주어 강하게 잡는 방법

54. 일식의 양념준비중 생선종류에 맛을들일 때 올바른순서는?

① 청주 → 설탕 → 소금 → 식초 → 간장
② 청주 → 소금→ 설탕 → 식초 → 간장
③ 청주 → 설탕 → 식초 →소금 → 간장
④ 청주 → 설탕 → 간장 → 식초 → 소금

55. 다음중 일본의 대표적인 음식으로 밀가루를 펴서 칼로 썰어서 만든 굵은 국수는?

① 우동 ② 칼국수
③ 소면 ④ 메밀국수

56. 덮밥의 종류와 설명이 바르지 않은 것은?

① 덴동(天丼) : 튀김을 올린 덮밥
② 규동(牛丼) : 소고기 조림을 올린 덮밥
③ 카츠동(カツ丼) : 돈까스를 올린 덮밥
④ 텟카동(鉄火丼) : 장어구이를 올린 덮밥

57. 죽의 종류와 조리법이 틀린 것은?

① 오카유(お粥) : 팥이나 쌀 등의 곡류에 물을 충분히 넣고 부드럽게 끓인 것
② 시라가유(白粥) : 흰쌀로만 지은 죽
③ 이모가유(芋粥) : 감자나 고구마를 넣은 죽
④ 챠가유(茶粥) : 생선을 넣고 끓인죽

58. 다음의 설명은 무엇을 말하는가?

"무즙을 개어 빨간색을 띤 무즙을 말하며, 붉은 단풍을 물들인 것처럼 적색을 띠므로 모미지라고 한다. 폰즈와 초회에 곁들여서 사용한다."

① 야꾸미 ② 모미지 오로시 ③ 사시미 ④ 혼합초

59. 초밥의 만드는 과정 중 올바르지 않은 것은?

① 초밥에서 밥의 온도는 대단히 중요하다.
② 너무 따뜻해도 안 되고 반대로 차가우면 더더욱 맛이 없다.
③ 초밥은 50℃ 정도일 때 초밥을 만들기도 쉽고 밥맛도 제일 좋다
④ 초밥은 부드러우면서도 단단하게 만드는 것이 기술이다.

60. 초밥의 종류와 설명이 올바르지 않은 것은?

① 니기리 스시:흰살 생선, 붉은 살 생선, 등 푸른 생선, 조개류, 연체류를 사용한다.
② 마키 스시:일반적으로 김초밥을 말한다.
③ 지라시 스시:잘게 썬 생선이나 달걀, 오이, 양념한 채소를 놓고 그 위에 계란 지단이나 초생강, 고추냉이 등을 고명으로 얹은 초밥
④ 자킨스시:고도의기술을 요하는 초밥으로 고급기술, 조리사만 가능

제 7 회 모의고사 **복어**

〈위생관리〉

01 식품의 위생과 관련된 곰팡이의 특징이 아닌 것은?

① 건조식품을 잘 변질시킨다.
② 대부분 생육에 산소를 요구하는 절대 호기성 미생물이다.
③ 곰팡이독을 생성하는 것도 있다.
④ 일반적으로 생육 속도가 세균에 비하여 빠르다.

02. 다음 중 대장균의 최적 증식 온도 범위는?

① 0~5℃ ② 5~10℃
③ 30~40℃ ④ 55~75℃

03. 모든 미생물을 제거하여 무균 상태로 하는 조작은?

① 소독 ② 살균
③ 멸균 ④ 정균

04. 60℃에서 30분간 가열하면 식품 안전에 위해가 되지 않는 세균은?

① 살모넬라균
② 클로스트리디움 보틀리늄균
③ 황색포도상구균
④ 장구균

05. 육류의 발색제로 사용되는 아질산염이 산성 조건에서 식품 성분과 반응하여 생성되는 발암성 물질은?

① 지질 과산화물(aldehyde)
② 벤조피렌(benzopyrene)
③ 니트로사민(nitrosamine)
④ 포름알데히드(formaldehyde)

06. 사용이 허가된 산미료는?

① 구연산
② 계피산
③ 말톨
④ 초산에틸

07. 식품과 자연독의 연결이 맞는 것은?

① 독버섯–솔라닌(solanine)
② 감자–무스카린(muscarine)
③ 살구씨–파세오루나틴(phaseolunatin)
④ 목화씨–고시폴(gossypol)

08. 식품첨가물 중 보존료의 목적을 가장 잘 표현한 것은?

① 산도 조절
② 미생물에 의한 부패 방지
③ 산화에 의한 변패 방지
④ 가공과정에서 파괴되는 영양소 보충

09. 알레르기성 식중독을 유발하는 세균은?

① 병원성 대장균(E. coli 0157 : H7)
② 모르가넬라 모르가니 (Morganella morganii)
③ 엔테로박터 사카자키(Enterobacter sakazakii)
④ 비브리오 콜레라(Vibrio cholerae)

10. 식품위생법상 식품위생 수준의 향상을 위하여 필요한 경우 조리사에게 교육을 받을 것을 명할 수 있는 자는?

① 관할시장 ② 보건복지부장관
③ 식품의약품안전처장 ④ 관할 경찰서장

11. 식품위생법의 정의에 따른 "기구"에 해당하지 않는 것은?

① 식품 섭취에 사용되는 기구
② 식품 또는 식품첨가물에 직접 닿는 기구
③ 농산품 채취에 사용되는 기구
④ 식품 운반에 사용되는 기구

12. 식품위생법상 식품접객업 영업을 하려는 자는 몇 시간의 식품위생교육을 미리 받아야 하는가?

① 2시간 ② 4시간
③ 6시간 ④ 8시간

13. 식품위생법상 조리사가 식중독이나 그 밖에 위생과 관련한 중대한 사고 발생의 직무상 책임에 대한 1차 위반 시 행정처분기준은?

① 시정명령 ② 업무정지 1개월
③ 업무정지 2개월 ④ 면허취소

14. 하수오염 조사 방법과 관련이 없는 것은?

① THM의 측정 ② COD의 측정
③ DO의 측정 ④ BOD의 측정

15. 다음 중 가장 강한 살균력을 갖는 것은?

① 적외선 ② 자외선
③ 가시광선 ④ 근적외선

16. 호흡기계 감염병이 아닌 것은?

① 폴리오 ② 홍역
③ 백일해 ④ 디프테리아

17. 채소로부터 감염되는 기생충으로 짝지어진 것은?

① 편충, 동양모양선충 ② 폐흡충, 회충
③ 구충, 선모충 ④ 회충, 무구조충

18. 감각온도의 3요소가 아닌 것은?

① 기온 ② 기습
③ 기류 ④ 기압

19. 인수공통감염병에 속하지 않는 것은?

① 광견병
② 탄저
③ 고병원성조류인플루엔자
④ 백일해

20. 아메바에 의해서 발생되는 질병은?

① 장티푸스 ② 콜레라
③ 유행성 간염 ④ 이질

21. 미생물의 생육에 필요한 수분활성도의 크기로 옳은 것은?

① 세균 〉 효모 〉 곰팡이
② 곰팡이 〉 세균 〉 효모
③ 효모 〉 곰팡이 〉 세균
④ 세균 〉 곰팡이 〉 효모

〈안전관리〉

22. 안전 교육의 목적이 아닌 것은?

① 불의의 사고를 예방하는 것
② 인간 생명의 존엄성을 인식시키는 것
③ 생명을 유지시키고, 더 이상의 상태 악화를 방지 또는 지연시키는 것
④ 안전한 생활을 영위할 수 있는 습관을 형성시키는 것

23. 작업장 내 안전 수칙으로 적절하지 않은 것은?

① 조리장비의 사용 · 작동법을 철저히 숙지한다.
② 무거운 짐을 들 때 허리 굽혀서 들어 올려야 한다.
③ 조리작업에 편한 조리 복장을 착용한다.
④ 가스, 전기오븐의 사용 전, 후의 온도 및 전원상태를 확인한다.

〈재료관리〉

24. 카제인(casein)은 어떤 단백질에 속하는가?

① 당단백질 ② 지단백질
③ 도단백질 ④ 인단백질

25. 유지를 가열할 때 생기는 변화에 대한 설명으로 틀린 것은?

① 유리지방산의 함량이 높아지므로 발연점이 낮아진다.
② 연기 성분으로 알데히드(aldehyde), 케톤(ketone) 등이 생성된다.
③ 요오드값이 높아진다.
④ 중합반응에 의해 점도가 증가된다.

26. 완두콩 통조림을 가열하여도 녹색이 유지되는 것은 어떤 색소 때문인가?

① chlorophyll(클로로필)
② Cu–chlorophyll(구리–클로로필)
③ Fe–chlorophyll(철–클로로필)
④ chlorophylline(클로로필린)

27. 신맛 성분과 주요 소재 식품의 연결이 틀린 것은?

① 구연산(citric acid) – 감귤류
② 젖산(lactic acid) – 김치류
③ 호박산(succinic acid) – 늙은 호박
④ 주석산(tartaric acid) – 포도

28. 달걀 100g 중에 당질 5g, 단백질 8g, 지질 4.4g이 함유되어 있다면 달걀 5개의 열량은 얼마인가? (단, 달걀 1개의 무게는 50g이다.)

① 91.6kcal ② 229kcal
③ 274kcal ④ 458kcal

29. 다음 중 단백가가 가장 높은 것은?

① 쇠고기 ② 달걀
③ 대두 ④ 버터

30. 가정에서 많이 사용되는 다목적 밀가루는?

① 강력분 ② 중력분
③ 박력분 ④ 초강력분

31. 산성 식품에 해당하는 것은?

① 곡류 ② 사과
③ 감자 ④ 시금치

32. 아미노산, 단백질 등이 당류와 반응하여 갈색 물질을 생성하는 반응은?

① 폴리페놀 옥시다아제 (polyphenol oxidase)
② 마이야르(Maillard) 반응
③ 캐러멜화(caramelization) 반응
④ 티로시나아제 (tyrosinase) 반응

33. 난황에 주로 함유되어 있는 색소는?

① 클로로필 ② 안토시아닌
③ 카로티노이드 ④ 플라보노이드

34. 냉장고 사용방법으로 틀린 것은?

① 뜨거운 음식은 식혀서 냉장고에 보관한다.
② 문을 여닫는 횟수를 가능한 한 줄인다.
③ 온도가 낮으므로 식품을 장기간 보관해도 안전하다.
④ 식품의 수분이 건조되므로 밀봉하여 보관한다.

35. 쇠고기 40g을 두부로 대체하고자 할 때 필요한 두부의 양은 약 얼마인가? (단, 100g당 쇠고기 단백질 함량은 20.1g, 두부 단백질 함량은 8.6g으로 계산한다.)

① 70g ② 74g
③ 90g ④ 94g

〈구매관리〉

36. 식품구매 시 폐기율을 고려한 총발주량을 구하는 식은?

① 총발주량 = (100 - 폐기율) × 100 × 인원수
② 총발주량 = [(정미중량 - 폐기율) / (100 - 가식률)] × 100
③ 총발주량 = (1인당 사용량 - 폐기율) × 인원수
④ 총발주량 = [정미중량 / (100 - 폐기율)] × 100 × 인원수

37. 식품을 고를 때 채소류의 감별법으로 틀린 것은?

① 오이는 굵기가 고르며 만졌을 때 가시가 있고 무거운 느낌이 나는 것이 좋다.
② 당근은 일정한 굵기로 통통하고 마디나 뿔이 없는 것이 좋다.
③ 양배추는 가볍고 잎이 얇으며 신선하고 광택이 있는 것이 좋다.
④ 우엉은 껍질이 매끈하고 수염뿌리가 없는 것으로 굵기가 일정한 것이 좋다.

38. 조리장의 설비에 대한 설명 중 부적합한 것은?

① 조리장의 내벽은 바닥으로부터 5㎝까지 수성 자재로 한다.
② 충분한 내구력이 있는 구조여야 한다.
③ 조리장에는 식품 및 식기류의 세척을 위한 위생적인 세척 시설을 갖춘다.
④ 조리원 전용의 위생적 수세 시설을 갖춘다.

39. 다음 원가의 구성에 해당하는 것은?

직집원가 + 제조간접비

① 판매가격 ② 간접원가
③ 제조원가 ④ 총원가

〈기초조리실무〉

40. 전분 식품의 노화를 억제하는 방법으로 적합하지 않은 것은?

① 설탕을 첨가한다.
② 식품을 냉장 보관한다.
③ 식품의 수분함량을 15% 이하로 한다.
④ 유화제를 사용한다.

41. 과실 저장고의 온도, 습도, 기체 조성 등을 조절하여 장기간 동안 과실을 저장하는 방법은?

① 산 저장 ② 자외선 저장
③ 무균포장 저장 ④ CA 저장

42. 근채류 중 생식하는 것보다 기름에 볶는 조리법을 적용하는 것이 좋은 식품은?

① 무 ② 고구마
③ 토란 ④ 당근

43. 튀김옷의 재료에 관한 설명으로 틀린 것은?

① 중조를 넣으면 탄산가스가 발생하면서 수분도 증발되어 바삭하게 된다.
② 달걀을 넣으면 달걀 단백질의 응고로 수분 흡수가 방해되어 바삭하게 된다.
③ 글루텐 함량이 높은 밀가루가 오랫동안 바삭한 상태를 유지한다.
④ 얼음물에 반죽을 하면 점도를 낮게 유지하여 바삭하게 된다.

44. 달걀의 기능을 이용한 음식의 연결이 잘못된 것은?

① 응고성 – 달걀찜
② 팽창제 – 시폰케이크
③ 간섭제 – 맑은 장국
④ 유화성 – 마요네즈

45. 조리 시 일어나는 현상과 그 원인으로 연결이 틀린 것은?

① 장조림 고기가 단단하고 잘 찢어지지 않음—물에서 먼저 삶은 후 양념간장을 넣어 약한 불로 서서히 조렸기 때문
② 튀긴 도넛에 기름 흡수가 많음—낮은 온도에서 튀겼기 때문
③ 오이무침의 색이 누렇게 변함—식초를 미리 넣었기 때문
④ 생선을 굽는데 석쇠에 붙어 잘 떨어지지 않음—석쇠를 달구지 않았기 때문

46. 탈수가 일어나지 않으면서 간이 맞도록 생선을 구우려면 일반적으로 생선 중량 대비 소금의 양은 얼마가 가장 적당한가?

① 0.1%
② 2%
③ 16%
④ 20%

47. 육류 조리에 대한 설명으로 맞는 것은?

① 육류를 오래 끓이면 질긴 지방조직인 콜라겐이 젤라틴화되어 국물이 맛있게 된다.
② 목심, 양지, 사태는 건열조리에 적당하다.
③ 편육을 만들 때 고기는 처음부터 찬물에서 끓인다.
④ 육류를 찬물에 넣어 끓이면 맛성분 용출이 용이해져 국물 맛이 좋아진다.

48. 식혜에 대한 설명으로 틀린 것은?

① 전분이 아밀라아제에 의해 가수분해되어 맥아당과 포도당을 생성한다.
② 밥을 지은 후 엿기름을 부어 효소반응이 잘 일어나도록 한다.
③ 80℃의 온도가 유지되어야 효소반응이 잘 일어나 밥알이 뜨기 시작한다.
④ 식혜 물에 뜨기 시작한 밥알은 건져내어 냉수에 헹구어 놓았다가 차게 식힌 식혜에 띄워 낸다.

49. 중조를 넣어 콩을 삶을 때 가장 문제가 되는 것은?

① 비타민 B_1의 파괴가 촉진됨
② 콩이 잘 무르지 않음
③ 조리수가 많이 필요함
④ 조리시간이 길어짐

50. 고기를 연하게 하기 위해 사용하는 과일에 들어 있는 단백질 분해효소가 아닌 것은?

① 피신(ficin)
② 브로멜린(bromelin)
③ 파파인(papain)
④ 아밀라아제(amylase)

51. 찹쌀떡이 멥쌀떡보다 더 늦게 굳는 이유는?

① pH가 낮기 때문에
② 수분함량이 적기 때문에
③ 아밀로오스의 함량이 많기 때문에
④ 아밀로펙틴의 함량이 많기 때문에

〈복어조리〉

52. 복어 독에 대한 설명이다. 다음 중 잘못된 것은?

① 복어의 독은 약해서 생명에는 지장이없다.
② 복어의 독은 테트로도톡신 (Tetrodotoxin)이다.
③ 복어독에 중독되었을 때는 신속하게 병원에서 위세척 후 산소호흡기를 부착하여야 한다.
④ 복어의 독은 맹독성이므로 주의하여야 한다.

53. 다음 복어의 부위 중 독소가 가장 많은 부분은?

① 간장
② 안구
③ 껍질
④ 뼈

54.복어껍질초회에 설명 중 잘못된 것은?

① 복어 껍질은 속피막을 벗기고 바로 데쳐서 무친다
② 복어 껍질의 가시는 칼로 잘 벗겨서 처리한다.
③ 복어 껍질초회는 야꼬미와 폰즈을 함께 곁들여낸다.
④ 복어 껍질초회는 미나리와 곁들여서 만들어낸다.

55. 다음 중 복어회를 담아내는 방법으로 바르지 않은 것은?

① 복어회는 원형접시에 위생적으로 담아서 제출한다.
② 복어회는 접시에 시계 반대 방향으로 돌려가면 담아낸다,
③ 복어회는 소금물에 담궈서 단단해지면 사용한다.
④ 중앙에는 복어 회를 말아 꽃 모양으로 만들어 담는다.

56. 다음 중 회칼의 특징을 설명한 것이다 올바르지 않는 것은?

① 칼날의 길이: 27~30㎝ 정도가 사용하기에 편리하다.
② 회칼은 연마의 정도에 따라 생선 살의 결이 달라진다.
③ 복어회용 칼은 회를 더 얇게 떠야 하므로 생선회용 칼과 길이는 비슷하나, 두께는 더 얇고 가볍다.
④ 복어의 칼은 클수록 좋다.

57. 야쿠미 와 폰즈를 만드는 방법 중 틀린 것은?

① 야쿠미:강판에 갈아 찬물에 담근 후 물기를 제거하고, 고운 고춧가루를 이용해 무친다.
② 폰즈: 다시물1+간장1+식초1로 잘 혼합하여 사용한다.
③ 야쿠미:무를 데친다음 갈아서 고춧가루에 무친다.
④ 야꼬미와 폰즈를 함께 제출한다.

58. 복어처럼 살에 탄력이 있는 흰살생선을 최대한 얇게 써는 방식으로 높은 기술을 요구하는 것은?

① 히라즈쿠리　　② 히키즈쿠리
③ 우스즈쿠리　　④ 호소즈쿠리

59. 복어손질 중 독소를 제거하는 방법으로 틀린 것은?

① 복어의 독은 100℃에서 사멸되기에 끓는물에 데친다.
② 복어독은 그원인의 발원지인 내장을 터지지 않게 제거 하여야한다.
③ 피로 인한 독의 전이를 막기위해 위생적으로 제독처리 순서에 따라 독소를 제거 하여야 한다.
④ 제독처리된 복어는 흐르는 물에 충분히 독을 제거하여야한다.

60. 다음은 가다랑어(가쯔오부시)에 대한 설명이다. 올바르지 않은 것을 고르시오?

① 가다랑어포는 복어 요리에서 일번다시를 뽑는데 사용한다.
② 깎아 놓은 것은 한 장을 들어 보아서 맞은편 사람이 보일 정도의 투명감이 있는 것을 사용한다.
③ 가다랑어의 단백질이 아미노산으로 변해 맛을 내는 주성분인 이노신산이 증가한다.
④ 끓는물에 장시간 끓여줘야 진한 감칠맛이 난다.

모의고사 정답

제 1회 한식 정답

01	02	03	04	05	06	07	08	09	10	11	12	13	14	15	16	17	18	19	20
④	①	③	②	①	③	③	④	③	②	③	①	③	③	③	④	①	②	③	①
21	22	23	24	25	26	27	28	29	30	31	32	33	34	35	36	37	38	39	40
①	②	③	②	①	②	④	③	③	②	①	④	②	②	③	①	①	④	②	③
41	42	43	44	45	46	47	48	49	50	51	52	53	54	55	56	57	58	59	60
①	③	③	③	④	④	③	④	③	②	①	③	④	①	②	②	③	②	④	③

제 2회 한식 정답

01	02	03	04	05	06	07	08	09	10	11	12	13	14	15	16	17	18	19	20
④	①	④	①	②	③	①	②	④	①	②	①	①	④	③	③	②	③	④	②
21	22	23	24	25	26	27	28	29	30	31	32	33	34	35	36	37	38	39	40
④	③	①	③	②	①	④	④	④	④	③	③	④	④	②	①	②	④	①	①
41	42	43	44	45	46	47	48	49	50	51	52	53	54	55	56	57	58	59	60
②	④	④	①	①	①	④	②	③	②	①	③	④	②	③	①	③	②	①	①

제 3회 양식 정답

01	02	03	04	05	06	07	08	09	10	11	12	13	14	15	16	17	18	19	20
③	①	③	②	④	③	④	④	③	④	③	④	②	④	②	④	②	③	①	④
21	22	23	24	25	26	27	28	29	30	31	32	33	34	35	36	37	38	39	40
②	①	③	①	③	②	③	①	③	④	①	③	①	③	②	④	②	③	③	②
41	42	43	44	45	46	47	48	49	50	51	52	53	54	55	56	57	58	59	60
④	③	④	②	④	③	①	①	②	①	①	④	③	③	①	④	②	③	②	④

제 4회 양식 정답

01	02	03	04	05	06	07	08	09	10	11	12	13	14	15	16	17	18	19	20
①	①	④	②	④	④	③	②	②	④	②	④	④	①	③	③	①	①	④	①
21	22	23	24	25	26	27	28	29	30	31	32	33	34	35	36	37	38	39	40
④	④	②	③	④	①	④	④	②	②	①	④	①	①	③	③	①	②	④	②
41	42	43	44	45	46	47	48	49	50	51	52	53	54	55	56	57	58	59	60
③	③	②	②	④	①	③	④	④	③	④	①	②	②	③	④	②	①	③	①

제 5회 중식 정답

01	02	03	04	05	06	07	08	09	10	11	12	13	14	15	16	17	18	19	20
②	③	②	③	②	④	②	③	②	①	②	②	③	③	②	④	④	①	②	②
21	22	23	24	25	26	27	28	29	30	31	32	33	34	35	36	37	38	39	40
④	④	②	③	①	①	①	①	③	③	②	③	①	②	④	①	①	④	②	①
41	42	43	44	45	46	47	48	49	50	51	52	53	54	55	56	57	58	59	60
③	①	④	②	①	④	②	③	④	③	④	④	④	①	④	③	①	④	④	①

제 6회 일식 정답

01	02	03	04	05	06	07	08	09	10	11	12	13	14	15	16	17	18	19	20
①	④	②	②	③	①	①	②	①	①	④	③	①	④	④	②	④	③	①	②
21	22	23	24	25	26	27	28	29	30	31	32	33	34	35	36	37	38	39	40
④	②	③	④	②	③	①	①	①	①	①	①	①	②	①	③	②	②	①	①
41	42	43	44	45	46	47	48	49	50	51	52	53	54	55	56	57	58	59	60
②	④	②	③	④	①	④	②	②	①	②	①	④	①	①	④	④	②	③	④

제 7회 복어 정답

01	02	03	04	05	06	07	08	09	10	11	12	13	14	15	16	17	18	19	20
④	③	③	①	③	①	④	②	②	③	③	③	②	①	②	①	①	④	④	④
21	22	23	24	25	26	27	28	29	30	31	32	33	34	35	36	37	38	39	40
①	③	②	④	③	②	③	②	②	②	①	②	③	③	④	④	③	①	③	②
41	42	43	44	45	46	47	48	49	50	51	52	53	54	55	56	57	58	59	60
④	④	③	③	①	②	④	③	①	④	④	①	①	①	③	④	③	③	①	④

모의고사 해 설

제 1회 한식 해설

01. ④

위생관리의 필요성
① 식중독 위생사고 예방
② 식품위생법 및 행정처분 강화
③ 상품의 가치가 상승함(안전한 먹거리)
④ 점포의 이미지 개선(청결한 이미지)
⑤ 고객 만족(매출 증진)
⑥ 대외적 브랜드 이미지 관리

02. ①

대장균– 위생지표 세균이란 위생적으로 지표가 되는 세균을 말하며, 식품을 오염시킨 세균의 정도와 식품의 안정성 및 보존성 여부를 간접적으로 평가한다. 일반적으로 대장균을 위생지표 세균으로 이용한다.

03. ③

식품의변질
- 부패: 단백질 식품이 미생물의 작용에 의해 형태,색, 경도, 맛 등의 본래 성질을 잃고 인체에 유해한 물질이 생성되는 현상
- 발효: 탄수화물이 미생물의 분해작용을 받아 유기산, 알코올 등을 만드는 현상으로 식품의 변질을 이용하여 이로운 식품이나 물질을 얻는다.
- 변패: 단백질 이외의 질소를 함유하지 않는 탄수화물이나 지질식품이 미생물 등의 작용에 의하여 변화를 받아서 변질되는 현상으로 부패의 경우보다 유해물질의 생성이 비교적 적다.
- 산패: 지방이 분해(산화)되어 불결한 냄새가 나고 변색, 풍미 등의 변화를 가져온다.

04. ②

살모넬라 식중독의 원인 식품은 육류 및 그 가공품, 우유 및 유제품, 채소, 샐러드, 알 등이다.

05. ①

세균성 식중독과 소화기계 전염병의 차이

세균성 식중독	소화기계 전염병(경구 전염병)
① 식중독균에 오염된 식품을 섭취하여 발병한다. ② 대량의 균 또는 독소에 의해 발병한다. ③ 장염비브리오, 살모넬라 외에는 2차감염이 없다. ④ 잠복기는 소화기계 전염병에 비해 짧다. ⑤ 면역성이 없다.	① 전염병균에 오염된 식품과 물의 섭취에 의해 경구 감염을 일으킨다. ② 소량의 균으로도 발병한다. ③ 2차 감염이 된다. ④ 잠복기가 일반적으로 길다. ⑤ 면역이 성립되는 것이 많다.

06. ③

감자의 독성물질은 솔라닌으로, 감자의 싹이 트는 부분이나 녹색을 나타내는 부분에 많이 들어 있으며 부패한 감자독은 셉신이다.

07. ③

청매: 아미그달닌은 식물성식중독이다.

08. ④

* 알레르기성 식중독 : 부패된 단백질 식품(꽁치,고등어, 정어리등)을 섭취함으로써 알레르기 반응을 보이는 식중독이다.
  - 원인균: 프로테우스 모르가닌균
  - 원인물질 : 히스타민
  - 증상 : 두드러기 증상

09. ③

* 관능을 만족시키는 첨가물 : 조미료, 감미료, 산미료, 착색료, 착향료, 발색제, 표백제
* 식품 영양강화에 사용하는 첨가물 : 강화제

10. ②

* 공중보건의 대상은 개인이 아니고 지역사회나 한 국가의 국민이 하나의 단위가 된다.

11. ③

* 수인성 전염병인 소화기계 전염병은 환경위생 개선으로 감소시킬 수 있으나, 홍역은 공기 전파이므로 환경위생 개선으로 예방할 수 없다.
  - 호흡기병 – 호흡기계 탈출 : 기침, 재채기, 침 등 → 예방접종 실시
  - 디프테리아, 홍역, 백일해, 풍진, 인플루엔자, 성홍열, 유행성 이하선염 등
  - 소화기 전염병 – 소화기계 탈출 : 분변, 토물 등 → 환경위생 철저
  - 장티푸스, 콜레라, 이질, 파라티푸스, 병원성 대장균, 소아마비 등

12. ①

* 전염병 발생의 3대 원인 : 전염원(병원소), 전염경로(환경), 감수성 숙주

13. ③

* 요충은 집단감염 기생충으로 항문 주위에 산란하므로 항문에 소양증이 있다.

14. ③

* 무구조충 – 쇠고기의 생식을 금해야 예방할 수 있다.

15. ③

* 멸균 : 강한 살균력으로 미생물, 기타 모든 균을 멸살시키는 것이다.
  - 소독 : 병원 미생물의 생활을 파괴 또는 멸살시켜 병원균의 감염력과 증식력을 억제하는 것이다.
  - 방부 : 미생물의 성장을 억제하여 식품의 부패와 발효를 억제하는 것이다.

그래서 미생물에 작용하는 강도의 순서는 멸균 〉 소독 〉 방부의 순이다.

16. ④

* 역성(양성)비누는 무색, 무취, 무자극성, 무독성이므로 식품 및 식기, 조리자의 손을 소독하는데 사용되며 세척력은 약하지만, 살균력은 강하다. 보통비누와 동시에 사용하거나, 유기물이 존재하면 살균효과가 떨어지므로 세제로 씻은 후 사용하는 것이 좋다.

17. ①

* 카드뮴중독 : 이타이이타이병의 원인 물질로 폐기종, 신장애, 골연화, 단백뇨 등의 증세가 있다.
* 수은 중독 : 미나마타병의 원인 물질로 언어장애, 지각이상, 보행곤란을 일으킨다.

18. ②

* 식품위생법상 식품이란 의약품을 제외한 모든 음식물을 말한다.

19. ③

* 판매금지 대상이 되는 식품 및 식품첨가물
  - 썩었거나 상하였거나 설익은 것으로 인체의 건강을 해할 우려가 있는 것
  - 유독.유해 물질이 들어 있거나 묻어 있는 것 또는 염려가 있는 것 (다만, 인체의 건강을 해할 우려가 없다고 식품의약품 안전청장이 인정하는 것은 예외)
  - 병원 미생물에 오염되었거나 건강을 해할 우려가 있는 것
  - 불결하거나 이물질이 혼입 또는 첨가, 기타의 사유로 인체의 건강을 해할 우려가 있는 것
  - 영업의 허가를 받지 않거나 신고하지 않은 자가 제조, 가공한 것
  - 수입이 금지된 것이나 수입신고를 하지 않고 수입한 것
  - 질병에 걸린 동물의 고기, 뼈, 젖, 장기 또는 혈액 등
  - 기준과 규격이 고시 되지 않은 화학적 합성품
  - 기준과 규격에 맞지 않는 식품 또는 식품첨가물
  - 표시기준에 맞지 않는 식품 및 식품첨가물

20. ①

* 식품접객업
  - 휴게음식점 영업 : 음식물을 조리, 판매하는 영업으로서

음주행위가 허용되지 아니하는 영업
- 일반음식점 영업 : 음식물을 조리, 판매하는 영업으로서 식사와 함께 부수적으로 음주행위가 허용되는 영업
- 단란주점 영업 : 주로 주류를 조리, 판매하는 영업으로서 손님이 노래를 부르는 행위가 허용되는 영업
- 유흥주점 영업 : 주로 주류를 조리, 판매하는 염업으로서 유흥종사자를 두거나 유흥시설을 설치할 수 있고 손님이 노래를 부르거나 춤을 추는 행위가 허용되는 영업
- 일반음식점의 객실에는 잠금장치를 설치할 수 없다.
- 휴게음식점 및 일반음식점의 영업장에는 손님이 이용할 수 있는 자막용 영상장치 또는 자동 반주장치를 설치하여서는안 된다.
- 일반음식점의 객실 안에는 무대장치, 음향 및 반주시설, 우주볼 등의 특수조명시설을 설치하여서는 안 된다.

21. ①

* 식품위생행정은 보건복지부의 관계부서에서 업무의 성질에 따라 분담하는데, 주로 식품의약품 안전청에서 담당하고 있다.

22. ②

본단계(7원칙)
⑥ (원칙1) 위해요소분석
⑦ (원칙2) 중점관리점 결정
⑧ (원칙3) 중점관리점의 한계기준 설정
⑨ (원칙4) 중요관리점별 모니터링 체계 수립
⑩ (원칙5) 개선조치방법 설정
⑪ (원칙6) 검증절차 및 방법 수립
⑫ (원칙7) 문서화하는 기록유지 방법 설정

23. ③

응급조치의 목적
응급조치는 생명과 건강을 심각하게 위협받고 있는 환자에게 전문적인 의료가 실시되기에 앞서 긴급히 실시되는 처치로서 환자의 상태를 정상으로 회복시키기 위해서라기보다는 생명을 유지시키고, 더 이상의 상태 악화를 방지 또는 지연시키는 것을 목적으로 하고 있다.

24. ②

식품을 －30℃~－40℃의 저온으로 급속 냉동하면 급속히 동결하므로 수분은 작은 결정이 되어 조직을 거의 파괴하지 않는다.

25. ①

* 탄수화물은
  - 단당류 – 포도당, 과당, 갈락토오스, 만노스, 5탄당
  - 이당류 – 맥아당(포도당+포도당), 설탕(포도당+과당), 유당(포도당+갈락토오스)
  - 다당류 – 전분, 글리코겐, 섬유소, 펙틴, 한천, 이눌린, 알긴산, 헤미셀룰로오스

26. ②

* 맛의 현상
  - 변조현상 : 한가지 맛을 느낀 후 다른 맛을 보았을 때 고유의 맛이 아닌 다른 맛을 느끼게 되는 것이다.(쓴 약을 먹은 뒤 물을 마시면 단맛이 느껴지는 경우)
  - 상쇄현상 : 두 종류의 맛이 혼합되었을 때 각 맛을 느낄 수 없고 조화된 맛을 느끼는 경우
  - 대비현상 : 본래의 물질에 다른 물질이 섞여서 본래의 맛이 증가하는 것이다.
  - 미맹현상 : 쓴맛 물질인PTC에 대하여 쓴맛을 느끼지 못하는 현상

27. ④

호화된 전분을 상온에서 방치하면 전분으로 되돌아가는데 이러한 변화를 전분의 노화라 한다. 노화는 온도가 0~4℃일 때 가장 잘 일어나기 쉽다.

28. ③

* 안토시안계 색소는 과실, 꽃, 야채류에 존재하는 빨간색, 자색, 청색의 색깔을 가진 수용성인 색소들이며 산성에서는 적색, 중성에서는 보라색, 알칼리성에서는 청색을 띤다.

29. ③

* 전분은 음식물로 섭취하는 다당류로 열량원이다.
* 식이섬유는 소화효소로 가수분해되지 않아 소화되지 않고 장내의 유해물을 배설하는데 도움을 준다. 식물성으로는 셀룰로오스, 헤미셀룰로오스, 펙틴, 리그닌 등이 있고 갑각류(게, 가재, 새우 등)에 존재하는 키틴 등이 있다.

30. ②

* 필수지방산이란 불포화지방산 중 체내에서 합성되지 못하여 식품으로 섭취해야 하는 것을 말하며 그 종류로는 리놀레산, 리놀렌산, 아라키돈산 등이 있다. 불포화지방산은

이중결합이 1개이상으로 상온에서 액체상태이며, 콩키름, 옥수수유 등은 50%이상을 함유한다. 그 외에도 참기름, 면실유에도 많이 들어 있다.

31. ①

* 몸의 생리기능을 조절하고 질병을 예방하는 것은 조절식품으로, 비타민과 무기질을 들 수 있으며 채소 및 과일류에 많이 들어 있다.

32. ④

* 유당(젖당)은 포유동물의 유즙 중에 존재하는 이당류(포도당+갈락토오스)로, 식품 내에 젖당이 존재하면 젖산균의 발육이 촉진되어 유해세균의 발육이 억제되므로 정장의 효과가 있다.

33. ②

* 흰색 야채에 함유된 플라보노이드 계통의 색소는 산에서 백색을 유지하고 알칼리성에서는 황색으로 되므로 약간의 식초를 넣고 삶는 것이 백색을 유지하는데 도움이 되며, 명반은 고구마나 밤, 토란등을 삶을 때 모양이 부서지지 않게 하기 위해 사용할 때도 있다.

34. ②

* 지질은 에너지 공급원으로 1g당 9kcal의 가장 많은 열량을 내며 지용성 비타민의 인체 내 흡수를 도와주고, 뇌와 신경조직의 구성성분으로 주요 장기보호 및 체온조절, 필수 지방산을 공급한다.

(나) 뼈와 치아를 형성하는 것은 칼슘이다.

35. ③

위에서의 소화효소
㉠펩신 : 단백질 → 펩톤(펩타이드)
㉡레닌 : 우유단백질(카제인) → 응고

36. ①

* 달걀의 감별법
• 외관관찰 : 계란껍질은 두껍고 강한 것이 품질이 좋다. 신선한 난각에는 표면이 거칠거칠한 큐티클 층이 형성되어 있어 세균의 침입을 막아준다.
• 투시법 : 신선한 달걀은 난백부가 밝으며, 기실은 적고 난황은중앙부에서 둥글고 엷은 장미색을 나타낸다.
• 비중법 : 6%의 식염수에 담갔을 때 밑에 가라앉으면 신선하다고 본다. 신선란의 비중은 약 1.08~1.09인데 신선도가 저하됨에 따라 감소한다.
• 난황계수 : 계란을 깨뜨려서 노른자의 높이와 직경을 측정하여 높이를 직경으로 나눈 값을 난황계수라 한다. 신선한 달걀의 난황계수는 0.36~0.44이다.

이것 외에 혀에 대 보아서 둥근 부분이 따뜻하고 뾰족한 부분은 찬 것이 신선한 달걀이다.

37. ①

원가의 3요소 : 재료비, 노무비, 경비

38. ④

* 원가계산의 원칙
진실성 원칙, 발생기준 원칙, 계산경제성 원칙, 확실성 원칙, 정상성 원칙, 비교성 원칙, 상호관리 원칙

39. ②

① 직접원가(기초원가) = 직접재료비 + 직접노무비 + 직접경비
② 제조원가(생산원가) = 직접원가(직접재료비+직접노무비+직접경비) + 제조간접비
= (10,000원 + 23,000원 + 15,000원) + 15,000원 = 63,000원

40. ③

※단백질 분해효소
파인애플(브로멜린, Bromelin), 키위(액티니딘, Actinidin), 파파야(파파인, Papain), 무화과(피신, Ficin), 배(프로테아제, Protease) 등

41. ①

* 동물을 도살하여 방치하면 조직이 단단해지는 사후강직이 일어나고, 이 기간이 지나면 근육자체의 효소에 의하여 자기 소화 현상이 일어난다. 이때 고기는 연해지고 풍미도 좋고 소화도 잘 되는데 이 현상이 숙성이며 시간이 지나면서 부패가 진행된다.

42. ③

* 어묵은 어육단백질인 미오신이 소금(염)에 녹는 성질을 이용한 것으로 연제품의 탄력 형성에 직접 관여한다.

43. ③

* 밀가루에는 글루테닌과 글리아딘이란 단백질이 들어있는데, 밀가루에 물을 부어 반죽하면, 결합하여 글루텐을 형성하여 점탄성을 갖게 된다.

44. ③

* 난백의 기포성에 영향을 미치는 인자
  - 난백은30℃에서 거품이 잘 일어난다.(냉장고에 두었던 달걀을 사용할 때는 냉장고에서 꺼내 온도를 높여서 거품을 낸다.)
  - 오래된 달걀이 신선한 달걀보다 거품이 잘 일어나나 안정성은 적다.
  - 기름, 우유는 기포력을 저해하고, 설탕은 거품을 완전히 낸 후 마지막 단계에서 넣어주면 거품이 안정되며, 산(오렌지 주스, 식초, 레몬즙)은 기포형성을 도와준다.
  - 달걀을 넣고 젓는 그릇의 모양은 밑이 좁고 둥근 바닥을 가진 것이 평평하게 벌어진 것보다 좋으며, 젓는 속도가 빠를수록 기포력이 크다.

45. ④

지방의 역할로 제빵할 때 지방을 넣으면 반죽의 취급과 성형이 잘 될 뿐 아니라 빵이 연해지고 향기와 저장성이 높아지며 빵의 부피도 커진다.

46. ④

* 생선 조리 시 식초나 레몬을 넣으면 생선가시는 연해지고 생선의 단백질이 응고되어 생선살은 단단해진다.

47. ③

* 마요네즈를 만들 때 기름과 난황이 분리되는 이유는 가해주는 기름의 양과 교반해 주는 힘이 맞지 않거나, 달걀이 오래된 것이거나, 온도가 부적당하거나, 계속 기름을 가해주면(기름의 양이 많으면) 분리가 된다.

48. ④

* 채소를 데치기 하는 이유로는 조직의 유연과 부피의 감소, 효소파괴, 살균 효과 등을 들 수 있다.

49. ③

* 가열조리
  - 습열조리 : 삶기, 찌기, 끓이기
  - 건열조리 : 굽기, 볶기, 튀기기, 부치기 등
  - 전자렌지에 의한 조리 : 초단파(전자파) 이용
* 편육, 장조림, 꼬리곰탕은 물을 넣고 끓이는 습열조리에 해당되고 불고기는 건열조리에 해당된다.

50. ②

51. ①

썰기의 목적
① 모양과 크기를 정리하여 조리하기 쉽게 한다.
② 먹지 못하는 부분을 없앤다.
③ 씹기를 편하게 하여 소화하기 쉽게 한다.
④ 열의 전달이 쉽고, 조미료(양념류)의 침투를 좋게 한다.

52. ③

보시기
- 김치류를 담는 그릇
- 쟁첩보다 약간 크고 조치보다는 운두가 낮음

53. ④

육수 조리 시 주의 사항
ⓐ 찬물로 시작 : 뼈 속 내용물 용해를 쉽게 하기 위해
ⓑ 센 불로 시작 약 불로 마무리 : 오랜 시간 은근히 끓이기
ⓒ 거품과 불순물 제거 : 육수가 혼탁해지는 것을 방지
ⓓ 투명하게 걸러내기 : 재료와 국물을 분리하여 맑은 육수를 준비
ⓔ 순환 냉수에 급속 냉각 : 급속 냉각시켜 육수가 상하는 것을 방지
ⓕ 생산 일지에 기록 저장 : 선입 선출 방법으로 효율적으로 저장

54. ①

구분	내용
맑은 찌개류	소금이나 새우젓으로 간을 맞춘 것 두부젓국찌개와 명란젓국찌개 등
탁한 찌개류	된장이나 고추장으로 간을 맞춘 것 된장찌개, 생선찌개, 순두부찌개, 청국장찌개, 두부고추장찌개, 호박감정, 오이감정, 게감정 등

55. ②

전 · 적 조리 방법

① 전처리 : 재료를 지지기 좋고, 먹기 좋은 크기로 하여 얇게 저미거나, 채썰기
  - 육류와 해산물 : 구우면 수축하므로 다른 재료보다 길게 자름
  - 육류와 어패류 : 익힐 때 오그라드는 것을 방지하기 위해 잔칼집 넣기

② 조미하기(소금, 후추)

③ 밀가루, 달걀 물 입히기

④ 번철(그리들), 후라이팬, 석쇠 등 조리도구에 기름을 두르고 부치기

⑤ 완성한 전은 겹쳐지지 않게 펴서 기름 종이 위에 올려두어 식히기

⑥ 초간장 곁들이기

56. ②

조림

- 고기, 생선, 감자, 두부 등을 간장으로 조린 식품
- 조리방법 : 재료를 큼직하게 썬 다음 간을 하고 처음에는 센 불에서 가열하다가 중불에서 은근히 속까지 간이 배도록 조리고 약불에서 오래 익히는 것
- 식품이 부드러워지고 양념과 맛 성분이 배어드는 조리법
- 생선조림 : 흰살 생선은 간장을 주로 사용하고, 붉은살 생선이나, 비린내가 나는 생선은 고춧가루나 고추장을 넣고 조림
- 소고기를 간장 조림 : 염절임 효과와 수분활성도의 저하 및 당도가 상승되어 냉장 보관 시 10일 정도의 안전성을 가짐
- 소고기장조림, 돼지고기 장조림, 생선조림, 두부조림, 감자조림, 풋고추조림 등

57. ③

구이 양념하기

- 설탕과 향신료는 먼저 쓰고, 간은 나중에 하는 것이 좋다.
- 소금 구이를 하는 생선은 가능한 한 선도가 높은 생선을 선택하는 것이 좋다.
- 소금은 생선 무게의 약 2% 정도가 적당하다.
- 재워 두는 시간 : 양념 후 30분 정도
- 고추장 양념의 경우 미리 만들어 3일 정도 숙성시켜야 고춧가루의 거친 맛이 줄고 깊은 맛이 남

※ 유장이란? 간장 : 참기름 = 1:3 비율로 섞은 것

58. ②

음식의 종류와 담는 양

① 식기의 50% : 장아찌, 젓갈

② 식기의 70% : 국, 찜/선, 생채, 나물, 조림 · 초, 전유어, 구이 · 적, 회 쌈, 편육 · 족편, 튀각 · 부각, 포, 김치

③ 식기의 70~80% : 탕/찌개, 전골/볶음

59. ④

조리법의 특징

습열 조리	끓이기, 삶기	• 많은 양의 물에 식품을 넣고 가열하여 익힘 • 조리시간이 길고, 고루 익혀야 함 • 수용성 영양소가 빠져 나오므로 국물까지 이용이 가능
	데치기	• 녹색 채소는 선명한 푸른색을 띠어야 하고 비타민C의 손실이 적어야 함 • 채소를 찬물에 넣으면 채소의 온도를 급격히 저하 → 비타민C의 자가분해를 방지
	찌기	• 가열된 수증기로 식품을 익히는 방법으로 식품 모양이 그대로 유지됨 • 수용성 영양소의 손실이 적음
건열 조리	볶기	• 냄비나 프라이팬에 기름을 두르고 식품이 타지 않게 뒤적이며 조리 • 지용성 비타민의 흡수를 돕고, 수용성 영양소의 손실이 적음

60. ③

볶음 재료 특징

ⓐ 말린 채소는 생채소보다 비타민과 미네랄 함량이 높다.

ⓑ 참기름 : 리그난이 산패를 막는 기능을 하므로 4℃ 이하 온도에서 보관시 굳거나 부유물이 뜨는 현상이 발생하므로, 마개를 잘 닫아 직사광선을 피해 상온 보관한다.

ⓒ 들기름 : 리그난이 함유되어 있지 않아 오메가-3 지방산이 많이 들어 있어 공기에 노출되면 영양소가 파괴되어 마개를 잘 닫아 냉장 보관한다.

제 2회 한식 해설

01. ④

* 발효란 탄수화물이 미생물의 작용을 받아 알코올이나 각종 유기산을 생성하는 경우로 생성물을 식용으로 유용하게 사용한다.

02. ①

* 독소형식중독인 포도상구균은 화농성 질환의 대표적인 원인균으로 식중독의 원인물질인 장독소 엔테로톡신을 생성한다. 장독소는 내열성이 강해 120℃에서 30분간 처리해도 파괴되지 않는다.

03. ④

* 클로스트리디움 보툴리늄균은 독소형 식중독으로 신경독소 뉴로톡신을 생산하며 세균성 식중독 중 치명률이 가장 높다.

04. ①

식품의 독성분
- 솔라닌– 감자의 발아부위에서 발견되는 독성분
- 엔테로톡신 – 포도상구균 식중독의 원인독소로 장독소); 열에 강함(120℃에서 30분간 가열해도 파괴 안 됨)
- 삭시톡신 – 섭조개의 독성분으로, 신경마비성 독소이며 열에 안정적이다.

05. ②

* 주스 통조림관의 녹이 주스에 이행되는 것은 납과 주석의 감염경로이다.

06. ③

* 식품첨가물의 사용목적은 식품의 영양가치 향상, 품질향상, 보존기간연장, 기호성 향상, 식품의 대량생산 등의 목적으로 사용하나 안전성이 문제되는 경우가 많다.

07. ①

* 식품의 오염방지를 위해 합성세제는 중성의 것을 사용한다.

08. ②

독미나리 –시큐톡신(cicutoxin)

09. ④

* 100ml의 20%는 20ml이며, 설탕은 당질로 1g당 4kcal의 열량을 내므로 20ml* 4kcal = 80kcal 이다.

10. ①

* WHO는 건강에 관하여 "단순한 질병이나 허약의 부재상태만이 아니라, 육체적, 정신적, 사회적 안녕의 완전한 상태"라고 정의하고 있다.

11. ②

* 기온역전현상
대기층의 온도는 100m 상승시마다 1℃정도 낮아져서 상부기온이 하부기온보다 낮지만 기온 역전현상이라 함은 상부기온이 하부기온보다 높은 때를 말한다.

12. ①

* 폐흡충(폐디스토마)
제1중간숙주 – 다슬기 – 제 2중간숙주 – 가재, 게– 내장, 아가미, 근육 등에 분포, 기생
* 간흡충(간디스토마) – 왜우렁이 – 민물고기 – 사람

13. ①

* 고압증기멸균법은 아포를 포함한 모든 균을 사멸한다.

14. ④

* 역성비누는 무색,무취,무자극성, 무독성으로 식품 및 식기, 조리자의 손 소독에 이용된다.

15. ③

* 무구조충(민촌충)은오염된 풀을 중간 숙주인 소가 먹으면 유충이 탈출하여 장벽을 뚫고 혈액을 통하여 근육내에 이행되며, 3~6개월이면 무구낭충이 된다.

16. ③

식품위생법의 목적
① 식품으로 인해 생기는 위생상의 위해를 방지
② 식품 영양의 질적 향상을 도모
③ 식품에 관한 올바른 정보를 제공
④ 국민보건의 증진에 이바지함

17. ②

식품위생감시원의 직무(시행령 제 17조)
① 식품 등의 위생적인 취급에 관한 기준 이행 지도

② 수입, 판매 또는 사용 등이 금지된 식품 등의 취급 여부에 관한 단속
③ 표시기준 또는 과대광고 금지의 위반 여부에 관한 단속
④ 출입, 검사에 필요한 식품 등의 수거
⑤ 시설기준의 적합 여부 확인 검사
⑥ 영업자 및 종업원의 건강진단 및 위생교육의 이행 여부 확인 지도
⑦ 조리사 및 영양사의 법령준수사항 이행 여부의 확인, 지도
⑧ 행정처분의 이행 여부 확인
⑨ 식품 등의 압류, 폐기
⑩ 영업소의 폐쇄를 위한 간판 제거 등의 조치
⑪ 그밖에 영업자의 법령 이행 여부 확인 지도

18. ③

영업허가

업종	허가 관청
식품조사 · 처리업	식품의약품안전처장
단란주점, 유흥주점 영업	특별자치시장 · 특별자치도지사 또는 시장 · 군수 · 구청

19. ④

한 지역이나 국가의 보건 수준을 나타내는 지표 - 영아사망률, 조사망률(보통사망률), 질병이환율

20. ②

발색제(색소고정제) ★
① 특징: 자신은 무색이지만, 식품중의 색소 성분과 반응하여 그 색을 고정(보존)하거나, 나타내게(발색) 하는 데 사용하는 첨가물
② 종류
- 아질산나트륨: 식육제품, 경육제품, 어육소시지, 어육햄에만 사용

21. ④

교차오염 - 도마
- 나무재질의 도마, 칼, 장갑, 행주, 생선과 채소, 과일 준비 코너에서 교차오염이 발생
  → 용도별(식품의 종류별, 조리 전후)로 구분하여 사용, 세척 및 살균, 청결 유지, 정확한 사용방법과 청소 및 세척방법을 숙지한다.

22. ③

재난의 원인 4요소
인간(Man), 기계(Machine), 매체(Media), 관리(Management)

23. ①

칼은 보이는 곳에 두어야 안전하다.

24. ③

안전관리 점검
① 일상점검
일상점검은 주방관리자가 매일 조리기구 및 장비를 사용하기 전에 육안을 통해 주방 내에서 취급하는 기계 · 기구 · 전기 · 가스 등의 이상 여부와 보호구의 관리실태 등을 점검하고 그 결과를 기록 · 유지하도록 하는 것.
② 정기점검
안전관리책임자는 조리작업에 사용되는 기계 · 기구 · 전기 · 가스 등의 설비기능 이상 여부와 보호구의 성능유지 여부 등에 대하여 매년 1회 이상 정기적으로 점검을 실시하고 그 결과를 기록 · 유지하여야 한다.
③ 긴급점검
긴급점검은 관리주체가 필요하다고 판단될 때 실시하는 정밀점검 수준의 안전점검이며 실시목적에 따라 손상점검과 특별점검으로 구분한다.
- 특별점검 - 결함이 의심되는 경우나, 사용제한 중인 시설물의 사용 여부 등을 판단하기 위해 실시하는 점검

25. ②

분말용소화기 사용법
① (손잡이를 잡지 않은 상태에서) 손잡이 부분의 안전핀을 뽑는다.
② 바람을 등지고 서서 호스를 불쪽으로 향하게 잡는다.
③ 손잡이를 움켜 쥐어 빗자루로 쓸 듯이 분사시킨다.
④ 불이 난 지점에 골고루 넓게 분사한다.
⑤ 불이 꺼지면 소화기의 손잡이를 놓는다.

26. ①

* 식품의 부패에 관계하는 저온성 세균 중에는 -10℃정도에서도 발육이 가능한 것이 있다. 그러므로 품질을 좋은 상태로 유지하기 위해서는 -20℃이하에서 냉동한다.

27. ④

* 요오드가는 지방산의 불포화도를 나타내는 척도로 요오드가가 높을수록 불포화도가 높다.
  - 건성유(요오드가 130이상)- 들깨, 아마인유, 호두, 잣 등
  - 반건성유(요오드가 100~130)-대두유, 면실유, 유채기름, 해바라기씨기름, 참기름 등
  - 불건성유(요오드가100이하)-땅콩기름, 동백기름, 올리브유 등

28. ④

토코페롤- 비타민 E

29. ④

플라보노이드

- 황색을 띄는 수용성 색소
- 옥수수, 밀가루, 양파 등
  [안토잔틴(anthoxanthin)의 변화]
  - 산에서는 안정(백색), 알칼리에서 짙은 황색
  예) 밀가루에 중탄산나트륨(소다)을 넣어 빵이나 튀김옷을 만들면 황색이 된다. 우엉을 삶을 때 식초물 사용하면 백색이 됨
- 금속과도 쉽게 결합 → 변색이 됨

30. ④

* 메트미오글로빈의 생성은 자연산만이 아니라 가열에 의해서도 생기는데 이것은 고기를 굽는 경우의 색이다.

31. ③

* 식품 중 수분은 편의상 유리수와 결합수로 분류되며, 결합수의 특징은 0℃이하에서도 얼지 않으며, 압력을 가해도 제거되지 않는다.

32. ③

* 효소적갈변은 과실과 채소류 등을 파쇄하거나 껍질을 벗길 때 일어나는 현상으로 과실, 채소류의 상처받은 조직이 공기중에 노출되면 페놀 화합물이 갈색 색소인 멜라닌으로 전환하기 때문이며, 효소에 의한 갈변 방지방법으로 데치기(블랜칭)와 같은 식품을 고온에서 열처리하여 효소를 불활성화한다.

33. ④

생강 - 진저롤
고추-캡사이신
겨자 - 시니그린

34. ④

35. ②

36. ①

37. ②

* 신선한 난백의 ph는 7.6정도인데 달걀을 저장하는 동안 ph 9.7 까지 높아진다.

38. ④

* 달걀은 난황이 둥글고 농후난백이 많아 흰자가 흐르지 않는 것이 신선하다.

39. ①

* 노무비란 제품의 제조를 위하여 소비되는 노동의 가치를 말한다.(예 : 임금, 급료, 잡금, 상여금)

40. ①

* 정액법 : 고정자산의 감가총액을 내용연수로 균등하게 할당하는 방법으로
  매년 감가 상각액 = 내용연수 분의 기초가격 - 잔존가격
  잔존가격은 고정자산이 내용연수에 도달했을 때 매각하여 얻을 수 있는 추정가격을 말하는 것으로 보통 구입가격의 10%를 잔존가격으로 계산한다.
  1년 감각상각액=5년분의 50,000-5,000=9,000
  문제에서 3년을 사용하였을 경우를 물었으므로 9,000* 3 = 27,000원이다.

41. ②

* 호화전분을 상온으로 방치하면 베타전분으로되돌아가는 현상을 노화라 하며, 노화 억제 방법은 다음과 같다.
  0℃ 이하로 냉동, 80℃이상으로 급속건조, 수분함량을 15%이하로 조절, 설탕또는 유화제를 첨가

42. ④

* 난백의 기포형성에서 소량의 산은 기포력을 도와주며 우

유와 기름은 기포력을 저해한다.
설탕과 소금은 기포력을 약화시키므로 거품이 충분히 난 후에 넣는다.

43. ④

천일염(호렴)
- 바닷물을 염전으로 끌어와 바람과 햇볕으로 수분과 유해성분을 증발시킨 소금 (굵은 소금)
- 김장이나 장을 담글 때, 젓갈을 담글 때 주로 사용

44. ①

* 해산 어패류의 선도 평가에 적절한 지표성분은 트리메틸아민으로 신선한 어류에는 원래 존재하지 않지만 저장함에 따라 형성되고 저장기간이 길어짐에 따라 그 함량은 증가한다. 부패된 어류에서는 그 함량이 매우 크다.

45. ①

* 마멀레이드는 주로 오렌지, 레몬, 그레이프 후르츠로 만들며, 과일즙에 설탕, 과일의 껍질, 잘게썬 과일조각이 섞여 가열, 농축된 것이다.

46. ①

47. ④

48. ②

㉡ 계량의 단위
- 1컵(Cup, C) = 200㎖(국제단위 = 240㎖)
- 1큰술(Table spoon, Ts) = 15cc = 15㎖ = 3작은술(ts)
- 1작은술(tea spoon, ts) = 5cc = 5㎖
- 1온스(ounce, oz) = 30㎖
- 1파운드(pound, lb) = 16oz
- 1쿼터(quart) = 32oz

49. ③

열효율의 크기
전기(65%) 〉 가스와 석유(50%) 〉 연탄(40%) 〉 숯(30%)

50. ②

클로로필(엽록소, Chlorophyll)
- 녹색식물의 엽록체에 존재하는 지용성 색소(녹색)
- 산성용액(식초물)에서는 마그네슘이 수소이온으로 치환되어 갈색의 페오피틴이 생성
- 알칼리용액(소다)에서는 클로로필린이 형성되어 짙은 청록색을 유지한다.

51. ①

* 생선조림시 처음에는 뚜껑을 열고 끓여 비린 맛을 휘발시킨 후 뚜껑을 덮고 끓여야 생선 모양이 흩어지지 않고 비린내도 덜 난다.

52. ③

* 팔각은 중국요리에 많이 사용되는 별모양의 8각으로 2cm 정도의 크기이며, 닭고기 등의 조림요리에 사용된다.

53. ④

반상
- 밥을 주식으로 하여 차린 상차림
- 아랫사람(밥상), 어른(진짓상), 임금 (수랏상) 이라 부름
- 찬품 수는 최하 3품으로부터 12품으로 홀수(3첩, 5첩, 7첩 및 9첩 반상 등)로 나감
- 5첩은 평일 식사, 7첩은 여염집 신랑 · 색시상, 9첩은 반갓집, 12첩은 궁에서 차리는 격식

54. ②

조리의 목적
ⓐ 식품이 함유하고 있는 영양가를 최대로 보유하게 하는 것
ⓑ 향미를 더 좋게 향상시키는 것
ⓒ 음식의 색이나 조직감을 더 좋게 하여 맛을 증진시키는 것
ⓓ 소화가 잘 되도록 하는 것
ⓔ 유해한 미생물을 파괴시키는 것

55. ③

죽 조리 방법
㉠ 죽의 종류에 따라 재료를 미리 물에 담가 수분을 흡수시킨다.
㉡ 쌀은 30분에서 1시간 정도 침지시킨다. (쌀의 품종, 재배조건, 저장 기간에 따라 좌우)
㉢ 죽은 곡물의 5~7배 정도 물을 붓고 오래 끓여서 알이 부서지고 녹말이 완전 호화상태로까지 무르익게 만든다. (유동식 상태)

㉣ 재료에 따라 물의 양을 가감하되 처음부터 전부 넣어 끓인다.
㉤ 불의 세기는 중불 이하로 오랜 시간 끓인다. (냄비의 재질은 열을 은근하게 전하는 재질이 좋음)

56. ①

고명 올리기
고명은 음식에 직접적인 변화나 맛을 바꾸지는 않지만, 음식을 아름답게 꾸며 자극을 줌으로써 식욕을 돋구어 주며, 음식을 품위 있게 해주는 역할을 한다.

달걀 지단	달걀을 흰자와 노른자로 나누기 → 각각 소금넣고 저어 거품을 제거 → 팬에 지지기 → 원하는 길이로 자르기 → (비닐 포장, 냉동시킨 후 사용)
고기 완자	소고기 다지기 → 소금, 파, 마늘 등으로 양념 → 작은 크기로 만들기 → 밀가루를 입히기 → 달걀물을 묻히기 → 지지기
홍고추	어슷하게 썰어 고추씨를 제거하고 사용

57. ③

오이
- 취청오이, 다다기오이(단과형), 가시오이(장과형) 등
- 꼭지가 마르지 않고 색깔이 선명하며 시든 꽃이 붙어 있는 것
- 육질이 단단하면서 연하고 속씨가 적은 오이, 수분함량이 많아서 시원한 맛이 강하며, 처음과 끝의 굵기가 일정한 오이
- 짓무른 곳이 없고 육질이 단단하며 과면에 울퉁불퉁한 돌기가 있고 가시를 만져 보아 아픈 것
- 수분, 비타민 공급, 칼륨의 함량이 높아 체내 노폐물을 밖으로 내보내는 역할
- 쿠쿠르비타신(cucurbitacin C) : 쓴맛 성분

58. ②

구이 조리의 방법
㉠ 직접 조리방법-브로일링(broiling)
- 복사열을 위에서 내려 직화로 식품을 조리하는 방법
- 복사에너지와 대류에너지로 구성된 직접 열을 가하여 굽는 방법

59. ①

입도 (기호 # 으로 나타냄) : 숫자가 클수록 입자가 미세하다는 뜻

60. ①

* 밥을 주식으로 하는 상차림을 반상이라 하며 밥, 국(탕), 김치, 조치(찜, 찌개), 종지(간장, 초장, 초고추장)는 기본식으로 첩수에서 제외한다.

제 3회 양식 해설

01. ③

- 최종 판매일자 : 소비자에게 판매를 위해 제공할 수 있는 최종일자
- 소비기한 : 정해진 조건 하에서 보관했을 때 위생상의 안전성이 보장된 최종일
- 제조일자 : 식품공전에 규정된 제품으로 식품을 제조한 날짜

02. ①

* 식품이라 함은 의약으로 섭취하는 것을 제외한 모든 음식물을 말한다.

03. ③

* 영업허가를 받아할 업종 : 식품첨가물 제조업, 식품조사처리업, 단란주점 영업과 유흥주점 영업
* 영업신고를 하여할 업종 : 식품제조.가공업, 즉석판매제조.가공업, 식품운반업, 식품소분.판매업, 식품냉동. 냉장업, 용기.포장류 제조업, 휴게음식점과 일반음식점 영업

04. ②

제조물 책임법(PL : Product Liability)

(1) 정의
제조물의 결함으로 발생한 손해에 대한 피해자 보호를 위해 제정된 법률이다. 제조물의 결함으로 인한 생명, 신체 또는 재산상의 손해에 대해 제조업자 등이 무과실책임의 원칙에 따라 손해배상책임을 지도록 하는 규정을 말한다.
(2) 목적
제조물의 결함으로 발생한 손해에 대한 제조업자 등의 손

해배상 책임을 규정함으로써 피해자 보호를 도모하며, 국민생활의 안전향상과 국민경제의 건전한 발전에 이바지함을 목적으로 한다.

05. ④

* 알레르기성 식중독이란 꽁치, 고등어, 정어리와 그 가공품에 탈탄산 작용을 갖는 세균이 증식하여 생성한 부패 아민이 사람에게 알레르기성 식중독을 일으키는 것을 말하며, 원인균은 프로테우스 모르가니균, 원인물질은 히스타민이며 두드러기 증상을 보인다.

06. ③

* 포도상구균은 화농성질환의 대표적인 원인균으로 원인식품으로는 유가공품과 조리식품(김밥, 도시락, 떡, 콩가루)이며, 포도상구균은 열에 약하여 60℃에서 30~60분간의 가열로 사멸되지만, 독소(엔테로톡신)는 열에 강해 120℃에서 수분간 의 가열로도 사멸되지 않는다. 예방대책으로는 화농성 질환자의 식품취급 금지, 식품의 저온보관, 조리한 식품은 가급적 빨리 먹도록 한다.

07. ④

* 복어의 독성분은 테트로도톡신으로 난소, 간, 내장, 표피 순으로 다량 함유 되어 있다.

08. ④

* 곰팡이류는 수분함량이 적은 건조식품에 번식한다.

09. ③

* 보존료(방부제):보존료는 식품저장 중 미생물의 증식에 의해 일어나는 부패나 변질을 방지하기 위해 사용되는 첨가물로서 데히드로초산(치즈, 버터, 마가린), 소르빈산(식육제품, 어육연제품), 안식향산(청량음료, 간장), 프로피온산 나트륨(빵, 생과자) 등이 있다.
* 호박산, 글루타민산은 맛난 맛을 증진 시킬 목적으로 첨가하는 조미료, 규소수지는 식품의 제조공정에서 생기는 거품(기포)제거에 사용되는 첨가물로 소포제이다.

10. ④

* 보툴리늄균은 발육에 필요한 최적온도가 25~35℃이다. 그러므로 식품을 냉동시키거나 4℃이하의 냉장보관을 하면 증식을 억제할 수 있다.

11. ③

식품과 독성분
독미나리 : 시큐톡신
감자 : 솔라닌
목화씨 : 고시폴

12. ④

* 화학물직에 의한 식중독
① 줏석:산성과일제품을 주석 도금한 통조림 통에 담을 때
② 비소:도자기, 법랑용기의 안료로 식품에 오염, 피부 이상 및 신경장애, 위장장애(설사)
③ 구리:구리로 만든 식기 등의 부식이 원인이 되며, 혈액독으로 간장과 신장에 장애를 일으킨다.
④ 납:소량씩 장시간 섭취 시 만성중독 증상을 보이는 독성이 강한 중금속으로 통조림의 땜납, 납성분이 함유된 수도관, 도자기나 법랑용기의 안료, 특히 산성식품과 접촉이 길면 침식되어 용출되며, 피로, 소화기장애, 지각상실, 체중감소 등을 보인다.
⑤ 카드뮴:이타이이타이병의 원인 중금속으로 신장장애, 골연화증을 일으킨다.
⑥ 수은:미나마타병의 원인 물질로 중추신경 장애 증상

13. ②

① 산화방지제: 유지의 산패 및 식품의 변색이나 퇴색을 방지하기 위해 사용하는 첨가물
② 발색제: 색소를 함유하고 있지는 않지만 식품 중의 색소단백질과 결합하여 식품 자체의 색을 안정화 시키고 선명하게 하는 첨가물
③ 보존료: 식품저장 중 미생물의 증식을 억제하여 식품의 변질 및 부패를 방지할 목적으로 사용되는 방부제
④ 착색제: 식품의 가공공정에서 상실되는 색을 복원하는 등 식품을 착색하는데 사용하는 물질

14. ④

* 설탕을 사용하여 저장하는 방법을 당장법이라 하며 식품 중 당이 50%이상 함유되어 있어야 저장의 효력을 갖는다.

15. ②

* 세계보건기구의 주요기능

① 국제적인 보건사업의 지휘 및 조정
② 회원국에 대한 기술지원 및 자료공급
③ 전문가 파견에 의한 기술 자문활동

16. ④

* 이 : 발진티푸스, 재귀열
  쥐 : 페스트

17. ②

* 우유, 공기, 물은 여러 가지 질병을 매개할 수 있는 공통 매개체이며 파리는 콜레라, 장티푸스 등의 특정 질병을 매개한다.

18. ③

* 법정 전염병 제2군 : 디프테리아, 백일해, 파상풍, 홍역, 유행성 이하선염, 폴리오, B형간염, 일본뇌염

19. ①

* 역성비누는 무색, 무취, 무독성, 무자극성이어서 조리하는 사람의 손소독이나 조리기구의 소독에 많이 사용한다.

20. ④

* 환경오염에서 모니터링은 공기의 검체를 취하여 대기오염의 질을 조사하는 것이다.

21. ②

* 공해 발생의 원인은 인구증가, 산업의 발달, 물질소비의 증가 등을 들 수 있다.

22. ①

* 진폐증은 산업장에서 분진을 흡입함으로써 발생하는 건강장해이다. 분진의 종류에 따라 규폐증(유리규산), 석면폐증(석면), 활석폐증(활석)등이 있다.

23. ③

* 대장균은 수질오염의 지표로서 대장균 검출로 다른 미생물이나 분변오염을 추측할 수 있고 검출방법이 간편하고 정확하다.

24. ①

* 식품저장시 채소를 데치기하는 이유는 조직의 유연과 부피의 감소, 효소파괴, 살균효과 등을 들 수 있으며 미생물 번식을 장기간 방지하기 위한 저장법과는 거리가 멀다.

25. ③

* 조개류의 독특한 시원하고 감칠맛은 호박산 때문이다.

26. ②

작업장의 조명과 바닥
① 조리작업장의 권장 조도 : 143~161 Lux
② 대부분의 작업장은 백열등이나 색깔이 향상된 형광등 사용
  - 흰 형광등 : 색감각을 둔화시켜 음식에 영향을 줌, 작업에 방해와 불편함을 줌
③ 작업장 내 눈부심 문제 요인 : 스테인리스로 된 작업 테이블 및 기계 등 반짝이는 기구
④ 작업대에서 사용하는 날카로운 조리도구 등은 미끄럼 사고 등의 원인 및 심각한 재해로 발

27. ③

화재의 예방 및 점검
① 지속적이고 정기적인 화재 예방 교육 실시
② 소화기구의 화재안전기준에 따른 소화전함, 소화기 비치 및 관리, 소화전함 관리상태 점검
③ 인화성 물질 적정보관 여부 점검
④ 화재 위험성이 있는 기계, 기기의 수리 및 사전 점검, 화재진압기 배치
⑤ 콘센트에 다량의 전기기구 연결 금지(과열로 인한 발생 위험) 및 물 접촉 금지
⑥ 소화기의 사용법 교육 실시
⑦ 비상통로 확보 상태, 비상조명등, 예비 전원 작동 상태 점검
⑧ 뜨거운 기름, 유지 화염원 주의
⑨ 출입문, 복도, 통로 등 적재물 비치 여부 점검
⑩ 자동 활산 소화용구 설치의 적합성 등의 점검

28. ①

긴급점검
긴급점검은 관리주체가 필요하다고 판단될 때 실시하는 정밀점검 수준의 안전점검이며 실
시목적에 따라 손상점검과 특별점검으로 구분한다.

29. ③

① 비타민K : 용혈성 비타민, 부족시 혈액응고 지연
② 비타민D : 항구루병성 비타민, 칼슘과 인의 흡수를 촉진하여 골격과 치아의 발육을 돕는다.
③ 비타민A : 성장촉진 및 눈의 상피세포의 각화예방
④ 비타민E : 항불임성 비타민, 천연산화방지제

30. ④

* 캐러멜화 반응이란 당류를 180~200℃로 가열하면 적갈색을 띤 점조성의 물질로 변하는 현상을 말하며 간장, 소스, 약 식 등 식품가공에 이용된다.

31. ①

* 고기의 단백질은 열, 산, 염에 의해서 응고되며, 풍미의 변화, 색의 변화 등이 일어난다.

32. ③

* 비타민B_2는 성장촉진에 관여하는 비타민으로 우유, 간, 육류, 달걀, 푸른 채소에 많이 함유되어 있으며 결핍증은 구순구각염, 안질, 설염 등이다.

33. ①

* 미오글로빈은 동물식품의 근육색소로 적자색을 갖고 있다. 이 미오글로빈이 공기 중에 노출되어 있으면 30분 이내에 분자상의 산소와 결합하여 선명한 자색을 가진 옥시미오글로빈이된다. 더 오래 방치하면 옥시미오글로빈이 산화하여 트리미오글로빈으로 되어 갈색으로 변한다.

34. ③

* 황:비타민B_1의 구성성분, 함유황 아미노산의 구성성분, 항독소작용을 한다.
* 비타민B_{12}의 구성성분으로 적혈구 형성에 필수적 성분인 무기질은 코발트이다.

35. ②

* 탄수화물

단당류 : 포도당, 과당, 갈락토오스, 만노오스, 5탄당
이당류 : 맥아당(포도당+포도당), 설탕(포도당+과당), 유당(포도당+갈락토오스)
다당류: 전분, 글리코겐, 섬유소, 펙틴, 한천, 이눌린, 알긴산, 헤미셀룰로오스

36. ④

* 열량원 : 체내에서 화학반응을 거쳐 에너지를 발생하는 탄수화물, 단백질, 지방을 말한다. 풋고추는 무기질 및 비타민이 함유되어 있는 식품군이다.

37. ②

* 무기질은 신체를 구성하고 있는 요소로서 체액의 pH조절, 삼투압 조절, 효소의 기능을 활성화시킨다.

(나)의 열량급원은 탄수화물, 단백질, 지방을 말한다.

38. ③

* 식품의 냉장보관시 부패 세균의 생육을 억제시킬 수는 있지만 오염세균, 기생충을 사멸시키거나 세균의 생육을 중단시키지는 못한다.

39. ③

* 총발주량은 100-폐기율분의 정미중량*100*인원수 즉, 100-14 분의 40*100*600 = 27.907g 이다. 그래서 약 28kg이 필요하다.

40. ②

41. ④

* 원가란 제품을 생산하는데 소비한 경제가치를 화폐액수로 나타낸 것으로 특정제품의 제조.판매.서비스의 제공을 위하여 소비된 경제가치(재료비, 임금, 감가상각비, 보험료, 수선비, 전력비, 가스비, 수도광열비 등)를 말한다. 그러나 도난, 화재, 천재지변 등의 손실은 원가에 포함되지 않는다.

42. ③

조리의 목적
ⓐ 식품이 함유하고 있는 영양가를 최대로 보유하게 하는 것
ⓑ 향미를 더 좋게 향상시키는 것
ⓒ 음식의 색이나 조직감을 더 좋게 하여 맛을 증진시키는 것
ⓓ 소화가 잘 되도록 하는 것
ⓔ 유해한 미생물을 파괴시키는 것

43. ④

* 동물이 도살되면 시간이 경과함에 따라 근육이 수축되는 사후강직이 오는데 강직기간이 지나면 근육자체가 가지고 있는 가기분해효소에의해서 단백질이 분해되는 자기소화 현상이 일어난다. 이 과정을 숙성이라 하며, 고기가 연해지고 풍미가 좋아진다.

44. ②

* 안토시안계색소는 과실, 꽃, 야채류에 존재하는 빨간색, 자색, 청색의 색소로 산성에서는 적색, 중성에서는 보라색, 알칼리에서는 청색을 띤다.

45. ④

* 완숙한계란난황주위가 변색하는 이유는 난백의 황과 난황의 철이 결합하여 황화 제1철을 생성한 것으로 가열시간이 길수록, 신선한 달걀보다 오래된 달걀일수록 녹변현상이 잘 일어나며, 삶은 후 냉수에 바로 담그면 변색을 방지할 수 있지만 15분이상 가열하면 냉수에 담그어도 변색이 방지되지 않으며, 황화철의 형성은 pH가 알칼리일 때 더 신속히 일어난다.
  달걀의 신선도를 조절하여 pH를 4.5이하로 유지하도록 하면 황화철의 착색현상이 일어나지 않을 뿐만 아니라 황화수소취도 없어진다.

46. ③

* 김의 보관 중 변질을 방지하기 위해서는 직사광선과 습기찬 곳, 공기를 피하고 서늘한 곳에 보관하면 6~7개월 정도 보존이 가능하다.

47. ①

* 마요네즈
  난황의 유화력을 이용한 대표적인 가공품으로 난황의 유화성은 레시틴이 분자중에 친수기, 친유기를 갖고 있기 때문에 기름이 유화되는 것을 촉진한다.

48. ①

* 토마토크림스프를 끓일 때 우유를 넣으면 산에 의한 응고현상을 볼 수 있다. 토마토 크림스프를 깨끗하게 끓이려면 토마토를 가열하여 산을 휘발 시킨 후 데운 우유를 넣고 만든다.

49. ②

* 생선조리시 식초나 레몬즙 등의 산을 첨가하면 산이 트리메틸아민과 결합하여 냄새가 감소되며 조리 전 우유에 생선을 담가두면 카제인인 우유단백질이 트리메틸아민을 흡착하여 비린내를 감소 시킨다. 또한 생강, 술, 된장, 무, 마늘, 고추 등도 비린내를 없애는데 효과적이다.

50. ①

* 치즈는 우유를 레닌 또는 산으로 카제인과 지방을 응고시킨 것을 세균, 곰팡이 등을 이용하여 숙성시켜 만든 것으로 그 종류는 1,000여종에 이른다.

51. ①

* 향이있는 조미료는 음식의 향을 살리기 위해 음식이 어느정도 완성된 후 불을 끄기 직전에 넣어야 향을 살릴 수 있다.

52. ④

식재료 써는 방법
① 슬라이스(Slice) : 한식의 편 썰기와 비슷한 방법
② 브뤼누아즈(Brunoise) : 스몰 다이스의 반 정도의 정육면체 사방 0.3㎝의 크기
③ 쥘리엔(Julienne) : 재료를 얇게 자른 뒤에 포개어 놓고 0.3㎝ 정도의 두께로 얇고 길게 채 써는 것

53. ③

저울
식재료의 무게를 측정하는 도구로 gram(g) 단위로 표시된다. 영점을 맞추거나 용기 무게를 영(0)으로 맞추어 재료의 무게를 측정한다.

54. ③

기본 미르포아 : 브라운 스톡에서 사용, 양파 50%, 당근 25%, 샐러리 25%의 비율

55. ①

② 찬물에서 스톡 조리를 시작한다. : 스톡이 맑지 않을때
③ 뼈를 추가로 넣어 조리한다. : 향이 적거나 무게감이 없을때
④ 스톡을 다시 조리한다. : 스톡이 너무 짤 때

56. ④

렐리시(Relishes)
- 채소를 예쁘게 다듬어 소스를 곁들어 주는 것
- 셀러리, 무, 올리브, 피클, 채소 스틱 등을 사용

57. ②

드레싱 사용 목적
① 차가운 온도의 드레싱으로 샐러드의 맛을 한층 더 증가시켜 준다.
② 맛이 강한 샐러드를 더욱 부드럽게 해준다.
③ 맛이 순한 샐러드에는 향과 풍미를 충분하게 제공한다.
④ 음식을 섭취할 때 입에서 즐기는 질감을 높일 수 있다.
⑤ 신맛의 드레싱으로 소화를 촉진시켜 준다.
⑥ 상큼한 맛으로 식욕을 촉진시킨다.

58. ③

5대 모체 소스

베샤멜 소스	화이트 루(버터+밀가루)에 우유를 넣어 만든 화이트 소스
벨루테 소스	화이트 루에 화이트 스톡(생선, 가금류)을 넣은 블론드 색 소스
에스파뇰 소스	브라운 루에 브라운 스톡(육류)을 넣어 만든 브라운 소스
홀렌다이즈 소스	정제버터와 노른자, 레몬주스 등을 이용하여 만든 황색 소스
토마토 소스	토마토를 이용하여 만든 소스로 파스타의 기본이 되는 적색 소스

59. ②

파르팔레(Farfalle)
- 나비넥타이 모양 혹은 나비가 날개를 편 모양
- 이탈리아 중북부 롬바르디아나 에밀리아-로마냐 지역에서 유래
- 충분히 말려서 사용하는 것이 좋음
- 부재료는 주로 닭고기와 시금치를 사용
- 크림소스, 토마토소스와도 잘 어울림

60. ④

조리방법
- Steaming : 물을 끓여 수증기의 대류작용을 이용하여 조리하는 방법
- Poaching : 비등점 이하 65~92℃의 온도에서 물, 스톡, 와인 등의 액체 등에 육류, 가금류, 달걀, 생선, 야채 등을 잠깐 넣어 익히는 방법
- Boiling : 물이나 육수 등의 액체에 재료를 끓이거나 삶는 방법

제 4회 양식 해설

01. ①

- 모시조개, 바지락 – 베네루핀
- 감자 – 솔라닌
- 독버섯 – 무스카린, 콜린, 뉴린, 아마니타톡신

02. ①

- 황색포도상구균 식중독 : 식후 30분~6시간(평균 3시간) 후 발병하며 잠복기가 가장 짧다.
- 보툴리누스 식중독 : 12~36시간 후에 발병하며 잠복기가 가장 길다.

03. ④

세균의 최적 pH는 6.5~7.5로 보통 중성, 약알카리성일 때 잘 번식한다. 곰팡이, 효모의 최적 pH는 4.0~6.0으로 약산성일 때 잘 번성한다.

04. ②

세균성식중독과 소화기계감염병을 비교

	세균성식중독	소화기계 감염병
원 인	식중독균	감염병균
균 수	다량의 균	소량의 균
2차감염	살모넬라 외에 거의 없다.	2차 감염이 많다.
잠복기	짧다.	길다.
관리	식품위생법으로 관리	감염병예방법으로 관리

05. ④

관능을 만족시키는 식품첨가물에는 조미료, 감미료, 산미료, 착색제, 발색제, 착향료, 표백제 등이 있다.

06. ④

아크롤레인 : 기름이 발연점에 도달했을 때 청백색의 연기와 함께 발암물질인 아크롤레인이 생성된다.

07. ③

중금속은 비중이 약 4 이상인 무거운 금속원소로서, 인체 친화성이 우수하고 생명 유지 기능이 있으며 다량 축적될 때 건강장해를 일으킨다.

08. ②

수질 오염에 의한 대표적 질병으로 수은과 카드뮴을 들수 있는데, 카드뮴 중독은 칼슘과 인의 대사 이상을 초래하여 골연하증을 유발한다. (수은–미나마타병, 카드뮴–이타이이타이병)

09. ②

과일 또는 채소 통조림은 강철판을 주석으로 도금한 것을 사용하는데 시간이 지날수록 캔에서 주석 성분이 녹아 나온다.

10. ④

조리사 또는 영양사 면허의 취소처분은 받고 그 취소된 날부터 1년이 지나지 않으면 면허를 받을 수 없다.

11. ②

관계 공무원은 영업에 사용하는 식품 등을 검사하는 데 필요한 최소량의 식품 등을 무상 수거할 수 있다.

12. ④

식품소분업은 보건복지부령으로 정하는 식품 또는 식품첨가물의 완제품을 나누어 유통할 목적으로 재포장, 판매하는 영업이다. 어육제품, 식용유지, 특수용도 식품, 통,병조림 제품, 레토르트 식품, 전분, 장류 및 식초는 소분 판매해서는 안 된다.

13. ④

14. ①

상수처리 : 취수→도수→정수→송수→배수→급수

15. ③

해설 공중보건의 정의
- 질병 예방
- 생명의 연장
- 신체적, 정신적 효율 증진
- 지역사회 보건수준 향상

16. ③

생균을 사용하는 예방접종으로는 폴리오, BCG, 홍역, 풍진, 이하선염 등이 있다.

17. ①

유구조충 – 돼지고기　　무구조충 – 소고기
광절열두조충 – 물벼룩　　간디스토마 – 붕어, 잉어

18. ①

데시벨(dB)은 소음의 크기를 나타내는 단위로 인간의 귀로 측정하기 어려운 음압(저음압, 고음압)의 크기를 나타낼 때 사용한다.

19. ④

인수공통감염병 – 결핵(세균), 탄저병(세균), 파상열(세균), 야토병(세균), 광견병(바이러스) 등

20. ①

경구감염병 – 장티푸스, 파리티푸스, 이질, 콜레라, 폴리오, 유행성간염

21. ④

자외선 – 100~400mm
가시광선 – 400~770mm
적외선 – 780~3,000mm

22. ④

벼룩 – 페스트, 발진열, 재귀열
쥐 – 렙토스피라증

23. ②

위험도 경감전략의 핵심요소
위험요인 제거, 위험 발생 경감, 사고피해 경감

24. ③

안전교육의 목적
- 상해, 사망 또는 재산 피해를 불러일으키는 불의의 사고를 예방하는 것
- 일상생활에서 개인 및 집단의 안전에 필요한 지식, 기능, 태도 등을 이해
- 자신과 타인의 생명을 존중하며, 안전한 생활을 영위할 수 있는 습관을 형성시키는 것
- 인간 생명의 존엄성을 인식시키는 것

25. ④

소화기의 설치 및 점검
① 통행 또는 피난에 지장이 없고, 사용할 때 쉽게 꺼낼 수 있으며 눈에 잘 띄는 곳에 설치
② 바닥으로부터 높이 1.5m 내에 설치하고, 소화기라고 표시한 표지 부착
③ 소화제가 동결, 변질, 분출할 우려가 적은 개소에 설치
④ 습기가 적고 건조하며 서늘한 곳에 설치(직사광선, 고온, 습기를 피해야 함)
⑤ 수시로 점검하고 부식이나 파손, 충전상태 점검
⑦ 축압식 소화기 : 지시압력계가 정상 부위(보통 초록색)에 위치해 있는지 확인

26. ①

녹색 채소의 색소인 클로로필은 산성(식초)에서 갈색 페오피틴으로 변하므로 알카리성인 소금을 넣고 데쳐야 녹색이 선명해진다.

27. ④

효소적 갈변 : 과일이나 채소의 폴리페놀 성분이 산화되어 일어나는 현상(고구마 절단, 홍차 적색, 다진 양송이 등)

28. ④

- 맛의 상쇄 – 두 물질은 혼합했을 때 각각의 맛을 느낄 수 없고 조화된 맛을 느끼는 것
- 맛의 억제 – 물질에 다른 물질이 섞여서 주된 성분의 맛이 감소하는 것
- 맛의 변조 – 한 가지 맛을 본 후에 다른 맛을 느끼지 못하는 것
- 맛의 대비 – 본래 물질에 다른 물질이 섞여서 주된 성분의 맛이 증가하는 것. 설탕에 약간의 소금을 첨가하면 단맛이 상승된다.

29. ②

경화유 : 불포화지방산의 함량이 많은 액체유를 수소화하여 고체상의 유지로 한 것으로 마가린, 쇼트닝 등이 있다.

30. ②

글루탐산은 간장, 다시마의 감칠맛을 내는 성분이다.

31. ①

비타민C는 영양소 중 가장 불안정하여 열에 약하며 산소에 산화가 잘 되어 공기 중에 쉽게 파괴되는 비타민이다.

32. ④

포도주는 숙성에 의해 냄새 성분이 생성된다.

33. ①

질소계수 = 100÷질소 함량
100÷18=5.56

34. ①

이당류란 단당류 2~8분자가 결합된 당류로 맥아당, 자당, 유당 등이 있다.
맥아당 = 포도당 + 포도당
자당 = 포도당 + 과당
유당 = 포도당 + 갈락토오스

35. ③

당질 – 4kcal, 단백질 – 4kcal
지방 – 9kcal, 알코올 – 4kcall

36. ③

냉동 생선을 해동할 때에는 냉장고에서 자연 해동하는 것이 가장 좋은 방법이고, 흐르는 냉수에 필름을 싼 채 해동하는 경우도 있다.

37. ①

$$\text{대치식품 양} = \frac{\text{본 식품량} \times \text{본 식품 영양소량}}{\text{대치식품의 영양소량}}$$ 이므로

$$\frac{180 \times 29.2}{31.7} = 165.8$$

고구마 180g을 쌀 165.8 g으로 대치할 수 있다.

38. ②

오징어나 문어의 먹물은 단백질의 일종인 멜라닌이라는 색소이다.

39. ④

수분, 섬유질, 무기질의 열량 – g당 0kcal
당질, 단백질의 열량 – g당 4kcal
지방의 열량 – g당 9kcal
(40×4)+(5×4)+(3+9)=207kcal

40. ②

마가린은 식물성 기름에 니켈을 촉매로 수소를 첨가하여 만든 경화유로서 버터 대용품으로 사용한다.

41. ③

신선한 달걀

- 난황계수 – 0.36~0.44
- 달걀의 비중 – 1.04
- 표면이 꺼칠꺼칠하고 두껍고 강한 것
- 투시검란의 경우 난백부가 밝게 보이는 것
- 6%의 소금물에 가라앉는 것
- 흔들었을 때 흔들리지 않는 것
- 많은 양의 난백이 난황을 에워싸고 있는 것

42. ③

원가계산의 목적

- 원가 관리의 목적
- 가격 결정의 목적
- 재무제표의 작성 목적
- 예산 편성의 목적

43. ②

호화란 녹말(탄수화물)에 물을 부어 가열하면 팽윤하고 점성도가 증가하여 전체가 반투명인 거의 균일한 콜로이드 물질이 되는 현상이다.

44. ②

- 육류의 연화효소 : 무화과 – 피신, 파인애플 – 브로멜린,
- 파파야 – 파파인, 배 – 프로테아제, 키위 – 액티니딘

45. ④

콩단백질 – 글리시닌
밀가루 단백질 – 글리아딘, 글루텔린, 글루텐

46. ①

미오신의 함량이 많은 어육을 소금과 함께 가열하면 액토미오신이 입체적 망상구조를 형성하여 탄력성을 갖는다.

47. ③

식혜의 당화 온도는 50~60℃ 이다.

48. ④

49. ④

우유는 유당으로 인해 냄비에 눌러 붙고 가열을 하면 피막이 생기기 때문에 이를 방지하기 위하여 이중냄비에 넣고 저으면서 중탕으로 데워한 한다

50. ③

조리장의 3대원칙은 위생〉능률〉경제.

51. ④

한천	젤라틴
28~35℃	13℃ 이하에서 겔화
식물성(홍조류)	동물성(동물의 콜라겐)
양갱, 양장피	젤리, 양과자

52. ①

글루텐의 형성에 도움을 주는 것으로 소금, 달걀, 우유 등이 있고 글루텐의 형성에 방해를 하는 것으로는 설탕, 지방 등이 있다

53. ②

버터 소스

- 홀렌다이즈 : "더운 마요네즈"로 불리며, 버터를 정제하여 사용하며 난황, 물, 레몬주스, 식초 등을 넣어 만든 소스(유화작용 이용)
- 베어네즈 : 홀렌다이주에 타라곤, 파슬리 찹을 넣은 것
- 뵈르블랑(Vert Blanc) : 부드럽고 더운 버터 소스, 약불에서 조리해야 최상의 맛을 느낄 수 있음
- 60℃ 이상의 온도로 가열할 경우 수분과 유분 분리

54. ②

종류	특징	예
화이트 루 (White Roux)	색이 나기 직전까지만 볶아낸 하얀색 소스	베샤멜 소스, 크림 소스
브론드 루 (Brond Roux)	약간의 갈색이 돌 때까지 볶은 것	벨루테 소스
브라운 루 (Brown Roux)	갈색이 되도록 볶은 것	브라운 소스, 에스파뇰 소스, 데미글라스

55, ③

짧고 작은 파스타

- 수프의 고명으로 많이 사용
- 샐러드의 재료로도 많이 이용

56. ④

육류의 마리네이드(Marinade, 밑간)

① 고기를 조리하기 전에 간을 배이게 하거나, 육류의 누린내를 제거하고 맛을 내게 하는 것
② 육질이 질긴 고기를 부드럽게 하도록 재워두고, 향미를 낸 액체나 고체를 이용하여 절이는 것
③ 향미와 수분을 주어 맛이 좋아짐
④ 식용유, 올리브유, 레몬주스, 식초, 와인, 갈아진 과일, 향신료 등을 섞어서 사용
⑤ 식초나 레몬주스는 질긴 고기를 연하게 만드는 작용을 하므로 주로 질긴 고기에 많이 사용

57. ②

부야베스(Bouillabaisse)
지역명 : 프랑스 남부지방
생선 스톡에 여러 가지 생선과 바닷가재, 채소, 갑각류, 올리브유를 넣고 끓인 생선 수프

58. ①

- 샌드위치의 구성요소는 빵, 스프레드, 주재료로서의 속재료, 부재료로서의 가니쉬, 양념(콩디망)이다.
- 샐러드의 기본 구성은 바탕, 본체, 드레싱, 가니쉬 이다.

59. ③

전채 요리의 조리 특징

① 신맛과 짠맛이 적당히 있어야 한다.
② 주요리보다 소량으로 만들어야 한다.
③ 예술성이 뛰어나야 한다.
④ 계절감, 지역별 식재료 사용이 다양해야 한다.
⑤ 주요리에 사용되는 재료와 반복된 조리법을 사용하지 않는다.

60. ①

올리브유(Olive oil)

- 올리브 나무의 열매에 함유된 기름을 압착 과정을 거쳐 추출한 것
- 불포화 지방산인 올레인산(Oleic acid)을 다량 함유
- 식용유 중에서 최고급품으로 사용

엑스트라 버진 올리브유 (Extra virgin olive oil)	• 올리브 열매에서 압착 과정을 한번 거쳐 추출한 것(최상급) • 산도의 조건(1%), 질, 향, 맛이 제일 우수하여 음식의 향을 내거나 조미료로 사용
버진 올리브유 (Virgin olive oil)	• 산도 1~1.5%(맛과 향이 다소 떨어짐)
퓨어 올리브유 (Pure virgin olive oil)	• 올리브 열매로부터 3~4번째 나오는 오일로 혼합되어 사용 • 산도가 2% 이상 • 가격이 저렴해서 많이 사용

제 5회 중식 해설

01. ②

카드뮴 중독 증상은 칼슘과 인의 대사 이상을 초래하여 뼈가 연화되어 조그만 충격에도 골절되는 골연화증(이타이이타이병)을 일으킨다.

02. ③

식품의 초기 부패는 식품 1g당 세균수가 10^7 ~ 10^8마리일 때 식품의 오염으로 판정된다.

03. ②

- 독소형 : 황색 포도상구균(화농이 있는 식중독)
  클로스트리디움 보툴리늄(병조림, 통조림, 소시지, 훈제품에 혐기 상태에서 생산된 독소에 의해 신경증상
- 감염형 : 장염 비브리오 식중독, 살모넬라 식중독

04. ③

- 독미나리 : 시큐톡신,
- 모시조개, 굴 : 베네루핀

05. ②

① 영양강화제 ③ 보존료 ④ 품질개량제

06. ④

- 소맥분 개량제 : 과산화벤조일, 과황산암모늄, 이산화염소, 과붕산나트륨
- 발색제 : 아질산나트륨

07. ②

발효란 유기물이 미생물 작용에 의해 분해 및 변화하는 현상으로 미생물에 의한 유용한 물질의 생산을 말한다.

08. ③

- 바이러스에 의한 감염 : 일본뇌염, 홍역, 인플루엔자, 폴리오, 유행성간염, 풍진, 공수병 등
- 세균에 의한 감염 : 콜레라, 이질, 파라티푸스, 디프테리아, 장티푸스 등

09. ②

- 카드뮴 : 용기나 기구에 도금된 카드뮴 성분이 녹아 중독
- 주석 : 통조림관 내면의 도금 재료로 이용
- 페놀 : 소독제
- 수은 : 유기수은에 오염된 해산물에 의한 중독(미나마타병)

10. ①

- 곰팡이 중독 : 아플라톡신 중독, 황변미 중독, 오크라톡신 중독, 맥각 중독, 붉음 곰팡이
- 청매 중독은 아미그달린이라는 청산배당체가 함유되어 있어 덜 익은 푸른 매실을 섭취할 때 중독 증상을 일으킨다.

11. ②

유독, 유해 물질이 들어 있거나 묻어 있는 것 또는 그러할 염려가 있는 것. 다만, 식품의약품안전처장이 인체의 건강을 해칠 우려가 없다고 인정 하는 것은 제외한다.

12. ②

정신질환자, 감염병 환자, 마약 기타 약물중독자, 조리사 또는 영양사 면허의 취소처분을 받고 그 취소된 날부터 1년이 지나지 아니한 자는 조리사 면허를 받을 수 없다.

13. ③

판매를 목적으로 하거나 영업에 사용하는 식품 등을 검사할 목적으로 수거할 때 필요한 최소량을 무상 수거할 수 있다.

14. ③

식품의 소금절임은 고삼투성에 의한 탈수효과에 미생물이 생육이 억제되어 저장성이 좋아진다.

15. ②

인공능동면역은 인위적으로 항원을 체내에 투입하여 항체가 생산되도록 하는 방법으로, 생균 백신, 사균 백신, 순화독소 등을 사용하는 예방접종에 의한 면역을 말한다.

16. ④

유구조충은 돼지고기를 섭취했을 때 발생되는 기생충이며, 구충, 회충, 동양모양선충은 채소에 기인하는 기생충이다.

17. ④

- 피라미드형 : 출생률은 높고 사망률은 낮은 형
- 별 형 : 생산연령 인구가 많이 유입되는 도시지역의 인구 구성형
- 항아리형 : 인구가 감퇴하는 형
- 종 형: 출생과 사망률이 낮은 형

18. ①

- 상수처리 과정 : 침사–침사–여과–소독
- 하수처리 과정 : 예비처리–본처리–오니처리

19. ②

실내 공간에서 이산화탄소의 농도가 증가하면 호흡에 필요한 산소의 양이 부족하게 되어 인체에 유해하다. 이산화탄소의 야을 측정함으로써 실내 공기의 전반적인 상태를 알 수 있다.

20. ②

진개(먼지와 쓰레기)처리 방법으로는 투기법, 소각법, 위생적 매립법 있는데 이중에서 소각법은 도시 쓰레기의 가장 이상적인 방법으로 설치면적이 적고 위생적이나 건설비가 많이 들고 대기오염(다이옥신)의 우려가 있는 것이 단점이다.

21. ④

레노이드병은 진동에 의한 건강장애 중 손가락의 말초혈관 운동의 장애로, 혈액순환이 저하되어 손가락이 창백해지며 동통을 일으키는 것을 말한다.

22. ④

- 자외선 : 가시광선과 전리 복사선 사이의 파장을 가진 전자파
- 가시광선 : 눈의 망막을 자극하여 명암과 색깔을 구별하게 하는 파장
- 적외선 : 복사선의 파장이 가장 크며, 열작용을 하기 때문에 열선이라고도 한다.

23. ②

감수성지수(접촉감염지수)란 급성 호흡기계 감염병에 대해 감수성이 있는 사람이 환자와 접촉했을 때 발병하는 비율을 말한다. 홍역(95%), 백일해(60~80%), 성홍열(40%), 디프테리아(10%),소아마비(0.1%) 등

24. ③

작업장 내 안전수칙
[조리장비 안전수칙]
① 조리장비의 사용 · 작동법을 철저히 숙지
② 가스, 전기오븐의 사용 전, 후의 온도 및 전원상태 확인
③ 가스밸브 사용 전후 확인
④ 냉장 · 냉동실의 잠금장치 상태 확인
⑤ 전기 기기나 장비 사용 시 손에 물기를 제거하고 장비 세척 시 플러그 유무 확인

[조리작업자의 안전수칙]
① 안전한 자세로 조리
② 조리작업에 편한 조리복장 착용
③ 뜨거운 것을 만질 때는 마른 장갑을 착용
④ 짐을 옮길 때 주변의 충돌을 감지
⑤ 무거운 짐을 들 때 허리 굽히지 말고 쪼그려 앉아서 들어 올리기

25. ①

화재의 원인
① 조리기구(가스레인지 등) 부주의한 사용 및 주변 가연물에 의해 발생
② 전기제품의 과열, 누전으로 인해 발생
③ 조리 중 자리 이탈 등 부주의에 의한 발생
④ 식용유 사용 중 과열로 인한 발생
⑤ 기타 화기취급 부주의에 의한 발생

26. ①

결합수의 특징
- 용매로서 사용되지 않는다.
- −20℃에서도 얼지 않는다.
- 건조에 의해 쉽게 제거되지 않는다.
- 미생물의 번식에 이용되지 않는다.
- 밀도가 유리수보다 높다.
- 식품조직을 압착하여도 제거되지 않는다.

27. ①

과일에는 알코올류, 에스테르류, 휘발성 산류 등이 많이 들어 있어 향미를 낸다.

28. ①

- 단당류 : 포도당, 과당, 갈락토오스, 만노오스
- 다당류 : 전분, 섬유소, 글리코겐, 펙틴, 이눌린 등

29. ③

식품 1g당 탄수화물 4kcal, 지방 9kcal, 단백질 4kcal, 알코올 7kcal의 열량을 낸다.

30. ③

유지를 가열하면 유지 분자들의 중합반응으로 점도가 증가한다.

31. ②

- 클로로필 색소 : 엽록소의 색이며, 알칼리성에 강하고 산에는 약하며 엽록소는 산성에서 갈색화가 된다.
- 플라본 색소 : 흰색이나 미색을 띠며, 산에는 강하고 알칼리에는 약하여 알칼리에서 황색을 띤다.
- 안토시안 색소 : 산성에서는 적색, 중성에서는 자색, 알칼리성에서는 청색을 띤다.
- 카로틴 색소 : 황색, 주황색, 적색 색소로, 산과 알칼리에 비교적 안정되어 색의 변화가 거의 없다.

32. ③

유당은 유즙 속에 2~8% 가량 함유되어 있으며 칼슘과 인의 흡수를 돕고 유산균의 발육에 적합하다.

33. ①

- 맛의 대비(강화) : 단팥죽에 소금을 첨가하면 단맛이 상승되는 것
- 맛의 변조 : 오징어를 먹은 직후 식초나 밀감을 먹으면 쓴맛을 느끼거나 쓴 약을 먹은 직후 물을 마시면 달게 느끼는 것
- 맛의 억제 : 커피에 설탕을 섞으면 쓴맛이 단맛에 의해 억제되는 것
- 맛의 상승 : 같은 맛 성분 두 종류를 혼합하면 각각 가진 맛보다 더욱 강하게 느껴지는 것
- 미맹현상 : 미각의 이상 현상으로 쓴맛을 느끼지 못하는 것

34. ②

오이나 배추의 녹색은 식물성 색소인 크로로필 색소인데 산에는 불안정하기 때문에 김치가 시어지면 누렇게 변한다.

35. ④

주석산-포도, 구연산-감귤류, 호박산-조개

36. ①

성인여자의 1일 필요열량 2000kcal의 15%가 단백질의 함량이고 그 중 1/3 동물성 단백질이라면, 2000×0.15÷3=100이 되어 동물성 단백질은 100kcal을 섭취하는 것이며, 단백질은 1g당 4kcal를 내므로, 100÷4=25가 되어 단백질의 섭취량은 25g이 된다.

37. ①

- 재료비 : 제품의 제조를 위하여 소비되는 물품의 원가
- 노무비 : 제품의 제조를 위하여 소비되는 노동의 가치
- 경비 : 제품의 제조를 위하여 소비되는 수도, 광열비, 전력비, 보험료, 감가상각비 등의 비용

38. ④

배추 13kg에 폐기율 8%를 빼면 가식부율이 92%이다.
13kg ×0.92=11.96kg
가식부율 11.96kg에 13,260원이 구입가격이므로
11.96kg : 13.260원 =46kg : χ
13,260×46÷11.96=51,000
46kg의 배추 구입에 필요한 비용은 51,000이다.

39. ②

- 슬라이서-고기나 햄 등을 일정한 두께로 저밀 때 사용
- 그라인더-소고기 갈기

40. ①

- 한천 : 우뭇가사리(탄수화물), 식물성 응고제, 응고온도 38~40℃, 농도0.5~3%, 양갱
- 젤라틴 : 뼈, 가죽(단백질), 동물성 응고제, 응고온도 13℃ 이하, 농도 3~4%, 족편, 아이스크림, 젤리, 마시멜로우

41. ③

화채류(꽃 부분 사용) : 브로콜리, 콜리플라워, 아티초크

42. ①

- 호화 : 가열온도가 높을수록 점도가 높아지며, 전분 입자가 크고 지질 함량이 많을수록, 도정도가 높을수록 호화가 잘 된다.
- 노화 : 수분 함량이 30~60%, 온도가 0~4%, pH가 산성일 때, 아밀로오스의 함량이 많을수록 노화가 잘 일어난다.

43. ④

가공치즈 : 한 종류 또는 여러 종류의 자연 치즈를 가열, 용해하는 과정에서 살균되어 효소가 파괴되어 더 이상 발효 숙성이 진행되지 않아 저장기간 중에 맛이 거의 변하지 않고, 부드러운 맛을 가지며, 장기간 보존에 적합한 상태가 된 치즈

44. ②

저지방우유는 유지방이 1.0~2.0% 정도이며, 일반 우유의 유지방은3.2~3.4% 정도 함유되어 있다.

45. ①

소고기의 드립을 막기 위하여 냉동은 급속냉동(-40℃)으로 하고, 해동할 때에는 냉장에서 하는 것이 바람직하다.

46. ④

날콩에 함유된 효소인 안티트립신은 단백질의 체내 이용을 저해하므로 가열해서 먹으면 흡수가 용이하다.

47. ②

- 유화성 : 물과 기름처럼 섞이지 않는 두 액체가 침전하지 않고 잘 분산되어 있는 상태
- 가소성 : 고체가 외부에서 탄성 한계 이상의 힘을 받아 형태가 바뀐 뒤 그 힘이 없어져도 본래의 모양으로 돌아가지 않는 성질
- 쇼트닝성 : 유지가 반죽 조직에 층상으로 얇은 막을 형성하여 전분과 단백질이 뭉쳐져 단단하게 되는 것을 방지하는 성질
- 크리밍성 : 고형 유지가 교반에 의해 내부에 공기를 품는 성질

48. ③

버터나 마가린과 같은 고체 형태는 실온에서 부드럽게 하여 계량컵에 눌러 담은 후 윗면을 직선으로 된 칼로 깍아 계량한다.

49. ④

생선 껍질의 진피층을 구성하는 콜라겐이 근육섬유와 직각으로 교차하여 근육을 고정시키고 있다가 가열에 의해 수축됨으로써 일어나는 현상으로 껍질에 칼집을 넣어 구우면 수축을 줄일 수 있다.

50. ③

편육은 고기의 구수한 맛이 빠져 나가지 않고 고기에 배어 있도록 처음부터 끓는 물에 고기를 넣어 물에 고기를 넣어 표면의 단백질을 응고, 변성시킨 다음 불의 세기를 살짝 줄인 후 삶는다.

51. ④

중국의 4대요리

분류	기후	특징
산동 요리 (북경 요리)	봄 : 건조, 황사 발생 여름 : 고온 다습, 한랭 기후	• 궁중 요리, 고급 요리 문화가 발달
강소 요리 (상해 요리)	온대성 기후	• 해산물을 많이 이용 • 특산품인 간장과 설탕을 사용하여 진하고 달콤하며, 기름지게 요리함
사천 요리	지역별 : 한대~ 열대 겨울 : 춥고 건조함	• 사계절 산물이 풍성해 다양한 재료를 이용 • 향신료를 많이 이용 • 깨끗하고 신선함, 순수함과 진함이 함께 느껴짐
광동 요리	열대성 기후	• 외국과의 교류가 많은 지역으로 전통 요리와 국제적인 요리의 특성이 조화를 이뤄 독특하게 발달함

52. ④

중식 기초 기능 썰기 익히기

용어		방법
조	條, tiáo, 티아오	채 썰기
니	泥, ní, 니	잘게 다지기
정	丁, dīng, 띵	깍둑썰기
사	絲, sī, 쓰	가늘게 채 썰기
편	片, piàn, 피엔	편 썰기
입	粒, lì, 리	쌀알 크기 정도로 썰기
미	未, wèi, 웨이	
곤도괴	滚刀塊, dāo kuài, 다오 콰이	재료를 돌리면서 도톰하게 썰기

53. ④

전분은 물에 풀어 전분물로 사용하는 것이 농도 조절에 더 좋다.

54. ①

튀김 조리 시 주의 사항

① 튀김을 할 때 재료의 투입은 기름양의 60%를 넘지 않게 한다. (한꺼번에 너무 많이 넣으면 기름 온도가 급격하게 떨어져 재료에 기름의 흡유량이 늘어난다.)

② 두꺼운 팬을 사용하면 튀김 온도의 변화가 적어 맛있는

튀김이 된다.
③ 안전사고 및 튀김의 완성도를 위해 튀김 재료의 수분은 제거한다.
④ 튀김옷은 재료의 양을 고려하여 만든다.
⑤ 기름에 튀김을 넣은 다음 조리용 젓가락으로 살짝 흔들어 주면 가지런히 튀겨진다.
⑥ 물 반죽으로 튀김을 할 때 재료 표면에 전분 가루를 묻히면 재료 표면에 마찰력이 커져 튀김옷이 잘 붙고 모양이 단정하게 나온다.

55. ④

빠스
- 중국어로 빠스(拔絲)는 '실을 뽑다'라는 의미
- 설탕을 녹여 시럽을 만든 후 여러 식재료에 입히는 후식용 음식
- 어떠한 식재료와도 어울리는 후식류
- 고구마빠스, 바나나빠스, 사과빠스, 은행빠스, 귤빠스, 딸기 빠스, 아이스크림 빠스 등

56. ③

식품 조각의 도법

절도법 (切刀法)	• 재료를 찔러서 활용하는 도법 • 새 날개, 생선 비늘, 옷 주름, 꽃 조각에 활용
착도법 (戳刀法)	• 사물의 큰 형태를 만들 때 사용하는 도법 • 위에서 아래로 썰기를 할 때 또는 돌려 깎을 때 사용
각도법 (刻刀法)	• 가장 많이 사용하는 도법 • 주도를 사용하여 재료를 깎을 때
선도법 (旋刀法)	• 칼로 타원을 그리며 재료를 깎을 때 사용하는 도법
필도법 (筆刀法)	• 칼로 그림을 그리듯 재료 표면에 외형을 그릴 때 사용하는 도법

57. ①

면의 굵기
세면 - 소면 - 중화면 - 칼국수면 - 우동면

58. ④

증(zheng, 쩡)
- 재료를 수증기로 쪄서 만드는 방식의 조리법
- 각각 재료의 성질이나, 재료의 영양 손실과 본연의 맛 및 형태를 유지하기 위해 사용

59. ④

중국의 4대요리
산동 요리 (북경 요리), 강소 요리 (상해 요리), 사천 요리, 광동 요리

60. ①

빠스
- 중국어로 빠스(拔絲)는 '실을 뽑다'라는 의미
- 설탕을 녹여 시럽을 만든 후 여러 식재료에 입히는 후식용 음식
- 어떠한 식재료와도 어울리는 후식류
- 고구마빠스, 바나나빠스, 사과빠스, 은행빠스, 귤빠스, 딸기 빠스, 아이스크림 빠스 등

제 6회 일식 해설

01. ①

황색 포도상구균은 균체는 열에 약하지만 식품 속에서 증식하여 생산되는 엔테로톡신(장독소)은 열에 매우 강하다.

02. ④

- 테트로도톡신 – 복어
- 셉신 – 부패한 감자
- 베네루핀 – 모시조개, 굴, 바지락
- 삭시톡신 – 섭조개, 대합

03. ②

어패류의 부패에 의해 트리메틸아민이 증가하므로 그 양에 의해서 선도의 평가 기준이 된다.

04. ②

- 피마자 – 리신
- 미숙한 매실 – 아미그달린
- 모시조개 – 베네루핀

05. ③

수은 중독은 미나마타병의 원인물질로 언어장애, 지각이상, 보행 곤란의 증세가 나타난다.

06. ①

- 발색제 : 식품 중의 색소 성분과 반응하여 색을 고정하거나 나타내게 하는 첨가물
- 착색제 : 식품에 색을 부여하거나 복원시키는 첨가물
- 강화제 : 부족한 영양소를 보충하기 위해 넣는 첨가물
- 보존제 : 식품의 변질, 부패를 막고 신선도 유지시키는 첨가물

07. ①

소독약의 살균력 지표로 이용 소독제는 석탄산이다.

08. ②

발효 : 미생물이 자신의 효소를 이용하여 유기물을 분해시키는 과정

09. ①

유기인제 : 염소계 농약보다 잔류성이 적어 만성중독을 일으킬 확률이 적으며 파라티온, 말라티온, 다이아지온 등이 있다.

10. ①

- 화학적 합성품 : 화학적 수단으로 원소 또는 화합물에 분해 반응 회의 화학 반응을 일으켜서 얻은 물질
- 항생제 : 미생물이 생산하는 대사산물로, 소량으로 다른 미생물의 성장이나 생명을 막는 물질
- 의약품 : 약국에서 수납되는 사람이나 동물의 질병 진단, 치료 또는 예방의 목적으로 사용되는 것

11. ④

식품 등이 원료 및 제품 중 부패, 변질이 되기 쉬운 것은 냉동, 냉장 시설에 보관, 관리해야 한다.

12. ③

조리사 또는 영양사 취소처분을 받고 그 취소된 날로부터 1년이 경과한 후 면허를 받을 자격이 된다.

13. ①

분변을 비료로 사용하여 기생충의 알이 붙은 채소를 생식하거나 오염된 흙을 맨발로 걸으면 경피감염을 일으키는 기생충은 구충(십이지장충)이다.

14. ④

무구조충의 중간숙주가 소이므로 소고기를 가열 섭취하면 무구조충을 예방 할 수 있다.

15. ④

- 선청성 면역 : 종속면역, 인종면역, 개인차 특이성
- 자연수동면역 : 모체로부터 얻는 면역
- 자연능동면역 : 질병 감염 후 획득된 면역
- 인공능동면역 : 예방접종으로 획득된 면역
- 인공수동면역 : 혈청제제의 접종으로 획득되는 면역

16. ②

페스트, 서교증, 재귀열, 유행성출혈열, 쯔쯔가무시증 등이 있다.

17. ④

납 중독은 용혈성 빈혈, 식욕부진, 체중감소, 복통 등을 일으키며, 섬유화 현상은 석면에 중독될 때 나타난다.

18. ③

국소진동에 의한 직업병이란 한정된 범위의 장소에서 생기는 진동에 계속적으로 노출되어있는 근로자에게 오는 직업병으로 레이노 증후군이 있다. 예방법은 보건교육, 완충장치, 작업시간 단축 등이 있다.

19. ①

소각법은 미생물을 멸균시키므로 가장 위생적인 방법이나 대기오염의 문제가 발생한다.

20. ②

디피티(D.P.T) : D – 디프테리아, P – 백일해, T – 파상풍

21. ④

영아사망률 : 출생에서 1년까지 영아의 사망을 의미하는데, 한 국가의 건강수준을 나타내는 가장 대표적인 지표이다.

22. ②

냉장고를 밀폐시켜 온도를 0℃로 내려서 내부의 산소의 양을 줄이고 이산화탄소의 양을 늘림으로써 농산물의 호흡작

용을 위축시켜 변질되지 않게 하는 저장방법으로, 과일류 저장에 가장 적합하다.

23. ③

염장법은 고삼투성에 의한 탈수효과로 미생물의 생육이 억제되어 저장성이 높아진다.

24. ④

재난의 원인 4요소
인간(Man), 기계(Machine), 매체(Media), 관리(Management)

25. ②

칼 사용과 안전
① 칼을 사용할 때는 정신을 집중하고 안정된 자세로 작업에 임한다.
② 칼로 캔을 따거나 기타 본래 목적 이외에 사용하지 않는다.
③ 칼을 떨어뜨렸을 경우 잡으려 하지 않는다. 한 걸음 물러서서 피한다.
④ 주방에서 칼을 들고 다른 장소로 옮겨갈 때는 칼끝을 정면으로 두지 않으며 지면을 향하게 하고 칼날을 뒤로 가게 한다.
⑤ 칼을 보이지 않는 곳에 두거나 물이 든 싱크대 등에 담궈두지 않는다.
⑥ 칼을 사용하지 않을 때는 안전함에 넣어서 보관한다.

26. ③

지방산과 글리세롤은 중성지방의 구성 성분이다.

27. ①

결합수
- 수증기압이 유리수보다 낮다.
- 보통 물보다 밀도가 크다.
- 압력을 가해도 제거되지 않는다.
- 미생물 번식에 이용되지 않는다.
- 0℃에서 얼지 않는다.
- 끓는점, 녹는점이 낮다.
- 용질에 대해서 용매로 작용하지 않는다.

28. ①

- 산성식품 : 염소, 인, 나트륨, 황의 성분이 많이 함유되어 있는 식품으로 곡류, 밀가루, 달걀, 생선, 육류, 소금, 설탕 등이 있다.
- 알카리식품 : 나트륨, 칼륨, 칼슘, 마그네슘의 성분이 많이 함유되어 있는 식품으로 우유, 채소, 과일, 해조류, 버섯, 콩 등이 있다.

29. ①

안토시아닌계 색소는 적색, 자색, 청색의 색소이며, 딸기, 포도, 붉은 양배추 등에 함유되어 있다.
pH에 따라 산성(적색), 중성(자색), 알칼리성(청색)을 띠므로 적색 양배추에 산성 식초를 넣으면 적색 색소가 더 선명해진다.

30. ①

섬유소와 한천은 다당류로 체내에서 소화가 불가능하지만 소화운동을 촉진시켜 변비를 예방한다.

31. ①

젤 형성화의 3요소는 산, 당, 펙틴이다.

32. ①

- 5탄당 : 크실로오소(자일로오스), 아라비노오스, 리보오스, 리불로오스
- 6탄당 : 갈락토오스, 만노오스, 프락토오스

33. ①

황을 함유한 아미노산, 단백질의 구성성분으로는 메티오닌, 시스틴, 시스테인 등이 있다.

34. ②

2500×0.18=450
단백질로 얻은 열량은 450kcal인데 단백질은 g당 4kcal를 내므로 450÷4=112.5g이다.

35. ①

완만 동결은 조직을 손상시키기 때문에 -40℃ 이하에서 급속 동결해야 식품의 품질 저하는 막을수 있다.

36. ③

닭고기 1kg당 단가가 12,000원이므로 닭고기 20kg의 가격은 12,000×20=240,000원이고
양념이 80,000원 들었으므로
총식재료는 240,000원+80,000원=320,000원이다.
매출액 1,000,000원의 식재료가 320,000원이므로
원가비율은 32%이다.

37. ②

총원가 = 제조원가 + 판매관리비

			이익
		판매관리비	총원가
	제조간접비	제조원가	
직접재료비 직접경비 직접노무비	직접원가		
직접원가	제조원가	총원가	판매원가

38. ②

검경적 방법 : 식품의 세포나 조직의 모양 협잡물, 미생물 존재를 측정하는 방법

39. ①

40. ①

우유 단백질인 카제인을 응고시킬 수 있는 것은 산, 레닌, 타닌 등이므로 젖산을 이용하여 카제인을 응고시켜 요구르트를 제조한다.

41. ②

우유의 지방은 작은 분자가 아닌 큰 덩어리 상태로 존재하는데, 이는 물보다 가벼워서 위에 뜨려고 하는 성질이 있으므로 균질화하지 않으면 우유 표면에 지방층이 나타난다. 우유의 지방 성분을 일종의 스트레이너에 걸러낸 후 압력을 가하여 지방구를 잘게 부수어 균일하게 균질화하면 소화가 잘 되고 질감이 부드러워진다.

42. ④

밀가루는 글루텐의 함량에 따라 용도별로 분류한다.
- 강력분 : 글루텐 13%이상 – 빵, 마카로니
- 중력북 : 글루텐 10~13% – 국수류(면류)
- 박력분 : 글루텐 10% 미만 – 튀김, 과자, 케이크

43. ②

설도 : 부드러운 살코기로서 맛이 좋으며 육포, 회에 주로 사용한다.

44. ③

염류는 젤라틴의 물 흡수를 막아 빨리 응고하게 한다.

45. ④

전자레인지는 극초단파 에너지를 이용하여 식품 내부의 물분자를 회전 진동시켜 열을 발생시키고 그 열이 퍼지면서 단시간에 가열시키는 원리로 음식을 조리한다.

46. ①

생선에 레몬즙을 뿌리면 생선살이 단단해진다.

47. ④

튀김은 단시간에 조리하는 방법으로 영양소의 손실이 가장 적고, 식품 속의 수분이 빠지고 기름의 맛이 더해 풍미가 나며, 표면이 바삭바삭해 촉감이 좋다. 그러나 단시간에 튀김옷을 입혀 튀기므로 식품 속의 불미성분은 제거되지 않는다.

48. ②

생선의 조리방법
- 생선은 결체조직의 함량이 적으므로 건열조리법을 많이 이용한다.
- 생선을 찬물에서부터 넣어 끓이면 생선살이 부서지고 풀어지므로 물이 끓으면 넣는다.
- 선도가 낮은 생선은 양념을 강하게 하고 뚜껑을 열어 비린내를 휘발시킨다.

49. ②

액체는 투명기구를 사용하여 액체 표면의 아랫부분을 눈과 수평으로 하여 계량한다.

50. ①

- 스튜잉 : 표면을 건열로 익힌 후 다량의 물과 함께 습열조리하는 조리법
- 브로일링 : 재료를 직접 불에 노출시켜 굽는 조리법

• 로스팅 : 큰 덩어리의 재료를 오븐 속에 뜨거운 열로 익히는 조리법

51. ②

한천의 겔은 시간이 경과함에 따라 표면에 물이 분리도어 나온다. 이러한 현상은 한천의 망 구조 내부에 포함된 물이 함유되지 못하여 일어난다. 이장현상을 최소하하려면 한천 농도를 높이고, 한천의 가열시간을 길게 하며, 설탕 첨가량을 60% 이상으로 하고, 틀에 넣어두는 시간을 길게 하며, 저온에 두어야 한다.

52. ①

53. ④

올바른 칼 잡는 법

전악식	• 주먹 쥐기 형태로 가장 일반적인 칼 잡는 방법 • 주로 재료를 연속해서 자르거나 단단한 재료를 자를 때 사용하는 쥐기 방법
단도식	• 누르기 형태로 양식 칼을 잡는 가장 기본적인 방법 • 생선의 껍질을 벗길 때 주로 이용
지주식	• 일반적으로 회칼이나 채소칼을 사용할 때 쥐는 방법 • 손가락질 형태로 쭉 편 집게손가락이 칼등 위를 가볍게 누름 • 단단한 재료는 칼을 깊이 쥐고, 부드러운 재료는 가볍게 쥐기

54. ①

일식 기본양념 조미료의 사용 순서

ⓐ 사 [さ: 청주(さけ), 설탕(さとう)]
ⓑ 시 [し: 소금(しお)]
ⓒ 스 [す: 식초(す)]
ⓓ 세 [せ: 간장(しょうゆ)]
ⓔ 소 [そ: 조미료 ちょうみりょう]

• 생선 종류에 맛을 들일 때 : 청주 → 설탕 → 소금 → 식초 → 간장
• 채소 종류에 맛을 들일 때 : 설탕 → 소금 → 간장 → 식초 → 된장

55. ①

• 소면 – 밀가루 반죽을 길게 늘려서 막대기에 면을 감아 당긴 후 가늘게 만드는 국수
• 메밀국수 – 메밀가루로 만든 국수를 뜨거운 국물이나 차가운 간장에 무 · 파 · 고추냉이를 넣고 찍어 먹는 일본 요리

56. ④

• 장어구이를 올린 우나동(鰻丼)
• 참치회를 올린 텟카동(鉄火丼)

57. ④

죽의 종류와 조리법

종류	조리법
오카유(お粥)	팥이나 쌀 등의 곡류에 물을 충분히 넣고 부드럽게 끓인 것
시라가유(白粥)	흰쌀로만 지은 죽
료쿠도우가유(緑豆粥)	녹두로 만든 죽
아즈키가유(小豆粥)	팥으로 만든 죽
이모가유(芋粥)	감자나 고구마를 넣은 죽
챠가유(茶粥)	차를 넣은 죽
조우스이(雑炊)	복어냄비, 게냄비, 닭고기 냄비, 샤브샤브 등 냄비나 전골을 먹고난 후 자연스럽게 생긴 맛국물에 밥을 넣어 끓여 부드럽게 만든 죽

58. ②

59. ③

초밥의 온도

• 초밥에서 밥의 온도는 대단히 중요하다.
• 너무 따뜻해도 안 되고 반대로 차가우면 더더욱 맛이 없다.
• 사람의 체온(36.5℃) 정도일 때 초밥을 만들기도 쉽고 밥맛도 제일 좋다.
• 초밥은 부드러우면서도 단단하게 만드는 것이 기술이다.

60. ④

초밥의 종류

종류	특징
니기리 스시	• 동경의 대표적인 스시 • 흰살 생선, 붉은 살 생선, 등 푸른 생선, 조개류, 연체류로 구성하여 그릇에 담기
마키 스시	• 일반적으로 김초밥을 말함 • 여러 가지 퓨전 롤도 포괄적으로 포함

지라시 스시	• '지라시'라는 뜻은 '흩뿌리는 것'을 의미 • 그릇에 잘게 썬 생선이나 달걀, 오이, 양념한 채소를 놓고 그 위에 계란 지단이나 초생강, 고추냉이 등을 고명으로 얹은 초밥 • 그릇에 초밥을 담고 재료를 얹어 가며 담기
자킨 스시	• 생선의 종류나 기술의 영향을 받지 않아 가정에서 만들어 먹기에 가장 손쉽고 이상적인 생선 초밥
유부 초밥	• 유부 속에 밥을 채워 만든 초밥 • 만드는 방법이 간단하여 야외나 여행할 때 많이 이용

제 7회 복어 해설

01. ④

곰팡이의 특징
• 호기성 미생물이다
• 산성식품, 탄수화물 식품 과일 등에 번식한다.
• 건조식품에서 번식한다.
• 곰팡이독을 생성한다.
• 세균보다 생육 속도가 느리다.

02. ③

대장균의 최적 증식 온도는 30~40℃이다.

03. ③

• 소독 : 병원 미생물을 죽이거나 병원성을 약화시켜 감염 및 증식력을 없애는 조작
• 살균 : 미생물의 사멸
• 멸균 : 모든 미생물과 아포까지 완전히 사멸시키는 조작
• 정균 : 미생물의 발육 억제

04. ①

살모넬라균은 60℃에서 30분 정도 가열하면 사멸되므로 식품을 가열한 후 섭취하면 안전하다.
클로스트리디움 보툴리늄균, 황색포도상구균, 장구균 등은 내열성이 있다.

05. ③

아질산염은 발색제 및 식품 중의 색소와 결합하여 그 색을 고정시키는데 사용하는 첨가물로, 육류에 들어 있는 아민과 결합하여 발암 물질인 니트로사민을 생성한다.

06. ①

산미료는 식품에 산미를 부여하기 위하여 사용되는 첨가물로서 구연산, 젖산, 초산, 주석산 등이 있다.

07. ④

• 독버섯 - 무스카린, 팔린, 마나니타톡신 등
• 감자 - 솔라닌
• 살구씨 - 아미그달린

08. ②

보존료 : 식품의 변질 미생물에 의한 증식 억제 효과로 인한 부패를 방지할 목적으로 사용하며 디히드로초산, 소르브산, 안식향산, 프로피온산 등이 있다.

09. ②

알레르기성 식중독은 프로테우스 모르가니라는 원인균이 단백지를 부패나 분해시킬 때 다량의 히스타민을 축적시켜 일어난다.

10. ③

식품의약안전처장은 식품위생 수준의 향상을 위하여 필요한 경우 조리사에게 교육을 받을 것을 명할 수 있다.

11. ③

기구의 정의에서 농업 및 수산업에서 식품을 채취하는 데에 쓰는 기계, 기구나 그 밖의 물건은 제외한다.

12. ③

식품접객업 영업을 하려는 자는 6시간의 식품위생교육을 미리 받아야 한다.

13. ②

조리사가 식중독 기타 위생상 중대한 사고를 발생하게 한 경우의 행정처분기준은 1차–업무정지 1월, 2차–업무정지 2월, 3차–면허 취소이다.

14. ①

하수오염의 조사 방법으로는 화학적 산소요구량(COD), 용전산소량(DO), 생화학적 산소요구량(BOD) 등이 있다.

15. ②

자외선의 살균작용 : 일광 살균력은 대체로 자외선 때문이며, 2,500~2,800(옹스트롱) 범위의 것이 살균력이 강하다.

16. ①

호흡기계 감염병으로는 디프테리아, 백일해, 결핵, 폐렴, 인플루엔자, 홍역, 풍진, 성홍열 등이 있고, 폴리오는 경구감염병(소화기계 감염병)이다.

17. ①

채소로부터 감염되는 기생충은 회충, 구충, 편충, 요충, 동양모양선충 등이다.

18. ④

감각온도의 3요소 : 기온, 기습, 기류

19. ④

인수공통감염병은 동물로부터 사람에게 감염되는 병을 말하며, 결핵(소), 탄저병(소,말,양), 파상열(소,돼지,염소), 야토병(토끼), 돈단독(소,돼지,말), Q열(소, 양), 광견병(개), 고병원성조류인플루엔자(오리,닭,조류) 등이 있다.

20. ④

이질은 아메바에 의해 발생하는 질병이다.

21. ①

미생물 생육에 필요한 수분활성도
세균 〉 효모 〉 곰팡이

22. ③

생명을 유지시키고, 더 이상의 상태 악화를 방지 또는 지연시키는 것 → 응급조치의 목적

23. ②

작업장 내 안전수칙
[조리장비 안전수칙]
① 조리장비의 사용 · 작동법을 철저히 숙지
② 가스, 전기오븐의 사용 전, 후의 온도 및 전원상태 확인
③ 가스밸브 사용 전후 확인
④ 냉장 · 냉동실의 잠금장치 상태 확인
⑤ 전기 기기나 장비 사용시 손에 물기를 제거하고 장비 세척 시 플러그 유무 확인

[조리작업자의 안전수칙]
① 안전한 자세로 조리
② 조리작업에 편한 조리복장 착용
③ 뜨거운 것을 만질 때는 마른 장갑을 착용
④ 짐을 옮길 때 주변의 충돌을 감지
⑤ 무거운 짐을 들 때 허리 굽히지 말고 쪼그려 앉아서 들어 올리기

24. ④

- 당단백질 : 당질과 단백질의 결합(난백 중 오보뮤코이드)
- 지단백질 : 지질과 단백질의 결합(난황 중 리포비테린, 리포비텔레닌)
- 유도단백질 : 단백질이 열 또는 가수분해에 의하여 부분적으로 분해하여 만든 것(콜라겐 →(열)젤라틴, 우유+레닌(효소)→치즈)
- 인단백질 : 인산과 단백질의 결합(우유의 카제인, 난황의 비테린)

25. ③

요오드가는 유지를 가열하면 감소한다.

26. ②

완두콩 통조림을 제조할 때 황산구리 용액을 사용하는데 이 용액을 사용하면 클로로필 성분 중의 마그네슘이온을 구리이온으로 치환시켜 안정적인 푸른색을 유지시킬 수 있다.

27. ③

호박산 – 맛난 맛 성분, 조개 등

28. ②

당질 4kcal/g, 단백질 4kcal/g, 지방 9kcal/g의 열량을 내므로 $(2.5\times4)+(4\times4)+(2.2\times9)=45.8$ 4kcal
$45.8\times5=229$ 4kcal

29. ②

단백가 : 단백질의 영양가를 나타내는 수치
달걀은 단백가가 거의 100에 가까운 고단백식품이다.

30. ②

밀가루는 글루텐의 함량에 따라 용도별로 분류한다.
• 강력분 : 글루텐 13%이상 – 빵, 마카로니
• 중력북 : 글루텐 10~13% – 국수류(면류)
• 박력분 : 글루텐 10% 미만 – 튀김, 과자, 케이크

31. ①

산성 식품 : 염소(CL), 인(P), 황(S)의 성붕이 많이 함유되어 있는 식품으로 곡류, 밀가루, 달걀, 생선, 육류, 소금, 설탕 등이 있다.

32. ②

아미노산과 환원당(포도당, 과당, 맥아당 등)이 작용하여 갈색의 중합체인 멜라노이딘(melanoidin–갈변 물질)을 만드는 반응을 말한다. 즉 대부분의 식재료는 조리과정을 통해 갈색으로 변화하는데, 가열에 의한 갈색화의 원인은 "캐러멜화 반응"과 "마이야르 반응" 때문이다.

33. ③

달걀 노른자의 색소는 카로티노이드 계열의 색소이다.

34. ③

냉장고는 사람의 손에 의해 세균이 옮겨지며, 습도로 인해 세균이 번식하기 쉽고, 저온에 생명력이 강한 세균이 많기 때문에 식품을 장기간 보관하는 것은 안전하지 못하다.

35. ④

대치식품 양 = 본 식품량×본 식품 영양소량/대치식품의 영양소량 이므로 40×20.1/8.6=804/8.6=93.48
쇠고기 40g은 두부 94g으로 대치할 수 있다.

36. ④

총발주량 = [정미중량 / (100 – 폐기율)] × 100 × 인원수이다.

37. ③

양배추는 결구 모양이 품종에 따라 차이가 있으나 둥근 모양이 좋으며, 겉잎이 녹색이고 싱싱하며 깨끗한 것, 보기에 비해 무거우면 속이 찬 것이므로 좋으며, 속이 헐렁하지 않고 치밀하게 안이 차 있는 것이 좋다.

38. ①

조리장의 내벽은 바닥으로부터 1m까지 타일, 콘크리트 등의 내수성 자재로 한다.

39. ③

			이익
		판매관리비	총원가
	제조간접비	제조원가	
직접재료비 직접경비 직접노무비	직접원가		
직접원가	**제조원가**	**총원가**	**판매원가**

40. ②

전분의 노화억제 방법
• 수분을 10~15%로 줄인다.
• 0℃ 이하로 냉동 보관한다.
• 설탕을 첨가한다.
• 유화제를 첨가한다.

41. ④

CA 저장 : 냉장고를 밀폐시켜 온도를 0℃로 내려 냉장고 내부의 산소의 양을 줄이고 탄산가스의 양을 늘림으로써 농산물의 호흡작용을 위축시켜 변질되지 않게 하는 저장방법

42. ④

당근
비타민A의 함유량이 높음
비타민A는 지용성 비타민이므로 기름에 볶아 섭취를 하면 체내 흡수량이 높아진다.

43. ③

• 글루텐은 점탄성을 갖고 있으므로 글루텐의 함량이 적은 박력분을 사용
• 달걀의 단백질 응고로 수분이 방출
• 식소다를 소량 사용하면 이산화탄소가 발생함과 동시에

수분 방출
• 얼음물의 사용으로 점도를 낮춘다.
• 젓는 횟수를 최소한으로 줄여 글루텐 형성을 최소화함으로써 바삭한 튀김옷을 만들 수 있다.

44. ③

청정제 – 맑은 장국

45. ①

장조림은 처음부터 간장을 넣으면 삼투압으로 고기의 육즙이 빠져 단단해지고 잘 찢어지지 않으므로 물에서 먼저 삶아 낸 후 간장을 넣고 조려야 부드럽고 고기가 잘 찢어진다.

46. ②

생선구이를 할 때 생선 중량 대비 2%의 소금을 넣어야 탈수가 일어나지 않으며 간이 맞는 생선구이를 할 수 있다.

47. ④

• 육류를 오래 끓이면 결체 조직 중의 콜라겐이 젤라틴화되어 수용성이 되므로 고기가 연해진다.
• 목심, 양지, 사태는 결합조직이 많기 때문에 습열조리법이 적당하다.
• 편육을 만들 때는 끓는 물에 고기를 넣어야 맛난 성분의 용출이 적어 고기 맛이 좋다.

48. ③

식혜의 당화온도는 55~65℃이므로 이 온도를 잘 유지시켜야 밥알이 뜨기 시작한다.

49. ①

식용소다를 사용하면 콩이 빨리 물러 조리시간을 단축할 수 있지만 비타민B_1이 손실된다.

50. ④

단백질 분해효소에 의한 고기 연화법
무화과–피신, 파인애플–브로멜린
파파야–파파인, 배–프로테아제

51. ④

찹쌀은 아밀로펙틴 100%로 되어 있고 멥쌀은 아밀로펙틴 80%+ 아밀로오스 20%로 되어 있다. 아밀로펙틴의 함량이 많은 전분은 노화가 늦게 일어난다.

52. ①

복어의 독
• 복어의 알과 내장에는 신경 독소인 '테트로도톡신'이 함유되어 있다.
• 테트로도톡신(tetrodotoxin) : 섭취 후 30분~4시간에 신경성 독으로 말초 신경을 마비시켜 여러 가지 중독 증상이 나타나며 열에도 강하여 120℃에서 1시간 이상 가열해도 파괴되지 않는다.
• 알코올, 유기산, 열, 효소 염류 등에 잘 분해되지 않는다.
• 테트로도톡신의 치사량 : 2mg

53. ①

복의의 독소는 난소와 간장에 가장 많이 들어있다.

54. ①

복어의 껍질은 속피막과 가시를 제거하고 데쳐야한다

55. ③

복어살의 수분을 완전히 제거하고 회를 뜨고 삼각접기를 하여 수분이 없는 상태로 담아낸다.

56. ④

• 생선회용 칼 : 다른 칼들에 비해 가늘고(폭이 좁고) 긴 것이 특징이다.
• 복어회용 칼 : 회를 더 얇게 떠야 하므로 생선회용 칼과 길이는 비슷하나, 두께는 더 얇고 가볍다.

57. ③

폰즈와 야쿠미
[폰즈 소스 준비]
① 다시물을 만들어 식혀둔다.
② 다시물, 진간장, 식초를 1큰술씩 동량을 넣고 섞어준다.

[야쿠미(薬味, 양념) 준비]

실파	• 실파는 송송 썰어 찬물에 헹궈 놓는다. • 마른 면보에 수분을 제거한다.
모미지 오로시	• 무의 일부는 강판에 갈아 무즙(다이꽁 오로시)을 내어 흐르는 물에 씻어 매운맛을 빼준다. • 고운 고춧가루로 단풍색 물을 들여 모양을 낸다(모미지 오로시). • 둥글고 긴 모양으로 만들어 준다.
레몬	• 레몬은 반달 모양으로 썬다.

58. ③

얇게 썰기[우스즈쿠리(薄造り)]

• 복어처럼 살에 탄력이 있는 흰살생선을 최대한 얇게 써는 방법
• 높은 기술 요구
• 얇게 썰어야 하기 때문에 선도가 좋지 않는 생선으로는 안되며 살아 있는 생선으로 얇게 썰어야 한다.
• 학 모양, 장미 모양, 나비 모양 등을 만들기도 한다.

59. ①

테트로도톡신(tetrodotoxin)
섭취 후 30분~4시간에 신경성 독으로 말초 신경을 마비시켜 여러 가지 중독 증상이 나타나며 열에도 강하여 120℃에서 1시간 이상 가열해도 파괴되지 않는다.

60. ④

일번 다시(이치반 다시)
다시마와 가다랑어포(가쓰오부시)만을 이용하여 짧은 시간 안에 맛을 우려내 최고의 맛과 향을 지닌 맛국물로 고급 국물요리에 가장 많이 사용한다.
방법 : ⓐ 다시마에 묻어 있는 먼지나 모래를 깨끗한 행주로 닦아내기
→ ⓑ 냄비에 적당량의 물과 준비된 다시마를 넣고 중불로 가열
→ ⓒ 끓기 직전의 온도가 약 95℃ 정도 되면 다사마를 건져내기
→ ⓓ 가다랑어포를 넣고 불 끄기
→ ⓔ 위에 뜬 불순물을 걷어내기
→ ⓕ 가다랑어포가 바닥에 가라앉고 10~15분 정도 지나면 면포에 거르기

이 한권으로 끝! **조리기능사 필기** 이론 및 문제풀이

발 행 일 2020년 7월 1일 초판 제1쇄
저 자 황영숙, 안지혜, 황석민
발 행 처 다솔커뮤니케이션
발 행 인 최인형
주 소 서울 중구 충무로4가 148-1 기종빌딩 310호
전 화 02)2285-6922
등 록 2005년 8월 24일 제 2-4221호

ISBN 979-11-6096-117-1 13590
정 가 22,000원

＊도서구입문의 : 다솔커뮤니케이션 02-2285-6922